中国国家标准汇编

2011年修订-33

中国标准出版社　编

中国标准出版社
北　京

图书在版编目(CIP)数据

中国国家标准汇编:2011年修订.33/中国标准出版社编.—北京:中国标准出版社,2012
ISBN 978-7-5066-6953-5

Ⅰ.①中… Ⅱ.①中… Ⅲ.①国家标准-汇编-中国-2011 Ⅳ.①T-652.1

中国版本图书馆CIP数据核字(2012)第197863号

中国标准出版社出版发行
北京市朝阳区和平里西街甲2号(100013)
北京市西城区三里河北街16号(100045)

网址 www.spc.net.cn
总编室:(010)64275323 发行中心:(010)51780235
读者服务部:(010)68523946

中国标准出版社秦皇岛印刷厂印刷
各地新华书店经销

*

开本 880×1230 1/16 印张 36.5 字数 994 千字
2012年9月第一版 2012年9月第一次印刷

*

定价 220.00 元

出　版　说　明

1.《中国国家标准汇编》是一部大型综合性国家标准全集。自1983年起，按国家标准顺序号以精装本、平装本两种装帧形式陆续分册汇编出版。它在一定程度上反映了我国建国以来标准化事业发展的基本情况和主要成就，是各级标准化管理机构，工矿企事业单位，农林牧副渔系统，科研、设计、教学等部门必不可少的工具书。

2.《中国国家标准汇编》收入我国每年正式发布的全部国家标准，分为“制定”卷和“修订”卷两种编辑版本。

“制定”卷收入上一年度我国发布的、新制定的国家标准，顺延前年度标准编号分成若干分册，封面和书脊上注明“20××年制定”字样及分册号，分册号一直连续。各分册中的标准是按照标准编号顺序连续排列的，如有标准顺序号缺号的，除特殊情况注明外，暂为空号。

“修订”卷收入上一年度我国发布的、被修订的国家标准，视篇幅分设若干分册，但与“制定”卷分册号无关联，仅在封面和书脊上注明“20××年修订-1，-2，-3，……”字样。“修订”卷各分册中的标准，仍按标准编号顺序排列(但不连续)；如有遗漏的，均在当年最后一分册中补齐。需提请读者注意的是，个别非顺延前年度标准编号的新制定的国家标准没有收入在“制定”卷中，而是收入在“修订”卷中。

读者配套购买《中国国家标准汇编》“制定”卷和“修订”卷则可收齐由我社出版的上一年度我国制定和修订的全部国家标准。

3. 由于读者需求的变化，自1996年起，《中国国家标准汇编》仅出版精装本。

4. 2011年我国制修订国家标准共1 989项。本分册为“2011年修订-33”，收入新制修订的国家标准19项。

中国标准出版社

2012年8月

目　　录

ICS 25.040
N 10

中华人民共和国国家标准

GB/T 26790.1—2011

工业无线网络 WIA 规范 第1部分：用于过程自动化的 WIA 系统结构与通信规范

Industrial wireless networks WIA specification—
Part 1: WIA System architecture and communication specification for process automation (WIA-PA)

2011-07-29 发布　　　　2011-12-01 实施

中华人民共和国国家质量监督检验检疫总局
中国国家标准化管理委员会　发布

前　言

GB/T 26790《工业无线网络 WIA 规范》分为以下 7 个部分：

——第 1 部分：用于过程自动化的 WIA 系统结构与通信规范；

——第 2 部分：用于工厂自动化的 WIA 系统结构与通信规范；

——第 3 部分：WIA 安全规范；

——第 4 部分：WIA 互操作规范；

——第 5 部分：WIA 测试与评估规范；

——第 6 部分：WIA 产品标准通用条件；

——第 7 部分：WIA 行业规范。

本部分为 GB/T 26790 的第 1 部分。

本部分按照 GB/T 1.1—2009 给出的规则起草。

请注意本文件的某些内容可能涉及专利。本文件的发布机构不承担识别这些专利的责任。

本部分由中国机械工业联合会提出。

本部分由全国工业过程测量和控制标准化技术委员会(SAC/TC 124)归口。

本部分主要起草单位：中国科学院沈阳自动化研究所、浙江大学、机械工业仪器仪表综合技术经济研究所、北京科技大学、重庆邮电大学、沈阳中科博微自动化技术有限公司。

本部分参加起草单位：上海工业自动化仪表研究所、东北大学、西南大学、大连理工大学。

本部分主要起草人：于海斌、曾鹏、梁炜、褚健、欧阳劲松、王沁、徐皑冬、王平、刘丹、冯冬芹。

本部分参加起草人：彭瑜、张晓彤、王宏、王兴伟、刘枫、张晓玲、梅恪、王忠锋、尚志军、万亚东、刘全利、肖金超、魏旻、谢素芬、杨颂华。

工业无线网络 WIA 规范
第 1 部分:用于过程自动化的 WIA 系统结构与通信规范

1 范围

本部分规定了基于 IEEE STD 802.15.4—2006 的 WIA-PA(Wireless Networks for Industrial Automation—Process Automation)系统结构与通信规范。

本部分适用于工业过程测量、监视与控制的无线网络系统。

2 规范性引用文件

下列文件对于本文件的应用是必不可少的。凡是注日期的引用文件,仅注日期的版本适用于本文件。凡是不注日期的引用文件,其最新版本(包括所有的修改单)适用于本文件。

GB/T 9387.1 信息技术 开放系统互连 基本参考模型 第 1 部分:基本模型(ISO/IEC 7498-1:1994,IDT)

GB/T 19769(所有部分) 工业过程测量和控制系统用功能块(IEC 61499:2003,MOD)

GB/T 21099.1 过程控制用功能块所构成的应用进程(IEC/TS 61804-1:2003,IDT)

IEEE STD 802.15.4:2006 第 15.4 部分:低数据率无线个域网(WPAN)的无线媒体访问控制(MAC)和物理层规范[Part 15.4:Wireless Medium Access Control(MAC)and Physical Layer(PHY) Specifications for Low-Rate Wireless Personal Area Networks(WPANs)]

3 术语、定义和缩略语

3.1 术语和定义

下列术语和定义适用于本文件。

3.1.1

绝对时隙号 absolute timeslot number

从网络形成开始计数的全部时隙,通常该值是指当前时隙号。

注:该值以递增 1 的方式计数,一般为当前时隙的序列号,且最大值为($2^{48}-1$),达到最大值后,该值重置为 0。

3.1.2

主动离开 active leaving

路由设备向网关申请后离开或现场设备向路由设备申请后离开的过程。

3.1.3

自适应跳频 adaptive frequency hopping

在 WIA-PA 超帧簇内通信阶段的每个时隙,根据实际的信道状况更换通信信道。

3.1.4

自适应频率切换 adaptive frequency switch

在 WIA-PA 超帧中,信标 Beacon 阶段和活动期在一个超帧周期内根据实际的信道状况更换通信信道,在不同的超帧周期内使用不同的信道。

3.1.5

聚合 aggregation

将多个用户应用对象的数据或簇成员的包合并为一个包的过程。

3.1.6

应用子层 application sub-layer

提供应用层数据和管理服务的协议子层。

3.1.7

信标 beacon

在 WIA-PA 网络中由网关设备或路由设备广播的帧。

注:新的路由设备或现场设备在加入 WIA-PA 网络前首先要监听信标。

3.1.8

广播 broadcast

将包发送给 WIA-PA 网络中所有可以接收到的设备。

3.1.9

信道 channel

从发送端到接收端传递包的无线射频媒质。

3.1.10

簇 cluster

包括一个路由设备和多个现场设备的逻辑设备组。

3.1.11

簇首 cluster head

簇内的管理者,由路由设备承担。

3.1.12

簇成员 cluster member

簇内的数据源,由现场设备承担。

3.1.13

共存 coexistence

一个网络在不被干扰或者不干扰同一环境下的其他网络的情况下具有执行任务的能力。

注:这些网络遵循相同或者不同规则。

3.1.14

通信资源 communication resource

用于传输帧的信道和时隙。

3.1.15

兼容 compatibility

一个网络具有向其他网络提供服务或者接收来自其他网络服务,并且通过服务互换实现多个网络之间有效运作的能力。

3.1.16

WIA-PA 网络配置工具软件 WIA-PA configuration software

用于配置 WIA-PA 网络和设备的软件工具。

3.1.17

数据链路子层 data link sub-layer

位于 IEEE STD 802.15.4:2006 的 MAC 层之上,用于处理 WIA-PA 网络拓扑、链接和通信资源。

3.1.18

解聚　disaggregation

将聚合后的包分解为用户应用对象数据的过程。

3.1.19

现场设备　field device

安装在工业现场,连接或者控制生产过程的设备。

3.1.20

跳频　frequency hopping

收发信道切换方法,目的为抗干扰和减少信号衰落。

3.1.21

网关设备　gateway device

连接 WIA-PA 网络与其他工厂网络的设备。

3.1.22

手持设备　handheld device

用于组态、固件更新和监视设备状态的手持便携设备。

3.1.23

跳　hop

WIA-PA 网络中,包在两个相邻设备之间传递的过程,而没有其他设备的参与。

注:多跳用于延长传输距离、绕过干扰源和避免阻塞。

3.1.24

主控计算机　host computer

供操作人员、维护人员和管理人员与 WIA-PA 交互的计算机,向下与 WIA-PA 网络交互,向上与管理网络交互。

3.1.25

互操作　interoperability

两个或两个以上的网络彼此交互信息且利用所交互信息的能力。

注:见 ISO/IEC TR 10000-1 的 3.2.1。

3.1.26

加入　joining

WIA-PA 网络设备通过认证,并且允许加入 WIA-PA 网络的过程。

3.1.27

链路　link

规定了邻近设备间传输帧所需的通信参数。

注:包括源地址和目的地址对、时隙、信道、方向和链路类型。

3.1.28

网状结构　mesh

在 WIA-PA 网络中由路由设备和网关设备形成的拓扑结构。

注:在网状结构中,一个路由设备可连接一个网关设备以及多个路由设备。

3.1.29

组播　multicast

通过一次传输将包发送给 WIA-PA 网络中指定的一组设备。

3.1.30

网络地址　network address

WIA-PA 网络中,唯一标识设备的 16 位无符号整数,也称为短地址。

注:网络地址由网络管理者分配,其高 8 位用于标识不同的簇。

3.1.31

网络管理者 network manager

负责配置网络、分配通信资源、管理路由表、监视和汇报网络性能的逻辑角色。

注：在 WIA-PA 网络中有且仅有一个网络管理者。

3.1.32

包 packet

在物理媒体上同时发送的一组有格式的位。

[IEEE STD 802.15.4:2006]

3.1.33

包生命周期 packet lifecycle

包从产生到丢弃的最长存在时间。

3.1.34

被动离开 passive leaving

在 WIA-PA 网络中，一个现场设备被路由设备强制移出网络或一个路由设备被网关强制移出网络的过程。

3.1.35

物理地址 physical address

WIA-PA 网络中，用于标识设备的 64 位扩展唯一标识符，也称为长地址。

注：物理地址由制造商分配。

3.1.36

路由设备 routing device

WIA-PA 网络中，负责现场设备的管理和包转发等功能的设备。

3.1.37

安全管理者 security manager

在 WIA-PA 网络中，负责为用户应用提供整个网络的安全策略配置、密钥管理和设备认证的逻辑角色。

3.1.38

超帧 superframe

周期性重复的时隙集合。

注：超帧规定了周期性通信的收发时间。

3.1.39

时隙 timeslot

在 WIA-PA 网络中交换数据所采用的基本时间单位。

注：WIA-PA 网络中的时隙长度是可配置的。

3.1.40

时隙跳频 timeslot hopping

为了避免干扰和衰减，按照一定规律，在每个时隙改变收发频率。

3.1.41

单播 unicast

向 WIA-PA 网络中的一个设备发送一个包的过程。

3.1.42

虚拟通信关系 virtual communication relationship

标识两个用户应用对象所使用的通信路径和通信资源。

3.1.43

WIA-PA 设备　WIA-PA device

在 WIA-PA 网络中，主控计算机、网关设备、路由设备、现场设备和手持设备统称为 WIA-PA 设备。

3.2　缩略语

ACK	Acknowledge	确认
AFH	Adaptive Frequency Hopping	自适应跳频
AFS	Adaptive Frequency Switch	自适应频率切换
AIO	Analog Input Object	模拟输入对象
AL	Application Layer	应用层
AOO	Analog Output Object	模拟输出对象
ASL	Application Sub-layer	应用子层
ASLDE	Application Sub-layer Data Entity	应用子层数据实体
ASLDE-SAP	ASLDE Service Acess Point	应用子层数据实体服务访问点
ASLME	Application Sub-layer Management Entity	应用子层管理实体
ASLME-SAP	ASLME Service Acess Point	应用子层管理实体服务访问点
ASLPDU	Application Sub-layer Protocol Data Unit	应用子层协议数据单元
ASN	Absolute Slot Number	绝对时隙号
CAP	Contention Access Period	竞争访问阶段
CFP	Contention-Free Period	无竞争访问阶段
C/S	Client/Server	客户机/服务器
CSMA	Carrier Sense Multiple Access	载波侦听多路访问
CSMA-CA	Carrier Sense Multiple Access with Collision Avoidance	带冲突检测的载波侦听多路访问
DAGO	Data Aggregation Object	数据聚合对象
DGO	DisaGgregation Object	解聚对象
DLDE	Data link sub-Layer Data Entity	数据链路子层数据实体
DLDE-SAP	Data link sub-Layer Data Entity Service Access Point	数据链路子层数据实体服务访问点
DLL	Data Link Layer	数据链路层
DLME	Data link sub-Layer Management Entity	数据链路子层管理实体
DLME-SAP	Data link sub-Layer Management Entity Service Access Point	数据链路子层管理实体服务访问点
DLPDU	Data link sub-Layer Protocol Data Unit	数据链路子层数据单元
DLSL	Data Link Sub-Layer	数据链路子层
DMAP	Device Management Application Process	设备管理应用进程
ENC	ENCryption	加密
EUI-64	Extended Unique Identifier-64	扩展唯一标识符-64
FCS	Frame Check Sequence	帧校验序列
FDMA	Frequency Division Multiple Access	频分多路访问
FFD	Full-Function Device	全功能设备

FH	Frequency Hopping	跳频
GW	Gate Way device	网关设备
ID	Identifier	标识
IDS	Intrusion Detection Systems	入侵检测系统
KED	Data Encryption Key	数据密钥
KEK	Key Encryption Key	用于加密密钥的密钥
KJ	Join Key	加入密钥
KP	Provision Key	授权密钥
LME-SAP	Layer Management Entity Service Access Point	层管理实体服务访问点
LSB	Least Significant Bit	最低有效位
LQI	Link Quality Indication	链路质量指示
MAC	Medium Access Control	介质访问控制子层
MCPS	MAC Common Part Sub-layer	MAC 公共部分子层
MHR	Medium Access Control Header	介质访问控制层头部
MIC	Message Integrity Code	消息完整性代码
MLDE	MAC sub-layer Data Entity	MAC 子层数据实体
MLDE-SAP	MLDE Service Access Point	MAC 子层数据实体服务访问点
MLME	MAC sub-layer Management Entity	MAC 子层管理实体
MLME-SAP	MLME Service Access Point	MAC 子层管理实体服务访问点
MPDU	MAC Protocol Data Unit	MAC 协议数据单元
MSB	Most Significant Bit	最高有效位
NL	Network Layer	网络层
NLDE	Network Layer Data Entity	网络层数据实体
NLDE-SAP	NLDE Service Access Point	网络层数据实体服务访问点
NLME	Network Layer Management Entity	网络层管理实体
NLME-SAP	NLME Service Access Point	网络层管理实体服务访问点
NM	Network Manager	网络管理者
NPDU	Network Protocol Data Unit	网络层协议数据单元
NSDU	Network Service Data Unit	网络层服务数据单元
PAGO	Packet Aggregation Object	包聚合对象
PAN	Personal Area Network	个域网
PHY	PHYsical layer	物理层
PIB	PAN Information Base	PAN 信息库
P/S	Publisher/Subscriber	发布者/预订者
R/S	Report Source/Sink	汇报/转发
RFD	Reduced-Function Device	精简功能设备
SAP	Service Access Point	服务访问点
SM	Security Manager	安全管理者
SMK	Symmetric Master Key	对称主密钥
TDMA	Time Division Multiple Access	时分多路访问
TH	Timeslot Hopping	时隙跳频
UAO	User Application Object	用户应用对象
UAP	User Application Process	用户应用进程

UAPME-SAP	UAP Management Entity SAP	用户应用进程管理实体服务访问点
UTC	Coordinated Universal Time	世界协调时
VCR	Virtual Communication Relationship	虚拟通信关系
VCR_ID	Virtual Communication Relationship Identifier	VCR 标识
WIA-PA	Wireless Network for Industrial Automation-Process Automation	用于过程自动化的工业无线网络

4 数据类型定义

4.1 布尔类型

Boolean∷=BOOLEAN ——非 0 为 TRUE
——0 为 FALSE

4.2 无符号整型

Unsigned8∷=INTEGER ——整数范围：$0\leqslant i\leqslant 2^{8}-1$
Unsigned16∷=INTEGER ——整数范围：$0\leqslant i\leqslant 2^{16}-1$
Unsigned24∷=INTEGER ——整数范围：$0\leqslant i\leqslant 2^{24}-1$
Unsigned32∷=INTEGER ——整数范围：$0\leqslant i\leqslant 2^{32}-1$
Unsigned40∷=INTEGER ——整数范围：$0\leqslant i\leqslant 2^{40}-1$
Unsigned48∷=INTEGER ——整数范围：$0\leqslant i\leqslant 2^{48}-1$
Unsigned64∷=INTEGER ——整数范围：$0\leqslant i\leqslant 2^{64}-1$

4.3 八位字符串类型

Octetstring∷=OCTET STRING ——八位位组串

4.4 浮点类型

Float∷=BIT STRING SIZE(4) ——单精度，取值范围见 IEEE STD 754 标准的短实数（32 比特）

5 概述

5.1 设备类型

本部分定义了以下 5 类物理设备：

——主控计算机；
——网关设备(GW)；
——路由设备；
——现场设备；
——手持设备。

为了提高网络的可靠性，WIA-PA 网络中允许存在冗余的网关设备和冗余的路由设备分别作为网关设备和路由设备的热备份。

注：冗余的网关设备和冗余的路由设备持续监听 WIA-PA 网络中正在工作的网关设备和路由设备发出的 Keep-Alive 命令帧(见表 26)。如果冗余设备在规定时间"KeepAliveFailure"(见表 10)内没有监听到 Keep-Alive 帧，则接替对

应设备的全部工作。

5.2 拓扑结构

WIA-PA 网络支持星型和网状结合的两层网拓扑结构或者星型拓扑结构，通过网络管理者的属性“NetworkTopology”(见表 10)指示。

星型和网状结合的两层拓扑结构示例如图 1 所示，第一层是网状结构，由网关设备及路由设备构成；第二层是星型结构，由路由设备及现场设备或手持设备(若存在)构成。星型拓扑结构示例如图 2 所示，仅由网关设备和现场设备(或手持设备)构成。

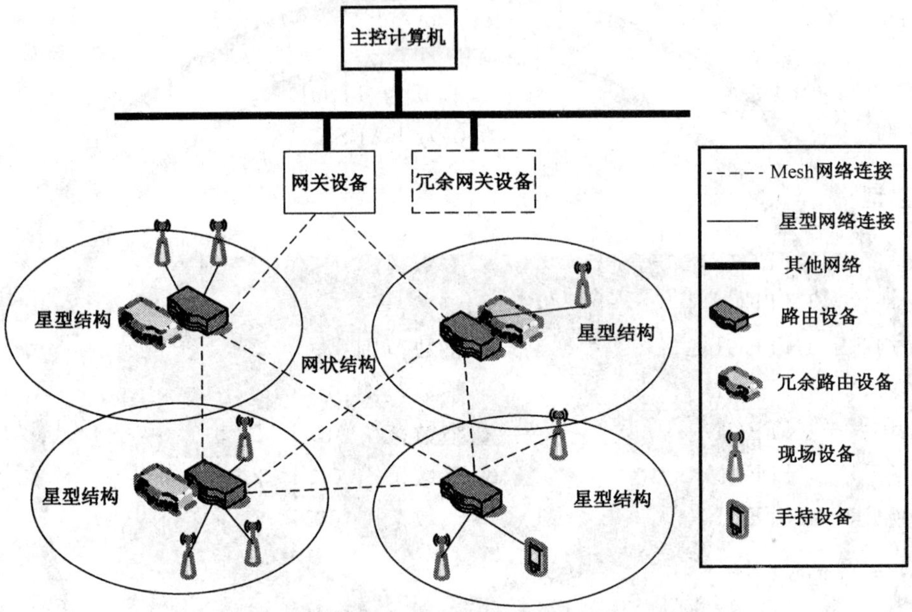

图 1　WIA-PA 网络星型和网状结合的两层拓扑结构

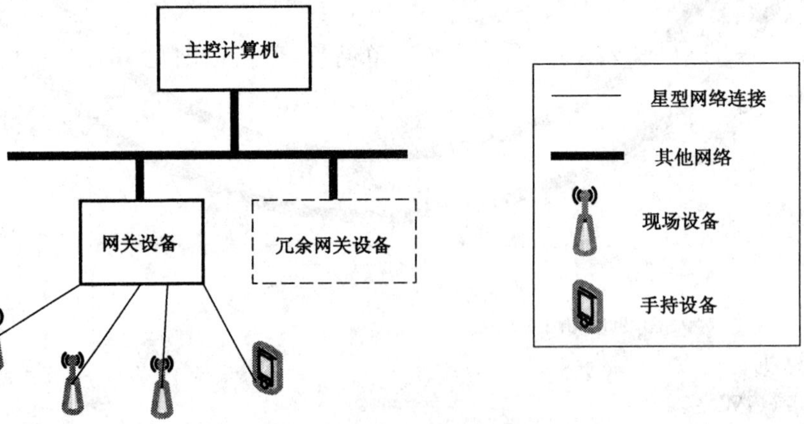

图 2　WIA-PA 网络星型拓扑结构

注：星型拓扑结构是星型和网状结合的两层拓扑结构的特例。在后续内容中，星型和网状结合的两层拓扑结构包含了星型拓扑结构，将不再对星型拓扑结构的具体实现过程作详细介绍。

为了便于实现管理功能，本部分定义了以下 5 类逻辑角色：

——网关：负责 WIA-PA 网络与工厂内的其他网络的协议转换与数据映射；

——网络管理者(NM)：管理和监测全网(详见 6.2)；

——安全管理者(SM):负责网关设备、路由设备、现场设备和手持设备(如果有)的密钥管理与安全认证;

——簇首:管理和监测现场设备和手持设备(如果有);负责安全地聚合及转发簇成员和其他簇首的数据;

——簇成员:负责获取现场数据并发送到簇首。

用于系统管理的网络管理者和安全管理者在网关设备中实现。

一种类型的物理设备可以担任多个逻辑角色。在星型和网状结合的两层拓扑结构中,网关设备可以担任网关、网络管理者、安全管理者和簇首的角色;路由设备可以担任簇首的角色;现场设备和手持设备只能担任簇成员的角色。在星型拓扑结构中,网关设备可以担任网关、网络管理者、安全管理者和簇首的角色。

注: 本部分以下内容中均以星型和网状结合的两层拓扑结构为主要拓扑结构;星型拓扑结构中设备的加入、离开和通信资源分配等过程是在星型和网状结合的两层拓扑结构相关过程中省略了路由设备转发的环节,具体流程不再详述。

5.3 协议栈结构

WIA-PA 网络协议遵循 ISO/IEC 7498 OSI 的基本参考模型,但只定义了数据链路子层(DLSL)、网络层(NL)以及应用层(AL),其物理层(PHY)和介质访问控制子层(MAC)基于 IEEE STD 802.15.4:2006。图 3 所示为 WIA-PA 的协议栈与 OSI 基本参考模型的映射关系。

图 3 OSI 基本参考模型与 WIA-PA 网络协议层映射关系

5.4 数据流

WIA-PA 协议栈中,数据在现场设备和工厂控制系统之间的传输路径如图 4 所示。

在现场设备到控制系统的路径中,数据流可分为簇内段、簇间段和网关到主控计算机段。在簇内段,数据从簇成员的应用层被传送到簇首的应用层。如果支持聚合,则簇成员和簇首的设备管理应用进程(DMAP)将实现包的聚合、加密等(详见第 11 章和附录 A)。在簇间段,数据将通过多个簇首被传送到网关,并且如支持聚合,则在网关实现包的解聚。包在不同簇首之间传输时仅在网络层转发,不再经过应用层。在网关到主控计算机段,数据经过网关的协议转换后到达主控计算机。

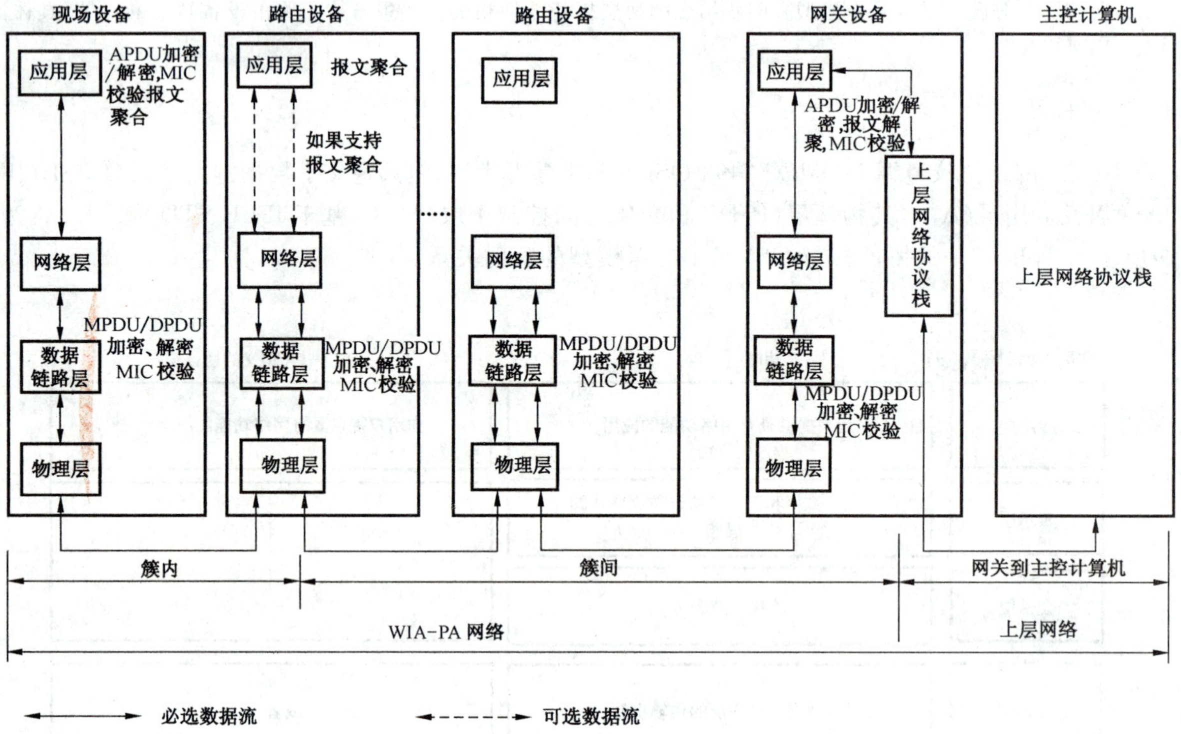

图 4 基本的数据流图

5.5 互连

WIA-PA 通过网关实现与其他网络的互连。WIA-PA 网关除了与网络管理者和安全管理者通信来完成 WIA-PA 网络的网络管理和安全管理工作以外,还可以与 WIA-PA 网络其他设备通信,交换设备间的信息。同时,WIA-PA 网关可以连接现场总线等外部网络。WIA-PA 网关的框架如图 5 所示。

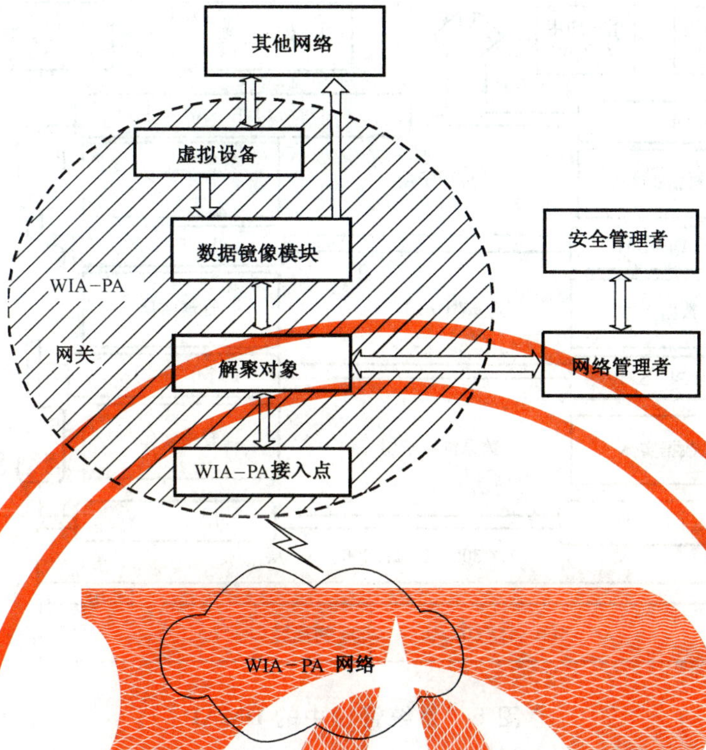

图 5 WIA-PA 网关的框架

WIA-PA 网关包括以下部分：

——WIA-PA 接入点：实现与 WIA-PA 网络的物理连接，完成管理信息和数据的传输；

——虚拟设备：定义了与现场总线等其他网络的通信接口，该接口可将其他网络中的数据源映射为 WIA-PA 设备，满足其他网络与 WIA-PA 网络的通信需求；

——解聚对象：用于解聚由 WIA-PA 路由设备和现场设备聚合后的包；

——数据镜像模块：用于存储 WIA-PA 网络中设备的数据，为其他网络提供数据访问接口。

6 系统管理

6.1 概述

WIA-PA 网络规定的系统管理包括网络管理和安全管理两部分，由 WIA-PA 网络设备中的设备管理应用进程(DMAP)实现。DMAP 是每个设备中完成系统管理功能的实体，包括网络管理模块、安全管理模块和管理信息库模块。DMAP 在协议栈中的位置和构成如图 6 所示，灰色部分为 DMAP，其中的白色块为 DMAP 中的功能模块。

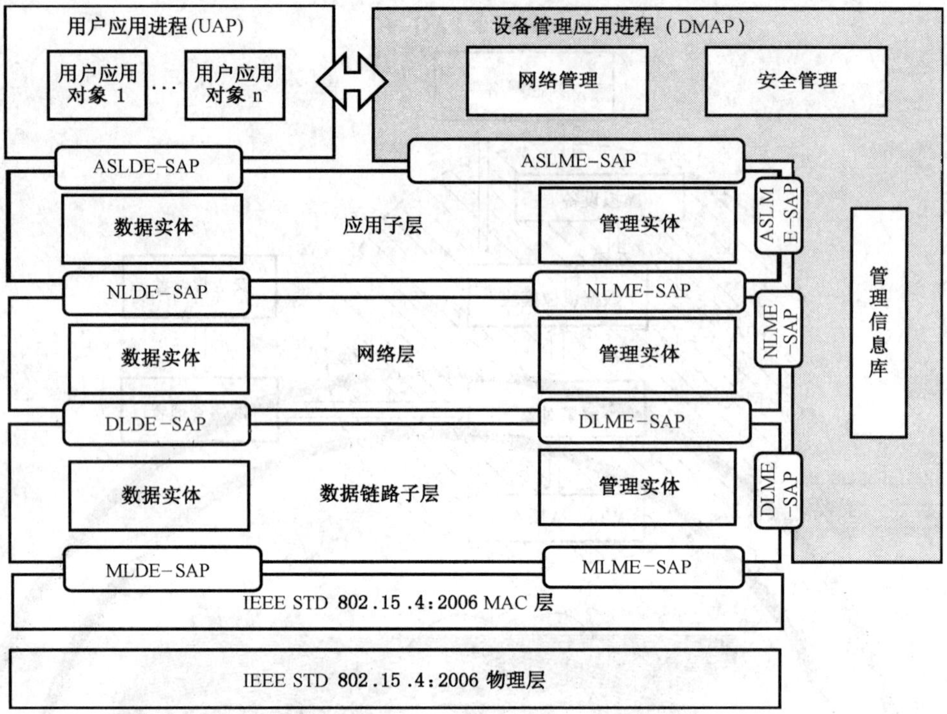

图 6　系统管理中的 DMAP

网络管理负责管理 WIA-PA 网络设备属性以及与通信、组网过程相关的属性。网络管理功能由网络管理者、簇首及簇成员中的 DMAP 共同完成，这些功能主要包括：

——设备加入和离开网络

路由设备的加入和离开通过网关或已加入网络的路由设备完成；现场设备的加入和离开则通过担当簇首的路由设备或者网关设备完成。路由设备或现场设备在加入网络时均需要通过安全管理者的认证。

——网络地址分配

网络中的所有设备均有一个称为"长地址"的 64 位全球唯一地址和一个称为"短地址"的 16 位网络地址。所有设备的长地址在设备出厂时由厂商按 64 位扩展唯一标识符(EUI-64)生成并设置。路由设备的网络地址由网络管理者分配，现场设备的网络地址由所在簇的簇首分配。

——路由配置

WIA-PA 网络中均使用静态路由方法，路由表由网络管理者配置。

——通信资源配置

WIA-PA 网络中的通信资源按超帧的方式进行组织。超帧的具体信息见 8.4.4。当路由设备成功加入网络后，网络管理者应在超帧中为网关设备和路由设备分配通信资源。当现场设备加入簇后，路由设备应在已取得的通信资源中分配一部分给现场设备。

——时间源配置和系统时间服务

一个 WIA-PA 网络应设置一个基准时间源，这个基准时间源由网关充当。网络内的设备仅与网关进行相对时间同步，以确保能够区分事件发生的先后次序。

——网络性能监视

负责统计网络性能，包括路径失效、设备状态以及信道状况。

——管理信息库的维护

完成对 WIA-PA 协议栈管理信息库的配置。

——工厂级网络及维护人员管理接口

网络管理者应提供接口以供工厂操作人员或维护人员监视和控制 WIA-PA 网络和设备的行为和性能。对于这些管理接口,本部分不做规定。

——固件升级

固件升级指更新 WIA-PA 设备的协议栈。由于在线更新网络内所有设备的固件是极为耗电的操作,WIA-PA 标准不推荐使用在线固件更新方式且对其暂不做规定。WIA-PA 标准推荐使用手持设备离线完成设备固件升级操作。手持设备与被更新设备连接可采用有线或无线连接方式。对有线连接推荐采用串口通信方式。对无线连接方式暂不做规定。

安全管理负责管理 WIA-PA 设备中网络安全相关的属性。安全管理由安全管理者以及簇首和簇成员中的安全管理模块共同完成。安全管理者负责整个网络的集中认证工作,但需要网络管理者协作完成。安全管理在第 11 章中详细说明。

管理信息库用来存储 WIA-PA 网络中使用的所有属性,包括非结构化属性和结构化属性。详细内容见 6.9.1。

6.2 系统管理架构

WIA-PA 网络使用集中式管理和分布式管理相结合的管理架构,如图 7 所示。系统管理由网络管理者、安全管理者以及簇首完成。网络管理者和安全管理者直接管理路由设备,同时把对现场设备的管理权限下放给路由设备。

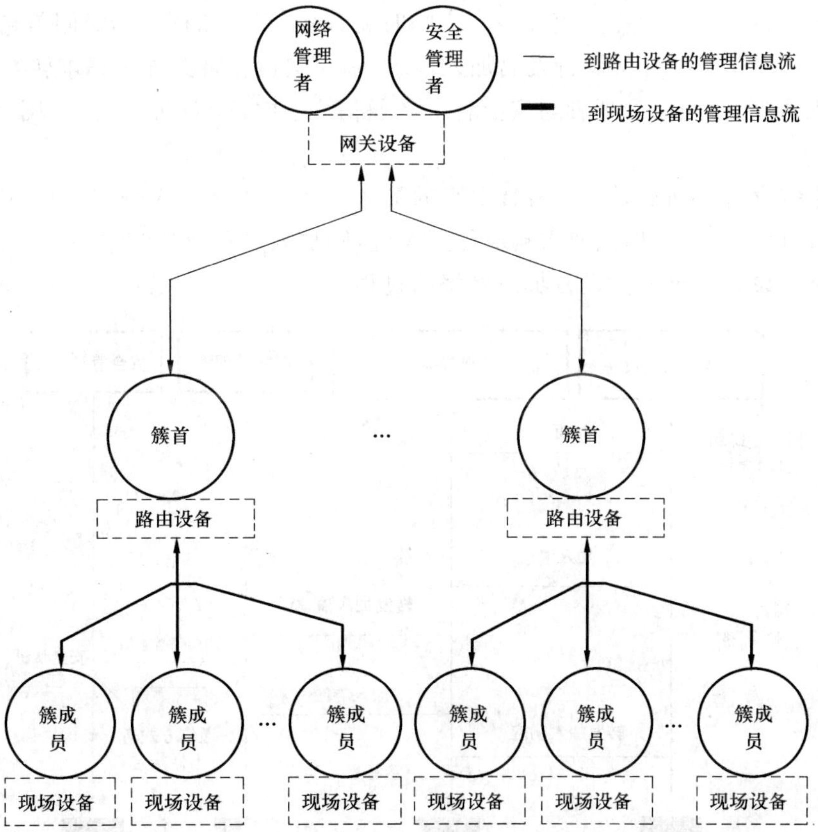

图 7　分布式系统管理架构

网络管理者主要负责完成如下管理功能:

——构建和维护由簇首构成的网状结构,以及由簇首和簇成员构成的星型结构;

——分配网状结构中簇首之间通信所需的资源，且将星型结构中簇成员与簇首之间通信所需的资源预分配给簇首；

——监视 WIA-PA 网络的性能，包括设备状态、路径健康状况以及信道状况等。

安全管理者主要负责完成如下管理功能：

——认证试图加入网络的簇首和簇成员；

——负责整个网络的密钥管理，包括密钥产生、密钥分发、密钥恢复、密钥撤销等；

——认证端到端的通信关系。

簇首主要负责完成如下管理功能：

——负责构建和维护星型结构；负责将网络管理者预留给星型结构的通信资源分配给簇成员；负责为网络管理者提供星型结构的网络性能。

——负责管理星型结构中使用的部分密钥；负责认证簇成员之间的通信关系；负责认证簇首与簇成员之间的通信关系等。

6.3 设备加入过程

6.3.1 路由设备加入过程

在路由设备开始加入网络前，手持设备为其配置一个加入密钥（详见 11.5）。路由设备的加入过程如下（见图 8）：

a) 待加入路由设备持续扫描网络中的可用信道，获得在网路由设备或网关设备发出的信标。

b) 待加入路由设备选择信标发出设备作为临时父设备，根据信标中的时间信息完成时间同步。

c) 待加入路由设备向临时父设备发出加入请求，临时父设备将此加入请求转发给网络管理者。

d) 收到加入请求后，网络管理者与安全管理者通信，完成安全认证。之后，网络管理者返回加入响应。

e) 待加入路由设备收到临时父设备转发来的加入响应。如该加入响应是负响应，则待加入路由设备将重启加入过程；如该加入响应是正响应，则加入过程成功结束。

图 8 所示为路由设备通过网关设备加入网络的过程。

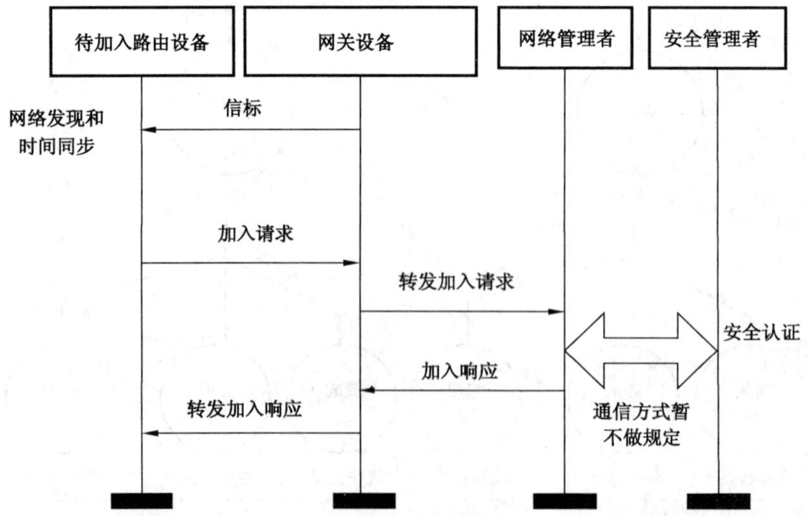

图 8 路由设备通过网关设备加入网络过程

图 9 所示为路由设备通过在网路由设备加入网络的过程。

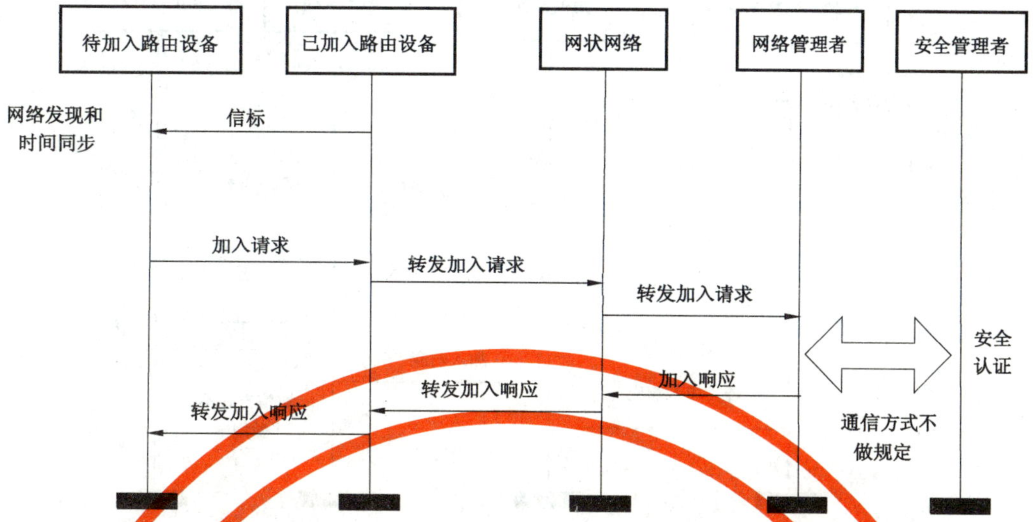

图 9　路由设备通过在网路由设备加入网络过程

路由设备资源分配的过程见 6.5.4。

6.3.2　现场设备加入过程

在现场设备开始加入网络前，手持设备为其配置一个加入密钥(详见 11.5)。现场设备的加入过程如下：

a)　待加入网络的现场设备持续监听网络内的可用信道，获得在网路由设备或者网关设备发出的信标。

b)　待加入网络的现场设备选择发出信标的其中一个路由设备或者网关设备作为簇首，根据信标内的时间信息完成时间同步。

c)　待加入网络的现场设备向选定的簇首发出加入请求。

d)　收到加入请求后，簇首转发该加入请求给网络管理者。

e)　网络管理者返回加入响应后，簇首再根据自身的通信资源情况以及网络拓扑类型向待加入网络的现场设备发出响应；如果网络拓扑类型不匹配，则在响应中置 status=FAILURE_TOP_DISMATCH；其他错误类型，则在响应中置 status=FAILURE_ELSE；如果加入成功，则在响应中置 status=SUCCESS；其中，status 的定义见表 39。

f)　现场设备收到簇首发出的响应。如果响应中 status=FAILURE_TOP_DISMATCH，则该现场设备应选择路由设备作为簇首加入网络；如果响应中 status=FAILURE_ELSE，则该现场设备应重复 a)～f)的加入过程；如果响应中 status=SUCCESS，则该现场设备加入网络。

图 10 和图 11 所示分别为现场设备加入网关设备和路由设备的过程。现场设备资源分配过程见 6.5.5。

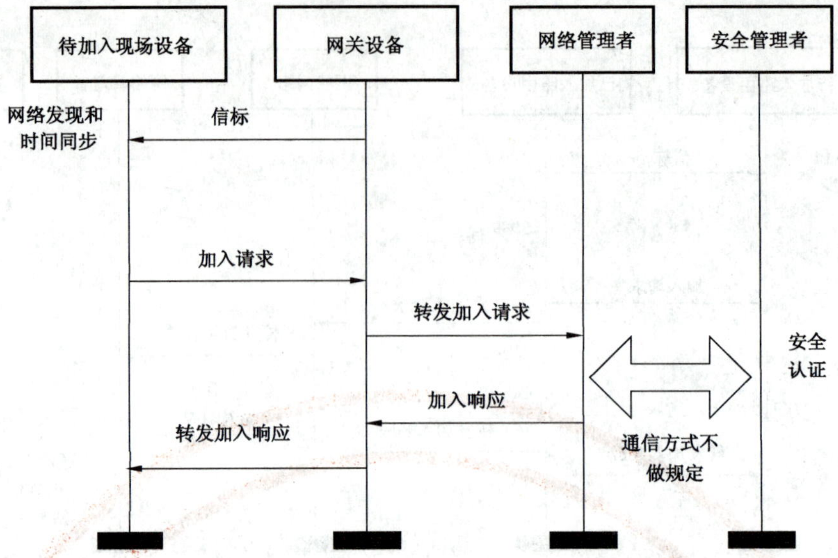

图 10 现场设备加入网关设备的过程

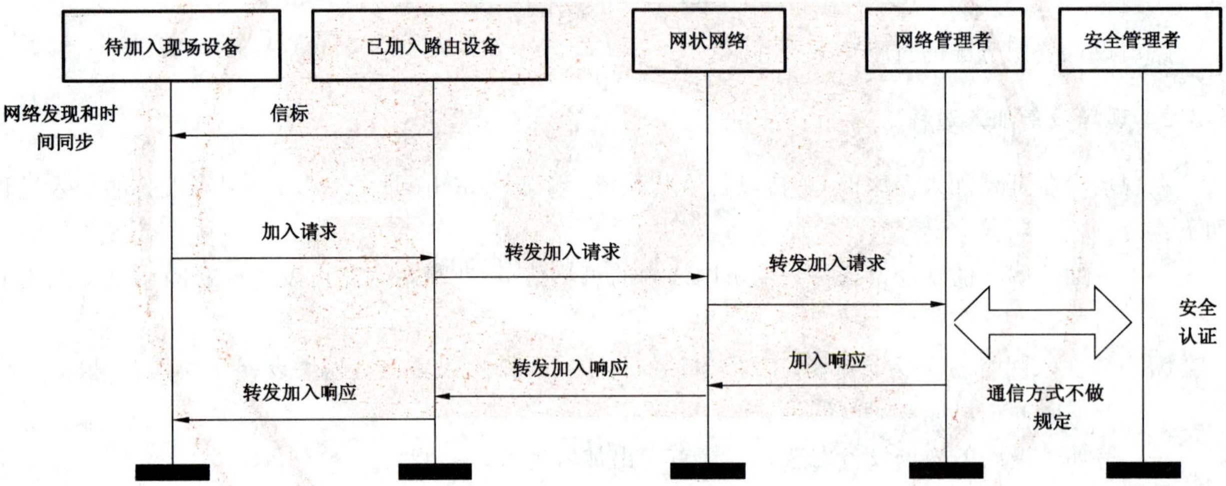

图 11 现场设备加入路由设备的过程

注 1：手持设备通过网关设备和路由设备加入 WIA-PA 网络。其加入过程和 WIA-PA 网络设备的加入过程相同。手持设备加入网络后，在超帧的竞争访问阶段(CAP)配置网络设备、收集网络性能和健康信息。

注 2：安全相关内容见第 11 章。

6.3.3 编址方法和地址分配

WIA-PA 网络中的路由设备和现场设备都有一个全球惟一的 64 位长地址和一个 16 位短地址。长地址由厂商按照 EUI-64 分配并设置，如图 12 所示。

高位　　　　　　　　　　　　　　　　　　　　低位

厂商 ID	设备类型	设备 ID
3 字节	2 字节	3 字节

图 12 设备长地址

路由设备和现场设备的短地址由两个字节构成,高字节由网络管理者分配,用以区别不同的簇。路由设备短地址结构如图 13 所示,其低字节的值设为 0。

高位	低位
簇地址	0
1 字节	1 字节

图 13 路由设备短地址

现场设备的短地址如图 14 所示,其高字节为簇地址,低字节为簇内地址。簇内地址由簇首顺序分配。

高位	低位
簇地址	族内地址
1 字节	1 字节

图 14 现场设备短地址

6.4 虚拟通信关系

6.4.1 VCR 定义

虚拟通信关系(VCR)定义了用户应用对象(UAO)之间的访问,其端点为两个 UAO,用于区分不同用户应用对象所使用的路径和通信资源。每个 VCR 由 VCR_ID 唯一标识。每个 VCR 由源端用户应用对象标识、目的端用户应用对象标识、源端设备地址、目的端设备地址、VCR 类型、VCR 作用范围等属性表示,详见表 18。

按照所支持的应用,定义三种类型的 VCR:

——发布者/预订者(P/S)类型 VCR:主要用于支持预先配置的、周期数据的发布。

——汇报/转发(R/S)类型 VCR:主要用于支持非周期的事件、趋势报告。

——客户机/服务器(C/S)类型 VCR:以请求/响应形式支持非周期的、动态的成对单播信息传输。

按照是否支持聚合,VCR 又分为:

——非聚合 VCR:如果簇成员不支持聚合功能,则簇成员采用非聚合 VCR 将未聚合的包发送到簇首;如果该簇首也不支持聚合功能,则还利用该非聚合 VCR 将簇成员的数据转发给网关。

——数据聚合 VCR:如果簇成员支持聚合功能,则簇成员采用数据聚合 VCR 将聚合后的包发送到簇首;如果簇首不支持聚合功能,则还利用该数据聚合 VCR 将簇成员的聚合包转发给网关。数据聚合 VCR 的作用范围是簇成员内的数据聚合对象(DAGO)到网关内的解聚对象(DGO)。

——包聚合 VCR:如果簇首支持聚合功能,则簇首采用包聚合 VCR 将聚合后的包发送到网关。包聚合 VCR 的作用范围是簇首内的报文聚合对象(PAGO)到网关内的解聚对象(DGO)。

注:PAGO,DGO 和 DAGO 是三个特殊的 UAO。具体内容见 6.6.1。

6.4.2 VCR 所需的协议支持

协议栈要提供对 VCR 的支持,具体如表 1 所示。

表 1 VCR 所需的协议支持

<table>
<tr><th colspan="3" rowspan="2">分层协议支持</th><th colspan="3">VCR 类型</th></tr>
<tr><th>P/S 类型 VCR</th><th>R/S 类型 VCR</th><th>C/S 类型 VCR</th></tr>
<tr><td rowspan="5">应用层</td><td colspan="2">用户应用</td><td>用于用户应用对象的周期性数据传输</td><td>用于报警、事件等非周期性突发事件的报告</td><td>用于用户应用对象中参数的读、写等信息获取或设置操作</td></tr>
<tr><td colspan="2">应用子层通信模式</td><td>P/S</td><td>R/S</td><td>C/S</td></tr>
<tr><td colspan="2">是否双向</td><td>否</td><td>否</td><td>是</td></tr>
<tr><td colspan="2">是否需要端到端重传</td><td>否</td><td>可选</td><td>是</td></tr>
<tr><td colspan="2">是否支持聚合</td><td>是</td><td>否</td><td>否</td></tr>
<tr><td rowspan="3">网络层</td><td rowspan="2">冗余路径支持</td><td>簇内</td><td>否</td><td>否</td><td>否</td></tr>
<tr><td>簇间</td><td>是</td><td>是</td><td>是</td></tr>
<tr><td colspan="2">单播/广播</td><td>广播/单播</td><td>广播/单播</td><td>单播</td></tr>
<tr><td rowspan="4">数据链路子层</td><td colspan="2">周期性</td><td>是</td><td>否</td><td>否</td></tr>
<tr><td colspan="2">实时性</td><td>是</td><td>可选</td><td>否</td></tr>
<tr><td rowspan="2">通信资源</td><td>簇内</td><td>CFP、簇内通信阶段的专用时隙</td><td>CAP</td><td>CAP</td></tr>
<tr><td>簇间</td><td>簇间通信阶段的专用时隙</td><td>簇间通信阶段共享时隙</td><td>簇间通信阶段共享时隙</td></tr>
</table>

6.4.3 VCR 的建立

R/S 和 C/S 类型的 VCR 的建立过程如下：

——现场设备加入网络后，NM 获取现场设备的 UAO。该过程在 CAP 段由网络层属性获取服务（见 9.5.12 和 9.6.4）实现。

——NM 获取现场设备的 UAO 信息后，为现场设备每个 UAO 配置一个 R/S 类型和一个 C/S 类型的 VCR。

当需要为现场设备配置 P/S 类型的 VCR 时，其建立过程如下：

——NM 利用网络层属性配置服务（9.5.12.5 和 9.6.4）为每个 UAO 配置一个 P/S 类型的 VCR。如果现场设备不支持数据聚合功能，则该 VCR 为非聚合的 P/S 类型 VCR，且不同的 VCR 允许使用相同的路径；如果现场设备支持数据聚合功能，则该 VCR 为数据聚合 VCR。如果路由设备支持包聚合功能，则 NM 为路由设备配置一个包聚合 VCR。

VCR 的具体信息见表 18。

6.4.4 VCR 的释放

当路由设备或现场设备离开网络时需要释放相应的 VCR，VCR 的释放过程见 6.8。

6.5 路由配置与通信资源分配

6.5.1 路由配置

路由设备只采用静态路由方式，路由配置由 NM 完成，具体路由算法在本部分中不作规定。路由的具体信息见表 12。其中,路由与其冗余路由采用相同的 *RouteID*。路由的配置由路由分配服务实现,具体内容见 9.5.6。

6.5.2 通信资源分配

通信资源包括时隙和信道。因此,通信资源的分配包括对时间和信道的分配。

通信资源的分配过程为:

——在网状结构中,由网络管理者为簇首分配资源,这部分资源包括簇首用于在网状结构中通信的资源和簇首可分配给簇成员的资源;

——在星型结构中,由簇首为簇成员分配资源,即将簇首的资源与簇成员绑定。

图 15 为星型和网状结合的两层拓扑结构中一个资源分配的示例。驻留在网关设备 GW 中的 NM 将资源首先分配给网状结构中的路由设备 R1、R2 和 R3。这部分资源包括路由设备 R1、R2 和 R3 之间相互通信的资源、路由设备与网关设备 GW 之间的通信资源,以及路由设备与其簇内现场设备之间相互通信的一块预分配资源。各路由设备接收到 NM 分配的通信资源后,将其中的预分配资源的一部分分配给簇内的现场设备,这部分通信资源用于簇内现场设备和本簇路由设备之间的通信。如图 15 所示,NM 为 R1、R2 和 R3 分配通信资源后,R1 为 F1 和 F2 分配通信资源,R2 为 F5 分配通信资源,R3 为 F3 和 F4 分配通信资源。

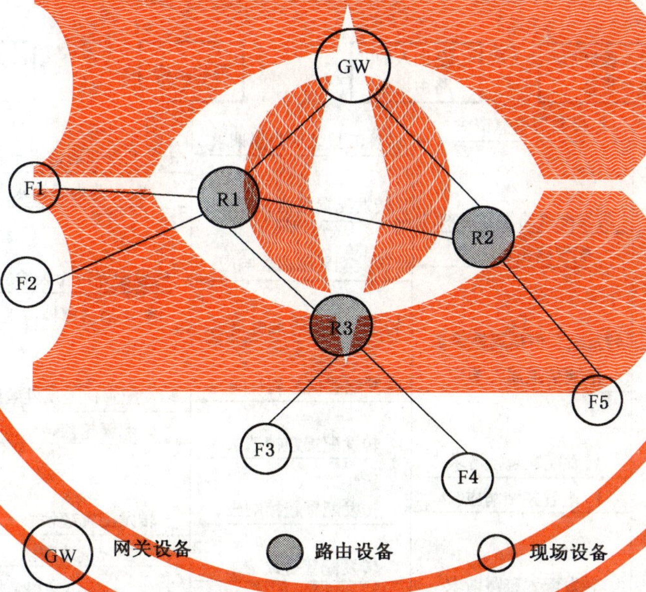

通信资源分配

时隙

信道

GW=>R1				R1=>F1	R1=>F2	休眠
	GW=>R2	GW=>R2		R2=>F5		
			R2=>R3	R3=>F3	R3=>F4	
网状结构通信资源分配				星型结构通信资源分配		

图 15 通信资源分配示例

6.5.3 通信资源分配规则

本条定义了如下 4 个数据链路子层数据单元(DLPDU)的优先级:

——命令帧具有最高的优先级,命令帧包括所有与诊断、配置和控制信息,以及紧急告警有关的帧。

——过程数据具有第二优先级。

——一般(Normal)优先级为第三优先级。将所有不属于命令、过程数据和告警数据的帧的优先级归为一般优先级。

——报警(Alarm)优先级为最低优先级,非紧急的告警数据都属于该优先级。设备只能缓冲至多一个报警优先级的帧。

通信资源分配主要采用如下的调度规则:

——信标和活动期部分的信道分配优先;

——更新速率快的设备时隙分配优先;

——多跳通信中,起始时间早的帧的时隙分配优先;

——优先级高的帧的时隙分配优先。

6.5.4 路由设备通信资源分配

WIA-PA 网络采用集中式与分布式相结合的管理策略。路由设备加入网络时,首先在所有信道上扫描邻居设备,且将邻居信息汇报给 NM。NM 收到新加入网络的邻居信息汇报后,利用通信资源分配服务(具体内容见 9.5.7)为其分配路由及一块通信资源(包括超帧和链路)。路由设备加入网络后,通过信标帧广播自身的超帧结构信息。路由设备的资源分配过程如图 16 所示。

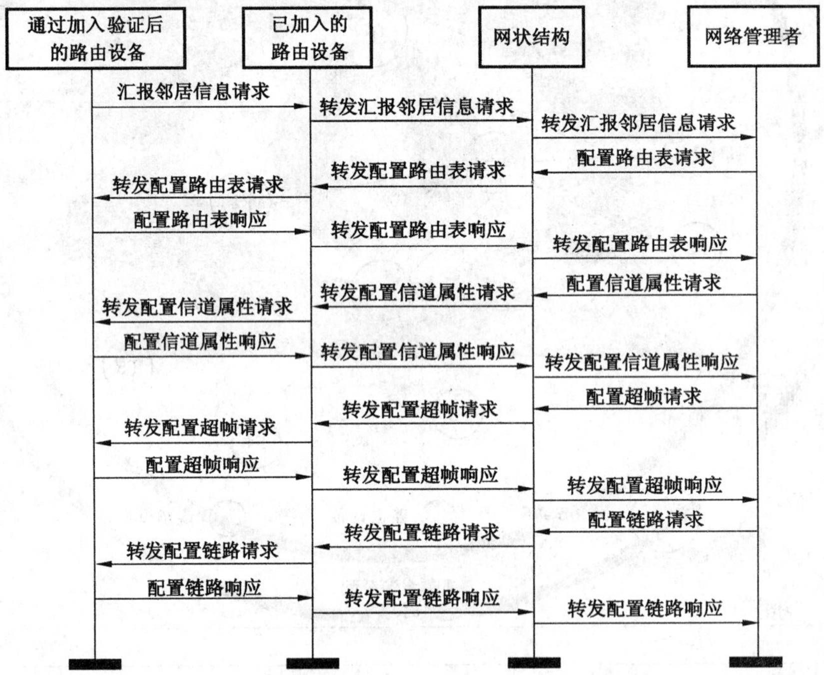

图 16 路由设备的通信资源分配过程

6.5.5 现场设备通信资源分配

现场设备的 VCR 成功建立后,路由设备或者网关设备利用通信资源分配服务(具体内容见 9.5.7)为其分配分布于不同信道时隙,用于现场设备与路由设备之间或者现场设备与网关设备之间的通信。如果现场设备的加入影响了其所在簇的路由设备或者网关设备的超帧结构,则该簇的路由设备或者网关设备更新其路由属性、超帧属性以及链路属性(各属性的具体内容见 6.9.1.2.2,更新的方法见 9.5.7)。

现场设备加入路由设备的通信资源分配过程如图 17 所示。

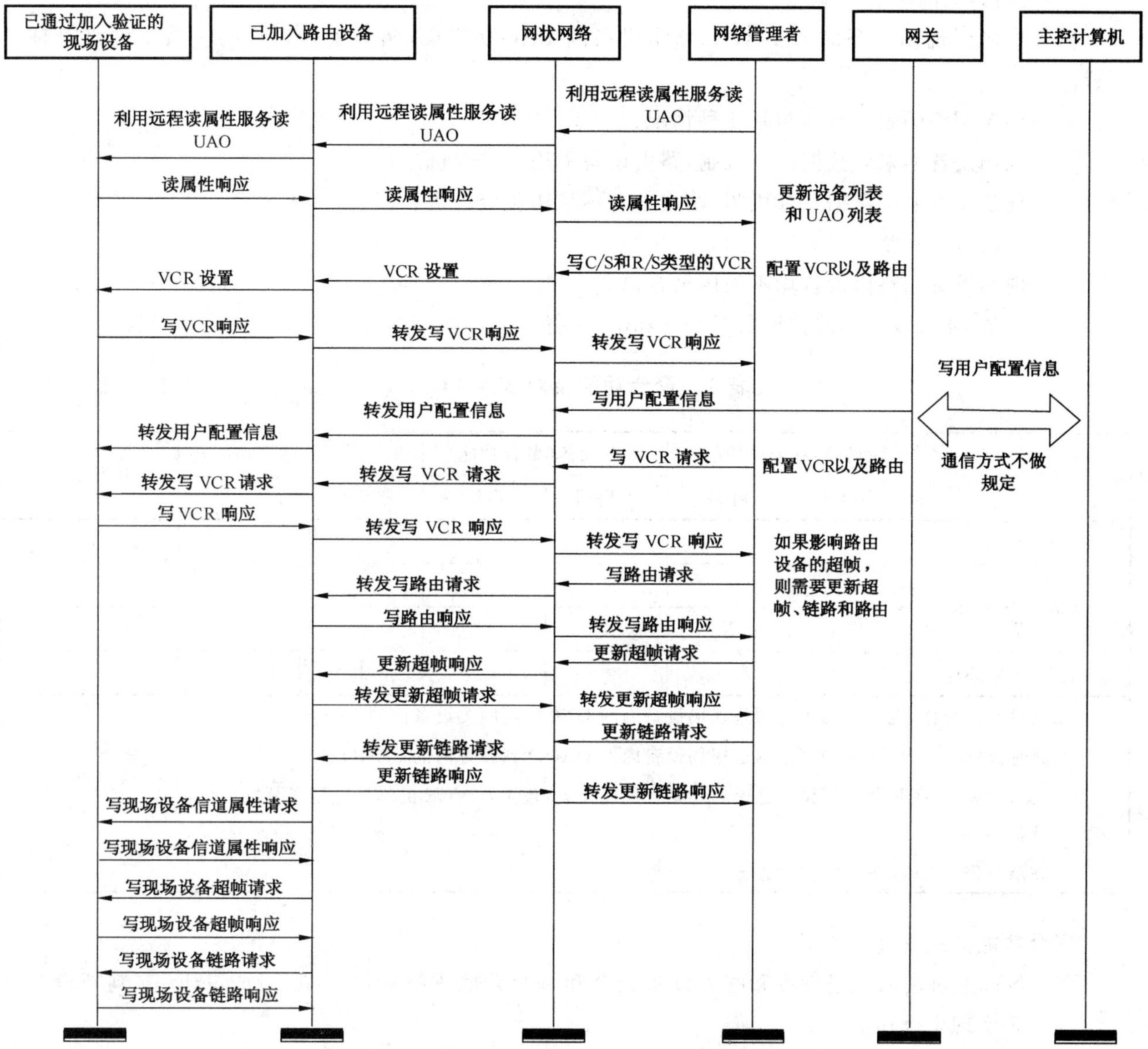

图 17　现场设备加入路由设备的通信资源分配过程

6.6 聚合和解聚

6.6.1 聚合

现场设备和路由设备的聚合功能是可选的，通过聚合和解聚功能支持标志 *AGGSupportFlag*（见表 17）指示是否实现。当现场设备和路由设备支持聚合功能时，NM 可通过设置聚合和解聚功能启用标志 *AGGEnableFlag*（见表 17）为 1 来启用聚合功能。

WIA-PA 网络支持两级聚合机制，以减少数据包传输的数量。

——数据聚合：当现场设备具有一个以上用户应用对象时，通过现场设备的聚合和解聚功能启用标志 *AGGEnableFlag*，可选择启用现场设备的数据聚合机制，以减少通信频率，提高网络效率；

——包聚合：当路由设备接收一个以上现场设备的数据包时，通过路由设备的聚合和解聚功能启用标志 *AGGEnableFlag*，可选择启用路由设备的包聚合机制，以减少路由设备到网关的数据包数目，提高网络效率。

聚合功能由现场设备的 DAGO 和路由设备的 PAGO 完成，两类聚合对象的参数由网络管理者配置。

WIA-PA 网络的聚合具体包括 4 种情况：

——现场设备不采用数据聚合机制，路由设备采用包聚合机制；

——现场设备采用数据聚合机制，路由设备不采用包聚合机制；

——现场设备和路由设备均采用聚合机制；

——现场设备和路由设备均不采用聚合机制。

现场设备、路由设备和网关设备对聚合和解聚功能的启用及与 VCR 的关系如表 2 所示。

表 2　聚合功能及对应 VCR 列表

	现场设备(聚合功能)		路由设备(聚合功能)		网关设备(解聚功能)		状况编号
	不启用	启用	不启用	启用	不启用	启用	
非聚合 VCR	X		X		—[d]	—[d]	A
数据聚合 VCR		X	X[a]			X	B
		X		X[b]		X	C
包聚合 VCR	—[c]	—[c]		X		X	D

[a] 此时数据聚合 VCR 的作用范围是现场设备内的 DAGO 到网关设备内的 DGO。

[b] 此时数据聚合 VCR 的作用范围是现场设备内的 DAGO 到簇首内的 PAGO。

[c] 表示包聚合 VCR 与现场设备是否启用聚合功能无关，包聚合 VCR 的作用范围是从路由设备的 PAGO 到网关设备的 DGO。

[d] 表示非聚合 VCR 不需要网关设备启用解聚功能。

聚合功能的配置过程如下：

——NM 通过读取现场设备和路由设备聚合和解聚功能支持标志 *AGGSupportFlag* 判断设备是否实现聚合功能。

——NM 将支持聚合功能的路由设备 MIB 中的聚合和解聚功能启用标志 *AGGEnableFlag* 置 1，并为路由设备分配包聚合 VCR。聚合周期设为簇内所有现场设备的 UAO 的数据更新周期的最小值，记录为 *AggPeriod*(见 6.9.1.2.1)。

——NM 将支持聚合功能的现场设备 MIB 中的聚合和解聚功能启用标志 *AGGEnableFlag* 置 1，并为现场设备分配数据聚合 VCR。聚合周期设为现场设备的所有 UAO 的数据更新周期的最小值，记录为 *AggPeriod*(见 6.9.1.2.1)。

针对现场设备和路由设备是否启用聚合功能，做以下处理：

——如果现场设备信息库中的聚合和解聚功能启用标志为 0，则该现场设备不启用聚合功能。不启用聚合功能的现场设备利用预分配的非聚合 VCR 所对应的 *RouteID* 将数据发送给路由设备。如果路由设备信息库中的聚合和解聚功能启用标志 *AGGEnableFlag* 也为 0，则路由设备利用该 *RouteID* 将接收的数据转发给网关设备。此过程对应表 2 中的状况 A。

——如果现场设备具有多个 UAO 且信息库中的聚合和解聚功能启用标志 *AGGEnableFlag* 为 1，则该现场设备启用数据聚合功能。现场设备的所有 UAO 将 P/S 类型的数据发送给 DMAP 内的 DAGO。DAGO 根据 UAO 数据格式的"方法标识符"域(见 10.2.3)是否为 0x02 来判断该数据是否为P/S类型。在到达聚合周期后，DAGO将所有UAO的P/S类型的数据按照图18所示的格式进行聚合，并计算聚合数据的长度。然后，DAGO将聚合后的数据发送给ASL，由ASL负责将聚合后的数据加载ASL包头，且将ASL包头的包控制字段中的包类型设置为0b11来指示此数据包为聚合包(见10.4.2)。最后，现场设备NL通过数据聚合VCR所对应的*RouteID*将在聚合包发送给路由设备。

——如果路由设备信息库中的聚合和解聚功能启用标志*AGGEnableFlag*为0，则该路由设备不启用聚合功能。当路由设备接收到现场设备的包时，路由设备的网络层利用该包的*RouteID*将接收到的包直接转发给网关设备。此过程对应表2中的状况B。

——如果路由设备信息库中的聚合和解聚功能启用标志*AGGEnableFlag*为1，则该路由设备启用聚合功能。当路由设备接收到现场设备的包时，判断接收到的数据是否可被聚合的判断准则如下：

- 如果该包的网络层包头的分段标志(见9.6.1)为1，表示该数据为分段数据，则不可聚合；
- 如果该包的网络层包头的分段标志为0且P/S标志(见9.6.3)为1，表示该数据为P/S类型且未被分段，则可聚合；
- 其他类型的数据都不可聚合。

——如果路由设备启用聚合功能且接收到的包可聚合，则路由设备的NL将该包的源地址以及网络层载荷传送给DMAP内的PAGO；在一个超帧周期内，以收到的第一个可聚合的包为起始时间，直到网络管理者为路由设备预先分配的聚合包发送时隙止，PAGO将收到的所有可聚合的数据按照图19所示的格式进行聚合，并计算聚合数据的长度。然后，DMAP在VCR表中查找聚合类型为包聚合VCR的VCR，并将聚合数据、包聚合VCR对应的RouteID传递给NL。NL将接收到的聚合数据按照图88所示的格式形成网络层聚合包，且将网络层包头的包控制字段中的包类型设置为1来指示此数据包为聚合包。如果聚合后的包长度超出网络层的最大数据包长度，则利用网络层的分段功能将包进行分段。利用之前从DMAP收到的包聚合VCR对应的RouteID，NL将该聚合包或聚合后的分段包(如分段)发送给网关设备。此过程对应表2中的状况C和D。

1字节	1字节	可变长度	…	1字节	可变长度
聚合数量	数据长度	数据	…	数据长度	数据

图18　现场设备DAGO聚合数据格式

图18中各参数的定义如下：

——聚合数量：长度为1个字节，表示DAGO所聚合的UAO数据的个数；

——数据长度：长度为1个字节，表示其后被聚合的UAO数据的长度，以字节为单位；

——数据：可变长度，表示被聚合的UAO数据，格式见114。

1字节	2字节	1字节	可变长度	…	2字节	1字节	可变长度
聚合数量	源地址	数据长度	数据	…	源地址	数据长度	数据

图19　路由设备PAGO聚合数据格式

图 19 中各参数的定义如下：

——聚合数量：长度为 1 个字节，表示 PAGO 所聚合的现场设备数据的个数；

——源地址：长度为 2 个字节，表示其后被聚合数据的 16 位源地址；

——数据长度：长度为 1 个字节，表示其后被聚合的现场设备数据的长度，以字节为单位；

——数据：可变长度，表示被聚合的现场设备数据，格式见图 131。

6.6.2 解聚

网关设备的解聚功能是可选的，通过聚合和解聚功能支持标志 *AGGSupportFlag* 指示是否实现。当网关设备支持解聚功能时，NM 可通过设置聚合和解聚功能启用标志 *AGGEnableFlag*（见表 17）为 1 启用网关设备的解聚功能。

解聚功能由网关设备的 DGO 完成。网关设备根据收到包的 NL 包头和 ASL 包头决定是否解聚包。如果 NL 包头中的包类型为 1，则网关设备的 DGO 需要解开网络层的聚合包；如果 ASL 包头的包类型为 0b11，则网关设备的 DGO 需要继续解开 ASL 的聚合包。

DGO 的参数由网络管理者配置。

WIA-PA 的解聚过程为：

——网关设备收到现场设备和路由设备的聚合包后，网关设备的网络层通知 DMAP 的解聚对象 DGO 将包解聚；

——网关设备的 DMAP 将解聚后的包发送给应用层对应的 UAO 进行处理。

6.6.3 两级聚合和解聚示例

下面的例子具体说明聚合和解聚过程。图 20 给出了由两个现场设备、一个路由设备、一个网关设备和一个主控计算机构成的简单网络。其中，路由设备 R 为现场设备 A 和现场设备 B 的簇首，现场设备 A 中包含两个应用对象：a1 和 a2，现场设备 B 中包含两个应用对象：b1 和 b2。

本例中假设现场设备 A 不支持聚合功能，现场设备 B 支持聚合功能，路由设备 R 支持聚合功能。a1 和 a2 的数据更新周期配置为 1 s，b1 和 b2 的数据更新周期配置为 4 s。现场设备 B 中具有一个数据聚合对象 DAGO，其聚合周期配置为本地数据更新周期的最小值，即为 4 s；现场设备 B 上的 DAGO 负责聚合 b1 和 b2 的数据，聚合后的包记为 p_b；路由设备 R 具有一个包聚合对象 PAGO，其聚合周期配置为簇内数据更新周期的最小值，即为 1 s；路由设备 R 上的 PAGO 负责聚合来自 a1 和 a2 的包和包 p_b。网关设备 GW 中具有一个解聚对象 DGO，负责解开现场设备和路由设备聚合后的包。

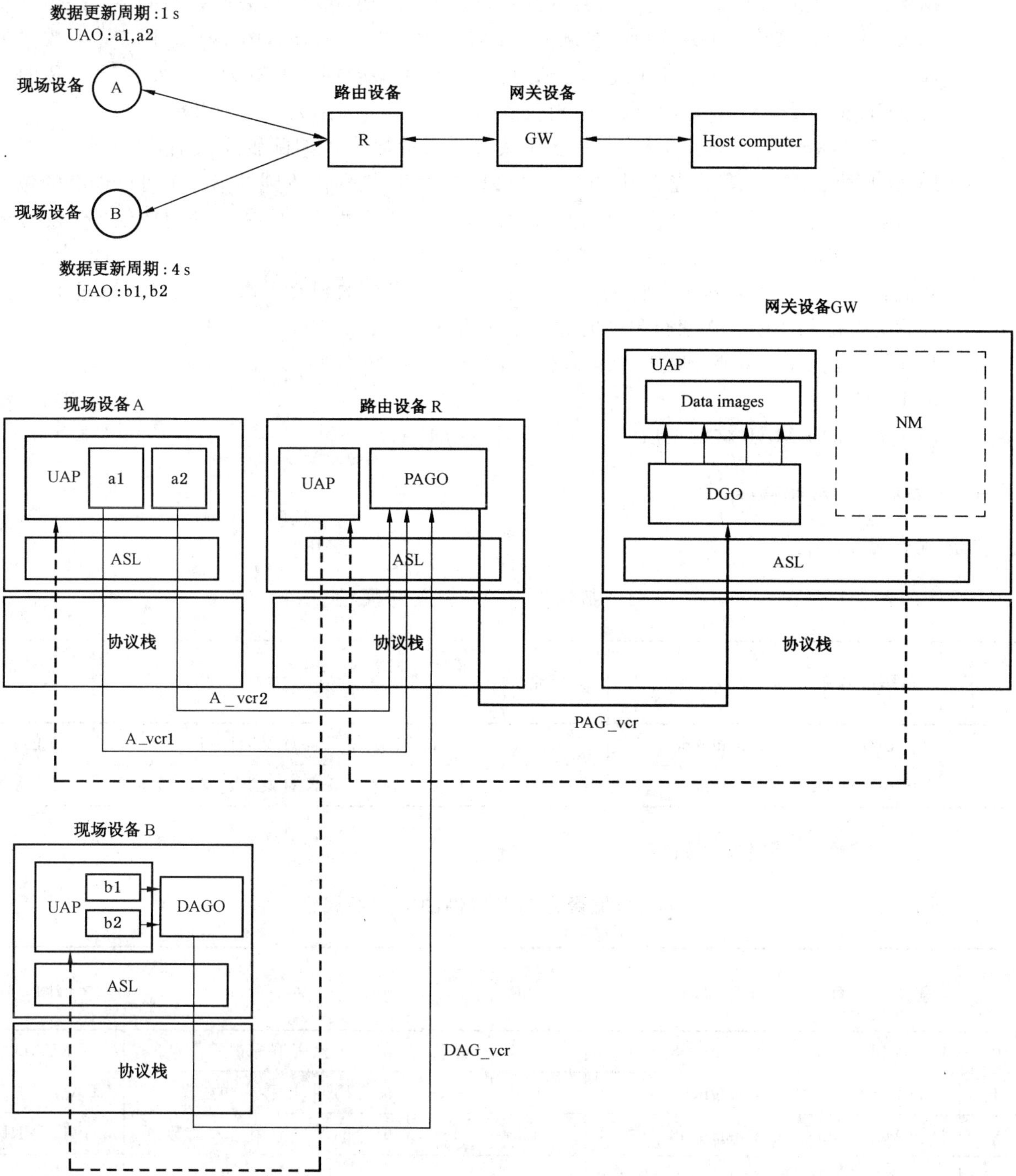

图 20 包聚合和解聚例子

本例中,聚合和解聚过程详述如下:

a) 网络建立后,网络管理者分别为 a1、a2、b1 和 b2 建立一个非聚合 VCR 用于非聚合包的传输。标记现场设备 A 中 a1 和 a2 的 2 个非聚合 VCR 分别为 A_vcr1 和 A_vcr2,且 A_vcr1 和 A_vcr2 端点是 a1、a2 以及网关设备的 UAP;由于现场设备 B 支持聚合功能,因此现场设备 B 的数据传输不使用非聚合 VCR,本例中对现场设备 B 的非聚合 VCR 不作标记。

b) 非聚合 VCR 建立后,网络管理者为现场设备 B 和路由设备 R 配置数据聚合 VCR、包聚合 VCR 和聚合周期。现场设备 B 的聚合周期取其本地数据更新周期的最小值,由于 b1 和 b2 的数据更新周期均为 4 s,所以现场设备 B 中的 DAGO 的聚合周期配置为 4 s;现场设备 B 的数据聚合 VCR 记为 DAG_vcr,其端点为现场设备 B 的 DAGO 和网关设备的 DGO;路由设备 R 的聚合周期取其簇内 UAO 数据更新周期的最小值,由于 a1,a2,b1 和 b2 中的最小数据更新周期为 1 s,所以路由设备 R 的包聚合对象 PAGO 的聚合周期配置为 1 s;路由设备 R 的包聚合 VCR 记为 PAG_vcr,其端点为路由设备 R 的 PAGO 和网关设备的 DGO。

c) A_vcr1、A_vcr2 、DAG_vcr 和 PAG_vcr 及其各自的聚合周期配置完成后,DAGO、PAGO 和 DGO 开始工作。现场设备 B 中的 DAGO 以一个超帧周期内收到的第一个可以聚合的包为起点,截止到预先分配好的发送聚合包的时隙为止,将需要聚合的数据通过 DAG_vcr 发送给路由设备 R;路由设备 R 中的 PAGO 以一个超帧周期内收到的第一个可以聚合的包为起点,截止到预先分配好的发送聚合包的时隙为止,将需要聚合的包在 DMAP 聚合后通过 PAG_vcr 在预先分配的用于发送聚合包的时隙中发送给网关设备的 DGO。
d) 网关设备的 DGO 将收到的聚合包解聚后,根据解析出的包的源地址、UAO 标识符,找到对应的 UAO。
e) 网关设备的 DMAP 将解聚后的包发送给对应的 UAO。

6.6.4 聚合和解聚对象管理

数据聚合对象的类级属性如表 3 所示。

表 3 数据聚合对象的类级属性

属性标识符	属性名称	数据类型	默认值	属性可选	描　述	支持的方法
0	DagoID	Unsigned8	0	必备	数据聚合对象标识符	READ
1	DagoRevision	Unsigned8	0	可选	数据聚合对象类定义的版本	READ

数据聚合对象的实例级属性如表 4 所示。

表 4 数据聚合对象实例的实例级属性

属性标识符	属性名称	数据类型	默认值	属性可选	描　述	支持的方法
0	DagoInsID	Unsigned8	0	必备	聚合对象实例标识符	READ
1	DagoPeriod	Unsigned8	1	必备	聚合周期,以秒为单位	READ/WRITE
2	DagoMemNum	Unsigned8	0	可选	聚合的用户应用对象的数量	READ/WRITE
3	DagoMemLst	MEM_ STRUCT 结构体数组,见表 5	—	可选	聚合的用户应用对象的列表	READ/WRITE
4	DagoMemDataSize	Unsigned8	0	可选	聚合数据 DagoMemData 的长度,单位为字节	READ/WRITE
5	DagoMemData	Octetstring	—	必备	聚合的用户应用对象的数据。DagoMemData 中保存的各 UAO 数据的顺序,应与 DagoMemLst 中的顺序一致	READ/WRITE

数据聚合对象所支持的方法如 10.2.3 所示。

其中,MEM_STRUCT 结构体的定义如表 5 所示。

表 5　MEM_ STRUCT 结构体

属性标识符	属 性 名 称	数 据 类 型	描　　述
0	AppObjID	Unsigned8	用户应用对象标识符
1	AppObjInsID	Unsigned8	用户应用对象实例标识符
2	AppObjAttrID	Unsigned8	用户应用对象属性标识符

包聚合对象的类级属性如表 6 所示。

表 6　包聚合对象的类级属性

属性标识符	属性名称	数据类型	默认值	属性可选	描　　述	支持的方法
0	PagoID	Unsigned8	1	必备	包聚合对象标识符	READ
1	PagoRevision	Unsigned8	0	可选	包聚合对象类定义的版本	READ

包聚合对象的实例级属性如表 7 所示。

表 7　包聚合对象的实例级属性

属性标识符	属性名称	数据类型	默认值	属性可选	描　　述	支持的方法
0	PagoInsID	Unsigned8	1	必备	包聚合对象标识符	READ
1	PagoPeriod	Unsigned8	1	必备	聚合周期(以秒为单位)	READ/WRITE
2	PagoMemNum	Unsigned8	0	必备	被聚合的簇成员的数量	READ/WRITE
3	PagoMemLst	Octetstring	—	可选	聚合的簇成员列表	READ/WRITE
4	PagoDataSize	Unsigned8	0	可选	聚合包的长度(以字节为单位)	READ/WRITE
5	PagoMemData	Octetstring	—	必备	聚合的簇成员的数据。PagoMemData 中保存的各簇成员数据的顺序,应与 PagoMemLst 中的顺序一致	READ/WRITE

包聚合对象所支持的方法如 10.2.3 所示。

解聚对象的类级属性如表 8 所示。

表 8　解聚对象的类级属性

属性标识符	属性名称	数据类型	默认值	属性可选	描　　述	支持的方法
0	DgoID	Unsigned8	2	必备	解聚对象标识符	READ
1	DgoRevision	Unsigned8	0	可选	解聚对象类定义的版本	READ

解聚对象的实例级属性如表 9 所示。

表 9　解聚对象的实例级属性

属性标识符	属性名称	数据类型	默认值	属性可选	描　　述	支持的方法
0	DgoInsID	Unsigned8	0	必备	解聚对象实例标识符	READ

解聚对象所支持的方法如 10.2.3 所示。

6.7 网络性能监视

6.7.1 路径失败报告

路径失败报告用于路由设备利用冗余路径向网络管理者报告路径失败。路径失败报告的过程见图 21。具体内容见 9.5.11。

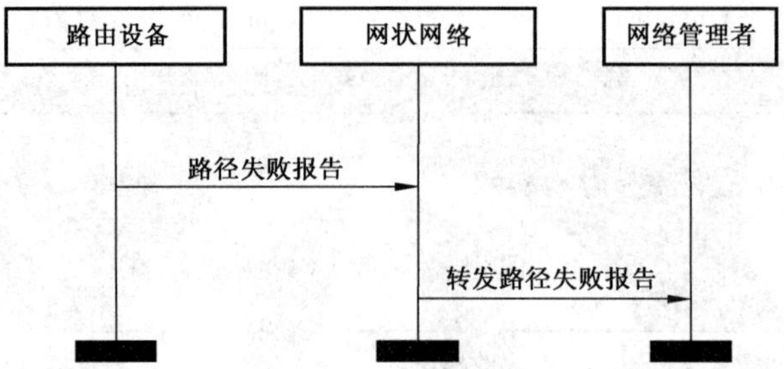

图 21　路径失败报告过程

6.7.2 设备状态报告

现场设备将自身的设备状态汇报给所在簇的路由设备。路由设备收到簇内现场设备的设备状态报告后，定期将本簇现场设备和自身的设备状态汇报给网络管理者。网络管理者收到路由设备定期汇报的设备状态报告后，评估和诊断网络性能，并对网络环境的变化及时做出响应。网络管理者还可以通过设置 WIA-PA 设备内的报警条件来检测网络内设备的异常情况，如电池电量不足、与邻近设备的无法连接等情况。现场设备状态报告的过程见图 22。路由设备状态报告的过程见图 23。具体内容见 9.5.9。

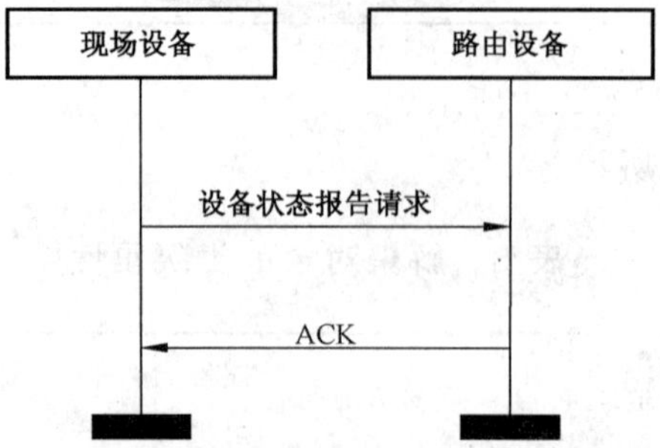

图 22　现场设备状态报告过程

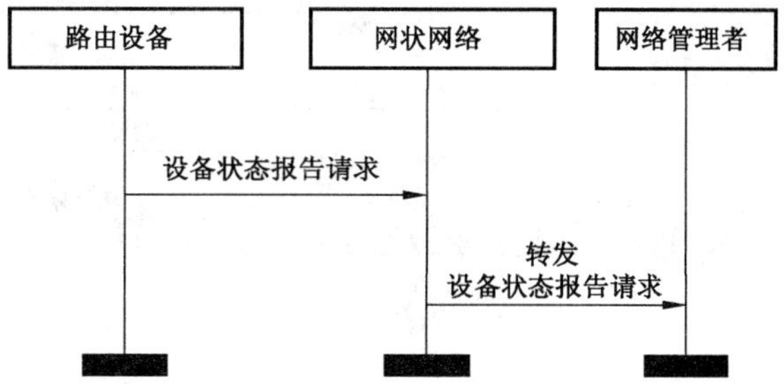

图 23 路由设备状态报告过程

6.7.3 信道状况报告

信道状况报告用于现场设备或者路由设备向网络管理者汇报信道的质量状况。信道状况报告的过程见图 24。具体内容见 9.5.10。

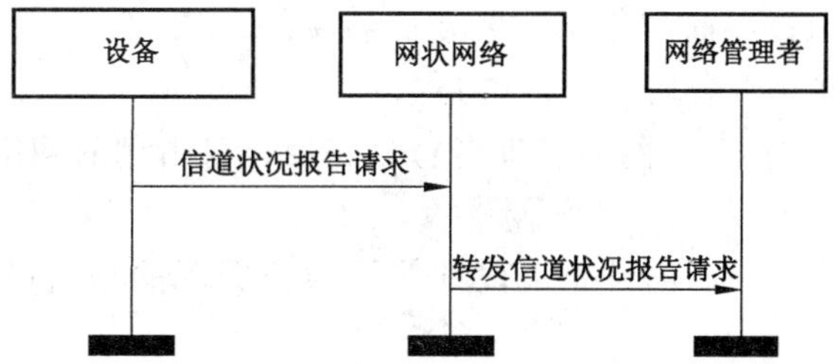

图 24 信道状况报告过程

6.8 设备离开过程

6.8.1 概述

WIA-PA 设备的离开过程包括异常离开、主动离开和被动离开三个过程。异常离开是指设备由于故障、失效、能量耗尽等原因无法与网络中的其他设备进行通信。异常离开可以通过数据链路子层的 keep-alive 命令帧进行判断。主动离开是指簇内的现场设备向路由设备申请离开网络，或者路由设备向网关申请离开网络；被动离开是指网关要求路由设备离开网络，或者路由设备要求簇内的现场设备离开网络。

6.8.2 路由设备离开过程

WIA-PA 规定了主动离开和被动离开两种路由设备离开过程。

路由设备主动离开过程如图 25 所示：

a) 路由设备向网络管理者发出离开请求；

b) 网络管理者向发出离开请求的路由设备发出响应；

c) 路由设备在收到网络管理者的允许离开响应后，通知其现场设备后离开网络；

d) 网络管理者释放已离开路由设备占用的网络地址，VCR 及通信资源，更新网络拓扑；

e) 网络管理者通知网络中为已离开路由设备保留通信资源的路由设备，这些路由设备释放相应的 VCR 及通信资源。

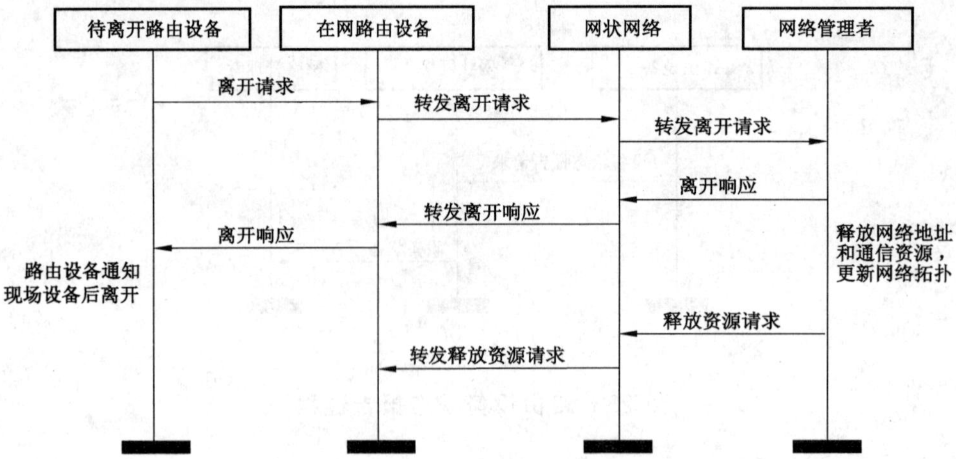

图 25　路由设备主动离开网络过程

路由设备被动离开过程如图 26 所示：

a）　网络管理者向某个路由设备发出离开请求；

b）　收到离开请求的路由设备向网络管理者发送响应；

c）　路由设备在通知其现场设备后离开网络；

d）　收到路由设备发出的响应后，网络管理者释放路由设备占用的网络地址、VCR 及通信资源，更新网络拓扑；

e）　网络管理者通知网络中为已离开路由设备保留通信资源的路由设备，这些路由设备释放相应的 VCR 及通信资源。

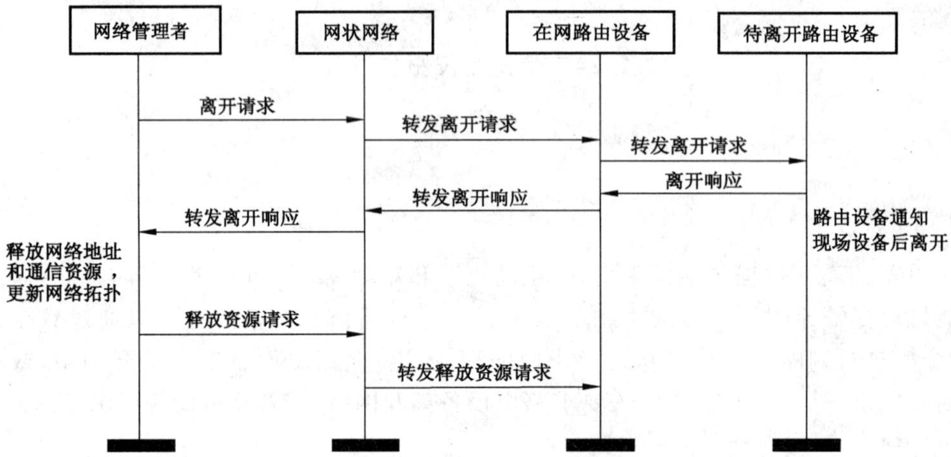

图 26　路由设备被动离开网络过程

6.8.3　现场设备离开过程

WIA-PA 网络定义了主动离开和被动离开两种现场设备离开过程。

现场设备主动离开所在簇的过程如图 27 和图 28 所示：

a）　现场设备向所在簇的路由设备或者网关设备发送离开请求；

b）　路由设备或者网关设备发出离开响应；

c）　路由设备或者网关设备释放已离开现场设备所占用的簇内地址、VCR 及通信资源，更新簇成员列表和 UAO 列表；

d) 收到离开响应后,现场设备离开簇;

e) 如果现场设备离开路由设备,则路由设备向网关设备发出更新簇内成员列表及簇内 UAO 列表请求。

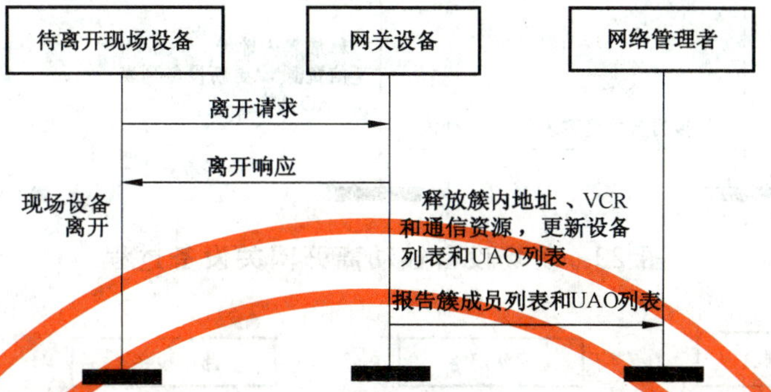

图 27 现场设备主动离开网关设备的过程

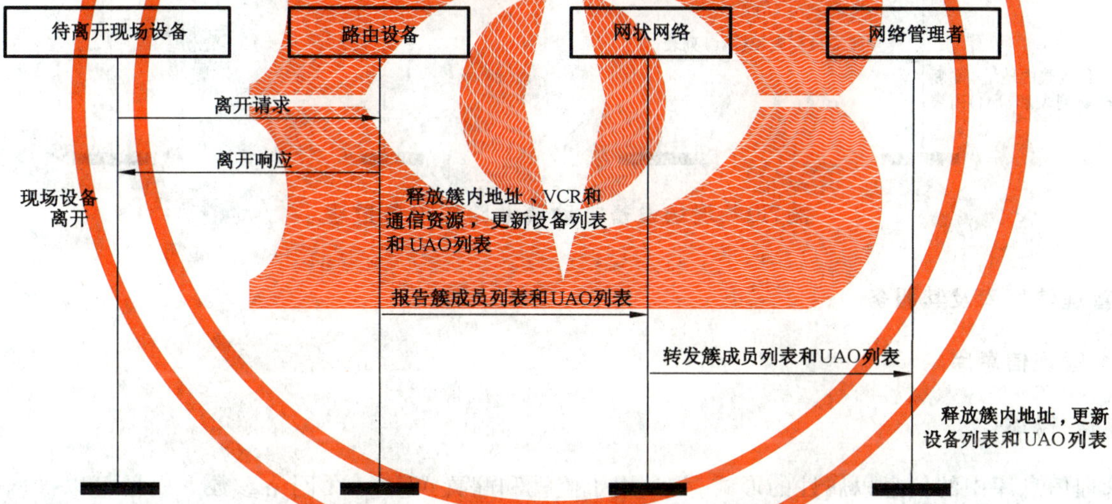

图 28 现场设备主动离开路由设备的过程

现场设备被动离开所在簇的过程如图 29 和图 30 所示:

a) 路由设备或者网关设备向某个现场设备发出被动离开请求。

b) 现场设备向路由设备或者网关设备发送离开响应。

c) 现场设备离开簇。

d) 路由设备或者网关设备接收到现场设备的离开响应,释放已离开现场设备所占用的簇内地址、VCR 及通信资源,并更新簇成员列表和 UAO 列表。

e) 如果现场设备被动离开路由设备,则路由设备向网关设备发出更新簇内成员列表及簇内 UAO 列表请求。

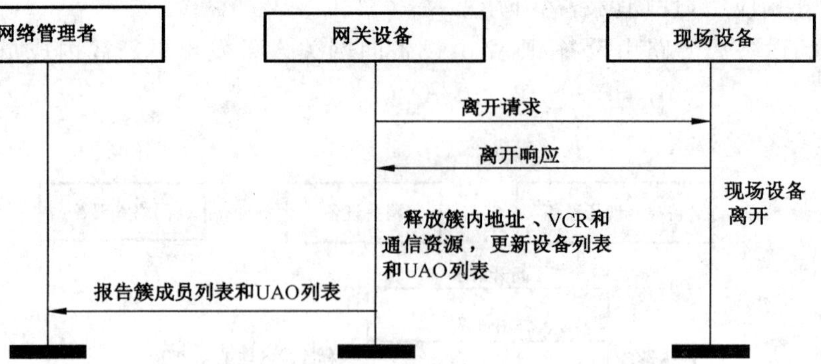

图 29 现场设备被动离开网关设备过程

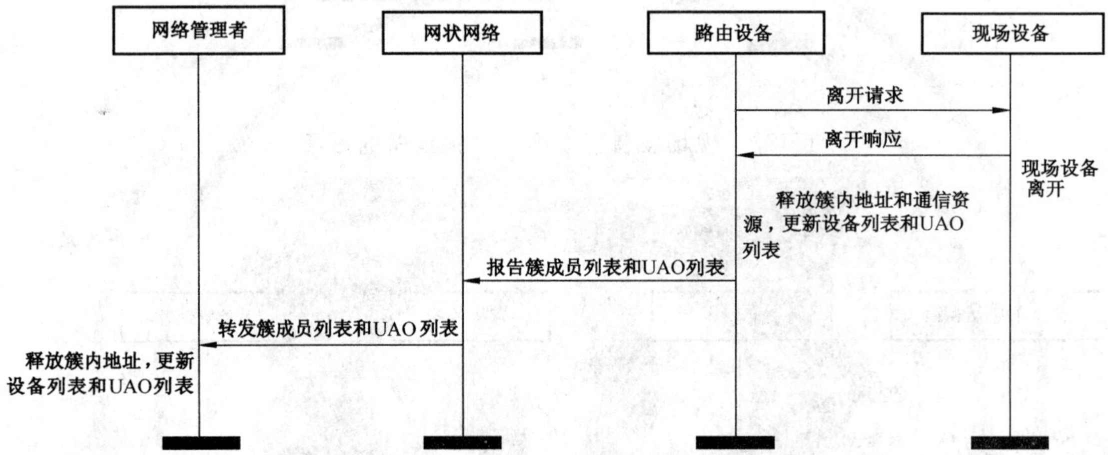

图 30 现场设备被动离开路由设备过程

6.9 管理信息库及其服务

6.9.1 管理信息库

6.9.1.1 概述

管理信息库中的信息以属性的形式存在，用于监视和配置 WIA-PA 网络参数。属性可以被网络管理者访问和更改。

按照属性的存储类型，管理信息库中属性分为以下三种：

——常数属性 C(Constant)：指在设备运行过程中不可改变的属性。例如：设备的序列号。常数属性值在设备出厂时已被设置且不可改变。

——静态属性 S(Static)：指在设备运行过程中改变次数很少的属性。例如：Alarm 限值。静态属性值在设备热启动、掉电或复位后保持不变。

——动态属性 D(Dynamic)：指在设备运行过程中，在没有外部命令的情况下也经常被管理对象改变的属性。动态属性值在设备热启动、掉电或复位后将丢失。

按照属性的数据类型，管理信息库中的属性包括非结构化属性和结构化属性。

对管理信息库中属性进行操作的权限包括以下两种：

——可读 R(Read)：指属性值可被网络上的其他设备读取；

——可写 W(Write)：指属性可被网络上的其他设备修改。

按照实现属性的强制性要求，管理信息库中的属性分为必备的和可选的。

6.9.1.2 信息库属性

6.9.1.2.1 非结构化属性

非结构化属性定义如表10所示。其中,属性标识符为0～21的属性值是全网一致的,22～28的属性值是设备特定的。

表10 非结构化属性

属性标识符	属性名称	数据类型	取值范围	访问类型	存储类型	缺省值	描述
0	NetworkID	Unsigned8	0～255	R/W	S	0	网络的ID号,用于多个网络共存的情况下标识网络
1	StatisticsDuration	Unsigned16	0～65 535	R/W	S	0	统计信息的收集周期(单位:秒)。该周期超时后,设备修改邻居表中的统计数据
2	MaxNSDUSize	Unsigned8	0～255	R	S	—	网络层支持的最大服务数据单元长度
3	BitMap[a]	Unsigned32	0～$(2^{32}-1)$	R/W	D	0	信道位图:其中的每一位表示对应信道的使用情况。 0=不使用; 1=使用
4	KeepAliveDuration	Unsigned24	0～$(2^{24}-1)$	R/W	S	0	发送Keep-Alive命令帧的周期(以毫秒为单位)
5	KeepAliveFailure	Unsigned24	0～$(2^{24}-1)$	R/W	S	0	如果在该时间之内没有收到Keep-alive命令帧,则冗余设备启动工作(以毫秒为单位)
6	TimeSynDuration	Unsigned24	0～$(2^{24}-1)$	R/W	S	0	发送时间同步命令帧的周期(以毫秒为单位)
7	ChannelThreshold	Unsigned8	0～(*macMaxFrameRetries*−2)	R/W	S	1	自适应跳频中信道切换的阈值,表示为重传次数;参数"*macMaxFrameRetries*"详见IEEE STD 802.15.4:2006标准的7.4.2
8	SecEnableFlag	Boolean	0,1	R/W	S	0	安全使能标志: 0=全网不需要认证; 1=全网需要认证
9	KeyupdataDur[b]	Unsigned32	0～$(2^{32}-1)$	R/W	D	0	设备的密钥更新周期(以毫秒为单位)
10	MaxAttackedCnt[b]	Unsigned16	0～65 535	R/W	S	0	允许的最大被攻击次数
11	EtoEACKTimeOut	Unsigned24	0～$(2^{24}-1)$	R/W	S	1	等待端到端确认的时间的上限值(以毫秒为单位)
12	TimeSlotDuration	Unsigned16	0～65 535	R/W	S	1	时隙长度,计算方法为:($aBaseSlotDuration \times 2^{TimeSlotDuratioin}$)。参数"*aBaseSlotDuration*"见IEEE STD 802.15.4:2006标准的7.4.2

表 10（续）

属性标识符	属性名称	数据类型	取值范围	访问类型	存储类型	缺省值	描述
13	PLRThreshold	Unsigned8	0～100	R/W	S	50	丢包率阈值（丢包率 = PLRThreshold/100），用于自适应频率切换。自适应频率切换的内容见8.4.5
14	CmemRptCycle[c]	Unsigned16	0～65 535	R/W	S	0	簇成员信息汇报的周期（以秒为单位）
15	NeiInforRptCycle[c]	Unsigned16	0～65 535	R/W	S	0	邻居信息汇报周期（以秒为单位）
16	ChaStaRptCycle	Unsigned16	0～65 535	R/W	S	0	信道状态汇报周期（以秒为单位）
17	DevStaRptCycle	Unsigned16	0～65 535	R/W	S	0	设备状态汇报周期（以秒为单位）
18	PathFailRptCycle[c]	Unsigned16	0～65 535	R/W	S	0	路径失败汇报周期（以秒为单位）
19	MaxEtoERetry	Unsigned8	0～255	R/W	S	1	端到端重传的最大次数
20	NetworkTopology	Unsigned8	0～255	R/W	S	0	指示网络拓扑结构： 0＝星型和网状结合的混合拓扑结构； 1＝星型拓扑结构； 其余保留
21	UTCTime	Unsigned32	0～($2^{32}-1$)	R/W	D	0	协调世界时间
22	SecMode[b]	Unsigned8	0～3	R/W	S	0	位0表示数据链路子层是否使用安全服务： 0＝不使用； 1＝使用 位1表示应用层是否使用安全服务： 0＝不使用； 1＝使用
23	SecLevel[b]	Unsigned8	0～63	R/W	S	0	位0～2表示数据链路子层的数据包安全级别： 000＝无； 001＝MIC-32； 010＝MIC-64； 011＝MIC-128； 100＝加密； 101＝加密-MIC-32； 110＝加密-MIC-64； 111＝加密-MIC-128； 位3～5表示应用层的数据包安全级别： 000＝无； 001＝加密； 010＝MIC-32； 011＝加密-MIC-32 其余保留

表 10（续）

属性标识符	属性名称	数据类型	取值范围	访问类型	存储类型	缺省值	描　述
24	AuthenState[b]	Boolean	0,1	R/W	D	0	指示设备是否认证成为合法设备： 0:未认证； 1:已认证
25	AuthenTime[b]	Unsigned32	$0\sim(2^{32}-1)$	R/W	D	0	设备认证成为合法设备的时间(以 UTC 时间为基准)
26	AttackedCount[b]	Unsigned16	0～65 535	R/W	D	0	设备被攻击次数
27	AggPeriod	Unsigned8	0～255	R/W	D	1	聚合周期(以秒为单位)
28	ObjectNumber	Unsigned8	0～255	R/W	D	—	UAO 的数量

[a] 该属性对于现场设备/手持设备是可选的。
[b] 该属性对于 WIA-PA 网络中所有设备是可选的。
[c] 现场设备/手持设备不具有该属性。

6.9.1.2.2 结构化属性

结构化属性如表 11 所示。

表 11 结构化属性

属性标识符	属性名称	数据类型	访问类型	存储类型	描　述
100	RouteTable	NLRoute_Tbl 结构体数组,定义见表 12	R/W	D	包含路由 ID、目的地址、下一跳地址、VCR ID 和重传计数器。每个数组成员用存储索引唯一标识
101	Superframe	Superframe_Struct 结构体数组,定义见表 13	R/W	D	描述超帧的信息。每个数组成员用存储索引唯一标识
102	Link	Link_Struct 结构体数组,定义见表 14	R/W	D	描述链路的信息。每个数组成员用存储索引唯一标识
103	Neighbour	Neighbor_Struct 结构体数组,定义见表 15	R/W	D	描述邻居设备的信息
104	ChannelCondition	ChanCon_Struct 结构体数组,定义见表 16	R/W	D	记录信道状况统计的信息。每个数组成员用存储索引唯一标识
105	DeviceStruct	Device_Struct 结构体数组,定义见表 17	R/W	D/C/S	描述 WIA-PA 设备的信息。每个数组成员用存储索引唯一标识
106	VCRList	VCR_Struct 结构体数组,定义见表 18	R/W	D	记录 VCR 的信息。每个数组成员用存储索引唯一标识
107	DevConRep	DevConRep_Struct 结构体数组,定义见表 19	R/W	D	记录设备状态报告信息。每个数组成员用存储索引唯一标识
108	KeyTable	Key_Struct 结构体数组,定义见表 20	R/W	D	包含密钥类型,密钥长度,密钥更新时间,密钥使用时间,密钥值,密钥被攻击次数。每个数组成员用存储索引唯一标识
109	ObjList	ObjList_Struct 结构体数组,定义见表 21	R/W	S	用户应用对象列表。每个数组成员用存储索引唯一标识

注：表 11 列出的所有数组的大小是独立的。

路由属性 RouteTable 的数据类型如表 12 所示。

表 12　NLRoute_Tbl 结构体定义

属性标识符	属性名称	数据类型	取值范围	描　述
0	RouteID	Unsigned16	0～65 535	路由标识符
1	SourceAddress	Unsigned16	0～65 535	路由源端的短地址
2	DestinationAddress	Unsigned16	0～65 535	路由终端的短地址
3	NextHop	Unsigned16	0～65 535	路由的下一个参与者短地址
4	RetryCounter	Unsigned8	0～255	端到端重传计数器

超帧属性 Superframe 的数据类型如表 13 所示。

表 13　Superframe_Struct 结构体定义

属性标识符	属性名称	数据类型	取值范围	描　述
0	SuperframeID	Unsigned16	0～65 535	超帧的 ID 号，由网络管理者指定
1	SuperframeMultiple	Unsigned8	0～255	现场设备最大数据更新周期与所在网络的路由设备的数据更新周期的比值。用于处理长周期数据的传输
2	NumberSlots	Unsigned16	0～65 535	超帧大小（超帧中包含的时隙数）
3	ActiveFlag	Boolean	0,1	超帧激活标志： 0＝不激活； 1＝激活
4	ActiveSlot	Unsigned48	0～($2^{48}-1$)	超帧激活的绝对时隙号（ASN）

链路属性 Link 的数据类型如表 14 所示。

表 14　Link_Struct 结构体定义

属性标识符	属性名称	数据类型	取值范围	描　述
0	LinkID	Unsigned16	0～65 535	链路 ID
1	NeighborID	Unsigned16	0～65 535	邻居设备 ID。当 NM 为路由设备分配其用于簇内通信的通信资源时，该项为空
2	LinkType	Unsigned8	0 ～31	位 0 表示链路的类型： 0＝单播； 1＝广播 位 1～2 表示链路的特性： 00＝发送； 01＝共享发送； 10＝接收 其余保留 位 3 表示时隙的类型： 0＝数据时隙； 1＝管理时隙 位 4 表示时隙的聚合特性： 0＝非聚合时隙； 1＝聚合时隙 位 5～7 保留

表 14（续）

属性标识符	属性名称	数据类型	取值范围	描　述
3	RelativeSlotNumber	Unsigned16	0～65 535	相对时隙号
4	LinkSuperframeNum	Unsigned8	0～255	现场设备的数据更新周期与所在网络的路由设备的数据更新周期的比值。用于处理长周期数据的传输
5	ActiveFlag	Boolean	0,1	指示该链路是否正在使用： 0＝否； 1＝是
6	ChannelIndex	Unsigned8	0～31	表示当前采用的信道编号，即主信道编号
7	SuperframeID	Unsigned16	0～65 535	超帧 ID

邻居属性 Neighbour 的数据类型见表 15。

表 15　Neighbor_Struct 结构体定义

属性标识符	属性名称	数据类型	取值范围	描　述
0	NeighborAddr	Unsigned16	0～65 535	邻居设备的短地址
1	NeighborStatus	Unsigned8	0～3	位 0 表示该邻居设备是否作为时间源： 0＝否； 1＝是。 位 1 表示邻居设备的状态： 0＝正常； 1＝不正常。 其余保留
2	BackoffCounter	Unsigned8	0～31	退避计数器
3	BackoffExponent	Unsigned8	0～15	退避指数
4	LastTimeCommunicated	Unsigned64	0～$(2^{64}-1)$	与该邻居设备最后一次通信的时间
5	AveRSL	Unsigned8	0～255	*StatisticsDuration* 内接收该邻居设备的信号的平均级别
6	PacketsTransmitted	Unsigned16	0～65 535	*StatisticsDuration* 内发送给该邻居设备的非广播数据包
7	AckPackets	Unsigned16	0～65 535	*StatisticsDuration* 内未收到的期望 ACK/NACK 包的数量
8	PacketsReceived	Unsigned16	0～65 535	*StatisticsDuration* 内接收到该邻居设备好的数据包的数量
9	BroadcastPackets	Unsigned16	0～65 535	*StatisticsDuration* 内接收到该邻居设备好的广播包的数量

信道状况 ChannelCondition 属性的数据类型如表 16 所示。

表 16　ChanCon_Struct 结构体定义

属性标识符	属性名称	数据类型	取值范围	描　述
0	DeviceShortAddress	Unsigned16	0～65 535	16 位设备短地址
1	ChannelID	Unsigned8	0～255	信道编号
2	NeighborAddr	Unsigned16	0～65 535	16 位邻居设备的短地址
3	LinkQuality	Unsigned8	0～255	每条信道上的 LQI 值
4	PacketLossRate	Unsigned16	0～65 535	每条信道上的丢包率。由接收到的 ACK 数量和发送包的总数决定
5	RetryNum	Unsigned8	0～*macMaxFrameRetries*	每条信道上的帧重传次数

设备属性 DeviceStruct 的数据类型如表 17 所示。

表 17　Device_Struct 结构体定义

属性标识符	属性名称	数据类型	取值范围	访问类型	存储类型	描　述
0	LongAddress	Unsigned64	0～$(2^{64}-1)$	R	C	64 位全球唯一地址，其中设备类型字段(见 6.3.3)取值如下： 0＝网关设备； 1＝路由设备； 2＝现场设备； 3＝手持设备
1	RedundantDevFlag	Boolean	0,1	R/W	S	指示设备是否为冗余设备： 0＝否； 1＝是
2	MasterDevAddr	Unsigned16	0～65 535	R/W	S	主设备的 16 位短地址
3	NetAddressAssign	Boolean	0,1	R/W	S	指示设备是否已分配短地址 0＝否； 1＝是
4	DeviceShortAddress	Unsigned16	0～65 535	R/W	S	设备短地址，高 8 位为簇地址，低 8 位为簇内地址
5	ManufacturerID	Unsigned24	0～$(2^{24}-1)$	R	C	厂商标识
6	DeviceSerialNumber	Unsigned64	0～$(2^{64}-1)$	R	C	设备序列号
7	PowerSupplyStatus	Unsigned8	0～10	R/W	S	供电状态： 0:固定电源供电； 1～10:电池供电时的剩余电量级别
8	RouterCapable	Boolean	0,1	R/W	S	指示设备是否具有路由功能 0＝否； 1＝是

表 17（续）

属性标识符	属性名称	数据类型	取值范围	访问类型	存储类型	描　　述
9	DeviceState	Unsigned8	0～16	R/W	S	位 0～1 表示设备加入状态： 00＝未加入网络； 01＝正在加入网络； 10＝安全认证； 11＝已加入网络 位 2～3 表示设备工作状态： 00＝非活动； 01＝活动； 10＝失效； 其余保留
10	DeviceMemoryTotal	Unsigned32	0～$(2^{32}-1)$	R	C	设备总内存，以字节计
11	DeviceUsedMemory	Unsigned32	0～$(2^{32}-1)$	R	D	已使用内存，以字节计
12	ClockMasterRole	Boolean	0，1	R/W	S	是否时间基准设备： 0＝否； 1＝是
13	ClockUpdate	Unsigned32	0～$(2^{32}-1)$	R	D	最近一次时间调节量（以秒计）
14	PacketsMACToDLSL	Unsigned32	0～$(2^{32}-1)$	R	D	从 MAC 层发往数据链路子层的包的个数
15	PacketsFromDLSL-Rejected	Unsigned32	0～$(2^{32}-1)$	R	D	来自链路子层但被网络层丢弃的包的个数
16	PacketsFromDLSL-Accepted	Unsigned32	0～$(2^{32}-1)$	R	D	来自链路子层并被网络层接受的包的个数
17	PacketsFromASL	Unsigned32	0～$(2^{32}-1)$	R	D	来自应用子层的包的个数
18	PacketsFromASL-Rejected	Unsigned32	0～$(2^{32}-1)$	R	D	来自应用子层但被网络层丢弃的包的个数
19	PacketsOutToDLSL	Unsigned32	0～$(2^{32}-1)$	R	D	来自应用子层并被网络层发送到数据链路子层的包的个数
20	AGGSupportFlag	Boolean	0，1	R/W	S	聚合和解聚功能支持标志（设备是否支持聚合和解聚功能）： 0＝不支持； 1＝支持
21	AGGEnableFlag	Boolean	0，1	R/W	S	聚合和解聚功能启用标志（设备是否启用聚合和解聚功能）： 0＝不启用； 1＝启用
22	IntraChannelNum	Unsigned8	0～31	R/W	S	簇内通信使用的信道数
23	IntraChanel[]	Unsigned8	0～31	R/W	S	信道存储数组。数组中的信道由网关设备为路由设备和现场设备预先分配
24	SuperframeID	Unsigned16	0～65 535	R/W	S	由 NM 分配的超帧 ID

VCR 属性 VCRList 的数据类型如表 18 所示。

表 18 VCR_Struct 结构体定义

属性标识符	属性名称	数据类型	取值范围	描　述
0	VcrID	Unsigned16	0～65 535	VCR 标识，其中取 0xFFFF 表示 VCR 无效
1	VcrType	Unsigned8	0～16	位 0～1 表示 VCR 类型： 00＝P/S VCR； 01＝R/S VCR； 10＝C/S VCR 其余保留 位 2～3 表示是否为聚合 VCR： 00＝非聚合 VCR； 01＝数据聚合 VCR； 10＝包聚合 VCR； 其余保留
2	SrcObjID	Unsigned8	0～255	VCR 源端对象标识符
3	SrcObjInsID	Unsigned8	0～255	VCR 源端对象实例标识符
4	DesObjID	Unsigned8	0～255	VCR 目的端对象标识符
5	DesObjInsID	Unsigned8	0～255	VCR 目的端对象实例标识符
6	DataUpdateRate	Unsigned32	0～($2^{32}-1$)	数据更新周期(以毫秒为单位)，其中取 0xFFFFFFFF 表示无周期
7	VcrStatus	Boolean	0,1	VCR 状态： 0＝未激活，表示未被使用； 1＝激活，表示正在被使用
8	VcrActivationTime	Unsigned32	0～($2^{32}-1$)	VCR 激活时间(以毫秒为单位)
9	ServiceTime	Unsigned32	0～($2^{32}-1$)	VCR 服务时间(以毫秒为单位)
10	SourceChAddress	Unsigned16	0～65 535	源端设备所在簇的簇首的网络地址
11	SourceAddress	Unsigned16	0～65 535	源端设备的网络地址
12	DestinationAddress	Unsigned16	0～65 535	VCR 目的端所在设备的网络地址
13	SecurityPolicy	Unsigned8	0～255	数据包的安全分级，见附录 A.1.5
14	RouteID	Unsigned16	0～65 535	路由标识符

设备状态属性 DevConRep 的数据类型如表 19 所示。

表 19 DevConRep_Struct 结构体定义

属性标识符	属性名称	数据类型	取值范围	描　述
0	DevShortAddr	Unsigned16	0～65 535	设备 16 位短地址
1	NumPktSent	Unsigned16	0～65 535	上一次报告后本设备发送的包数量
2	NumPktRcvd	Unsigned16	0～65 535	上一次报告后终止于本设备的包数量
3	NumMacMicFailures	Unsigned16	0～65 535	上一次报告后 MAC 层消息完整性代码(MIC)验证失败数量
4	BatLevel	Unsigned8	1～10	电池供电时的剩余电量级别
5	RestartCount	Unsigned8	0～255	设备重启次数
6	Uptime	Unsigned32	0～($2^{32}-1$)	距上次重启的时间，以秒计

密钥表属性 KeyTable 的数据类型如表 20 所示。

表 20 Key_Struct 结构体定义

属性标识符	属性名称	数据类型	取值范围	描　述
0	KeyID	Unsigned16	0～65 535	密钥标识符
1	KeyType	Unsigned8	0～3	密钥类型： 0=加入密钥； 1=密钥加密密钥； 2=数据链路子层加密密钥； 3=应用层加密密钥
2	KeyLength	Unsigned8	0～255	密钥的有效长度
3	KeyActiveTime	Unsigned64	0～$(2^{64}-1)$	密钥更新激活时间(以毫秒为单位)
4	KeyData	Octetstring	—	密钥值
5	KeyAttackTimes	Unsigned8	0～255	密钥被攻击次数
6	KeyState	Unsigned8	0～2	密钥生存周期中密钥所经历的状态： 00=备用； 01=使用； 02=过期； 其余保留

对象列表属性 ObjList 的数据类型如表 21 所示。

表 21 ObjList_Struct 结构体定义

属性标识符	属性名称	数据类型	取值范围	描　述
0	ObjectID	Unsigned8	0～255	UAO 的唯一标识符
1	InstanceID	Unsigned8	0～255	UAO 实例的唯一标识符
2	ProfileID	Unsigned16	0～65 535	UAO 所遵循的行规
3	ParameterNumber	Unsigned8	0～255	UAO 中所包含的参数个数

ObjList_Struct 结构体中的 ObjectID 和 InstanceID 分别对应于设备 UAO 的 Object Identifier 和 Instance ID(见附录 C)。另外，由于 DAGO、PAGO 和 DGO 是特殊类型的 UAO，因此，当设备中存在聚合或解聚对象时，ObjList 属性的列表中也应包含这些对象的信息。相应地，ObjList_Struct 结构体中的 ObjectID 和 InstanceID 分别对应于 DAGO 的 DagoID 和 DagoInsID，PAGO 的 PagoID 和 PagoInsID，或 DGO 的 DgoID 和 DgoInsID。

6.9.2 管理信息库服务

6.9.2.1 远程管理信息库服务

对管理信息库中属性的远程读写操作使用网络层提供的属性获取服务(见 9.5.12)和属性配置服务(见 9.5.13)。

6.9.2.2 本地管理信息库服务

6.9.2.2.1 概述

对管理信息库中属性的本地读写操作使用 DMAP 提供的读属性和写属性服务。

6.9.2.2.2 读属性原语

读属性请求原语用于设备各层请求读取 DMAP 的管理信息库中的属性。

```
DMAP-MIB-GET. request (
                AttributeID,
                AttributeMemID,
                FirstValueStorIndex,
                Count
)
```

DMAP-MIB-GET. request 原语的参数说明如表 22 所示。

表 22 DMAP-MIB-GET. request 原语的参数

参数名称	数据类型	取值范围	描　　述
AttributeID	Unsigned8	0～255	信息库中属性的标识符
AttributeMemID	Unsigned8	0～255	属性成员标识符。如果该值为 255,则表示取全部的属性成员
FirstValueStorIndex	Unsigned16	0～65 535	要读取属性的第一个值的存储索引
Count	Unsigned8	0～255	属性的个数,用来表示需要读取属性的数量。如果 *Count*=0,读取从 *FirstValueStorIndex* 开始的所有属性

读属性证实原语用来返回读取属性的结果。

```
DMAP-MIB-GET. confirm (
                Status,
                AttributeID,
                AttributeMemID,
                FirstValueStorIndex,
                Count,
                AttributeValue
)
```

DMAP-MIB-GET. confirm 原语的参数说明如表 23 所示。

表 23 DMAP-MIB-GET. confirm 原语的参数

参 数 名 称	数据类型	取值范围	描　　述
Status	Unsigned8	0～255	获取信息库属性的结果: 0=SUCCESS; 1=UNSUPPORTED_ATTRIBUTE; 其余保留
AttibuteID	Unsigned8	0～255	表示已获取的属性的标识符

表 23（续）

参数名称	数据类型	取值范围	描述
AttributeMemID	Unsigned8	0～255	属性成员标识符。如果该值为 255，则表示取全部的属性成员
FirstValueStorIndex	Unsigned16	0～65 535	已读取属性的第一个值的存储索引
Count	Unsigned8	0～255	属性的个数，用来表示已读取属性的数量
AttibuteValue	Octetstring	—	表示已获取的属性值

如果读取管理信息库中的属性值成功，则返回"SUCCESS"，AttibuteValue 参数有效；如果管理信息库中没有读取的属性或属性成员，则返回"UNSUPPORTED_ATTRIBUTE"，tibuteValue 参数无效。

6.9.2.2.3 写属性原语

写属性请求原语用于设备各层请求写入管理信息库中属性值。

```
DMAP-MIB-SET. request (
        AttributeID,
        AttributeMemID,
        FirstValueStorIndex,
        Count,
        AttributeValue
    )
```

DMAP-MIB-SET. request 原语的参数说明如表 24 所示。

表 24 DMAP-MIB-SET. request 原语的参数

参数名称	数据类型	取值范围	描述
AttributeID	Unsigned8	0～255	信息库中属性的标识符
AttributeMemID	Unsigned8	0～255	属性成员标识符。如果该值为 255，则表示写入全部的属性成员
ValueStorIndex	Unsigned16	0～65 535	所写属性值的存储索引
FirstValueStorIndex	Unsigned16	0～65 535	要写属性的第一个值的存储索引
Count	Unsigned8	0～255	属性的个数，用来表示需要写属性的数量。如果 *Count* =0，从 *FirstValueStorIndex* 开始写所有属性
AttibuteValue	Octetstring	—	表示写入管理信息库中的属性值

写属性证实原语用于返回写属性的结果。

```
DMAP-MIB-SET. confirm (
        Status,
        AttributeID,
        AttributeMemID,
        FirstValueStorIndex
    )
```

DMAP-MIB-SET.confirm 原语的参数说明如表 25 所示。

表 25　DMAP-MIB-SET.confirm 原语的参数

参数名称	数据类型	取值范围	描　述
Status	Unsigned8	0～255	写管理信息库属性请求原语的结果： 0=SUCCESS； 1=UNSUPPORTED_ATTRIBUTE； 2=INVALID_PARAMETER； 其余保留
AttributeID	Unsigned8	0～255	信息库中属性的标识符
AttributeMemID	Unsigned8	0～255	属性成员标识符。如果该值为 255，则表示写入全部的属性成员
FirstValueStorIndex	Unsigned16	0～65 535	已写入属性的第一个值的存储索引

如果写入管理信息库属性成功，则返回"SUCCESS"；如果写入的属性标识符或属性成员标识符不在定义范围内，则返回"UNSUPPORTED_ATTRIBUTE"；如果写入的属性值或属性成员值的参数与规定的参数不符，则返回"INVALID_PARAMETER"。

7　物理层

WIA-PA 网络标准的物理层负责启动和终止无线射频收发器、能量探测、链路质量指示器、信道选择、空闲信道检测以及通过物理媒介收发数据。

WIA-PA 网络标准的物理层基于 IEEE STD 802.15.4:2006 标准。WIA-PA 网络标准的物理层最少可支持 16 个信道，即支持 IEEE STD 802.15.4:2006 标准中定义的信道 11～信道 26，且基本的数据传输率为 250 kbit/s。

本部分中不详细介绍 IEEE STD 802.15.4:2006 标准的具体内容。

8　数据链路层

8.1　概述

WIA-PA 数据链路层(DLL)主要任务是保证 WIA-PA 设备间的可靠、安全、无误、实时地传输。WIA-PA 数据链路层兼容 IEEE STD 802.15.4:2006 的超帧结构，并对其进行了扩展。WIA-PA 数据链路层支持基于时隙的跳频机制、重传机制、时分多路访问(TDMA)和载波侦听多路访问(CSMA)混合信道访问机制，保证传输的可靠性和实时性。WIA-PA 数据链路层采用 MIC 机制和加密机制保证通信过程的完整性和保密性。

8.2　协议栈结构

WIA-PA 数据链路层基于 IEEE STD 802.15.4:2006 的 MAC 层，并对其进行了扩展，使其适应工业应用的需要，图 31 给出了数据链路层栈结构。

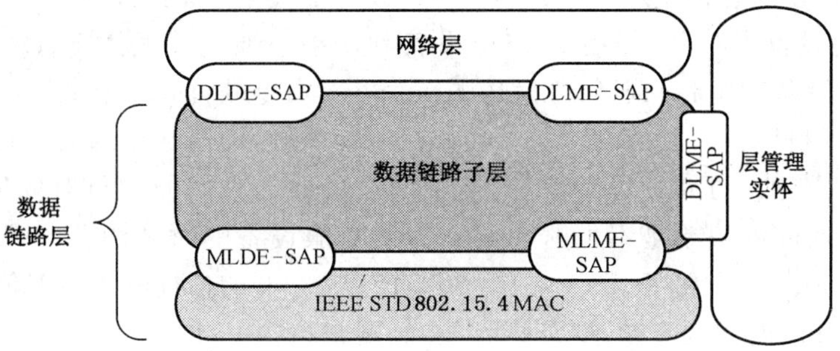

图 31 WIA-PA 数据链路层栈结构

WIA-PA 的数据链路层(DLL)包括：

——IEEE STD 802.15.4:2006 MAC 层，负责数据帧的发送和接收；

——数据链路子层 DLSL，定义通信资源分配等方面的内容。

注：IEEE STD 802.15.4:2006 MAC 层的功能见 IEEE 802.15.4:2006 中 7.1。

8.3 MAC 层概述和功能扩展

8.3.1 MAC 层概述

本条概述本部分中定义的 MAC 层功能，IEEE STD 802.15.4:2006 的具体内容不在本部分范围内。本部分的 MAC 层基于 IEEE STD 802.15.4:2006 标准中信标使能的 MAC，负责物理无线射频信道的访问以及以下的任务：

——如果设备类型为网关设备或者路由设备，负责生成信标帧；

——利用信标帧实现网络同步；

——支持网络一跳范围内的加入和离开；

——支持设备安全功能；

——利用带冲突检测的载波多路访问机制(CSMA/CA)实现设备的加入过程；

——处理和维护保障时隙(GTS)机制；

——为对等设备的 MAC 层之间提供可靠链路。

本部分中的现场设备和手持设备对应精简功能设备(RFD)；路由设备和网关设备对应全功能设备(FFD)。IEEE STD 802.15.4:2006 标准中对于 RFD 和 FFD 的可选功能在本部分中均不使用。

8.3.2 MAC 层功能扩展

8.3.2.1 概述

本部分在 IEEE STD 802.15.4:2006 命令帧的基础上扩展了设备存活(Keep-alive)、时间同步的原语和命令帧。扩展的 Keep-alive 命令帧和时间同步命令帧的命令帧标识符、使用者及使用说明如表 26 所示。

表 26 MAC 层扩展命令帧

命令帧标识符	命令名	使 用 者	说 明
10	Keep-alive 帧	网关设备/路由设备/现场设备	表示设备存在
11	时间同步命令帧	网关设备/路由设备	实现全网时间同步

设备存活命令帧，即 Keep-alive 命令帧，用于设备表明自身存活。网络中的设备加入网络后，

DMAP 周期性的调用设备存活请求原语发送 Keep-alive 命令帧。网关设备利用簇间通信段发送 Keep-alive 命令帧，向路由设备表明自身存活。路由设备利用簇内通信段发送 Keep-alive 命令帧，向簇成员表明自身存活；路由设备利用簇间通信段发送 Keep-alive 命令帧，向其他的路由设备或者网关设备表明自身存活。现场设备利用簇内通信段发送 Keep-alive 命令帧，向所在簇的路由设备表明自身存活。

为了保证 TDMA 通信方式的可靠性，网络中的设备要与时间源进行时间同步。不论采用哪种硬件时间源，设备之间时间的偏差是不可避免的。为了克服设备的时钟漂移，WIA-PA 同时采用两种方式进行时间同步，一种方式是利用 IEEE STD 802.15.4:2006 的信标帧进行时间同步，另一种方式是利用 WIA-PA 专门设计的时间同步帧进行时间同步。网状结构中，网关设备作为世界协调时(UTC)时间源，所有的路由设备与网关设备进行时间同步；星型结构中，路由设备作为时间源，所有的现场设备与本簇的路由设备进行时间同步。

注：本部分规定在最长超帧时间内，最大同步误差不超过基本时隙长度的 10%。

8.3.2.2 扩展的原语

8.3.2.2.1 设备存活请求原语

设备存活请求原语用于 DLSL 要求设备 MAC 层发送 Keep-alive 命令帧。

```
MLME-KEEP-LIVE.request (
                        )
```

8.3.2.2.2 时间同步请求原语

时间同步请求原语用于 DLSL 请求设备 MAC 层发送时间同步命令帧。

```
MLME-TIME-SYN.request (
                        TimeValue
                        )
```

MLME-TIME-SYN.request 原语的参数说明如表 27 所示。

表 27 MLME-TIME-SYN.request 原语参数

属性名称	数据类型	取值范围	描　述
TimeValue	Unsigned32	0～($2^{32}-1$)	设备当前时间值(以微秒 μs 为单位)

8.3.2.3 扩展的帧格式

8.3.2.3.1 信标帧载荷

WIA-PA 的 DLSL 利用 IEEE STD 802.15.4:2006 的 MAC 层信标帧载荷进行时间同步且发布超帧信息。MAC 层信标帧格式见 IEEE STD 802.15.4:2006 的 7.2.2.1 的 MAC 层信标帧格式部分。

本条定义信标载荷的内容，如图 32 所示。

1 字节	6 字节	4 字节	1 字节
簇 ID (ClusterID)	绝对时隙号 (AbsoluteSlotNumber)	时间校准值 (TimeValue)	发送下一个 信标的信道 (NextBcnChannel)

图 32 信标帧载荷内容

——ClusterID：长度为1字节，表示簇的标识符；
——AbsoluteSlotNumber：长度为6字节，表示绝对时隙号；
——TimeValue：长度为4字节，表示时间基准值；
——NextBcnChannel：长度为1字节，表示发送下一个信标帧采用的信道的索引。

8.3.2.3.2 设备存活命令帧

Keep-alive命令帧的格式如图33所示。

见IEEE STD 802.15.4:2006的7.2.2.4	1字节
IEEE STD 802.15.4:2006 MAC帧头(MHR)	命令帧标识符

图33 MAC层Keep-alive命令帧格式

命令帧标识符为10。

8.3.2.3.3 时间同步命令帧

时间同步命令帧用于全网的时间同步。时间同步命令帧由网关设备和路由设备周期性的发送。网关设备利用簇间通信段发送时间同步命令帧，实现网状结构的时间同步。路由设备利用簇内通信段发送时间同步命令帧，实现星型结构的时间同步；路由设备利用簇间通信段发送时间同步命令帧，实现网状结构的时间同步。时间同步命令帧的格式如图34所示。

见IEEE STD 802.15.4:2006的7.2.2.4	1字节	4字节
IEEE STD 802.15.4:2006 MAC帧头(MHR)	命令帧标识符	时间校准值

图34 MAC时间同步命令帧格式

命令帧标识符为11。时间校准值见表27。

8.4 DLSL功能描述

8.4.1 概述

WIA-PA数据链路子层DLSL为网络层和MAC层提供服务接口。数据链路子层包括数据链路子层数据实体(DLDE)和数据链路子层管理实体(DLME)。DLDE负责提供数据服务接口，DLME用于配置DLSL的参数和监视DLSL的运作。

WIA-PA数据链路子层的参考模型如图35所示。

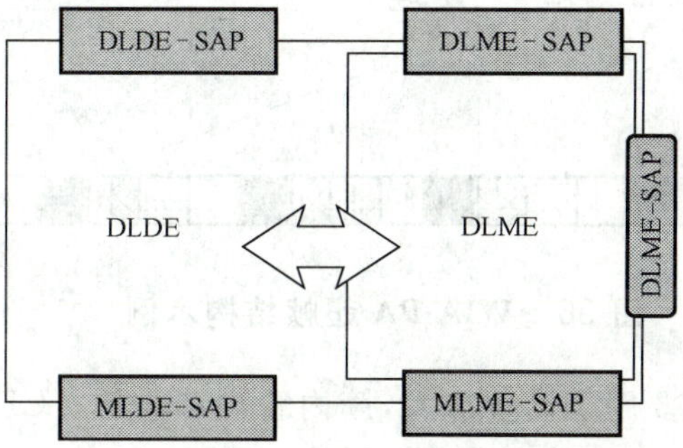

图35 数据链路子层参考模型

WIA-PA 数据链路子层通过两个服务访问点(SAP)来提供两种服务：

——数据链路子层数据服务，通过数据链路子层数据实体服务访问点(DLDE-SAP)进行访问；

——数据链路子层管理服务，通过数据链路子层管理实体服务访问点(DLME-SAP)进行访问。

WIA-PA 标准中，DLSL 的主要功能是在相互竞争的用户之间分配通信资源，从而避免冲突，提高吞吐量和带宽利用率。DLSL 涉及以下主要概念：

——时隙(Timeslot)，数据传输的最小时间单位，长度可配置；

——超帧(Superframe)，一组循环出现的时隙集合，时隙的数目决定了超帧循环的速度；

——链路(Link)，包含时间和频率，决定设备如何占用时隙进行数据传输。链路的类型包括发送链路、接收链路以及共享发送链路。其中，在共享发送链路，设备可以同时争用该链路发送数据。而在发送链路和接收链路，只能允许指定的设备利用该链路收发数据。

8.4.2 共存

WIA-PA 需要考虑如下共存问题：

——WIA-PA 网络在数据链路子层采用 IEEE STD 802.15.4:2006 的超帧结构，并对其进行了扩展；

——WIA-PA 网络的数据链路子层联合网络管理者可以实现 WIA-PA 网络与其他无线射频系统的共存。WIA-PA 网络的数据链路子层提供的共存策略包括时隙传输、低占空比(Duty-cycle)、多信道、自适应跳频以及冲突避免机制。

8.4.3 时隙通信

时隙通信的关键是帧的传输要在限定的时间内完成，即帧要在规定的时隙内进行传输，不能被延迟。WIA-PA 数据链路子层的时隙长度与 IEEE STD 802.15.4:2006 协议的时隙长度保持兼容。

WIA-PA 支持可变长度时隙。时隙的长度由网络管理者在设备加入网络后进行设置。

8.4.4 WIA-PA 超帧

为了保证数据的实时和可靠传输，本部分仅考虑基于信标的 IEEE STD 802.15.4:2006 超帧。

WIA-PA 超帧结构如图 36 所示。

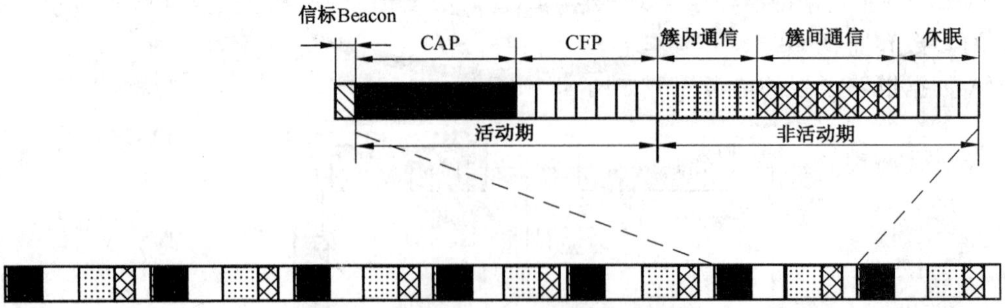

图 36 WIA-PA 超帧结构示例

WIA-PA 超帧的 CAP 阶段主要用于设备加入，簇内管理和重传。CFP 阶段用于手持设备与簇首间的通信。WIA-PA 超帧将 IEEE STD 802.15.4:2006 超帧非活动期的时隙用于簇内通信、簇间通信以及休眠。

网络管理者负责为每个路由设备生成一个 WIA-PA 超帧，每个路由设备的超帧长度可以不同。路由设备的超帧长度为所管理簇的最小数据更新周期。WIA-PA 超帧中的时隙类型包括共享时隙和专用时隙，其中共享时隙用于簇间非周期性数据的传输，专用时隙用于簇内通信段和簇间通信段周期性数据的传输。

考虑到本部分在 IEEE STD 802.15.4:2006 超帧非活动期的时隙用于簇内通信、簇间通信以及休眠，所以 WIA-PA 基本时间单位定义为 32 个 IEEE STD 802.15.4:2006 时隙。WIA-PA 超帧长度为 WIA-PA 基本时间单位的 2^N（N 为自然数）倍。

8.4.5 信道跳频

WIA-PA 支持跳频通信方式，跳频序列由网络管理者指定。WIA-PA 支持以下 3 种跳频机制：

——自适应频率切换（AFS）：在 WIA-PA 超帧中，信标 Beacon、CAP 和 CFP 段在同一个超帧周期内使用相同的信道，在不同的超帧周期内根据信道状况切换信道。信道质量差时，即丢包率高于“*PLRThreshold*”时设备改变通信信道。参数“*PLRThreshold*”的内容详见 6.9.1.2.1。

——自适应跳频（AFH）：在 WIA-PA 超帧的每个时隙，根据信道状况更换通信信道。信道状况通过重传次数进行评价。信道质量差时，如果发送端统计的重传次数达到了“*ChannelThreshold*”，则从可用信道“*IntraChanel*[ ]”中按顺序选择下一信道，同时在下一重传时隙利用主信道通知所在簇的接收端（通知过程详见图 43）。如果接收端没有接收到信道切换通知，继续统计接收端的重传次数，达到“*ChannelThreshold*”时从可用信道“*IntraChanel*[ ]”中按顺序选择下一信道在第（*ChannelThreshold*＋2）个重传时隙进行通信。如果接收端接收到信道切换通知，则更换通信信道，且返回确认信息 ACK。如果发送端没有收到确认信息 ACK，则不更换信道，仍然采用主信道重传数据。如果发送端达到重传上限值“*macMaxFrameRetries*”，则丢弃当前包，且利用主信道发送下一个包。如果接收端在切换信道后仍然没有接收到发送端的包，则认为切换信道失败，返回主信道进行通信。如果发送端在达到重传上限值“*macMaxFrameRetries*”前与接收端在备选信道上通信成功，则发送端选用备选信道发送下一个包。非活动期的簇内通信段采用 AFH 跳频机制。“*ChannelThreshold*”、和“*IntraChanel*[ ]”的取值和含义见 6.9.1.2.1。“*macMaxFrameRetries*”的含义见 IEEE STD 802.15.4:2006。

——时隙跳频（TH）：为了避免干扰和衰减，按照一定规律，在每个时隙改变通信信道。非活动期的簇间通信段采用 TH 跳频机制。跳频序列的结构为：〈timeslot 1, channel 1〉〈timeslot 2, channel 2〉...〈timeslot i, channel i〉。

表 28 为 WIA-PA 数据链路子层采用的跳频机制。

表 28 跳频机制

<table>
<tr><th>IEEE STD 802.15.4:2006</th><th>WIA-PA</th><th colspan="2">MAC 机制</th><th>DLSL 跳频机制</th></tr>
<tr><td>信标 Beacon</td><td>信标 Beacon</td><td>TDMA</td><td rowspan="3">频分多路访问
(FDMA)</td><td rowspan="3">AFS</td></tr>
<tr><td>CAP</td><td>CAP</td><td>CSMA</td></tr>
<tr><td>CFP</td><td>CFP</td><td>TDMA</td></tr>
<tr><td rowspan="3">非活动期</td><td>簇内通信</td><td colspan="2">TDMA</td><td>AFH</td></tr>
<tr><td>簇间通信</td><td colspan="2">TDMA</td><td>TH</td></tr>
<tr><td>休眠</td><td colspan="2">—</td><td>—</td></tr>
</table>

此外,不同路由设备的活动期使用不同的信道。如果信道数量不足,则通过 TDMA 来扩大系统容量。超帧的激活时间由 NM 配置。如图 37 所示,假设网络中有 3 个路由设备 R1,R2,R3,对应的超帧长度分别为 1 倍、2 倍和 4 倍 WIA-PA 基本时间单位。按照超帧的定义,由于 R1 的活动期无法与 R2 和 R3 的活动期实现时间上的复用,而 R2 和 R3 的活动期可以实现时间上的复用,所以 R1 活动期要与 R2 和 R3 活动期采用不同的信道,而 R2 和 R3 的活动期可以采用相同的信道。

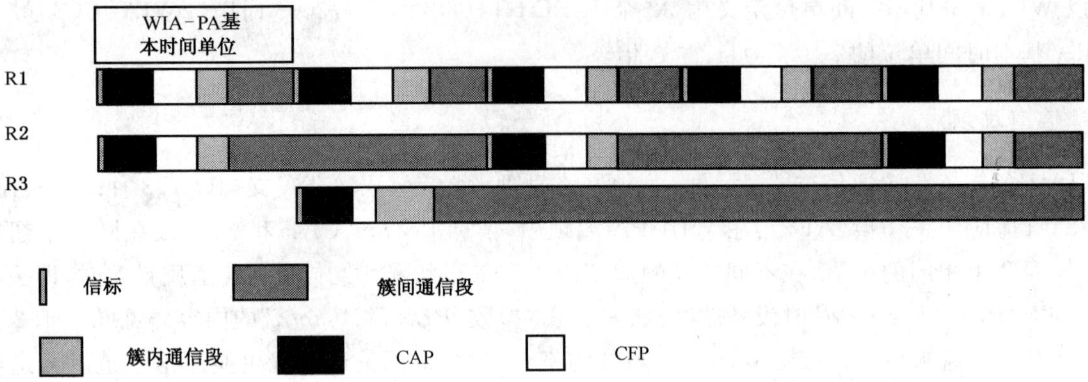

图 37 R1,R2 和 R3 超帧结构

8.4.6 长周期数据的处理

如果设备的数据更新周期大于 IEEE STD 802.15.4:2006 中超帧的最大长度或者大于所在簇的路由设备的数据更新周期,则定义为长周期数据。

为了判断长周期数据是否在本超帧周期内传输,定义 *TransmitFlag* 如下:

$$TransmitFlag = \lceil (AbsoluteSlotNumber - ActiveSlot + 1) / NumberSlots \rceil \% SuperframeMultiple$$

$$AbsoluteSlotNumber = \lfloor (UTCTime - ActiveSlot \times TimeSlotDuratioin) / TimeSlotDuratioin \rfloor + ActiveSlot$$

参数 *UTCTime*、*ActiveSlot*、*NumberSlots* 和 *SuperframeMultiple* 见 6.9.1.2.2。

在每一个超帧周期,现场设备接收到信标帧后,决定是否在该超帧周期内发送数据。长周期数据的发送依据如下计算结果:

——如果 $0 < TransmitFlag < SuperframeMultiple$ 且 $TransmitFlag = LinkSuperframeNum$,则在该超帧周期发送数据;否则不发送。

——如果 $TransmitFlag = 0$ 且 $LinkSuperframeNum = SuperframeMultiple$,则在该超帧周期内发送数据;否则不发送。

参数 *LinkSuperframeNum* 见 6.9.1.2.2。

长周期数据的处理实例如图 38 所示。

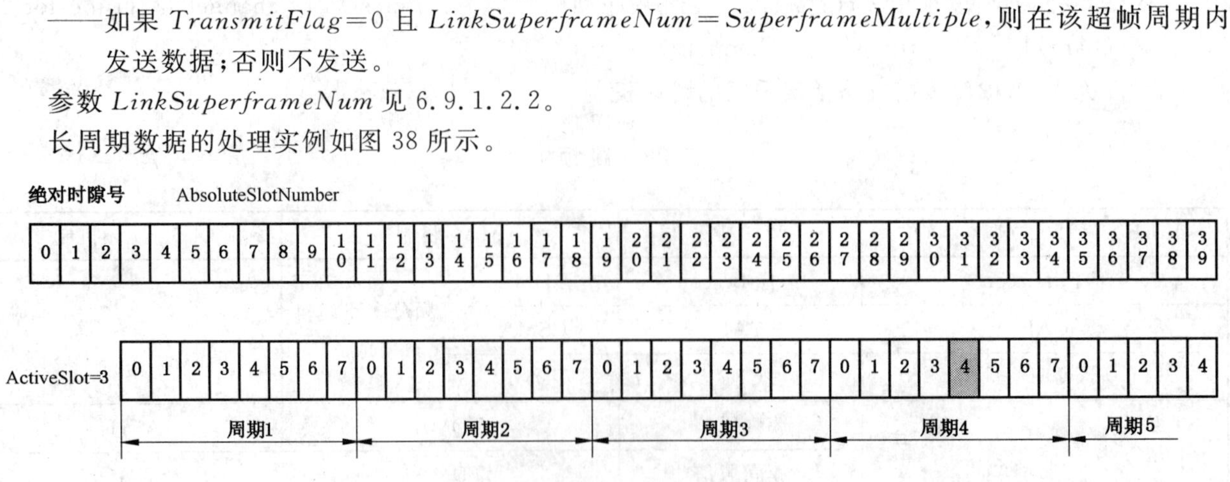

图 38 长周期数据的处理实例示例

假设有一个数据分配的时隙是第 4 个周期的时隙 4，当前 Beacon 的绝对时隙是 27，且 $SuperframeMultiple=4$ 则有：$NumberSlots=8$，$ActiveSlot=3$，$AbsoluteSlotNumber=27$，$LinkSuperframeNum=4$。

$$\begin{aligned} TransmitFlag &= \lceil (AbsoluteSlotNumber\text{-}ActiveSlot+1)/NumberSlots \rceil \ \% \ SuperframeMultiple \\ &= \lceil (27-3+1)/8 \rceil \ \% 4 \\ &= 0 \end{aligned}$$

由计算结果知：$TransmitFlag=0$ 且 $LinkSuperframeNum=SuperframeMultiple$，则在当前超帧周期发送该数据。

8.4.7 重传机制

网状结构中的网络管理者和星型结构中的路由设备需要为重传分配时隙。

重传过程同样支持跳频机制。

注：重传次数的阈值在 IEEE STD 802.15.4:2006 中定义为"*macMaxFrameRetries*"，具体内容见 IEEE STD 802.15.4:2006。

8.4.8 管理服务

WIA-PA 的数据链路子层利用 DLME-SAP 与上层和 DMAP 进行交互，为上层和 DMAP 提供管理服务。具体的管理服务包括网络发现、设备加入和离开、资源分配以及管理信息库属性操作等。

8.4.9 无线链路性能和信道状况度量

无线链路性能和信道状况度量包括一对邻居设备之间的每条链路的性能度量以及每条信道的状况度量。这些性能指标在数据链路子层汇总，通过数据链路子层向 DMAP 报告。同时，数据链路子层利用无线链路的性能信息和每条信道的状况对设备的通信过程进行控制。

无线链路性能指标包括：

——统计周期内，接收到的邻居设备的信号平均等级；

——统计周期内，发送给邻居设备的非广播帧的数量；

——统计周期内，未收到的期望 ACK、NACK 的数量；

——统计周期内，接收到的邻居设备的非广播帧的数量。

度量无线信道状况的指标包括：

——每条信道上的链路质量指示(LQI)的平均值；

——每条信道上的丢包率，由接收到的 ACK 数量和发送包的数量决定；

——每条信道上重传次数的平均值。

8.4.10 安全

WIA-PA 数据链路子层采用 MIC 机制和加密机制保证通信过程的完整性和保密性。关于安全的具体内容见第 11 章。

8.4.11 DLSL 状态机

DLSL 的状态机如图 39 所示。

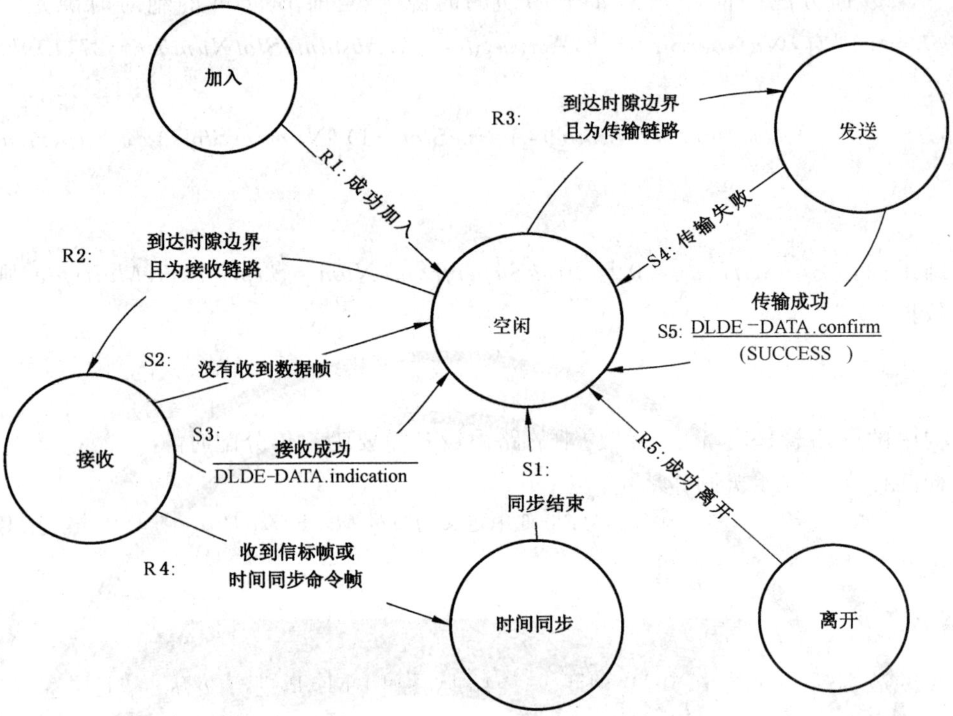

图 39 DLSL 状态机

DLSL 的状态转移如表 29 所示。

表 29 DLSL 状态转移表

编 号	当前状态	转移条件⇒动作	下一状态
R1	加入	成功加入	空闲
R2	空闲	到达时隙边界且为接收链路	接收
R3	空闲	到达时隙边界且为发送链路	发送
R4	接收	收到信标帧或时间同步命令帧	时间同步
R5	离开	成功离开	空闲
S1	时间同步	同步结束	空闲
S2	接收	没有收到数据帧	空闲
S3	接收	接收成功＝〉 DLDE-DATA. indication()	空闲
S4	发送	传输失败	空闲
S5	发送	传输成功＝〉 DLDE-DATA. confirm()	空闲

——“加入”状态(Joining)

“加入”状态处理设备的加入过程。DLSL 状态机在设备加入网络以后开始运行。

——“离开”状态(Leaving)

“离开”状态处理设备的离开过程。

——“空闲”状态(Idle)

设备在加入网络后,首先进入“空闲”状态。在设备的“空闲”状态可能发生的动作包括:

- 当到达时隙起始边界,设备根据链路的方向(发送/接收)来决定进入“发送”状态或“接收”状态。

——“发送”状态(Transmitting)

当到达时隙起始边界,并且链路的方向为发送时,则设备进入“发送”状态。在“发送”状态可能发生的动作包括:

- 成功的发送广播或多播帧后释放内存;
- 成功的发送非广播帧,且收到 MAC 层的发送确认原语表示发送成功后释放内存;
- 发送帧后,收到 MAC 层的发送确认原语表示发送失败后准备重传;
- 发送帧后,没有任何响应,则重新调度发送的帧,或者准备重传。

——“接收”状态(Receiving)

设备在“接收”状态可以接收到的帧类型包括:最终目的地址是该设备的帧;目的地址不是该设备的帧;需要该设备转发的帧。在“接收”状态可能发生的动作包括:

- 如果在接收状态没有接收到帧,则转为“空闲”状态;
- 如果接收到信标帧或时间同步命令帧,则根据接收到信标帧进行时间同步;
- 如果成功接收到帧,则根据成功接收到的帧的优先级决定对帧的处理(接收/丢弃)。处理完成后,返回“空闲”状态。

——“时间同步”状态(Synchronizing)

在“时间同步”状态,设备根据接收到的信标帧或时间同步命令帧进行时间同步处理。

8.5 数据链路子层数据服务

8.5.1 概述

数据链路子层的数据服务访问点(DLDE-SAP)支持网络设备之间数据的点到点的传输。数据链路子层数据服务原语包括数据的请求(DLDE-DATA. request)、证实(DLDE-DATA. confirm)和指示(DLDS-DATA. indication)原语。

8.5.2 数据发送请求原语

网络层调用 DLDE-DATA. request 原语发送数据。

DLDE-DATA. request 原语的语义如下:

```
DLDE-DATA. request (
                    NetworkID,
                    SrcAddrMode,
                    SrcAddr,
                    DstAddrMode,
                    DstAddr,
                    Priority,
                    Type,
                    PayloadLength,
                    Payload,
                    PayloadHandle
                    )
```

DLDE-DATA. request 原语的参数说明如表 30 所示。

表 30 DLDE-DATA. request 原语参数

参数名称	数据类型	取值范围	描述
NetworkID	Unsigned8	0～255	网络标识
SrcAddrMode	Unsigned8	0～3	发送设备采用的地址模式，可以采用下面 4 个值： 0＝没有地址（地址域被省略）； 1＝保留； 2＝16 位短地址； 3＝64 位长地址
SrcAddr	Unsigned16/64	0～65 535 或($2^{64}-1$)	发送设备的地址，发送设备仅在加入过程中使用 64 位长地址，一般都采用 16 位短地址
DstAddrMode	Unsigned8	0～3	目的设备采用的地址模式： 0＝没有地址（地址域被省略）； 1＝保留； 2＝16 位短地址； 3＝64 位长地址
DstAddr	Unsigned16/64	0～65 535 或($2^{64}-1$)	目的设备的地址，16 位或 64 位
Priority	Unsigned8	0～15	载荷的优先级
Type	Unsigned8	0～1	传输类型： 0＝簇内数据传输； 1＝簇间数据传输
PayloadLength	Unsigned8	≤MaxMACFrameSize	载荷长度
Payload	Octetstring	—	载荷内容
PayloadHandle	Unsigned8	0～255	调用传输请求原语时分配的句柄

8.5.3 数据发送证实原语

DLDE-DATA. confirm 原语用于向网络层报告数据发送的结果。

DLDE-DATA. confirm (

PayloadHandle,

Status

)

DLDE-DATA. confirm 原语的参数说明如表 31 所示。

表 31 DLDE-DATA. confirm 原语参数

参数名称	数据类型	取值范围	描述
PayloadHandle	Unsigned8	0～255	调用传输请求原语时分配的句柄
Status	Unsigned8	0～255	DLSL 数据传输的结果： 0＝SUCCESS； 1＝TRANSACTION_OVERFLOW； 2＝TRANSACTION_EXPIRED； 3＝NO_ACK； 4＝CHANNEL_ACCESS_FAILURE； 5＝UNAVAILABLE_KEY； 6＝FAILED_SECURITY_CHECK； 7＝INVALID_PARAMETER； 其余保留 具体含义见表 32

表 32　命令执行结果列表

标识	命令执行结果	含　义
0	SUCCESS	表示请求操作成功完成。对于传输请求，此值表示成功传输
1	TRANSACTION_OVERFLOW	无足够的容量存储事务
2	TRANSACTION_EXPIRED	事务过期，丢弃该信息
3	NO_ACK	在达到最大重传次数"*macMaxFrameRetries*"后，仍没有接收到确认帧
4	CHANNEL_ACCESS_FAILURE	由于信道占用导致不能传输
5	UNAVAILABLE_KEY	在接入控制列表中不存在合适的密钥
6	FAILED_SECURITY_CHECK	在安全方案中接收帧导致安全检查错误
7	INVALID_PARAMETER	存在无效参数或者超出有效范围
8	NO-BEACON	扫描操作中没有找到网络信标帧
9～255	保留	—

8.5.4　数据发送指示原语

DLDE-DATA. indication 原语用于向网络层报告收到数据。

DLDE-DATA. indication (
NetworkID,
ScrAddrMode,
SrcAddr,
Type,
Priority,
PayloadLength,
Payload,
PayloadLinkQuality,
SecurityUse
)

DLDE-DATA. indication 原语的参数说明如表 33 所示。

表 33　DLDE-DATA. indication 原语参数

参数名称	数据类型	取值范围	描　述
NetworkID	Unsigned8	0～255	网络标识
SrcAddrMode	Unsigned8	0～3	发送设备采用的地址模式，可以采用下面 4 个值： 0=没有地址(地址域被省略，见 IEEE STD 802.15.4：2006 中 7.2.1)； 1=保留； 2=16 位短地址； 3=64 位长地址
SrcAddr	Unsigned16/64	0～65 535 或($2^{64}-1$)	发送设备的地址，发送设备仅在加入过程中使用 64 位长地址，一般都采用 16 位短地址

表 33（续）

参数名称	数据类型	取值范围	描　述
Type	Unsigned8	0～1	传输类型： 0＝代表簇内数据传输； 1＝代表簇间数据传输
Priority	Unsigned8	0～15	载荷的优先级
PayloadLength	Unsigned8	≤MaxMACFrameSize	载荷长度
Payload	Octetstring	—	载荷内容
PayloadLinkQuality	Unsigned8	0～255	接收到数据帧时所测得的 LQI 的值。值越小代表链路质量 LQ 越差
SecurityUse	Unsigned8	0～1	所接收到的数据帧是否使用安全性机制。如果 DLSL 帧控制的安全使能字段为 1，则该值设为 1；否则设为 0

8.5.5 数据服务时序

数据服务时序图中的原语 MCPS-DATA. request、MCPS-DATA. confirm 和 MCPS-DATA. indication 原语，见 IEEE STD 802.15.4：2006。

图 40 为数据帧的发送、接收和确认的基本流程。

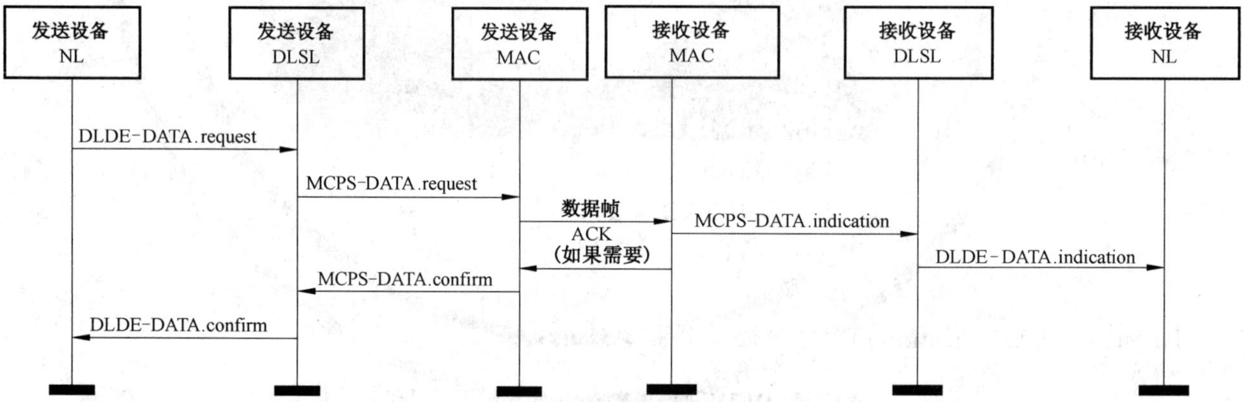

图 40　数据服务时序图

当网络层协议数据单元（NPDU）要发往接收设备的网络层数据实体（NLDE）时，发送设备的 NLDE 生成 DLDE-DATA. request 原语。

发送设备的 DLDE 收到 DLDE-DATA. request 原语后，将准备发送的数据插入发送缓存中，打包为 DLPDU 后发送出去。

接收设备的 DLDE 调用 DLDE-DATA. indication 原语向 NLDE 汇报收到数据帧。

接收设备的 ACK 返回发送设备时，发送设备的 DLSL 会向其网络层发送 DLDE-DATA. confirm 原语，用于返回数据发送的结果。

注：两个设备 MAC 层之间的消息传递的详细过程见 IEEE STD 802.15.4：2006 标准。本注适用于全标准。

8.6 数据链路子层管理服务

8.6.1 概述

上层可以通过数据链路子层管理实体服务访问点向数据链路子层传递管理命令。数据链路子层管理服务主要包括网络发现、设备加入和离开、信道状况和邻居信息的收集和汇报以及时间同步。

8.6.2 网络发现原语

DLSL 网络发现原语用来对给定的通信信道列表进行信道扫描。设备使用信道扫描搜索在它的接收范围内所有发送信标帧的簇首。DLSL 网络发现原语包括 DLME-DISCOVERY. request 和 DLME-DISCOVERY. confirm。

8.6.2.1 网络发现请求原语

网络发现请求原语 DLME- DISCOVERY. request 用于请求设备进行信道扫描。

```
DLME- DISCOVERY. request (
                    ScanChannels,
                    ScanDuration
                  )
```

DLME- DISCOVERY. request 原语的参数说明如表 34 所示。

表 34 DLME- DISCOVERY. request 原语参数

参数名称	数据类型	取值范围	描　述
ScanChannels	Unsigned32	32 位位图 (Bits-Map)	高 27 位分配给 IEEE STD 802.15.4-2006，其余位根据实际环境中存在的频段设置，不足 32 位的在末尾补 0
ScanDuration	Unsigned8	0～14	用来计算主动扫描和被动扫描的时间。孤点扫描时此参数忽略。每个信道的扫描时间为 *aBaseSuperframeDuration* $*(2^n+1)$ 个符号时间(symbol)，n 为参数 *ScanDuration* 的值
注：*aBaseSuperframeDuration* 的含义和取值请见 IEEE STD 802.15.4:2006 的 MAC PIB 属性。			

8.6.2.2 网络发现证实原语

网络发现证实原语 DLME-DISCOVERY. confirm 用于响应 DLME-DISCOVERY. request 原语。

```
DLME-DISCOVERY. confirm (
                    Status,
                    NetworkCount,
                    NetworkDescriptor
                  )
```

DLME-DISCOVERY. confirm 原语的参数说明如表 35 所示。

表 35 DLME-DISCOVERY. confirm 原语参数

参数名称	数据类型	取值范围	描述
Status	Unsigned8	0～255	扫描请求的结果： 0＝SUCCESS； 7＝INVALID_PARAMETER； 8＝NO_BEACON； 其余保留。 具体含义见表 32
NetworkCount	Unsigned8	0～255	给出通过扫描发现的网络数量
NetworkDescriptor	NetDes_Struct 结构体数组	0～NetworkCount	发现的网络描述符列表，NetDes_Struct 见表 36

表 36 NetDes_Struct 结构体的元素表

参数名称	数据类型	取值范围	描述
LogicalChannel	Unsigned8	0～31	用于连接的逻辑信道，从物理层所支持的可用信道中选择
BeaconOrder	Unsigned8	0～15	确定 MAC 层信标帧发送的频率
SuperframeOrder	Unsigned8	0～15	确定超帧活动期的长度
PermitJoining	Boolean	0,1	表示路由设备是否允许加入： 0＝至少有一个路由设备允许加入； 1＝不允许加入

如果扫描成功，则 DLME-DISCOVERY. confirm 原语返回 SUCCESS 状态；如果设备在扫描的过程中没有发现信标，则 DLME-SCAN. confirm 原语返回 NO_BEACON 状态；如果 DLME- DISCOVERY. confirm 原语中有不符合语义的参数或者参数值超出范围，则 DLME- DISCOVERY. confirm 原语返回 INVALID_PARAMETER 状态。

8.6.2.3 网络发现时序

网络发现的时序如图 41 所示。网络发现时序图中的原语 MLME-SCAN. request、MLME-SCAN. confirm，见 IEEE STD 802.15.4:2006。

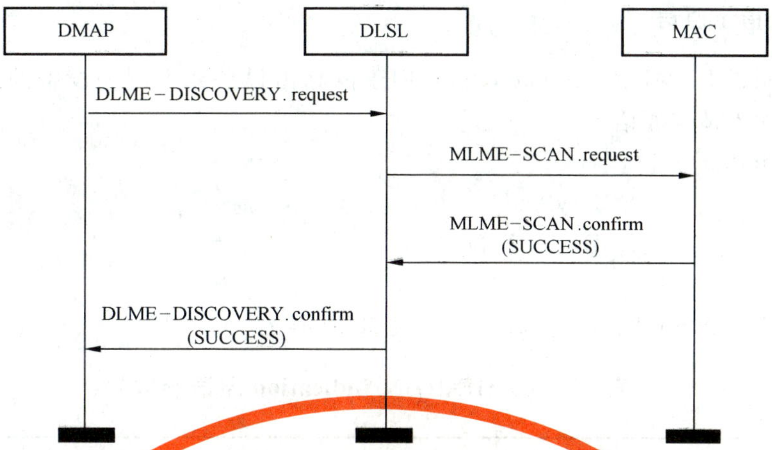

图 41 网络发现时序图

8.6.3 设备加入原语

8.6.3.1 概述

设备加入原语考虑两种情况：

——新的现场设备加入星型结构；

——新的路由设备加入网状结构。

DLSL 的设备加入原语包括 DLME-JOIN. request 原语、DLME-JOIN. indication 原语、DLME-JOIN. response 原语、DLME-JOIN. confirm 原语。

8.6.3.2 设备加入请求原语

设备加入请求原语 DLME-JOIN. request 用于设备请求加入网络（星型结构或者网状结构）。

```
DLME-JOIN. request (
            LogicalChannel,
            JoinAddr,
            PhyAddr,
            DeviceType
        )
```

DLME-JOIN. request 原语的参数说明如表 37 所示。

表 37 DLME-JOIN. request 原语参数

参数名称	数据类型	取值范围	描　述
LogicalChannel	Unsigned8	0～31	用于连接的逻辑信道，从物理层所支持的可用信道中选择
JoinAddr	Unsigned16	0～65 535	接收该请求的路由设备或者网关设备的短地址
PhyAddr	Unsigned64	0～($2^{64}-1$)	待加入设备的长地址
DeviceType	Unsigned8	0～255	待加入网络的设备类型： 0＝网关设备； 1＝路由设备； 2＝现场设备； 3＝手持设备； 其余保留

8.6.3.3 设备加入指示原语

设备加入指示原语 DLME-JOIN. indication 用于向路由设备或者网关设备的 DMAP 指示已成功接收到一个设备的加入请求原语。

DLME- JOIN. indication (
PhyAddr,
DeviceType
)

DLME- JOIN. indication 原语的参数说明如表 38 所示。

表 38 DLME-JOIN. indication 原语参数

参数名称	数据类型	取值范围	描述
PhyAddr	Unsigned64	$0\sim(2^{64}-1)$	待加入设备的长地址
DeviceType	Unsigned8	0～255	待加入网络的设备类型： 0＝网关设备； 1＝路由设备； 2＝现场设备； 3＝手持设备； 其余保留

8.6.3.4 设备加入响应原语

设备加入响应原语 DLME-JOIN. response 是对 DLME-JOIN. request 原语的响应。

DLME-JOIN. response (
PhyAddr,
ShortAddr,
TimeSource,
Status
)

DLME-JOIN. response 原语的参数说明如表 39 所示。

表 39 DLME-JOIN. response 原语参数

参数名称	数据类型	取值范围	描述
PhyAddr	Unsigned64	$0\sim(2^{64}-1)$	待加入设备的长地址
ShortAddr	Unsigned16	0～65 535	为待加入设备分配的短地址
TimeSource	Unsigned8	0～1	表示待加入设备是否被设置为时间源： 0＝非时间源； 1＝时间源
Status	Unsigned8	0～255	表示加入请求的结果： 0＝SUCCESS； 1＝FAILURE_TOP_DISMATCH； 2＝FAILURE_ELSE； 其余保留

8.6.3.5 设备加入证实原语

设备加入证实原语 DLME-JOIN. confirm 用于向 DMAP 指示待加入设备是否成功加入。

DLME-JOIN. confirm (

ShortAddr,

Status

)

DLME-JOIN. confirm 原语的参数说明如表 40 所示。

表 40 DLME-JOIN. confirm 原语参数

参数名称	数据类型	取值范围	描　　述
ShortAddr	Unsigned16	0～65 535	分配给待加入设备的短地址
Status	Unsigned8	0～255	表示加入请求的结果： 0=SUCCESS; 1=FAILURE_TOP_DISMATCH; 2=FAILURE_ELSE; 其余保留

8.6.3.6 设备加入时序

设备加入时序见 9.5.2.5。

8.6.4 设备离开原语

8.6.4.1 概述

设备离开原语考虑两种情况：

——现场设备离开星型结构；

——路由设备离开网状结构。

设备离开原语包括：DLME-LEAVE. request、DLME-LEAVE. indication、DLME-LEAVE. confirm。

8.6.4.2 设备离开请求原语

DLME-LEAVE. request (

ShortAddr

)

DLME-LEAVE. request 原语的参数说明如表 41 所示。

表 41 DLME-LEAVE. request 原语参数

参数名称	数据类型	取值范围	描　　述
ShortAddr	Unsigned16	0～65 535	要求或被要求离开的设备的短地址

8.6.4.3 设备离开指示原语

设备离开指示原语 DLME-LEAVE. indication 用来通知 DMAP 已接收到设备离开请求。

DLME-LEAVE. indication (

ShortAddr

)

DLME-LEAVE.indication 原语的参数说明见表 41。

8.6.4.4 设备离开证实原语

设备离开证实原语 DLME-LEAVE.confirm 用来返回 DLME-LEAVE.request 原语的执行结果。

DLME-LEAVE.confirm (

Status

)

DLME-LEAVE.confirm 原语的参数说明如表 42 所示。

表 42 DLME-LEAVE.confirm 原语参数

参数名称	数据类型	取值范围	描　述
Status	Unsigned8	0～255	设备离开请求的结果： 0＝SUCCESS； 1＝FAILURE； 其余保留

8.6.4.5 设备离开时序

设备离开时序图中用到的原语 MLME-DISASSOCIATE.request、MLME-DISASSOCIATE.confirm 和 MLME-DISASSOCIATE.indication，见 IEEE STD 802.15.4:2006。

——路由设备离开网状结构的时序

网络中的路由设备一端与网状结构连接，另一端与星型结构连接。当路由设备离开网络时，包括路由设备离开网状结构和星型结构两个过程。根据离开网络的发起方，路由设备离开网络包括主动离开和被动离开两种方式。

——现场设备离开星型结构的时序

根据离开网络的发起方，现场设备离开网络包括主动离开和被动离开两种方式。

设备离开的具体时序见 9.5.3.5。

8.6.5 信道状况指示原语

信道状况指示原语 DLME-CHANNEL-CONDITION.indication 用于 DLSL 向 DMAP 汇报信道状况，汇报的参数包括 LQI，丢包率和重传次数。

DLME-CHANNEL-CONDITION.indication (

NeighborAddr,

ChannelID,

LinkQuality,

PacketLossRate,

RetryNum

)

DLME-CHANNEL-CONDITION.indication 原语的参数说明如表 43 所示。

表 43 DLME-CHANNEL-CONDITION. indication 原语参数

参数名称	数据类型	取值范围	描　述
NeighborAddr	Unsigned16	0～65 535	16 位邻居设备的短地址
ChannelID	Unsigned8	0～31	信道标识符
LinkQuality	Unsigned8	0～255	每条信道上的 LQI 值
PacketLossRate	Float	0～100	每条信道上的丢包率
RetryNum	Unsigned8	0～*macMaxFrameRetries*	每条信道上的重传次数统计

8.6.6 邻居信息上报指示原语

邻居信息上报指示原语用于将统计得到的邻居信息上报给 DMAP，从而更新 DMAP 的邻居属性。

DLME-NEIGHBOR-INFO. indication (
NeighborCount
NeighborStructure
)

DLME-NEIGHBOR-INFO. indication 原语的参数说明如表 44 所示。

表 44 DLME-NEIGHBOR-INFO. indication 原语参数

参数名称	数据类型	取值范围	描　述
NeighborCount	Unsigned16	0～65 535	邻居的个数
NeighborStructure	Neighbor_Struct 结构体	—	邻居属性的信息

8.6.7 设备存活请求原语

设备存活请求原语用于 DMAP 要求设备发送 keep-alive 命令帧。

DLME-KEEP-LIVE. request (
)

8.6.8 时间同步请求原语

时间同步请求原语用于 DMAP 请求设备发送时间同步命令帧。

DLME-TIME-SYN. request (
TimeValue
)

DLME-TIME-SYN. request 原语的参数说明如表 45 所示。

表 45 DLME-TIME-SYN. request 原语参数

属性名称	数据类型	取值范围	描　述
TimeValue	Unsigned32	0～($2^{32}-1$)	设备当前时间值

8.7 数据链路层帧格式

8.7.1 数据链路层通用帧格式

数据链路层通用帧格式如图 42 所示。

MPDU			
IEEE STD 802.15.4:2006 MAC 帧头(MHR)	DLPDU		FCS
	DLSL 帧控制	DLSL 载荷	

图 42 数据链路层通用帧格式

具体包括：

——IEEE STD 802.15.4:2006 MAC 帧头(MHR)，具体内容请见 IEEE STD 802.15.4:2006 的帧格式部分内容；

——WIA-PA DLSL 帧控制，见图 43；

——DLSL 载荷；

——帧校验序列(FCS)。

注：安全部分的内容见第 11 章。

WIA-PA DLSL 帧控制的格式如图 43 所示。

位:0	位:1	位:2	位:3～7
帧类型	时钟接收者	安全使能	主信道索引

图 43 数据链路层帧控制格式

——帧类型子域，用来指定传输帧的类型，0 表示数据帧，1 表示命令帧；

——时钟接收者子域，用来指定设备是否为时钟接收者，0 表示是时钟接收者，1 表示不是时钟接收者；

——安全使能子域，用来指定 DLSL 是否使用安全措施，0 表示不使用安全措施，1 表示使用安全措施；

——主信道索引子域，用来指示正在通信的信道。

注：在具有多个字节的域中，优先发送或接收最低有效字节，而在每个字节中优先发送或接收最低有效位(LSB)。层与层之间报文的传送也遵循这一规则。

8.7.2 数据帧格式

DLSL 的数据帧格式如图 44 所示。

1 字节	可变长度
DLSL 帧控制	数据载荷

图 44 数据链路层数据帧格式

8.7.3 命令帧格式

8.7.3.1 命令帧的通用格式

DLSL 的命令帧格式如图 45 所示。

1字节	1字节	可变长度
DLSL 帧控制	命令帧标识符	命令帧载荷

图 45 数据链路层命令帧通用格式

8.7.3.2 DLSL 层的命令帧

DLSL 的命令帧有待扩展，如表 46 所示。

表 46 数据链路层命令帧格式

命令帧标识符	命 令 名	使 用 者	描 述
1～255	—	—	用于扩展

9 网络层

9.1 概述

WIA-PA 网络层为应用子层提供发送和接收数据的接口，实现网络层管理功能，配置和控制网络层的操作。

9.2 协议栈结构

网络层在协议栈中的位置如图 46 所示。

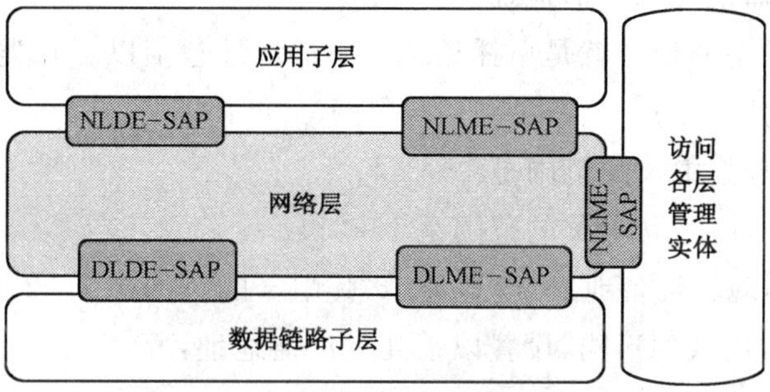

图 46 网络层在协议栈中的位置

网络层由网络层数据实体(NLDE)和网络层管理实体(NLME)构成。

网络层数据实体为应用子层提供了数据收发接口；网络层管理实体提供了层管理功能的接口供上层和设备管理应用进程调用。网络层参考模型见图 47。

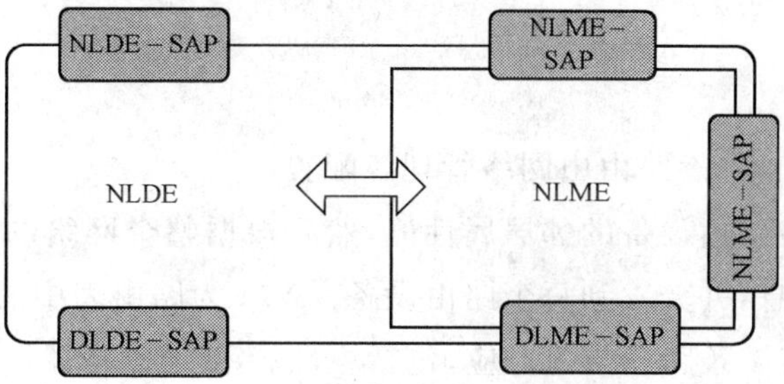

图 47 网络层参考模型

网络层通过服务访问点提供了两种服务：

——网络层数据服务，通过网络层数据实体访问点(NLDE-SAP)提供；

——网络层管理服务，通过网络层管理服务访问点(NLME-SAP)提供。

9.3 功能描述

9.3.1 概述

WIA-PA 网络层要完成以下功能：

——寻址；

——路由；

——通信资源分配；

——网络层数据包生存周期管理；

——设备加入和离开管理；

——端到端路径健康监测；

——分段和重组。

9.3.2 寻址

每个设备都具有唯一的 64 位长地址(EUI-64)和一个 16 位的短地址(网络地址)。其中，设备在加入过程中采用长地址，设备加入网络后采用短地址进行通信。短地址一般表示为 x.x，其中 x 表示 8 位整数。高 8 位为簇地址，低 8 位为簇内地址。簇地址的范围是 1～255，簇内地址范围是 0～255。簇内地址的 255 作为簇内广播地址，簇地址的 255 作为网状结构的广播地址。路由设备的簇内地址为 0。

设备的短地址包括单播地址和广播地址。

——单播地址：每个设备的地址就是单播地址。单播地址包括以下几类：

- 网络管理者地址，0.0；
- 网关地址，0.x，其中 x 的范围是 1～254；
- 路由设备地址，x.0，其中 x 的范围是 1～254；
- 作为簇成员的现场设备地址，簇地址.x，其中 x 的范围是 1～254。

——广播地址：根据作用域的不同，设置以下几类广播地址：

- 簇内广播地址：簇地址 x.255，其中 x 的范围是 1～254；
- 全网广播地址：255.255；
- MESH 网广播地址：255.0；
- 网关广播地址：0.255。

9.3.3 路由

9.3.3.1 概述

WIA-PA 支持静态路由，静态路由由网络管理者配置。

网络管理者首先获取各路由设备的邻居属性值，然后根据整个网络的所有设备邻居统计信息生成连接关系，进而生成路由信息，并分发到每个路由设备。NM 为路由表中的每一条端到端路径分配一个路由 ID。一个 VCR 可能有多条路径与之对应，包括主路径和冗余路径。具有相同源地址和目的地址的路由的 RouteID 相同。

9.3.3.2 路由表

每个路由设备网络层都维护一张路由表。该路由表由网络管理者生成，用于网状结构中的路由选择。路由表中包含5项内容，示例见表47。其中，RouteID为路由的标识符，源地址是路径起点的短地址，目的地址是路径终点的短地址，下一跳地址表示路径中的下一个参与者的短地址，端到端重传计数器记录该路径上端到端的重传次数。其中，冗余路径的RouteID与主路径相同。

表47 路由表示例

RouteID	源地址	目的地址	下一跳地址	端到端重传计数器
5	F1	N1	N3	0
8	F2	Ng	N2	0
……	……	……	……	……

注：表中的Ng代表网关的地址，N1、N2和N3代表路由设备的地址，F1和F2表示现场设备地址。

9.3.4 网络层生存周期管理

在WIA-PA网络中，每个包都具有一个生存周期。网络层根据时间戳判断包的生成时间。当包在网络中的传输时间超过其生存周期后，则丢弃该包。

9.3.5 设备加入和离开过程

设备网络层的加入和离开过程包含现场设备加入和离开以及路由设备加入和离开。

9.3.6 端到端性能监测

网络层对于每条路径都要进行健康状况监测和统计。NLME记录每条路径上包的重传次数等信息，从而判断路径的健康情况。如果某条路径上包的连续重传次数大于某一限定值，则认为该条路径失败。NLME将路径失败信息指示给DMAP。具体内容见9.5.10.4。

9.3.7 分段和重组

网络层负责数据单元的分段和重组。如果网络层数据服务单元NPDU的长度大于DLSL载荷允许的最大长度，则发送端的网络层根据需要进行分段。接收端收到分段的NPDU后，要在网络层进行重组。具体的包格式见9.6.2。

9.3.8 网络层状态机

网络层定义了以下几个状态：空闲状态、发送状态和接收状态。每种状态定义如表48所示。

表48 网络层状态定义

状　态	描　述
空闲状态	网络层不做任何操作
发送状态	将应用层的包加上网络层包头，并发送给数据链路子层
接收状态	将收到的包解包，然后传送给应用子层

各种状态之间的相互转化关系如图48和表49所示。

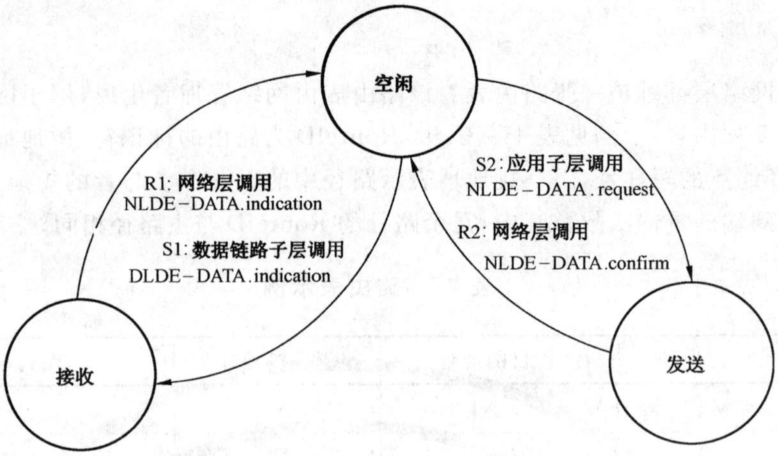

图 48　网络层状态机

表 49　网络层状态转移表

编号	当前状态	转移条件＝〉动作	下一状态
R1	接收	网络层调用＝〉NLDE-DATA. indication()	空闲
R2	发送	网络层调用＝〉NLDE-DATA. confirm()	空闲
S1	空闲	数据链路子层调用＝〉DLDE-DATA. indication()	接收
S2	空闲	应用子层调用＝〉NLDE-DATA. request()	发送

——“空闲”状态(Idle)

在空闲状态可能发生以下动作：

- 数据链路子层调用 DLDE-DATA. indication 原语，网络层进入“接收”状态；
- 应用子层调用 NLDE-DATA. request 原语，网络层进入“发送”状态。

——“发送”状态(Transmitting)

在“发送”状态，网络层接收到 NLDE-DATA. confirm 原语之后，进入到“空闲”状态。

——“接收”状态(Receiving)

在接收状态，网络层发出 NLDE-DATA. indication 原语给上层之后，进入到“空闲”状态。

9.4　网络层数据服务

9.4.1　概述

应用子层使用网络层数据实体访问点发送和接收数据。网络层的数据服务包括数据请求原语，数据证实原语和数据指示原语。

9.4.2　数据请求原语

应用子层调用数据请求原语，通知网络层传输数据。应用子层数据封装为网络层服务数据单元，并被加入网络层发送队列。

数据请求原语的语义表示如下：

NLDE-DATA. request (

VcrID,

SrcAddr,
Priority,
PayloadLength,
Payload,
PayloadHandle
)

NLDE-DATA. request 原语的参数说明如表 50 所示。

表 50 NLDE-DATA. request 原语参数

参数名称	数据类型	取值范围	描　　述
VcrID	Unsigned16	0～65 535	虚拟通信关系 ID
SrcAddr	Unsigned16	0～65 535	网络层包的源 16 位短地址(单播地址)
Priority	Unsigned8	0～15	当前网络层包的优先级
PayloadLength	Unsigned16	0～65 535	载荷长度
Payload	Octetstring	—	载荷
PayloadHandle	Unsigned8	0～255	载荷句柄,用于指示 NL 载荷

9.4.3 数据证实原语

数据证实原语报告 NLDE-DATA. request 原语的执行结果。

数据证实原语的语义如下:

NLDE-DATA. confirm (
PayloadHandle,
Status
)

NLDE-DATA. confirm 原语的参数说明如表 51 所示。

表 51 NLDE-DATA. confirm 原语参数

参数名称	数据类型	取值范围	描　　述
PayloadHandle	Unsigned8	0～255	载荷句柄,用于指示 NL 载荷
Status	Unsigned8	0～255	数据请求原语操作的状态 0=SUCCESS; 1=FAILURE; 其余保留

9.4.4 数据指示原语

数据指示原语指示应用子层有网络层数据包到达。

数据指示原语的语义如下:

NLDE-DATA. indication (

SrcAddr,
Priority,
NSDULength,
NSDU
)

NLDE-DATA. indication 原语的参数说明如表 52 所示。

表 52 NLDE-DATA. indication 原语参数

参数名称	数据类型	取值范围	描 述
SrcAddr	Unsigned16	0～65 535	数据的源地址(单播地址)
Priority	Unsigned8	0～15	网络层包的传输优先级
NSDULength	Unsigned16	0～65 535	网络层载荷长度
NSDU	Octetstring	—	网络层载荷

9.4.5 数据服务时序

网络层数据服务时序如图 49 所示。

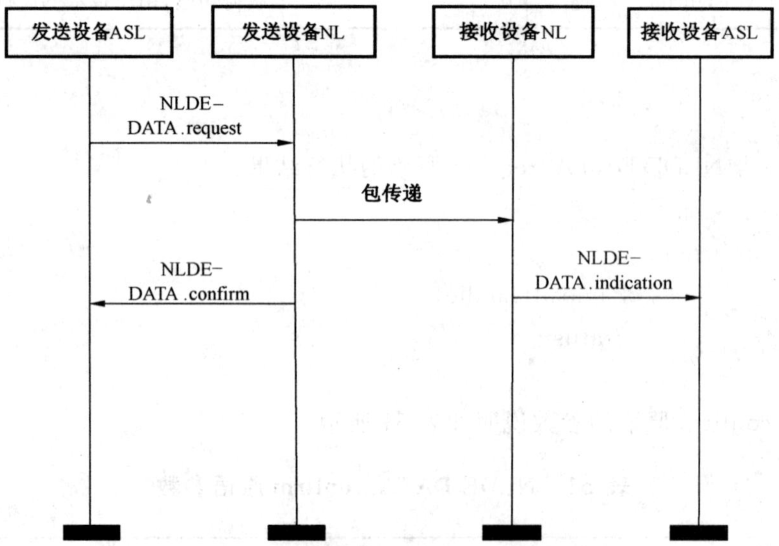

图 49 网络层数据服务时序图

当应用子层协议数据单元(ASLPDU)准备传输时,ASL 调用 NLDE-DATA. request 原语将 ASLPDU 传送给 NLDE。接收到 ASLPDU 后,NLDE 开始发送网络层协议数据单元(NPDU)。

发送设备的 NLDE 生成 NLDE-DATA. confirm 原语用来对 NLDE-DATA. request 原语做出响应,并返回发送的状态。

接收设备的 NLDE 生成 NLDE-DATA. indication 原语通知 ASL 本地网络层的数据到达。

9.5 网络层管理服务

9.5.1 概述

设备管理应用进程使用网络层管理实体服务访问点配置和控制网络层操作。

9.5.2 网络层设备加入原语

9.5.2.1 加入请求原语

网络层设备加入请求原语语义如下：

NLME-JOIN.request (
JoinAddr,
PhyAddr,
SecMaterial,
DeviceType
)

NLME-JOIN.request 原语的参数说明如表 53 所示。

表 53 NLME-JOIN.request 原语参数

参数名称	数据类型	取值范围	描 述
JoinAddr	Unsigned16	0～65 535	选择加入的路由设备或网关设备的地址(单播地址)
PhyAddr	Unsigned64	$0\sim2^{64}-1$	待加入设备的长地址
SecMaterial	Unsigned32	$0\sim2^{32}-1$	设备的身份信息
DeviceType	Unsigned8	0～255	待加入网络的设备类型： 0＝网关设备； 1＝路由设备； 2＝现场设备； 3＝手持设备； 其余保留

9.5.2.2 加入指示原语

网络层设备加入指示原语语义如下：

NLME-JOIN.indication (
ProxyAddr,
PhyAddr,
SecMaterial,
DeviceType
)

NLME-JOIN.indication 原语的参数说明如表 54 所示。

表 54 NLME-JOIN.indication 原语参数

参数名称	数据类型	取值范围	描 述
ProxyAddr	Unsigned16	0～65 535	生成网络层加入请求的路由设备的地址
PhyAddr	Unsigned64	$0\sim2^{64}-1$	待加入设备的长地址
SecMaterial	Unsigned32	$0\sim2^{32}-1$	设备的身份信息
DeviceType	Unsigned8	0～255	待加入网络的设备类型： 0＝网关设备； 1＝路由设备； 2＝现场设备； 3＝手持设备； 其余保留

当收到新设备的加入请求报文之后，路由设备网络层通过该原语向 DMAP 发出指示。

9.5.2.3 加入响应原语

网络层设备加入响应原语语义如下：

NLME-JOIN. response (
ProxyAddr，
PhyAddr，
ShortAddr，
Status
)

NLME-JOIN. response 原语的参数说明如表 55 所示。

表 55 NLME-JOIN. response 原语参数

参数名称	数据类型	取值范围	描　述
ProxyAddr	Unsigned16	0～65 535	生成网络层加入请求的路由设备的地址
PhyAddr	Unsigned64	$0 \sim 2^{64}-1$	待加入设备的长地址
ShortAddr	Unsigned16	0～65 535	设备获得的短地址(单播地址)
Status	Unsigned8	0～255	设备加入状态 0＝SUCCESS； 1＝FAILURE； 其余保留

路由设备网络管理代理或网络管理者通过该原语为新设备分配 16 位短地址。

9.5.2.4 加入证实原语

网络层设备加入证实原语语义如下：

NLME-JOIN. confirm (
ShortAddr，
Status
)

NLME-JOIN. confirm 原语的参数说明如表 56 所示。

表 56 NLME-JOIN. confirm 原语参数

参数名称	数据类型	取值范围	描　述
ShortAddr	Unsigned16	0～65 535	设备获得的短地址(单播地址)
Status	Unsigned8	0～255	设备加入状态 0＝SUCCESS； 1＝FAILURE； 其余保留

待加入设备网络层收到加入响应后，向 DMAP 发送该证实原语来指示加入成功或失败。

9.5.2.5 设备加入时序

9.5.2.5.1 现场设备加入时序

现场设备若要加入到星型结构中，则其DMAP将指示MAC层生成加入请求后发送给路由设备或者网关设备，加入请求中包含自己的长地址。现场设备的加入过程包括两种情况：待加入网络的现场设备加入以网关设备为簇首的星型网络；待加入网络的现场设备加入以路由设备为簇首的星型网络。

网关设备收到现场设备的加入请求后，指示给网络管理者，网络管理者返回响应。待加入设备收到网关设备MAC层返回的加入响应之后，完成加入过程；路由设备收到现场设备的加入请求后，在路由设备的网络层生成加入请求命令包发送给网关设备。待加入设备收到响应之后，完成加入过程。

对于星型和网状结合的两层网络拓扑结构，现场设备加入路由设备的时序如图50和图51所示。

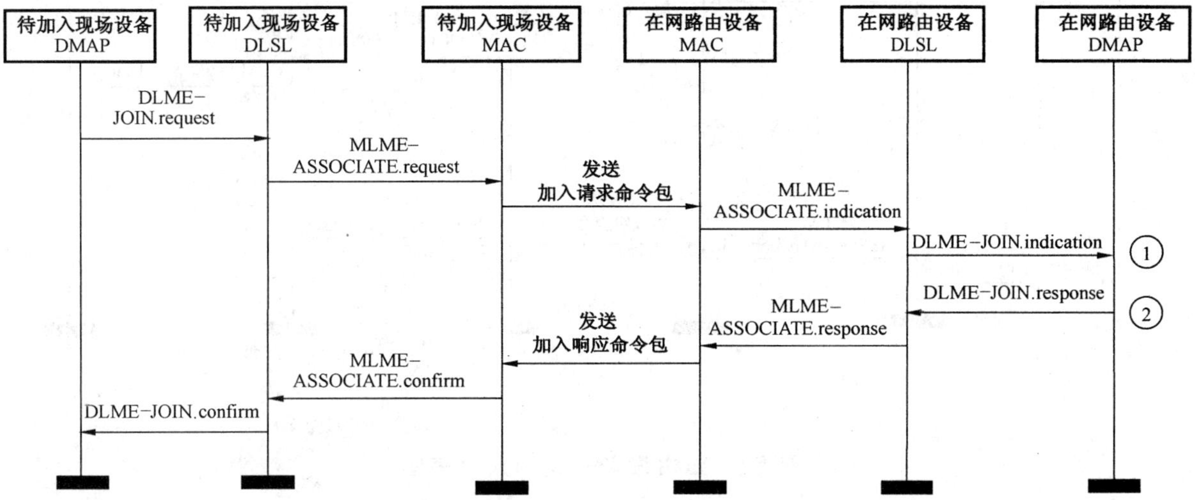

图50 现场设备加入路由设备时序图（现场设备——路由设备端）

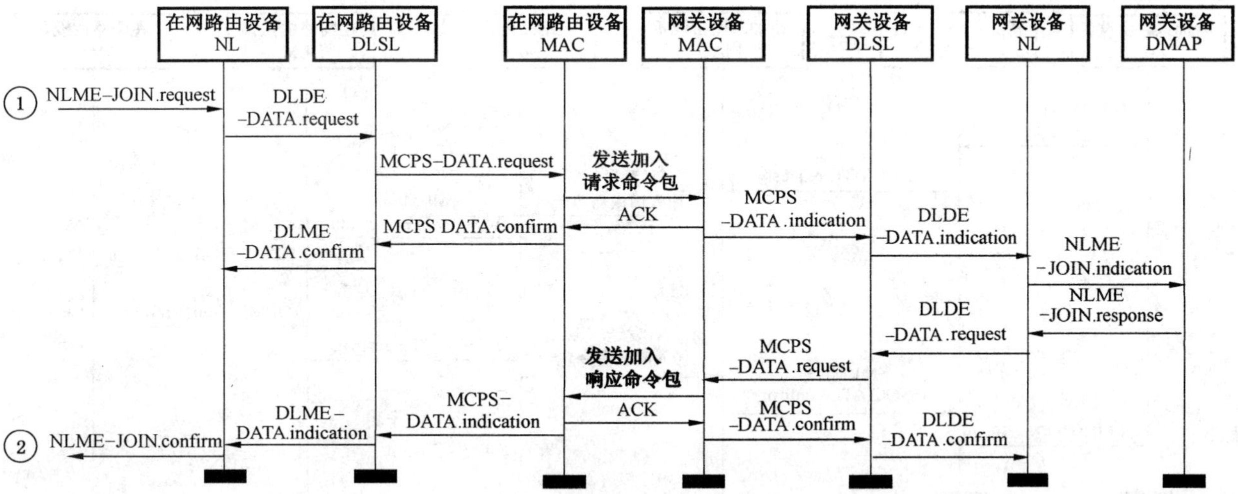

图51 现场设备加入路由设备时序图（路由设备——网关设备端）

9.5.2.5.2 路由设备加入时序

路由设备若要加入到网状结构中，该路由设备发送MAC层的加入请求给网关设备，加入请求中包含自己的长地址。路由设备的加入过程包括两种情况：待加入网络路由设备的MAC层加入请求命令包直接发送给网关设备(一跳加入过程);待加入网络路由设备的MAC层加入请求命令包通过在网路由设备转发给网关设备(多跳加入过程)。

网关设备收到请求之后,将指示原语发送给网络管理者,网络管理者返回响应。待加入设备收到响应之后,完成加入过程。

路由设备一跳加入时序如图52所示。

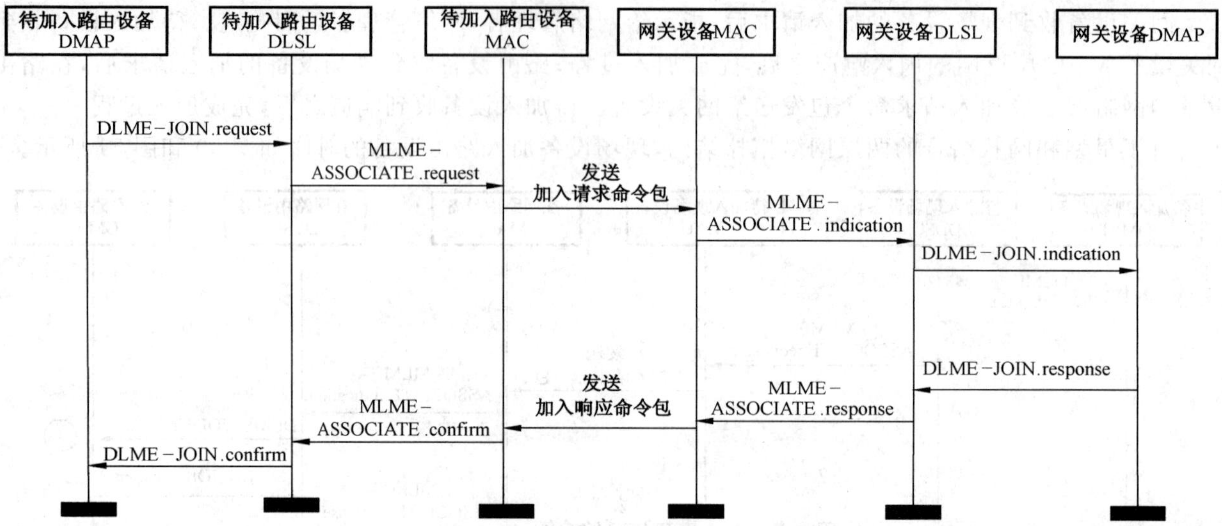

图52 路由设备一跳加入时序图

路由设备多跳加入时序如图53和图54所示。

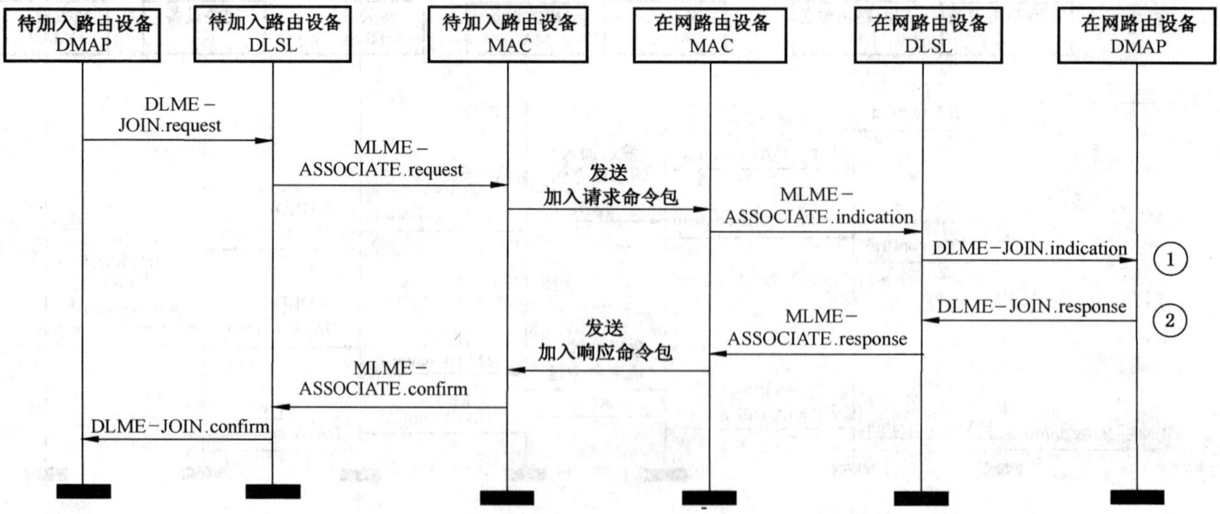

图53 路由设备多跳加入时序图(待加入路由设备——在网路由设备端)

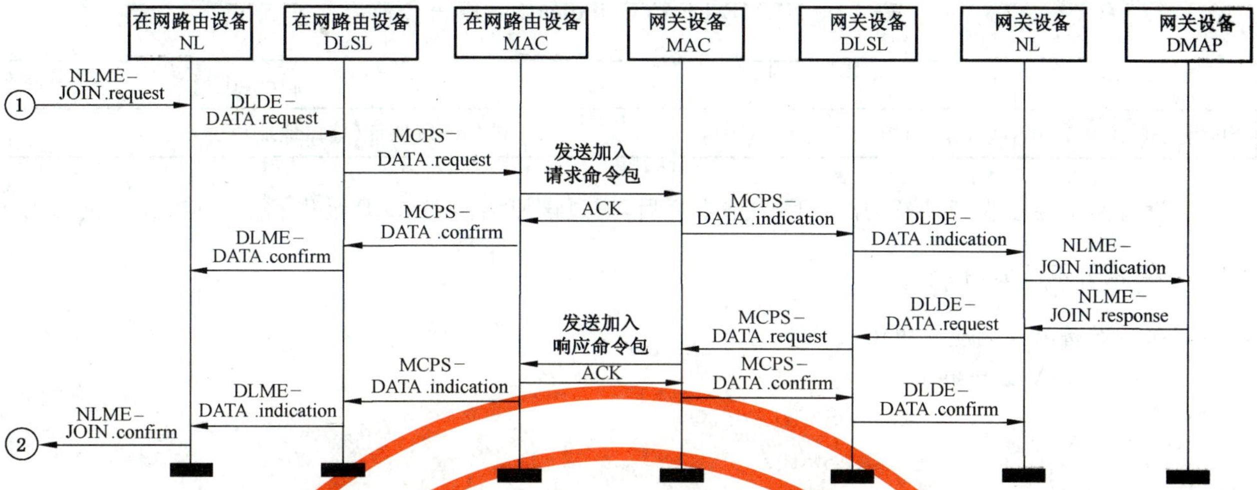

图 54 路由设备多跳加入时序图(网路由设备——网关设备端)

注：在现场设备和路由设备的加入之前，首先设置设备表中的“DeviceState”为 0，表示未加入；若待加入网络的设备已发出加入请求但未收到加入响应，则将“DeviceState”置为 1，表示设备正在加入；若待加入网络的设备已发出加入请求且成功收到加入响应，则将“DeviceState”置为 3，表示已加入。如果在加入的过程中进行安全认证，则在安全认证过程中将“DeviceState”置为 2。“DeviceState”的含义详见表 17。

9.5.3 网络层设备离开原语

9.5.3.1 离开请求原语

网络层设备离开请求原语语义如下：

NLME-LEAVE. request (
SrcAddr,
ShortAddr
)

NLME-LEAVE. request 原语的参数说明如表 57 所示。

表 57 NLME-LEAVE. request 原语参数

参数名称	数据类型	取值范围	描述
SrcAddr	Unsigned16	0～65 535	源端设备的地址
ShortAddr	Unsigned16	0～65 535	设备的短地址(单播地址)

如果设备离开网络，DMAP 调用网络层设备离开请求原语开始离开过程。

9.5.3.2 离开指示原语

网络层设备离开指示原语语义如下：

NLME-LEAVE. indication (
ShortAddr
)

NLME-LEAVE. indication 原语的参数说明如表 58 所示。

表 58 NLME-LEAVE. indication 原语参数

参数名称	数据类型	取值范围	描 述
ShortAddr	Unsigned16	0～65 535	设备的短地址(单播地址)

当设备网络层接收到设备的离开网络请求之后，通过该原语向 DMAP 报告。

9.5.3.3 离开响应原语

网络层设备离开响应原语语义如下：

NLME-LEAVE. response (

ShortAddr,

Status

)

NLME-LEAVE. response 原语的参数说明如表 59 所示。

表 59 NLME-LEAVE. response 原语参数

参数名称	数据类型	取值范围	描 述
ShortAddr	Unsigned16	0～65 535	待离开设备的短地址
Status	Unsigned8	0～255	设备离开结果 0=SUCCESS; 1=FAILURE; 其余保留

设备的 DMAP 或网络管理者通过调用该原语响应设备离开网络请求。

9.5.3.4 离开证实原语

网络层设备离开证实原语语义如下：

NLME-LEAVE. confirm (

ShortAddr,

Status

)

NLME-LEAVE. confirm 原语的参数说明如表 60 所示。

表 60 NLME-LEAVE. confirm 原语参数

参数名称	数据类型	取值范围	描 述
ShortAddr	Unsigned16	0～65 535	待离开设备的短地址
Status	Unsigned8	0～255	设备离开结果 0=SUCCESS; 1=FAILURE; 其余保留

设备网络层接收到设备离开响应时，调用该原语向 DMAP 报告网络层设备离开请求原语的执行结果。

9.5.3.5 设备离开时序

9.5.3.5.1 现场设备离开时序

现场设备离开过程包括以下两种情况：

——主动离开

现场设备 DMAP 调用 DLDE-LEAVE. request 原语，向所在簇的路由设备或者网关设备发出自身的离开请求。路由设备或者网关设备收到现场设备的离开请求之后，其网络层利用 NLME-LEAVE. indication 原语向 DMAP 指示。如果现场设备离开路由设备，则所在簇的路由设备的 DMAP 调用 NLME-RPT-CLRMEM. request 原语，向网关设备汇报簇成员。

对于星型和网状结合的两层网络拓扑结构，现场设备主动离开路由设备的时序图如图 55 和图 56 所示。

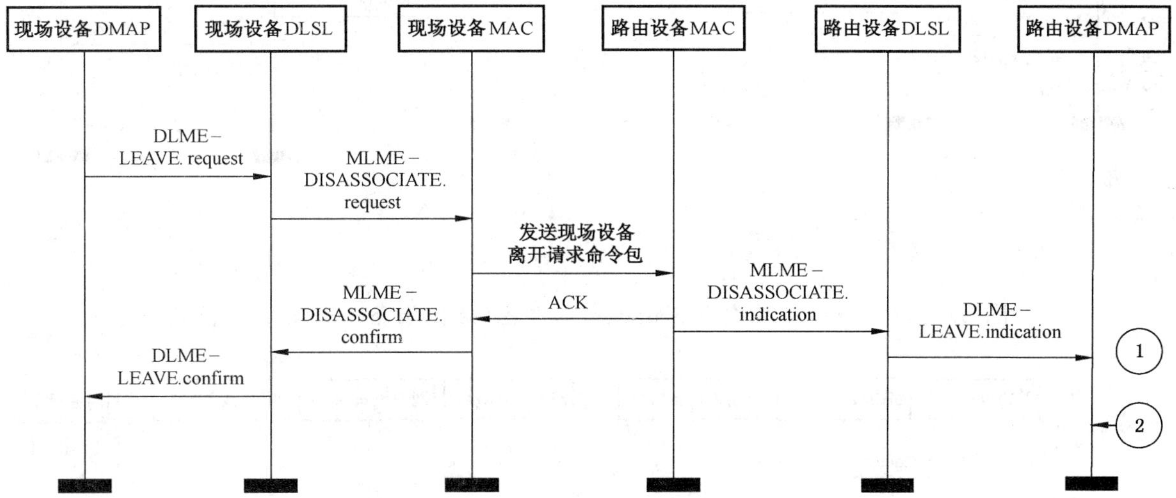

图 55 现场设备主动离开路由设备时序图(现场设备——路由设备端)

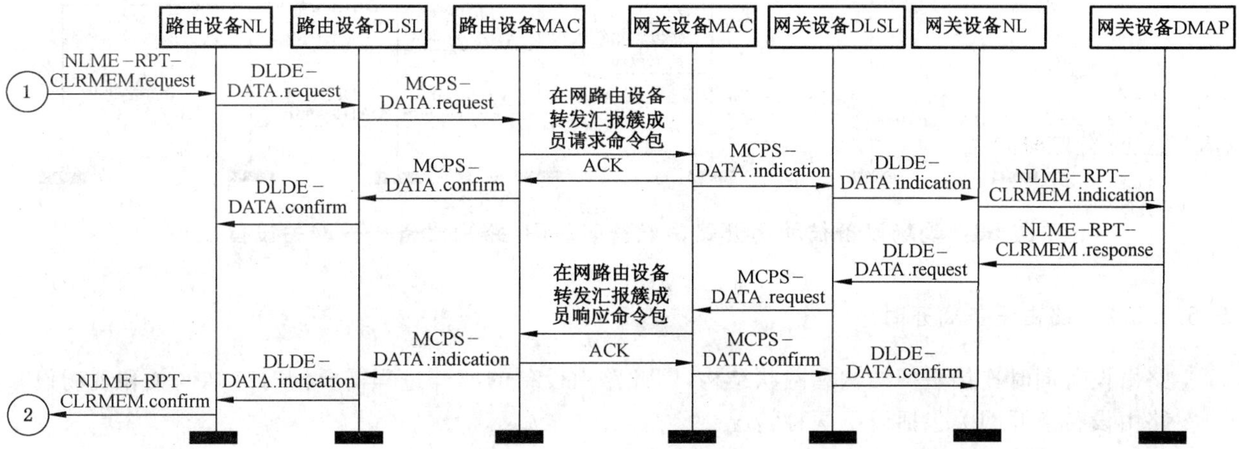

图 56 现场设备主动离开路由设备时序图(路由设备——网关设备端)

——被动离开

路由设备或者网关设备的 DMAP 调用 DLSL 设备离开请求原语，通知现场设备离开网络。现场设备收到路由设备或者网关设备的离开请求之后，返回 ACK。对于现场设备被动离开路由设备的情况，路由设备收到 DLSL 的离开证实命令后，向网关发出汇报簇成员命令包。

对于星型和网状结合的两层网络拓扑结构，现场设备被动离开路由设备的时序图如图 57 和图 58 所示。

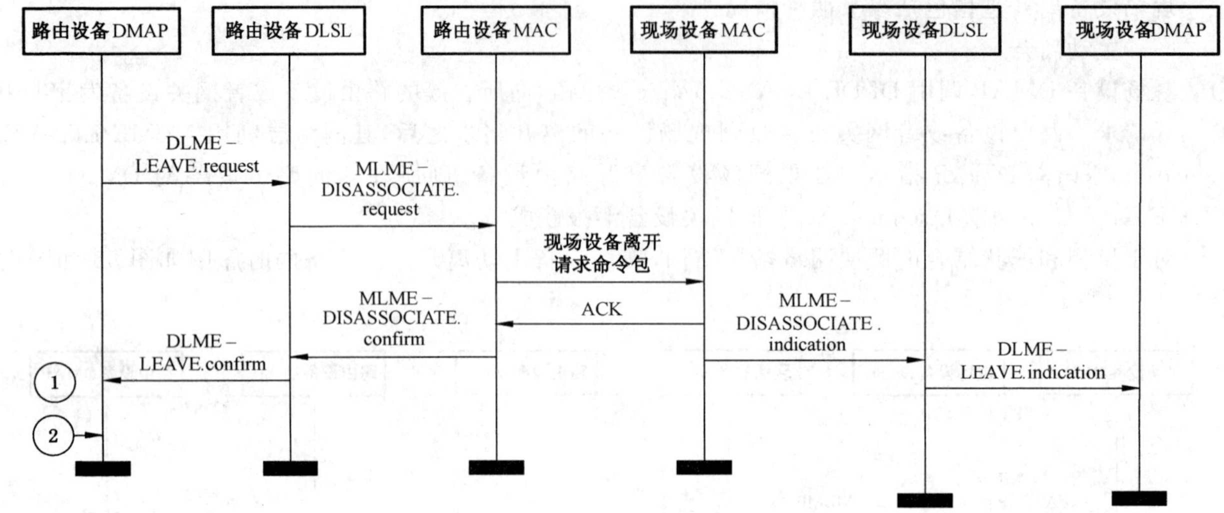

图 57　现场设备被动离开路由设备时序图（路由设备——现场设备端）

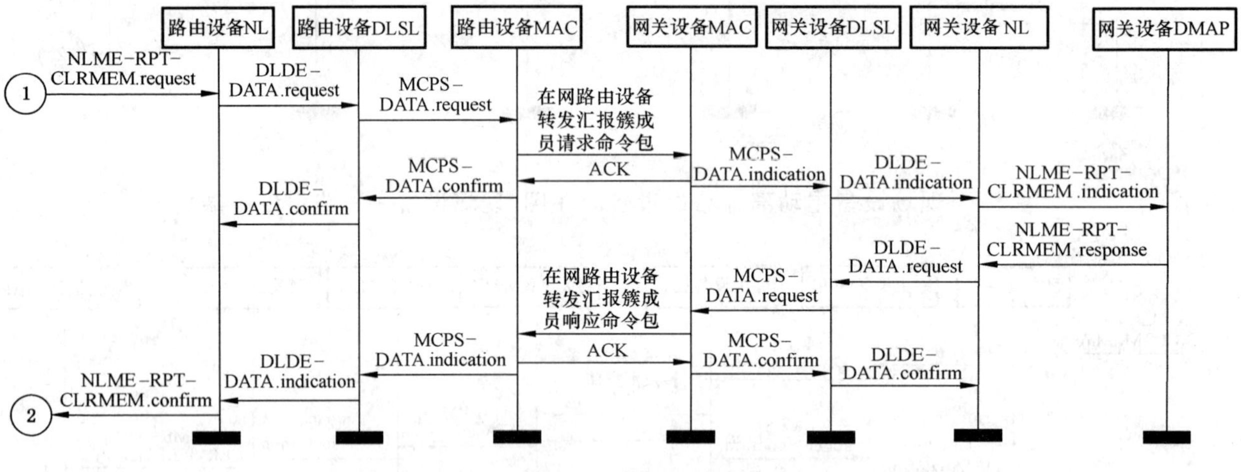

图 58　现场设备被动离开路由设备时序图（路由设备——网关设备端）

9.5.3.5.2　路由设备离开时序

路由设备同时连接星型结构和网状结构，因此路由设备的离开过程需要同时通知网关和现场设备。

路由设备离开网关包括以下两种情况：

——主动离开

路由设备 DMAP 调用网络层设备离开请求原语，向网关设备发出自身的离开请求。网关设备收到设备的离开请求之后，回复离开响应命令。待离开的路由设备的 DMAP 收到网络层离开证实原语后，通知其簇内的现场设备自己离开网络。路由设备主动离开过程时序图如图 59 和图 60 所示。

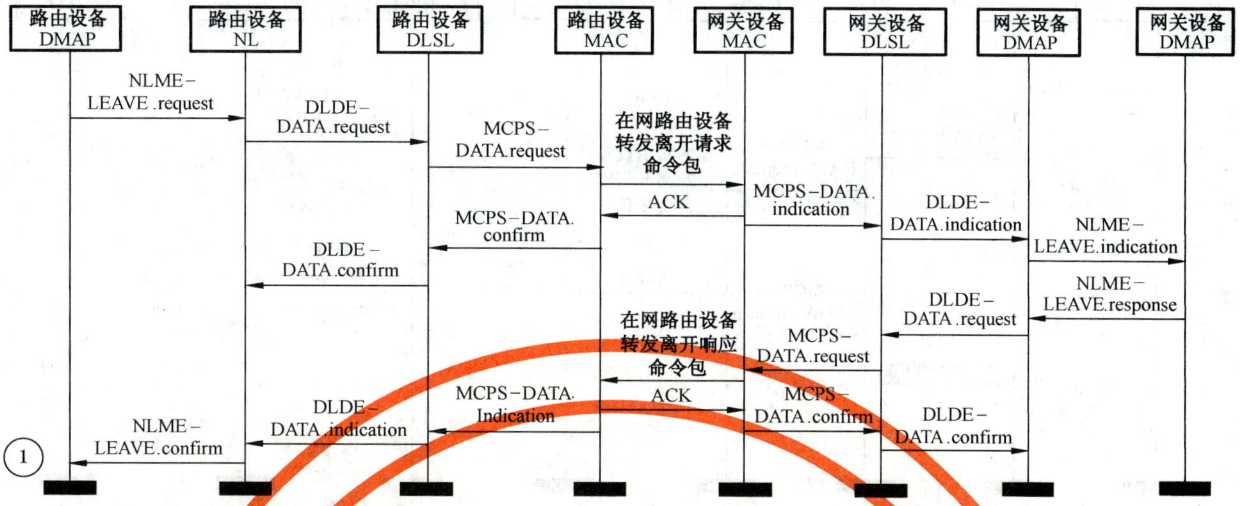

图 59 路由设备主动离开时序图(路由设备——网关设备端)

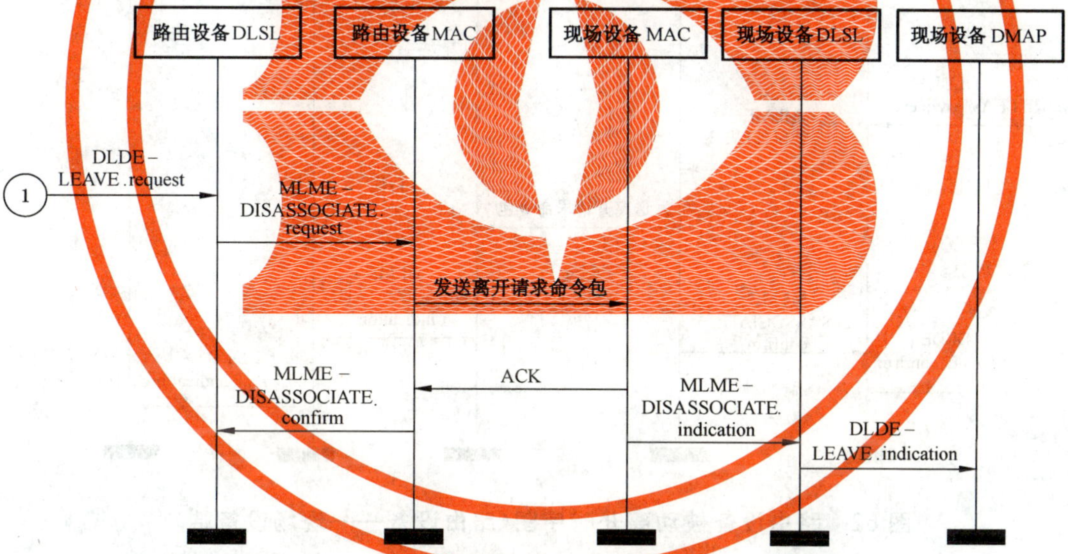

图 60 路由设备主动离开时序图(路由设备——现场设备端)

——被动离开

网关设备要求路由设备离开网络。网关设备的 NL 生成离开请求命令包,发送给指定离开的路由设备。该路由设备收到网关设备的离开请求命令包后,通知其簇内的现场设备自己离开网络。路由设备被动离开过程时序图如图 61 和图 62 所示。

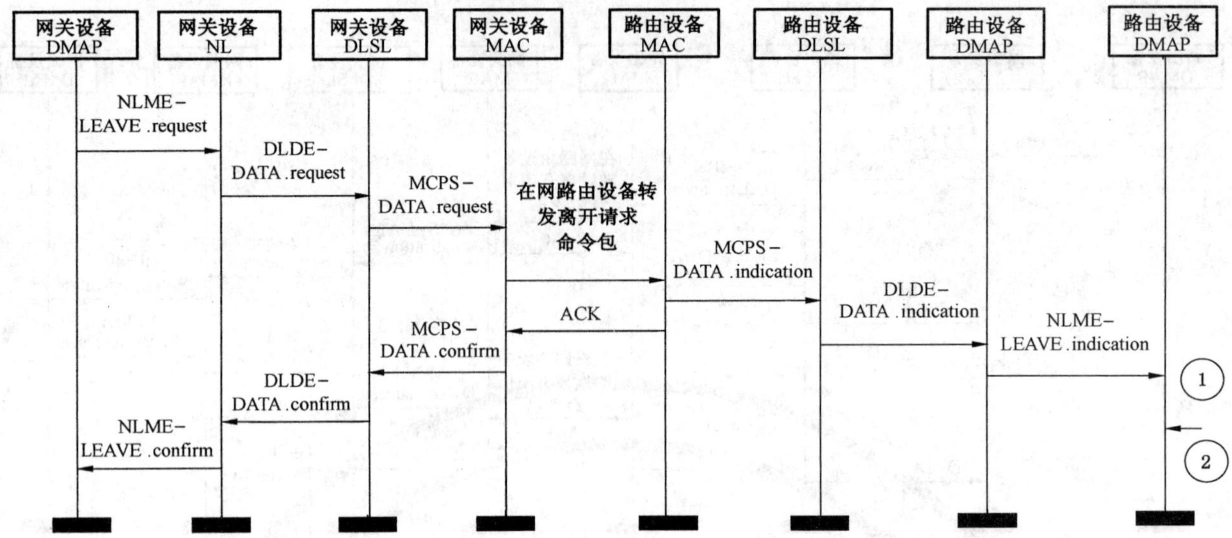

图 61　路由设备被动离开时序图(网关设备——路由设备端)

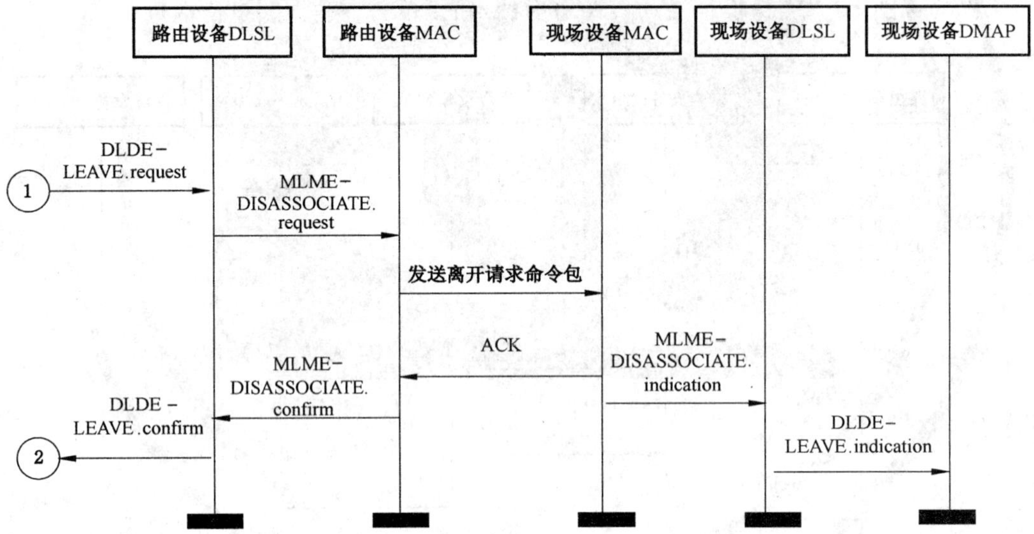

图 62　路由设备被动离开时序图(路由设备——现场设备端)

9.5.4　汇报簇成员原语

9.5.4.1　汇报簇成员请求原语

汇报簇成员请求原语用于路由设备向网关设备汇报簇内成员的信息。

汇报簇成员请求原语的语义如下：

```
NLME-RPT-CLRMEM. request (
                    SrcAddr,
                    DstAddr,
                    ClrMemFlag,
                    ClrMemAddr,
                   )
```

NLME-RPT-CLRMEM. request 原语的参数说明如表 61 所示。

表 61　NLME-RPT-CLRMEM. request 原语参数

参数名称	数据类型	取值范围	描述
SrcAddr	Unsigned16	0～65 535	源地址
DstAddr	Unsigned16	0～65 535	目的地址
ClrMemFlag	Unsigned8	0～255	簇成员变动的标志： 0＝增加； 1＝删除； 2＝更新； 其余保留
ClrMemAddr	Unsigned16	0～65 535	变动簇成员的网络地址

9.5.4.2　汇报簇成员证实原语

汇报簇成员证实原语用于在收到 DLSL 的数据证实原语后，NL 向 DMAP 返回汇报簇成员请求命令包的发送结果。

汇报簇成员证实原语的语义如下：

NLME-RPT-CLRMEM. confirm (
　　Status
)

NLME-RPT-CLRMEM. confirm 原语的参数说明如表 62 所示。

表 62　NLME-RPT-CLRMEM. confirm 原语参数

参数名称	数据类型	取值范围	描　述
Status	Unsigned8	0～255	汇报簇成员的结果 0＝SUCCESS； 1＝FAILURE； 其余保留

9.5.4.3　汇报簇成员指示原语

汇报簇成员指示原语用于网络层向 DMAP 报告已经成功接收到汇报簇成员请求命令包。

汇报簇成员指示原语的语义如下：

NLME-RPT-CLRMEM. indication(
　　SrcAddr，
　　ClrMemFlag，
　　ClrMemAddr，
)

NLME-RPT-CLRMEM. indication 原语的参数说明见表 61。

9.5.4.4　汇报簇成员响应原语

汇报簇成员响应原语用于对汇报簇成员指示原语做出响应。

NLME-RPT-CLRMEM. response(

DstAddr,

Status

)

NLME-RPT-CLRMEM. response 原语的参数说明如表 63 所示。

表 63 NLME-RPT-CLRMEM. response 原语参数

参数名称	数据类型	取值范围	描 述
DstAddr	Unsigned16	0～65 535	目的地址
Status	Unsigned8	0～255	汇报簇成员返回的结果 0=SUCCESS; 1=FAILURE; 其余保留

9.5.4.5 汇报簇成员时序

汇报簇成员时序如图 63 所示。

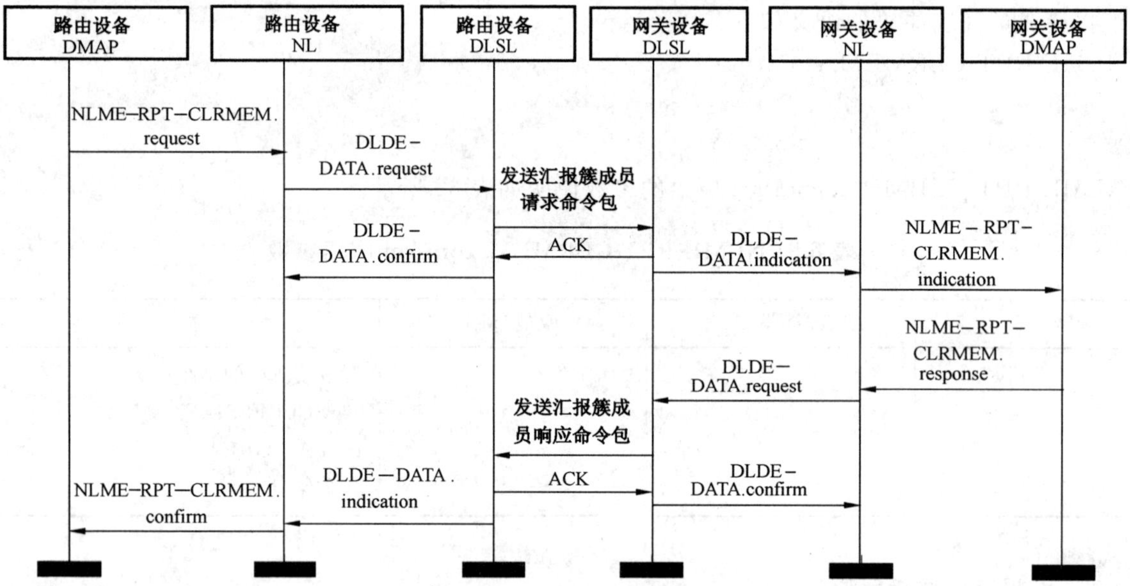

图 63 汇报簇成员时序图

9.5.5 汇报邻居信息原语

9.5.5.1 汇报邻居信息请求原语

汇报邻居信息请求原语 NLME-NEIBOR-INFO. request 用于路由设备向网关设备汇报自身的一跳邻居信息。

NLME-NEIBOR-INFO. request (

SrcAddr,

DstAddr,

NeighborCount,

NeighborStructure

)

NLME-NEIBOR-INFO. request 原语的参数说明如表 64 所示。

表 64　NLME-NEIBOR-INFO. request 原语参数

参数名称	数据类型	取值范围	描述
SrcAddr	Unsigned16	0～65 535	16 位源地址
DstAddr	Unsigned16	0～65 535	16 位目的地址
NeighborCount	Unsigned16	0～65 535	邻居的个数
NeighborStructure	Neighbor_Struct 结构体数组	—	邻居属性的信息
注：Neighbor_Struct 是结构体，具体内容见 6.9.1.2。			

9.5.5.2　汇报邻居信息指示原语

汇报邻居信息指示原语 NLME-NEIBOR-INFO. indication 用于 DLSL 向 DMAP 报告收到汇报邻居信息请求命令包。

NLME-NEIBOR-INFO. indication (

SrcAddr,

NeighborCount,

NeighborStructure

)

NLME-NEIBOR-INFO. indication 原语的参数说明如表 65 所示。

表 65　NLME-NEIBOR-INFO. indication 原语参数

参数名称	数据类型	取值范围	描　述
SrcAddr	Unsigned16	0～65 535	16 位源地址
NeighborCount	Unsigned16	0～65 535	邻居的个数
NeighborStructure	Neighbor_Struct 结构体数组	—	邻居属性的信息
注：Neighbor_Struct 是结构体，具体内容见 6.9.1.2。			

9.5.5.3　汇报邻居信息证实原语

汇报邻居信息证实原语用来报告汇报邻居信息请求命令包已成功发出。

NLME-NEIBOR-INFO. confirm(

Status

)

NLME-NEIBOR-INFO. confirm 原语的参数说明如表 66 所示。

表 66　NLME-NEIBOR-INFO. confirm 原语参数

参数名称	数据类型	取值范围	描述
Status	Unsigned8	0～255	汇报邻居信息的结果： 0= SUCCESS; 1= FAILURE; 其余保留

9.5.5.4 汇报邻居信息时序

汇报邻居信息时序如图 64 所示。

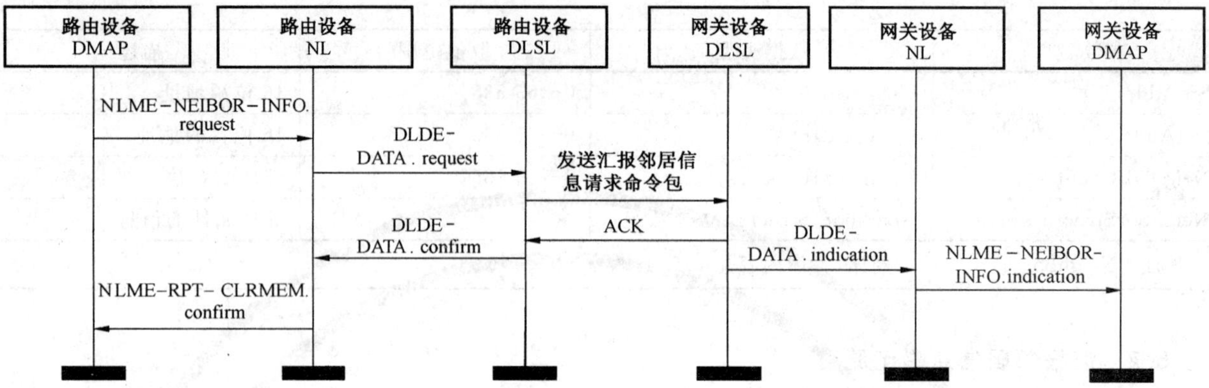

图 64 汇报邻居信息时序图

9.5.6 路由分配原语

9.5.6.1 路由增加原语

9.5.6.1.1 路由增加请求原语

网络管理者使用路由增加请求原语在目的路由设备的路由表中增加一条路由记录。

路由增加请求原语的语义如下：

NLME-ADD_ROUTE. request (
DstAddr，
RoutingTableRecord
)

NLME-ADD_ROUTE. request 原语的参数说明如表 67 所示。

表 67 NLME-ADD_ROUTE. request 原语参数

参数名称	数据类型	取值范围	描 述
DstAddr	Unsigned16	0～65 535	目的 16 位网络层短地址
RoutingTableRecord	NLRoute_Tbl 结构体	—	路由表项，见表 12

9.5.6.1.2 路由增加证实原语

网络层管理实体在接收到路由增加请求后，返回路由增加证实原语报告执行结果。

路由增加证实原语的语义如下：

NLME-ADD_ROUTE. confirm (
Status
)

NLME-ADD_ROUTE. confirm 原语的参数说明如表 68 所示。

表 68 NLME-ADD_ROUTE. confirm 原语参数

参数名称	数据类型	取值范围	描　述
Status	Unsigned8	0～255	添加路由的执行结果 0=SUCCESS; 1=FAILURE; 其余保留

网关设备的网络层在接收到增加路由请求原语后，发送增加路由请求命令包给目标路由设备，并生成增加路由证实原语，返回执行结果。

9.5.6.1.3 路由增加指示原语

路由增加指示原语用于向 DMAP 报告已成功收到路由增加请求命令包。

路由增加指示原语的语义如下：

NLME-ADD_ROUTE. indication(

RoutingTableRecord

)

NLME-ADD_ROUTE. indication 原语的参数说明见表 67。

9.5.6.1.4 路由增加响应原语

路由增加响应原语是对路由增加指示原语的响应。

路由增加响应原语的语义如下：

NLME-ADD_ROUTE. response(

Status

)

NLME-ADD_ROUTE. response 原语的参数说明见表 68。

9.5.6.1.5 路由增加时序

路由增加时序如图 65 所示。

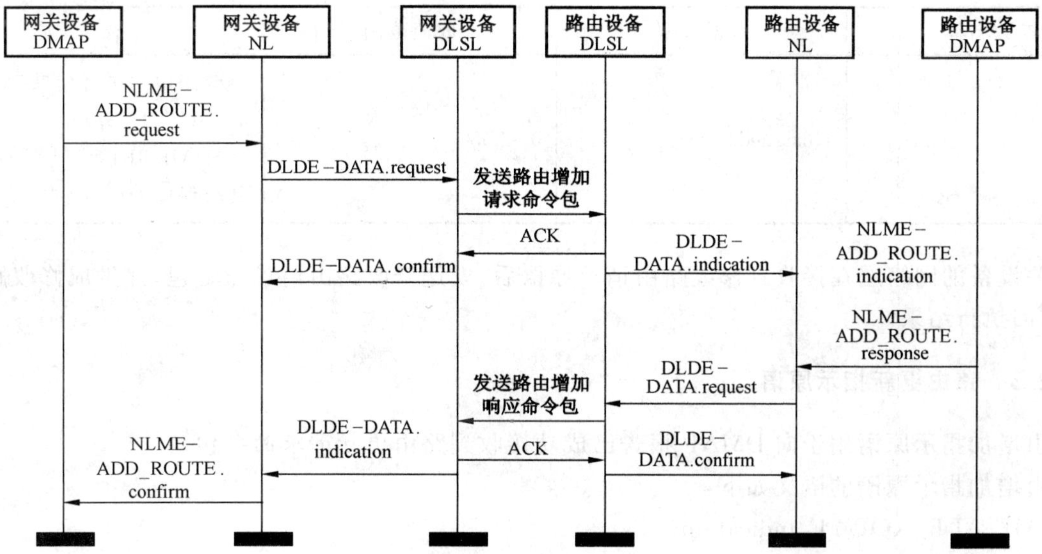

图 65 路由增加时序图

9.5.6.2 路由更新原语

9.5.6.2.1 路由更新请求原语

网络管理者使用路由更新请求原语来修改目的路由设备网络层路由表中的一条路由记录。

路由更新请求原语的语义如下：

NLME-UPDATE_ROUTE. request(
DstAddr,
RoutingTableRecord
)

NLME-UPDATE_ROUTE. request 原语的参数说明如表 69 所示。

表 69 NLME-UPDATE_ROUTE. request 原语参数

参数名称	数据类型	取值范围	描　述
DstAddr	Unsigned16	0～65 535	目的 16 位网络层短地址
RoutingTableRecord	NLRoute_Tbl 结构体	—	路由表项，见表 12

网络管理者配置路由时通过调用路由更新请求原语修改路由设备路由信息。

9.5.6.2.2 路由更新证实原语

网络层管理实体在接收到修改路由请求后，返回更新路由证实原语报告执行结果。

路由更新证实原语的语义如下：

NLME-UPDATE_ROUTE. confirm(
Status
)

NLME-UPDATE_ROUTE. confirm 原语的参数说明如表 70 所示。

表 70 NLME-UPDATE_ROUTE. confirm 原语参数

参数名称	数据类型	取值范围	描　述
Status	Unsigned8	0～255	修改路由的执行结果 0=SUCCESS； 1=FAILURE； 其余保留

网关设备的网络层在接收到修改路由请求原语后，发送修改路由请求命令包，并生成修改路由证实原语，返回执行结果。

9.5.6.2.3 路由更新指示原语

路由增加指示原语用于向 DMAP 报告已成功接收到路由更新请求命令包。

路由增加指示原语的语义如下：

NLME-ADD_ROUTE. indication(
RoutingTableRecord
)

NLME-ADD_ROUTE. indication 原语的参数说明见表 69。

9.5.6.2.4 路由更新响应原语

路由更新响应原语是对路由更新指示原语的响应。

路由更新响应原语的语义如下：

NLME-UPDATE_ROUTE. response(

Status

)

NLME-UPDATE_ROUTE. response 原语的参数说明见表 70。

9.5.6.2.5 路由更新时序

路由更新时序如图 66 所示。

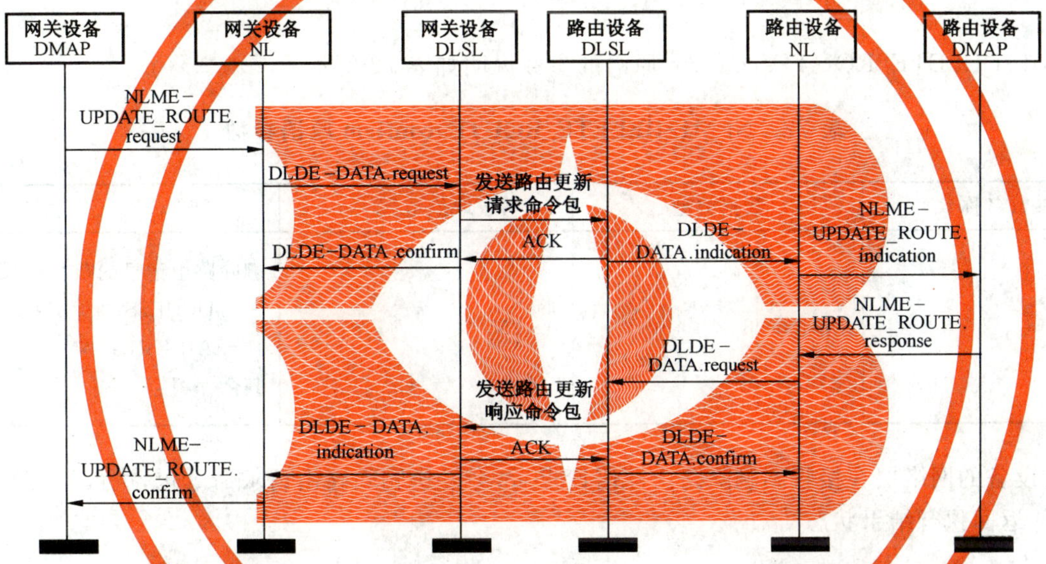

图 66 路由更新时序图

9.5.6.3 路由删除原语

9.5.6.3.1 路由删除请求原语

网络管理者使用路由删除请求原语来删除目的路由设备网络层路由表中的一条路由记录。

路由删除请求原语的语义如下：

NLME- DELETE _ROUTE. request(

DstAddr,

RouteID

)

NLME- DELETE _ROUTE. request 原语的参数说明如表 71 所示。

表 71 NLME-UPDATE_ROUTE. request 原语参数

参数名称	数据类型	取值范围	描　述
DstAddr	Unsigned16	0～65 535	目的 16 位网络层短地址
RouteID	Unsigned16	0～65 535	路由 ID

网络管理者配置路由时可以调用删除路由原语请求删除目的路由设备上的一条路由信息。

9.5.6.3.2 路由删除证实原语

网络层管理实体在接收到路由删除请求后，返回路由删除请求原语的执行结果。

路由删除证实原语的语义如下：

NLME-DELETE_ROUTE. confirm(

Status

)

NLME-DELETE_ROUTE. confirm 原语的参数说明如表 72 所示。

表 72 NLME-DELETE_ROUTE. confirm 原语参数

参数名称	数据类型	取值范围	描　述
Status	Unsigned8	0～255	删除路由记录的执行结果 0=SUCCESS； 1=FAILURE； 其余保留

网关设备的网络层在接收到删除路由原语请求后，会发送删除路由请求命令包，执行相关删除路由的操作，并返回执行结果状态。

9.5.6.3.3 路由删除指示原语

路由删除指示原语用于向 DMAP 报告已成功接收到路由删除指示请求命令包。

路由删除指示原语的语义如下：

NLME-DELETE_ROUTE. request(

RouteID

)

NLME-DELETE_ROUTE. request 原语的参数说明见表 71。

9.5.6.3.4 路由删除响应原语

路由删除响应原语是对路由删除指示原语的响应。

路由删除响应原语的语义如下：

NLME-DELETE_ROUTE. response(

Status

)

NLME-DELETE_ROUTE. response 原语的参数说明见表 72。

9.5.6.3.5 路由删除时序

路由删除时序如图 67 所示。

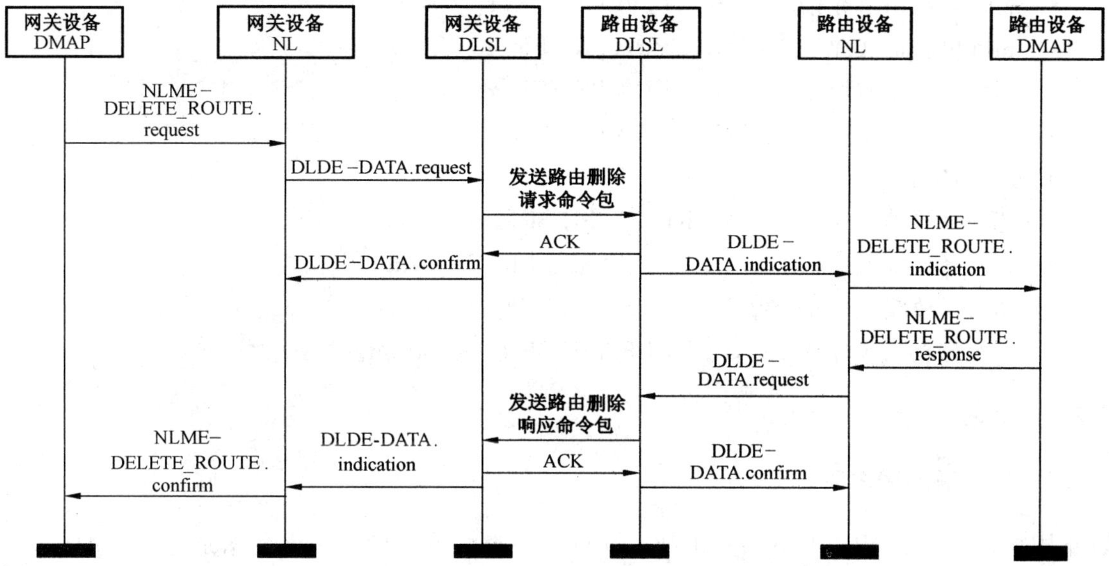

图 67 删除路由原语时序图

9.5.7 通信资源分配原语

9.5.7.1 概述

通信资源分配涉及链路、超帧的分配，具体包含的原语有：

——链路增加原语

- 链路增加请求原语 NLME-ADD-LINK. request；
- 链路增加证实原语 NLME-ADD-LINK. confirm；
- 链路增加响应原语 NLME-ADD-LINK. response；
- 链路增加指示原语 NLME-ADD-LINK. indication；

——链路更新原语

- 链路更新请求原语 NLME-UPDATE-LINK. request；
- 链路更新证实原语 NLME-UPDATE-LINK. confirm；
- 链路更新响应原语 NLME-UPDATE-LINK. response；
- 链路更新指示原语 NLME-UPDATE-LINK. indication；

——链路释放原语：

- 链路释放请求原语 NLME-RELEASE-LINK. request；
- 链路释放证实原语 NLME-RELEASE-LINK. confirm；
- 链路释放响应原语 NLME-RELEASE-LINK. response；
- 链路释放指示原语 NLME-RELEASE-LINK. indication；

——超帧增加原语

- 超帧增加请求原语 NLME-ADD-SFR. request；
- 超帧增加证实原语 NLME-ADD-SFR. confirm；

- 超帧增加响应原语 NLME-ADD-SFR. response;
- 超帧增加指示原语 NLME-ADD-SFR. indication;

——超帧更新原语

- 超帧更新请求原语 NLME-UPDATE-SFR. request;
- 超帧更新证实原语 NLME-UPDATE-SFR. confirm;
- 超帧更新响应原语 NLME-UPDATE-SFR. response;
- 超帧更新指示原语 NLME-UPDATE-SFR. Indication;

——超帧释放原语

- 超帧释放请求原语 NLME-RELEASE-SFR. request;
- 超帧释放证实原语 NLME-RELEASE-SFR. Confirm;
- 超帧释放响应原语 NLME-RELEASE-SFR. Response;
- 超帧释放指示原语 NLME-RELEASE-SFR. indication。

9.5.7.2 链路增加原语

9.5.7.2.1 链路增加请求原语

链路增加请求原语 NLME-ADD-LINK. request 用于网关请求路由设备增加链路表的一条或多条记录,或者路由设备请求现场设备增加链路表的一条或多条记录。

```
NLME-ADD-LINK. request(
                        DstAddr,
                        LinkCount,
                        LinkStructure
                      )
```

NLME-ADD-LINK. request 原语的参数说明如表 73 所示。

表 73 NLME-ADD-LINK. request 原语参数

参数名称	数据类型	取值范围	描　　述
DstAddr	Unsigned16	0～65 535	16 位目的地址
LinkCount	Unsigned16	0～65 535	增加的链路记录的个数,用于支持同时增加多条链路记录
LinkStructure	Link_Struct 结构体数组	—	链路属性的信息
注:Link_Struct 是结构体,具体内容见 6.9.1.2.2。			

9.5.7.2.2 链路增加证实原语

链路增加证实原语 NLME-ADD-LINK. confirm 原语用于通报 NLME-ADD-LINK. request 的结果。

```
NLME-ADD-LINK. confirm(
                        Status
                      )
```

NLME-ADD-LINK. confirm 原语的参数说明如表 74 所示。

表 74 **NLME-ADD-LINK. confirm 原语参数**

参数名称	数据类型	取值范围	描 述
Status	Unsigned8	0～255	请求增加链路的结果： 0＝SUCCESS； 1＝TRANSACTION_OVERFLOW； 2＝TRANSACTION_EXPIRED； 3＝NO_ACK； 4＝CHANNEL_ACCESS_FAILURE； 5＝UNAVAILABLE_KEY； 6＝FAILED_SECURITY_CHECK； 7＝INVALID_PARAMETER； 其余保留

其中，命令执行结果的具体含义见表 32。

9.5.7.2.3 链路增加指示原语

链路增加指示原语用于向 DMAP 报告已成功接收到链路增加请求命令包。

链路增加指示原语的语义如下：

NLME-ADD-LINK. indication(
LinkCount,
LinkStructure
)

NLME-ADD-LINK. indication 原语的参数说明见表 73。

9.5.7.2.4 链路增加响应原语

链路增加响应原语是对链路增加指示原语的响应。

链路增加响应原语的语义如下：

NLME-ADD-LINK. response(
Status
)

NLME-ADD-LINK. response 原语的参数说明见表 74。

9.4.7.2.5 链路增加时序

网关设备增加路由设备链路的时序如图 68 所示。

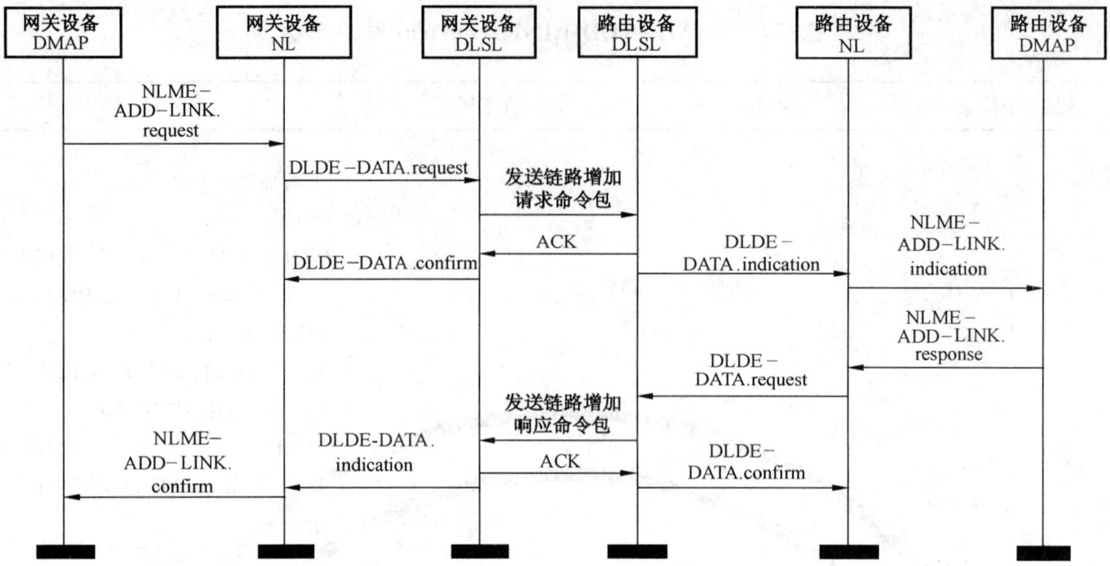

图 68　网络管理者增加路由设备链路的时序图

路由设备增加现场设备链路的时序如图 69 所示。

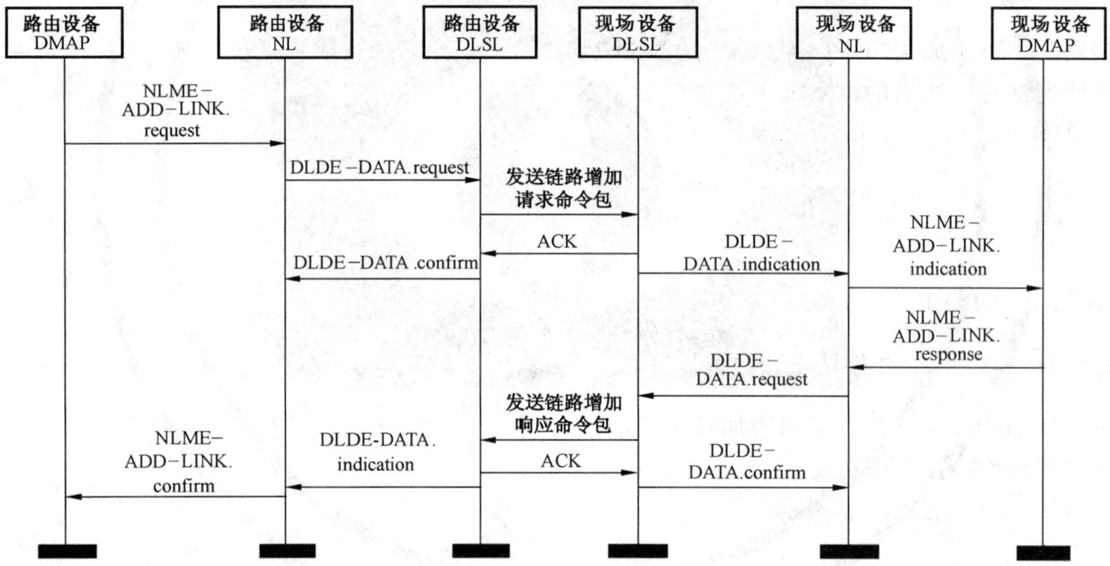

图 69　路由设备增加现场设备链路的时序图

9.5.7.3　链路更新原语

9.5.7.3.1　链路更新请求原语

链路更新请求原语 NLME-UPDATE-LINK. request 原语用于网关请求路由设备更新链路表的一条或多条记录，或者路由设备请求现场设备更新链路表的一条或多条记录。

```
NLME-UPDATE-LINK. request(
                    DstAddr,
                    LinkCount,
                    LinkStructure
                    )
```

NLME-UPDATE-LINK. request 原语的参数说明如表 75 所示。

表 75 NLME-UPDATE-LINK. request 原语参数

参数名称	数据类型	取值范围	描　　述
DstAddr	Unsigned16	0～65 535	16 位目的地址
LinkCount	Unsigned16	0～65 535	更新的链路记录的个数，用于支持同时更新多条链路记录
LinkStructure	Link_Struct 结构体数组	—	链路属性的信息
注：Link_Struct 的数据类型为结构体，具体内容见 6.9.1.2.2。			

9.5.7.3.2 链路更新证实原语

链路更新证实原语 NLME-UPDATE-LINK. confirm 用于通报 NLME-UPDATE-LINK. request 的结果。

DLME-UPDATA-LINK. confirm(

Status

)

NLME-UPDATE-LINK. confirm 原语的参数说明如表 76 所示。

表 76 DLME-UPDATA-LINK. confirm 原语参数

参数名称	数据类型	取值范围	描　　述
Status	Unsigned8	0～255	请求更新链路结果： 0=SUCCESS； 1=TRANSACTION_OVERFLOW； 2=TRANSACTION_EXPIRED； 3=NO_ACK； 4=CHANNEL_ACCESS_FAILURE； 5=UNAVAILABLE_KEY； 6=FAILED_SECURITY_CHECK； 7=INVALID_PARAMETER； 其余保留

其中，命令执行结果的具体含义见表 32。

9.5.7.3.3 链路更新指示原语

链路更新指示原语用于向 DMAP 报告已成功接收到链路更新请求命令包。

链路更新指示原语的语义如下：

NLME-UPDATE-LINK. indication(

LinkCount，

LinkStructure

)

NLME-UPDATE-LINK. indication 原语的参数说明见表 75。

9.5.7.3.4 链路更新响应原语

链路更新响应原语是对链路更新指示原语的响应。

链路更新响应原语的语义如下：

DLME-UPDATA-LINK. response(

Status

)

DLME-UPDATA-LINK. response 原语的参数说明见表 76。

9.5.7.3.5 链路更新时序

网关设备更新路由设备链路的时序如图 70 所示。

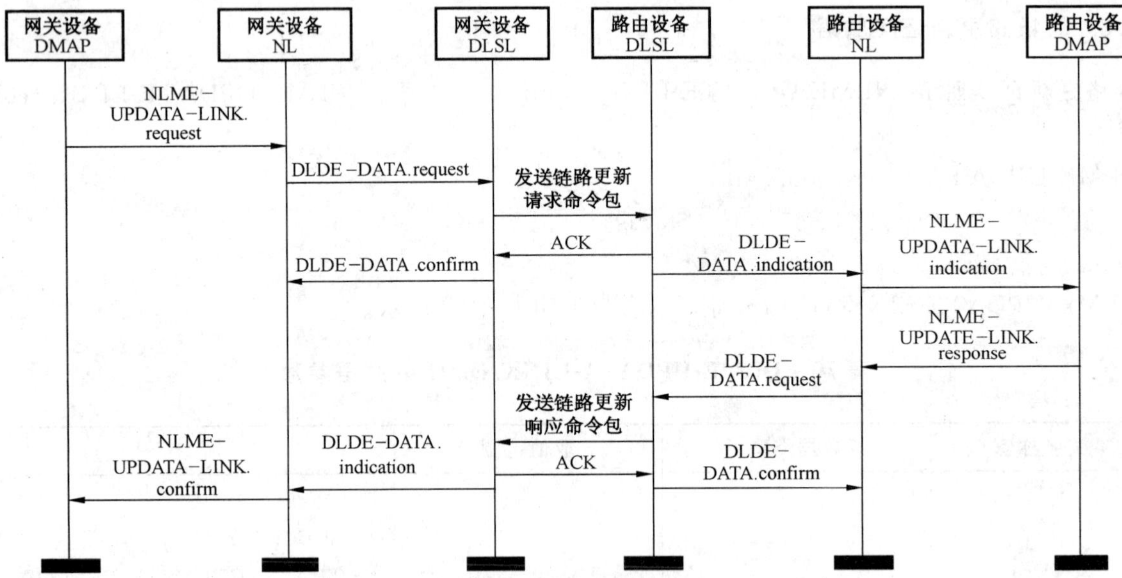

图 70 网关设备更新路由设备链路的时序图

路由设备更新现场设备链路的时序如图 71 所示。

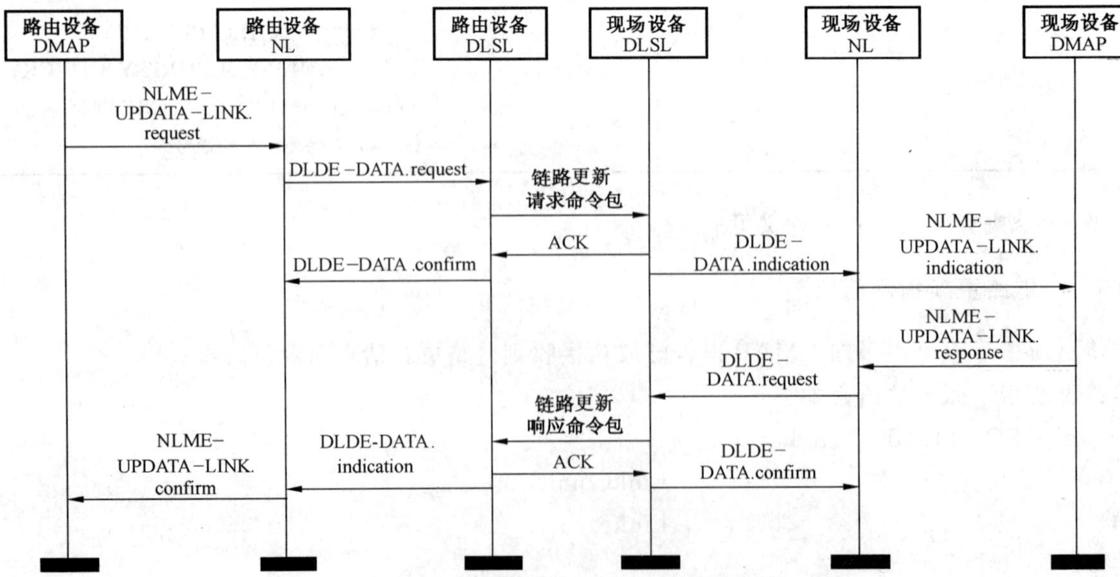

图 71 路由设备更新现场设备链路的时序图

9.5.7.4 链路释放原语

9.5.7.4.1 链路释放请求原语

链路释放请求原语 NLME-RELEASE-LINK. request 原语用于网关请求路由设备释放链路表的一条或多条记录，或者路由设备请求现场设备释放链路表的一条或多条记录。

```
NLME-RELEASE -LINK. request(
        DstAddr,
        LinkCount,
        Link_ID[LinkCount]
        )
```

NLME-RELEASE-LINK. request 原语的参数说明如表 77 所示。

表 77 NLME-RELEASE-LINK. request 原语参数

参数名称	数据类型	取值范围	描 述
DstAddr	Unsigned16	0～65 535	16 位目的地址
LinkCount	Unsigned16	0～65 535	释放的链路记录的个数，用于支持同时释放多条链路记录
Link_ID[LinkCount]	Octetstring	—	释放的链路 ID

9.5.7.4.2 链路释放证实原语

链路释放证实原语 NLME-RELEASE-LINK. confirm 原语用于通报 NLME-RELEASE-LINK. request 的结果。

```
NLME-RELEASE-LINK. confirm(
        Status
        )
```

NLME-RELEASE-LINK. confirm 原语的参数说明如表 78 所示。

表 78 NLME-RELEASE-LINK. confirm 原语参数

参数名称	数据类型	取值范围	描 述
Status	Unsigned8	0～255	请求释放链路的结果： 0=SUCCESS； 1=TRANSACTION_OVERFLOW； 2=TRANSACTION_EXPIRED； 3=NO_ACK； 4=CHANNEL_ACCESS_FAILURE； 5=UNAVAILABLE_KEY； 6=FAILED_SECURITY_CHECK； 7=INVALID_PARAMETER； 其余保留

其中，命令执行结果的具体含义见表 32。

9.5.7.4.3 链路释放指示原语

链路释放指示原语用于向 DMAP 报告已成功接收到链路释放请求命令包。

链路释放指示原语的语义如下：

NLME-RELEASE -LINK. indication(
LinkCount,
Link_ID[LinkCount]
)

NLME-RELEASE -LINK. indication 原语的参数说明见表 77。

9.5.7.4.4 链路释放响应原语

链路释放响应原语是对链路释放指示原语的响应。

链路释放响应原语的语义如下：

NLME-RELEASE-LINK. response(
Status
)

NLME-RELEASE-LINK. response 原语的参数说明见表 78。

9.5.7.4.5 链路释放时序

网关设备释放路由设备链路的时序如图 72 所示。

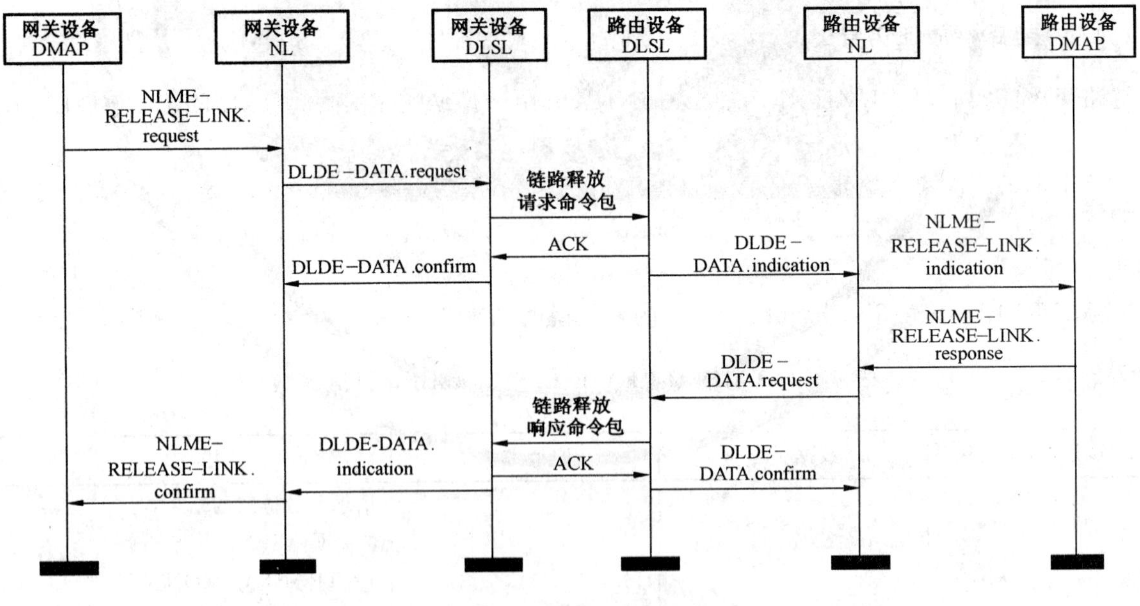

图 72 网关设备释放路由设备链路的时序图

路由设备释放现场设备链路的时序如图 73 所示。

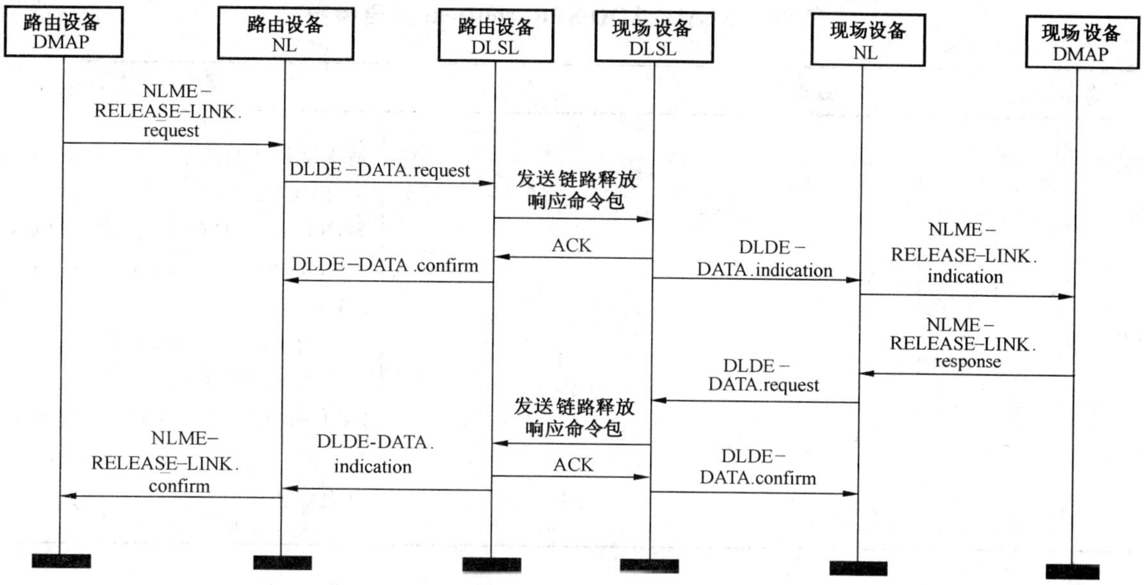

图 73 路由设备释放现场设备链路的时序图

9.5.7.5 超帧增加原语

9.5.7.5.1 超帧增加请求原语

超帧增加请求原语 NLME-ADD-SFR. request 用于网关请求路由设备增加超帧表中的一条记录，或者路由设备请求现场设备增加超帧表中的一条记录。

```
NLME-ADD-SFR. request(
                    DstAddr,
                    SuperframeStructure
                 )
```

NLME-ADD-SFR. request 原语的参数说明如表 79 所示。

表 79 NLME-ADD-SFR. request 原语参数

参数名称	数据类型	取值范围	描 述
DstAddr	Unsigned16	0～65 535	目的设备短地址
SuperframeStructure	Superframe_Struct 结构体	—	超帧属性的信息
注：Superframe_Struct 的数据类型为结构体，具体内容见 6.9.1.2.2。			

9.5.7.5.2 超帧增加证实原语

超帧增加证实原语 NLME-ADD-SFR. confirm 原语用于通报 NLME-ADD-SFR. request 结果。

```
NLME-ADD-SFR. confirm(
                    Status
                 )
```

NLME-ADD-SFR. confirm 原语的参数说明如表 80 所示。

表 80 NLME-ADD-SFR. confirm 原语参数

参数名称	数据类型	取值范围	描 述
Status	Unsigned8	0～255	请求增加超帧的结果： 0＝SUCCESS； 1＝TRANSACTION_OVERFLOW； 2＝TRANSACTION_EXPIRED； 3＝NO_ACK； 4＝CHANNEL_ACCESS_FAILURE； 5＝UNAVAILABLE_KEY； 6＝FAILED_SECURITY_CHECK； 7＝INVALID_PARAMETER； 其余保留

其中，命令执行结果的具体含义见表 32。

9.5.7.5.3 超帧增加指示原语

超帧增加指示原语用于向 DMAP 报告已成功接收到超帧增加请求命令包。

超帧增加指示原语的语义如下：

NLME-ADD-SFR. indication(

SuperframeStructure

)

NLME-ADD-SFR. indication 原语的参数说明见表 79。

9.5.7.5.4 超帧增加响应原语

超帧增加响应原语是对超帧增加指示原语的响应。

超帧增加响应原语的语义如下：

NLME-ADD-SFR. response(

Status

)

NLME-ADD-SFR. response 原语的参数说明见表 80。

9.5.7.5.5 超帧增加时序

网关设备增加路由设备的超帧配置时序如图 74 所示。

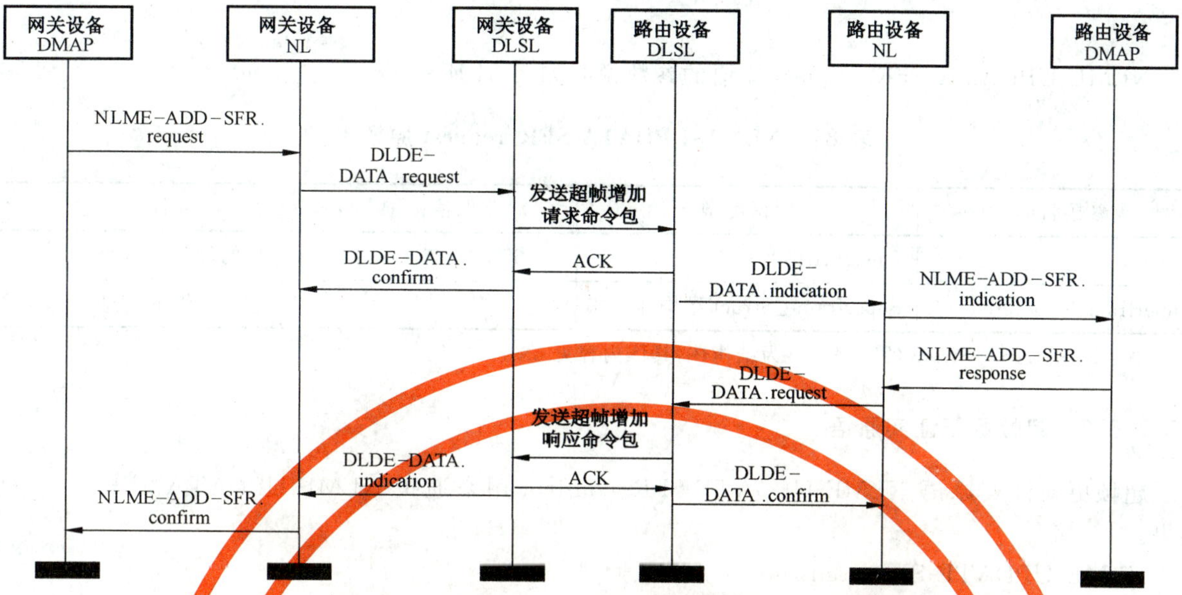

图 74 网关设备增加路由设备超帧配置的时序图

路由设备增加现场设备的超帧配置时序如图 75 所示。

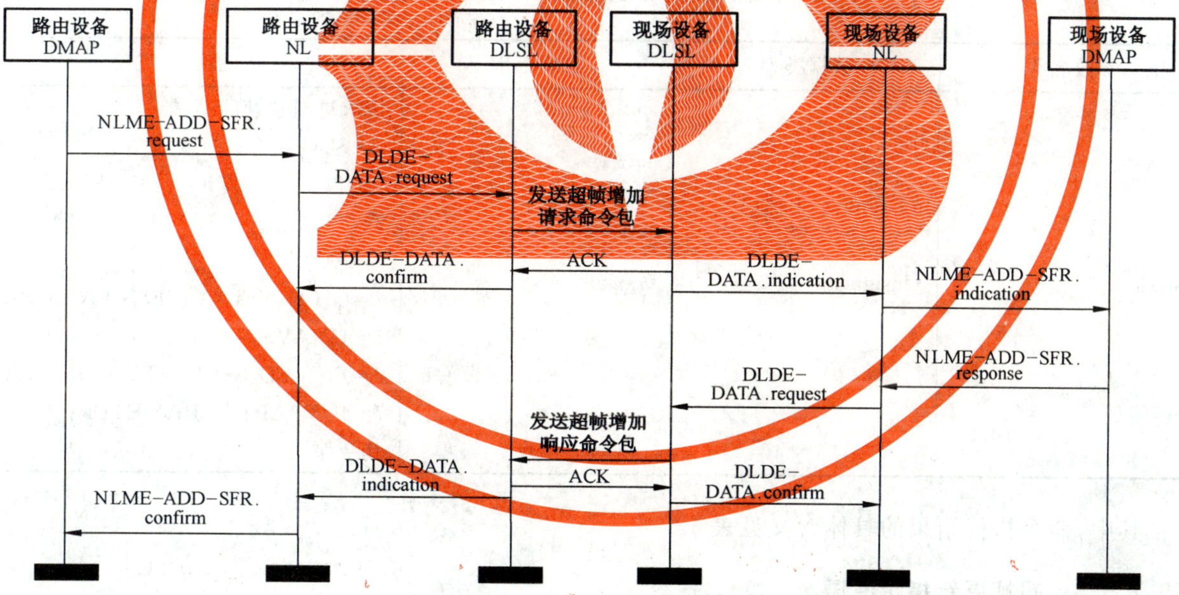

图 75 路由设备增加现场设备的超帧配置的时序图

9.5.7.6 超帧更新原语

9.5.7.6.1 超帧更新请求原语

超帧更新请求原语 NLME-UPDATA-SFR. request 原语用于网关请求路由设备更新超帧表中的一条记录,或者路由设备请求现场设备更新超帧表中的一条记录。

NLME-UPDATA-SFR. request(

DstAddr,

SuperframeStructure

)

NLME-UPDATA-SFR. request 原语的参数说明如表 81 所示。

表 81 NLME-UPDATA-SFR. request 原语参数

参数名称	数据类型	取值范围	描 述
DstAddr	Unsigned16	0～65 535	目的设备短地址
SuperframeStructure	Superframe_Struct 结构体	—	超帧属性的信息

注：Superframe_Struct 的数据类型为结构体，具体内容见 6.9.1.2.2。

9.5.7.6.2 超帧更新证实原语

超帧更新证实原语 NLME-UPDATE-SFR. confirm 用来通报 NLME-UPDATA-SFR. request 的结果。

NLME-UPDATE-SFR. confirm(

Status

)

NLME-UPDATE-SFR. confirm 原语的参数说明如表 82 所示。

表 82 NLME-UPDATE-SFR. confirm 原语参数

参数名称	数据类型	取值范围	描 述
Status	Unsigned8	0～255	请求更新超帧的结果： 0=SUCCESS； 1=TRANSACTION_OVERFLOW； 2=TRANSACTION_EXPIRED； 3=NO_ACK； 4=CHANNEL_ACCESS_FAILURE； 5=UNAVAILABLE_KEY； 6=FAILED_SECURITY_CHECK； 7=INVALID_PARAMETER； 其余保留

其中，命令执行结果的具体含义见表 32。

9.5.7.6.3 超帧更新指示原语

超帧更新指示原语用于向 DMAP 报告已成功接收到超帧更新请求命令包。

超帧更新指示原语的语义如下：

NLME-UPDATA-SFR. indication(

SuperframeStructure

)

NLME-UPDATA-SFR. indication 原语的参数说明见表 81。

9.5.7.6.4 超帧更新响应原语

超帧更新响应原语是对超帧更新指示原语的响应。

超帧更新响应原语的语义如下：

NLME-UPDATE-SFR. reponse(

Status

)

NLME-UPDATE-SFR. reponse 原语的参数说明见表 82。

9.5.7.6.5 超帧更新时序

网关设备通过网关更新路由设备的超帧配置时序如图 76 所示。

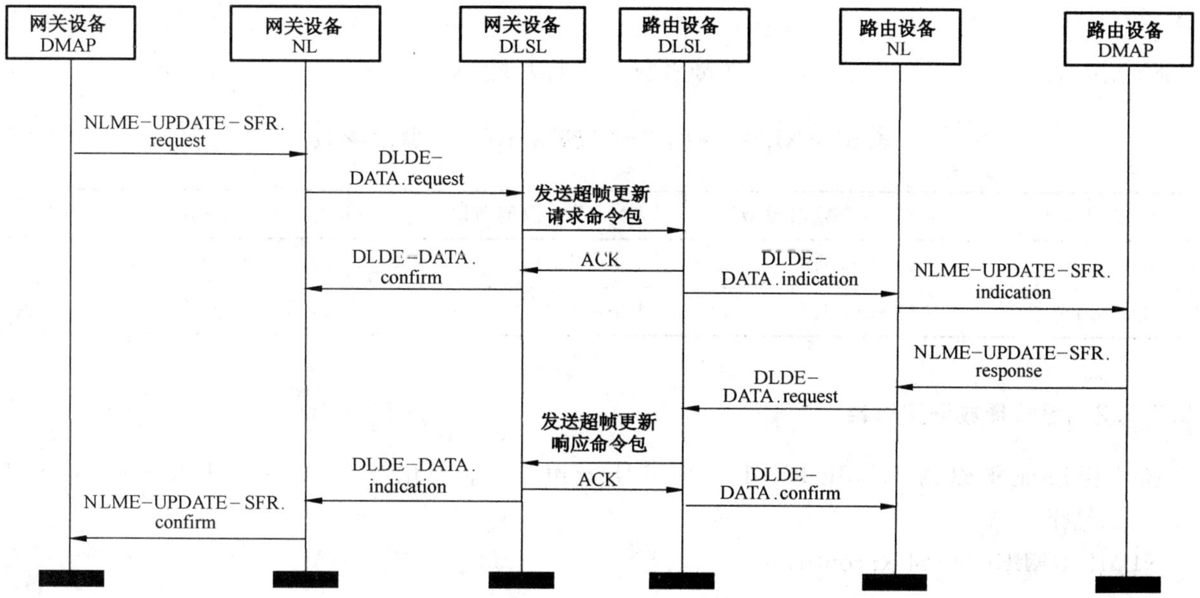

图 76　网关设备更新路由设备超帧配置时序图

路由设备更新现场设备的超帧配置时序如图 77 所示。

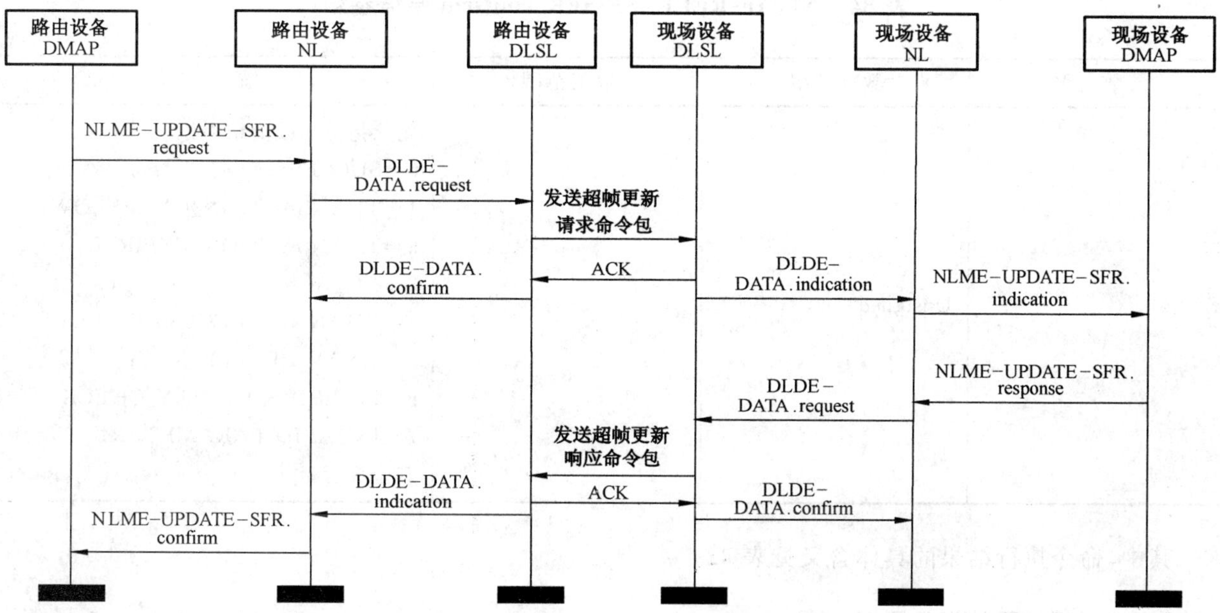

图 77　路由设备更新现场设备超帧配置时序图

9.5.7.7 超帧释放原语

9.5.7.7.1 超帧释放请求原语

超帧释放请求原语 NLME-RELEASE-SFR. request 原语用于网关请求路由设备释放超帧表中的一条记录，或者路由设备请求现场设备释放超帧表中的一条记录。

NLME-RELEASE-SFR. request(
DstAddr,
SuperframeID
)

NLME-RELEASE-SFR. request 原语的参数说明如表 83 所示。

表 83 NLME-RELEASE-SFR. request 原语参数

参数名称	数据类型	取值范围	描述
DstAddr	Unsigned16	0～65 535	目的设备短地址
SuperframeID	Unsigned16	0～65 535	超帧 ID

9.5.7.7.2 超帧释放证实原语

超帧释放证实原语 NLME-RELEASE-SFR. confirm 原语用于通报 NLME-RELEASE-SFR. request 的结果。

NLME-RELEASE-SFR. confirm(
Status
)

NLME-RELEASE-SFR. confirm 原语的参数说明如表 84 所示。

表 84 NLME-RELEASE-SFR. confirm 原语参数

参数名称	数据类型	取值范围	描述
Status	Unsigned8	0～255	删除指定超帧的结果： 0=SUCCESS； 1=TRANSACTION_OVERFLOW； 2=TRANSACTION_EXPIRED； 3=NO_ACK； 4=CHANNEL_ACCESS_FAILURE； 5=UNAVAILABLE_KEY； 6=FAILED_SECURITY_CHECK； 7=INVALID_PARAMETER； 其余保留

其中，命令执行结果的具体含义见表 32。

9.5.7.7.3 超帧释放指示原语

超帧释放指示原语用于向 DMAP 报告已成功接收到超帧释放请求命令包。

超帧释放指示原语的语义如下：

NLME-RELEASE-SFR.indication(

SuperframeID

)

NLME-RELEASE-SFR.indication 原语的参数说明见表 83。

9.5.7.7.4 超帧释放响应原语

超帧释放响应原语是对超帧释放指示原语的响应。

超帧释放响应原语的语义如下：

NLME-RELEASE-SFR.response(

Status

)

NLME-RELEASE-SFR.response 原语的参数说明见表 84。

9.5.7.7.5 超帧释放时序

网关设备通过网关释放路由设备的超帧配置时序如图 78 所示。

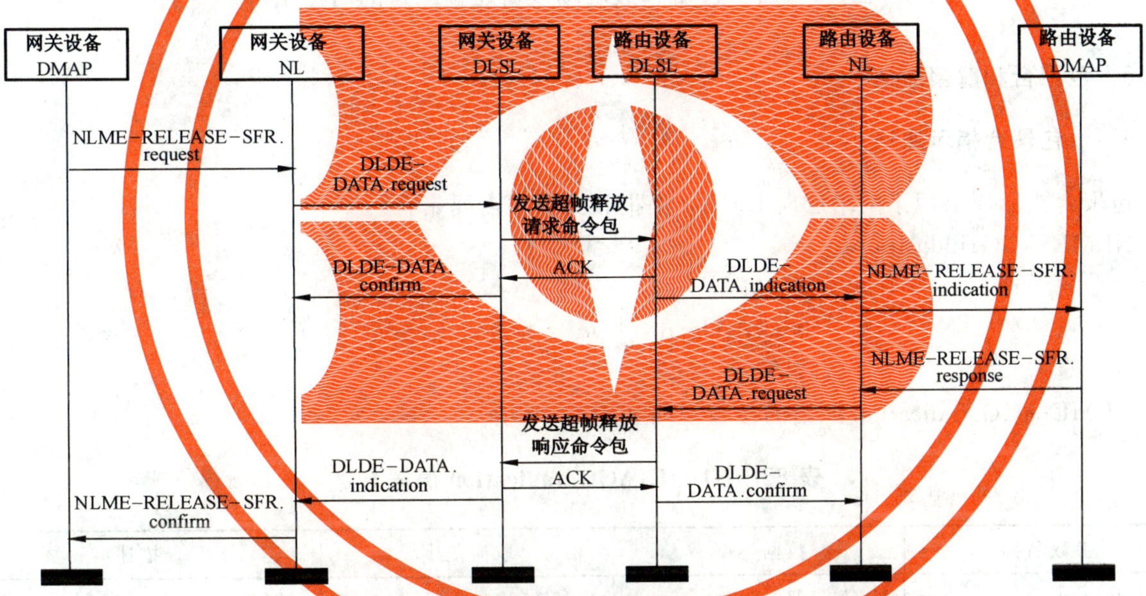

图 78 网关设备释放路由设备超帧配置的时序图

路由设备释放现场设备的超帧配置时序如图 79 所示。

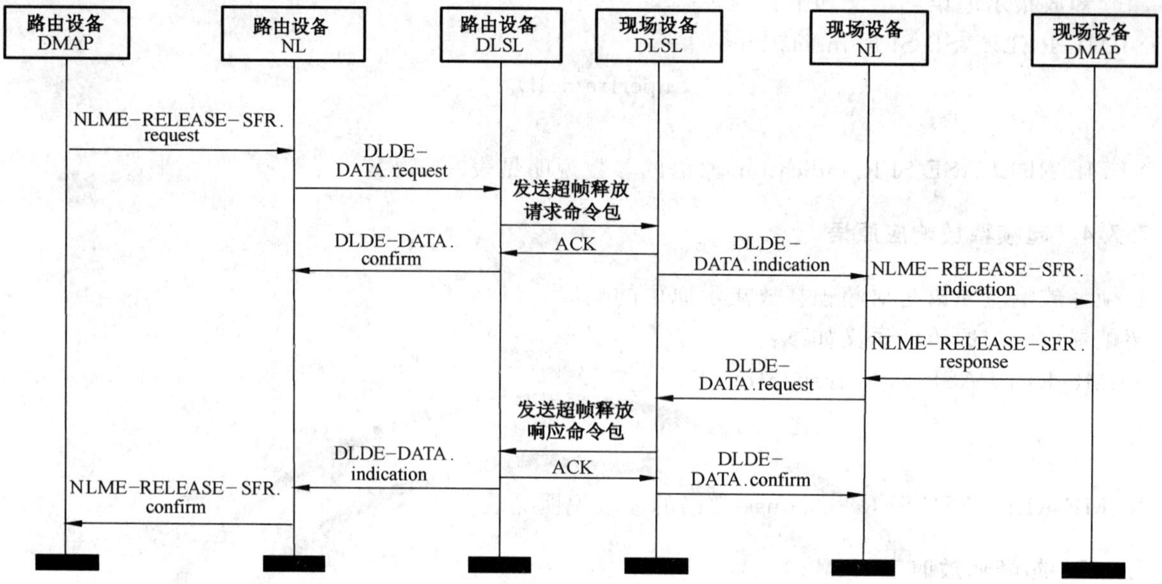

图 79 路由设备释放现场设备超帧配置的时序图

9.5.8 包聚合和解聚原语

9.5.8.1 包聚合指示原语

包聚合指示原语用于网络层向 DMAP 汇报收到的包需要聚合。

NLME-AGG. indication(
SrcAddr,
NwkPayload
)

NLME-AGG. indication 原语的参数说明如表 85 所示。

表 85 NLME_AGG. indication 原语参数

参数名称	数据类型	取值范围	描述
SrcAddr	Unsigned16	0～65 535	包的源地址
NwkPayload	Octetstring	—	网络层载荷内容

9.5.8.2 聚合包发送请求原语

聚合包发送请求原语用于 DMAP 完成聚合后，请求网络层发送聚合后的包。

NLME-AGO-SEND. request(
GatewayAddr,
AggPacketFlag,
Priority,
AggNumber,
AggRouteID,
PSFlag,

AggPayload

)

NLME-AGO-SEND. request 原语的参数说明如表 86 所示。

表 86　NLME-AGO-SEND. request 原语参数

参数名称	数据类型	取值范围	描述
GatewayAddr	Unsigned16	0～65 535	网关的网络地址
AggPacketFlag	Unsigned8	0,1	指示包是否为聚合包： 0=数据包； 1=聚合包
Priority	Unsigned8	0～15	包的优先级
AggNumber	Unsigned8	0～255	聚合包的数量
AggRouteID	Unsigned16	0～65 535	聚合的 RouteID
PSFlag	Unsigned8	0,1	指示包是否为 P/S 类型： 0=非 P/S 类型； 1=P/S 类型
AggPayload	Octetstring	—	DMAP 聚合包

9.5.8.3　包解聚指示原语

包解聚指示原语用于网络层在收到聚合后的包时，将聚合后的包发送给 DMAP 进行解聚。

NLME-DAG. Indication(

AggNumber,

NwkPayload

)

NLME-DAG. indication 原语的参数说明如表 87 所示。

表 87　NLME-DAG. indication 原语参数

参数名称	数据类型	取值范围	描　述
AggNumber	Unsigned8	0～255	聚合包的数量
NwkPayload	Octetstring	—	网络层载荷内容

9.5.9　设备状态报告原语

9.5.9.1　设备状态报告请求原语

设备状态报告请求原语用于现场设备向路由设备，或者路由设备向网关设备汇报设备状态信息。

NLME-DEVICE-STATUS. request(

DstAddr,

DeviceCount,

DeviceConditionInfo

)

NLME-DEVICE-STATUS. request 原语的参数说明如表 88 所示。

表 88 NLME-DEVICE-STATUS. request 原语参数

参数名称	数据类型	取值范围	描　　述
DstAddr	Unsigned16	0～65 535	目的地址
DeviceCount	Unsigned8	0～255	汇报的设备的数量
DeviceConditionInfo	DevConRep _ Struct 结构体数组	—	设备状态属性的信息，具体内容见 6.9.1.2.2

9.5.9.2 设备状态报告指示原语

设备状态报告指示原语用于报告 DMAP 收到设备状态报告请求命令包。

NLME-DEVICE-STATUS. indication(
　　SrcAddr,
　　DeviceCount,
　　DeviceConditionInfo
)

NLME-DEVICE -STATUS. indication 原语的参数说明如表 89 所示。

表 89 NLME-DEVICE-STATUS. indication 原语参数

参数名称	数据类型	取值范围	描　　述
SrcAddr	Unsigned16	0～65 535	源地址
DeviceCount	Unsigned8	0～255	汇报的设备的数量
DeviceConditionInfo	DevConRep _ Struct 结构体数组	—	设备状态属性的信息，具体内容见 6.9.1.2.2

9.5.9.3 设备状态报告证实原语

设备状态报告证实原语用于返回设备状态报告请求的结果。

NLME-DEVICE-STATUS. confirm(
　　Status
)

NLME-DEVICE-STATUS. confirm 原语的参数说明如表 90 所示。

表 90 NLME-DEVICE-STATUS. confirm 原语参数

参数名称	数据类型	取值范围	描　　述
Status	Unsigned8	0～255	表示设备状态报告请求的结果： 0=SUCCESS; 1=FAILURE; 其余保留

9.5.9.4 设备状态报告时序

设备状态报告时序如图 80 和图 81 所示。

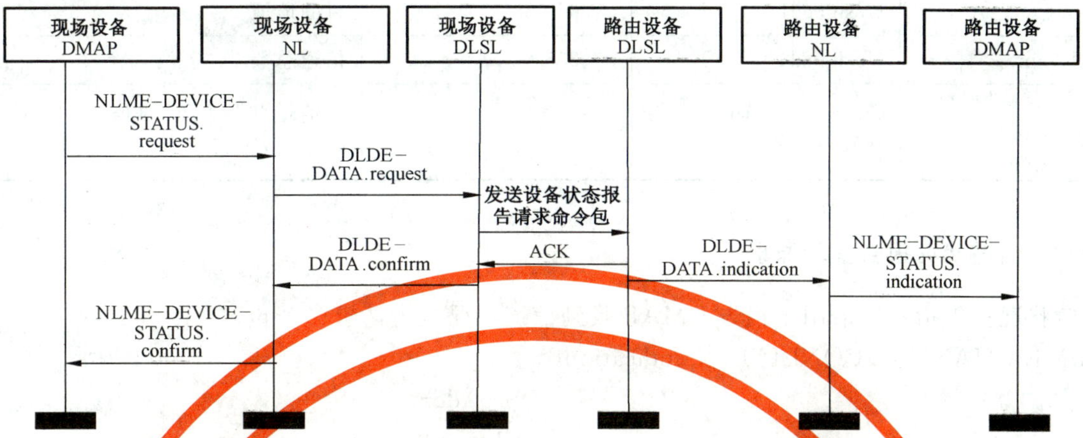

图 80 现场设备向路由设备报告设备状态的时序图

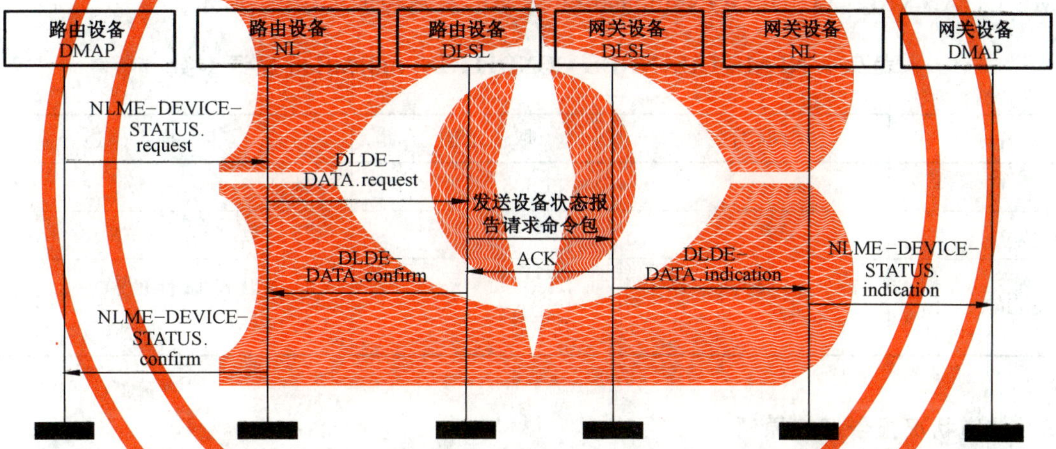

图 81 路由设备向网关设备报告设备状态的时序图

9.5.10 信道状况报告原语

9.5.10.1 信道状况报告请求原语

信道状况报告请求原语用于现场设备向路由设备，或者路由设备向网关设备汇报通信信道状况。

```
NLME-CHANNEL-CONDITION. request(
                    DstAddr,
                    ChannelCount,
                    ChannelConditionInfo
               )
```

NLME-CHANNEL-CONDITION. request 原语的参数说明如表 91 所示。

表 91 NLME-CHANNEL-CONDITION. request 原语参数

参数名称	数据类型	取值范围	描述
DstAddr	Unsigned16	0～65 535	目的地址
ChannelCount	Unsigned8	0～255	信道总数
ChannelConditionInfo	ChanCon_Struct 结构体数组	—	信道状况属性的信息，具体内容见6.9.1.2.2

9.5.10.2 信道状况报告指示原语

信道状况报告指示原语用于报告 DMAP 收到信道状况报告请求命令包。

NLME-CHANNEL-CONDITION. indication(
SrcAddr,
ChannelCount,
ChannelConditionInfo
)

NLME-CHANNEL-CONDITION. indication 原语的参数说明如表 92 所示。

表 92 NLME-CHANNEL-CONDITION. indication 原语参数

参数名称	数据类型	取值范围	描述
SrcAddr	Unsigned16	0～65 535	源地址
ChannelCount	Unsigned8	0～255	信道总数
ChannelConditionInfo	ChanCon_Struct 结构体数组	—	信道状况属性的信息，具体内容见6.9.1.2.2

9.5.10.3 信道状况报告证实原语

信道状况报告证实原语用于返回信道状况报告请求的结果。

NLME-CHANNEL-CONDITION. confirm(
Status
)

NLME-CHANNEL-CONDITION. confirm 原语的参数说明如表 93 所示。

表 93 NLME-CHANNEL-CONDITION. confirm 原语参数

参数名称	数据类型	取值范围	描述
Status	Unsigned8	0～255	表示信道状况报告请求的结果： 0=SUCCESS； 1=FAILURE； 其余保留

9.5.10.4 信道状况报告时序

信道状况报告时序如图 82 和图 83 所示。

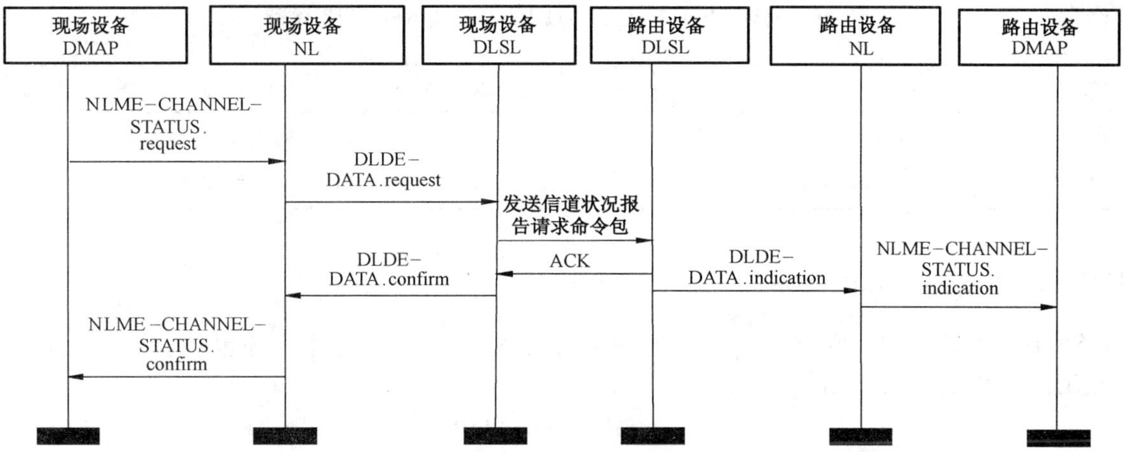

图 82 现场设备向路由设备报告信道状态的时序图

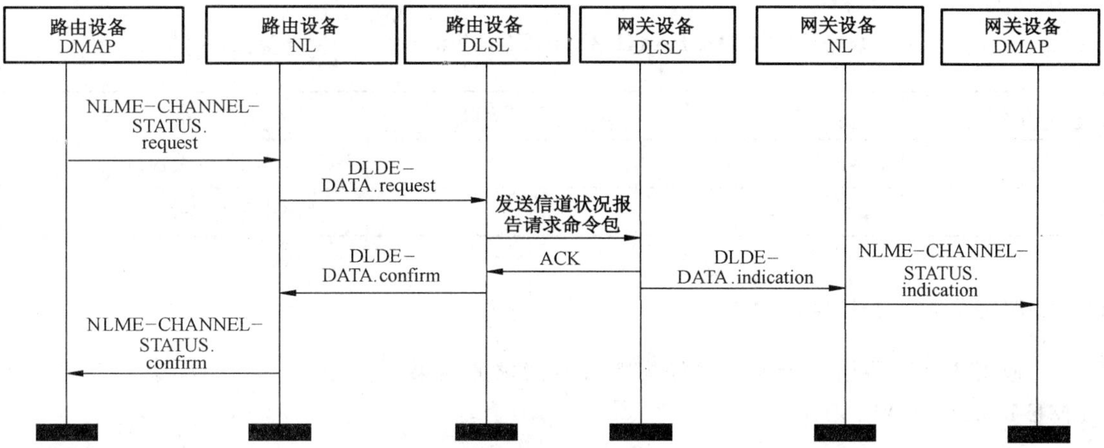

图 83 路由设备向网关设备报告信道状态的时序图

9.5.11 路径失败报告原语

9.5.11.1 概述

网络层为每条路径定义了一个端到端包发送超时时间 *EtoEACKTimeOut*，如果在这个时间内没收到应答，则网络层重传该包。对于每一个路径，都设有一个重传计数器。每重传一次，计数器加 1；如果重传不连续，则计数器清零。当该计数器的值超过某一设定值 *MaxEtoERetry*，则判断为路径失败。当检测到路径失败时，路由设备利用冗余路径向网关设备汇报路径失败。

9.5.11.2 路径失败报告请求原语

路径失败报告原语用于路由设备向网关设备汇报路径的失败。

NLME-PATH_FAILURE.request(

DstAddr,

RouteID

)

NLME-PATH_FAILURE. request 原语的参数说明如表 94 所示。

表 94 NLME-PATH_FAILURE. request 原语参数

参数名称	数据类型	取值范围	描 述
DstAddr	Unsigned16	0～65 535	路径目的端 16 位短地址
RouteID	Unsigned16	0～65 535	失效路由的标识符

9.5.11.3 路径失败报告指示原语

路径失败指示原语用于网络层向 DMAP 报告收到路径失败报告请求命令包。

NLME-PATH_FAILURE. indication(

SrcAddr,

RouteID

)

NLME-PATH_FAILURE. indication 原语的参数说明如表 95 所示。

表 95 NLME-PATH_FAILURE. indication 原语参数

参数名称	数据类型	取值范围	描 述
SrcAddr	Unsigned16	0～65 535	路径源端 16 位短地址
RouteID	Unsigned16	0～65 535	失效路由的标识符

9.5.11.4 路径失败报告证实原语

路径失败报告证实原语用于返回路径失败报告请求的结果。

NLME-PATH_FAILURE. confirm(

Status

)

NLME-PATH_FAILURE. confirm 原语的参数说明如表 96 所示。

表 96 NLME-PATH_FAILURE. confirm 原语参数

参数名称	数据类型	取值范围	描 述
Status	Unsigned8	0～255	表示路径失败请求的结果： 0=SUCCESS; 1=FAILURE; 其余保留

9.5.11.5 路径失败报告时序

路径失败报告时序如图 84 所示。

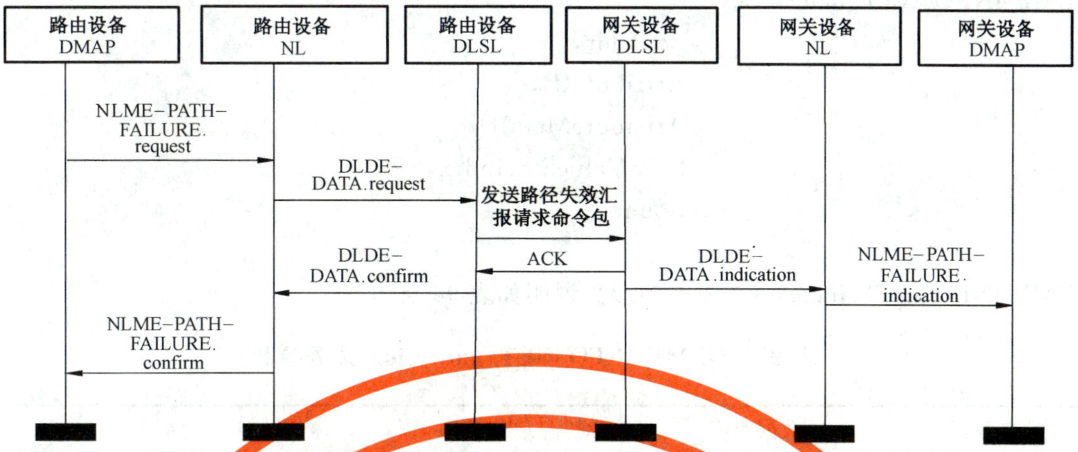

图 84 路径失败报告时序图

9.5.12 网络属性获取原语

9.5.12.1 网络属性获取请求原语

网络属性获取请求原语用于远程读取设备管理信息中的属性值。

NLME-INFO_GET.request(
 DstAddr,
 AttributeID,
 AttributeMemID,
 FirstValueStorIndex,
 Count
)

NLME-INFO_GET.request 原语的参数说明如表 97 所示。

表 97 NLME-INFO_GET.request 原语参数

参数名称	数据类型	取值范围	描 述
DstAddr	Unsigned16	0～65 535	属性获取目的端 16 位短地址
AttributeID	Unsigned8	0～255	信息库中属性的标识符
AttributeMemID	Unsigned8	0～255	结构化属性成员标识符。如果该值为 255,则表示获取全部的属性成员
FirstValueStorIndex	Unsigned16	0～65 535	所获取结构化属性的第一个值的存储索引
Count	Unsigned8	0～255	属性的个数,用来表示需要获取结构化属性的数量。如果 Count＝0,则给出从 FirstValueStorIndex 开始的所有属性值

9.5.12.2 网络属性获取指示原语

网络属性获取指示原语用于通知 DMAP 成功接收到属性获取请求命令包。

NLME-INFO_GET. indication(
SrcAddr,
AttributeID,
AttributeMemID,
FirstValueStorIndex,
Count
)

NLME-INFO_GET. indication 原语的参数说明如表 98 所示。

表 98 NLME-INFO_GET. indication 原语参数

参数名称	数据类型	取值范围	描 述
SrcAddr	Unsigned16	0～65 535	属性获取源端 16 位短地址
AttributeID	Unsigned8	0～255	信息库中属性的标识符
AttributeMemID	Unsigned8	0～255	结构化属性成员标识符。如果该值为 255,则表示获取全部的属性成员
FirstValueStorIndex	Unsigned16	0～65 535	所获取结构化属性的第一个值的存储索引
Count	Unsigned8	0～255	属性的个数,用来表示需要读取结构化属性的数量。如果 Count=0,则表示要获取从 FirstValueStorIndex 开始的所有属性值

9.5.12.3 网络属性获取响应原语

网络属性获取响应原语用于对属性获取请求原语进行响应。

NLME-INFO_GET. response(
DstAddr,
Status,
AttributeID,
AttributeMemID,
FirstValueStorIndex,
Count,
AttributeValue
)

NLME-INFO_GET. response 原语的参数说明如表 99 所示。

表 99 NLME-INFO_GET. response 原语参数

参数名称	数据类型	取值范围	描 述
DstAddr	Unsigned16	0～65 535	属性获取响应的目的端 16 位短地址
Status	Unsigned8	0～255	表示属性获取请求的结果: 0=SUCCESS; 1= UNSUPPORTED_ATTRIBUTE; 其余保留

表 99（续）

参数名称	数据类型	取值范围	描　　述
AttributeID	Unsigned8	0～255	信息库中属性的标识符
AttributeMemID	Unsigned8	0～255	结构化属性成员标识符。如果该值为 255，则表示获取全部的属性成员
FirstValueStorIndex	Unsigned16	0～65 535	所获取结构化属性的第一个值的存储索引
Count	Unsigned8	0～255	结构化属性的个数，用来表示返回属性的数量。如果 Count＝0，则表示返回从 FirstValueStorIndex 开始的所有属性值
AttributeValue	Octectstring	—	需要获取的属性的值

如果获取管理信息库中的属性值成功，则返回“SUCCESS”，AttibuteValue 参数有效；如果管理信息库中没有读取的属性，则返回“UNSUPPORTED_ATTRIBUTE”，AttibuteValue 参数无效。

9.5.12.4 网络属性获取证实原语

网络属性获取证实原语用于返回属性获取请求原语的结果。

NLME-INFO_GET.confirm(
SrcAddr,
Status,
AttributeID,
AttributeMemID,
FirstValueStorIndex,
Count,
AttributeValue
)

NLME-INFO_GET.confirm 原语的参数说明如表 100 所示。

表 100　NLME-INFO_GET.confirm 原语参数

参数名称	数据类型	取值范围	描述
SrcAddr	Unsigned16	0～65 535	属性获取响应的源端 16 位短地址
Status	Unsigned8	0～255	表示属性获取请求的结果： 0＝SUCCESS； 1＝UNSUPPORTED_ATTRIBUTE； 其余保留
AttributeID	Unsigned8	0～255	信息库中属性的标识符
AttributeMemID	Unsigned8	0～255	结构化属性成员标识符。如果该值为 255，则表示获取全部的属性成员
FirstValueStorIndex	Unsigned16	0～65 535	所读取结构化属性的第一个值的存储索引

表 100（续）

参数名称	数据类型	取值范围	描述
Count	Unsigned8	0～255	结构化属性的个数，用来表示返回属性的数量。如果 Count=0，则表示返回了从 FirstValueStorIndex 开始的所有属性值
AttributeValue	Octectstring	—	需要读取的属性的值

9.5.12.5 网络属性获取时序

网络属性获取时序如图 85 所示。

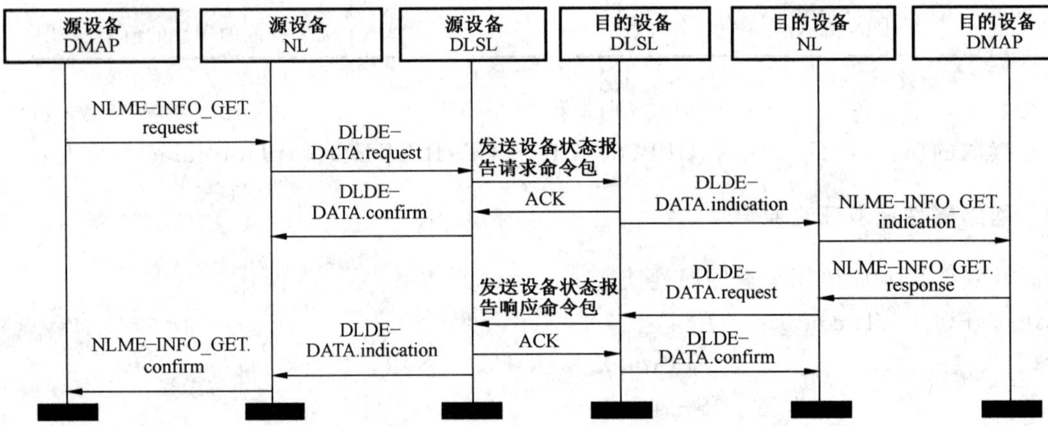

图 85 网络属性获取时序图

9.5.13 网络属性配置原语

9.5.13.1 网络属性配置请求原语

网络属性配置请求原语用于远程修改设备信息库的属性。

NLME-INFO_SET. request(
DstAddr,
AttributeID,
AttributeMemID,
FirstValueStorIndex,
Count,
AttributeValue
)

NLME-INFO_SET. request 原语的参数说明如表 101 所示。

表 101 NLME-INFO_SET. request 原语参数

参数名称	数据类型	取值范围	描　述
DstAddr	Unsigned16	0～65 535	属性配置目的端 16 位短地址
AttributeID	Unsigned8	0～255	信息库中属性的标识符

表 101（续）

参数名称	数据类型	取值范围	描　　述
AttributeMemID	Unsigned8	0～255	结构化属性成员标识符。如果该值为 255，则表示读取全部的属性成员
FirstValueStorIndex	Unsigned16	0～65 535	所配置结构化属性的第一个值的存储索引
Count	Unsigned8	0～255	结构化属性的个数，用来表示配置属性的数量。如果 Count=0，则表示请求配置从 FirstValueStorIndex 开始的所有属性值
AttributeValue	Octetstring	—	需要设置属性的值

9.5.13.2　网络属性配置指示原语

网络属性配置指示原语用于通知 DMAP 成功接收到一个属性配置请求命令包。

NLME-INFO_SET. indication(
SrcAddr,
AttributeID,
AttributeMemID,
FirstValueStorIndex,
Count,
AttributeValue
)

NLME-INFO_SET. indication 原语的参数说明如表 102 所示。

表 102　NLME-INFO_SET. indication 原语参数

参数名称	数据类型	取值范围	描　　述
SrcAddr	Unsigned16	0～65 535	配置属性的源端 16 位短地址
AttributeID	Unsigned8	0～255	信息库中属性的标识符
AttributeMemID	Unsigned8	0～255	结构化属性成员标识符。如果该值为 255，则表示配置全部的属性成员
FirstValueStorIndex	Unsigned16	0～65 535	所配置结构化属性的第一个值的存储索引
Count	Unsigned8	0～255	结构化属性的个数，用来表示配置属性的数量。如果 Count=0，则表示请求配置从 FirstValueStorIndex 开始的所有属性值
AttributeValue	Octetstring	—	需要设置属性的值

9.5.13.3　网络属性配置响应原语

属性配置响应原语用于对属性配置请求原语进行响应。

NLME-INFO_SET. response(
DstAddr,

Status,
AttributeID,
AttributeMemID,
FirstValueStorIndex,
Count
)

NLME-INFO_SET. response 原语的参数说明如表 103 所示。

表 103 NLME-INFO_SET. response 原语参数

参数名称	数据类型	取值范围	描　　述
DstAddr	Unsigned16	0～65 535	配置属性响应的目的端 16 位短地址
Status	Unsigned8	0～255	表示属性配置请求的结果： 0=SUCCESS; 1=UNSUPPORTED_ATTRIBUTE; 2=INVALID_PARAMETER; 其余保留
AttributeID	Unsigned8	0～255	信息库中属性的标识符
AttributeMemID	Unsigned8	0～255	结构化属性成员标识符。如果该值为 255,则表示配置全部的属性成员
FirstValueStorIndex	Unsigned16	0～65 535	所配置结构化属性的第一个值的存储索引
Count	Unsigned8	0～255	结构化属性的个数,用来表示配置属性的数量。如果 Count=0,则表示请求配置从 FirstValueStorIndex 开始的所有属性值

如果写入管理信息库属性成功,则返回"SUCCESS";如果写入的属性标识符不在定义范围内,则返回"UNSUPPORTED_ATTRIBUTE";如果写入的属性值的参数与规定的参数不符,则返回"INVALID_PARAMETER"。

9.5.13.4 网络属性配置证实原语

网络属性配置证实原语用于返回属性配置请求原语的结果。

NLME-INFO_SET. confirm(
SrcAddr,
Status,
AttributeID,
AttributeMemID,
FirstValueStorIndex,
Count
)

NLME-INFO_SET. confirm 原语的参数说明如表 104 所示。

表 104 NLME-INFO_SET. confirm 原语参数

参数名称	数据类型	取值范围	描 述
SrcAddr	Unsigned16	0～65 535	配置属性响应的源端 16 位短地址
Status	Unsigned8	0～255	表示属性配置请求的结果： 0=SUCCESS； 1=UNSUPPORTED_ATTRIBUTE； 2=INVALID_PARAMETER； 其余保留
AttributeID	Unsigned8	0～255	信息库中属性的标识符
AttributeMemID	Unsigned8	0～255	结构化属性成员标识符。如果该值为 255，则表示配置全部的属性成员
FirstValueStorIndex	Unsigned16	0～65 535	已配置结构化属性的第一个值的存储索引
Count	Unsigned8	0～255	结构化属性的个数，用来表示已配置属性的数量。如果 Count=0，则表示配置从 FirstValueStorIndex 开始的所有属性值

9.5.13.5 网络属性配置时序

网络属性配置时序如图 86 所示。

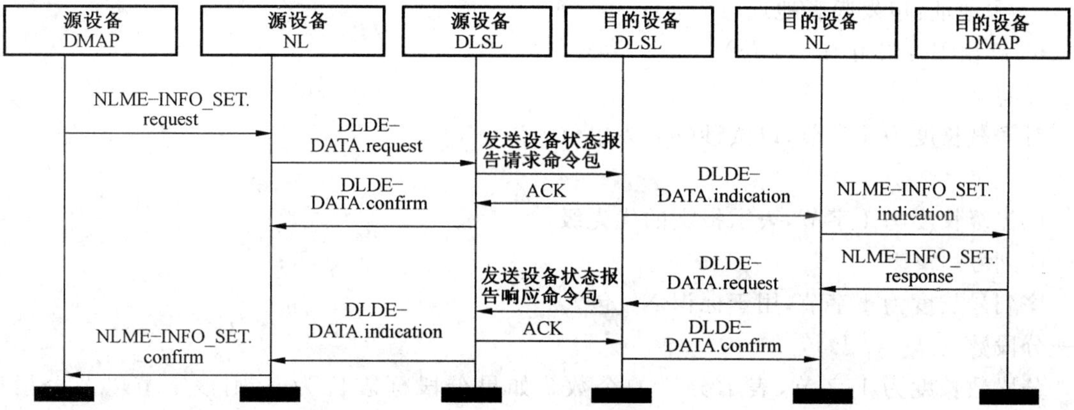

图 86 网络属性获取时序图

9.6 网络层包格式

9.6.1 通用包格式

网络层通用包格式如图 87 所示。

网络层包头										网络层有效载荷
包控制	路由			时间戳	优先级	序列号	分段数	分段序列号	载荷长度	网络层载荷
	目的地址	源地址	路由 ID							
1字节	2字节	2字节	2字节	4字节	1字节	1字节	0/1字节	0/1字节	1字节	可变长度

图 87 网络层通用包格式

包控制字段格式见表 105。

表 105 包控制字段

位:0～1	位:2	位:3	位:4	位:5～7
包类型	分段标志	P/S标志	认证标志	保留

网络层包格式中头部字段包含以下内容:

——包控制字段

- 包类型,其中0表示非聚合数据包,1表示聚合数据包,2表示命令包,其余保留;
- 分段标志,其中0表示非分段包,1表示分段包;
- P/S标志,其中0表示非P/S类型的包,1表示P/S类型的包;
- 认证标志,其中0表示不进行身份验证;1表示进行身份验证;
- 其余3位保留,用于扩展。

——路由字段

- 目的地址:包的最终目的地址(16位);
- 源地址:包发起者地址(16位);
- 路由 ID:路由 ID(16位);

——时间戳

时间戳长度为4字节,以微秒(μs)为单位。

——优先级

优先级长度为1字节,表示报文的优先级。

——序列号

序列号长度为1字节,用于标识NL包。

——分段数

分段数长度为1字节,表示分段的个数。如果分段标志位为0,则该字节以及分段序列号无效。

——分段序列号

分段序列号长度为1字节,表示分段包的序列号。如果分段标志位为0,则该字节无效。

——载荷长度

载荷长度为1字节,表示网络层载荷的长度。

9.6.2 数据包格式

数据包格式如图 88 所示。

网络层包头										网络层有效载荷
包控制	路由字段			时间戳	优先级	序列号	分段数	分段序列号	载荷长度	网络层载荷
	目的地址	源地址	路由 ID							
1 字节	2 字节	2 字节	2 字节	4 字节	1 字节	1 字节	0/1 字节	0/1 字节	1 字节	可变长度

注：其中，网络层包头的包控制字段中，包类型值为 0 表示非聚合数据包。

图 88　网络层数据包格式

9.6.3　聚合包格式

聚合包格式见图 89。

网络层包头	网络层有效载荷							
网络层包头	聚合数量	第一个聚合数据			…	第 n 个聚合数据		
		源地址 1	数据长度 1	数据 1	…	源地址 n	数据长度 n	数据 n
14/16 字节	1 字节	2 字节	1 字节	可变长度	…	2 字节	1 字节	可变长度

注：其中，网络层包头的包控制字段中，包类型值为 1 以指示聚合包。

图 89　网络层聚合包格式

9.6.4　命令包格式

9.6.4.1　通用命令包格式

网络层命令包将网络层命令封装成网络层包，负责网络层的管理功能。

命令包格式如图 90 所示。

网络层包头										网络层有效载荷	
包控制	路由字段			时间戳	优先级	序列号	分段数	分段序列号	载荷长度	网络层命令包标识符	网络层命令包载荷
	目的地址	源地址	路由 ID								
1 字节	2 字节	2 字节	2 字节	4 字节	1 字节	1 字节	0/1 字节	0/1 字节	1 字节	1 字节	可变长度

注：其中，网络层包头的包控制字段中，包类型值为 2 以指示命令包。

图 90　网络层命令包格式

网络层命令包分为以下类型，见表 106。

表 106　网络层命令包类型

命令包标识符	命令名称	使用者
0	加入请求	路由设备
1	加入响应	网关设备
2	离开请求	路由设备/网关设备
3	离开响应	网关设备/路由设备

表 106（续）

命令包标识符	命令名称	使用者
4	汇报簇成员请求	路由设备
5	汇报簇成员响应	网关设备
6	汇报邻居信息请求	路由设备
7	增加路由请求	网关设备
8	增加路由响应	路由设备
9	修改路由请求	网关设备
10	修改路由响应	路由设备
11	删除路由请求	网关设备
12	删除路由响应	路由设备
13	链路增加请求	网关设备/路由设备
14	链路增加响应	路由设备/现场设备
15	链路更新请求	网关设备/路由设备
16	链路更新响应	路由设备/现场设备
17	链路释放请求	网关设备/路由设备
18	链路释放响应	路由设备/现场设备
19	超帧增加请求	网关设备/路由设备
20	超帧增加响应	路由设备/现场设备
21	超帧更新请求	网关设备/路由设备
22	超帧更新响应	路由设备/现场设备
23	超帧释放请求	网关设备/路由设备
24	超帧释放响应	路由设备/现场设备
25	设备状态报告请求	路由设备/现场设备
26	信道状况报告请求	路由设备/现场设备
27	路径失败汇报请求	路由设备
28	属性获取请求	网关设备/路由设备
29	属性获取响应	路由设备/现场设备
30	属性配置请求	网关设备/路由设备
31	属性配置响应	路由设备/现场设备
32～255	保留	保留

命令包返回执行结果列表如表 107 所示。

表 107　命令包返回执行结果列表

命令执行结果	编　码	含　义
SUCCESS	0	表示请求操作成功完成
FAILURE	1	表示请求操作失败

9.6.4.2 加入请求和响应

加入请求命令包用于路由设备转发加入请求。加入请求命令包的格式如图 91 所示。

14/16 字节	1 字节	8 字节	0/4 字节	1 字节
网络层包头	命令标识符=0	待加入设备物理地址	身份信息	设备类型

图 91 网络层加入请求命令包格式

其中,命令标识符为 0;身份信息见第 11 章。如果网络层包头的认证标志=0,则身份信息域长度为 0 字节;否则,身份信息域长度为 4 字节。

加入响应命令包用于返回请求加入的结果。加入响应命令包的格式如图 92 所示。

14/16 字节	1 字节	1 字节	8 字节	2 字节
网络层包头	命令标识符=1	执行结果	待加入设备物理地址	待加入设备短地址

图 92 网络层加入响应命令包格式

其中,加入响应命令包的命令标识符为 1。执行结果的有效值见表 107。如果加入成功,则执行结果返回"SUCCESS",待加入设备短地址子域值有效;如果加入失败,则执行结果返回"FAILURE",待加入设备短地址子域值无效。

9.6.4.3 离开请求和响应

离开请求命令包用于路由设备向网关设备请求离开网络,或者用于网关设备要求路由设备离开网络。离开请求命令包的格式如图 93 所示。

14/16 字节	1 字节	1 字节
网络层包头	命令标识符=2	离开原因

图 93 网络层离开请求命令包格式

其中,离开请求命令包的命令标识符子域值为 2。

离开原因的有效值见表 108。

表 108 离开原因子域的有效值

离开原因值	描　述
0	路由设备主动离开网络
1	网关要求路由设备离开网络
2～255	保留

离开响应命令包用于返回离开的执行结果。离开响应命令包的格式如图 94 所示。

14/16 字节	1 字节	1 字节
网络层包头	命令标识符=3	执行结果

图 94 网络层离开响应命令包格式

其中,命令标识符为 3,执行结果的有效值见表 107。如果设备离开操作成功,返回 0;否则返回 1。

9.6.4.4 汇报簇成员请求和响应

汇报簇成员请求命令包用于路由设备向网关汇报簇内成员的信息。汇报簇成员请求命令包的格式如图95所示。

14/16字节	1字节	1字节	2字节
网络层包头	命令标识符=4	簇成员变动标志	簇成员地址

图95 网络层汇报簇成员请求命令包格式

其中,命令标识符子域的值为4。簇成员变动标志的含义见表61。

汇报簇成员响应命令包用于返回汇报簇成员请求命令的执行结果。汇报簇成员响应命令包格式如图96所示。

14/16字节	1字节	1字节
网络层包头	命令标识符=5	执行结果

图96 网络层汇报簇成员响应命令包格式

其中,命令标识符子域的值为5,执行结果的有效值见表107。

9.6.4.5 汇报邻居信息请求

汇报邻居信息请求命令包用于路由设备向网络管理者汇报其一跳邻居的信息。汇报邻居信息请求命令包格式如图97所示。

14/16字节	1字节	1字节	可变长度
网络层包头	命令标识符=6	邻居个数	邻居表项

图97 网络层汇报邻居信息请求命令包格式

其中,命令标识符为6,邻居表项格式见6.9.1.2.2。

9.6.4.6 路由增加请求和响应

路由增加请求命令包由网络管理者产生,用于增加目的路由设备路由表的一条路由信息。路由增加请求命令包格式如图98所示。

14/16字节	1字节	9字节
网络层包头	命令标识符=7	路由表项

图98 网络层路由增加请求命令包格式

其中,命令标识符为7,路由表项格式见6.9.1.2.2。

路由增加响应命令用于返回路由增加请求命令的执行结果。路由增加响应命令包格式如图99所示。

14/16字节	1字节	1字节
网络层包头	命令标识符=8	执行结果

图99 网络层路由增加响应命令包格式

其中,命令标识符为8,执行结果的有效值见表107。如果增加路由操作成功,返回0;否则返回1。

9.6.4.7 路由更新请求和响应

路由更新请求命令包由网络管理者产生，用于修改目的路由设备的一条路由信息。路由更新命令包格式如图100所示。

14/16 字节	1 字节	9 字节
网络层包头	命令标识符=9	路由表项

图 100 网络层路由更新请求命令包格式

其中，命令标识符为9，路由表项格式见6.9.1.2.2。

路由更新响应命令用于返回路由修改请求命令的执行结果。命令包载荷格式如图101所示。

14/16 字节	1 字节	1 字节
网络层包头	命令标识符=10	执行结果

图 101 网络层路由更新响应命令包格式

其中，命令标识符为10，执行结果的有效值见表107。如果更新路由操作成功，返回0；否则返回1。

9.6.4.8 路由删除请求和响应

路由删除请求命令包由网络管理者产生，用于删除目的路由设备的一条路由信息。路由删除请求命令包格式如图102所示。

14/16 字节	1 字节	2 字节
网络层包头	命令标识符=11	路由 ID

图 102 网络层路由删除请求命令包格式

其中，命令标识符为11，路由表项格式见6.9.1.2.2。

路由删除响应命令用于返回路由删除请求命令的执行结果。路由删除响应命令包格式如图103所示。

14/16 字节	1 字节	1 字节
网络层包头	命令标识符=12	执行结果

图 103 网络层路由删除响应命令包格式

其中，命令标识符为12，执行结果的有效值见表107。如果删除路由操作成功，返回0；否则返回1。

9.6.4.9 链路增加请求和响应

链路增加请求命令包用于网络管理者增加路由设备的链路，或者路由设备增加现场设备的链路。网络管理者或者路由设备通过链路增加请求命令包向路由设备或者现场设备的链路表添加记录。

链路增加请求命令帧格式如图104所示。

14/16 字节	1 字节	2 字节	12 字节	…	12 字节
网络层包头	命令帧标识符=13	链路数 N	链路属性参数 1	…	链路属性参数 N

图 104 网络层链路增加请求命令包格式

其中，命令帧标识符为13，链路属性参数定义见6.9.1.2.2。

链路增加响应命令包用于返回链路增加的执行结果。链路增加响应命令包的格式如图105所示。

14/16字节	1字节	1字节
网络层包头	命令标识符=14	执行结果

图105　网络层链路增加响应命令包格式

其中，命令标识符为14，执行结果的有效值见表107。如果增加链路操作成功，返回0；否则返回1。

9.6.4.10　链路更新请求和响应

链路更新请求命令包用于网络管理者更新路由设备的链路，或者路由设备更新现场设备的链路。网络管理者或者路由设备通过链路更新命令包更新路由设备或者现场设备的链路表中的一个记录。

链路更新请求命令帧格式如图106所示。

14/16字节	1字节	2字节	12字节	…	12字节
网络层包头	命令帧标识符=15	链路数N	链路属性参数1	…	链路属性参数N

图106　网络层链路更新请求命令包格式

其中，命令帧标识符为15，链路属性参数定义见6.9.1.2.2。

链路更新响应命令包用于返回链路更新的执行结果。链路更新响应命令包格式如图107所示。

14/16字节	1字节	1字节
网络层包头	命令标识符=16	执行结果

图107　网络层链路更新响应命令包格式

其中，命令标识符为16，执行结果的有效值见表107。如果更新链路操作成功，返回0；否则返回1。

9.6.4.11　链路释放请求和响应

链路释放请求命令包用于网络管理者释放路由设备的链路，或者路由设备释放现场设备的链路。网络管理者或者路由设备通过链路释放命令包删除路由设备或者现场设备链路表的记录。

链路释放请求命令帧格式如图108所示。

14/16字节	1字节	2字节	2字节	…	2字节
网络层包头	命令帧标识符=17	链路数N	链路ID 1	…	链路ID N

图108　网络层链路释放请求命令包格式

其中，命令标识符为17，链路ID定义见6.9.1.2.2。

链路释放响应命令包用于返回链路释放的执行结果。链路释放响应命令包的格式如图109所示。

14/16字节	1字节	1字节
网络层包头	命令标识符=18	执行结果

图109　网络层链路释放响应命令包格式

其中，命令标识符为18，执行结果的有效值见表107。如果释放链路操作成功，返回0；否则返回1。

9.6.4.12　超帧增加请求和响应

超帧增加请求命令包用于网络管理者增加路由设备的超帧，或者路由设备增加现场设备的超帧。

网络管理者或者路由设备通过超帧增加命令包向路由设备或者现场设备超帧表添加记录。

超帧增加请求命令帧格式如图110所示。

14/16字节	1字节	12字节
网络层包头	命令帧标识符=19	超帧属性参数

图110 网络层超帧增加请求命令包格式

其中,命令帧标识符为19,超帧属性参数定义,见6.9.1.2.2。

超帧增加响应命令包用于返回超帧增加的执行结果。超帧增加响应命令包的格式如图111所示。

14/16字节	1字节	1字节
网络层包头	命令标识符=20	执行结果

图111 网络层超帧增加响应命令包格式

其中,命令标识符为20,执行结果的有效值见表107。如果增加超帧操作成功,返回0;否则返回1。

9.6.4.13 超帧更新请求和响应

超帧更新请求命令包用于网络管理者更新路由设备的超帧,或者路由设备更新现场设备的超帧。网络管理者或者路由设备通过超帧更新命令包更新路由设备或者现场设备超帧表中的一个记录。

超帧更新请求命令帧格式如图112所示。

14/16字节	1字节	12字节
网络层包头	命令帧标识符	超帧属性参数

图112 网络层超帧更新请求命令包格式

其中,命令帧标识符为21,超帧属性参数定义见6.9.1.2.2。

超帧更新响应命令包用于返回超帧更新的执行结果。超帧更新响应命令包格式如图113所示。

14/16字节	1字节	1字节
网络层包头	命令标识符=22	执行结果

图113 网络层超帧更新响应命令包格式

其中,命令标识符为22,执行结果的有效值见表107。如果更新超帧操作成功,返回0;否则返回1。

9.6.4.14 超帧释放请求和响应

超帧释放请求命令包用于网络管理者释放路由设备的超帧,或者路由设备释放现场设备的超帧。网络管理者或者路由设备通过超帧释放命令包删除路由设备或者现场设备超帧表的记录。

超帧释放请求命令帧格式如图114所示。

14/16字节	1字节	2字节
网络层包头	命令帧标识符=23	超帧ID

图114 网络层超帧释放请求命令包格式

其中,命令帧标识符为23,超帧ID定义见6.9.1.2.2。

超帧释放响应命令包用于返回超帧释放的执行结果。超帧释放响应命令包格式如图115所示。

14/16 字节	1 字节	1 字节
网络层包头	命令标识符=24	执行结果

图 115　网络层超帧释放响应命令包格式

其中,命令标识符为 24,执行结果的有效值见表 107。如果释放超帧操作成功,返回 0;否则返回 1。

9.6.4.15　设备状态报告请求

设备状态报告请求命令包用于远程汇报设备的状态。设备状态报告请求命令包的格式如图 116 所示。

14/16 字节	1 字节	1 字节	可变长度
网络层包头	命令标识符=25	设备总数	设备状态信息

图 116　网络层设备状态报告请求命令包格式

其中,命令标识符子域值为 25。设备状态信息的具体格式如图 117 所示。

2 字节	2 字节	2 字节	2 字节	1 字节	2 字节
设备短地址	上一次报告后本设备发送的包数量	上一次报告后终止于本设备的包数量	上一次报告后 MAC 层 MIC 验证失败数量	电池供电时的剩余电量级别	设备重启次数

图 117　网络层设备状态信息格式

9.6.4.16　信道状况报告请求

信道状况报告请求命令包用于远程汇报信道的质量状况。信道状况报告请求命令包的格式如图 118 所示。

14/16 字节	1 字节	1 字节	可变长度
网络层包头	命令标识符=26	信道总数	信道质量信息

图 118　网络层信道状况报告请求命令包格式

其中,命令标识符子域值为 26。信道质量信息子域的具体格式如图 119 所示。

1 字节	1 字节	2 字节	1 字节
信道编号	链路质量	丢包率	重传次数

图 119　网络层信道质量信息格式

9.6.4.17　路径失败汇报请求

路径失败汇报请求命令包用于路由设备利用冗余路径向网络管理者报告首选路径失败。路径失败汇报请求命令包的格式如图 120 所示。

14/16 字节	1 字节	2 字节
网络层包头	命令标识符=27	路由 ID

图 120　网络层路径失败汇报请求命令包格式

其中,命令标识符子域值为 27。

9.6.4.18 属性获取请求

属性获取请求命令包用于请求指定设备报告其信息库中的属性。属性获取请求命令包的格式如图 121 所示。

14/16 字节	1 字节	1 字节	1 字节	2 字节	1 字节
网络层包头	命令标识符=28	属性标识符	属性成员标识符	多个属性值的第一个存储索引	属性数目

图 121 网络层属性获取请求命令包格式

其中,命令标识符子域值为 28。属性标识符的含义见 6.9.1。

9.6.4.19 属性获取响应

属性获取响应命令包用于对属性获取请求进行响应,返回所需属性的值。属性获取响应命令包的格式如图 122 所示。

14/16 字节	1 字节	1 字节	1 字节	1 字节	2 字节	1 字节	可变长度
网络层包头	命令标识符=29	执行结果	属性标识符	属性成员标识符	多个属性值的第一个存储索引	属性数目	属性值

图 122 网络层属性获取响应命令包格式

其中,命令标识符子域值为 29。执行结果的有效值见表 107。其余参数的含义见表 99。

9.6.4.20 属性配置请求

属性配置请求命令包用于请求设备添加或修改管理信息库中的属性值。属性配置请求命令包的格式见如图 123 所示。

14/16 字节	1 字节	1 字节	1 字节	2 字节	1 字节	可变长度
网络层包头	命令标识符=30	属性标识符	属性成员标识符	多个属性值的第一个存储索引	属性数目	属性的值

图 123 网络层属性配置请求命令包格式

其中,命令标识符子域值为 30。其余参数的含义见 6.9.1。

9.6.4.21 属性配置响应

属性配置响应命令包用于对属性配置请求进行响应。属性配置响应命令包的格式如图 124 所示。

14/16 字节	1 字节	1 字节	1 字节	1 字节	2 字节	1 字节
网络层包头	命令标识符=31	执行结果	属性标识符	属性成员标识符	多个属性值的第一个存储索引	属性数目

图 124 网络层属性配置响应命令包格式

其中,命令表示符子域值为 31。执行结果的有效值见表 107。其余参数的含义见表 99。

10 应用层

10.1 概述

10.1.1 应用层范围

WIA-PA 网络的应用层(AL)包括用户应用进程(UAP)和应用子层(ASL)两个部分。设备管理应用进程(DMAP)是一种特殊的 UAP,实现系统管理功能。应用层定义了用户应用对象,以与工业过程进行交互;应用层也定义了通信服务,以支持工业环境中分布式应用的多个对象之间的通信。本部分仅定义了实现分布式应用的架构,没有定义相应的具体实现方式。此外,本部分不定义用户应用对象间的本地操作。

10.1.2 应用层结构

应用层结构如图 125 所示。

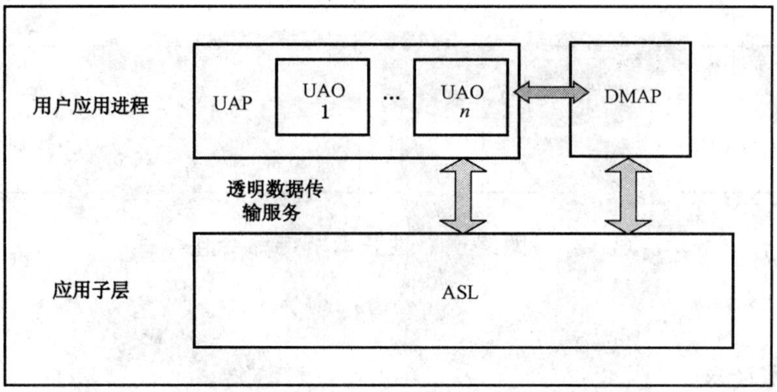

图 125 应用层结构

通过用户应用进程,可实现工业现场的分布式应用功能。用户应用进程由一个或多个用户应用对象(UAO)组成。在设备中,用户应用对象间可以实现本地交互。本地交互的实现在本部分中没有定义。用户应用对象可以通过应用层提供的通信服务实现在不同设备间的交互。

应用子层为 UAP 和 DMAP 提供透明的数据传输服务。

10.1.3 用户应用进程功能

用户应用进程的功能主要包括:

——通过传感器采集物理世界的数据信息,如工业现场的温度、压力、流量等过程数据。在对这些信息进行处理后,如量程转换、数据线性化、数据补偿、滤波等,UAP 将这些数据或其他设备的数据进行运算产生输出,并通过执行器完成对工业过程的控制;

——产生并发布报警功能,UAP 在监测到物理数据超过上下限,或 UAO 的状态发生切换时,产生报警信息;

——通过 UAP 可以实现与其他 WIA-PA 设备的互操作。

10.1.4 应用子层功能

应用子层主要提供数据传输服务和管理服务。

——数据传输服务:为用户应用进程和设备管理应用进程提供端到端的透明数据通信服务,支持

Client/Server、Publisher/Subscriber、Report source/Sink 通信模式的数据传输。

——应用子层的管理服务不在本部分描述。

10.2 用户应用进程

10.2.1 概述

根据ISO/OSI参考模型定义，用户应用进程(UAP)是在网络上为具体应用执行信息处理的元素，它是驻留在WIA-PA网络设备中的分布式应用的组成部分。

用户应用进程可以是根据GB/T 19769和GB/T 21099定义的“过程控制用功能块”所构成的应用进程，也可以是用户自定义方式所实现的应用进程。

一个用户应用进程有两种实现方式，如图126所示。

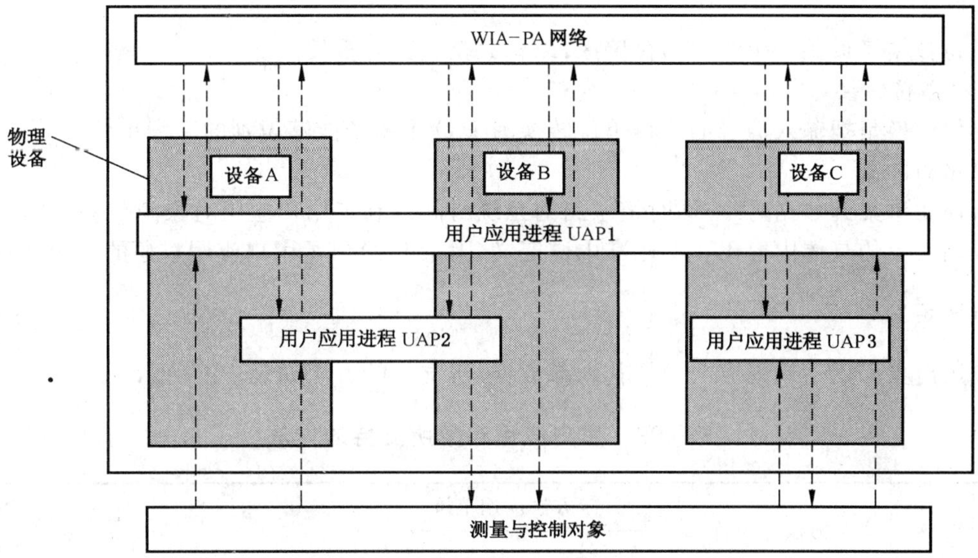

图126 用户应用进程实现方式

用户应用进程可以由一个设备内的多个用户应用对象构成，如图126中UAP3所示；也可以由多个设备内的多个用户应用对象组成，如图126中UAP1和UAP2所示。

10.2.2 用户应用对象

10.2.2.1 概述

用户进程由一个或多个用户应用对象组成。每个用户应用对象可根据不同的功能进行定义，可以是根据功能块技术进行定义，也可以采用其他的方式进行定义。

为支持不同设备的互操作，设备中的每个用户应用对象均具有自身描述信息。用户应用对象描述用来说明对象所遵循的行规、对象的结构和参数信息。

每个应用对象根据对象ID-实例ID(ObjectID-InstanceID)进行寻址。当其内部具有可远程操作的参数时，该参数使用索引寻址。

10.2.2.2 用户应用对象的功能

用户应用对象通过传感器采集工业过程数据，如工业现场的温度、压力、流量等过程数据，并对这些数据进行处理。

用户应用对象的功能描述如下。

a） 量程转换(比例缩放)

量程转换是将采集到的现场数据由一种单位范围转换成另一种单位范围的线性变换，便于下一步的测量和计算。如将(4～20)mA的信号转换成(0～10)kPa。量程转换也可以将有单位的数据转换成没有单位的数据，比如百分数等，反之亦然。

b） 线性化

由于很多传感器的特性是非线性的，甚至是不规则的，在处理传感器的现场数据时需要线性化。

c） 补偿

由于传感器可能受到环境的影响而使得测量值出现线性偏移，需要对这个偏移进行补偿。

d） 滤波

由于传感器可能受到干扰而使得测量值出现比较大的跳变，需要对测量数据进行滤波以消除跳变信号的不良影响。

e） 转储

转储是将数据拷贝到一个临时的存储区，以备数据丢失时重发。

f） 工程单位转换

工程单位转换是把输入信号的工程单位转换为I/O子系统能够识别的工程单位。

g） 测量时间戳

当输入模块采集到数据时，应同时记录当前系统时间以确定用户应用对象间传递数据的时间。

用户应用对象的具体内容不在本标准中作定义，附录C给出了用户应用对象的一个实例。

10.2.3 方法定义

用户应用对象采用不同的方法操作其内部数据，所支持的方法如表109所示。

表109 用户应用对象所支持的方法

方法名称	方法标识符	方法应用范围		描　　述
		类	实例	
读(READ)	请求:0x00	必备	必备	对用户应用对象的属性执行读操作
	响应:0x80	必备	必备	针对用户应用对象属性执行读操作的响应
写(WRITE)	请求:0x01	不支持	可选	对用户应用对象的属性执行写操作
	响应:0x81	不支持	可选	针对用户应用对象的属性执行写操作的响应
发布(PUBLISH)	请求:0x02	不支持	可选	发布用户应用对象的属性数据
报告(REPORT)	请求:0x03	不支持	可选	发布报警数据
报告确认(REPORT ACK)	请求:0x04	不支持	可选	报警确认

10.2.3.1 读方法格式

READ请求数据格式见表110。

表110 READ请求数据格式

字节长度	1	1	1	1
字段名称	方法标识符 Method Identifer	对象标识符 Object Identifier	实例标识符 Object Instant Identifier	对象属性标识符 Object Attribute Identifier

READ 响应数据格式见表 111。

表 111 READ 响应数据格式

字节长度	1	1	1	1	1	可变长度
字段名称	方法标识符 Method Identifer	对象标识符 Object Identifier	实例标识符 Object Instant Identifier	对象属性标识符 Object Attribute Identifier	数据长度 Data Length	数据 Data

10.2.3.2 写方法格式

WRITE 请求数据格式见表 112。

表 112 WRITE 请求数据格式

字节长度	1	1	1	1	1	可变长度
字段名称	方法标识符 Method Identifer	对象标识符 Object Identifier	实例标识符 Object Instant Identifier	对象属性标识符 Object Attribute Identifier	数据长度 Data Length	数据 Data

WRITE 响应数据格式见表 113。

表 113 WRITE 响应数据格式

字节长度	1	1	1	1	1
字段名称	方法标识符 Method Identifer	对象标识符 Object Identifier	实例标识符 Object Instant Identifier	对象属性标识符 Object Attribute Identifier	状态 Status

10.2.3.3 发布方法格式

PUBLISH 数据格式见表 114。

表 114 PUBLISH 数据格式

字节长度	1	1	1	1	1	可变长度
字段名称	方法标识符 Method Identifer	对象标识符 Object Identifier	实例标识符 Object Instant Identifier	对象属性标识符 Object Attribute Identifier	数据长度 Data Length	数据 Data

10.2.3.4 报告方法格式

REPORT 数据格式见表 115。

表 115 REPORT 数据格式

字节长度	1	1	1	1	1	可变长度
字段名称	方法标识符 Method Identifer	对象标识符 Object Identifier	实例标识符 Object Instant Identifier	对象属性标识符 Object Attribute Identifier	数据长度 Data Length	数据 Data

10.2.3.5 报告确认方法格式

REPORT ACK 数据格式见表 116。

表 116 REPORT ACK 数据格式

字节长度	1	1	1	1	1
字段名称	方法标识符 Method Identifer	对象标识符 Object Identifier	实例标识符 Object Instant Identifier	对象属性标识符 Object Attribute Identifier	状态 Status

10.3 应用子层

10.3.1 概述

应用子层提供在 WIA-PA 网络中的两个或者多个应用实体之间的数据通信：

应用子层定义了数据实体(ASLDE)。ASLDE 提供数据通信服务，为上层提供透明的数据收发接口。

10.3.2 应用子层数据实体

10.3.2.1 概述

应用子层的数据实体为 WIA-PA 网络中的设备提供数据通信服务，包括向网络层发送数据和从网络层接收数据，以实现在两个对等的应用实体之间应用层协议数据单元的传输。

应用子层所提供的数据通信服务支持三种类型的通信模式：Client/Server 通信模式、Publisher/Subscriber 通信模式和 Report/Sink 通信模式。其中：

——Client/Server 通信模式支持动态的、非周期的信息的单播传输。

——Publisher/Subscriber 通信模式支持预先配置的、周期的信息传输。

——Report source/Sink 通信模式支持非周期的信息传输，如报警、事件等突发事件的传输。

以上通信模式由相应的 VCR 提供服务支持。

应用子层数据传输服务包括三个原语：数据传输请求原语、数据传输证实原语和数据传输指示原语。

10.3.2.2 数据传输请求原语

上层通过调用应用子层提供的数据传输请求服务，将数据发送到应用子层。

数据传输请求原语语义如下：

```
ASLDE-DATA.request(
                    VCR_ID,
                    Priority,
                    MethodIdentifier,
                    AsduLength,
                    Asdu
                   )
```

ASLDE-DATA.request 原语的参数说明如表 117 所示。

表 117　ASLDE-DATA. request 原语参数

参数名称	数据类型	取值范围	描　　述
VCR_ID	Unsigned16	0～65 535	数据传输所使用的虚拟通信关系 ID
MethodIdentifer	Unsigned8	0～255	方法标识符，具体内容见表 109
Priority	Unsigned8	0～15	UAO 数据的优先级
AsduLength	Unsigned16	0～65 535	需要传输的数据的长度
Asdu	Octetstring	—	需要传输的数据

应用子层接收到来自上层的数据传输请求后，按照应用子层的包格式进行封装后传递给网络层。并向上层通过发送 ASLDE-DATA. confirm，其状态设置为网络层返回的数据发送状态。

10.3.2.3　数据传输证实原语

数据传输证实原语向上层用户提供数据传输的结果。如果数据传输发送成功，则向上层返回 SUCCESS；否则返回网络层返回的数据传输错误信息。

数据传输证实原语语义如下：

ASLDE-DATA. confirm(
　　　　VCR_ID,
　　　　Status
)

ASLDE-DATA. confirm 原语的参数说明如表 118 所示。

表 118　ASLDE-DATA. confirm 原语参数

参数名称	数据类型	取值范围	描　　述
VCR_ID	Unsigned16	0～65 535	数据传输所使用的虚拟通信关系 ID
Status	Usigned8	0～255	数据传输的结果： 0＝SUCCESS； 1＝INVALID_ADDRESS； 2＝FAILURE； 其余保留

10.3.2.4　数据传输指示原语

应用子层从网络层接收到数据包后，首先按照应用子层包格式对数据进行解析。如果是提供给上层的数据包，则去掉应用层包头，将数据载荷提取出来，采用应用子层的该指示原语提交给上层进行处理，通知上层来自网络上其他设备的数据到达指示。

数据传输指示原语语义如下：

ASLDE-DATA. indication(
　　　　MethodIdentifier,
　　　　Priority,
　　　　AsduLength,
　　　　Asdu
)

ASLDE-DATA. indication 原语的参数说明如表 119 所示。

表 119 ASLDE-DATA. indication 原语参数

参数名称	数据类型	取值范围	描述
MethodIdentifer	Unsigned8	0～255	方法标识符，具体内容见表 109
Priority	Unsigned8	0～15	UAO 数据的优先级
AsduLength	Unsigned16	0～65 535	应用子层接收到的数据的长度
Asdu	Octetstring	—	应用子层接收到的数据

10.3.2.5 聚合数据传输请求原语

聚合数据传输请求原语用于 DMAP 完成聚合后，请求 ASL 发送聚合后的包。

ASLDE-AGG. Request(
VcrID,
SrcAddr,
GatewayAddr,
Priority,
AggPacketFlag,
AggRouteID,
AggPayload
)

ASLDE-AGG. request 原语的参数说明如表 120 所示。

表 120 ASLDE-AGG. request 原语参数

参数名称	数据类型	取值范围	描述
VcrID	Unsigned16	0～65 535	数据聚合 VCR 的 ID
SrcAddr	Unsigned16	0～65 535	发送端网络地址
GatewayAddr	Unsigned16	0～65 535	网关的网络地址
Priority	Unsigned16	0～15	包的优先级
AggPacketFlag	Unsigned8	0,1	指示包是否为聚合包： 0 = 非聚合包； 1 = 聚合包。
AggRouteID	Unsigned16	0～65 535	聚合的 RouteID
AggPayload	Octetstring	—	DMAP 聚合包

10.3.2.6 包解聚指示原语

包解聚指示原语用于 ASL 在收到聚合后的包时，将聚合后的包发送给 DMAP 进行解聚。

ASLDE-DAG. Indication(
AggPayload
)

ASLDE-DAG. indication 原语的参数说明如表 121 所示。

表 121 ASLDE-DAG. indication 原语参数

参数名称	数据类型	取值范围	描　述
AggPayload	Octetstring	—	应用层载荷内容

10.3.3 通信模式

10.3.3.1 概述

应用子层所提供的数据通信服务支持三种类型的通信模式：Client/Server 通信模式、Publisher/Subscriber 通信模式和 Report source/Sink 通信模式。

10.3.3.2 Client-Server 通信模式

应用子层所提供的 Client/Server 通信服务可以实现用户应用对象中参数的读、写等信息获取或设置操作。

首先由 Client 端确定需要操作的参数，即给定参数的寻址信息，如果是写操作，还应准备好需要写入的参数值，按照固定的方法数据格式进行封装。然后将这些信息、VCR_ID 以及传输模式通过应用子层提供的数据传输原语提交给应用子层。

应用子层接收到来自用户应用进程的数据，按照 Client/Server 通信方式进行传输。

应用子层需要维护所发送信息的序列号，用于对来自 Server 端的响应信息进行匹配。

Client/Server 通信过程如图 127 所示。

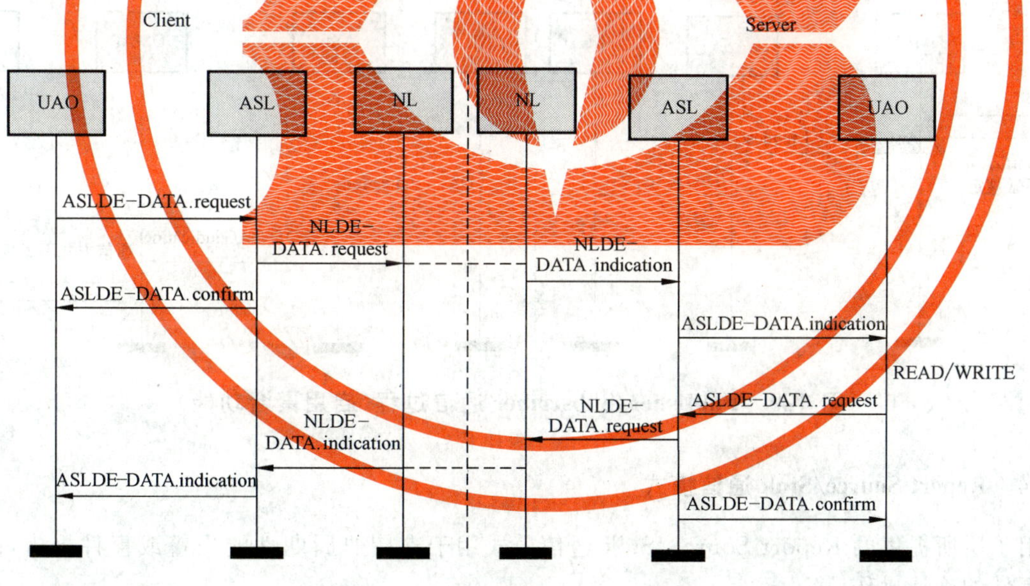

图 127 Client-Server 通信过程

10.3.3.3 Publisher/Subscriber 通信模式

应用子层所提供的 Publisher/Subscriber 通信服务模式用于支持用户应用对象的周期性数据传输。为支持该类型的服务，应用子层应当在应用层管理信息库中维护相应的 VCR。

作为 Publisher 的设备，VCR 列表中指定了数据的发送时间，即由网络管理者或者簇首分配的通信资源。对于 Subscriber 设备，VCR 列表中应当包含来自 Publisher 的数据的寻址信息，以及作为 Subscriber 的用户应用对象的寻址信息。Subscriber 通过 VCR 列表与本地的用户应用对象进行匹配，并向其发送接收到的数据。

Publisher/Subscriber 通信过程如图 128 和图 129 所示。其中，图 128 所示为不启用聚合功能时 Publisher/Subscriber 通信过程；图 129 所示为支持聚合功能时 Publisher/Subscriber 通信过程。

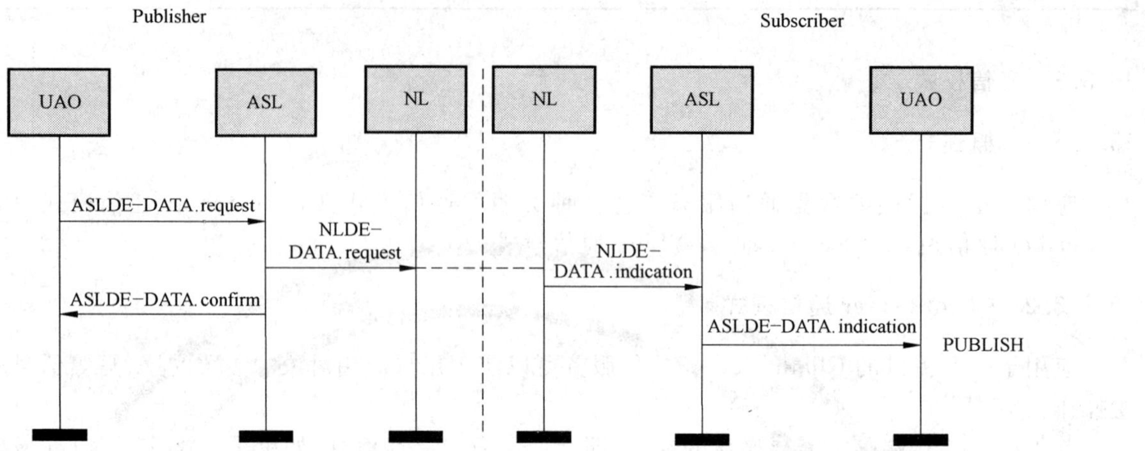

图 128　Publisher/Subscriber 通信过程(不启用聚合功能)

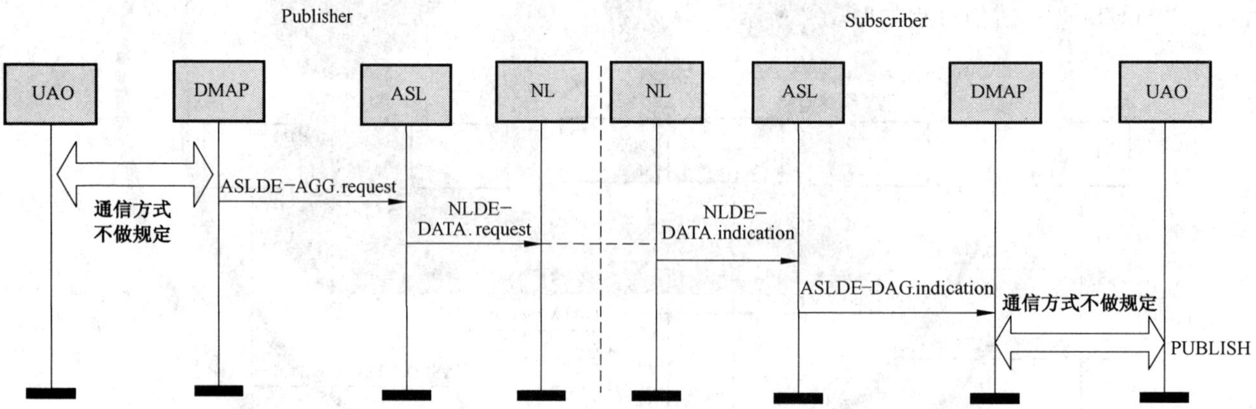

图 129　Publisher/Subscriber 通信过程(启用聚合功能)

10.3.3.4　Report Source/Sink 通信模式

应用子层所提供的 Report Source/Sink 通信模式用于支持非周期性的报警或事件报告，以及针对报警或事件的确认操作。

产生报警数据的设备将数据准备好后，通过应用子层提供的数据传输原语将数据提交到应用子层，其传输模式参数应设置为 Report Source/Sink 传输模式。

Report 通信过程如图 130 所示。

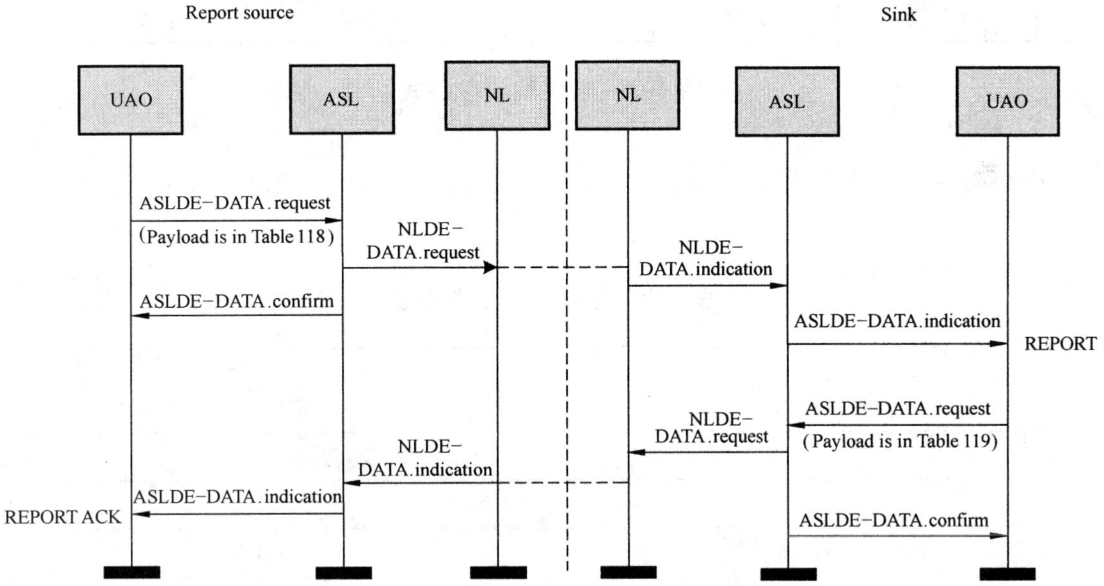

图 130 **Report Source/Sink 通信过程**

10.4 应用子层包格式

10.4.1 概述

该部分描述了应用子层报格式 ASPDU。每个应用子层包括以下两个部分：

——应用子层包头(ASL Header)，包含包控制字段、序列号以及包长度信息；

——应用子层包载荷(ASL Payload)，其长度可变，如果是应用子层数据包，包含了应用层数据信息；如果是应用子层命令包，包含了应用子层信息库维护的命令信息。

10.4.2 应用子层通用包格式

10.4.2.1 概述

应用子层包的通用包格式如图 131 所示。

ASL 包头			ASL 载荷
包控制	序列号	包长度	包载荷
1 字节	1 字节	2 字节	可变长度

图 131 **应用子层通用包格式**

10.4.2.2 应用子层包控制字段

10.4.2.2.1 概述

包控制字段的长度为 8 比特，包含了包类型、安全控制、是否需确认、传输模式等信息。包控制字段的格式如图 132 所示。

位:0～1	位:2	位:3	位:4～5	位:6～7
包类型	安全	确认	传输模式	保留

图 132 包控制字段格式

10.4.2.2.2 包类型子字段

包类型子字段长度为 2 比特,其设置如表 122 所示。

表 122 包类型子字段取值

包类型值 b0b1	包类型
00	数据
01	命令
10	ACK
11	聚合包

10.4.2.2.3 安全子字段

安全子字段长度为 1 比特,用来控制应用层是否采用安全功能传输数据。如果安全子字段 b2 值为 0,则表示应用层不采用安全操作;如果 b2 值为 1,则表示采用安全操作,即对应用层包的数据载荷部分采用安全加密处理。

10.4.2.2.4 确认子字段

确认子字段的长度为 1 比特,用来指示应用层包是否需要对方确认。接收方应用层接收到需要确认的应用层包时,需要立即返回一个应用层确认包。

如果确认子字段 b3 值为 0,则表示不需要对方应用层进行确认的包;如果 b3 值为 1,则表示需要对方的应用层进行确认。

10.4.2.2.5 传输模式子字段

传输模式子字段长度为 2 比特,用来指示采用应用子层的通信模式,如表 123 所示。

表 123 传输模式子字段取值

传输模式值 b4b5	传输模式
00	C/S
01	P/S
10	R/S
11	保留

应用子层只有在传输数据包时才用到传输模式子字段。

对于从本地上层接收到的数据传输请求原语,应用子层应当按照原语中的传输模式参数设置应用子层包头中的模式字段,同时应用子层执行以下操作:

a) 如果模式子字段为 0b00，则说明上层请求应用子层采用 Client-Server 通信模式传输数据，应用子层按照其包格式构建应用子层数据包。如果是 Client 端发出请求，应用子层应针对传输的数据包维护相应的包序列号，其目的是对来自 Server 端的响应数据进行匹配。如果是 Server 端返回响应，应用子层应从维护的从网络上接收的对应请求包中查找包序列号，并将该包序列号作为响应包的序列号。
b) 如果传输模式子字段为 0b01，则说明上层的用户应用对象需要发布数据，则应用子层按照应用子层的包格式构建应用子层数据包。
c) 如果传输模式子字段为 0b10，则说明上层的用户报警对象需要报告其报警数据，则应用子层按照应用子层的包格式构建应用子层数据包。

对于从本地网络层接收的应用子层数据包，应用子层应通过 ASLDE-DATA. Indication 原语将数据提交给上层。

10.4.2.3 序列号字段

序列标识符字段的长度为 1 字节。设备的应用子层维护一个包序列号，每发出一个应用子层包，序列号均增加 1。对于采用 C/S 通信模式发送的响应数据包，其序列号应与对应的请求数据包一致。可以采用应用子层包序列号对请求/响应以及确认包进行匹配。

10.4.2.4 包长度字段

包长度字段用于指示应用子层包载荷的数据长度，以字节为单位。

10.4.2.5 应用子层包载荷

应用层包载荷字段的长度是可变的，不同的包类型具有不同的数据长度。

10.4.3 包格式

10.4.3.1 概述

应用子层定义了 2 种类型的包格式：应用子层数据包和应用子层确认包。应用层命令包用于将来扩展，不在本文件范围内定义。

10.4.3.2 应用子层数据包

10.4.3.2.1 概述

应用子层数据包如图 133 所示。

ASL 包头			ASL 载荷
包控制 包类型＝0b00	序列号	包长度	数据载荷
1 字节	1 字节	2 字节	可变长度

图 133 应用子层数据包格式

应用子层数据包的包头由包控制字段、序列号字段和包长度字段组成。字段的顺序应当与应用子层通用包格式相同。

10.4.3.2.2 数据包包头字段

数据包的包头包括包控制字段、序列号字段以及包长度字段。包控制字段的包类型子字段应设置为 0b00,以表示是应用子层的数据包。

每发出一个应用层包,应用层维护的序列号都应增加 1。对于采用 C/S 通信模式发送的响应数据包,其序列号应与对应的请求数据包一致。当序列号增加到最大值 255 后,下一次发送则从 1 开始计。

10.4.3.2.3 数据包载荷字段

对于将要发送的的应用子层数据包,数据载荷字段包含了上层的请求数据,即通过应用子层数据传输接口提供的数据部分。上层的请求数据可分为三种:用户应用对象的周期性数据,报警、事件等非周期性数据和用户应用对象中参数数据。对于周期性数据,采用 P/S 传输模式;对于报警、事件等非周期数据,采用 R/S 传输模式;对于其他类型的数据,采用 C/S 传输模式。对于不同的传输模式,应用子层包载荷字段定义详见 10.2.3。

10.4.3.3 应用子层确认包

通过应用子层发出的数据包,可以采用确认的方式以确定对方是否接收到。如果在一定的时间内没有收到对方的确认(通过配置 EtoEACKTimeOut,详见 6.9.1.2.1),则发出该数据包的源节点采用重传机制进行重传。

对于采用 PUBLISH 方法发送的数据包、其他类型的广播包和确认包,应用子层不应采用确认方式,即包控制字段的确认子字段设置为 0。

应用子层通过设置包控制字段的确认子字段为 1 来指示当前包是否需要确认。

设备接收到需确认的应用子层包后,应通过返回应用子层确认包来实现对包接收的确认。确认包采用应用层序列号进行匹配。

确认包格式如图 134 所示。

ASL 包头	
包控制 包类型=0b10	序列号
1 字节	1 字节

图 134 确认包格式

包控制字段的包类型子字段应设置为 0b10,以指示该包为确认包,序列号字段应设置为接收到的具有确认请求的应用子层包的序列号。

11 安全

11.1 概述

制定 WIA-PA 网络的安全策略和安全措施,需要对 WIA-PA 网络进行风险分析,明确 WIA-PA 网络的安全原则和安全目标。推荐的 WIA-PA 安全风险分析方法、安全原则和安全目标见附录 A 的 A.1～A.3。

WIA-PA 网络在 MAC 层使用 IEEE STD 802.15.4:2006 定义的安全服务,在 MAC 层以上提供了以下几种安全服务:

——数据完整性服务:WIA-PA 网络在应用层和数据链路子层提供完整性校验服务,发送方利用密钥对包进行校验算法运算,得到校验码,接收方验证校验码的正确性,判断数据是否被篡改。

——数据保密性服务:WIA-PA 网络在应用层和数据链路子层提供保密性服务,发送方利用相关对称加密算法对用户数据进行加密运算后发送到接收方。接收方对接收到的密文利用相同的对称加密算法进行解密运算,得到解密后的用户数据。本部分并未指定具体使用的对称密钥加密算法。

——设备的认证服务：SM 利用设备的安全信息对设备进行认证。安全信息由加入密钥和设备长地址一起生成，是不可逆的。

注：具体使用的验证算法和对称密钥加密算法不在本部分范围内。

11.2 安全管理架构

综合考虑 WIA-PA 网络通信的实时性和现场设备资源的有限性，WIA-PA 网络需要分层分级实施不同的安全策略和措施。推荐的 WIA-PA 安全系统分层分级方法和安全数据包分级方法见 A.4～A.5。WIA-PA 网络安全体系示意图见图 135。

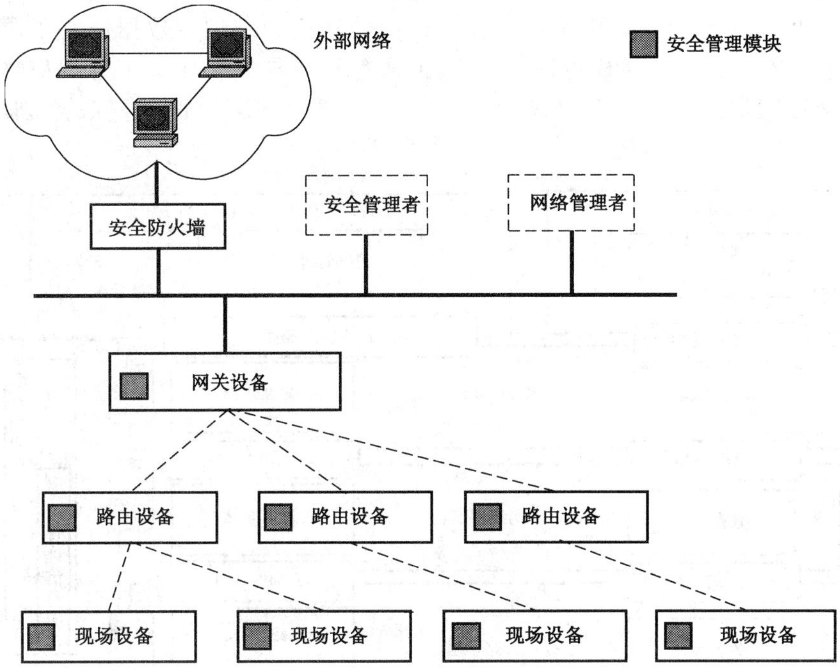

图 135　WIA-PA 网络安全体系示意图

图 135 中的安全管理者，以及网关设备、路由设备和现场设备上的安全管理模块组成了 WIA-PA 网络的安全管理架构。

安全防火墙接口对整个 WIA-PA 网络实施边界保护，保证 WIA-PA 网络正常工作。安全防火墙不在本文件范围内。

安全管理者负责整个网络安全策略的配置、密钥的管理和设备的认证工作，其功能主要分为以下几个部分：

——根据具体应用，配置系统的安全策略，配置 WIA-PA 网络的安全功能；

——认证试图加入网络中的路由设备和现场设备；

——根据具体应用和系统的安全策略，对网关设备和路由设备进行配置和监控；

——负责整个网络的密钥管理，包括密钥产生、密钥分发、密钥恢复、密钥更新等；

——实施数据加解密和数据校验等安全措施。

网关设备的安全管理模块功能如下：

——管理网关设备自身的安全措施；

——具有路由设备的安全管理模块的功能。

路由设备的安全管理模块功能如下：

——管理簇所使用的密钥，负责转发安全管理者分发的密钥；

——实施数据加解密和数据校验等安全措施；

——发起认证请求。

现场设备的安全管理模块功能如下：

——管理数据链路子层和应用子层的安全措施；

——实施数据加解密和数据校验等安全措施；

——管理密钥。

11.3 安全通信协议栈体系

11.3.1 概述

安全通信协议栈体系包括针对协议栈各层的安全措施。密钥保存在管理信息库中(具体见表 20)。DMAP 中的安全管理模块配合安全管理者实现对密钥的管理和维护。数据链路子层和应用层负责它们各自的安全传输。安全通信协议栈见图 136,其中灰色模块与安全相关。管理信息库中与安全相关的属性统称为安全管理信息库。安全管理模块通过网络层的网络属性配置服务,来设置安全管理信息库。

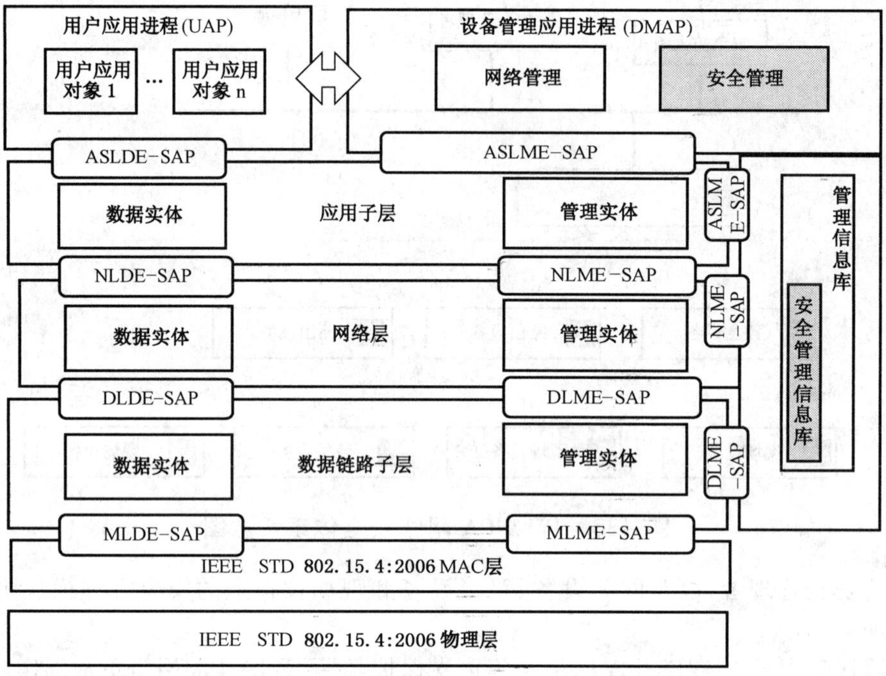

图 136 安全通信协议栈示意图

11.3.2 MAC 层安全

WIA-PA 网络的 MAC 层安全基于 IEEE STD 802.15.4:2006 标准。

MAC 层完整的 PDU(MPDU)结构如图 137 所示。

MPDU		
IEEE STD 802.15.4:2006 MAC 帧头(MHR)	DLPDU	FCS

图 137 MAC 层 PDU 结构

其中 MAC 层协议数据单元(MPDU)基于 IEEE STD 802.15.4:2006 数据帧,由 IEEE STD 802.15.4:2006 MAC 帧头、DLPDU 和 FCS 组成。MAC 层安全措施详见 IEEE STD 802.15.4:2006 标准。

MAC 层的安全相关属性，以及校验模式用到的安全相关信息的定义与 IEEE STD 802.15.4:2006 一致。

11.3.3 数据链路子层安全

WIA-PA 网络在数据链路子层提供安全措施。数据链路子层的安全职责是实现点到点数据安全传输。数据链路子层利用 MIC 和数据加密来保护点到点的数据安全。其中 MIC 由保存在 DMAP 的管理信息库中的数据链路子层加密密钥和 DLPDU 生成，用于进行数据完整性校验；数据加密实现数据的保密性。加密密钥的获取是利用网络属性获取服务实现的(具体过程见 9.5.12)。

DLPDU 结构如图 138 所示。

<table>
<tr><td colspan="6">MPDU</td></tr>
<tr><td rowspan="2">IEEE STD 802.15.4:2006
MAC 帧头(MHR)</td><td colspan="4">DLPDU</td><td rowspan="2">FCS</td></tr>
<tr><td>DLSL 帧控制</td><td>DLSL 层安全头</td><td>DLSL 载荷</td><td>MIC</td></tr>
</table>

图 138 DLPDU 帧格式

当数据链路子层的 DLSL 帧控制字段中“安全使能置”位设置为 1 时，使用数据链路子层安全头，其结构如图 139 所示。

位:0~2	位:3~4	位:5~7
安全控制子字段	安全信息控制子字段	保留

图 139 DLSL 层安全头的结构

图 139 中的安全控制子字段与安全级别相对应，定义了采用的的安全措施，具体含义见表 124。安全信息控制子字段定义了设备安全信息服务的包类型，如表 125 所示。

表 124 DLSL 层安全头安全控制字段

安全控制字段(二进制)	描　述
000	无
001	MIC-32
010	MIC-64
011	MIC-128
100	加密
101	加密-MIC-32
110	加密-MIC-64
111	加密-MIC-128

注：若同时选择加密和 MIC 校验，则在发送端应先进行加密再进行校验，在接收端先校验后解密。

表 125 DLSL 层安全头安全信息控制字段

安全信息控制字段 b1b0	描　述
00	数据包
01	设备安全信息获取请求包
10	设备安全信息获取响应包
11	保留

11.3.4 应用层安全

应用层的安全职责是实现端到端数据安全传输。应用层利用数据加密技术和 MIC 来保障端到端安全传输，并建立和维护安全管理信息库中的密钥。MIC 由 ASL 密钥和 APDU 共同生成，以实现信息完整性校验。

应用层安全包格式如图 140 所示。

ASL 安全包头				ASL 载荷	MIC
包控制	序列号	包长度	安全控制		
1 字节	1 字节	1 字节	1 字节	可变长度	0/4 字节

图 140 应用层安全包格式

安全控制字段格式如表 126 所示。

表 126 应用层安全控制字段格式

位：0～1	位：2～7
安全级别（参考附录中表 A.2）： 00＝不校验不加密； 01＝加密不校验； 10＝不加密-MIC-32； 11＝加密-MIC-32	保留

注：若同时选择加密和 MIC 校验，则在发送端应先进行加密再进行校验，在接收端先校验后解密。

11.4 密钥管理

11.4.1 密钥类型

WIA-PA 网络安全管理者和安全管理模块对网络中的密钥进行管理。

定义以下密钥：

——加入密钥（KJ）：加入密钥是一种临时密钥，在设备加入网络时使用。加入密钥在配置阶段建立，由安全管理者通过手持设备进行分发。加入密钥与设备长地址一起生成安全信息，用于设备的身份鉴别；设备安全入网后，当第一次分发 KEK 时，加入密钥还用于安全分发 KEK。

——密钥加密密钥（KEK）：设备加入网络以后，由安全管理者通过 WIA-PA 网络分发，在传送密钥时用作加密密钥的密钥。安全管理者第一次分发密钥加密密钥 KEK 时，利用加入密钥 KJ 加密 KEK；之后利用正在使用的 KEK 加密新的 KEK，实现安全分发。

——数据加密密钥（KED）：设备加入网络以后，由安全管理者通过 WIA-PA 网络分发，包括数据链路层加密密钥、应用层加密密钥。用于数据链路层和应用层的数据保护和完整性校验。安全管理者使用 KEK 来加密 KED，实现安全分发。

密钥的生存周期如图 141 所示。

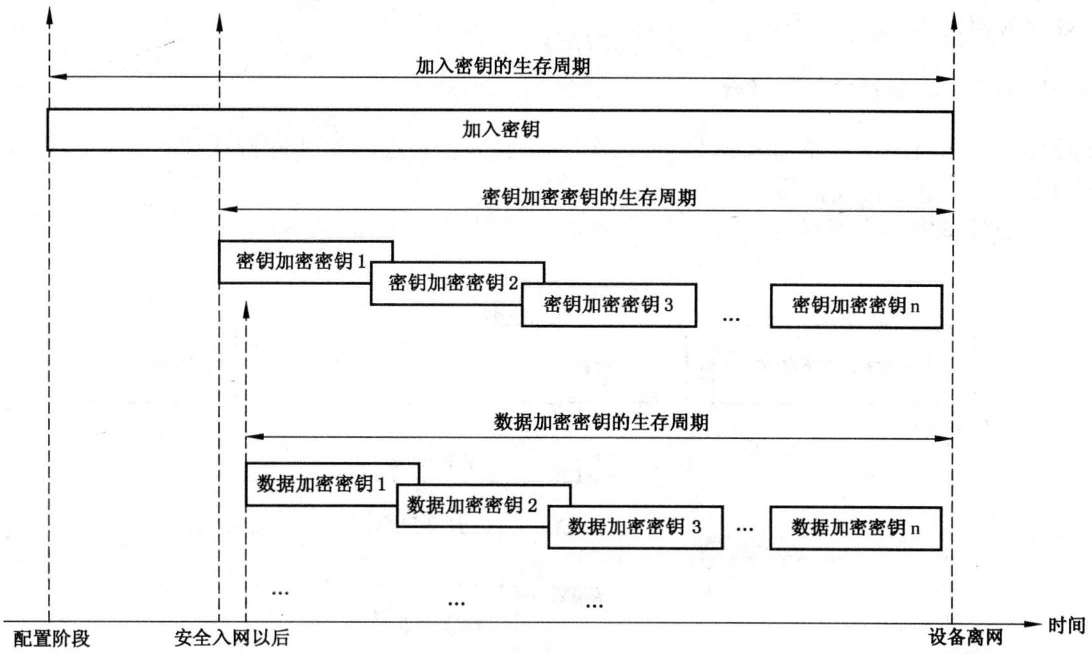

图 141 密钥生存周期序列图

安全管理者应周期性更新路由设备或现场设备的 KEK 和 KED 密钥，即修改设备安全管理信息库中的相关密钥参数(见表 20)。

11.4.2 密钥分发

WIA-PA 设备在加入网络之前，应向设备分发相应的加入密钥 KJ，这通过手持设备完成。

设备安全入网后，该新设备的密钥加密密钥 KEK 和数据加密密钥 KED 将由安全管理者分发。密钥分发利用网络属性设置服务实现(具体过程见 9.5.12.5)。

11.4.3 密钥更新

当需要更新设备密钥时，安全管理者生成一个新密钥，然后利用设备的密钥加密密钥(KEK)对该新密钥进行加密后再分发给相应设备，该过程利用网络属性设置服务实现(具体过程见 9.5.12.5)。

设备接收到密钥信息后，使用自己的密钥加密密钥(KEK)将其解密，并且更新自身密钥信息。

自动更新密钥的周期根据用户的需要决定，推荐为 24 h。

更新的密钥要求具有以下性质：

——新密钥与 WIA-PA 网络中的其他设备使用的密钥不相同；

——确保新密钥是最新的密钥；

——新密钥一定能及时被发送到与该密钥相关联的设备。

11.4.4 密钥状态

每个密钥从建立到撤销的生存周期之内，经历如下状态：

——备用状态：密钥已经生成，但尚未用于正常的加密操作。

——使用状态：密钥是可用的，并且正在使用中。

——无效状态：密钥已经不能正常使用。

如果存在处于备用状态的密钥，且其激活时间 KeyActiveTime(见表 20)到时，则该密钥从备用状态转移到使用状态，同时当前正在使用的密钥(若存在)转移到无效状态。

11.5 安全入网过程

11.5.1 WIA-PA 设备安全入网过程

新现场设备和新路由设备加入 WIA-PA 网络，需要安全管理者对其进行认证。认证需要新设备的长地址和 KJ。KJ 由手持设备写入。

WIA-PA 设备安全入网过程见图 142。

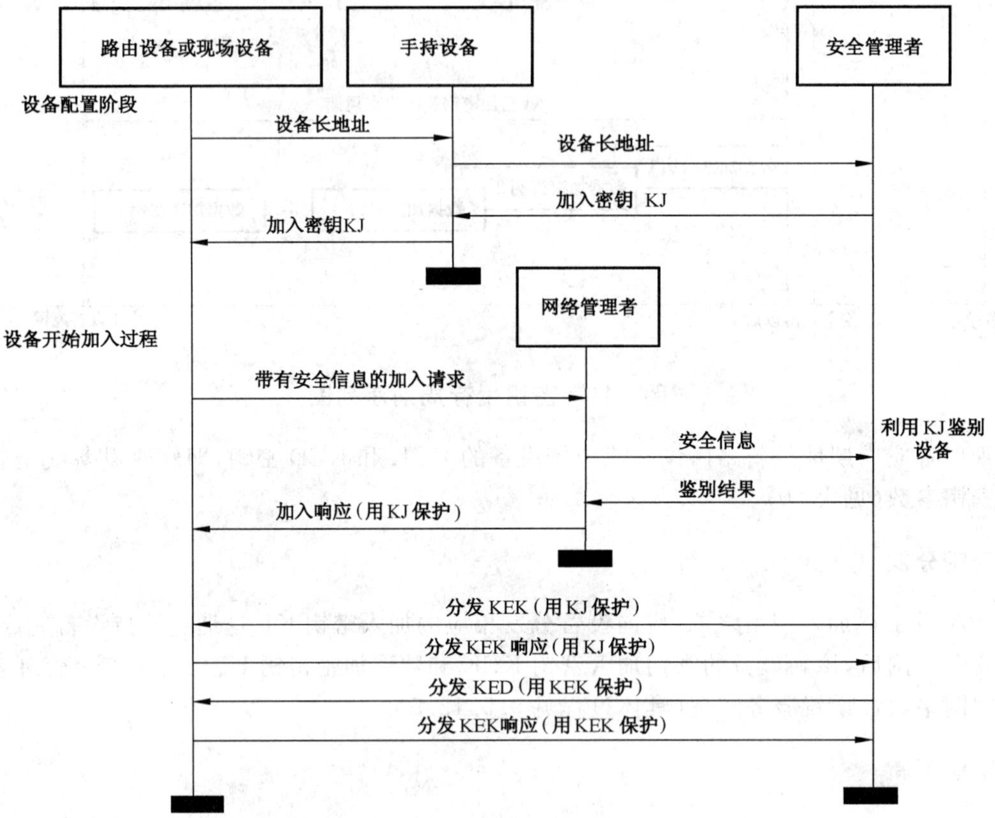

图 142 WA-PA 设备安全入网过程

新设备安全加入 WIA-PA 网络时需要经过以下步骤。

a) 在新设备加入 WIA-PA 网络之前，手持设备读取新设备的 64 位长地址，并将该地址传给安全管理者。安全管理者为该新设备生成加入密钥 KJ。手持设备将该 KJ 传给该新设备。

b) 具有 KJ 的新设备持续监听网络内的可用信道以获得在网的路由设备发出的信标。

c) 新设备选择一个发出信标的路由设备或网关设备作为簇首，根据信标内的时间信息完成时间同步。

d) 新设备利用设备的长地址和 KJ 生成安全信息，并将安全信息发送给簇首。然后，簇首为该新设备发出一个带其安全信息的加入请求给 NM。

e) 网络管理者接收到加入请求后，将新设备的安全信息传送给安全管理者。安全管理者认证该新设备的安全信息。如果认证失败，则网络管理者返回加入失败响应，断开连接。如果认证成功，网络管理者将返回加入成功响应。

f) 设备成功入网后，安全管理者应为设备产生 KEK，并用 KJ 加密保护 KEK 进行分发。然后安全管理者为设备产生 KED，并用 KEK 加密保护进行分发。

11.5.2 设备安全信息获取原语

11.5.2.1 安全信息获取请求原语

路由设备使用安全信息获取请求原语向待加入设备发出请求，以获取安全认证信息。

路由设备安全信息获取请求原语语义如下：

```
DLME-SEC.request(
                    DstPhyAddr
                )
```

DLME-SEC.request 原语的参数说明如表 127 所示。

表 127 DLME-SEC.request 原语参数

参数名称	数据类型	取值范围	描　述
DstPhyAddr	Unsigned64	0～($2^{64}-1$)	待加入设备的长地址

11.5.2.2 安全信息获取指示原语

当待加入设备收到路由设备的安全信息获取请求后，通过该原语向 DMAP 发出指示。

设备安全信息获取指示原语语义如下：

```
DLME-SEC.indication(
                    DstPhyAddr
                )
```

DLME-SEC.indication 原语的参数说明如表 128 所示。

表 128 DLME-SEC.indication 原语参数

参数名称	数据类型	取值范围	描　述
DstPhyAddr	Unsigned64	0～($2^{64}-1$)	待加入设备的长地址

11.5.2.3 安全信息获取响应原语

待加入设备的 DMAP 通过该原语向路由设备返回设备安全信息。

设备安全信息获取指示原语语义如下：

```
DLME-SEC.response(
                    ProxyAddr,
                    PhyAddr,
                    SecMaterial,
                    Status
                )
```

DLME-SEC.response 原语的参数说明如表 129 所示。

表 129 DLME-SEC.response 原语参数

参数名称	数据类型	取值范围	描述
ProxyAddr	Unsigned16	0～65 535	生成安全信息获取请求的路由设备或网关设备的地址

表 129（续）

参数名称	数据类型	取值范围	描述
PhyAddr	Unsigned64	$0\sim2^{64}-1$	待加入设备的长地址
SecMaterial	Unsigned32	$0\sim(2^{32}-1)$	设备安全信息，由 KJ 加密 64 位长地址。取低 32 位生成
Status	Unsigned8	0～255	设备安全信息返回状态 0＝SUCCESS； 1＝FAILURE； 其余保留

11.5.2.4 安全信息获取证实原语

当路由设备收到待加入设备的安全信息获取响应后，通过该原语向 DMAP 发送证实。路由设备 DMAP 调用网络层 NLME-JOIN.request 原语继续设备加入过程（见图 143 和图 144）。

网络层设备加入证实原语语义如下：

```
DLME-SEC.confirm(
                PhyAddr,
                SecMaterial,
                Status
              )
```

DLME-SEC.confirm 原语的参数说明如表 130 所示。

表 130 DLME-SEC.confirm 原语参数

参数名称	数据类型	取值范围	描　述
PhyAddr	Unsigned64	$0\sim2^{64}-1$	待加入设备的长地址
SecMaterial	Unsigned32	$0\sim(2^{32}-1)$	设备安全信息
Status	Unsigned8	0～255	设备安全信息获取状态 0＝SUCCESS； 1＝FAILURE； 其余保留

11.5.2.5 设备安全加入时序

对于星型和网状结合的两层网络拓扑结构，如果 SecEnableFlag＝1（见 6.9.1.2.1），则现场设备安全加入路由设备的时序如图 143 和图 144 所示。

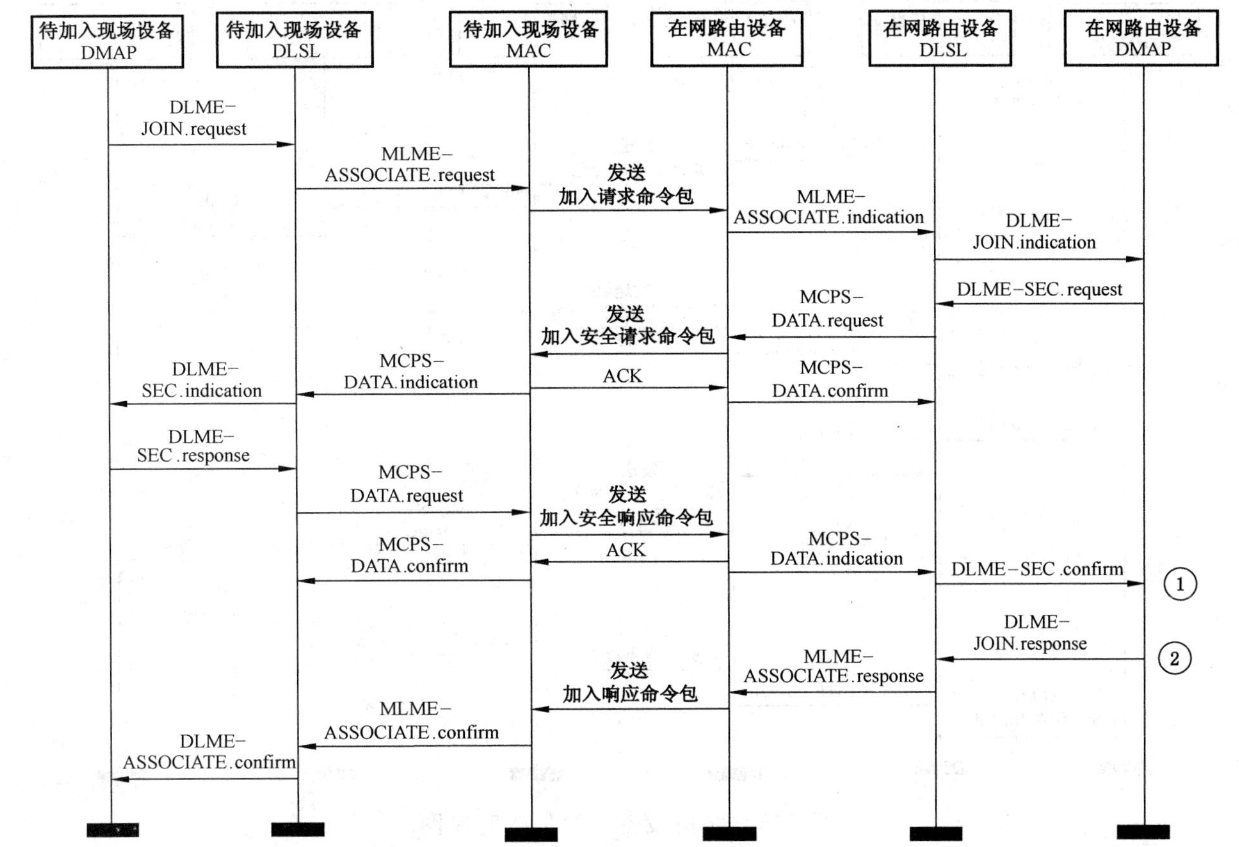

图 143　现场设备安全加入路由设备时序图(现场设备——路由设备端)

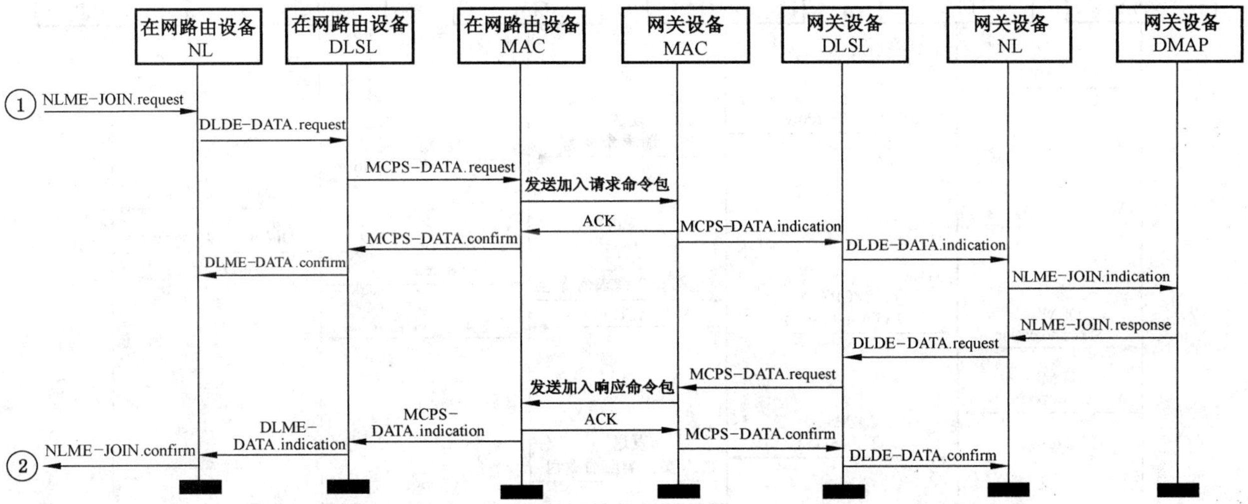

图 144　现场设备安全加入路由设备时序图(路由设备——网关设备端)

路由设备一跳安全加入时序如图 145 所示。

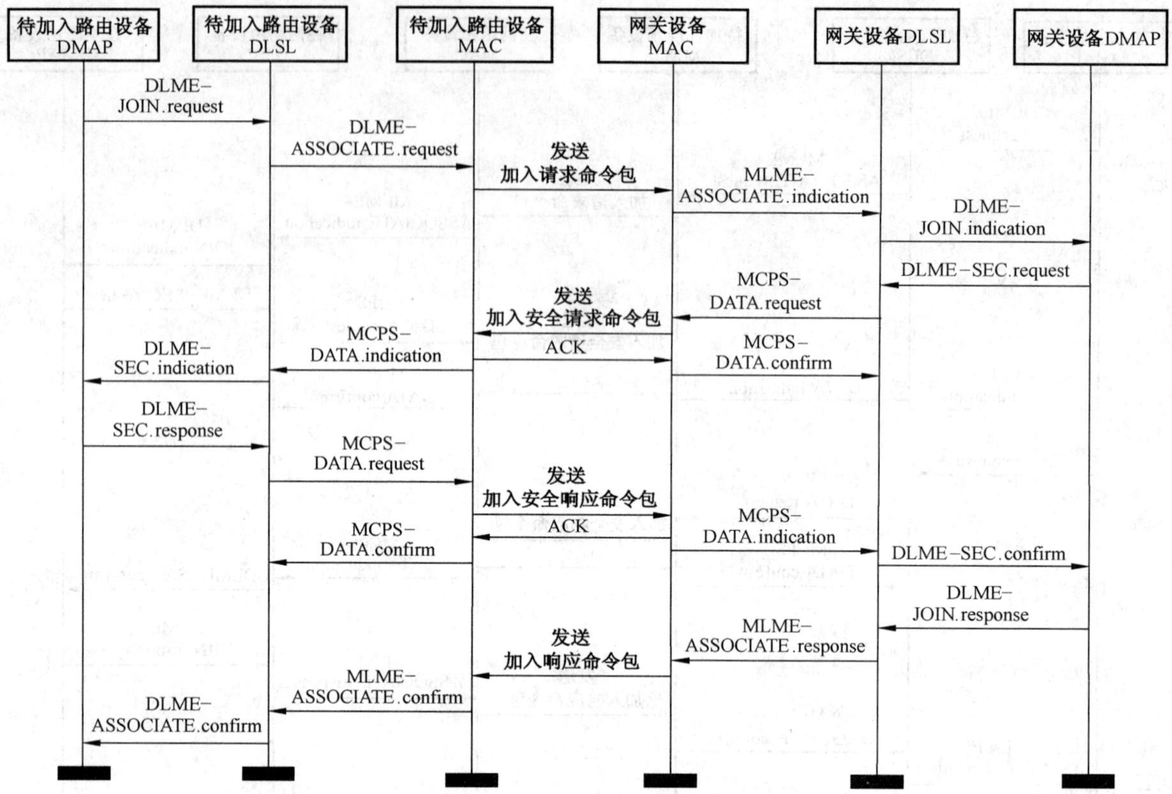

图 145　路由设备一跳加入时序图

路由设备多跳加入时序如图 146 和图 147 所示。

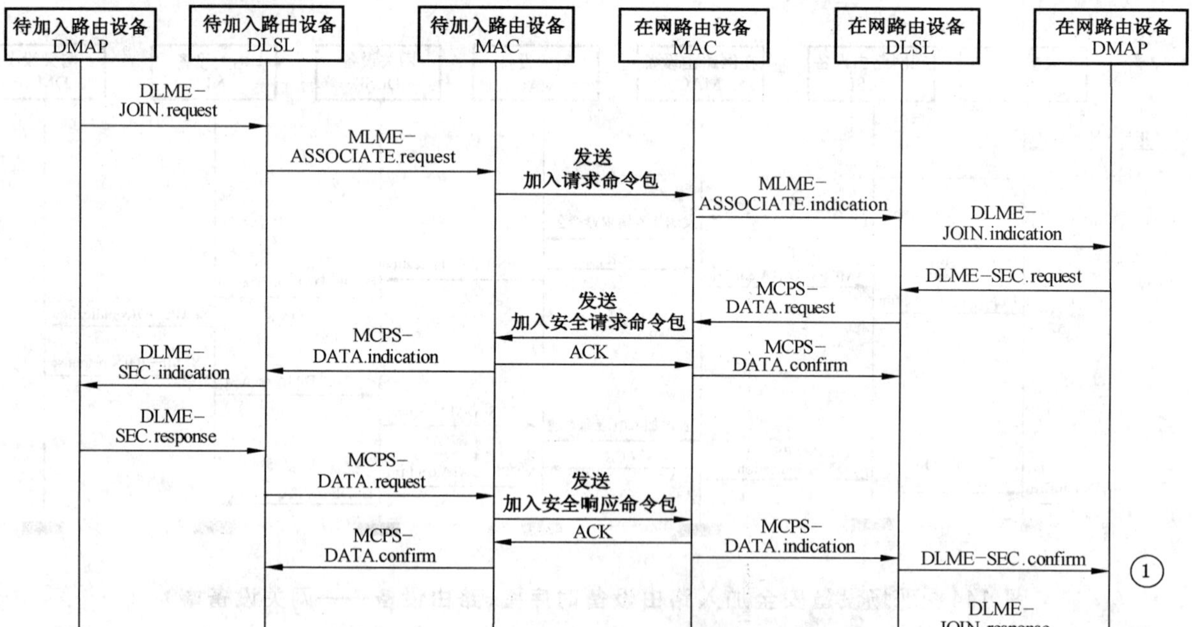

图 146　路由设备多跳加入时序图(待加入路由设备——在网路由设备端)

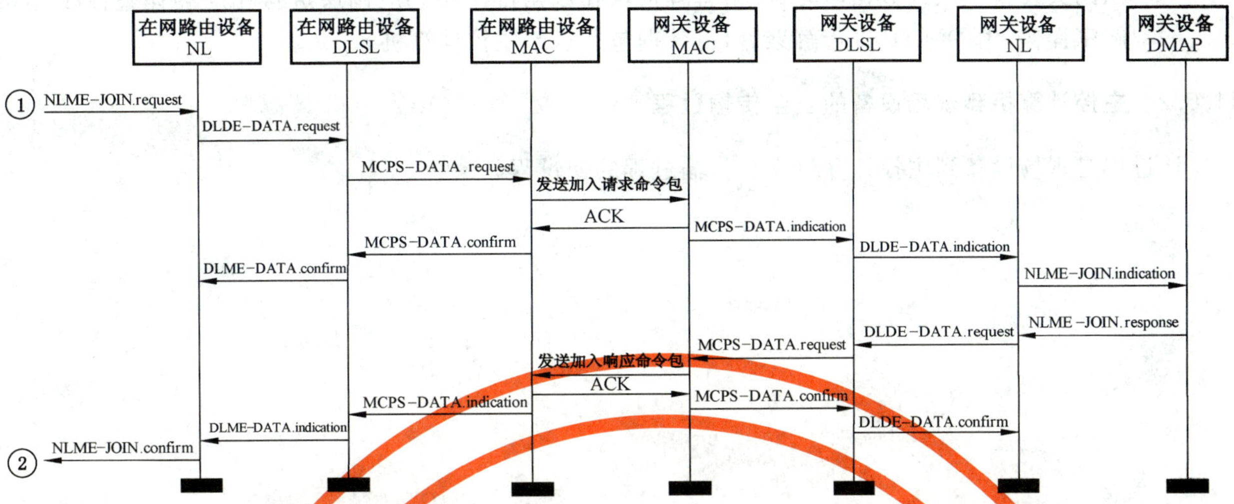

图 147 路由设备多跳加入时序图(网路由设备——网关设备端)

11.6 安全传输

11.6.1 现场设备到主控计算机的安全传输过程

当现场设备和路由设备都不支持聚合功能时,现场设备到主控计算机的安全传输过程如下:

——现场设备 DMAP 的安全管理模块根据 MIB 中的 SecMode 和 SecLevel,可选择将应用层 ASL 载荷加密和 MIC 校验后传递到网络层;安全管理模块再根据 MIB 中的 SecMode 和 SecLevel,可以选择对数据链路层 DLSL 载荷进行加密和 MIC 校验,再将包发送给路由设备。

——路由设备收到包后,首先验证该数据包的完整性,并在数据链路层对 DLSL 载荷进行解密操作后,使用下一跳设备的数据链路子层密钥对 DLSL 载荷进行加密和校验操作,通过网状网络转发给网关设备。

——当网关设备接收到数据包时,安全管理模块在数据链路层和应用层进行相应的完整性校验和解密操作,然后发送给主控计算机。

当现场设备支持聚合功能时,现场设备到主控计算机的安全传输过程如下:

——如果现场设备支持数据聚合,现场设备 DMAP 对多个 UAO 的数据聚合后,DMAP 的安全管理模块根据 MIB 中的 SecMode 和 SecLevel,可以选择将应用层 ASL 载荷加密和 MIC 校验后传递到网络层;DMAP 的安全管理模块再根据 MIB 中的 SecMode 和 SecLevel,可以选择对数据链路层 DLSL 载荷加密和 MIC 校验,再将包发送给路由设备。

——路由设备收到数据包后,首先验证该数据包的完整性,并在数据链路层对 DLSL 载荷进行解密操作。

——如果路由设备不支持包聚合。路由设备 DMAP 中的安全管理模块根据 MIB 的 SecMode 和 SecLevel,可选择对数据链路层 DLSL 载荷进行加密和 MIC 校验后,通过网状网络发送给网关。

——如果路由设备支持包聚合,网络层将通知 DMAP 执行聚合,产生新的数据包。路由设备 DMAP 中的安全管理模块根据 MIB 的 SecMode 和 SecLevel,可选择对聚合产生的应用层 ASL 载荷加密和 MIC 校验后传递到网络层;安全管理模块根据 MIB 中的 SecMode 和 SecLevel,可选择对数据链路层 DLSL 载荷进行加密和 MIC 校验后,通过网状网络发送给网关。

——当网关设备接收到数据包时,安全管理模块在数据链路层和应用层进行相应的完整性校验和解密操作,由 DMAP 进行解聚后,将数据包发送给主控计算机。

11.6.2 主控计算机到现场设备的安全传输过程

该过程是现场设备到主控计算机安全传输过程的逆过程。

附 录 A
（资料性附录）
WIA-PA 网络的安全策略

A.1 WIA-PA 网络的风险分析

WIA-PA 作为一个开放系统，存在潜在的安全风险。根据其来源可分为来自公司外部的风险、来自企业管理网络的风险和来自 WIA-PA 自动化网络内部的风险。WIA-PA 网络系统可能受到入侵、毁坏数据、重放攻击等威胁。

因此，必须采取一定的安全措施，以保证 WIA-PA 用户的安全操作，保护系统内部的资源和维持正常的生产秩序。WIA-PA 网络安全的主要目标是保障系统的正常运行，在受到攻击时能够迅速地发现并采取相应的安全措施，使系统的安全损失减少到最小，在受到攻击后能够迅速地恢复到正常状态。

A.2 WIA-PA 安全原则

针对 WIA-PA 网络的特点，推荐以下的安全措施和安全服务原则：

——易于部署和使用；

——安全服务和安全措施可选；

——尽可能减少与人有关的操作；

——在安全性允许的情况下，尽可能减少安全信息的传输；

——利用基于硬件的加密技术；

——最大限度地使用已有的加密和认证技术以及已发布的标准。

A.3 WIA-PA 安全目标

WIA-PA 网络安全目标应该包括：

——边界保护：提供物理网络的边界保护。

——系统的可用性：合法用户根据需要可以随时访问系统资源。

——数据的完整性：保证信息的一致性，防止非法用户对系统数据的篡改。

——设备认证：对网络中的设备进行身份验证。

——机密性：保证系统的硬件、软件和数据只能为合法用户所使用。

——密钥管理：提供安全的密钥更新和管理的机制。

A.4 WIA-PA 安全系统分层分级

在明确 WIA-PA 网络的业务定位、提供的服务类型和服务对象的基础上，用户可根据 WIA-PA 网络面临的安全威胁及其出现的层次、要求的安全等级，实施不同的安全方案和措施。由于现场设备的计算资源和计算能力有限，WIA-PA 网络应更多地强调边界安全措施。

WIA-PA 网络分层分级安全措施如表 A.1 所示。

表 A.1 WIA-PA 网络分层分级安全措施

WIA-PA 网络安全等级	Level 0	Level 1	Level 2
边界保护	包过滤网关	协议转换与数据包过滤网关	IPSec 转换与数据包过滤网关
安全措施	设备认证 包校验	设备认证 访问控制 包校验 异或加密	设备认证 访问控制 包校验 加密

A.5 WIA-PA 安全数据包的安全分级

WIA-PA 数据链路层和应用层都有能力建立安全连接。WIA-PA 路由设备转发数据包时，不能降低原数据包的安全级别设置。WIA-PA 数据包的安全分级设置如表 A.2 所示。

表 A.2 合法的数据包流入流出安全级别

		流出安全级别			
		不校验不加密	加密不校验	校验不加密	校验和加密
流入安全级别	不校验不加密	允许	允许	允许	允许
	加密不校验	不允许	允许	不允许	允许
	校验不加密	不允许	不允许	允许	允许
	校验和加密	不允许	不允许	不允许	允许

附 录 B
（资料性附录）
WIA-PA 规定的格式描述

B.1 时序图

时序图用于描述消息在 WIA-PA 设备协议栈中的各层之间交互的时间顺序，如图 B.1 所示：

——矩形框表示 WIA-PA 设备协议栈的各层。

——垂直线表示时间。

——箭头表示消息的传递。本规范中，箭头用于表示一般意义下消息的发生，而不考虑该消息是否已经通过同步处理。

——消息传递的时序为时序图中由上到下的顺序。

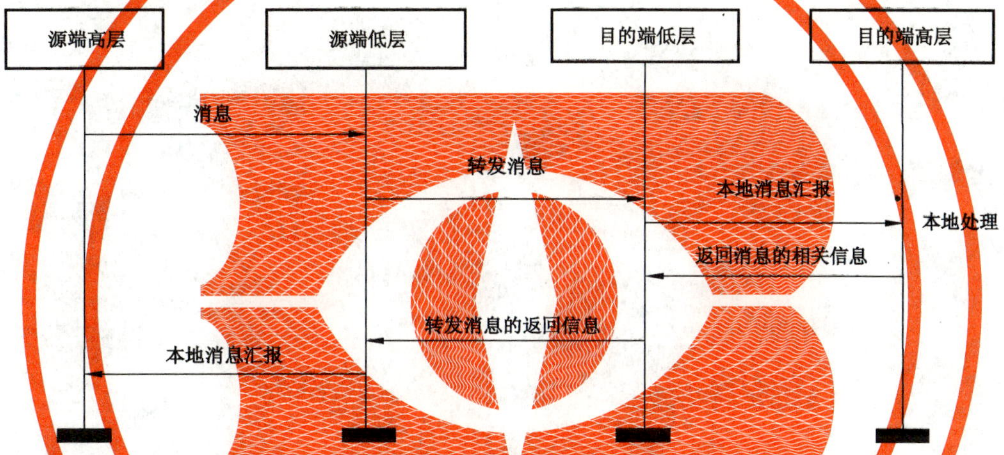

图 B.1 时序图

B.2 包格式和帧格式

包格式和帧格式的定义采用相同的方式。两者的主要区别在于作用范围不同。包格式适用于网络层和应用层，而帧格式适用于介质访问控制子层和数据链路子层。

以字节（Octet）为单位的包/帧格式中域的格式定义如表 B.1 所示。

表 B.1 以字节为单位的包/帧格式

<table>
<tr><td>字节：X_{11}/…/X_{1M}</td><td>…</td><td colspan="3">X_N</td></tr>
<tr><td rowspan="2">域 1</td><td rowspan="2">…</td><td>子域 1</td><td>…</td><td>子域 n</td></tr>
<tr><td colspan="3">域 N</td></tr>
</table>

以字节为单位的包/帧格式中的第一行表示包/帧中各个域的长度（以字节为单位）；其他行表示域或者子域的名字。包/帧格式中不同的列表示不同的域或者子域。一个域可以包括多个子域。

“字节：X_{11}/…/X_{1M}”表示第一个域的长度为 X_{11}，…，或者 X_{1M}个字节。

X_N 表示第 N 个域的长度为 X_N 个字节。

以字节为单位的包/帧格式中的各个域的名字表示为“域 X”;子域的名字表示为“子域 X”。其中,X 为正整数。子域的长度以字节或者位(bit)为单位。

如果子域的长度以位为单位,则其具体的表示方法采用如表 B.2 的格式。

表 B.2　以位为单位的包/帧格式

位:$X_1 \sim X_2$	$X_3 \sim X_4$	…	$X_{N-1} \sim X_N$
子域 1	子域 2	…	子域 m

以位为单位的包/帧格式中的第一行表示占用哪几位,位的序号表示 X_1,X_2,X_3,X_4,…X_{N-1} 和 X_N。其中,X_1,X_2,X_3,X_4,…X_{N-1} 和 X_N 为正整数,最大值为 7。“X_{N-1}-X_N”表示第 X_{N-1} 位到第 X_N 位被占用。

以位为单位的包/帧格式中的其他行表示子域的名字。

各列表示不同的子域。

附 录 C
（资料性附录）
应用层用户应用对象实例

C.1 概述

本附录采用面向对象的方法定义应用层的用户应用对象。用户应用对象具有自身的属性和方法，定义的内容包括对象名称、属性名称、属性标识符、属性的数据类型以及所支持的方法。

UAO 包括模拟输入对象(Analog Input Object，AIO)、模拟量输出对象(Analog Output Object，AIO)、数字量输入对象(Digital Input Object，DIO)、数字量输出对象(Digital Output Object，DIO)等用户应用对象。本附录以 AIO 对象为例描述用户应用对象的定义。

C.2 模拟量输入对象

C.2.1 概述

模拟量输入对象 AIO 用于对工业过程进行采样，并将采集到的物理量转换为具有物理量纲的数据。其所支持的方法见 10.2.3。

C.2.2 模拟量输入对象类级属性

模拟量输入对象的类级属性为对象的唯一标识符，用于对象的寻址。如表 C.1 所示。

表 C.1 模拟量输入对象的类级属性

属性名称	属性标识符	数据类型	支持的方法	描述
Object Identifier	0	Unsigned8	Read	对象的唯一类级标识符，与对象实例标识符同时使用，用于对象的寻址

C.2.3 模拟量输入对象实例级属性

模拟量输入对象的实例级属性如表 C.2 所示。

表 C.2 模拟量输入对象的实例级属性

属性标识符	属性名称	数据类型	支持的方法	描述
1	Instance ID	Unsigned8	Read	对象实例标识符，与对象类级标识符同时使用
2	Process Value	Float	Read	工业过程变量
3	Out Value	Float	Read/Publish Report	基于 Process Value 计算出的输出值

表 C.2（续）

属性标识符	属性名称	数据类型	支持的方法	描述
4	ASN	Unsigned48	Read	以时隙为单位的时戳
5	Action	Unsigned8	Read/Write	启动/停止测量过程
6	Sample Period	Unsigned32	Read/Write	用于设定采样周期
7	High Limit	Float	Read/Write	报警高限值
8	Low Limit	Float	Read/Write	报警低限值
9	Alarm	Unsigned8	Read	0 Normal 1 HighAlarm 2 LowAlarm 3～255 保留
…	…	…	…	…

表 C.2 中各参数定义如下：

——Instance ID

Instance ID 属性用来表示对象实例的标识符。

——Process Value

Process Value 属性用来表示模拟量输入对象的过程变量。

——Out Value

Out Vlaue 属性用来表示模拟量输入对象中以工程单位表示的测量值。

——ASN

ASN 属性用来表示模拟量输入对象的测量值所对应的时间戳。

——Action

通过设置 Action 属性，可以启动/停止模拟量输入对象的测量过程。

——Sample Period

Sample Period 属性用于设定模拟量输入对象的采样周期。

——High Limit

High Limit 属性用于设定模拟量输入对象的报警上限值。

——Low Limit

Low Limit 属性用于设定模拟量输入对象的报警下限值。

——Alarm

Alarm 属性用于表示对象实例的报警状态。

——……

参 考 文 献

[1] GB/T 5271 信息技术词汇(idt ISO/IEC 2382)

[2] GB/T 15629.2 信息处理 局域网 第2部分:逻辑链路控制(ISO 8802-2)

[3] GB/T 15629.3 信息处理 局域网 第3部分:带碰撞检测的载波侦听多址访问(CSMA/CD)的访问方法和物理层规范(ISO 8802-3)

[4] GB/T 16262—1996 信息处理系统 开放系统互连 抽象语法记法(ASN.1)规范(ISO/IEC 8824:1990)

[5] GB/T 16263—1996 信息处理系统 开放系统互连 抽象语法记法(ASN.1)基本编码规则规范(ISO/IEC 8825:1990)

[6] GB/T 17176—1997 信息技术 开放系统互连 应用层结构(ISO/IEC 9594:1994)

[7] GB 17859—1999 计算机信息系统 安全保护等级划分准则

[8] GB/T 17963—2000 信息技术 开放系统互连 网络层安全协议(ISO/IEC 11577:1995)

[9] GB/T 17967—2000 信息技术 开放系统互连 基本参考模型 OSI服务定义约定(ISO/IEC 10731:1994)

[10] GB/T 9387.2—1995 信息处理系统 开放系统互连 基本参考模型 第2部分:安全体系结构

[11] GB/T 15843.2—1997 信息技术 安全技术 实体鉴别 第2部分:采用对称加密算法的机制

[12] GB/T 15843.4—1999 信息技术 安全技术 实体鉴别 第4部分:采用密码校验函数的机制

[13] GB/T 15851—1995 信息技术 安全技术 带消息恢复的数字签名方案

[14] GB/T 15852—2008 信息技术 安全技术 用块密码算法作密码校验函的数据完整性机制(ISO/IEC 9797-2:1999)

[15] GB/T 17901.1—1999 信息技术 安全技术 密钥管理 第1部分:框架

[16] GB/T 17903.1—1999 信息技术 安全技术 抗抵赖 第1部分:概述

[17] GB/T 17903.2—1999 信息技术 安全技术 抗抵赖 第2部分:使用对称技术的机制

[18] GB/T 18018—1999 路由器安全技术要求

[19] GB 17859—1999 计算机信息系统 安全保护等级划分准则

[20] GB/T 18019—1999 信息技术 包过滤防火墙安全技术要求

[21] GB/T 18020—1999 信息技术 应用级防火墙安全技术要求

[22] GB/T 18336.1—2001 信息技术 安全技术 安全性评估准则 第1部分:简介和一般模型(ISO/IEC 15408-1)

[23] GB/T 18336.2—2001 信息技术 安全技术 安全性评估准则 第2部分:安全功能要求

[24] GB/T 18794.2—2002 信息技术 开放系统互连 开放系统安全框架 第2部分:鉴别框架

[25] GB/T 19769.1—2005 工业过程测量和控制系统用功能块 第1部分:结构(IEC 61499-1)

[26] GB/T 19769.2—2005 工业过程测量和控制系统用功能块 第2部分:软件工具要求(IEC 61499-2)

[27] IEC 61784-4 DIGITAL DATA COMMUNICATIONS FOR MEASUREMENT AND CONTROL—Part 4:Profiles for secure communications industrial networks

[28] ISO 10181-3:1996 Information technology—Open Systems Interconnection—Security

frameworks for open systems:Authentication framework

[29] ISO 10181-4:1997 Information technology—Open Systems Interconnection—Security frameworks for open systems:Non-repudiation framework

[30] ISO 10181-5:1996 Information technology—Open Systems Interconnection—Security frameworks for open systems:Confidentiality framework

[31] ISO 10181-6:1996 Information technology—Open Systems Interconnection—Security frameworks for open systems:Integrity framework

[32] ISO/IEC 17799:2005 Information technology—Security techniques—Code of practice for information security management

[33] ISO/IEC 154081 Information technology—Security techniques—Evaluation criteria for IT security—Part 1:Introduction and general model

[34] ISO/IEC 154082 Information technology—Security techniques—Evaluation criteria for IT security—Part 2:Security functional requirements

[35] ISO/IEC 9797-1:1999 Information technology—Security techniques—Message Authentication Codes(MACs)—Part 1:Mechanisms using a block cipher

[36] ISO/IEC 9797-2:2002 Information technology—Security techniques—Message Authentication Codes(MACs)—Part 2:Mechanisms using a dedicated hash-function

[37] IEEE 754 Standard for Binary Floating—Point Arithmetic

ICS 71.040.20
N 64

中华人民共和国国家标准

GB/T 26791—2011

玻 璃 比 色 皿

Glass cells

2011-07-29 发布　　2011-12-01 实施

中华人民共和国国家质量监督检验检疫总局
中国国家标准化管理委员会　发布

前　言

本标准由中国机械工业联合会提出。

本标准由全国工业过程测量和控制标准化技术委员会归口。

本标准负责起草单位:宜兴市晶科光学仪器有限公司。

本标准参加起草单位:上海精密科学仪器有限公司、上海市计量测试技术研究院、上海天美科学仪器有限公司、北京瑞利分析仪器有限公司。

本标准主要起草人:李建潮、李征、李坚、虞雄华、李杰琳。

玻 璃 比 色 皿

1 范围

本标准规定了透光面是平面且平行的玻璃比色皿的分类、要求、试验方法、检验规则和标志、包装、运输、贮存、质量保证等。

本标准适用于光谱分析仪器进行定性、定量分析时放置溶液的玻璃比色皿(以下简称比色皿)。

2 规范性引用文件

下列文件中的条款通过本标准的引用而成为本标准的条款。凡是注日期的引用文件,其随后所有的修改单(不包括勘误的内容)或修订版均不适用于本标准,然而,鼓励根据本标准达成协议的各方研究是否可使用这些文件的最新版本。凡是不注日期的引用文件,其最新版本适用于本标准。

GB/T 191—2008 包装储运图示标志(ISO 780:1997,MOD)

GB/T 2828.1—2003 计数抽样检验程序 第1部分:按接收质量限(AQL)检索的逐批检验抽样计划(ISO 2859-1:1999,IDT)

GB/T 6543—2008 运输包装用单瓦楞纸箱和双瓦楞纸箱

3 分类

比色皿按光谱透过范围分为3类,如表1所示。

表1

名 称	分类代号	特 征
可见光学玻璃比色皿	G	在可见光谱范围内透明,在360 nm~1 100 nm波长范围内透射比≥80%
紫外光学石英玻璃比色皿	Q或S	在紫外和可见光谱范围内透明,在200 nm~1 100 nm波长范围内透射比≥80%
红外光学石英玻璃比色皿	I	在可见和红外光谱范围内透明,在360 nm~2 800 nm波长范围内透射比≥80%

4 要求

4.1 正常工作条件

比色皿的正常工作条件为:

a) 环境温度:5 ℃~35 ℃;

b) 相对湿度:不应大于85%;

c) 室内应无腐蚀性气体。

4.2 透光面平行度

比色皿的透光面平行度偏差,光路长度不应大于0.08 mm,透光面外径不应大于0.18 mm。

4.3 尺寸公差

比色皿的尺寸公差应符合表2的要求。

表 2

单位为毫米

光路长度	公差值							
	外径公差				内径公差			
	透光面外径	矩形	圆形	高	光路长度	矩形	圆形	高
		宽	直径			宽	直径	
<20	±0.2	±0.2	±0.3	±0.3	±0.08	±0.2	±0.3	±0.3
≥20	±0.25	±0.2	±0.3	±0.3	±0.1	±0.2	±0.3	±0.3

4.4 透射比

比色皿的透射比(在空比色皿状态下)应符合表 3 的要求。

表 3

名称	波长 nm	透射比 %
可见光学玻璃比色皿	360	≥80
紫外光学石英玻璃比色皿	200	≥80
红外光学石英玻璃比色皿	2 730	≥86

4.5 配套一致性

在配套使用的比色皿中,相同光路长度的一组比色皿之间透射比的差值应符合表 4 的要求。

表 4

名称	波长 nm	测试介质	配套一致性
可见光学玻璃比色皿	440	蒸馏水	相同光路长度的一组比色皿透射比的差值不应大于 0.5%
紫外光学石英玻璃比色皿	220	蒸馏水	
红外光学石英玻璃比色皿	2 730	空气	

4.6 表面粗糙度

比色皿的表面粗糙度 Ra 值应符合表 5 的要求。

表 5

单位为微米

表面名称	表面粗糙度 Ra
比色皿透光面玻璃	≤0.025
比色皿非透光面玻璃内侧	≤0.1
比色皿非透光面玻璃外侧	≤3.2

4.7 表面疵病

4.7.1 比色皿光通区范围的表面疵病应符合以下要求:

a) 直径在 0.1 mm~0.3 mm 的麻点不应超过 2 个;

b) 麻点不得密集;

c) 宽度在 0.02 mm~0.03 mm 的擦痕总长度不应大于 10 mm,并且每条长度不应大于 4 mm。

4.7.2 比色皿非光通区内表面疵病应符合以下要求:

a) 麻点不能形成雾状;

b) 不能有明显的擦痕。

4.8 外观

4.8.1 比色皿的几何形状应完整,不得有直径大于 0.5 mm 的破边。

4.8.2 比色皿粘接面应符合以下要求：

a） 粘接牢固，存放液体后不渗漏；

b） 气孔、斑点不得密集、不得与内壁相通。

4.9 耐酸碱及有机溶剂的浸蚀

比色皿应能经受体积比为1∶1的盐酸、240 g/L的氢氧化钠、四氯化碳3种介质，各浸泡24 h后不应有脱胶、渗漏现象。

5 试验方法

5.1 试验条件和测量仪器的误差

5.1.1 本试验方法均应在4.1所规定的条件下进行。

5.1.2 计量性能为Ⅱ级的紫外可见分光光度计。

5.1.3 计量性能为B类的红外分光光度计。

5.1.4 示值误差±10%的表面粗糙度测量仪。

5.1.5 分辨率0.001 mm的测量投影仪。

5.1.6 所用计量器具应经检定或校准合格。

5.2 透光面平行度

5.2.1 用内测千分尺或游标卡尺对比色皿光路长度进行测量，必要时，用测量投影仪进行测量。所测任意2个数值的差为平行度偏差。

5.2.2 用外径千分尺或游标卡尺对比色皿透光面外径进行测量，所测任意2个数值的差为平行度偏差。

5.3 尺寸公差

5.3.1 用外径千分尺或游标卡尺对比色皿的外径进行测量。

5.3.2 用内测千分尺或游标卡尺、深度卡尺对比色皿的内径进行测量，必要时，用测量投影仪进行测量。

5.4 透射比

用紫外可见分光光度计或红外分光光度计进行检测。按表3规定的波长，参考路为空气（无比色皿），把参考路透射比调至零、调至100%后，将比色皿送入光路中进行检测。

5.5 配套一致性

用紫外可见分光光度计或红外分光光度计进行检测。用表4规定的波长和测试介质，将一个比色皿的透射比调至100%后，测量同一组光路长度的其他比色皿透射比，比较任意两个比色皿透射比的差值。

5.6 表面粗糙度

比色皿的表面粗糙度用目测进行检查，必要时，用表面粗糙度测量仪检测。

5.7 表面疵病

5.7.1 比色皿的表面疵病用目测进行检查。

5.7.2 检查时应以黑色屏幕为背景，光源为60 W～100 W的普通白炽灯或亮度相同的节能灯，在透射光或反射光下进行观察。

5.8 外观

比色皿的外观用目测进行检查。

5.9 耐酸碱及有机溶剂的浸蚀

将比色皿分别浸泡在体积比为1∶1的盐酸、240 g/L的氢氧化钠、四氯化碳3种介质中，各浸泡24 h后，清洗干净，注满水，观察10 min，检查有无脱胶、渗漏现象。

6 检验规则

6.1 检验分类

本标准的检验分为：

a） 出厂检验；

b） 型式检验。

6.2 出厂检验

a） 生产厂质量检验部门按4.2～4.8的要求对每个比色皿进行检验；

b） 比色皿应经检验合格，并附有产品合格证方能出厂。

6.3 型式检验

6.3.1 在下列情况之一时，应按4.2～4.9的要求进行型式检验。

a） 新产品或老产品转厂生产的试制定型鉴定。

b） 正常生产后，如结构、材料、工艺有较大改变，可能影响产品性能时。

c） 正常生产时，每年进行一次；停产6个月以上，恢复生产时。

d） 出厂检验结果与上次型式检验有较大差异时。

e） 国家质量监督机构提出进行型式检验的要求时。

6.3.2 组批规则是以同一品种、同一规格的日产量为一批，型式检验的样品应在出厂检验合格的批中随机抽取。

6.3.3 型式检验应按GB/T 2828.1—2003的规定进行，采用正常检验一次抽样方案。比色皿的检验项目、检验水平、接收质量限(AQL)应符合表6的要求。

表6

<table>
<tr><th rowspan="2">序号</th><th colspan="3">检验项目及章条</th><th rowspan="2">一般检验水平</th><th rowspan="2">接收质量限(AQL)</th></tr>
<tr><th>项目</th><th>要求章条</th><th>试验方法章条</th></tr>
<tr><td>1</td><td>透射比</td><td>4.4</td><td>5.4</td><td rowspan="8">Ⅱ</td><td rowspan="2">0.65</td></tr>
<tr><td>2</td><td>耐酸碱及有机溶剂的浸蚀</td><td>4.9</td><td>5.9</td></tr>
<tr><td>3</td><td>透光面平行度</td><td>4.2</td><td>5.2</td><td rowspan="3">2.50</td></tr>
<tr><td>4</td><td>尺寸公差</td><td>4.3</td><td>5.3</td></tr>
<tr><td>5</td><td>配套一致性</td><td>4.5</td><td>5.5</td></tr>
<tr><td>6</td><td>表面粗糙度</td><td>4.6</td><td>5.6</td><td rowspan="3">6.50</td></tr>
<tr><td>7</td><td>表面疵病</td><td>4.7</td><td>5.7</td></tr>
<tr><td>8</td><td>外观</td><td>4.8</td><td>5.8</td></tr>
</table>

6.3.4 型式检验合格，经出厂检验合格的产品，作为合格品可以出厂。

6.3.5 型式检验不合格，应分析原因找出问题并落实措施，重新进行型式检验。若再次型式检验不合格，则应停产整顿，比色皿停止出厂，待问题解决，型式检验合格后方可恢复生产。

7 标志、包装、运输、贮存

7.1 标志

7.1.1 比色皿上的标志

7.1.1.1 在比色皿一个透光面的右上角有产品分类代号标志，有产品分类代号标志的透光面作为进光方向；或者在比色皿一个非透光面的上部有箭头标志，箭头所指方向为出光方向。

7.1.1.2 比色皿上的标志应清晰易见和具有耐久性，并且不在光通区内。

7.1.2 **包装盒上的标志**

在比色皿的包装盒上应标示下列内容：

a) 制造厂名称和地址；

b) 产品名称、型号、规格；

c) 商标；

d) 制造日期、产品批号；

e) 采用标准号。

7.1.3 **外包装箱的标志**

在比色皿的外包装箱上应标示下列内容：

a) 制造厂名称和地址；

b) 产品名称、型号、规格、数量；

c) 采用标准号；

d) 包装储运图示标志："易碎物品"、"怕雨"等应符合 GB/T 191—2008 规定。

7.2 **包装**

7.2.1 比色皿在包装盒中不应发生相互摩擦和碰撞。

7.2.2 外包装用纸箱应符合 GB/T 6543—2008 有关要求。

7.3 **运输**

比色皿在运输包装状态下，可用一般交通工具运输，运输过程中应按贮运标志的要求进行运输作业，防止雨淋、曝晒及剧烈冲击。

7.4 **贮存**

包装后的比色皿应在室内贮存，贮存的相对湿度不大于 85%，不能与强酸、强碱、氟化物接触。

ICS 17.180.99
N 52

中华人民共和国国家标准

GB/T 26792—2011

高效液相色谱仪

High performance liquid chromatography

2011-07-29 发布　　　　2011-12-01 实施

中华人民共和国国家质量监督检验检疫总局
中国国家标准化管理委员会　发布

前 言

本标准附录 A 为资料性附录。

本标准由中国机械工业联合会提出。

本标准由全国工业过程测量和控制标准化技术委员会分析仪器分技术委员会(SAC/TC 124/SC 6)归口。

本标准起草单位:大连依利特分析仪器有限公司、中国计量科学研究院、北京北分瑞利分析仪器(集团)有限责任公司、上海精密科学仪器有限公司、大连市计量检定测试所、大连化学物理研究所、华东理工大学、山东鲁南瑞虹化工仪器有限公司、北京华夏科创仪器技术有限公司。

本标准主要起草人:张学云、张庆合、郑秀峰、罗明、唐静、张维冰、程晋祥、张新民。

本标准首次发布。

高效液相色谱仪

1 范围

本标准规定了高效液相色谱仪的要求、试验方法、检验规则和标志、包装、运输及贮存、质量保证等。

本标准适用于高效液相色谱仪(以下简称仪器)。

本标准不适用于专用仪器。

2 规范性引用文件

下列文件中的条款通过本标准的引用而成为本标准的条款。凡是注日期的引用文件,其随后所有的修改单(不包括勘误的内容)或修订版均不适用于本标准,然而,鼓励根据本标准达成协议的各方研究是否可使用这些文件的最新版本。凡是不注日期的引用文件,其最新版本适用于本标准。

GB/T 191—2008 包装储运图示标志(ISO 780:1997,MOD)

GB/T 2829—2002 周期检验计数抽样程序及表(适用于对过程稳定性的检验)

GB/T 11606—2007 分析仪器环境试验方法

GB/T 12519—1990 分析仪器通用技术条件

GB/T 15464—1995 仪器仪表包装通用技术条件

3 要求

3.1 正常工作条件

仪器的正常工作条件:

a) 环境温度:5 ℃～35 ℃;

b) 相对湿度:20%～80%;

c) 供电电源:电压 220 V±22 V,频率 50 Hz±0.5 Hz;

d) 室内应避免易燃、易爆和强腐蚀性气体及强烈的震动、电磁干扰和空气对流等;

e) 接地良好。

3.2 外观

3.2.1 仪器外表应光洁平整、字迹清晰,表面涂覆色泽均匀、不应有明显划伤、露底、裂纹、起泡等现象。

3.2.2 各调节旋钮、按键、开关等工作正常,无松动;指示、显示清晰完整。

3.3 输液泵

3.3.1 密封性

输液泵流路截止,压力达到上限值的 90%,输液泵停止运行,保持 10 min,压力下降应不大于 5 MPa。

3.3.2 流量输出误差及稳定性

泵流量输出误差及稳定性见表 1。

表 1 泵流量输出误差及稳定性

流量设定值 mL/min	流量输出误差 %	流量稳定性 %
0.1	±2	≤1.5
1.0	±1	≤1.0
2.0	±2	≤1.5

表 1（续）

流量设定值 mL/min	流量输出误差 %	流量稳定性 %
5.0	±3	≤1.5
10.0	±3	≤1.5
30.0	±5	≤2.0

3.3.3 梯度误差

梯度误差应不超过±2%。

3.4 色谱柱恒温箱

3.4.1 温度设定值误差

温度设定值误差应不超过±2 ℃。

3.4.2 控温稳定性

控温稳定性应不大于1 ℃。

3.5 检测器

3.5.1 紫外-可见可变波长检测器

3.5.1.1 波长示值误差

波长示值误差应不超过±2 nm。

3.5.1.2 波长重复性

波长重复性应不大于1 nm。

3.5.1.3 吸光度误差

吸光度误差应不超过±5%。

3.5.1.4 静态基线漂移及静态短期基线噪声

静态基线漂移应不大于 5×10^{-4} AU/h；

静态短期基线噪声应不大于 3×10^{-5} AU。

3.5.1.5 动态基线漂移及动态短期基线噪声

动态基线漂移应不大于 1×10^{-3} AU/h；

动态短期基线噪声应不大于 5×10^{-5} AU。

3.5.1.6 最小检测浓度

最小检测浓度应不大于 4×10^{-8} g/mL。

3.5.1.7 线性范围

线性范围应不小于 10^4。

3.5.2 示差折光检测器

3.5.2.1 基线漂移及短期基线噪声

基线漂移应不大于 5×10^{-7} RIU/h；

短期基线噪声应不大于 5×10^{-9} RIU。

3.5.2.2 最小检测浓度

最小检测浓度应不大于 5×10^{-6} g/mL。

3.5.2.3 线性范围

线性范围应不小于 10^4。

3.5.3 荧光检测器

3.5.3.1 波长示值误差及波长重复性

波长示值误差应不超过±5 nm；

波长重复性应不大于 2 nm。

3.5.3.2 基线漂移及短期基线噪声

基线漂移应不大于 5×10^{-3} FU/h；

短期基线噪声应不大于 5×10^{-4} FU。

3.5.3.3 最小检测浓度

最小检测浓度应不大于 1×10^{-9} g/mL。

3.5.3.4 线性范围

线性范围应不小于 10^4。

3.6 整机性能

3.6.1 定性测量重复性

定性测量重复性应不大于 0.5%。

3.6.2 定量测量重复性

定量测量重复性应不大于 3.0%。

3.7 安全

3.7.1 绝缘电阻

仪器在正常工作条件下，绝缘电阻应大于 20 MΩ。

3.7.2 绝缘强度

仪器在正常工作条件下，应能承受 1 500 V 交流有效值连续 1 min 的电压试验，不应出现飞弧或击穿现象。

3.7.3 泄漏电流

仪器在正常工作条件下，泄漏电流应不大于 5 mA。

3.8 成套性

按具体仪器标准规定。

3.9 运输、运输贮存

仪器在运输包装状态下，按 GB/T 11606—2007 的 2.4 试验项目中的低温贮存试验，高温贮存试验和跌落试验的项目进行试验。其中高温 55 ℃；低温 −40 ℃(−20 ℃)；倾斜跌落高度 250 mm。试验完成后，将仪器置于正常工作条件下进行试验，应符合 3.3～3.7 要求。

注：低温贮存 −20 ℃一档不推荐使用，仅用于带液晶显示器类的仪器(当它的贮存、运输温度为 −20 ℃时)。

4 试验方法

4.1 试验条件

仪器的试验条件为：

a) 本试验均应在 3.1 规定的条件下进行；

b) 试验过程中室温变化不超过 3 ℃(示差折光检测器室温变化不超过 2 ℃)；

c) 试验用计量器具应经计量检定合格或计量检定单位校准；

d) 仪器试验前应开机预热 1.5 h；

e) 标准溶液与试剂：试验用标准溶液均应使用经国家批准的标准溶液进行逐级稀释。所用流动相为 HPLC 级，经过脱气处理。其他试剂为分析纯，水为二次蒸馏水。

4.2 外观

目视和手动检查。

4.3 输液泵

4.3.1 密封性

4.3.1.1 设备及试剂

包括：

a) 高压截止阀一个：耐压不小于 60 MPa；

b) 精密压力表一块：量程不小于 60 MPa、0.4 级；

c) 秒表一块：分度值不大于 0.1 s；

d) 三通一个；

e) 二次蒸馏水。

4.3.1.2 试验程序

将输液泵通过三通与高压截止阀及精密压力表连接，输液泵最高压力设定在压力上限值 90%处，以二次蒸馏水为流动相，待系统排出气体，流量设为 0.1 mL/min，启动输液泵，将高压截止阀处于截流状态，压力将逐渐上升，达到输液泵压力上限值 90%时，输液泵停止运行，记录此时压力表示值，保持 10 min 后，记录压力表示值。

按式(1)计算压力下降值：

$$\Delta p = p_1 - p_2 \qquad \cdots\cdots (1)$$

式中：

Δp——压力下降值，单位为兆帕(MPa)；

p_1——达到上限值 90%时的压力表示值，单位为兆帕(MPa)；

p_2——停泵 10 min 后压力表示值，单位为兆帕(MPa)。

4.3.2 流量输出误差及稳定性

4.3.2.1 设备及试剂

包括：

a) 秒表一块：分度值不大于 0.1 s；

b) 带探针数字温度计一支：分度值不大于 0.1 ℃；

c) 分析天平一台：根据测试流量大小选择合适载荷、测试质量尽量在天平载荷的 60%左右、准确度不低于 Ⅱ 级、实际标尺分度值不大于 0.1 mg；

d) 背压装置一个：在设定流量下可提供 8 MPa±2 MPa 的背压；

e) 合适规格的称量瓶三个；

f) 二次蒸馏水。

4.3.2.2 试验程序

用仪器专用管路连接输液泵的出口、入口，出口适当加一背压(8 MPa±2 MPa)，以二次蒸馏水为流动相，将数字温度计探针插入流动相内，测量此时流动相的试验温度。设定合适流量，待输液泵运行稳定后，按表 1 分别设定流量，在流动相排出口用事先清洗并称重过的称量瓶收集流动相，同时用秒表计时，待达到表 2 规定的收集时间后停止收集流动相，并按下秒表停止计时。每个流量下各测试三次。分别按式(2)、式(3)计算流量输出误差及稳定性。

$$S_s = \frac{\overline{F}_m - F_s}{F_s} \times 100\% \qquad \cdots\cdots (2)$$

$$S_R = \frac{F_{max} - F_{min}}{\overline{F}_m} \times 100\% \qquad \cdots\cdots (3)$$

式中：

S_s——流量输出误差%；

S_R——流量稳定性%；

F_m——$F_m=(W_2-W_1)/(\rho t)$，流量实测值，单位为毫升每分钟(mL/min)；

W_1——称量瓶重量，单位为克(g)；

W_2——称量瓶+流动相重量，单位为克(g)；

ρ——试验温度下流动相的密度，单位为克每毫升(g/mL)；

t——收集流动相的时间，单位为分钟(min)；

$\overline{F}_m$——同一设定流量三次测量的平均值，单位为毫升每分钟(mL/min)；

F_s——流量设定值，单位为毫升每分钟(mL/min)；

F_{max}——同一设定流量三次测量的最大值，单位为毫升每分钟(mL/min)；

F_{min}——同一设定流量三次测量的最小值，单位为毫升每分钟(mL/min)。

注：流量的设定可根据输液泵的流量范围而定。流量测量顺序可以任意选择。

表 2 泵流量试验收集时间要求

流量设定值 mL/min	收集流动相时间 min
≤1.0	10～15
1.0～10.0	5
≥10.0	3

4.3.3 梯度误差

4.3.3.1 设备及试剂

包括：

a) 紫外检测器一台；

b) 色谱数据工作站(或记录仪)一台；

c) 背压装置一个：设定流量下可提供 8 MPa±2 MPa 背压；

d) 两通一个；

e) 流动相：A 通道溶液：二次蒸馏水；B 通道溶液：0.1%丙酮/水溶液。

4.3.3.2 试验程序

将紫外检测器波长设定在 254 nm。泵出口适当加一背压(8 MPa±2 MPa)并通过两通连接到检测器。色谱数据工作站(或记录仪)与检测器信号输出端连接，按表 3 设置梯度参数，梯度设置示意图见图 1。输液泵流量设为 1.0 mL/min，待仪器稳定后，开始采集数据，得到梯度曲线。测量各种溶液配比时的输出信号值，用式(4)计算各种溶液配比时的梯度误差，重复两次，取其中最大者为输液泵梯度误差，梯度误差计算示意图见图 2。

表 3 梯度参数设置

序号	A 通道 %	B 通道 %
1	100	0
2	80	20
3	60	40
4	40	60
5	20	80
6	0	100
7	100	0

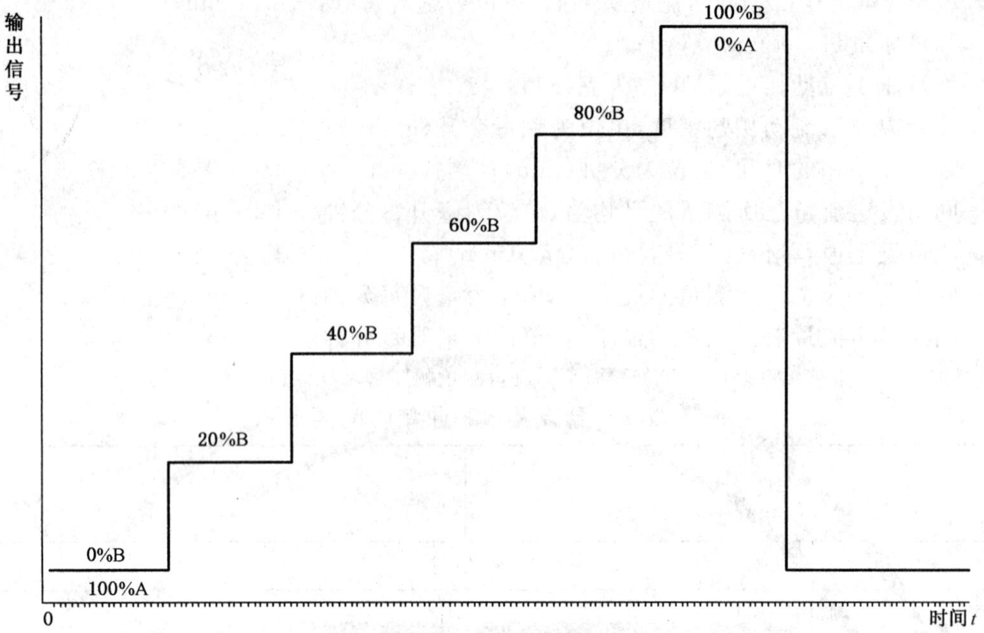

图 1 梯度设置示意图

4.3.3.3 梯度误差的计算

$$T_{ci}=L_{ti}-\frac{V_i-V_A}{V_B-V_A}\times 100\% \quad \cdots\cdots(4)$$

式中：

T_{ci}——第 i 段梯度误差%，$i=1,2,3,4$；

L_{ti}——第 i 段设定梯度值%，$i=1,2,3,4$；

V_A——A 通道流动相 100%时输出信号值；

V_B——B 通道流动相 100%时输出信号值；

V_i——第 i 段梯度输出信号值，$i=1,2,3,4$。

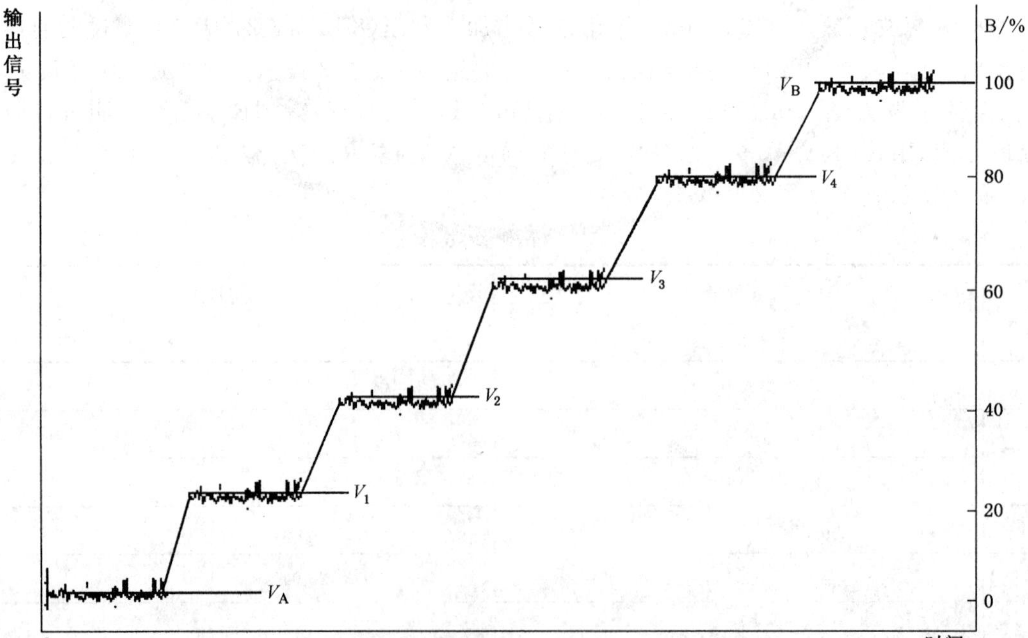

图 2 梯度误差计算示意图

4.4 色谱柱恒温箱

4.4.1 温度设定值误差与控温稳定性

4.4.1.1 试验设备

带探针数字温度计一台:分度值不大于 0.1 ℃。

4.4.1.2 试验程序

将数字温度计探针固定在色谱柱恒温箱内放置色谱柱处,选择室温加 10 ℃和最高可控温度的 90%两点进行测量。按温度从低到高顺序升温,当温度显示值稳定后,每隔 5 min 记录一次温度计显示温度,共七次,求出平均值。平均值与设定值之差为该温度下的设定值误差,七次读数中最大值与最小值之差为该温度下的控温稳定性。选取测试结果中的最大值,作为本台色谱柱恒温箱的温度设定值误差及控温稳定性。

4.4.1.3 温度设定值误差及控温稳定性的计算

温度设定值误差按式(5)计算;控温稳定性按式(6)计算:

$$\Delta T_s = \overline{T} - T_0 \qquad \cdots\cdots (5)$$

$$T_c = T_{\max} - T_{\min} \qquad \cdots\cdots (6)$$

式中:

ΔT_s——温度设定值误差,单位为摄氏度(℃);

$\overline{T}$——七次测量的平均值,单位为摄氏度(℃);

T_0——温度设定值,单位为摄氏度(℃);

T_c——控温稳定性,单位为摄氏度(℃);

$T_{\max}$——七次测量最大值,单位为摄氏度(℃);

$T_{\min}$——七次测量最小值,单位为摄氏度(℃)。

4.5 检测器

4.5.1 紫外-可见可变波长检测器

4.5.1.1 波长示值误差

4.5.1.1.1 设备及试剂

包括:

a) 色谱数据工作站(或记录仪)一台;

b) 输液泵一台;

c) 1 mL 注射器一支;

d) 两通一个;

e) 紫外波长标准溶液:特征波长为 235 nm、257 nm、313 nm、350 nm,配制方法参见附录 A;

f) 紫外波长标准溶液空白液:0.05 mol/L 硫酸溶液,配制方法参见附录 A。

4.5.1.1.2 试验程序

将检测器和色谱数据工作站(或记录仪)连接好,开机预热稳定后,选取合适带宽,用 1 mL 注射器向检测池内注入紫外波长标准溶液空白液(充满检测池),待检测器示数稳定后,在(235±5)nm、(257±5)nm、(313±5)nm、(350±5)nm 的各波长下均将检测器示数回零。之后再用 1 mL 注射器向检测池内注入紫外波长标准溶液(充满检测池)至示数稳定,例如检定 257 nm 时,从 252 nm 开始到 262 nm,每 0.5 min 改变 1 nm,这样将得到一组不同波长处的响应信号值,最高(或最低)值对应的波长与标准溶液特征波长示值之差,即为检测器在该波长处的波长示值误差(如图 3)。按此方法依次检验235 nm、257 nm、313 nm、350 nm 处的波长示值误差,取其中最大值为检测器波长示值误差。

注 1:如有波长扫描程序,可直接扫描紫外波长标准溶液光谱图(注意扣空白),谱峰最高或最低时的波长值与标准溶液特征波长值之差即为波长示值误差。

注2：如有改变波长自动回零功能，则可采用步进进样方法，用两通将液路连通，以紫外波长标准溶液空白液做流动相，流量为1.0 mL/min，例如检定257 nm时，从252 nm开始到262 nm，每1 min改变1 nm，用注射器注入20 μL紫外波长吸收标准溶液（注意使响应信号在检测器线性范围内），这样将得到一组不同波长的色谱峰，最高（或最低）色谱峰对应的波长与标准溶液特征波长之差，即为检测器在该波长处的波长示值误差。

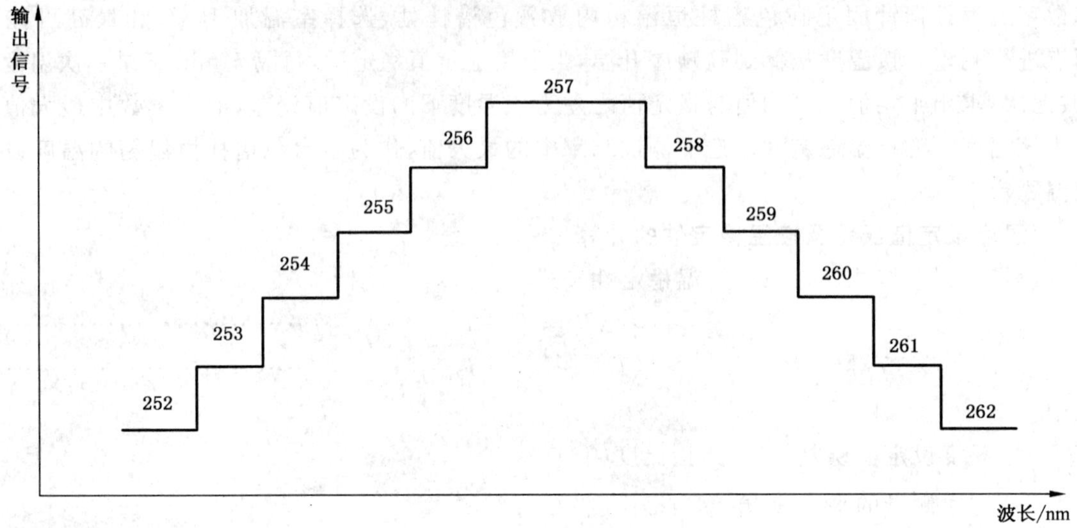

图3 波长测试示意图

4.5.1.2 波长重复性

4.5.1.2.1 设备及试剂

同4.5.1.1.1。

4.5.1.2.2 试验程序

选定紫外波长标准溶液某一特征波长为测试波长，按照4.5.1.1.2试验程序操作，重复测试三次。选取其中最大值与最小值之差为波长重复性误差。

注：如有波长扫描功能，可直接扫描紫外波长标准溶液光谱图，连续扫描三次，选取对应波长三次中最大值与最小值之差为波长重复性误差。

4.5.1.3 吸光度误差

4.5.1.3.1 设备及试剂

包括：

a) 色谱数据工作站（或记录仪）一台；

b) 校准用分光光度计一台：波长范围200 nm～700 nm，波长准确度优于±0.3 nm，吸光度误差不大于±0.5%；

c) 溶液：甲溶液：0.05 mol/L硫酸溶液；乙溶液：浓度为0.060 0 g/L的酸性重铬酸钾溶液，配制方法参见附录A。

4.5.1.3.2 试验程序

在校准用分光光度计上，以甲溶液为空白，从分光光度计显示器或软件内读取乙溶液在235 nm、257 nm、313 nm、350 nm处吸光度值，各波长处连续测试三次。

将检测器输出端与色谱数据工作站（或记录仪）连接，以甲溶液为空白，从色谱数据工作站内（或记录仪）读取乙溶液在235 nm、257 nm、313 nm、350 nm处吸光度值（检测器如有显示功能，也可从检测器直接读取吸光度值）。连续测试三次，算出平均值并按式(7)计算其与分光光度计上吸光度值的相对误差。取测试波长中吸光度误差最大者作为检测器吸光度误差。

$$\delta_{AU}=\frac{\bar{x}-A_0\times(l/l_0)}{A_0\times(l/l_0)}\times100\% \quad \cdots\cdots(7)$$

式中：

δ_{AU}——吸光度误差，%；

$\bar{x}$——检测器三次测试吸光度的算术平均值，单位为 AU；

A_0——校准用分光光度计三次测试吸光度的算术平均值，单位为 AU；

l——被测检测器样品池光程长，单位为厘米(cm)；

l_0——校准用分光光度计样品池光程长，单位为厘米(cm)。

4.5.1.4 静态基线漂移及静态短期基线噪声

4.5.1.4.1 设备

色谱数据工作站(或记录仪)一台。

4.5.1.4.2 试验程序

检测器波长为 254 nm，检测池为空池(充满空气或氮气)，响应时间(T_{90})不大于 1.0 s。开机预热后，记录基线 1 h，取 1 h 内平行包络线的中心线的起点与终点的差值为检测器基线漂移(如图 4 所示)。选取所记录基线中噪声较大的 5 min 作为计算噪声的基线，以 1 min 为界画平行包络线(如图 5 所示)，按式(8)计算短期基线噪声。五个平行包络线宽度的平均值，作为检测器短期基线噪声。

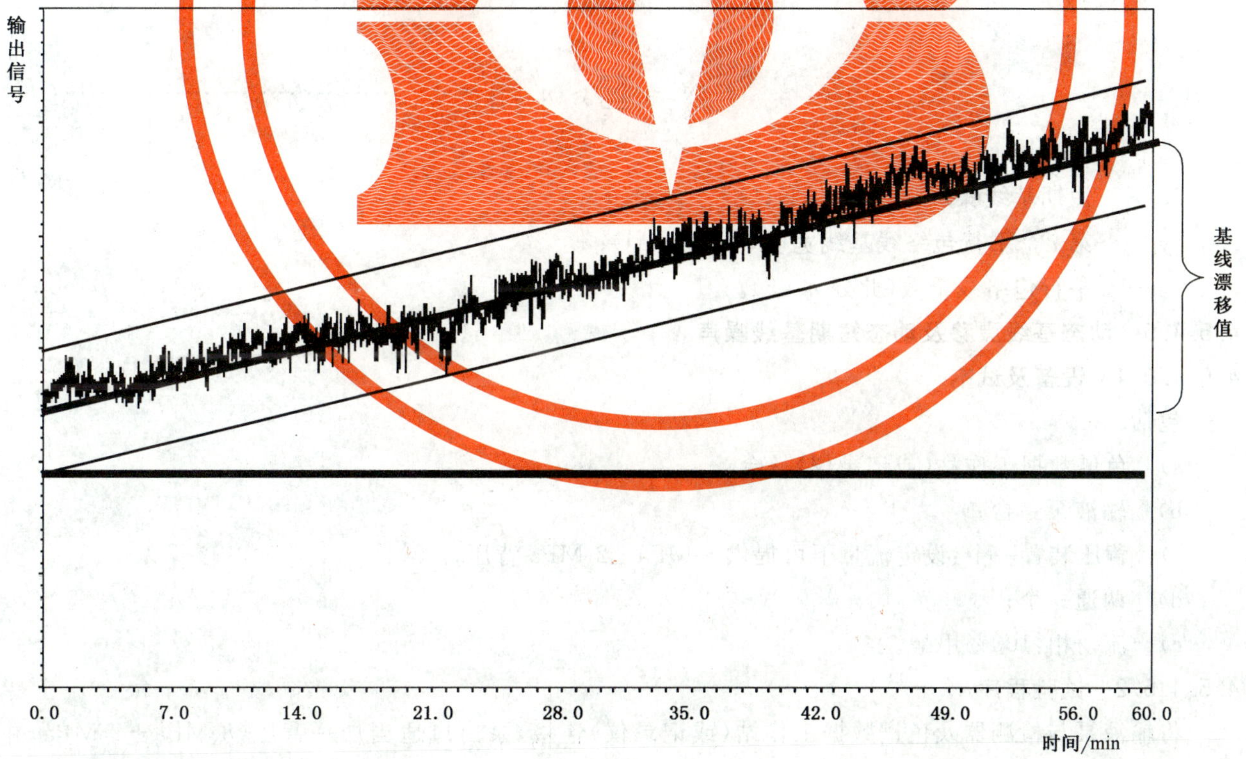

图 4 基线漂移计算示意图

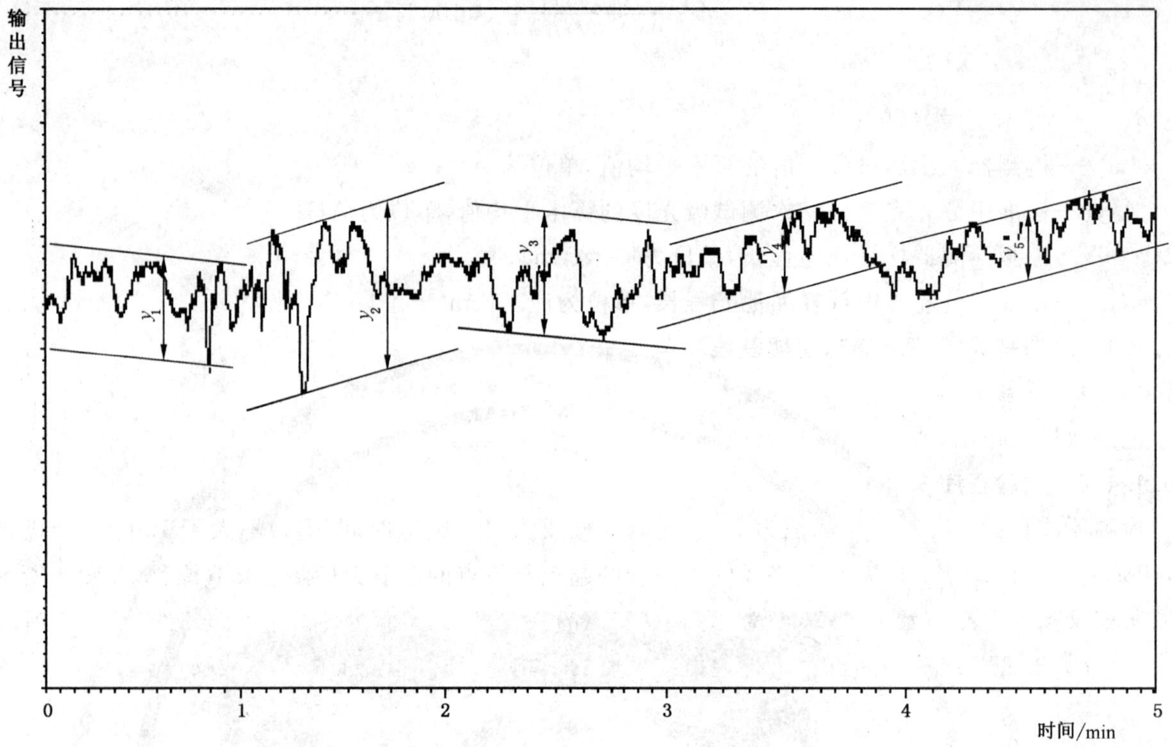

图 5 短期基线噪声计算示意图

$$N_d = \sum_{i=1}^{5} y_i / n \quad \cdots\cdots (8)$$

式中：

N_d——短期基线噪声，单位为 AU；

y_i——第 i 个平行包络线基线宽度，单位为 AU；

n——平行包络线个数(此处 $n=5$)。

4.5.1.5 动态基线漂移及动态短期基线噪声

4.5.1.5.1 设备及试剂

包括：

a) 色谱数据工作站(或记录仪)一台；

b) 输液泵一台；

c) 背压装置一个：设定流量下可提供 8 MPa±2 MPa 背压；

d) 两通一个；

e) 流动相：100%甲醇。

4.5.1.5.2 试验程序

将输液泵与检测器及色谱数据工作站(或记录仪)连接，泵出口适当加一背压(8 MPa±2 MPa)并通过两通连接到检测器。以 100%甲醇为流动相，流量设定为 1.0 mL/min。其他同 4.5.1.4.2。

4.5.1.6 最小检测浓度

4.5.1.6.1 设备及试剂

包括：

a) 输液泵一台；

b) 色谱数据工作站(或记录仪)一台;

c) 带定量环(10 μL 或 20 μL)的进样阀一个;

d) 合适规格注射器一支;

e) C_{18}色谱柱一支:4.6 mm×250 mm、5 μm、理论塔板数不小于 50 000 N/m;

f) 试样:1.0×10^{-7} g/mL 萘/甲醇溶液;

g) 流动相:100%甲醇。

4.5.1.6.2 试验程序

连接仪器系统(包括泵、检测器、色谱数据工作站(或记录仪)、色谱柱、进样阀等),检测器波长设定为 254 nm,检测器响应时间(T_{90})设定为 1.0 s,泵流量设定为 1.0 mL/min,运行系统,待检测器示值稳定后从进样阀入口注入 1.0×10^{-7} g/mL 的萘/甲醇溶液(约为定量环体积的 4~5 倍),采集色谱图,记录色谱图中萘的峰高和短期基线噪声。按式(9)计算最小检测浓度:

$$C_{\min}=2\times\frac{H_N}{H\times 20}\times c\times V \qquad \cdots\cdots(9)$$

式中:

$C_{\min}$——最小检测浓度,单位为克每毫升(g/mL);

H_N——短期基线噪声,单位为 AU;

c——标准溶液浓度,单位为克每毫升(g/mL);

H——标准溶液的色谱峰高,单位为 AU;

V——进样体积,单位为微升(μL)。

注:式中的数字"20"为标准的进样体积,单位为微升(μL)。

4.5.1.7 线性范围

4.5.1.7.1 设备及试剂

包括:

a) 色谱数据工作站(或记录仪)一台;

b) 1 mL 注射器一支;

c) 试样:甲溶液:2%异丙醇水溶液,乙溶液:丙酮/2%异丙醇系列水溶液(丙酮浓度依次为0.1%、0.2%、0.3%,……,1%)。

4.5.1.7.2 试验程序

将检测器和色谱数据工作站(或记录仪)连接好,检测器波长设定在 254 nm。开机预热后,用注射器直接向检测池内注入甲溶液,冲洗检测池至示值稳定后将检测器回零。然后向检测池内依次注入乙溶液,充满检测池并使示值稳定,记录各浓度下的响应信号值(如图 6 所示),每个浓度重复测试三次,取算术平均值。以前五个丙酮含量(0.1%~0.5%五个点)和对应响应信号值作标准曲线,在曲线上找出丙酮含量大于 0.5%的各点计算值,与对应含量的响应信号值比较,响应信号值刚好大于计算值 5%时,认为曲线弯曲,此点浓度作为线性上限 C_H,按照 4.5.1.6 最小检测浓度试验方法测出丙酮 C_L 值,由 C_H/C_L 算出检测器线性范围。

注:丙酮最高浓度应超过线性范围上限,如果丙酮浓度 1%时仍未达到线性拐点,则需加大丙酮浓度后继续进行测试。

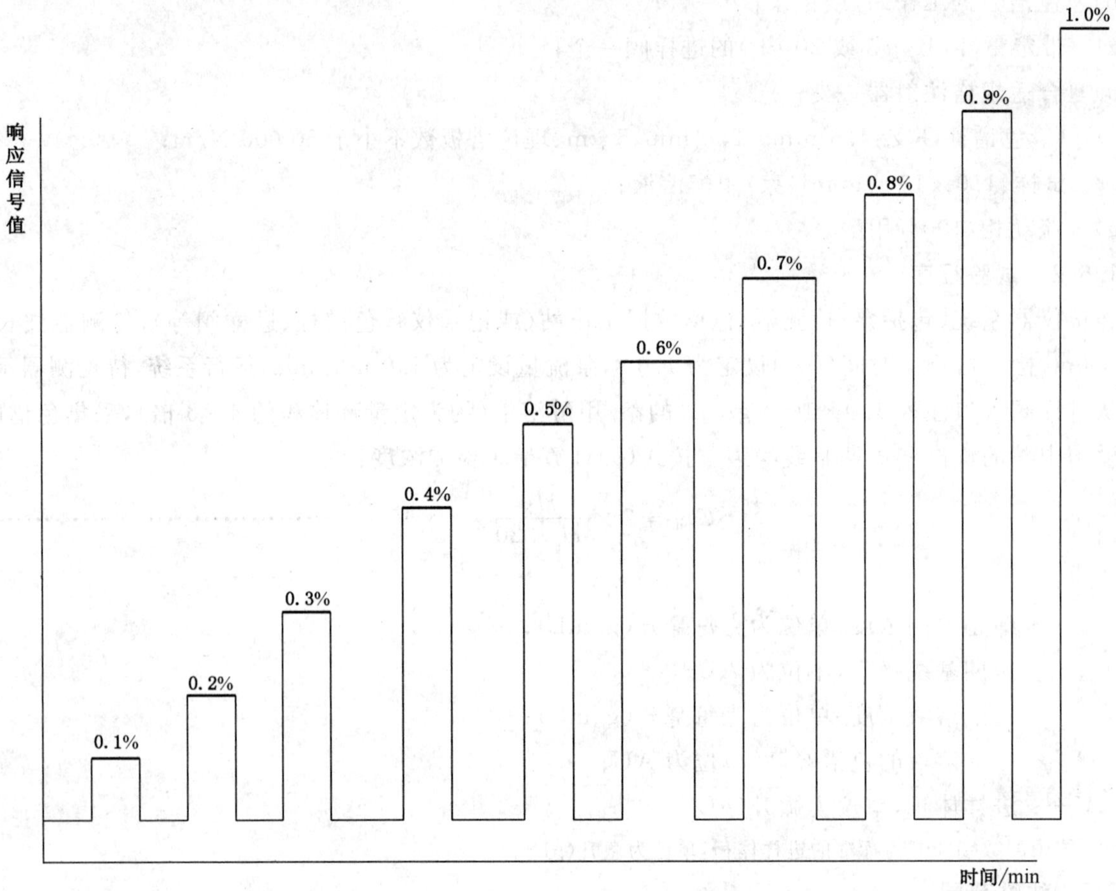

图 6　线性范围测试示意图

4.5.2　示差折光检测器

4.5.2.1　基线漂移及短期基线噪声

4.5.2.1.1　设备及试剂

包括：

a）色谱数据工作站（或记录仪）一台；

b）输液泵一台；

c）二次蒸馏水。

4.5.2.1.2　试验程序

将输液泵与检测器的"入口"相连，检测器的信号输出端与色谱数据工作站（或记录仪）连接，流动相为二次蒸馏水，泵流量设定 1.0 mL/min，运行系统，记录基线 1 h。采用 4.5.1.4.2 的方法计算基线漂移。

将输液泵停止运行（此时检测池内充满二次蒸馏水），记录静态基线 5 min，采用 4.5.1.4.2 的方法计算短期基线噪声。

4.5.2.2　最小检测浓度

4.5.2.2.1　设备及试剂

a）试样：1.0×10^{-5} g/mL 丙三醇/水溶液；

b）流动相：二次蒸馏水；

c）其他：同 4.5.1.6.1。

4.5.2.2.2 试验程序

在4.5.2.1.2色谱试验条件下，用注射器从进样阀入口注入 1.0×10^{-5} g/mL 的丙三醇水溶液 20 μL，采集色谱图，记录色谱图中丙三醇的峰高和短期基线噪声。并按式(9)计算最小检测浓度。

4.5.2.3 线性范围

4.5.2.3.1 设备及试剂

包括：

a) 色谱数据工作站(或记录仪)一台；

b) 1 mL 注射器一支；

c) 试样：

甲溶液：二次蒸馏水；

乙溶液：丙三醇/水系列溶液(丙三醇浓度依次为 1.0×10^{-3} g/mL、2.0×10^{-3} g/mL，……，10.0×10^{-3} g/mL)。

4.5.2.3.2 试验程序

试验程序同4.5.1.7.2(除波长设置外)。

4.5.3 荧光检测器

4.5.3.1 波长示值误差及波长重复性

4.5.3.1.1 设备及试剂

包括：

a) 紫外-可见分光光度计一台：波长准确度优于±0.3 nm；

b) 色谱数据工作站(或记录仪)一台；

c) 1 mL 注射器一支；

d) 1.0×10^{-5} g/mL 萘/甲醇溶液。

4.5.3.1.2 试验程序

规定如下：

a) 固定波长荧光检测器：取出检测器中的滤光片，在紫外-可见分光光度计上测出其最大透射比对应的波长，此波长与滤光片上标记的波长之差，为波长示值误差。

b) 可调波长荧光检测器：利用萘在290 nm(激发波长)和330 nm(发射波长)有最大荧光强度的特性，利用静态法进行。首先将检测器与色谱数据工作站(或记录仪)连接好，用注射器从检测器入口注入 1.0×10^{-5} g/mL 萘/甲醇溶液，冲洗检测池并将其充满。调激发波长为290 nm，改变发射波长，325 nm～335 nm，每5 s～10 s改变1 nm，色谱数据工作站(或记录仪)将记录到如图3所示的图形，曲线最高点对应波长与萘特征波长(330 nm)之差，为发射波长示值误差，重复测量三次，其最大值与最小值之差为波长重复性。然后将发射波长调到测试的曲线最高点对应的波长，改变激发波长(285 nm～295 nm)，用与发射波长相同的方法测出激发波长示值误差和波长重复性。

4.5.3.2 基线漂移及短期基线噪声

4.5.3.2.1 设备

包括：

a) 色谱数据工作站(或记录仪)一台；

b) 输液泵一台；

c) 背压装置一个：设定流量下可提供8 MPa±2 MPa背压；

d) 两通一个；

e) 流动相：85%甲醇/水。

4.5.3.2.2 试验程序

将输液泵与检测器及色谱数据工作站(或记录仪)连接,泵出口适当加一背压(8 MPa±2 MPa)并通过两通连接到检测器。检测器激发波长为345 nm,发射波长为455 nm,以85%甲醇/水为流动相,流量设定为1.0 mL/min,记录基线1 h。采用4.5.1.4.2的方法计算基线漂移和短期基线噪声。

4.5.3.3 最小检测浓度

4.5.3.3.1 设备及试剂

包括:

a) 试样:1.0×10^{-9} g/mL硫酸奎宁/高氯酸水溶液;

b) 流动相:85%甲醇/水溶液;

c) 其他:同4.5.1.6.1。

4.5.3.3.2 试验程序

在4.5.3.2.2的色谱条件下,待基线稳定后,从进样阀入口注入1.0×10^{-9} g/mL硫酸奎宁/高氯酸水溶液(约为定量环体积的4~5倍),采集色谱图,记录色谱图中萘的峰高和短期基线噪声。按式(9)计算最小检测浓度。

4.5.3.4 线性范围

4.5.3.4.1 设备及试剂

包括:

a) 色谱数据工作站(或记录仪)一台;

b) 输液泵一台;

c) 1 mL注射器一支;

d) 试样:甲溶液:0.05 mol/L硫酸/水溶液;乙溶液:硫酸奎宁/硫酸系列水溶液(硫酸奎宁浓度依次为1.0×10^{-5} g/mL、2.0×10^{-5} g/mL,……,1.0×10^{-4} g/mL)。

4.5.3.4.2 试验程序

将检测器和色谱数据工作站(或记录仪)连接好,检测器激发波长为345 nm,发射波长为455 nm,其他试验程序同4.5.1.7.2。

4.6 整机性能

4.6.1 定性、定量测量重复性

4.6.1.1 设备及试剂

包括:

a) 色谱数据工作站(或记录仪)一台;

b) 带20 μL定量环的进样阀一个;

c) 合适规格注射器一支;

d) C_{18}色谱柱一支:4.6 mm×250 mm、5 μm、理论塔板数不小于50 000 N/m;

e) 试样:1.0×10^{-4} g/mL萘/甲醇标准溶液;1.0×10^{-3} g/mL丙三醇/水溶液;1.0×10^{-6} g/mL硫酸奎宁/高氯酸水溶液。

f) 流动相:100%甲醇;二次蒸馏水;85%甲醇/水溶液。

4.6.1.2 试验程序

将仪器系统(包括泵、检测器、色谱数据工作站(或记录仪)、色谱柱及进样阀等)连接好,按照仪器配置的检测器选择流动相和测试参数。

紫外-可见检测器用100%甲醇为流动相,流量为1.0 mL/min,检测波长为254 nm,基线稳定后注入1.0×10^{-4} g/mL萘/甲醇标准溶液20 μL,记录保留时间和峰面积(或峰高),连续七次。

示差折光检测器用二次蒸馏水作流动相,泵流量设定为1.0 mL/min,基线稳定后注入1.0×10^{-3} g/mL丙三醇/水溶液20 μL,记录保留时间和峰面积(或峰高),连续七次。

荧光检测器用85%甲醇/水溶液做流动相，泵流量设定为1.0 mL/min，激发波长和发射波长分别为345 nm和455 nm，基线稳定后注入1.0×10^{-6} g/mL硫酸奎宁/高氯酸水溶液20 μL，记录保留时间和峰面积(或峰高)，连续七次。

将保留时间测试数据代入式(10)计算定性重复性RSD值，将峰面积(或峰高)测试数据代入式(10)计算定量重复性误差RSD值。

$$RSD=\frac{1}{\overline{X}}\sqrt{\sum_{i=1}^{n}(X_i-\overline{X})^2/(n-1)}\times100\% \qquad\cdots\cdots(10)$$

式中：

X_i——第i次测得的保留时间或峰面积(或峰高)；

$\overline{X}$——n次测量结果的算术平均值；

i——测量次数序号；

n——测量总次数(此处$n=7$)。

4.7 安全

4.7.1 绝缘电阻

4.7.1.1 设备

500 V绝缘电阻表。

4.7.1.2 试验程序

仪器在不工作状态下，电源开关置于接通位置，用绝缘电阻表在电源插头的相、中连线和机壳(零线)之间施加500 V直流试验电压，稳定5 s后测量绝缘电阻。

4.7.2 绝缘强度

4.7.2.1 设备

耐电压测试仪。耐电压测试仪产生的试验电压为正弦波形，其失真系数不大于5%，频率为50 Hz±2.5 Hz。

4.7.2.2 试验程序

仪器在不工作状态下，电源开关置于接通位置，将耐电压测试仪的击穿电流置于5 mA挡，在电源插头的相、中连线和机壳(零线)之间施加试验电压，试验电压应在5 s～10 s内从0逐渐上升到1 500 V，保持1 min，然后在5 s～10 s内平稳下降到零。

4.7.3 泄漏电流

4.7.3.1 设备

泄漏电流测量仪。

4.7.3.2 试验程序

仪器置于绝缘的工作台上，其电源插头与泄漏电流测量仪输出端相连，泄漏电流测试仪接入电网并通电，仪器电源开关置于接通位置，将电压调至242 V，记录电流值；变换仪器电源极性，重复测量一次，记录电流值。取两次中的电流最大值为仪器泄漏电流。

4.8 成套性

目视检查。

4.9 运输、运输贮存

仪器在包装状态下，按GB/T 11606—2007中第15章、第16章、第17章的方法进行。

5 检验规则

5.1 检验分类

本标准的检验分为：

a) 出厂检验；

b) 型式检验。

5.2 出厂检验

规定如下：

a) 每台仪器均应经检验合格，并附有仪器合格证方能出厂；

b) 出厂检验应按 3.2～3.8 要求进行。

5.3 型式检验

5.3.1 仪器在下列情况之一时，应按 3.2～3.9 要求进行型式检验。

a) 新仪器或老仪器转厂生产试制定型鉴定；

b) 仪器正式生产后，如结构、材料、工艺有较大改变，可能影响仪器性能时；

c) 仪器正常生产时，定期或积累一定产量后，应周期进行一次检验，一般为 3 年；

d) 仪器长期停产，恢复生产时；

e) 出厂检验结果与上次型式检验有较大差异时；

f) 国家质量监督机构提出进行型式检验要求时。

5.3.2 型式检验的样品应在出厂检验合格的批中随机抽取。

5.3.3 型式检验应按 GB/T 2829—2002 的规定进行，采取一次抽样方案。仪器的检验项目、不合格分类、不合格质量水平(RQL)、判别水平(DL)，按表 4 规定进行。批质量以每百单位仪器不合格数表示。

表 4 型式检验

序号	不合格分类	检验项目及章条			不合格质量水平(RQL)	判别水平(DL)	抽样方案	
		项目	要求章条	试验方法章条			样品量(n)	判定数组(Ac,Re)
1	A	绝缘电阻	3.7	4.7	30	I	3	(0,1)
2		绝缘强度						
3		泄漏电流						
4	B	输液泵	3.3	4.3	65			(1,2)
5		色谱柱恒温箱	3.4	4.4				
6		检测器	3.5	4.5				
7		整机性能	3.6	4.6				
8		运输、运输贮存	3.9	4.9				
9	C	外观	3.2	4.2	100			(2,3)
10		成套性	3.8	4.8				

5.3.4 若型式检验不合格，则应分析原因找出问题并落实措施，重新进行型式检验。若再次型式检验不合格，则应停产整顿，仪器停止出厂，待问题解决，型式检验合格后方可恢复出厂检验。

5.3.5 若型式检验合格，经出厂检验合格的批，作为合格品可以出厂或入库。若入库超过 12 个月再出厂，则应重新进行出厂检验。

6 标志、包装、运输、贮存

6.1 标志

6.1.1 仪器标志

每台仪器应在明显的部位固定铭牌，铭牌上应明确标示下列内容：

a) 制造厂名称；

b） 仪器型号；

c） 仪器名称；

d） 商标；

e） 制造日期、仪器编号；

f） 制造计量器具许可证标识和编号。

6.1.2 包装标志

仪器的包装标志规定如下：

a） 制造厂名称和地址；

b） 仪器名称；

c） 商标；

d） 制造计量器具许可证标识和编号；

e） 仪器质量，单位 kg；体积：长×宽×高，单位为 mm×mm×mm；

f） 包装储运图示标志："易碎物品"、"怕雨"、"向上"等应符合 GB/T 191—2008 的规定；

g） 发货、收货单位名称和地址。

6.2 包装

6.2.1 仪器包装

仪器包装应符合 GB/T 15464—1995 中的防潮、防震包装规定。

6.2.2 随机文件

仪器的随机文件如下：

a） 装箱单；

b） 使用说明书；

c） 出厂合格证书；

d） 根据仪器技术条件规定的其他文件。

6.3 运输

仪器在包装完整的条件下，可用一般交通工具运输。运输过程中应按印刷的运输标志的要求进行运输作业，防止雨淋、翻倒、曝晒及剧烈冲击。

6.4 贮存

仪器在运输包装状态下，应符合 GB/T 12519—1990 中 6.4 贮存环境的规定。

7 质量保证

在用户遵守保管和使用规则的条件下，仪器自发货之日起 12 个月内，因制造质量不良而不能正常工作时，制造厂应无偿为用户修理或更换零部件（不包括易损易耗件的调换）。

附　录　A
（资料性附录）
标准溶液的配制

A.1　紫外波长测试用标准溶液的配制

A.1.1　试剂

A.1.1.1　重铬酸钾（分析纯）。

A.1.1.2　浓硫酸（分析纯，密度约 1.84 g/cm^3）。

A.1.1.3　二次蒸馏水。

A.1.2　设备与材料

A.1.2.1　分析天平：准确度等级①级，实际标尺分度值不大于 0.1 mg。

A.1.2.2　烘箱：温度范围大于 120 ℃，温度波动小于 1 ℃。

A.1.2.3　干燥器。

A.1.2.4　经计量检定合格的 1 000 mL 容量瓶两个、合适规格取样器一支。

A.1.3　溶液的制备

A.1.3.1　空白溶液的配制

波长测试用空白溶液为：0.05 mol/L 的硫酸溶液。其配制方法为：先向清洗干净的容量瓶内注入适量二次蒸馏水（至容量瓶刻度 1/2～2/3 处），用合适规格的取样器准确量取 2.67 mL 浓硫酸置于容量瓶内，再用二次蒸馏水定容至 1 000 mL。

A.1.3.2　紫外波长测试用标准溶液的配制

将重铬酸钾放在 110 ℃烘箱内烘 2 h 到恒量。取出后，放在干燥器内冷却半小时。准确称取 0.060 0 g 重铬酸钾，放入容量瓶内，加入 0.05 mol/L 的硫酸溶液定容至 1 000 mL，配成浓度为 0.060 0 g/L 的酸性重铬酸钾溶液。

A.2　吸光度准确性测试用标准溶液的配制

吸光度测试用标准溶液制备同 A.1。

ICS 71.040.01
N 53

中华人民共和国国家标准

GB/T 26793—2011

库仑法微量水分测定仪

Coulometry micro water teller

2011-07-29 发布

2011-12-01 实施

中华人民共和国国家质量监督检验检疫总局
中国国家标准化管理委员会 发布

前 言

本标准由中国机械工业联合会提出。

本标准由全国工业过程测量和控制标准化技术委员会(SAC/TC 124)归口。

本标准起草单位:山东三泵科森仪器有限公司、江苏江分电分析仪器有限公司、国家分析仪器质量监督检验中心、西安热工研究院有限公司、中石化齐鲁石化公司胜利炼油厂。

本标准主要起草人:王国峰、吴元海、吴荣坤、袁正、孟玉婵、徐力。

库仑法微量水分测定仪

1 范围

本标准规定了库仑法微量水分测定仪的要求、试验方法、检验规则和标志、包装、运输及贮存等。

本标准适用于库仑法微量水分测定仪(以下简称“仪器”)。

2 规范性引用文件

下列文件中的条款通过本标准的引用而成为本标准的条款。凡是注日期的引用文件,其随后所有的修改单(不包括勘误的内容)或修订版均不适用于本标准,然而,鼓励根据本标准达成协议的各方研究是否可使用这些文件的最新版本。凡是不注日期的引用文件,其最新版本适用于本标准。

GB/T 191—2008 包装储运图示标志(ISO 780:1997,MOD)

GB/T 2829—2002 周期检验计数抽样程序及表(适用于对过程稳定性的检验)

GB 4793.1—2007 测量、控制和实验室用电气设备的安全要求 第1部分:通用要求(IEC 61010-1:2001,IDT)

GB/T 7600—1987 运行中变压器油水分含量测定法(库仑法)

GB/T 11606—2007 分析仪器环境试验方法

GB/T 13384—2008 机电产品包装通用技术条件

3 要求

3.1 正常工作条件

仪器正常工作条件应满足:

a) 环境温度 5 ℃～30 ℃;

b) 相对湿度应不大于 80%;

c) 无影响仪器使用的振动和电磁干扰;

d) 室内无腐蚀性气体,有良好的通风装置;

e) 供电电源:电压 220 V±22 V,频率 50 Hz±1 Hz。

3.2 测量范围

测量范围为 10 μg～10 mg(H_2O)。

3.3 准确度

仪器准确度为:

a) 10 μg～1 mg(H_2O)范围,示值误差不应超过±5 μg;

b) 1 mg(H_2O)以上时,相对误差不应超过±0.5%。

3.4 重复性

相对标准偏差(RSD)不应大于 3%。

3.5 灵敏阈

灵敏阈不应大于 1 μg(H_2O)。

3.6 电解电流

最大电解电流不应小于 200 mA。

3.7 电解平衡稳定时间

电解平衡后的稳定时间应为 60 s±5 s。

3.8 磁力搅拌器

磁力搅拌器搅拌速度应可调，搅拌棒应同步转动。

3.9 库仑滴定池

库仑滴定池加工材料宜用透明玻璃，由电解电极、测量电极、干燥管、电解池、磁力搅拌棒组成，电解池应有进样口，池瓶底部应平整易于搅拌棒同步转动，池瓶各口均采用磨口。电解电极要保证能通过200 mA 以上电流，测量电极要保证仪器有足够的灵敏度。

3.10 仪器外观

所有电镀表面不应有脱皮现象；喷漆表面色泽应均匀，不应有明显的擦伤、露底、裂纹、起泡等现象；外部零件结合处应整齐，表面无粗糙不平现象；开关按键操作灵活可靠，紧固部位应无松动，转动部位应灵活平稳。

3.11 安全性

3.11.1 标志和文件

应符合 GB 4793.1—2007 中第 5 章的规定。

3.11.2 防电击要求

3.11.2.1 接触电流

由交流电网供电的仪器，其接触电流应符合 GB 4793.1—2007 中 6.3 的规定。

3.11.2.2 保护接地

由交流电网供电的仪器，其保护接地应符合 GB 4793.1—2007 中 6.5.1 的规定。

3.11.2.3 介电强度

电源输入端与外壳可触及导电零部件之间施加 1 500 V 交流有效值的试验电压，历时 1 min，不应出现击穿或重复飞弧现象。

3.12 仪器成套性

按具体仪器标准规定。

3.13 电源适应性

在电源电压 220 V±22 V，频率 50 Hz±1 Hz 范围内，仪器应符合 3.2、3.3、3.6、3.7、3.8 的要求。

3.14 环境适应性

在 GB/T 11606—2007 中Ⅱ组规定的温度、相对湿度范围内，仪器应符合 3.2、3.3、3.6、3.7、3.8 的要求。

3.15 运输、运输贮存

仪器在包装状态下，按 GB/T 11606—2007 2.4 试验项目中的交变湿热试验、低温贮存试验，高温贮存试验和跌落试验的项目进行试验。其中高温 55 ℃；低温－40 ℃（液晶显示器类的仪器推荐试验温度－20 ℃）；交变湿热其相对湿度 95%、温度 40 ℃；倾斜跌落高度 250 mm。试验完成后，将仪器置于正常工作条件下进行检验，应符合 3.2～3.12 要求。

4 试验方法

4.1 试验条件

4.1.1 本试验方法均应在 3.1 所规定条件下进行。

4.1.2 仪器在试验前应通电预热 10 min。

4.2 测量范围、准确度、重复性

4.2.1 试验设备

包括：

a) 0.5 μL 微量进样器，总容量相对误差小于±5%；

b) 5 μL 微量进样器，总容量相对误差小于±4%；

c) 10 μL 微量进样器，总容量相对误差小于±4%；
d) 250 μL 微量进样器，总容量相对误差小于±2%；
e) 1 000 μL 微量进样器，总容量相对误差小于±2%；
f) 平衡稳定的电解池一套，清洗干净、并干燥、装好电量法卡尔费休试剂（见 GB/T 7600—1987 中 3.1、3.2 规定的方法制备）；
g) 含水标液（3.8～4.2）mg/mL；
h) 纯净水。

4.2.2 试验程序

按仪器说明书规定要求，将电解池两插头分别插入电解、测量插座（两球电极或双铂金电极为测量电极），旋动搅拌速度旋钮，使其液面有旋涡，而溅不到池壁上。此时电解与测量若均指示为零，同时观察电解液呈酱红色时说明电解液里含有过量碘，应向电解液中加入适量纯净水，使其有电解电流指示。这时显示屏有计数显示，直至终点指示灯亮，蜂鸣器响，其空白电流指示和测量电位指示或滴定速度都比较稳定，按启动键回零，直到 1 min 之内数字显示仍为零，即可进行以下操作。

a) 抽取含水标液，注入到电量法卡尔费休试剂中，进样量能使仪器显示 100 μg～1 000 μg，进行 3 次测定，计算 3 次测定平均值与标准物质的标称值之差。

   抽取含水标液，注入到电量法卡尔费休试剂中，进样量能使仪器显示大于 1 000 μg，进行 3 次测定，计算 3 次测定平均值相对误差。

注：在无含水标液的情况下可用 0.5 μL、5 μL 微量进样器分别抽取 0.1 μL、1 μL 、2 μL 纯净水各 3 次，注入到电量法卡尔费休试剂中，计算 3 次测定的各平均值与进样器抽取纯净水量的理论值之差。

b) 用 10 μL 微量进样器，抽取 5 μL～10 μL 纯净水，注入到电量法卡尔费休试剂中，经电解仪器能达到稳定状态。

注：此试验电解时间很长、电量法卡尔费休试剂容易失效。

c) 抽取含水标液，注入到电量法卡尔费休试剂中，进样量能使仪器显示约 100 μg，进行 6 次测定，按式(1)计算相对标准偏差（RSD）。

$$RSD = \frac{1}{\overline{X}}\sqrt{\sum_{i=1}^{n}(X_i - \overline{X})^2/(n-1)} \times 100\% \quad \cdots\cdots(1)$$

式中：

X_i——第 i 次测得微量水分值，单位为微克（μg）；

$\overline{X}$——六次测量结果的算术平均值，单位为微克（μg）；

i——测量次数序号；

n——测量总次数（此处 $n=6$）。

4.3 灵敏阈

4.3.1 试验设备

包括：

a) 0.5 μL 微量进样器，总容量相对误差小于 5%；
b) 无水甲醇（分析纯）；
c) 平衡稳定的电解池一套，清洗干净、并干燥、装好电量法卡尔费休试剂（参照 GB/T 7600—1987 中 3.1、3.2 规定的方法制备）。

4.3.2 试验程序

用 0.5 μL 的微量进样器抽取 0.5 μL 无水甲醇（抽取前用无水甲醇清洗 3 次～5 次）注入电解池中，记录仪器示值。根据显示值再按比例减少进样量，使其示值最小。

4.4 电解电流

4.4.1 试验设备

包括：

a) 准确度等级不低于 1.5 级，量程 500 mA 的数字万用表或电流表；

b) 与电解插座配套的插头和连线。

4.4.2 试验程序

用与电解插座配套的插头和连线与电流表(或数字万用表)、电解电流插座正确连接后,将仪器电解开关置于“开”的位置,在测量电极处于开路状态下,记录电解电流。

4.5 电解平衡稳定时间

4.5.1 试验设备

最小分度值不大于 0.1 s 的秒表。

4.5.2 试验程序

仪器处于终点状态,按“启动”键同时启动秒表,记录从按“启动”键到终点指示灯亮和蜂鸣器响时的时间间隔。

4.6 磁力搅拌器

将电磁搅拌棒放在搅拌器上,用手动调节和目视检查。

4.7 库仑滴定池

目视和手感检查。

4.8 仪器外观

目视和手感检查。

4.9 安全性试验

4.9.1 标志和文件

按 GB 4793.1—2007 的要求,目测检查。

4.9.2 防电击试验

4.9.2.1 接触电流

按 GB 4793.1—2007 的有关规定进行试验。

4.9.2.2 保护接地

按 GB 4793.1—2007 附录 F 的有关规定进行试验。

4.9.2.3 介电强度

4.9.2.3.1 试验设备

耐电压测试仪;耐电压测试仪产生的试验电压应为正弦波形,其失真系数不大于 5%,频率为 50 Hz。

4.9.2.3.2 试验要求

潮湿预处理按 GB 4793.1—2007 中 6.8.2 规定进行(该项试验仅在需要时进行)。

在正常工作条件下,仪器处于非工作状态,电源开关置于接通位置。

4.9.2.3.3 试验方法

将耐电压测试仪的击穿电流置于 5 mA 档,在一端为连接在一起电源线插头的相线和中线,另一端为连接在一起的外壳和可触及导电零部件之间施加交流试验电压,试验电压应在 5 s 内逐渐上升到 1 500 V,并保持 1 min。

4.10 仪器成套性

按装箱单进行检查。

4.11 电源适应性

按 GB/T 11606—2007 中第 3 章规定进行试验。

4.12 环境适应性

按 GB/T 11606—2007 中第 4 章、第 5 章规定进行试验。

4.13 运输、运输贮存

仪器在包装状态下,按 GB/T 11606—2007 中第 8 章、第 15 章、第 16 章、第 17 章规定进行试验。

5 检验规则

5.1 检验分类

本标准的检验分为：

a) 出厂检验；

b) 型式检验。

5.2 出厂检验

规定如下：

a) 每台仪器应经检验部门检验合格，并附有仪器质量合格证方能出厂；

b) 仪器出厂检验应按3.2～3.12要求进行。

5.3 型式检验

5.3.1 产品在下列情况之一时，应按3.2～3.15要求进行型式检验。

a) 新仪器和老仪器转厂生产试制定型鉴定；

b) 正式生产后，如结构、材料、工艺有较大改变，可能影响仪器性能时；

c) 正常生产时，定期或积累一定产量后，应3年内进行一次检验；

d) 产品长期停产，恢复生产时；

e) 出厂检验结果与上次型式检验有较大差异时；

f) 国家质量监督机构提出进行型式检验要求时。

5.3.2 型式检验的样品应从出厂检验合格的批中随机抽取，数量不少于3台。

5.3.3 型式检验应按GB/T 2829—2002的规定进行，采用一次抽样方案。仪器的检验项目、不合格分类、不合格质量水平(RQL)、判别水平(DL)按表1规定进行。批质量以每百单位仪器不合格数表示。

表1 型式检验推荐方案

序号	不合格分类	检验项目及章条			不合格质量水平(RQL)	判别水平(DL)	抽样方案	
		项目	要求章条	试验方法章条			样品量 n	判定数组(Ac,Re)
1	A	安全性	3.11	4.9	30	I	3	(0,1)
2	B	测量范围	3.2	4.2	65			(1,2)
3		准确度	3.3	4.2				
4		重复性	3.4	4.2				
5		灵敏阈	3.5	4.3				
6		电解电流	3.6	4.4				
7		电解平衡稳定时间	3.7	4.5				
8		磁力搅拌器	3.8	4.6				
9		库仑滴定池	3.9	4.7				
10		电源适应性	3.13	4.11				
11		环境适应性	3.14	4.12				
12		运输、运输贮存	3.15	4.13				
13	C	仪器外观	3.10	4.8	100			(2,3)
14		仪器成套性	3.12	4.10				

5.3.4 若型式检验不合格，应分析原因找出问题并落实措施，重新进行型式检验。若再次型式检验不合格，则应停产整顿，仪器停止出厂，待问题解决，型式检验合格后方可恢复出厂检验。

5.3.5 若型式检验合格，经出厂检验合格的批，作为合格品可以出厂或入库。若入库超过12个月再出厂，则必须重新进行出厂检验。

6 标志、包装、运输、贮存

6.1 标志

6.1.1 仪器标志

每台仪器应在明显的部位固定铭牌，铭牌应明确标示下列内容：

a) 制造厂名称；

b) 仪器型号、规格；

c) 仪器名称；

d) 商标；

e) 制造日期、仪器编号。

6.1.2 包装标志

仪器的包装标志规定如下：

a) 制造厂名称及地址；

b) 仪器型号、规格；

c) 仪器名称；

d) 商标；

e) 仪器质量，单位为kg；体积：长×宽×高，单位为mm×mm×mm；

f) 包装储运图示标志："易碎物品"、"向上"、"怕雨"等应符合GB/T 191—2008规定；

g) 发货站、到货站；

h) 发货、收货单位名称及地址。

6.2 包装

6.2.1 仪器包装

仪器包装应符合GB/T 15464—1995中防潮、防震包装规定。

6.2.2 随机文件

包括：

a) 装箱单；

b) 使用说明书；

c) 合格证；

d) 附备件清单。

6.3 运输

仪器在包装完整的情况下，可用一般交通工具运输。运输过程中应按印刷的运输标志的要求进行运输作业，防止雨淋、翻倒、曝晒及强烈的冲击。

6.4 贮存

仪器在运输包装状态下，应贮存在环境温度为0 ℃～40 ℃、相对湿度不应大于85%，且空气中不应含有腐蚀性气体的室内。

7 质量保证期

在用户遵守保管和使用规则的条件下，从制造厂发货之日起12个月内，产品因制造质量不良而发生损坏或不能正常工作时，制造厂应无偿为用户修理或更换零部件(不包括易损耗件的调换)。

ICS 17.120.10
N 12

中华人民共和国国家标准

GB/T 26794—2011

膜式燃气表用计数器

Indexes for diaphragm gas meters

2011-07-29 发布 2011-12-01 实施

中华人民共和国国家质量监督检验检疫总局
中国国家标准化管理委员会 发布

前　言

本标准由中国机械工业联合会提出。

本标准由全国工业过程测量和控制标准化技术委员会(SAC/TC 124)归口。

本标准主要起草单位:重庆前卫仪表厂、重庆前卫克罗姆表业有限责任公司。

本标准参加起草单位:上海工业自动化仪表研究所、辽宁省计量科学研究院。

本标准主要起草人:王寅谷、王文莉、敬利华、李明华、梁为、陈海林、刘晓阳、马晓青、王方、沈大荣。

膜式燃气表用计数器

1 范围

本标准规定了膜式燃气表用计数器(以下简称计数器)的术语和定义、设计与结构、要求、试验方法、检验规则及包装、运输和贮存。

本标准适用于燃气种类为人工燃气、天然气、液化石油气的膜式燃气表用数轮计数型的机械计数器。

2 规范性引用文件

下列文件中的条款通过本标准的引用而成为本标准的条款。凡是注日期的引用文件,其随后所有的修改单(不包括勘误的内容)或修订版均不适用于本标准,然而,鼓励根据本标准达成协议的各方研究是否可使用这些文件的最新版本。凡是不注日期的引用文件,其最新版本适用于本标准。

GB/T 2423.1 电工电子产品环境试验 第2部分:试验方法 试验A:低温(GB/T 2423.1—2008,IEC 60068-2-1:2007,IDT)

GB/T 2423.2 电工电子产品环境试验 第2部分:试验方法 试验B:高温(GB/T 2423.2—2008,IEC 60068-2-2:2007,IDT)

GB/T 2423.3 电工电子产品环境试验 第2部分:试验方法 试验Cab:恒定湿热试验(GB/T 2423.3—2006,IEC 60068-2-78:2001,IDT)

GB/T 4214.1 声学 家用电器及类似用途器具噪声测试方法 第1部分:通用要求(GB/T 4214.1—2000,eqv IEC 60704-1:1997)

GB/T 4857.20 包装 运输包装件 碰撞试验方法

JJG 577—2005 膜式燃气表检定规程

3 术语和定义

JJG 577—2005 确立的以及下列术语和定义适用于本标准。

3.1

计数器 index

累计显示通过燃气表的气体体积量的指示装置。

3.2

数字轮 numeral drum

计数器计数机构的显示元件。将0~9十个数字,压或印在鼓形轮的圆周上,几个数字轮以一定的关系并排在一起。从右向左看,称为:头轮、二轮、三轮等。

3.3

显示窗 display window

计数器上显示读数的窗口。

3.4

计数容量 counter capacity

计数器能够显示的最大累计量。

4 设计与结构

4.1 计数器结构由计数器盒、燃气表铭牌、计数器架、齿轮连接机构和十进制数字连续递进装置等组成。

4.2 计数器应采用适合使用条件的材料制造。

4.3 计数器计数容量应足够大，确保在最大流量下运行 8 000 h 后不致使所有数字轮返回到初始位置。

4.4 计数器头轮的最大转速不大于 41 r/min。

5 要求

5.1 颜色

5.1.1 计数器数字轮上的数字颜色、标度线与数字轮背景颜色应有明显的反差，如白底黑字、黑底白字，且颜色应为亚光或无光。

5.1.2 计数器显示窗口处示值标度与检定标度区域应采用不同颜色区分，两者之间用小数点分开。

5.1.3 计数器显示窗口右端应有读数指示点(或线)和 m^3 标记。

5.1.4 计数器显示窗应无色透明。

5.2 外观质量

5.2.1 计数器应无破损、裂纹、凹痕、碰伤、擦伤等表面缺陷。

5.2.2 计数器显示窗表面不应有明显划痕。

5.2.3 计数器显示窗应完整显示数字轮上的一个数字(头轮的数字可不完整显示)。

5.3 尺寸

计数器的外形尺寸、安装尺寸、接口尺寸等应符合产品图样和技术文件要求。

5.4 计数器的标度

5.4.1 标度的间距应不小于 1 mm，且在整个标度内为常数。

5.4.2 标度分格值必须用 $1\times10^n m^3$，$2\times10^n m^3$ 或 $5\times10^n m^3$ 形式表示(n 为正整数、负整数或零)。

5.4.3 标度线应均匀一致，线条的宽度不超过标度间距的四分之一，且不超过 0.5 mm。

5.4.4 计数器最小分格值和头轮一个数字代表的体积值应符合表 1 的规定。

表 1 最小分格值

最大流量值 m^3/h	最小分格值上限 dm^3	头轮一个数字代表的体积值 dm^3
1～10	0.2	1
16～100	2	10
160	20	100

5.5 装入计数器内的燃气表铭牌

装入计数器内的燃气表铭牌上的标记内容应直观、易读和不易被擦掉，标记内容如下：

a) 制造计量器具许可证的标志和编号；

b) 制造商名称和商标；

c) 产品名称和规格(型号)；

d) 计量等级；

e) 计量单位(m^3)；

f) 流量范围；

g) 最大工作压力；

h) 回转体积；

i) 产品编号；

j) 制造日期；

k) 满足最大允许误差的工作温度和工作压力等条件。

5.6 数字轮

5.6.1 在显示立方米的小数位约数的数字轮之处，应用一个明显的小数点符号把这些数与显示立方米的数字轮区分开。

5.6.2 数字轮的直径应不小于 16 mm。

5.6.3 每个数字轮轮面上应制作 0～9 十个数字，位置均布，且在燃气表寿命周期内，数字应清晰可辨。

5.6.4 数字轮上数字字高应不小于 4 mm，字宽应不小于 2.4 mm。

5.6.5 数字轮上的数字的中心线与显示窗中心线一致。显示的任何一位数字的中心线偏离显示窗中心线不得超过字高的五分之一。

5.6.6 计数器任一数字轮的轴向窜动间隙不大于 0.30 mm。

5.6.7 头轮宜有光标。

5.7 数字轮、齿轮连接机构的运动

5.7.1 缓慢转动齿轮，数字轮转动时应无明显的阻卡和跳动现象，数字轮和齿轮转动灵活，连接可靠。

5.7.2 任何一位数字的进位，应在相邻低一位数字轮从 9 转动到 0 时完成。

5.7.3 低位数字轮旋转一整周(即从 0 转到 0)，相邻高一位数字轮应完成完整的一位数字的转动。

5.8 翻转力矩

在传动计数器的输入轴上需要施加的力矩不大于 0.003 N·m 时，计数器应能从全部为"9"的数字，翻转到全部为"0"的数字。

5.9 噪声

计数器运行，头轮在最大转速为 41 r/min 时，其噪声声功率级不应大于 52 dB(A)。

5.10 环境适应性

5.10.1 低温贮存

计数器经过 −25 ℃±3 ℃的低温环境贮存后，其性能应满足 5.7 的要求。

5.10.2 高温贮存

计数器经过 60 ℃±2 ℃的高温环境贮存后，其性能应满足 5.7 的要求。

5.10.3 恒定湿热贮存

计数器经过 40 ℃±2 ℃、相对湿度(93±3)%的湿热环境贮存后，其性能应满足 5.7 的要求。

5.10.4 低温工作

计数器经过 −20 ℃±3 ℃的低温环境工作后，其性能应满足 5.7 的要求。

5.10.5 高温工作

计数器经过 55 ℃±2 ℃的高温环境工作后，其性能应满足 5.7 的要求。

5.10.6 恒定湿热工作

计数器经过 40 ℃±2 ℃、相对湿度(93±3)%的湿热环境工作后，其性能应满足 5.7 的要求。

5.10.7 碰撞

经包装的计数器在经过下列参数的碰撞试验后，其结构应不受到破坏，零件、部件和机构未产生松动、脱落、变形等机械损伤，能正常工作：

——峰值加速度：(100±10)m/s^2；

——脉冲持续时间：11 ms；

——脉冲重复频率：(60～100)次/min；

——碰撞次数：(1 000±10)次；

——脉冲波形：近似半正弦波。

5.10.8 抗紫外线

计数器数字轮数字、标度线、显示窗在经紫外线暴露后，其示值、颜色应清晰可辨。

5.10.9 冲击

计数器盒在承受直径为 25 mm 钢球，从高度为 350 mm 处自由跌落撞击后，应无破损。

5.11 耐久性

计数器头轮转速为 41 r/min，连续工作 5 000 h 后，齿面磨损应小于 0.3 mm，性能满足 5.7 的规定。

6 试验方法

6.1 颜色

目视方法检查。

6.2 外观质量

目视方法检查。

6.3 尺寸

用符合精度要求的通用量具或专用量具测量。

6.4 计数器的标度

目测或用通用量具进行测量。

6.5 装入计数器内的燃气表铭牌

目视方法检查。

6.6 数字轮

目测或用通用量具进行测量。

6.7 数字轮、齿轮连接机构的运动

用手指缓慢拨动齿轮，感观检测。

6.8 翻转力矩

在计数器上将力臂轮固定套在输入轴上的齿轮上，力臂轮 $\phi10$ 圆周上有 4 个对称的细杆，在细杆上挂砝码，通过齿轮带动字轮旋转，测量计数器数字轮翻转时的力值，再测量轮径，根据测量结果计算翻转力矩。

6.9 噪声

噪声测试环境为半消声室，其他环境下的测试应符合 GB/T 4214.1 的规定。计数器在头轮最大转速 41 r/min 情况下运行 15 min 后，在工作状态下按图 1 所示 3 点进行试验，使用声级计，按 A 计权、快速挡进行测定。

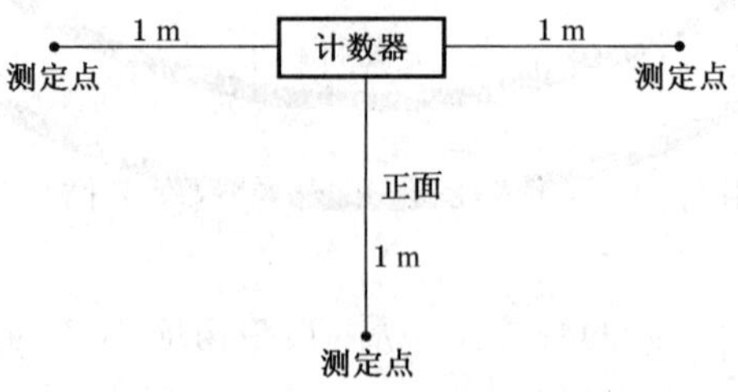

图 1 噪声测定示意图

6.10 环境适应性

6.10.1 低温贮存

按 GB/T 2423.1 进行低温 −25 ℃±3 ℃贮存试验，贮存时间 72 h，取出后在室温下恢复 2 h，按6.7 的方法复检。

6.10.2 高温贮存

按 GB/T 2423.2 进行高温 60 ℃±2 ℃贮存试验，贮存时间 16 h，取出后在室温下恢复 2 h，按 6.7

的方法复检。

6.10.3 恒定湿热贮存

按 GB/T 2423.3 进行恒定湿热贮存试验，贮存环境温度 40 ℃±2 ℃、相对湿度(93±3)%，贮存时间 48 h，取出后在室温下恢复 2 h，按 6.7 的方法复检。

6.10.4 低温工作

按 GB/T 2423.1 进行低温工作试验，温度为−20 ℃±3 ℃。稳定 2 h，使计数器正常运行 2 h，取出后在室温下恢复 2 h，按 6.7 的方法复检。

6.10.5 高温工作

按 GB/T 2423.2 进行高温工作试验，温度为 55 ℃±2 ℃。稳定 2 h，使计数器正常运行 2 h，取出后在室温下恢复 2 h，按 6.7 的方法复检。

6.10.6 恒定湿热工作

按 GB/T 2423.3 进行恒定湿热工作试验，温度为 40 ℃±2 ℃、相对湿度(93±3)%，持续运行时间 96 h，取出后在室温下恢复 2 h，按 6.7 的方法复检。

6.10.7 碰撞

按 GB/T 4857.20 进行碰撞试验。将试验样品按正常运输状态置于碰撞台台面上，采用直接安装或过渡结构的安装方法，用缚带将试验样品紧固在碰撞台上，按设定的参数进行碰撞试验，试验后观察样品是否受到破坏或机械损伤，能否正常工作。

6.10.8 抗紫外线

将燃气表铭牌、数字轮样品放于紫外线中暴露 5 个周期，每个周期 8 h 持续时间，使用悬置太阳灯(275 W～300 W)，照射时间 50 h～400 h，垂直照射距离 400 mm，在暴露之后，样品全浸入蒸馏水中 16 h，然后用脱脂棉清干，观察样品的字迹颜色。

6.10.9 冲击

计数器盒平面处于水平位置，用一个直径 25 mm 的钢球，从不小于 350 mm 高度 3 次垂直落在计数器盒的中央部分，然后检查计数器盒有无破损。

6.11 耐久性

将计数器安装在试验台上，启动头轮，转速为 41 r/min，连续运行 5 000 h 后，用齿轮检查仪测量其齿面磨损，用手指缓慢拨动齿轮，检查其性能是否符合 5.7 的要求。

7 检验规则

7.1 检验分类

本标准产品检验分类为：

a) 出厂检验；

b) 型式检验。

7.2 检验条件

除另有规定外，应在下列条件下进行检验：

a) 温度：室温；

b) 相对湿度：20%～80%；

c) 气压：检验场所的大气压。

7.3 检验分组

本标准规定的型式检验和出厂检验均分为 A 组检验、B 组检验和 C 组检验：

a) A 组检验是一种非破坏性检验，采用全数检验的检验方案；

b) B 组检验是一种非破坏性检验，但试验时间和复杂程度高于 A 组，采用抽检的检验方案；

c) C 组检验是一种破坏性检验，采用抽检的检验方案。

7.3.1 **缺陷分类**

计数器缺陷分类见表 2。

表 2 计数器缺陷分类

检验项目	缺 陷	缺陷分类
颜色	计数器数字轮上的数字颜色、标度线与数字轮背景颜色无明显反差	重缺陷
	示值标度与检定标度区域没有采用不同颜色区分，两者之间未用小数点分开	重缺陷
	计数器显示窗口右端无读数指示点(或线)和 m^3 标记	重缺陷
	计数器显示窗透明度不好、颜色不纯正影响清晰度	轻缺陷
外观	构件松动	重缺陷
	构件损坏遗漏	重缺陷
	构件损坏影响外观但不影响使用	轻缺陷
	毛刺和锐边棱	轻缺陷
	计数器显示窗表面有明显划痕	重缺陷
	计数器显示窗对数字轮上的某个数字显示不完整(头轮除外)	重缺陷
尺寸	计数器的外形尺寸、安装尺寸、接口尺寸等不符合产品图样和技术文件要求	重缺陷
标度	标度的间距小于 1 mm	重缺陷
	标度分格值不正确	重缺陷
	标度线的线条宽度超过标度间距的四分之一，或超过 0.5 mm	重缺陷
	标度线不均匀一致	轻缺陷
装入计数器内的燃气表铭牌	铭牌上标明的内容不齐全或字迹不是永久性的	轻缺陷
数字轮	显示立方米的小数位约数的数字轮之处，无明显的小数点符号把这些数字轮与显示立方米的数字轮区分开	重缺陷
	数字轮直径小于 16 mm，数字轮上数字大小不符合规定	重缺陷
	数字在数字轮上不是永久性的	重缺陷
	一个或者几个数字偏离显示窗的中心线超过标准规定的尺寸	重缺陷
	任一数字轮的轴向窜动间隙大于 0.30 mm	重缺陷
	头轮无光标	轻缺陷
数字轮、齿轮连接机构的运动	缓慢转动齿轮，数字轮转动时，发现阻卡、跳动现象	重缺陷
	数字单元的进位不符合规定	重缺陷
	低位数字轮旋转一周后，相邻高一位数字轮完成数字转动不完整	重缺陷
翻转力矩	施加规定的力矩，数字轮不翻转	重缺陷
噪声	测试噪声超过规定值	重缺陷
环境适应性	在规定环境下，计数器不能满足规定的要求	重缺陷
耐久性	头轮不耐磨损	重缺陷

7.4 型式检验

7.4.1 总则

在下列情况之一时应进行型式检验：

a) 新产品鉴定时；

b) 正式生产时，如结构、材料、工艺有较大改变时，可能影响到产品性能时；

c) 成批生产的产品间断2年；

d) 成批生产的产品的周期检验。

7.4.2 检验项目和检验顺序

型式检验的检验项目应包括本标准规定的全部技术要求，按表3规定的试验项目和检验顺序进行检验。

7.4.3 受检产品数量

除另有规定，受检产品数量至少10个。

7.4.4 A组检验

全数检验。

7.4.5 B组检验

用A组检验合格的7个产品进行B组检验。

7.4.6 C组检验

在A、B组检验合格的产品中，抽取4个进行C组检验，其中至少有一个应从通过B组检验的样品中抽取，C组的4项检验项目各1个样品。

7.4.7 合格判据

在A组～C组检验中不允许出现重缺陷，出现的轻缺陷应经返修检验合格后，才能进行下一项检验。A、B、C 3组检验全部合格后才能判定型式检验合格。

7.5 出厂检验

7.5.1 检验项目和检验顺序

出厂检验项目和检验顺序见表3。A组全数逐个检验；B组从A组检验合格的产品中抽取，样品数由订购方和生产方共同协商；C组样品数由订购方和生产方共同协商，但至少有一件应从通过B组检验的样品中抽取，其余从A组检验合格的产品中抽取。

7.5.2 合格判据

出厂检验项目中不允许出现重缺陷，出现的轻缺陷应经返修检验合格后，才能进行下一项检验。出厂检验项目全部合格后才能判定出厂检验合格。

表3 检验项目表

序号	检验项目	型式检验			出厂检验			要求的章条号	检验方法的章条号
		A组检验	B组检验	C组检验	A组检验	B组检验	C组检验		
1	颜色	●	—	—	●	—	—	5.1	6.1
2	外观质量	●	—	—	●	—	—	5.2	6.2
3	尺寸	●	—	—	●	—	—	5.3	6.3
4	计数器的标度	●	—	—	●	—	—	5.4	6.4
5	装入计数器内的燃气表铭牌	●	—	—	●	—	—	5.5	6.5
6	数字轮	●	—	—	●	—	—	5.6	6.6

表 3（续）

序号	检验项目	型式检验			出厂检验			要求的章条号	检验方法的章条号
		A组检验	B组检验	C组检验	A组检验	B组检验	C组检验		
7	数字轮、齿轮连接机构运动	●	—	—	●	—	—	5.7	6.7
8	翻转力矩	●	—	—	○	—	—	5.8	6.8
9	噪声	—	●	—	—	○	—	5.9	6.9
10	低温贮存	—	●	—	—	○	—	5.10.1	6.10.1
11	高温贮存	—	●	—	—	○	—	5.10.2	6.10.2
12	恒定湿热贮存	—	●	—	—	○	—	5.10.3	6.10.3
13	低温工作	—	●	—	—	○	—	5.10.4	6.10.4
14	高温工作	—	●	—	—	○	—	5.10.5	6.10.5
15	恒定湿热工作	—	●	—	—	○	—	5.10.6	6.10.6
16	碰撞	—	—	●	—	—	○	5.10.7	6.10.7
17	抗紫外线	—	—	●	—	—	○	5.10.8	6.10.8
18	冲击	—	—	●	—	—	○	5.10.9	6.10.9
19	耐久性	—	—	●	—	—	○	5.11	6.11
注：●为必检项目；—为不检项目；○为订购方和生产方协商检验项目。									

8 包装、运输和贮存

8.1 包装

8.1.1 计数器应用硬质包装，每个计数器应分格放入并固定。

8.1.2 所用包装材料不应引起产品表面色泽改变。

8.1.3 每个包装箱内都有装箱单。

8.2 运输

用有遮蔽的运输工具运输。

8.3 贮存

计数器应存放在环境温度为－20 ℃～60 ℃，相对湿度不大于93％，且空气中不含有腐蚀介质的库房中。

ICS 17.120.10
N 12

中华人民共和国国家标准

GB/T 26795—2011

数 控 定 量 水 表

Numerical batch control water meter

2011-07-29 发布　　2011-12-01 实施

中华人民共和国国家质量监督检验检疫总局
中国国家标准化管理委员会　发布

前　言

本标准由中国机械工业联合会提出。

本标准由全国工业过程测量和控制标准化技术委员会(SAC/TC 124)归口。

本标准负责起草单位:宁波水表股份有限公司。

本标准参加起草单位:浙江省计量科学研究院、宁波市计量测试所、宁波东海仪表水道有限公司、杭州水表有限公司。

本标准主要起草人:李志明、赵建亮、孙梦翔、李红卫、张云、林志良、谢坚良。

数控定量水表

1 范围

本标准规定了数控定量水表的术语和定义、一般要求、技术要求、试验方法、检验规则、标志、包装、运输和贮存的要求。

本标准适用于定量控制用水场所，口径为 15 mm～40 mm，工作压力等级为 MAP 10，水温度等级为 T50 的数控定量水表。

2 规范性引用文件

下列文件中的条款通过本标准的引用而成为本标准的条款。凡是注日期的引用文件，其随后所有的修改单(不包括勘误的内容)或修订版均不适用于本标准，然而，鼓励根据本标准达成协议的各方研究是否可使用这些文件的最新版本。凡是不注日期的引用文件，其最新版本适用于本标准。

GB/T 191—2008 包装储运图示标志(ISO 780:1997,MOD)

GB/T 778.1—2007 封闭满管道中水流量的测量 饮用冷水水表和热水水表 第1部分:规范(ISO 4064-1:2005,IDT)

GB/T 778.3—2007 封闭满管道中水流量的测量 饮用冷水水表和热水水表 第3部分:试验方法和试验设备(ISO 4064-3:2005,IDT)

GB/T 2423.1 电工电子产品基本环境试验 第2部分:试验方法 试验A:低温(GB/T 2423.1—2008,IEC 60068-2-1:2007,IDT)

GB/T 2423.2 电工电子产品基本环境试验 第2部分:试验方法 试验B:高温(GB/T 2423.2—2008,IEC 60068-2-2:2007,IDT)

GB/T 2423.4 电工电子产品环境试验 第2部分:试验方法 试验Db:交变湿热(12 h+12 h循环)(GB/T 2423.4—2008,IEC 60068-2-30:2005,IDT)

GB 4208—2008 外壳防护等级(IP代码)(IEC 60529:2001,IDT)

GB/T 13384—2008 机电产品包装通用技术条件

GB/T 15479—1995 工业自动化仪表绝缘电阻、绝缘强度技术要求和试验方法

GB/T 17626.2 电磁兼容 试验和测量技术 静电放电抗扰度试验(GB/T 17626.2—2006,IEC 61000-4-2:2001,IDT)

GB/T 17626.3 电磁兼容 试验和测量技术 射频电磁场辐射抗扰度试验(GB/T 17626.3—2006,IEC 61000-4-3:2002,IDT)

GB/T 17626.4 电磁兼容 试验和测量技术 电快速瞬变脉冲群抗扰度试验(GB/T 17626.4—2008,IEC 61000-4-4:2004,IDT)

GB/T 17626.5 电磁兼容 试验和测量技术 浪涌(冲击)抗扰度试验(GB/T 17626.5—2008,IEC 61000-4-5:2005,IDT)

JB/T 7352 工业过程控制系统用电磁阀

JB/T 9329 仪器仪表运输、运输储存基本环境条件及试验方法

3 术语和定义

GB/T 778.1—2007 确立的术语和定义及下列术语和定义适用于本标准。

3.1

数控定量水表 numerical batch control water meter

由带有流量传感装置的水表、控制器和电磁阀所组成具有水量定量控制功能的计量仪表。

3.2

控制器 controller

数控定量水表中用于控制和显示的装置。

3.3

最大流量 maximum flowrate

Q_{max}

额定工作条件下的最大流量。在此流量下,数控定量水表应正常工作并符合最大允许误差要求。

3.4

最小流量 minimum flowrate

Q_{min}

额定工作条件下的最小流量。在此流量下,数控定量水表应正常工作并符合最大允许误差要求。

4 一般要求

4.1 分类

4.1.1 按适用安装环境分类

a) B级:安装在建筑物内的固定式数控定量水表;

b) C级:安装在建筑物外的固定式数控定量水表。

4.1.2 按适应电磁环境分类

a) E1级:住宅、商业和轻工业;

b) E2级:工业。

4.2 额定工作条件

4.2.1 工作环境温度范围

安装环境为B级的数控定量水表:+5 ℃～+55 ℃;

安装环境为C级的数控定量水表:−25 ℃～+55 ℃。

4.2.2 工作环境湿度范围

数控定量水表的工作环境相对湿度:30%～90%。

4.2.3 工作电源范围

数控定量水表可以采用以下电源供电:

a) 交流供电电源;

b) 直流供电电源。

工作电压变化范围±5%,频率变化范围为±2%。

4.3 材料

数控定量水表所使用的材料在规定的水温和压力条件下应能正常工作。水表内所有接触水的零部件应采用通常认为是无毒、无污染、无生物活性的材料制造。

4.4 技术特性

数控定量水表基表的技术特性应符合GB/T 778.1—2007的相关规定。

5 技术要求

5.1 外观和封印

5.1.1 外观

数控定量水表的表壳不应有凹痕、划伤、裂纹、螺纹损伤等现象;表面涂镀层应颜色均匀,不应有皱纹、流痕、针孔、起泡等缺陷；显示和表示功能的文字符号和标志应清晰端正，接插件牢固可靠。

5.1.2 封印

数控定量水表应配置可以封印的防护装置，以保证在正常安装数控定量水表前和安装后，在不损坏防护装置的情况下无法拆开或改动数控定量水表。

5.2 计量特性

5.2.1 流量范围

数控定量水表的最大流量 Q_{max} 和最小流量 Q_{min} 之比不小于 5。

5.2.2 定量范围

数控定量水表的定量范围按不同口径分为：

a) DN15～DN25：≥0.100 m^3；

b) DN32～DN40：≥0.300 m^3。

5.2.3 定量最大允许误差

在定量范围内用水时，数控定量水表的定量最大允许误差不超过±2.5%。

5.3 控制器特性

5.3.1 显示功能

数控定量水表至少应有预置水量和剩余水量的显示功能。

5.3.2 控制功能

数控定量水表应有预置水量、自动关阀、手动关阀、手动开阀功能。

5.4 静压

数控定量水表应能承受下列试验水压和时间的静压试验，无泄漏、渗漏或损坏现象。

a) 出厂检验：1.6 倍最大允许工作压力、持续时间不少于 1 min；

b) 型式检验：1.6 倍最大允许工作压力、持续 15 min 及 2.0 倍最大允许工作压力、持续 1 min。

5.5 气候环境

5.5.1 高温(无冷凝)

在 55 ℃±2 ℃的高环境温度条件下，数控定量水表的所有功能应符合设计要求，示值误差不应超过其定量最大允许误差。

5.5.2 低温

在 5 ℃±3 ℃或−25 ℃±3 ℃的低环境温度条件下，数控定量水表的所有功能应符合设计要求，示值误差不应超过其定量最大允许误差。

5.5.3 交变湿热(冷凝)

在空气温度上限 40 ℃±2 ℃、空气温度下限 25 ℃±3 ℃或空气温度上限 55 ℃±2 ℃、空气温度下限 25 ℃±3 ℃、相对湿度 93%±3%的高湿度结合温度变化条件下，数控定量水表的所有功能应符合设计要求，示值误差不应超过其定量最大允许误差。

5.6 电磁环境

5.6.1 静电放电抗扰度

在施加 6 kV(直接)和 8 kV(间接)静电放电后，数控定量水表的所有功能应符合设计要求，不发生损坏和信息改变。

5.6.2 射频电磁场辐射抗扰度

在频率范围为 26 MHz～1 000 MHz，场强为 3 V/m 或 10 V/m 的射频电磁场辐射条件下，数控定量水表的所有功能应符合设计要求，不发生损坏和信息改变。

5.6.3 电快速瞬变脉冲群抗扰度

在主电源上叠加电脉冲群的情况下，数控定量水表的所有功能应符合设计要求，不发生损坏和信息改变。

5.6.4 浪涌(冲击)抗扰度

在数控定量水表连接的若干条线路上叠加浪涌瞬变后,数控定量水表的所有功能应符合设计要求,不发生损坏和信息改变。

5.7 静磁场

在静磁场影响下,数控定量水表的所有功能应符合设计要求,示值误差不应超过其定量最大允许误差。

5.8 电源影响

5.8.1 电源电压变化

数控定量水表应能在标称电压幅度变化+10%~-15%、频率变化±2%的供电环境中正常工作。其所有功能应符合设计要求,示值误差不应超过其定量最大允许误差。

5.8.2 电压暂降和短时中断

在交流供电情况下,当主电源电压短时中断和电压暂降时,数控定量水表的所有功能应符合设计要求,示值误差不应超过其定量最大允许误差。

5.9 电磁阀的动作寿命

数控定量水表的电磁阀动作寿命应符合 JB/T 7352 中关于电磁阀动作寿命的规定。

5.10 抗运输环境

5.10.1 碰撞

在运输包装条件下,数控定量水表经 JB/T 9329 规定的碰撞试验后不应损坏,其示值误差不应超过定量最大允许误差。

5.10.2 自由跌落

在运输包装条件下,数控定量水表经 JB/T 9329 规定的自由跌落试验后不应损坏,其示值误差不应超过定量最大允许误差。

5.11 外壳防护

数控定量水表的电子装置连同引出线和引出线密封装置应达到 GB 4208—2008 中规定的 IP54 的防护等级。

5.12 绝缘电阻

数控定量水表的绝缘电阻应符合 GB/T 15479—1995 中 4.1 的规定。

5.13 绝缘强度

数控定量水表的绝缘强度应符合 GB/T 15479—1995 中 4.2 的规定。

6 试验方法

6.1 试验要求

6.1.1 通用试验要求

应符合 GB/T 778.3—2007 中第 4 章的规定。

6.1.2 试验装置

应符合 GB/T 778.3—2007 中 5.3 的规定。

6.1.3 试验参比条件

在对数控定量水表进行型式试验期间,除了被测试的影响量外,其他所有影响量都应维持下列值:

——流量条件:0.25(1±5%)Q_{max};

——环境温度范围:20 ℃±5 ℃;

——环境相对湿度范围:60%±15%;

——环境大气压力范围:86 kPa~106 kPa;

——电源电压:标称电压 U_{nom},允差±5%;

——电源频率：标称频率 f_{nom}，允差±2%；

——工作水温：20 ℃±5 ℃。

每次试验期间，参比范围内温度的变化应不大于5 ℃，相对湿度的变化应不大于±10%。环境温度和(或)环境相对湿度超出上述范围时应考虑其对定量误差的影响。

6.2 外观和封印

目测检查数控定量水表的外观和封印，是否符合5.1的规定。

6.3 计量特性

6.3.1 试验流量

出厂检验时，数控定量水表应在 Q_{max} 和 Q_{min} 2个流量点下进行检定，最大流量和最小流量的比值大于10时，还应增加 $0.2Q_{max}$ 流量点。

型式检验时，数控定量水表应在 Q_{max}、$0.4Q_{max}$ 和 Q_{min} 3个流量点下进行检定，最大流量和最小流量的比值大于10时，还应增加 $0.7Q_{max}$ 和 $0.2Q_{max}$ 流量点。

试验时，Q_{max} 流量点实际流量值应控制在 $(0.9\sim1.0)Q_{max}$，Q_{min} 流量点实际流量值应控制在 $(1.0\sim1.1)Q_{min}$，其他流量点的流量值应控制在名义值的±5%内。

6.3.2 试验用水量

数控定量水表在各流量点一次试验用水量的确定，应符合以下原则：

a) 试验用水量一般不小于检定流量下1 min对应的体积值；

b) 最少用水量应不低于最小定量值。

6.3.3 试验程序

首先按数控定量水表安装指示把被检数控定量水表正确地安装在水表检定装置的试验段上，用数控定量水表允许的流量通水，排除数控定量水表和管道中的空气，同时使数控定量水表平稳运转一段时间。从数控定量水表至水表检定装置标准器的试验管路应无渗漏。

设置数控定量水表的检定用水量，启动数控定量水表的定量输出功能，调节试验流量至试验流量点所规定的流量值，将水流注入检定装置的收集容器，直至数控定量水表自动关闭流量输出。将数控定量水表的输出水量记为 V_i，检定装置的读数稳定后读出实际体积 V_a。

如用质量法装置试验时，标准器的值应读取通过水表的水的称重读数 M_a，同时需测定水的密度 ρ，考虑到空气浮力影响，按式(1)把水的称重读数 M_a 换算到实际体积 V_a：

$$V_a = c \times \frac{M_a}{\rho} \qquad \cdots\cdots(1)$$

式中：

V_a——实际体积，单位L；

M_a——秤重读数，单位为kg；

ρ——水密度，单位kg/L；

c——浮力修正系数，一般可取1.001 1。

6.3.4 示值误差计算

水表的示值误差 E 按式(2)计算：

$$E = \frac{V_i - V_a}{V_a} \times 100\% \qquad \cdots\cdots(2)$$

6.3.5 试验次数

每个流量点一般试验2次，取示值误差绝对值的大者作为该流量点的检定结果。

6.3.6 合格判据

2次试验中如果有一次试验的 E 值超过最大允许误差，可重复再做1次，如果第3次试验结果符合最大允许误差，且3次试验结果的算术平均值小于或等于最大允许误差，结果判定为合格，并从试验合格的结果中取示值误差绝对值的大者作为该流量点的试验结果；如果第3次试验结果超过最大允许误差，结果判定为不合格，并从试验不合格的结果中取示值误差绝对值的大者作为该流量点的试验结果。

6.4 控制器特性

将被试数控定量水表与匹配的专用试验设备相连接，逐项检查其设计功能，观察其是否符合5.3.1、5.3.2的要求。

6.5 静压

本试验按GB/T 778.3—2007中第6章规定的方法进行。

6.6 气候环境

6.6.1 高温(无冷凝)

本试验按GB/T 2423.2和GB/T 778.3—2007中9.3.1的规定进行，试验方法为非散热高温渐变(试验Bb)。试验条件见表1。

表1 影响因素-高温(无冷凝)

空气温度	55 ℃±2 ℃
持续时间	2 h
试验循环数	1

6.6.2 低温

本试验按GB/T 2423.1和GB/T 778.3—2007中9.3.2的规定进行，试验方法为非散热低温渐变(试验Ab)。试验条件见表2。

表2 影响因素-低温

气候环境	B类	C类
空气温度	5 ℃±3 ℃	−25 ℃±3 ℃
持续时间	2 h	
试验循环数	1	

6.6.3 交变湿热(冷凝)

本试验按GB/T 2423.4和GB/T 778.3—2007中9.3.3的规定进行。试验条件见表3。

表3 影响因素-交变湿热(冷凝)

气候环境	B类	C类
空气温度下限	25 ℃±3 ℃	25 ℃±3 ℃
湿度	>95%	
空气温度上限	40 ℃±2 ℃	55 ℃±2 ℃
湿度	93%±3%	
持续时间	24 h	
试验循环数	2	

6.7 电磁环境

6.7.1 静电放电抗扰度

6.7.1.1 试验方法

本试验按GB/T 17626.2规定的方法进行，试验等级为3级。

6.7.1.2 试验条件

试验在零流量条件下进行，试验参数见表4。

表 4 扰动:静电放电

试验等级	3 级
试验电压(接触方式)	6 kV
试验电压(空气方式)	8 kV
试验周期数	在同一次测量或模拟测量期间,每一试验点至少施加10次放电,放电间隔时间至少10 s。 对于间接放电,在水平耦合平面上总计应施加10次放电。 在垂直耦合平面上,每一种位置总计施加10次放电

6.7.1.3 合格判据

试验后,数控定量水表的所有功能应符合设计要求。

6.7.2 射频电磁场辐射抗扰度

6.7.2.1 试验方法

本试验按 GB/T 17626.3 规定的方法进行。

6.7.2.2 试验条件

试验在零流量条件下进行,试验参数见表5。

表 5 扰动:射频电磁场辐射

环境等级	E1	E2
试验等级	2 级	3 级
频率范围	26 MHz～1 000 MHz	
场强	3 V/m	10 V/m
调制	80%AM,1 kHz,正弦波	

6.7.2.3 合格判据

试验后,数控定量水表的所有功能应符合设计要求。

6.7.3 电快速瞬变脉冲群抗扰度

6.7.3.1 试验方法

本试验按 GB/T 17626.4 规定的方法进行。

6.7.3.2 试验条件

试验参数见表6。

表 6 扰动:电快速瞬变脉冲群

电磁环境分类	E1	E2
不参与过程控制的信号线和数据总线端口	±500 V[a]	±1 000 V
I/O DC 电源端口	±500 V[a]	±2 000 V
I/O AC 电源端口	±1 000 V	±2 000 V
[a] 不适用于连接电池或再充电时必须从装置上拆下的可充电电池的输入端口。		

6.7.3.3 合格判据

试验后,数控定量水表的所有功能应符合设计要求。

6.7.4 浪涌(冲击)抗扰度

6.7.4.1 试验方法

本试验应按 GB/T 17626.5 规定的方法进行。

6.7.4.2 试验条件

试验参数见表7。

表7 扰动:浪涌(冲击)

电磁环境分类	E1	E2
不参与过程控制的信号线和数据总线端口	—	1.2 Tr/50 Th us[a] 线对地±2 kV 线对线±1 kV
直接参与过程、过程测量、信号传输和控制的端口	—	1.2 Tr/50 Th us 线对地±2 kV 线对线±1 kV
直流输入端口	1.2 Tr/50 Th us[a] 线对地±0.5 kV 线对线±0.5 kV	1.2 Tr/50 Th us[a] 线对地±0.5 kV 线对线±0.5 kV
交流输入端口	1.2 Tr/50 Th us 线对地±2 kV 线对线±1 kV	1.2 Tr/50 Th us 线对地±4 kV 线对线±2 kV

[a] 不适用于连接电池或再充电时必须从装置上拆下的可充电电池的输入端口。

6.7.4.3 合格判据

施加浪涌瞬变电压后,数控定量水表的所有功能应符合设计要求。

6.8 静磁场

6.8.1 试验对象

本试验适用于对静磁场敏感的数控定量水表。

6.8.1.1 试验条件

试验参数见表8。

表8 影响因素:静磁场影响

磁铁类型	环形磁铁
外径	70 mm±2 mm
内径	32 mm±2 mm
厚度	15 mm
材料	各向异性铁氧体
磁化方式	轴向(1北1南)
顽磁性	385 mT~400 mT
矫顽磁力	100 kA/m~140 kA/m
距表面1 mm以内测得的磁场强度	90 kA/m~100 kA/m
距表面20 mm处测得的磁场强度	20 kA/m

6.8.1.2 试验程序

静磁场影响试验按下述程序进行:

a) 用一块符合表8规定的环形磁铁接触数控定量水表的一个部位。在这个部位,静磁场的作用很可能导致定量误差超出定量最大允许误差,并影响数控定量水表正常工作。该部位的位置通过反复试验、根据误差以及对数控定量水表的类型和结构的了解和(或)以往的经验加以确定。也可以调整放置磁铁的不同位置。

b) 试验部位确定后，将磁铁固定在该部位，然后测量数控定量水表的定量误差。

c) 除另有规定外，在测量数控定量水表的定量误差时，没有标明“H”和“V”的水表，仅进行流动轴线处于水平方向上的试验。

d) 应测量并记录每一个试验位置上磁铁相对于数控定量水表的位置及其定向。

6.8.1.3 合格判据

施加试验条件期间：

a) 数控定量水表的所有功能应符合设计要求；

b) 数控定量水表的示值误差不应超过其定量最大允许误差。

6.9 电源影响

6.9.1 电源电压变化

6.9.1.1 试验条件

试验参数见表9。

表9 干扰：电源的静态偏差

电源电压	上限值 U_{max}：$(1+10\%)U_{nom}$ 下限值 U_{min}：$(1-15\%)U_{nom}$
电源频率	上限值 f_{max}：$(1+2\%)f_{nom}$ 下限值 f_{min}：$(1-2\%)f_{nom}$
注：U_{nom} 为电压标称值，f_{nom} 为频率标称值。	

6.9.1.2 试验程序

当数控定量水表在参比条件下工作时，使数控定量水表承受下列电源电压变化：

a) 施加电压上限值 U_{max} 和频率上限值 f_{max}，测量数控定量水表的示值误差；

b) 施加电压下限值 U_{min} 和频率下限值 f_{min}，测量数控定量水表的示值误差；

c) 检查数控定量水表在施加每种电源变化期间是否正常工作。

6.9.2 电压暂降和短时中断

6.9.2.1 试验条件

试验参数见表10。

表10 电压暂降和短时中断

试验严酷度	100%电压中断：100 ms 50%电压降低：200 ms
中断	100%电压中断：相当于半个周期的时间
降低	50%电压降低：相当于一个周期的时间

6.9.2.2 试验程序(简要)

当数控定量水表在参比条件下工作时，使数控定量水表承受电源电压中断和电压降低；

a) 实施功率下降前测试被试数控定量水表的定量误差；

b) 施加至少10次电压中断和10次电压降低后测量被试数控定量水表的示值误差；

c) 检查被试数控定量水表在实施功率下降后是否正常工作。

6.9.2.3 合格判据

施加试验条件后：

a) 数控定量水表的所有功能均应按设计要求工作；

b) 数控定量水表的定量误差不应超过最大允许定量误差。

6.10 电磁阀动作寿命

本试验应按 JB/T 7352 中规定的方法进行检测。

6.11 抗运输环境

6.11.1 碰撞

6.11.1.1 试验方法

本试验按 JB/T 9329 规定的方法进行。

试验后，将数控定量水表从包装箱中取出检查，并在参比条件下测量数控定量水表的示值误差。

6.11.1.2 试验条件

试验参数见表 11。

表 11 碰撞试验参数

加速度	(100±10)m/s^2
频率	(60～100)次/min
累计次数	(1 000±10)次

6.11.2 自由跌落

6.11.2.1 试验方法

本试验应按 JB/T 9329 规定的方法进行。

试验后，将数控定量水表从包装箱中取出检查，并在参比条件下测试被试数控定量水表的定量误差。

6.11.2.2 试验条件

试验参数见表 12。

表 12 自由跌落试验参数

跌落高度	100 mm
跌落次数	6 面各一次

6.12 外壳防护

本试验应按 GB 4208—2008 中第 12 章和第 13 章的规定进行。

6.13 绝缘电阻

本试验应按 GB/T 15479—1995 中 5.3 的规定进行检测。

6.14 绝缘强度

本试验应按 GB/T 15479—1995 中 5.4 的规定进行检测。

7 检验规则

7.1 出厂检验

数控定量水表须经制造厂技术检验部门检验合格后封印，并附产品合格证方能出厂。出厂检验项目见表 13。

表 13 检验项目

序号	检验项目	技术要求	试验方法	出厂检验	型式检验
1	外观和封印	5.1	6.2	√	√
2	计量特性	5.2	6.3	√	√
3	控制器特性	5.3	6.4	√	√

表 13（续）

序号	检验项目		技术要求	试验方法	出厂检验	型式检验
4	静压		5.4	6.5	√	√
5	气候环境	高温(无冷凝)	5.5.1	6.6.1		√
		低温	5.5.2	6.6.2		√
		交变湿热(冷凝)	5.5.3	6.6.3		√
6	电磁环境	静电放电	5.6.1	6.7.1		√
		射频电磁场辐射	5.6.2	6.7.2		√
		电快速瞬变脉冲群	5.6.3	6.7.3		√
		浪涌(冲击)	5.6.4	6.7.4		√
7	静磁场		5.7	6.8		√
8	电源影响	电源电压变化	5.8.1	6.9.1		√
		电压暂降和短时中断	5.8.2	6.9.2		√
9	电磁阀动作寿命		5.9	6.10		√
10	抗运输环境	碰撞	5.10.1	6.11.1		√
		自由跌落	5.10.2	6.11.2		√
11	外壳防护		5.11	6.12		√
12	绝缘电阻		5.12	6.13	√	√
13	绝缘强度		5.13	6.14	√	√
注：标“√”记号的项目为必需检验项目。						

7.2 型式检验

7.2.1 型式检验条件

型式检验适用于完整的数控定量水表或单独提交的可分离部件。此时制造厂应规定可分离部件的定量最大允许误差，且可分离部件的定量最大允许误差的算术和不应超过整体的数控定量水表定量最大允许误差。

凡属下列情况之一时，必须进行型式检验：

a) 新产品设计定型鉴定及批量试生产定型鉴定；

b) 当结构、工艺或主要材料有所改变，可能影响其符合本标准及产品技术条件时；

c) 批量生产间断一年后重新投入生产时；

d) 正常生产定期或积累一定产量后应周期性(一般为 3 年)进行一次；

e) 质量技术监督机构提出进行型式检验的要求时。

7.2.2 型式检验项目

数控定量水表型式试验项目见表 13。

7.2.3 型式检验样品数量

数控定量水表型式检验时，需要检验的每一种型式的数控定量水表或其可分离部件的被试样品数量不少于 3 个。

8 标志、包装、运输和贮存

8.1 标志

数控定量水表必须清晰、永久性地在外壳、指示装置面板或一个铭牌上集中或分散标志以下内容：

a） 产品名称及型号；

b） 制造厂名或注册商标；

c） 计量单位符号；

d） 制造年月和编号；

e） 流向箭头、公称口径；

f） 电源电压；

g） 流量范围；

h） 定量范围。

8.2 包装

数控定量水表的包装应符合 GB/T 13384 的规定，其图示标志应符合 GB/T 191 的规定。

8.3 运输

数控定量水表按规定装入运输箱后用无强烈震动交通工具运输；运输途中不应受雨、霜、雾等直接影响；按标志向上放置并不受挤压撞击等损伤。

8.4 贮存

数控定量水表应贮存在环境干燥、通风好，且在空气中不含有腐蚀性介质的场所，并满足以下要求：

a） 环境温度 5 ℃～40 ℃；

b） 相对湿度不大于 90%；

c） 层叠高度不超过 5 层。

ICS 25.040
N 10

中华人民共和国国家标准

GB/T 26796.2—2011

用于工业测量与控制系统的EPA规范 第2部分：协议一致性测试规范

EPA Specification for use in industrial measurement and control systems—Part 2: Conformance test specification

2011-07-29 发布　　2011-12-01 实施

中华人民共和国国家质量监督检验检疫总局
中国国家标准化管理委员会　发布

前　　言

GB/T 26796.2—2011《用于工业测量与控制系统的 EPA 规范　第 2 部分：协议一致性测试规范》的依据是《用于工业测量与控制系统的 EPA 系统结构与通信规范》。

本部分按照 GB/T 1.1—2009 给出的规则进行起草。

请注意本文件中的某些内容可能涉及专利。本文件的发布机构不承担识别这些专利的责任。

GB/T 26796《用于工业测量与控制系统的 EPA 规范》分为 6 个部分：

——第 1 部分：系统结构与通信规范（GB/T 20171—2006《用于工业测量与控制系统的 EPA 系统结构与通信规范》）；

——第 2 部分：协议一致性测试规范；

——第 3 部分：互可操作测试规范；

——第 4 部分：功能块的技术规范；

——第 5 部分：网络安全规范；

——第 6 部分：通信实时性测试规范。

本部分为 GB/T 26796 的第 2 部分。

本部分的附录 A、附录 D 为资料性附录，附录 B、附录 C、附录 E 为规范性附录。

本部分由中国机械工业联合会提出。

本部分由全国工业过程测量和控制标准化技术委员会归口。

本部分起草单位：浙江大学、浙江中控技术股份有限公司、重庆邮电大学、中国科学院沈阳自动化研究所、大连理工大学、机械工业仪器仪表综合技术经济研究所、上海工业自动化仪表研究所，上海自动化仪表股份有限公司、西南大学、天津天仪集团仪表有限公司、中国四联仪器仪表集团有限公司、北京华控技术有限公司。

本部分起草人：褚健、金建祥、冯冬芹、王平、徐皑冬、仲崇权、欧阳劲松、梅恪、缪学勤，包伟华、张庆军、刘枫、杨彬、田英明、周勇。

引　言

声明基于EPA标准的产品在技术上必须符合EPA技术标准，必须能够与第三方厂家产品及系统互连；因此，EPA产品的一致性和互操作性测试非常必需，是检验产品是否符合EPA技术标准，实现不同厂家产品互连、互操作的技术保证。

一致性测试是用来检测EPA产品是否满足EPA标准的规定和规范文件的要求。一致性测试是互操作性测试的基础。只有通过一致性测试的产品，表明是符合EPA标准协议的，才有意义进行互操作性测试。

本部分根据GB/T 17178—1997中规定的协议一致性测试要求，规定了EPA协议一致性测试系统的结构、抽象测试集(ATS)生成规范、静态文档的生成规范、可执行测试集生成规范以及下测试器(LT)与上测试器代理(UTA)间的通信规范。

用于工业测量与控制系统的EPA规范 第2部分:协议一致性测试规范

1 范围

本部分规定了EPA协议一致性测试的内容、EPA协议一致性测试系统的结构,定义了抽象测试集和可执行测试集的生成方法,UTA与LT、UTA与IUT间的通信规范以及静态文档的生成规范。

本部分适用于对声明为基于EPA标准的产品(设备与系统)进行EPA协议一致性测试。

2 规范性引用文件

下列文件对于本文件的应用是必不可少的。凡是注日期的引用文件,仅注日期的版本适用于本文件。凡是不注日期的引用文件,其最新版本(包括所有的修改单)适用于本文件。

GB/T 20171—2006 用于工业测量与控制系统的EPA系统结构与通信规范

GB/T 17178.1 信息技术 开放系统互连 一致性测试方法和框架 第1部分:基本概念

IEEE 1588 精确时间同步协议

RFC 2030 简单网络时间协议(SNTP)

3 术语和定义

下列术语和定义适用于本文件。

3.1

抽象(N)服务原语 abstract (N)-service-primitive

按照OSI服务定义的规定,对在(N)服务边界处服务用户和服务提供者之间交互所做的独立于实现的描述。

3.2

(抽象)测试方法 (abstract) test method

对如何测试ITU的描述,在某个给定的测试抽象级别上该描述与测试工具的具体实现无关,但其详细程度应足以能用这种测试法规定抽象测试例。

3.3

抽象测试集规范 abstract test suite specification

包括标准ATS及相关信息的规范。

3.4

一致性测试 conformance testing

测试IUT是一致性实现所达到的程度。

3.5

可执行测试集 executable test suite

由可执行测试例组成的测试集。

3.6

实现一致性声明 implementation conformance statement

由声称与所给规范一致的实现或系统的提供者所做的声明，陈述已实现了哪些能力。ICS 可有以下诸表：协议 ICS、轮廓 ICS、轮廓特定 ICS 和信息客体 ICS。

3.7

测试实现附加信息 implementation extra information for testing

由 IUT 的提供者或实现者所做的陈述，它包含或引用了与 IUT 及其测试环境有关的全部信息（ICS 给出的信息除外），该陈述使测试实验室对 IUT 运行适当的测试集。一份 IXIT 可以有以下诸表：协议 IXIT、轮廓 IXIT、轮廓特定 IXIT 和信息客体 IXIT、TMP 实现声明。

3.8

被测实现 implementation under test

具有相邻用户/提供者关系的一个或多个 OSI 协议的一种实现，这种实现将作为开放实系统的一部分通过测试进行研究。

3.9

下测试器 lower tester

在 GB/T 17178—1997 中用来表示在测试期间，通过下层服务提供者间接对 IUT 的下层服务界面进行控制和观察的手段。

3.10

控制观察点 point of control and observation

如在抽象测试法中定义的，在测试环境中观察和控制测试事件发生的点。

3.11

协议一致性测试报告 protocol conformance test report

在一致性评估过程结束时编写的一种文档，它给出了用某个特定 ATS 进行测试的详细内容，列出了所有的抽象测试例，标识出其中执行了相应可执行测试例的部分，机器所付给的裁决。

3.12

协议实现一致性声明 protocol implementation conformance statement

声称与给定协议规范一致的实现或系统的 ICS。

3.13

测试协议实现附加信息 protocol implementation extra information for testing

与给定协议规范一致性测试相关的 IXIT。

3.14

已选的抽象测试集 selected abstract test suite

相应于 IUT，用 ICS 和 IXIT 选择的 ATS 子集。

3.15

被选可执行测试集 selected executable test suite

相应于 IUT，用 ICS 和 IXIT 选择的 ETS 子集。

3.16

被测系统 system under test

IUT 所在的开放实系统。

3.17

模板 template

形式表的一部分，它可以用来作为开发完整形式表的基础。

3.18

测试例　test case

抽象或可执行的测试例。

3.19

测试实验室　test laboratory

执行一致性测试的机构。它可以是第三方,用户组织,主管部门,或公认的私人运行机构,或者是提供者组织的经认可部门。

3.20

测试目的　test purpose

良好定义的测试目标的非形式化描述,它集中于诸如在适当的OSI规范中所规定的单个一致性要求或一套相关的一致性要求。

3.21

测试实现　test realization

产生测试IUT工具的过程。

3.22

测试系统　test system

包括下测试器实现的实系统。

4　符号和缩略语

ASP	Abstract Service Primitive	抽象服务原语
ATM	Abstract Test Method	抽象测试方法
ATS	Abstract Test Suite	抽象测试集
CTS	Conformance Test System	一致性测试系统
ETS	Executable Test Suite	可执行测试集
ICS	Implementation Conformance Statement	实现一致性声明
IUT	Implementation Under Test	被测实现
IEIT	Implementation Extra Information for Testing	测试实现的附加信息
LT	Lower Tester	下测试器
OSI	Open System Interconnection	开放系统互连
PCO	Point of Control and Observation	控制观察点
PDU	Protocol Data Unit	协议数据单元
PICS	Protocol Implementation Conformance Statement	协议实现一致性声明
PIXIT	Protocol Implementation Extra Information Testing	测试协议实现附加信息
Req	Request	请求
Rsp	Response	响应
RT	Real Time	实时
SATS	Selected Abstract Test Suite	被选抽象测试集
SETS	Selected Executable Test Suite	被选可执行测试集
SMIB	System Management Information Base	系统管理信息库
SME	System Management Entity	系统管理实体
SNTP	Simple Network Time Protocol	简单网络时间协议
SUT	System Under Test	被测系统

UDP　　User Datagram Protocol　　用户数据报协议

5　EPA 协议一致性测试系统结构

5.1　概述

整个系统可分为被测系统和测试系统,结构如图 1 所示。测试环境的组成及搭建可以参考附录 A。

测试系统主要是下测试器,即运行于测试 PC 上的一致性测试软件。该软件中包含了诸多元素,有抽象测试集、静态文档、可执行测试集等。

被测系统包括被测实现和上测试器两部分。

下测试器通过 UTA 命令与 UTA 交互,通过 EPA 报文实现测试内容。

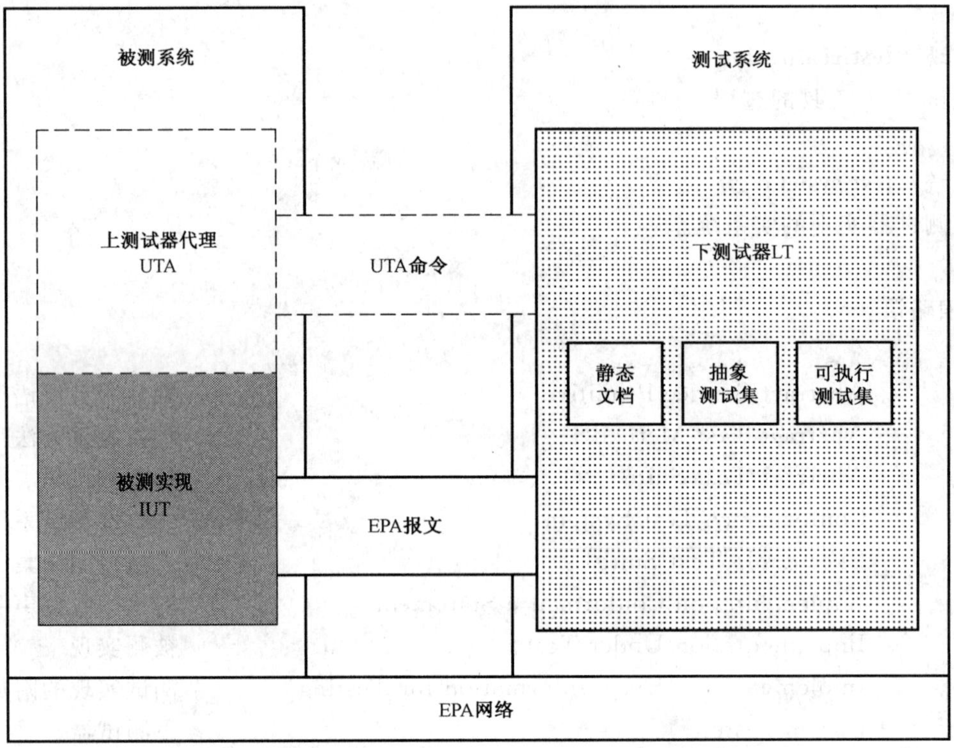

图 1　EPA 协议一致性测试系统的系统结构

5.2　抽象测试集(ATS)

抽象测试集是由抽象测试组所组成的,抽象测试组由抽象测试例所组成。抽象测试例是对为获得特殊测试目的所需行动的一种完整和独立的规范,即未经参数化的测试例。

EPA 协议一致性测试的抽象测试集的结构及内容如图 2 所示。

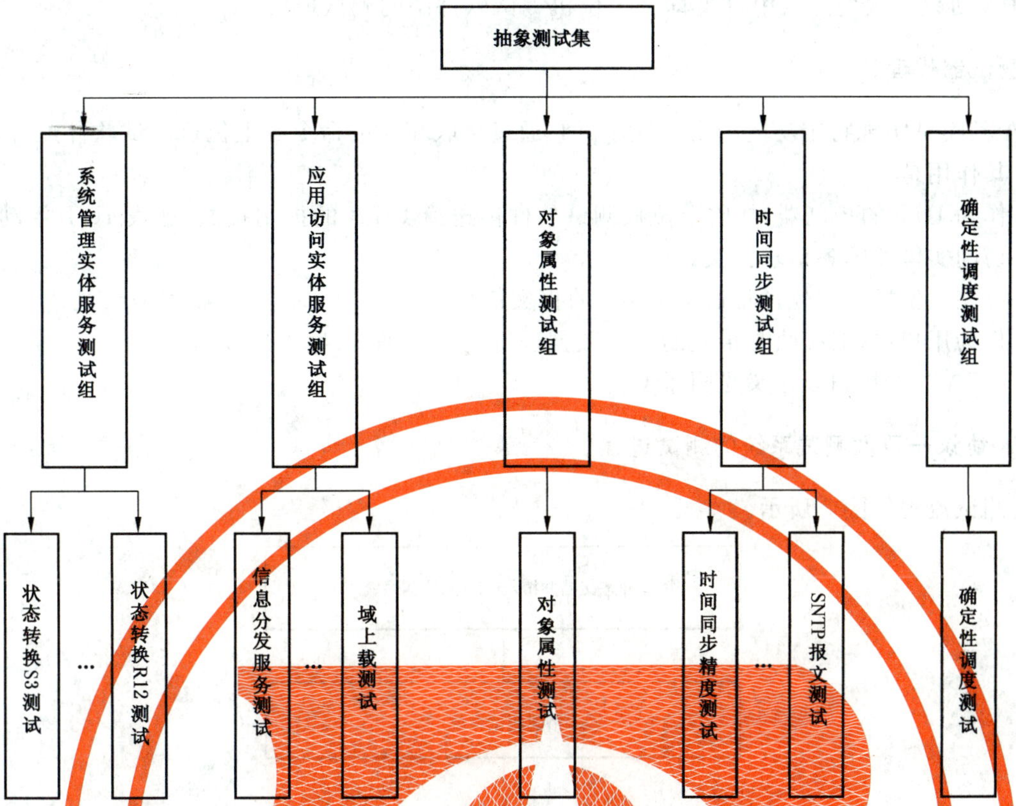

图2　EPA协议一致性测试抽象测试集的结构图

其中包括五个测试组:系统管理实体服务测试组、应用访问实体服务测试组、对象属性测试组、时间同步测试组以及确定性调度测试组。测试案例的详细划分见6.1。

5.3　静态文档

静态文档可分为两种,协议一致性声明(PICS)和协议测试实现附加信息(PIXIT)。PICS是由声称与所给规范一致的实现或系统的提供者所作的声明,陈述已实现了哪些能力。PIXIT是由IUT的提供者或实现者所做的陈述,它包括或引用了与IUT及其测试环境有关的全部信息(PICS给出的信息除外),该陈述时测试实验室能对IUT运行适当的测试集。为了方便,可将PIXIT中的内容移至PICS文件中,以减少文件的数量。详细见附录B。

5.4　可执行测试集(ETS)

可执行测试集是由可执行测试例组成的测试集。可执行测试例是抽象测试例的实现。根据静态文档的部分参数和测试用户的手动选择,可将抽象测试例筛选整理成可执行测试例,并最终组合成可执行测试集,测试软件可根据可执行测试集生成测试调度表,并按照一定的顺序执行测试。

5.5　被测实现(IUT)

被测实现是基于EPA标准的一种实现,即EPA协议栈。这种实现将作为EPA实时控制系统的一部分通过测试进行研究。

5.6　下测试器(LT)

下测试器是在测试执行期间,通过下层服务提供者间接对IUT的下层服务边界进行控制和观察的手段。EPA 协议一致性测试中,LT 即为上位机测试软件中的测试模块。

5.7 上测试器代理(UTA)

UTA 其实是实现特定功能的用户程序。它通过接收相应的命令与上位机测试软件配合对 IUT 进行测试。其作用是:

——作为 IUT 的控制器,接收上位机测试软件传送给 UTA 的控制报文,触发 IUT 主动发出应用访问实体类的各请求报文。

——存储上位机测试软件传送给 UTA 的报文信息。

——作为用户层,对接收与传送的用户数据进行简要处理,产生用户数据。

——UTA 相关接口及定义见附录 C。

5.8 EPA 协议一致性测试系统的测试过程

整个测试流程如图 3 所示。

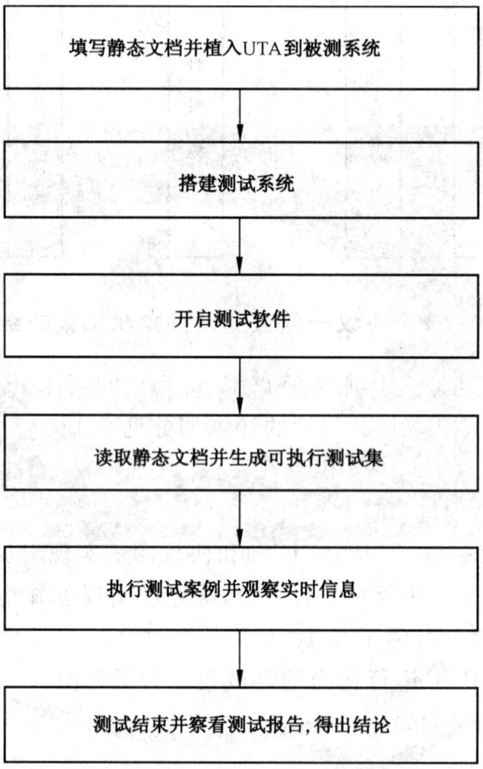

图 3　一致性测试的总体流程图

测试的准备工作包括填写静态文档、移植 UTA 程序、搭建测试系统等。PICS 文件由被测实现方和测试实验室共同完成,其中有关 UTA 虚拟对象的参数等由测试实验室填写。UTA 程序由测试实验室提供,移植工作由被测实现方完成。移植工作主要是转换模块的编写,它将 UTA 的接口与被测协议实现的接口连接起来。确认所有设备都正常启动后,便可开启上位机测试软件,进行后续的测试操作。

6 EPA 协议一致性测试的目的和内容

6.1 概述

EPA 协议一致性测试的目的是检验 EPA 协议实现是否符合 EPA 标准,即检测 EPA 协议实现与

EPA标准的一致程度，并指出不一致的地方，帮助协议实现方修改实现，使之做到与标准一致。

EPA协议的一致性测试的测试内容(即抽象测试集)包括系统管理实体服务测试组、应用访问实体及服务测试组、对象属性测试组、时间同步测试组和确定性调度测试组。

所有的测试内容均是按照测试顺序排列的，可筛选，但不可打乱。排列的原则是由简单到复杂、由基础到上层。

——系统管理实体服务测试组：涉及系统管理状态机的测试、设备查询请求服务测试、设备查询请求应答服务测试、设备信息读取服务测试、设备声明服务测试、设备属性设置服务测试、清除设备属性服务测试。

——应用访问实体及服务测试组：涉及域下载服务测试、域上载服务测试、事件通知服务测试、事件通知确认服务测试、改变事件条件监视服务测试、读服务测试、写服务测试、信息分发服务测试。

——对象属性测试组：涉及SMIB中的所有对象的读写属性及正确性测试。

——时间同步测试组：涉及时间同步精度测试、PTP报文一致性测试、SNTP报文一致性测试。

——确定性调度测试组：涉及通信调度顺序测试、非周期数据声明报文测试、非周期报文发送测试。

抽象测试例的划分信息见表1。

表1 抽象测试例一览表

案例编号	案例名称	测试目的
C110100	系统状态转换S3测试	测试IUT在系统状态转换S3中是否按照协议执行相应的动作
C110200	系统状态转换R1测试	测试IUT在系统状态转换R1中是否按照协议执行相应的动作
C110300	系统状态转换R6测试	测试IUT在系统状态转换R6中是否按照协议执行相应的动作
C110400	系统状态转换R8测试	测试IUT在系统状态转换R8中是否按照协议执行相应的动作
C110500	系统状态转换R14测试	测试IUT在系统状态转换R14中是否按照协议执行相应的动作
C110600	系统状态转换R15测试	测试IUT在系统状态转换R15中是否按照协议执行相应的动作
C120100	系统状态转换R10测试	测试IUT在系统状态转换R10中是否按照协议执行相应的动作
C130100	系统状态转换S4测试	测试IUT在系统状态转换S4中是否按照协议执行相应的动作
C130200	系统状态转换S5测试	测试IUT在系统状态转换S5中是否按照协议执行相应的动作
C130300	系统状态转换R2测试	测试IUT在系统状态转换R2中是否按照协议执行相应的动作
C130400	系统状态转换R3测试	测试IUT在系统状态转换R3中是否按照协议执行相应的动作
C130500	系统状态转换R4测试	测试IUT在系统状态转换R4中是否按照协议执行相应的动作

表 1（续）

案例编号	案例名称	测试目的
C140100	系统状态转换 R12 测试	测试 IUT 在系统状态转换 R12 中是否按照协议执行相应的动作
C140200	系统状态转换 R13 测试	测试 IUT 在系统状态转换 R13 中是否按照协议执行相应的动作
C210100	信息分发服务接收测试	测试 IUT 是否能正确接收信息分发服务报文
C210200	信息分发服务接收测试	测试 IUT 是否能正确发送信息分发服务报文
C220100	事件状态转换 R1 测试	测试 IUT 在事件状态转换 R1 中是否按照协议执行相应的动作
C220200	事件状态转换 R2 测试	测试 IUT 在事件状态转换 R2 中是否按照协议执行相应的动作
C220300	事件状态转换 R3 测试	测试 IUT 在事件状态转换 R3 中是否按照协议执行相应的动作
C220400	事件状态转换 R4 测试	测试 IUT 在事件状态转换 R4 中是否按照协议执行相应的动作
C230100	事件通知服务发送测试	测试 IUT 是否能正确的发送事件通知服务请求报文
C240100	事件确认服务接收测试	测试 IUT 是否能正确的接收并处理事件确认服务请求报文
C250100	域状态转换 R3、R11、R15、R12、R9 测试	测试 IUT 在事件状态转换 R3、R11、R15、R12、R9 中是否按照协议执行相应的动作
C250200	域状态转换 R8、R4、R5 测试	测试 IUT 在事件状态转换 R8、R4、R5 中是否按照协议执行相应的动作
C250300	域状态转换 R6、R22、R7、R17、R2 测试	测试 IUT 在事件状态转换 R6、R22、R7、R17、R2 中是否按照协议执行相应的动作
C250400	域状态转换 R18、R16、R20、R21 测试	测试 IUT 在事件状态转换 R18、R16、R20、R21 中是否按照协议执行相应的动作
C250500	域状态转换 R19、R23、R13、R14 测试	测试 IUT 在事件状态转换 R19、R23、R13、R14 中是否按照协议执行相应的动作
C260100	域下载服务接收测试	测试 IUT 是否能正确接收并处理域下载请求服务
C270100	域上载服务接收测试	测试 IUT 是否能正确接收并处理域上载请求服务
C310100	EPAMIBHeader 对象属性测试	测试 EPMIBHeader 对象的属性是否符合协议中的描述
C320100	EPADevice Descriptor 对象属性测试	测试 EPADevice Descriptor 对象的属性是否符合协议中的描述
C330100	Sync and Scheduling 对象属性测试	测试 Sync and Scheduling 对象的属性是否符合协议中的描述
C340100	MAX Response Time 对象属性测试	测试 MAX Response Time 对象的属性是否符合协议中的描述
C350100	Communication Schedule Management 对象属性测试	测试 Communication Schedule Management 对象的属性是否符合协议中的描述

表 1（续）

案例编号	案例名称	测试目的
C360100	Device Application Information 对象属性测试	测试 Device Application Information 对象的属性是否符合协议中的描述
C370100	FB Application Information Header 对象属性测试	测试 FB Application Information Header 对象的属性是否符合协议中的描述
C380100	Link Object Header 对象属性测试	测试 Link Object Header 对象的属性是否符合协议中的描述
C390100	Domain Application Information Header 对象属性测试	测试 Domain Application Information Header 对象的属性是否符合协议中的描述
C410100	客户端 PTP 报文测试	测试 IUT 的客户端 PTP 报文是不是符合 PTP 协议
C410200	服务器端 PTP 报文测试	测试 IUT 的服务器端 PTP 报文是不是符合 PTP 协议
C420100	SNTP 报文测试	测试 IUT 的客户端 SNTP 报文是不是符合 SNTP 协议
C430100	时钟同步精度测试	测试 IUT 时钟同步精度是不是符合标称精度
C510100	通信调度顺序测试	测试 IUT 是否按照组态的顺序发送周期报文
C520100	非周期数据声明报文测试	测试 IUT 在周期报文发送阶段，周期报文发送完后是否发送非周期数据声明报文，并测试其报文格式是否符合 EPA 标准
C530101	不同优先级报文发送测试	测试 IUT 在非周期报文发送期间不同优先级报文是否按规则工作，即测试 IUT 对不同优先级的调度能力
C530102	相同优先级报文发送测试	测试 IUT 在非周期报文发送期间，相同优先级的报文是否按 IP 地址小的先发送的顺序发送。也就是测试 IUT 对相同优先级报文的调度能力
C530103	混合报文发送测试	测试 IUT 在非周期报文发送期间，不同优先级、相同优先级混合报文是否按正确的顺序调度
C530104	超长报文发送测试	测试 IUT 在非周期报文发送期间出现超长报文时是否按规则工作
C540100	非周期数据发送结束声明报文测试	测试 IUT 在非周期报文发送阶段，发送完非周期报文后是否发送非周期数据发送结束声明报文，并测试其报文是否符合 EPA 标准
C550100	非正常情况调度测试	IUT 在周期数据发送时间内，收到非周期数据发送结束声明报文，测试 IUT 是否在非周期数据发送时间片内将非周期数据发送出去

注：表中出现的状态转换编号(如 S3、R1 等)均摘自 GB/T 20171—2006 中 9.4.3、9.5.3 及 9.5.4。

6.2 系统管理实体服务测试组

——测试目的

测试 IUT 中系统管理实体的状态机的实现是否符合 EPA 标准，测试系统管理实体在一定的状态下是否能产生正确的行为。

——测试方法

EPA 设备有 NoAddress、Configured、Unconfigured 三种状态。EPA 系统管理实体状态机的测试就是在某种状态下给 IUT 发送系统管理服务，测试 IUT 的设备状态是否能转换到预期的状态，并测试 IUT 是否能产生正确的行为。测试时，LT 根据 IUT 的设备声明服务报文读取 IUT 的设备状态，发送相应的服务，然后根据设备声明服务中的更新的设备状态，判断状态转换是否与预期的一致，并分析 IUT 作出的响应是否符合预期的结果。

——测试过程

总体的测试流程如图 4 所示。

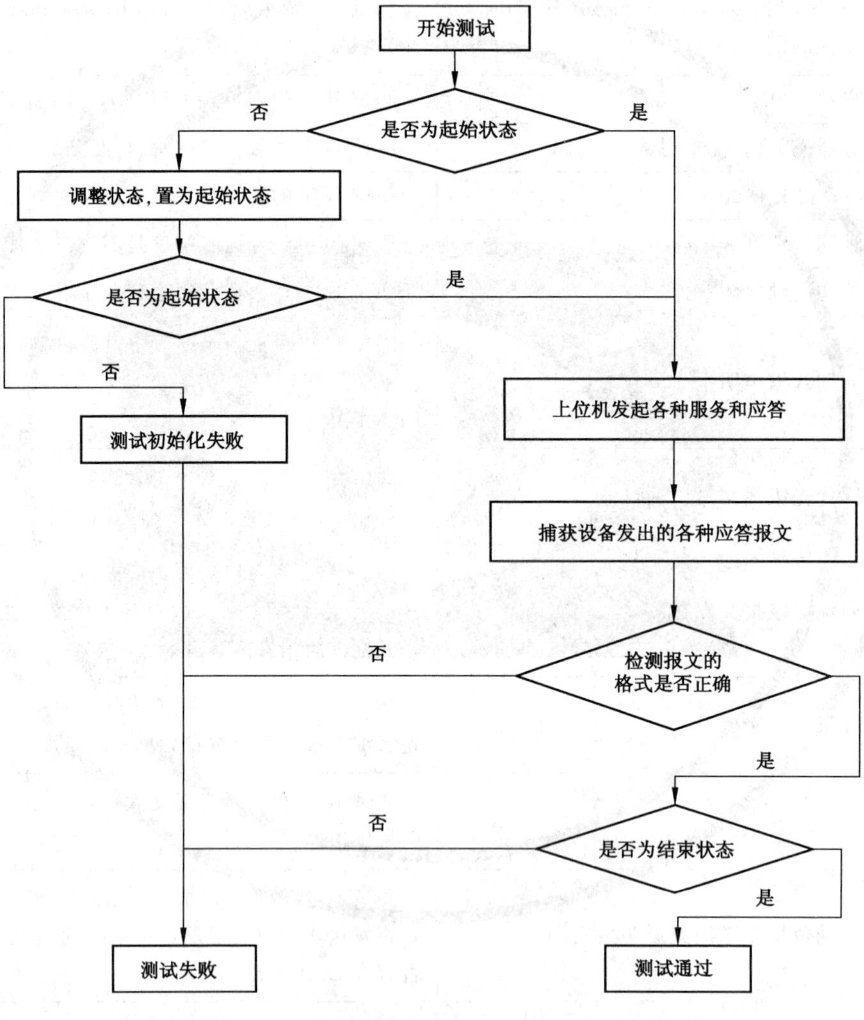

图 4　系统管理状态测试总体流程图

系统管理实体服务测试例中出现的管理实体状态转换表均摘自 GB/T 20171—2006 中 9.4.3 的表 123。

6.2.1　系统状态转换 S3 测试(C110100)

见表 2。

表 2 管理实体 S3 状态转换表

#	当前状态	事件或条件 => 动作	下一个状态
S3	Unconfigured	EpaRepeatTimerExpires( ) => EM_DeviccAnnunciation. req{} Restart_EPARepeatTimer( )	Unconfigured

——测试目的

IUT 的起始和中止状态、设备声明的报文格式、设备声明报文发送间隔是否符合协议中的描述。

——测试方法

测试模块先检测 IUT 的状态,确定是 Unconfigured 时。测试模块发起 EM_SetDeviceAttributeReq 服务,然后开始获取设备声明报文,同时记录每一个设备声明报文到达时间,从而计算出报文间的时间间隔。看报文间的时间间隔是否符合 SMIB 中 Annunciation Interval 值。并检查报文的格式,是否符合 EPA 标准。再检测 IUT 是否为 Unconfigured 状态。

——测试过程

测试过程如图 5 所示。

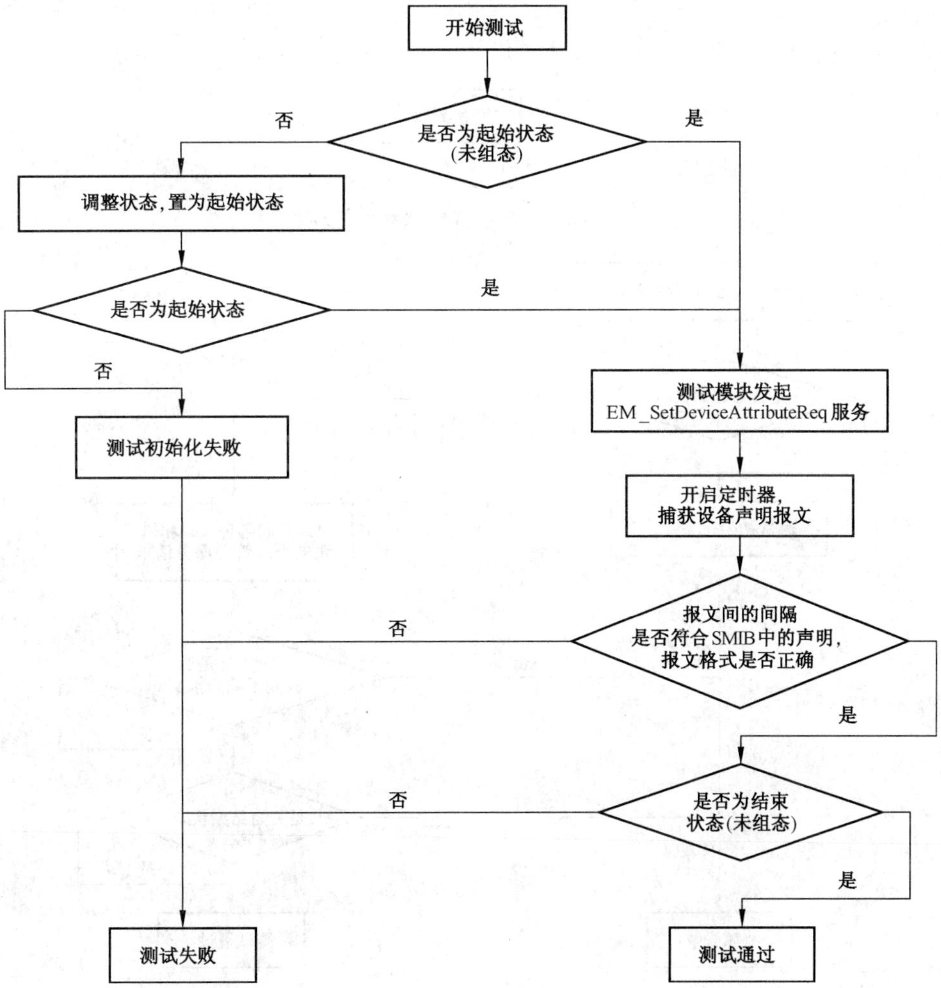

图 5 状态转换 S3 测试流程图

6.2.2 系统状态转换 R1 测试(C110200)

见表 3。

表 3 管理实体 R1 状态转换表

#	当前状态	事件或条件 => 动作	下一个状态
R1	Unconfigured	EpaRecvMsg( )="Any Confirmed EPA_SME Rsp Message"|| EpaRecvMsg( )="Any Confirmed EPA_SME Error Message" => EM_ConfirmedService. cnf{}	Unconfigured

——测试目的

IUT 的起始和中止状态、证实服务的应答报文格式是否符合协议中的描述。

——测试方法

测试模块检测 IUT 的状态为 Unconfigured,然后由 IUT 向测试模块发起各种正确和错误的系统管理实体证实服务,检测 IUT 是否收到了相应的负响应。并检查报文的格式,是否符合 EPA 标准。最后检测 IUT 的状态是否为 Unconfigured。

——测试过程

测试过程如图 6 所示。

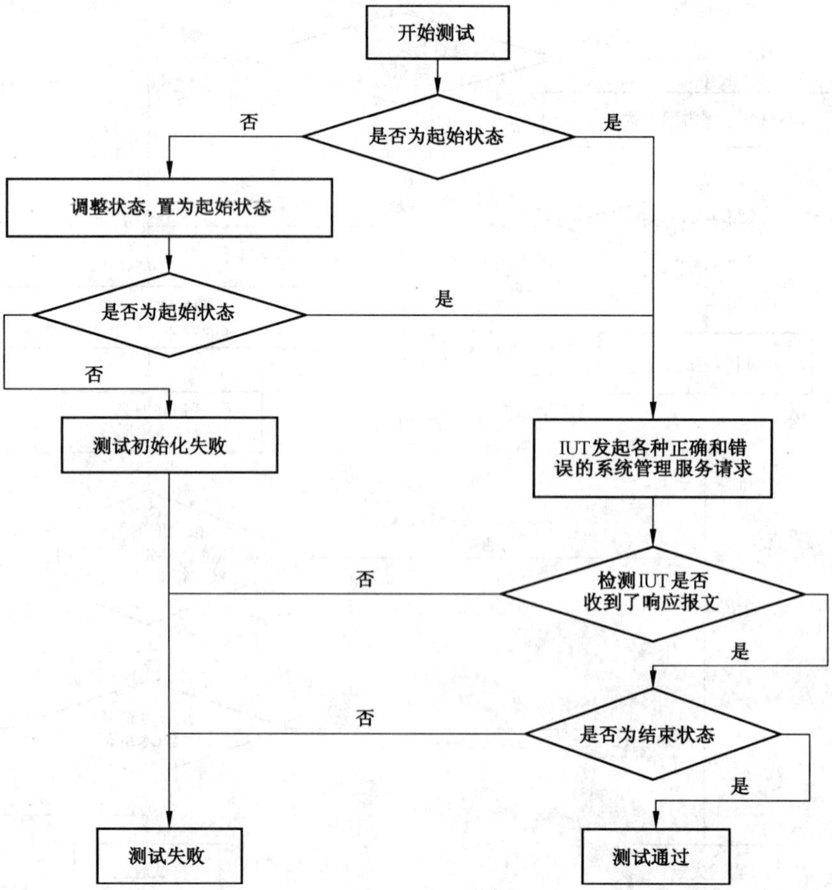

图 6 状态转换 R1 测试流程图

6.2.3 系统状态转换 R6 测试(C110300)

见表 4。

表 4 管理实体 R6 状态转换表

#	当前状态	事件或条件 => 动作	下一个状态
R6	Unconfigured	EpaRecvMsg( )="EM_GetDeviceAttributeReq" => EM_ConfrimedService. err{}	Unconfigured

——测试目的

IUT 的起始和中止状态,IUT 是否发送 EM_ConfrimedService 的负响应报文。

——测试方法

测试模块检测 IUT 的状态为 Unconfigured,然后由测试模块发起 EM_GetDeviceAttributeReq 服务,并检测 IUT 是否发送了 EM_ConfrimedService 的负响应报文。最后检测 IUT 的状态是否为 Unconfigured。

——测试过程

测试过程如图 7 所示。

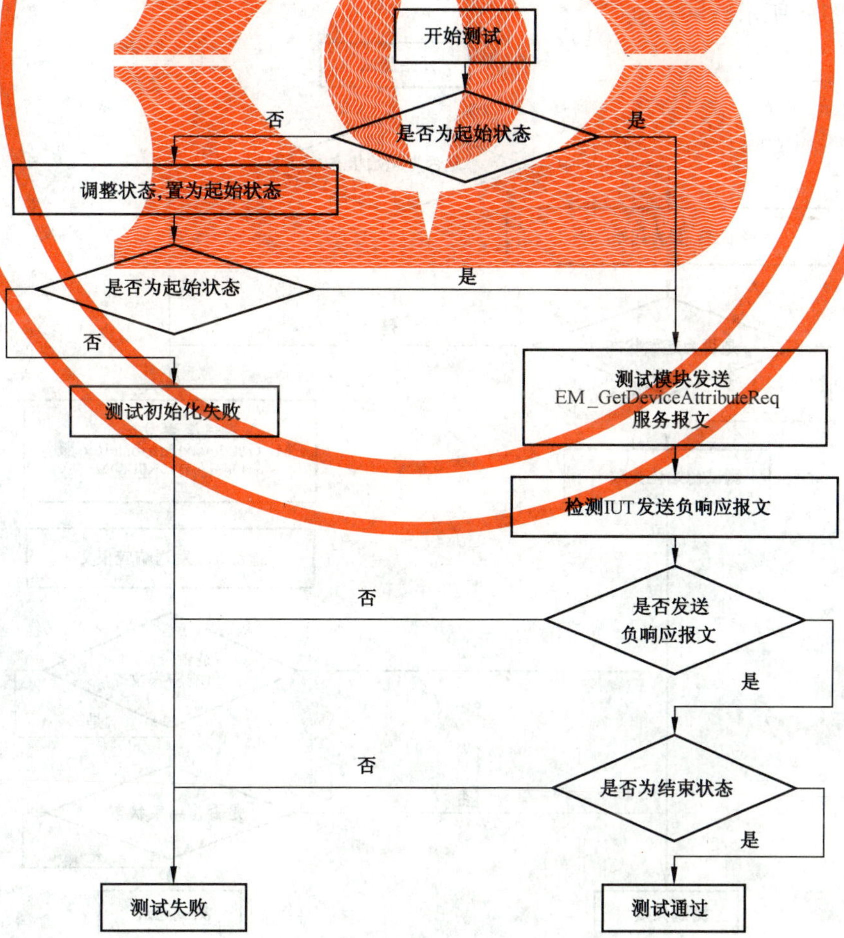

图 7 状态转换 R6 测试流程图

6.2.4 系统状态转换 R8 测试(C110400)

见表 5。

表 5 管理实体 R8 状态转换表

#	当前状态	事件或条件 => 动作	下一个状态
R8	Unconfigured	EpaRecvMsg( )="EM_SetDeviceAttributeReq" &&EpaDeviceId_Match(em_svc)=FALSE => EM_ConfirmedService.err{ }	Unconfigured

——测试目的

IUT 的起始和中止状态,IUT 是否发送 EM_ConfirmedService 的负响应报文。

——测试方法

测试模块检测 IUT 的状态为 Unconfigured,然后由测试模块发起 EM_GetDeviceAttributeReq 服务(DeviceID 不匹配)。测试模块检测 IUT 是否发送了 EM_ConfirmedService 的负响应报文。最后检测 IUT 的状态是否为 Unconfigured。

——测试过程

测试过程如图 8 所示。

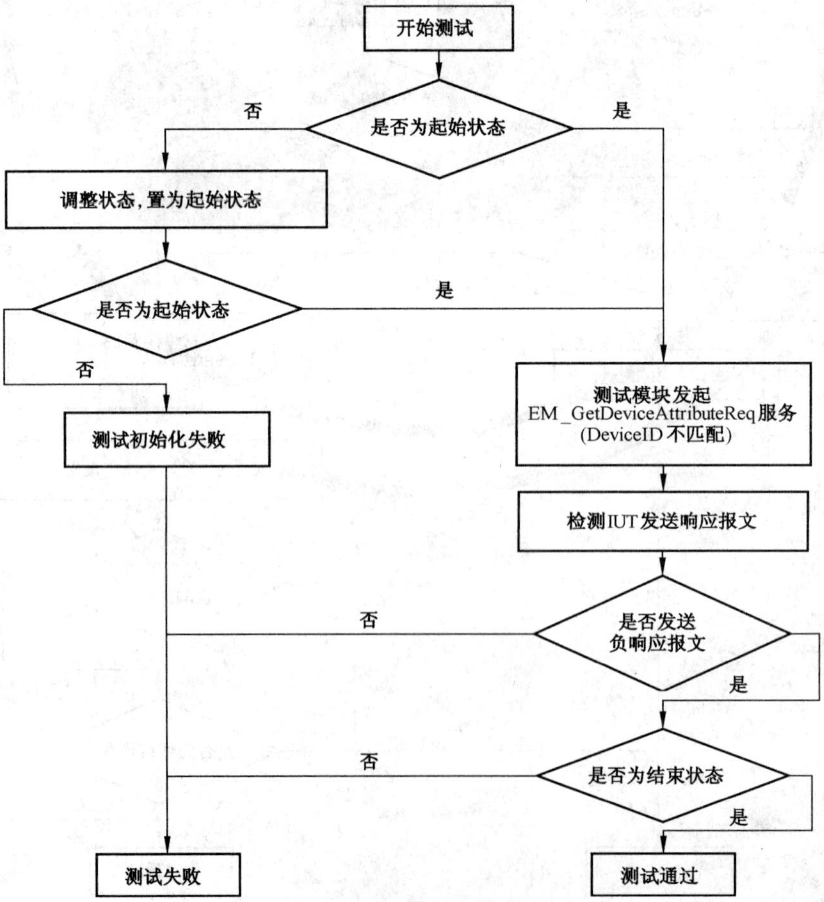

图 8 状态转换 R8 测试流程图

6.2.5 系统状态转换 R10 测试(C120100)

见表 6。

表 6 管理实体 R10 状态转换表

#	当前状态	事件或条件 => 动作	下一个状态
R10	Unconfigured	EpaRecvMsg( )="EM_SetDeviceAttributeReq" => EpaSet_Attribute_Data(em_svc) EpaClear_DuplicatePdTagFlag( ) EM_SetDeviceAttribute. rsp{} EM_DeviceAnnunciation. req{} Restart_EPARepeatTimer( ) EM_FindTagQuery. req{}	Configured

——测试目的

IUT 的起始和中止状态,IUT 是否做出相应的反应。

——测试方法

测试模块检测 IUT 的状态为 Unconfigured,然后由测试模块发起 EM_SetDeviceAttributeReq 服务,并检测 IUT 是否做出了相应的动作,包括:设备的修改设备属性值、清除冗余 PDTag 标志、返回正响应、发出 EM_FindTagQuery. req 服务、设备声明服务重启。最后检测设备的状态是否为 Configured。

——测试过程

测试过程如图 9 所示。

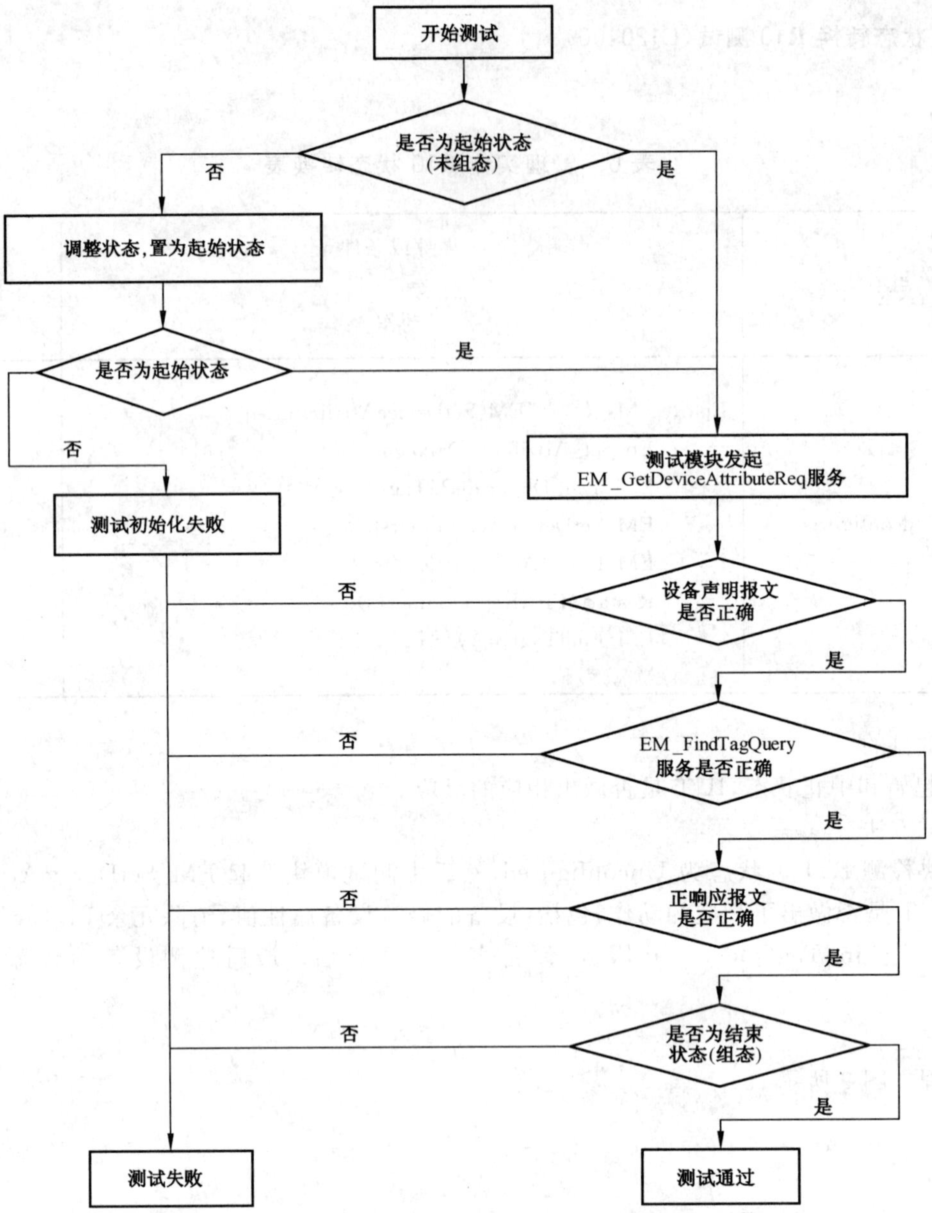

图 9　状态转换 R10 测试流程图

6.2.6　系统状态转换 S4 测试(C130100)

见表 7。

表 7　管理实体 S4 状态转换表

#	当前状态	事件或条件 => 动作	下一个状态
S4	Configured	EM_UnconfirmedService. req{} || EM_ConfirmedService. req{} || EM_ConfirmedService. rsp{} =>　EpaSend_EM_ReqRspMessage(em_svc)	Configured

——测试目的

IUT 的起始和中止状态、证实服务应答报文格式。

——测试方法

测试模块检测 IUT 的状态为 Configured,然后由 IUT 发起各种服务或做出服务的响应(发出响应前须由测试模块发出请求),检测 IUT 是否发出正确的报文。最后检测 IUT 的状态是否为 Configured。

——测试过程

测试过程如图 10 所示。

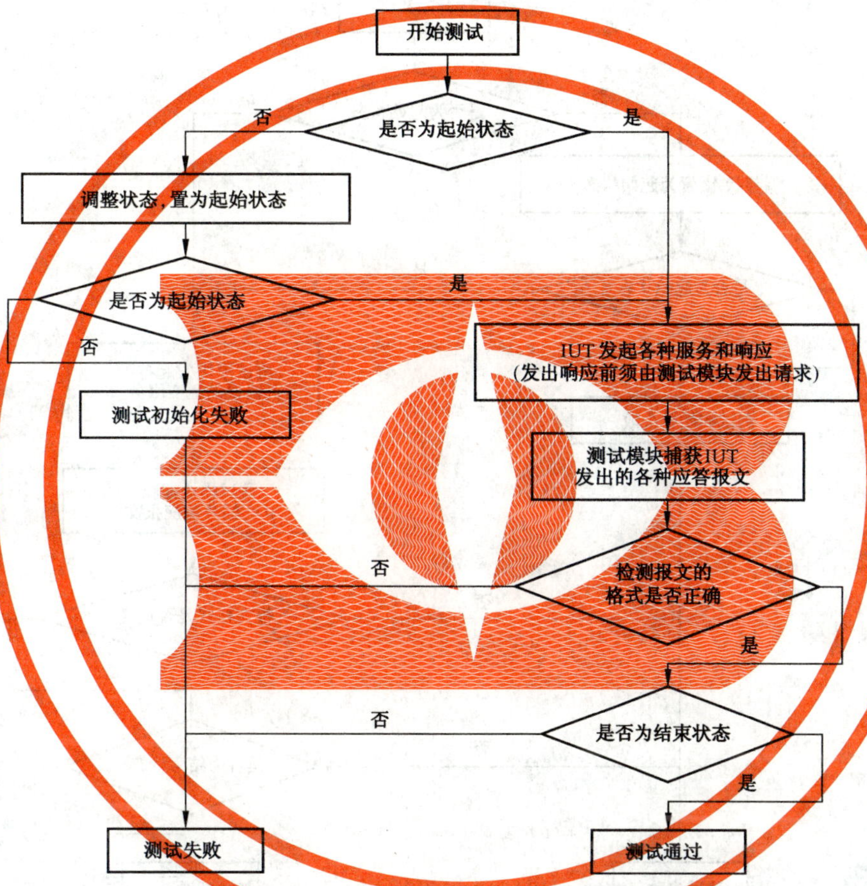

图 10　状态转换 S4 测试流程图

6.2.7　系统状态转换 S5 测试(C130200)

见表 8。

表 8　管理实体 S5 状态转换表

#	当前状态	事件或条件 => 动作	下一个状态
S5	Configured	EM_ConfirmedService. err{} =>　EpaSend_EM_CommonErrorRsp( )	Configured

——测试目的

IUT 的起始和中止状态、证实服务应答报文格式。

——测试方法

测试模块检测 IUT 的状态为 Configured，然后由测试模块发起各种错误的证实服务，检测 IUT 是否对其中的证实服务做出了负响应(包含多种错误的负响应)，检测负响应报文格式。最后检测 IUT 的状态是否为 Configured。

——测试过程

测试过程如图 11 所示。

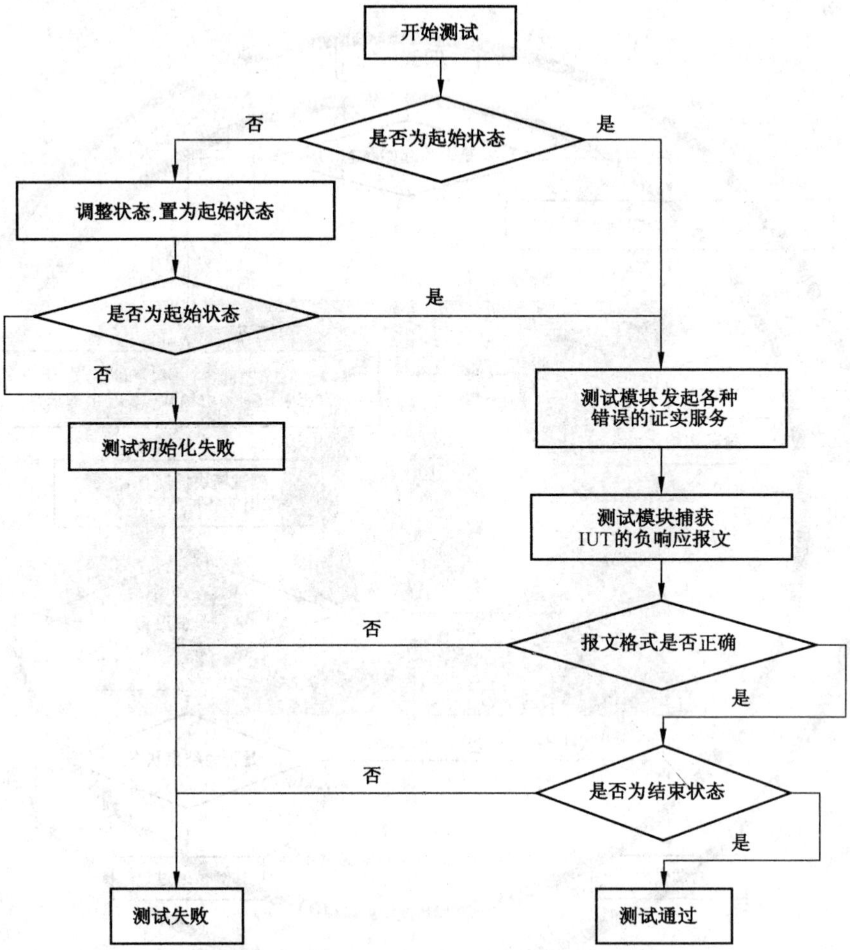

图 11　状态转换 S5 测试流程图

6.2.8　系统状态转换 R2 测试(C130300)

见表 9。

表 9　管理实体 R2 状态转换表

#	当前状态	事件或条件 => 动作	下一个状态
R2	Configured	EpaRecvMsg( ) ="EM_FindTagQuery" && EpaQueryMatch(em_svc)=TRUE =>　EM_FindTagReply. req{}	Configured

——测试目的

IUT 的起始和中止状态、EM_FindTagQuery 服务格式。

——测试方法

测试模块检测 IUT 的状态为 Configured，然后由测试模块发起 EM_FindTagQuery 服务，检测 IUT 是否在收到了测试模块发出的 EM_FindTagQuery 服务并且查询匹配之后，发出相应的 EM_FindTagReply 服务。最后检测 IUT 的状态是否为 Configured。

——测试过程

测试过程如图 12 所示。

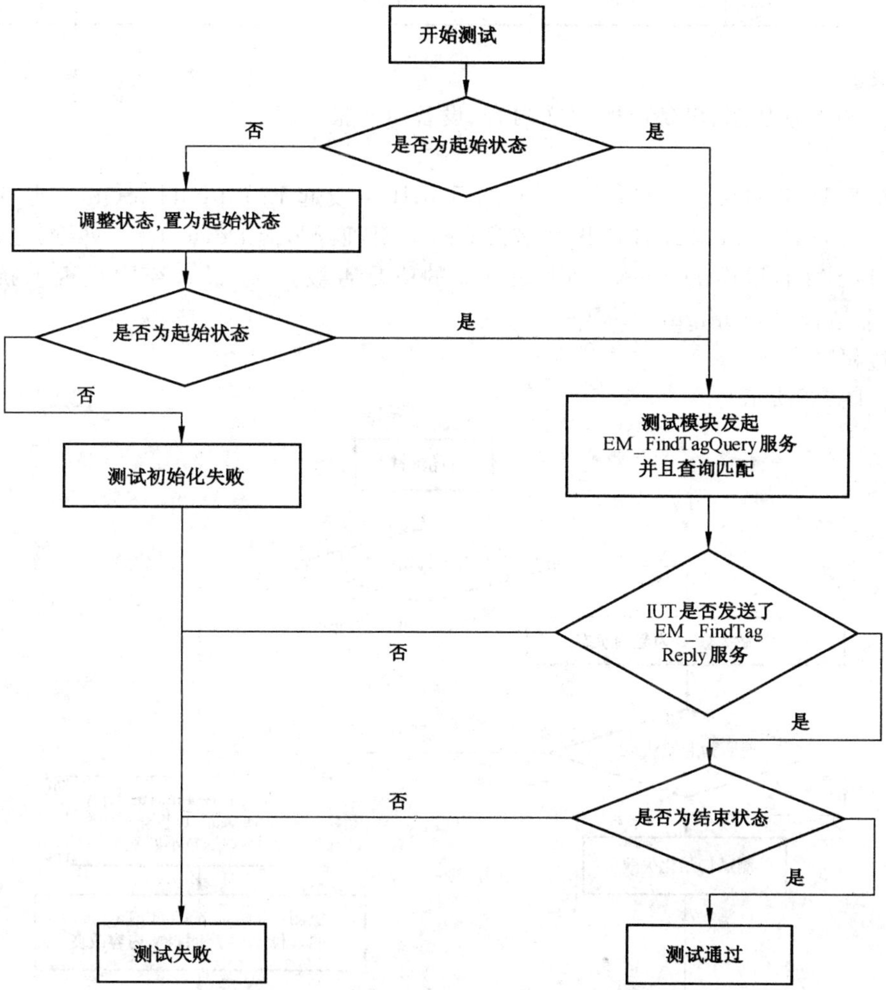

图 12　状态转换 R2 测试流程图

6.2.9　系统状态转换 R3 测试(C130400)

见表 10。

表 10　管理实体 R3 状态转换表

#	当前状态	事件或条件 => 动作	下一个状态
R3	Configured	EpaRecvMsg( ) ="EM_FindTagReply" &&Epa_MessageIdMatch(em_svc)=TRUE && EpaDeviceId_Match(em_svc)=FALSE => EPASet_DuplicatePdTagFlag( ) EM_DeviceAnnunciation. req{} Restart_EPARepeatTimer( )	Configured

——测试目的

IUT 的起始和中止状态、设备声明报文内容、设备声明报文是否重启。

——测试方法

测试模块检测 IUT 的状态为 Configured,然后由 IUT 发起 EM_FindTagQuery 服务,检测 IUT 收到了测试模块发出的 EM_FindTagReply 服务(MessageID 匹配,但 DeviceID 不匹配)之后,是否执行了相应的操作:包括 SMIB 里面 DuplicatePdTagFlag 的值是否被置位,设备声明是否重新启动了。最后检测 IUT 的状态是否为 Configured。

——测试过程

测试过程如图 13 所示。

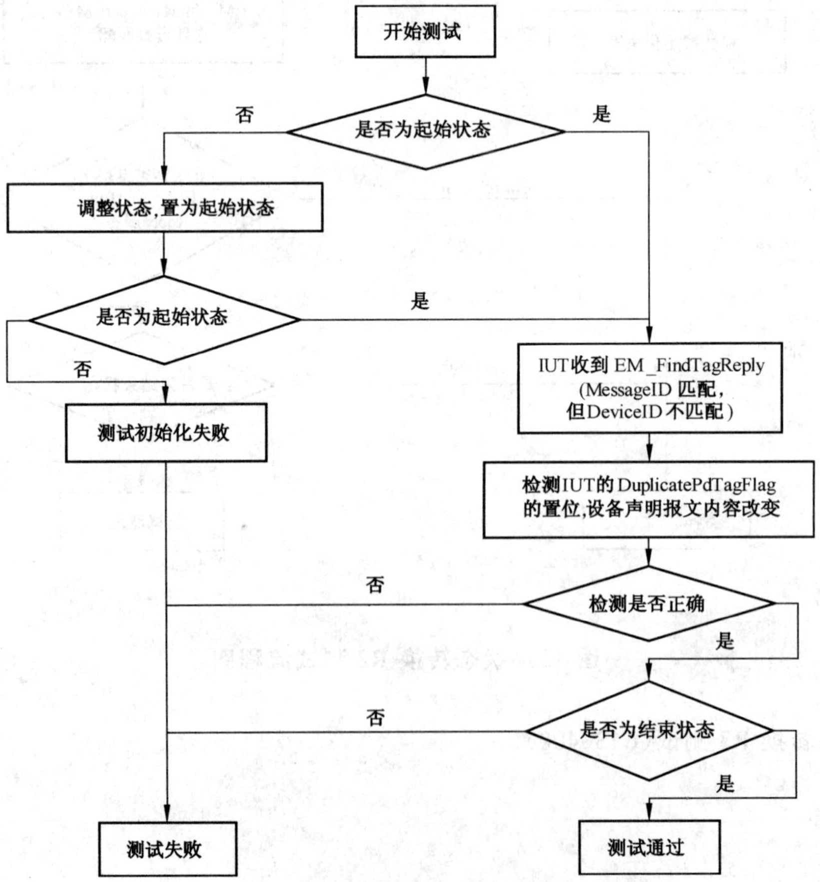

图 13　状态转换 R3 测试流程图

6.2.10 系统状态转换 R4 测试(C130500)

见表 11。

表 11 管理实体 R4 状态转换表

#	当前状态	事件或条件 => 动作	下一个状态
R4	Configured	EpaRecvMsg( ) ="EM_FindTagReply" &&Epa_MessageIDMatch(em_svc)=TRUE && EpaDeviceId_Match(em_svc)=TRUE => //Do nothing-the response is from this device	Configured

——测试目的

IUT 的起始和中止状态。

——测试方法

测试模块检测 IUT 的状态为 Configured,然后由 IUT 发起 EM_FindTagQuery 服务,检测 IUT 在收到了 EM_FindTagReply 服务(MessageID 和 DeviceID 都匹配)之后,是否对此无动作。最后检测 IUT 的状态是否为 Configured。

——测试过程

测试过程如图 14 所示。

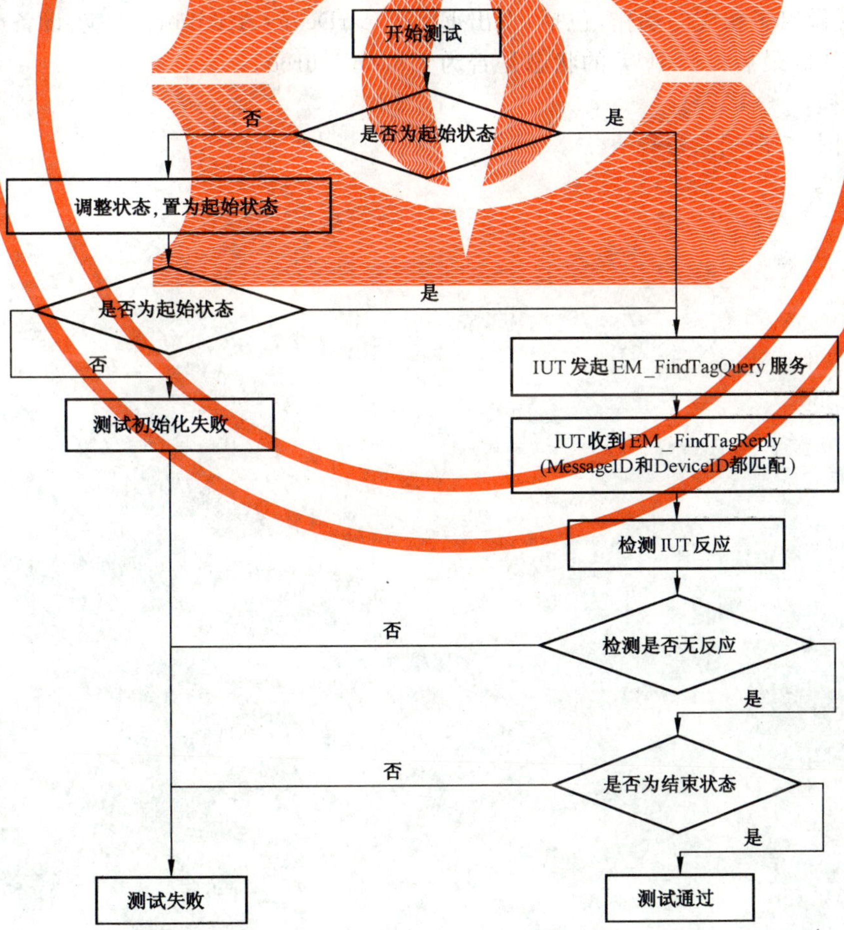

图 14 状态转换 R4 测试流程图

6.2.11 系统状态转换 R12 测试(C140100)

见表 12。

表 12 管理实体 R12 状态转换表

#	当前状态	事件或条件 => 动作	下一个状态
R12	Configured	EpaRecvMsg( ) ="EM_ClearDeviceAttributeReq" => EpaResoreDefaults( ) EM_ClearDeviceAttribute. rsp{} EM_DeviceAnnunciation. req{} Restart_EPARepeatTimer( )	Unconfigured

——测试目的

IUT 的起始和中止状态,IUT 是否做出相应的反应。

——测试方法

测试模块检测 IUT 的状态为 Configured,然后由测试模块发起 EM_SetDeviceAttributeReq 服务,并检测 IUT 是否做出了相应的动作,包括:发出 EM_ClearDeviceAttribute 响应、设备声明服务重启、设备还原成出厂模式。最后检测 IUT 的状态是否为 Unconfigured。

——测试过程

测试过程如图 15 所示。

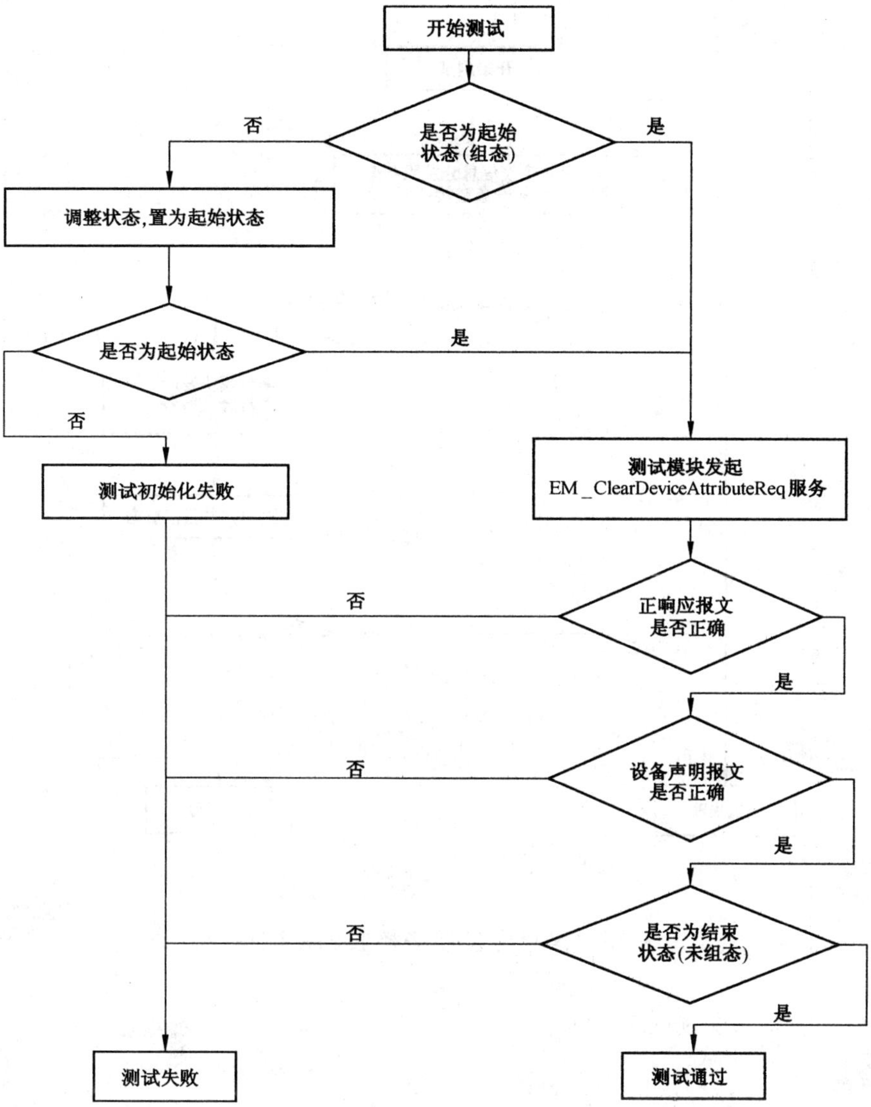

图 15　状态转换 R12 测试流程图

6.3　应用访问实体服务测试组

应用访问实体服务可分为事件状态转换测试、域状态转换测试及应用访问实体服务测试。测试前已将设备属性清除。

6.3.1　信息分发服务接收测试(C210100)

——测试目的

测试 IUT 是否能正确地接收信息分发服务报文。

——测试方法

测试模块先将接收信息分发服务的一条链接关系写入 IUT,然后由测试模块发起信息分发服务请求报文,最后读取 UTA 中信息分发缓存数据,并比较数据是否正确。

——测试过程

测试过程如图 16 所示。

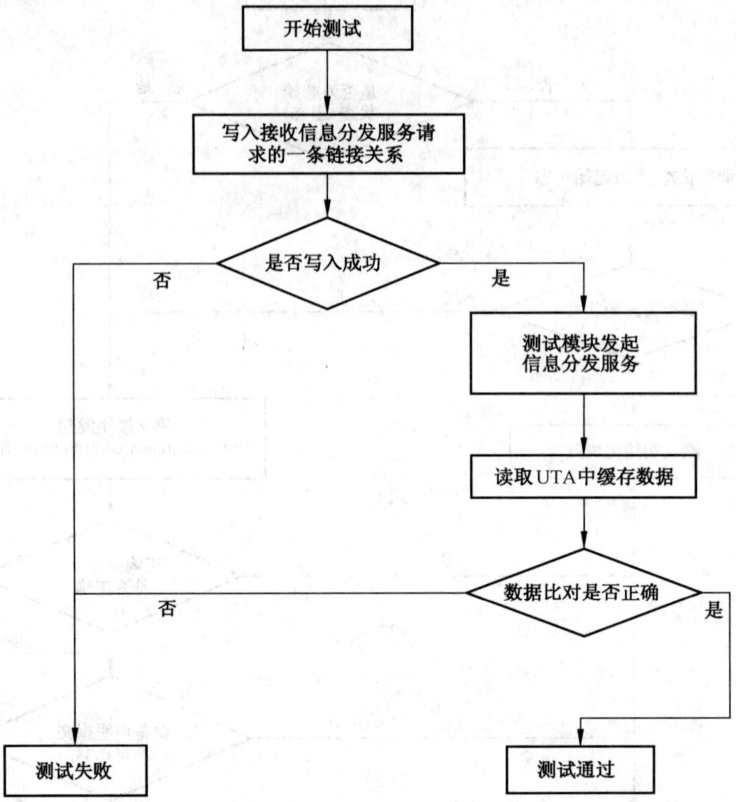

图 16　信息分发服务接收测试流程图

6.3.2　信息分发服务发送测试(C210200)

——测试目的

测试 IUT 是否能正确地发出信息分发服务报文。

——测试方法

测试模块先将发送信息分发服务的一条链接关系写入 IUT,然后由测试模块调用 UTA 命令,促使 IUT 发起信息分发服务请求报文,最后获取网络中信息分发请求报文,并比较数据是否正确。

——测试过程

测试过程如图 17 所示。

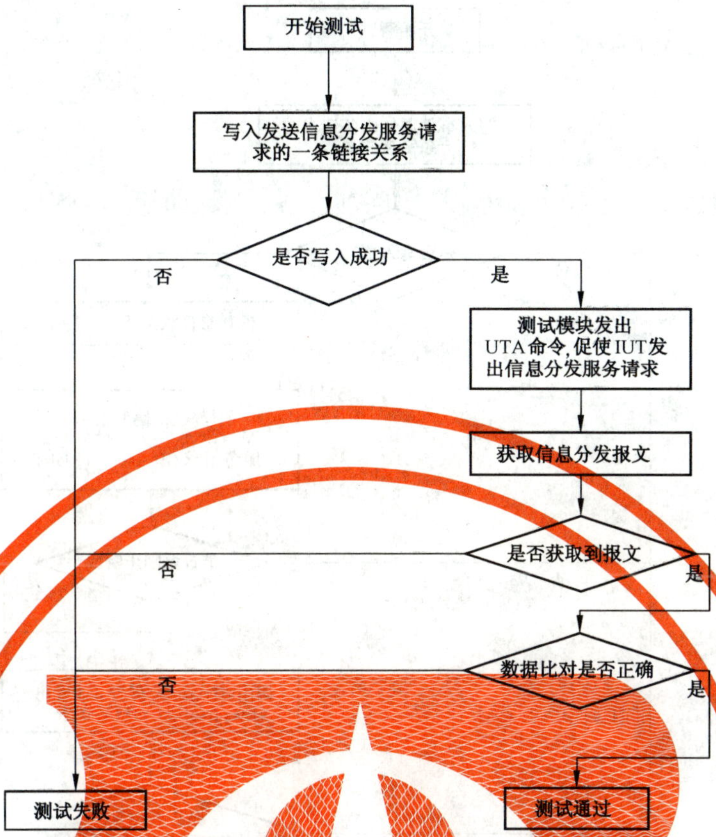

图 17 信息分发服务发送测试流程图

6.3.3 事件状态转换 R1 测试(C220100)

见表 13。

表 13 事件状态 R1 状态转换表

#	当前状态	事件或条件 => 动作	下一个状态
R1	LOCKED	AlterEventConditionMonitor. ind && Enabled=TRUE => AlterEventConditionMonitor. rsq(+){}	UNLOCKED

——测试目的

测试 AlterEventConditionMonitor 服务请求、事件开始结束状态是否符合协议中的描述。

——测试方法

测试模块首先写入一条发送事件通知的链接关系,测试模块将事件状态设置为 LOCKED,然后由测试模块发出 AlterEventConditionMonitor 服务请求(Enabled=TRUE),最后调用 UTA 命令,测试 IUT 能否发出 EventNotification 服务请求来判断事件的结束状态是否正确。

——测试过程

测试过程如图 18 所示。

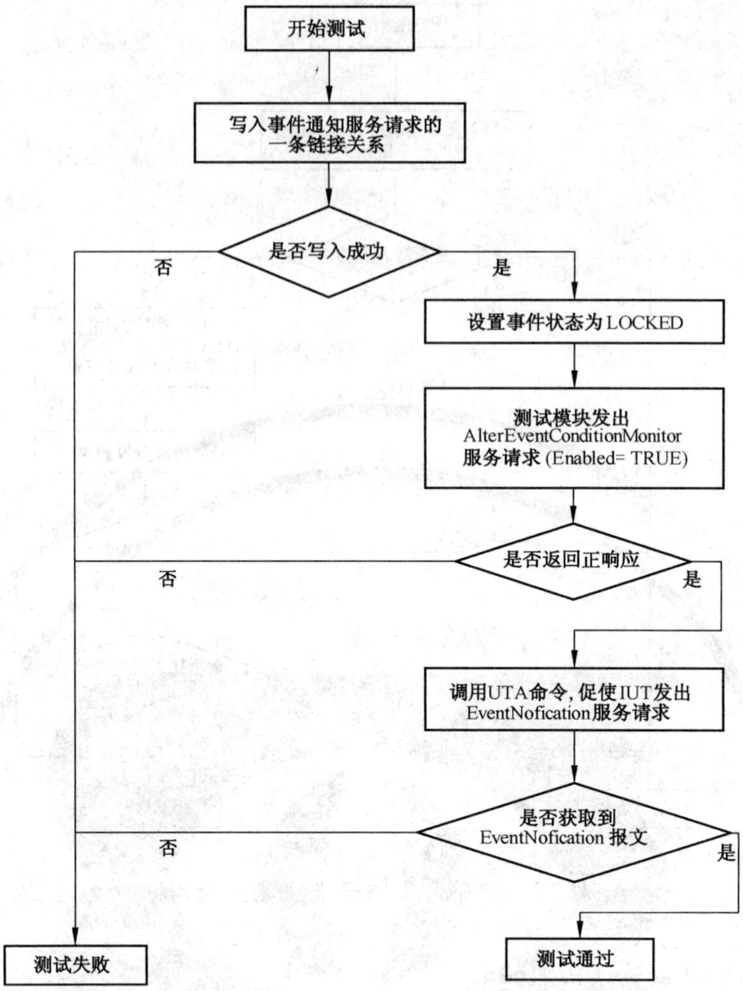

图 18　事件状态转换 R1 测试流程图

6.3.4　事件状态转换 R2 测试(C220200)

见表 14。

表 14　事件状态 R2 状态转换表

#	当前状态	事件或条件 => 动作	下一个状态
R2	LOCKED	AlterEventConditionMonitor. ind &&Enabled=FALSE =>　AlterEventConditionMonitor. rsq(+){}	LOCKED

——测试目的

测试 AlterEventConditionMonitor 服务请求、事件开始结束状态是否符合协议中的描述。

——测试方法

测试模块首先写入一条发送事件通知的链接关系，测试模块将事件状态设置为 LOCKED，然后由测试模块发出 AlterEventConditionMonitor 服务请求(Enabled=FALSE)，最后调用 UTA 命令，测试

IUT 能否发出 EventNotification 服务请求来判断事件的结束状态是否正确。

——测试过程

测试过程如图 19 所示。

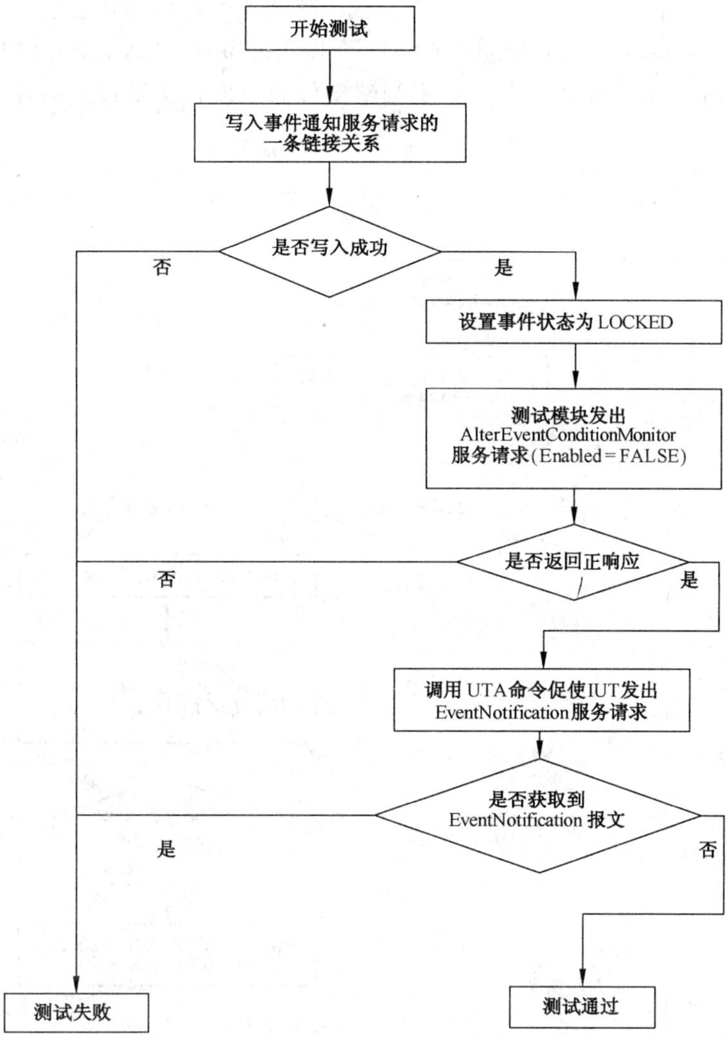

图 19　事件状态转换 R2 测试流程图

6.3.5　事件状态转换 R3 测试(C220300)

见表 15。

表 15　事件状态 R3 状态转换表

#	当前状态	事件或条件 => 动作	下一个状态
R3	UNLOCKED	AlterEventConditionMonitor. ind &&Enabled=FALSE =>　AlterEventConditionMonitor. rsq(+){}	LOCKED

——测试目的

测试 AlterEventConditionMonitor 服务请求、事件开始结束状态是否符合协议中的描述。

——测试方法

测试模块首先写入一条发送事件通知的链接关系，测试模块将事件状态设置为 UNLOCKED，然后由测试模块发出 AlterEventConditionMonitor 服务请求（Enabled＝FALSE），最后调用 UTA 命令，测试 IUT 能否发出 EventNotification 服务请求来判断事件的结束状态是否正确。

——测试过程

测试过程如图 20 所示。

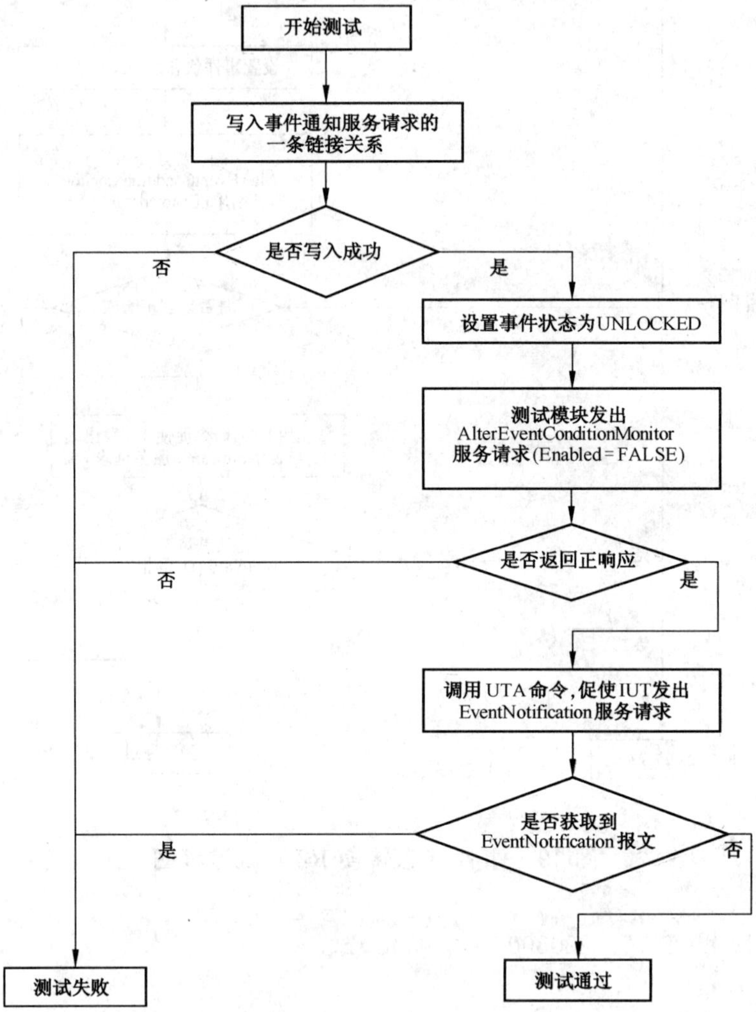

图 20　事件状态转换 R3 测试流程图

6.3.6　事件状态转换 R4 测试（C220400）

见表 16。

表 16 事件状态 R4 状态转换表

#	当前状态	事件或条件 => 动作	下一个状态
R4	UNLOCKED	AlterEventConditionMonitor. ind &&Enabled=TRUE => AlterEventConditionMonitor. rsq(+){}	UNLOCKED

——测试目的

测试 AlterEventConditionMonitor 服务请求、事件开始结束状态是否符合协议中的描述。

——测试方法

测试模块首先写入一条发送事件通知的链接关系，测试模块将事件状态设置为 UNLOCKED，然后由测试模块发出 AlterEventConditionMonitor 服务请求(Enabled=TRUE)，最后调用 UTA 命令，测试 IUT 能否发出 EventNotification 服务请求来判断事件的结束状态是否正确。

——测试过程

测试过程如图 21 所示。

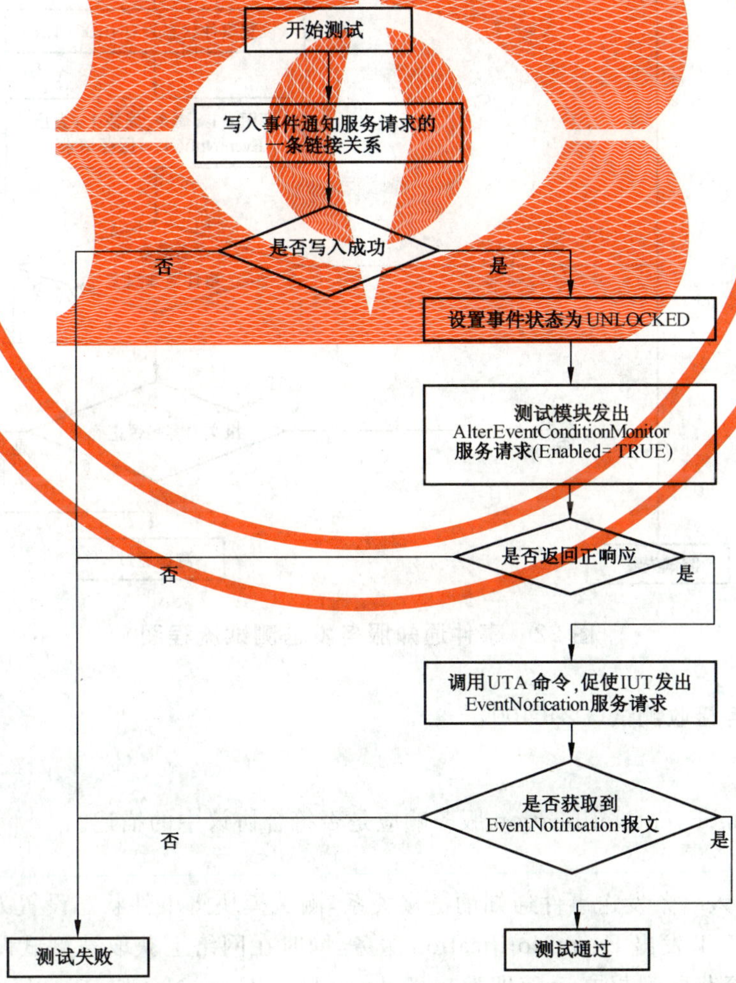

图 21 事件状态转换 R4 测试流程图

6.3.7 事件通知服务发送测试(C230100)

——测试目的

测试 EventNofication 服务请求是否符合协议中的描述。

——测试方法

测试模块首先写入一条发送事件通知的链接关系,测试模块将事件状态设置为 UNLOCKED,然后调用 UTA 命令,使 IUT 发出 EventNotification 服务,同时在网络上获取被测试设备的 EventNotification 服务请求报文,并比对数据。

——测试过程

测试过程如图 22 所示。

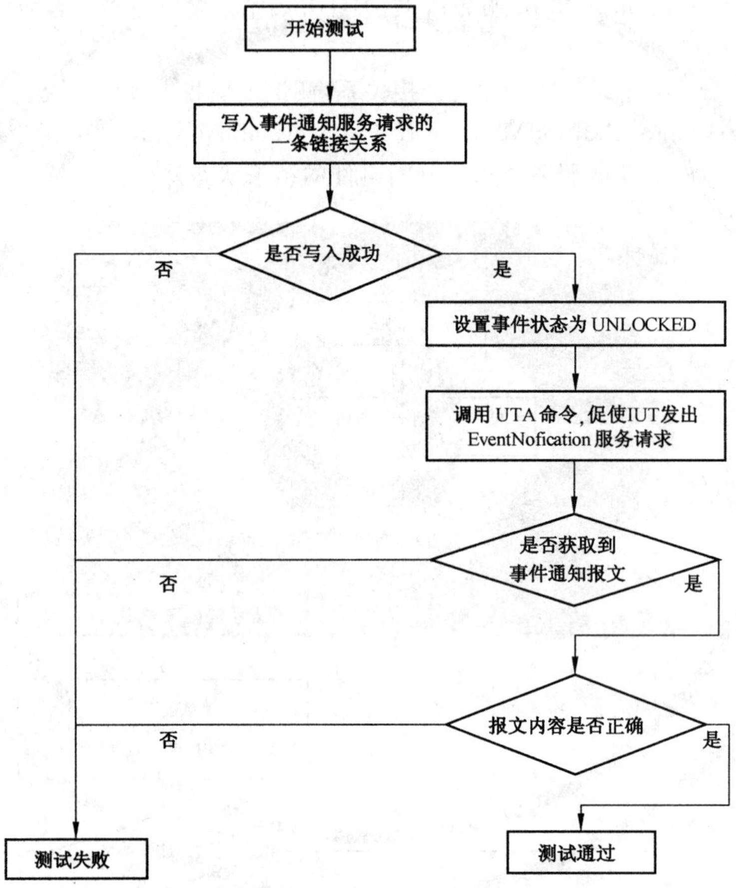

图 22 事件通知服务发送测试流程图

6.3.8 事件确认服务接收测试(C240100)

——测试目的

测试 AcknowledgeEventNotification 服务响应是否符合协议中的描述。

——测试方法

测试模块首先写入一条发送事件通知的链接关系,测试模块将事件状态设置为 UNLOCKED,然后调用 UTA 命令,使 IUT 发出 EventNotification 服务,同时在网络上获取被测试设备的 EventNotification 服务请求报文,等获取到报文后随即发出 AcknowledgeEventNotification 服务请求,测试 IUT 能否正常返回响应。

——测试过程

测试过程如图 23 所示。

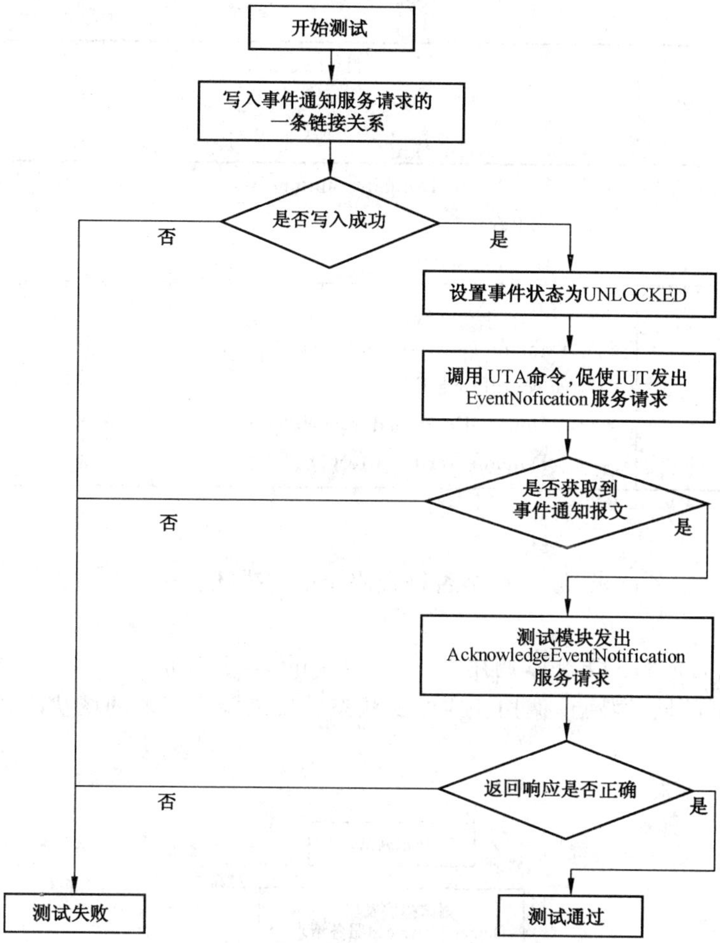

图 23　事件确认服务接收测试流程图

6.3.9　域状态转换 R3、R11、R15、R12、R9 测试(C250100)

见表 17。

表 17　域状态转换 R3、R11、R15、R12、R9 状态转换表

#	当前状态	事件或条件 => 动作	下一个状态
R3	EXISTENT	DomainDownload. ind && Domain_DownloadSucceed( )=TRUE && MoreFollow=FALSE =>　DomainDownload. rsp(+){} 　Domain_WriteBuffer( )	READY
R11	READY	IncreamentInvokeDomainCounter( ) && Counter=0 =>　Counter=1	IN_USE
R15	IN_USE	DomainDownload. ind =>　DomainDownload. err{}	IN_USE

表 17（续）

#	当前状态	事件或条件 => 动作	下一个状态
R12	IN_USE	DecreamentInvokeDomainCounter( ) && Counter=1 => Counter=0	READY
R9	READY	DomainDownload. ind && Domain_DownloadSucceed( )=TRUE &&MoreFollow=FALSE => DomainDownload. rsp(+){} Domain_WriteBuffer( )	READY

——测试目的

DomainDownload 服务请求、域状态是否符合协议中的描述。

——测试方法

域的初始化状态为 EXISTENT，调用 DomainDownload 服务请求以及 UTA 命令，使域的状态发生变化，在不同状态下的域的特点，调用相应的域状态转换来验证其他的域状态转换是否正确。

——测试过程

测试过程如图 24 所示。

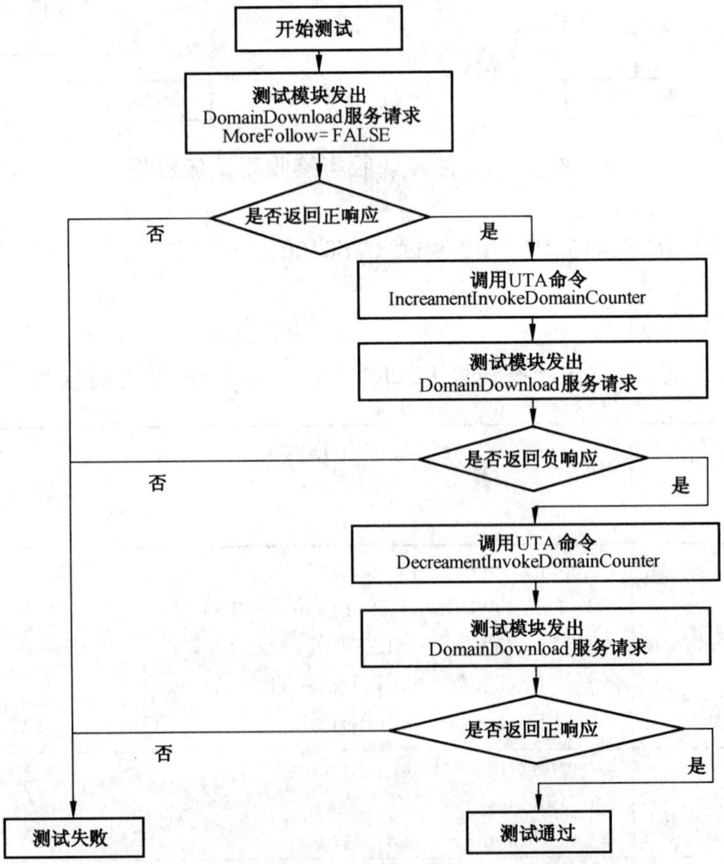

图 24 域状态转换 R3、R11、R15、R12、R9 测试流程图

6.3.10 域状态转换 R8、R4、R5 测试(C250200)

见表 18。

表 18 域状态转换 R8、R4、R5 状态转换表

#	当前状态	事件或条件 => 动作	下一个状态
R8	READY	DomainDownload. ind && Domain_DownloadSucceed( )=TRUE && MoreFollow=TRUE => DomainDownload. rsp(+){}. Domain_WriteBuffer( )	DOWNLOADING
R4	DOWNLOADING	DomainDownload. ind && Domain_DownloadSucceed( )=TRUE && MoreFollows=TRUE => DomainDownload. rsp(+){}. Domain_WriteBuffer( )	DOWNLOADING
R5	DOWNLOADING	DomainDownload. ind && Domain_DownloadSucceed( )=TRUE && MoreFollow=FALSE => DomainDownload. rsp(+){}. Domain_WriteBuffer( )	READY

——测试目的

DomainDownload 服务请求、域状态是否符合协议中的描述。

——测试方法

调用 DomainDownload 服务请求以及 UTA 命令，使域的状态发生变化，在不同状态下的域的特点，调用相应的域状态转换来验证其他的域状态转换是否正确。

——测试过程

测试过程如图 25 所示。

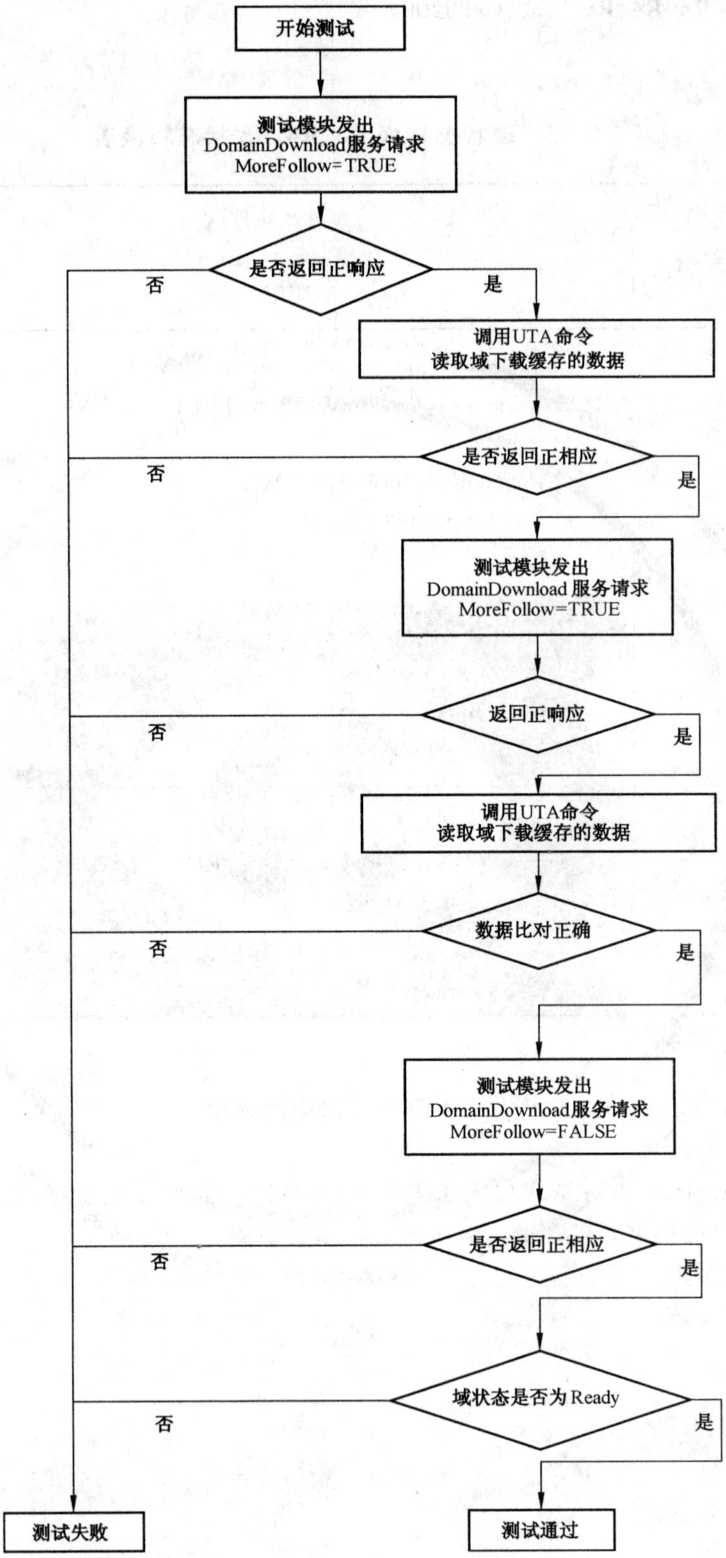

图 25　域状态转换 R8、R4、R5 测试流程图

6.3.11 域状态转换 R6、R22、R7、R17、R2 测试(C250300)

见表 19。

表 19 域状态转换 R6、R22、R7、R17、R2 状态转换表

#	当前状态	事件或条件 => 动作	下一个状态
R6	DOWNLOADING	DomainDownload.ind && Domain_DownloadSucceed( )=FALSE => DomainDownload.err{ }	DOWNLOADING

R22	DOWNLOADING	DomainUpload.ind
		=> DomainUpload.rsp(—)
		{
		ErrorType:=Service Error
		}
			DOWNLOADING

R7	DOWNLOADING	DomainDownload.ind && Domain_DownloadSucceed( )=FALSE && DownloadFalseCounting >3 => DomainDownload.err{ }	EXISTENT

R17	EXISTENT	DomainUpload.ind
		=> DomainDownload.rsp(—)
		{
		ErrorType:=Service Error
		}
			EXISTENT

R2	EXISTENT	DomainDownload.ind && Domain_DownloadSucceed( )=TRUE &&MoreFollows=TRUE => DomainDownload.rsp(+){ } Domain_WriteBuffer( )	DOWNLOADING

——测试目的

DomainDownload 服务请求、域状态是否符合协议中的描述。

——测试方法

调用 DomainDownload 服务请求以及 UTA 命令,使域的状态发生变化,在不同状态下的域的特点,调用相应的域状态转换来验证其他的域状态转换是否正确。

——测试过程

测试过程如图 26 所示。

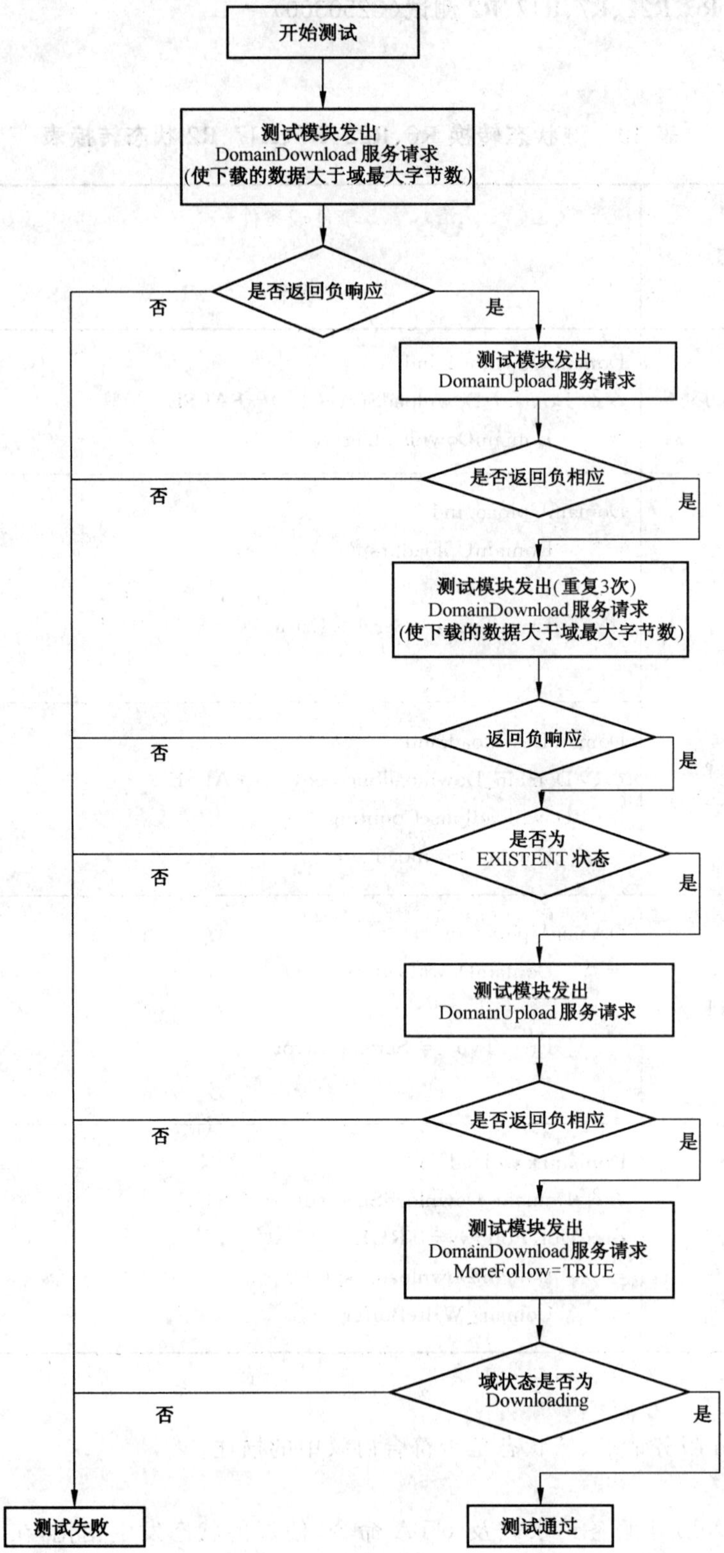

图 26　域状态转换 R6、R22、R7、R17、R2 测试流程图

6.3.12　域状态转换 R18、R16、R20、R21 测试(C250400)

见表 20。

表 20　域状态转换 R18、R16、R20、R21 状态转换表

#	当前状态	事件或条件 => 动作	下一个状态

R18	READY	DomainUpload. ind
		&&MoreFollows=TRUE
		=>　DomainUpload. rsp(+)
		{
		MoreFollows:=TRUE
		}
			UPLOADING

R16	UPLOADING	DomainDownload. ind
		=>　DomainDownload. rsp(-)
		{
		ErrorType:=Service Error
		}
			UPLOADING

R20	UPLOADING	DomainUpload. ind
		&&MoreFollows=TRUE
		=>　DomainUpload. rsp(+)
		{
		MoreFollows:=TRUE
		}
			UPLOADING

R21	UPLOADING	DomainUpload. ind
		&&MoreFollows=FALSE
		=>　DomainUpload. rsp(+)
		{
		MoreFollows:=FALSE
		}
			READY

——测试目的

DomainDownload 服务请求、域状态是否符合协议中的描述。

——测试方法

调用 DomainDownload 服务请求以及 UTA 命令，使域的状态发生变化，在不同状态下的域的特点，调用相应的域状态转换来验证其他的域状态转换是否正确。

——测试过程

测试过程如图 27 所示。

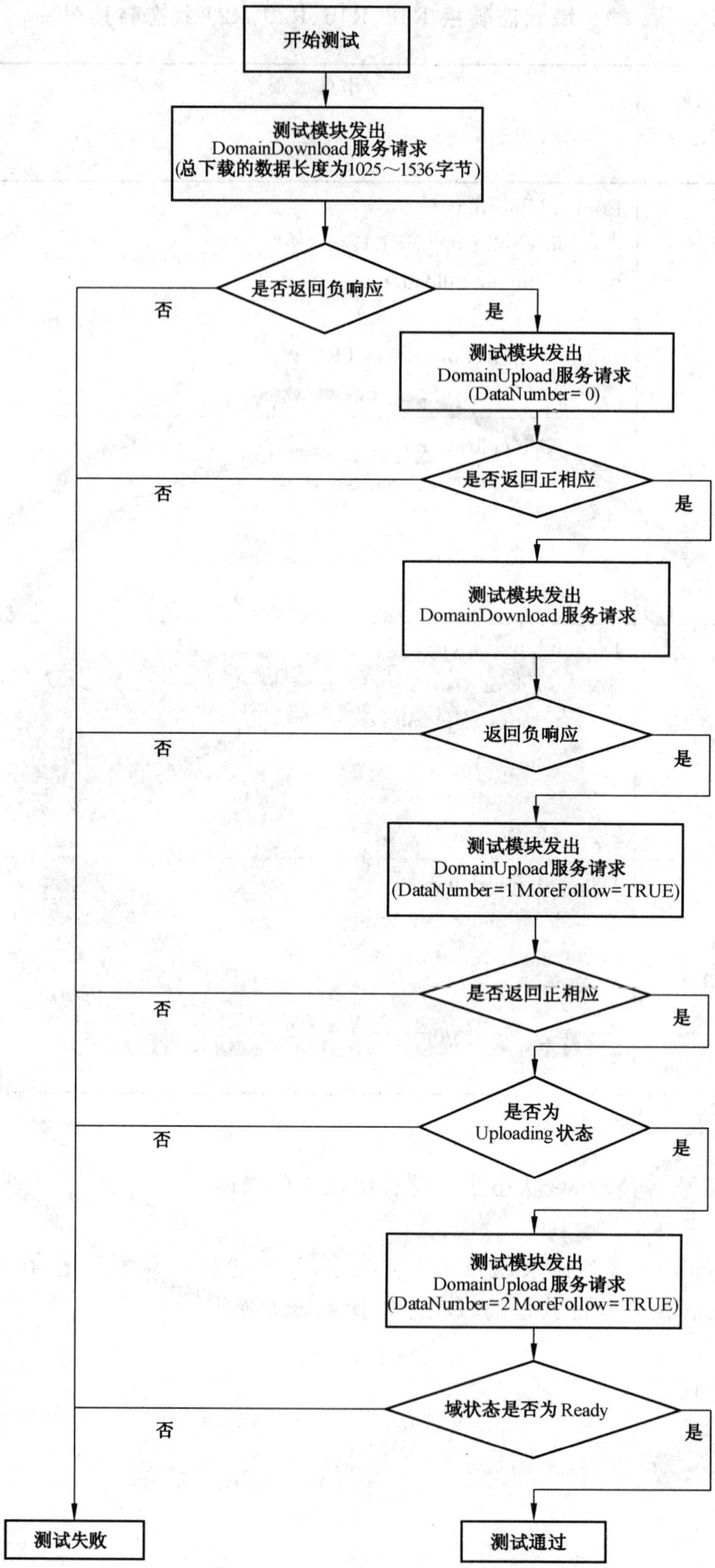

图27　域状态转换R18、R16、R20、R21测试流程图

6.3.13 域状态转换 R19、R23、R13、R14 测试(C250500)

见表 21。

表 21 域状态转换 R19、R23、R13、R14 状态转换表

#	当前状态	事件或条件 => 动作	下一个状态

R19	READY	DomainUpload. ind
		&&MoreFollows=FALSE
		=> DomainUpload. rsp(+)
		{
		MoreFollows:=FALSE
		}
			READY

R23	IN_USE	DomainUpload. ind
		=> DomainUpload. rsp(-)
		{
		ErrorType:=Service Error
		}
			IN_USE

R13	IN_USE	IncreamentInvokeDomainCounter( ) => Counter=Counter+1	IN_USE
R14	IN_USE	DecreamentInvokeDomainCounter( ) &&counter>1 => Counter=Counter-1	IN_USE

——测试目的

DomainDownload 服务请求、域状态是否符合协议中的描述。

——测试方法

调用 DomainDownload 服务请求以及 UTA 命令,使域的状态发生变化,在不同状态下的域的特点,调用相应的域状态转换来验证其他的域状态转换是否正确。

——测试过程

测试过程如图 28 所示。

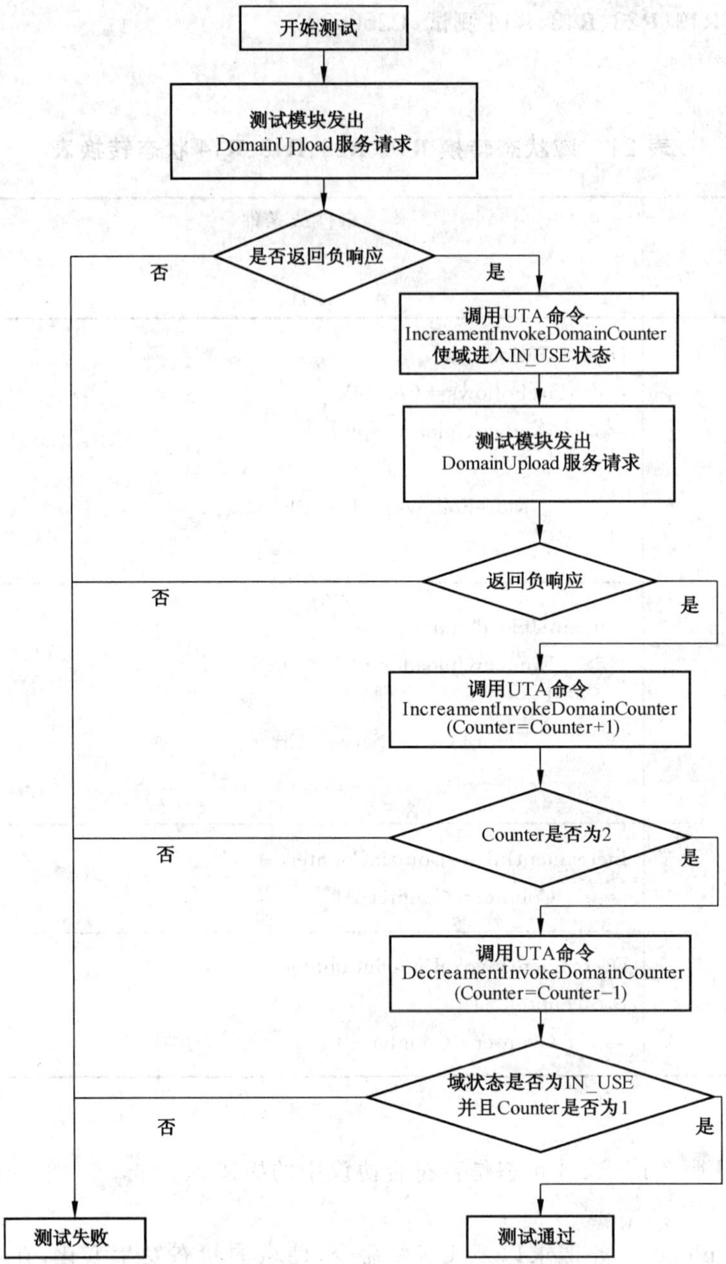

图 28　域状态转换 R19、R23、R13、R14 测试流程图

6.3.14　域下载服务接收测试(C260100)

——测试目的

测试 DomainDownload 服务请求。

——测试方法

测试模块发出域下载请求,判断 IUT 是否返回正确的响应,并发送读服务检查提交给 UTA 的域数据是否正确。

——测试过程

- 第一步:将域对象调整为 READY 或 EXISTENT 状态。
- 第二步:测试模块发出 DomainDownload 服务请求,判断返回是否是正响应,且响应数据是否正确。

- 第三步:读取 UTA 域数据缓存,比对域数据是否正确。

6.3.15 域上载服务接收测试(C270100)

——测试目的

测试 DomainUpload 服务请求是否符合协议中的描述。

——测试方法

测试模块发出域上载请求,判断 IUT 是否返回正确的响应,检查响应数据是否正确。

——测试过程

- 第一步:将域对象调整为 READY。
- 第二步:测试模块发出 DomainUpload 服务请求,判断返回是否是正响应,且响应数据是否正确。

6.4 对象属性测试组

6.4.1 EPAMIBHeader 对象属性测试(C310100)

见表 22。

表 22 EPAMIBHeader 对象编码表

序号	属性名	读写属性	数据类型	编码位置偏离(单位:字节)	字节长度	说明
1	Object ID	只读	Unsigned16	0	2	EPA 设备管理信息库头对象在 EPA 管理信息库中的索引
2	SMIB Resivion Number	只读	Unsigned16	2	2	EPA 管理信息库的修改版本号

——测试目的

测试 EPMIBHeader 对象的属性是否符合协议中的描述。

——测试过程

- 第一步:测试模块发送一条读服务请求报文读取对象中第一个变量的值并将其暂存,并判断读取变量的长度是否与协议中的描述一致。
- 第二步:构造一个与读取值不同的相同类型的变量。发送一条写服务请求报文将被测变量写为构造的数值。如果被测变量为只读变量,则应该返回写入失败的负响应报文。如果被测变量为可写变量,则应该返回写入成功的正响应报文。
- 第三步:发送一条读服务请求报文读取被测变量的值,并与第一步中暂存的数值进行比较。如果被测变量为只读变量,则读取的数值应该与之一致。如果被测变量为可写变量,则读取的数值应该为第二步中构造的变量的数值。
- 第四步:重复第一步到第三步去测试下一个被测变量,直到对象中所有变量都完成测试。
- 第五步:将整个对象作为一个变量来测试。参照第一步到第三步的操作,但要将其中读、写服务请求报文中的 SubIndex 都定为 0,并分别判断各变量的数值变化。

6.4.2 EPADevice Descriptor 对象属性测试(C320100)

见表 23。

表 23 EPADevice Descriptor 对象编码表

序号	属性名	读写属性	数据类型	编码位置偏离（单位：字节）	字节长度	说明
1	Object ID	只读	Unsigned16	0	2	EPA 设备对象在 EPA 管理信息库中的索引
2	Reserved	只读	OctetString	2	2	保留
3	Device ID	只读	VisibleString	4	32	设备标识
4	PD Tag	只读	VisibleString	36	32	设备位号
5	Active IP Address	只读	Unsigned32	68	4	当前可操作 IP 地址
6	Device Type	只读	Unsigned8	72	1	设备类型
7	Status	只读	Unsigned8	73	1	设备所处状态
8	Device Version	只读	Unsigned16	74	2	设备版本号
9	Annunciation Interval	只读	Unsigned16	76	2	设备发送声明报文的时间间隔
10	Annunciation Version Number	只读	Unsigned16	78	2	所发送声明报文的版本号
11	Device Redundancy State	只读	Unsigned8	80	1	设备冗余状态
12	Device Redundancy Number	只读	Unsigned8	81	1	设备冗余号
13	LANRedundancyPort	只读	Unsigned16	82	2	设备冗余报文处理端口
14	Max Redundancy Number	只读	Unsigned8	84	1	设备最大冗余个数
15	Duplicate Tag Detected	只读	Boolean	85	1	该属性描述设备的物理位号(PD Tag)是否与网络上其他设备的物理位号(PD Tag)发生冲突(即重复)

——测试目的

测试 EPADevice Descriptor 对象的属性是否符合协议中的描述。

——测试过程

- 第一步：测试模块发送一条读服务请求报文读取对象中第一个变量的值并将其暂存，并判断读取变量的长度是否与协议中的描述一致。
- 第二步：构造一个与读取值不同的相同类型的变量。发送一条写服务请求报文将被测变量写为构造的数值。如果被测变量为只读变量，则应该返回写入失败的负响应报文。如果被测变量为可写变量，则应该返回写入成功的正响应报文。
- 第三步：发送一条读服务请求报文读取被测变量的值，并与第一步中暂存的数值进行比较。如果被测变量为只读变量，则读取的数值应该与之一致。如果被测变量为可写变量，则读取的数值应该为第二步中构造的变量的数值。
- 第四步：重复第一步到第三步去测试下一个被测变量，直到对象中所有变量都完成测试。
- 第五步：将整个对象作为一个变量来测试。参照第一步到第三步的操作，但要将其中读、写服务请求报文中的 SubIndex 都定为 0，并分别判断各变量的数值变化。

6.4.3 Sync and Scheduling 对象属性测试(C330100)

见表 24。

表 24 Sync and Scheduling 对象编码表

序号	属性名	读写属性	数据类型	编码位置偏离（单位：字节）	字节长度	说明
1	Object ID	只读	Unsigned16	0	2	时间同步对象在 EPA 管理信息库中的索引
2	ClockSynProtocol	只读	Unsigned16	2	2	时间同步协议类型字 ClockSynProtocol = 0，表示采用 SNTP 协议； ClockSynProtocol = 1，表示采用 IEEE 1588 协议； ClockSynProtocol=其他，无效
3	Primary Time Server	读/写	Unsigned32	4	4	主时钟服务器的 IP 地址
4	Secondary Time Server	读/写	Unsigned32	8	4	从时钟服务器的 IP 地址
5	Time Request Timeout	只读	Unsigned32	12	4	时间客户等待时间服务器响应的时间，单位为微秒
6	Time Request Interval	读/写	Unsigned32	16	4	时间客户发送时间请求的时间间隔
7	Capable Time Sync Class	只读	Unsigned32	20	4	时间客户支持的时间同步精度
8	Target Time Sync Class	读/写	Unsigned32	24	4	要求时间客户支持的时间同步精度
9	Current Time	只读	BinaryDate	28	8	设备当前时间
10	Standard Time Difference	只读	TimeDifference	36	6	标准时间差

——测试目的

测试 Sync and Scheduling 对象的属性是否符合协议中的描述。

——测试过程

- 第一步：测试模块发送一条读服务请求报文读取对象中第一个变量的值并将其暂存，并判断读取变量的长度是否与协议中的描述一致。
- 第二步：构造一个与读取值不同的相同类型的变量。发送一条写服务请求报文将被测变量写为构造的数值。如果被测变量为只读变量，则应该返回写入失败的负响应报文。如果被测变量为可写变量，则应该返回写入成功的正响应报文。
- 第三步：发送一条读服务请求报文读取被测变量的值，并与第一步中暂存的数值进行比较。如果被测变量为只读变量，则读取的数值应该与之一致。如果被测变量为可写变量，则读取的数值应该为第二步中构造的变量的数值。
- 第四步：重复第一步到第三步去测试下一个被测变量，直到对象中所有变量都完成测试。
- 第五步：将整个对象作为一个变量来测试。参照第一步到第三步的操作，但要将其中读、写服务请求报文中的 SubIndex 都定为 0，并分别判断各变量的数值变化。

6.4.4 MAX Response Time 对象属性测试（C340100）

见表 25。

表 25　**MAX Response Time 对象编码表**

序号	属性名	读写属性	数据类型	编码位置偏离（单位:字节）	字节长度	说明
1	Object ID	只读	Unsigned16	0	2	对象在 EPA 管理信息库中的索引
2	Reserved	只读	OctetString	2	2	保留
3	Max Response Time	读/写	TimeDifference	4	4	证实服务的最大响应时间，单位：毫秒

——测试目的

测试 MAX Response Time 对象的属性是否符合协议中的描述。

——测试过程

- 第一步：测试模块发送一条读服务请求报文读取对象中第一个变量的值并将其暂存，并判断读取变量的长度是否与协议中的描述一致。
- 第二步：构造一个与读取值不同的相同类型的变量。发送一条写服务请求报文将被测变量写为构造的数值。如果被测变量为只读变量，则应该返回写入失败的负响应报文。如果被测变量为可写变量，则应该返回写入成功的正响应报文。
- 第三步：发送一条读服务请求报文读取被测变量的值，并与第一步中暂存的数值进行比较。如果被测变量为只读变量，则读取的数值应该与之一致。如果被测变量为可写变量，则读取的数值应该为第二步中构造的变量的数值。
- 第四步：重复第一步到第三步去测试下一个被测变量，直到对象中所有变量都完成测试。
- 第五步：将整个对象作为一个变量来测试。参照第一步到第三步的操作，但要将其中读、写服务请求报文中的 SubIndex 都定为 0，并分别判断各变量的数值变化。

6.4.5　Communication Schedule Management 对象属性测试（C350100）

见表 26。

表 26　**Communication Schedule Management 对象编码表**

序号	属性名	读写属性	数据类型	编码位置偏离（单位:字节）	字节长度	说明
1	Object ID	只读	Unsigned16	0	2	对象在 EPA 管理信息库中的索引
2	Reserved	只读	OctetString	2	2	保留
3	Communication Macro Cycle	读/写	TimeDifference	4	4	设备所在的微网段通信宏周期
4	NonPeriodic Data Transfer Offset	读/写	TimeDifference	8	4	一个通信宏周期内，非周期报文传输开始时间相对于通信宏周期开始时间的时间偏离量
5	Communication Macro Cycle Version Number	只读	Unsigned16	12	2	通信宏周期版本号

——测试目的

测试 Communication Schedule Management 对象的属性是否符合协议中的描述，并判断读取变量的长度是否与协议中的描述一致。

——测试过程

- 第一步:测试模块发送一条读服务请求报文读取对象中第一个变量的值并将其暂存。
- 第二步:构造一个与读取值不同的相同类型的变量。发送一条写服务请求报文将被测变量写为构造的数值。如果被测变量为只读变量,则应该返回写入失败的负响应报文。如果被测变量为可写变量,则应该返回写入成功的正响应报文。
- 第三步:发送一条读服务请求报文读取被测变量的值,并与第一步中暂存的数值进行比较。如果被测变量为只读变量,则读取的数值应该与之一致。如果被测变量为可写变量,则读取的数值应该为第二步中构造的变量的数值。
- 第四步:重复第一步到第三步去测试下一个被测变量,直到对象中所有变量都完成测试。
- 第五步:将整个对象作为一个变量来测试。参照第一步到第三步的操作,但要将其中读、写服务请求报文中的 SubIndex 都定为 0,并分别判断各变量的数值变化。

6.4.6 Device Application Information 对象属性测试(C360100)

见表 27。

表 27 Device Application Information 对象编码表

序号	属性名	读写属性	数据类型	编码位置偏离(单位:字节)	字节长度	说明
1	Object ID	只读	Unsigned16	0	2	对象在 EPA 管理信息库中的索引
2	XDDL Version	只读	Unsigned16	2	2	设备遵循的设备描述版本号

——测试目的

测试 Device Application Information 对象的属性是否符合协议中的描述。

——测试过程

- 第一步:测试模块发送一条读服务请求报文读取对象中第一个变量的值并将其暂存,并判断读取变量的长度是否与协议中的描述一致。
- 第二步:构造一个与读取值不同的相同类型的变量。发送一条写服务请求报文将被测变量写为构造的数值。如果被测变量为只读变量,则应该返回写入失败的负响应报文。如果被测变量为可写变量,则应该返回写入成功的正响应报文。
- 第三步:发送一条读服务请求报文读取被测变量的值,并与第一步中暂存的数值进行比较。如果被测变量为只读变量,则读取的数值应该与之一致。如果被测变量为可写变量,则读取的数值应该为第二步中构造的变量的数值。
- 第四步:重复第一步到第三步去测试下一个被测变量,直到对象中所有变量都完成测试。
- 第五步:将整个对象作为一个变量来测试。参照第一步到第三步的操作,但要将其中读、写服务请求报文中的 SubIndex 都定为 0,并分别判断各变量的数值变化。

6.4.7 FB Application Information Header 对象属性测试(C370100)

见表 28。

表 28　FB Application Information Header 对象编码表

序号	属性名	读写属性	数据类型	编码位置偏离（单位:字节）	字节长度	说明
1	Object ID	只读	Unsigned16	0	2	对象在 EPA 管理信息库中的索引
2	Number of FB Application Information Object	只读	Unsigned16	2	2	功能块应用信息对象的数目
3	First Number of FB Application Information Object	只读	Unsigned16	4	2	功能块应用信息对象的起始标识

——测试目的

测试 FB Application Information Header 对象的属性是否符合协议中的描述。

——测试过程

- 第一步:测试模块发送一条读服务请求报文读取对象中第一个变量的值并将其暂存,并判断读取变量的长度是否与协议中的描述一致。
- 第二步:构造一个与读取值不同的相同类型的变量。发送一条写服务请求报文将被测变量写为构造的数值。如果被测变量为只读变量,则应该返回写入失败的负响应报文。如果被测变量为可写变量,则应该返回写入成功的正响应报文。
- 第三步:发送一条读服务请求报文读取被测变量的值,并与第一步中暂存的数值进行比较。如果被测变量为只读变量,则读取的数值应该与之一致。如果被测变量为可写变量,则读取的数值应该为第二步中构造的变量的数值。
- 第四步:重复第一步到第三步去测试下一个被测变量,直到对象中所有变量都完成测试。
- 第五步:将整个对象作为一个变量来测试。参照第一步到第三步的操作,但要将其中读、写服务请求报文中的 SubIndex 都定为 0,并分别判断各变量的数值变化。

6.4.8　Link Object Header 对象属性测试(C380100)

见表 29。

表 29　Link Object Header 对象编码表

序号	属性名	读写属性	数据类型	编码位置偏离（单位:字节）	字节长度	说明
1	Object ID	只读	Unsigned16	0	2	链接对象首部在 EPA 系统管理信息库中的索引
2	Number of Link Object	只读	Unsigned16	2	2	设备中链接对象的个数
3	First Number of Link Object	只读	Unsigned16	4	2	第一个链接对象在系统管理信息库中的索引
4	Number of Configured Link Object	只读	Unsigned16	6	2	已组态的链接对象的个数
5	Number of UnConfigured Link Object	只读	Unsigned16	8	2	未组态的链接对象的个数

——测试目的

测试 Link Object Header 对象的属性是否符合协议中的描述。

——测试过程

- 第一步:测试模块发送一条读服务请求报文读取对象中第一个变量的值并将其暂存,并判断读取变量的长度是否与协议中的描述一致。
- 第二步:构造一个与读取值不同的相同类型的变量。发送一条写服务请求报文将被测变量写为构造的数值。如果被测变量为只读变量,则应该返回写入失败的负响应报文。如果被测变量为可写变量,则应该返回写入成功的正响应报文。
- 第三步:发送一条读服务请求报文读取被测变量的值,并与第一步中暂存的数值进行比较。如果被测变量为只读变量,则读取的数值应该与之一致。如果被测变量为可写变量,则读取的数值应该为第二步中构造的变量的数值。
- 第四步:重复第一步到第三步去测试下一个被测变量,直到对象中所有变量都完成测试。
- 第五步:将整个对象作为一个变量来测试。参照第一步到第三步的操作,但要将其中读、写服务请求报文中的 SubIndex 都定为 0,并分别判断各变量的数值变化。

6.4.9 Domain Application Information Header 对象属性测试(C390100)

见表 30。

表 30 Domain Application Information Header 对象编码表

序号	属性名	读写属性	数据类型	编码位置偏离(单位:字节)	字节长度	说明
1	Object ID	只读	Unsigned16	0	2	域应用信息对象首部在 EPA 系统管理信息库中的索引
2	Number of Domain Application Information Object	只读	Unsigned16	2	2	设备中域应用信息对象类的个数
3	First Number of Domain Application Object	只读	Unsigned16	4	2	第一个域应用信息对象在系统管理信息库中的索引
4	Number of Configured Domain Object	只读	Unsigned16	6	2	已组态的域对象的个数
5	Number of UnConfigured Domain Object	只读	Unsigned16	8	2	未组态的域对象的个数

——测试目的

测试 Domain Application Information Header 对象的属性是否符合协议中的描述。

——测试过程

- 第一步:测试模块发送一条读服务请求报文读取对象中第一个变量的值并将其暂存,并判断读取变量的长度是否与协议中的描述一致。
- 第二步:构造一个与读取值不同的相同类型的变量。发送一条写服务请求报文将被测变量写为构造的数值。如果被测变量为只读变量,则应该返回写入失败的负响应报文。如果被测变量为可写变量,则应该返回写入成功的正响应报文。
- 第三步:发送一条读服务请求报文读取被测变量的值,并与第一步中暂存的数值进行比较。如果被测变量为只读变量,则读取的数值应该与之一致。如果被测变量为可写变量,则读取的数值应该为第二步中构造的变量的数值。
- 第四步:重复第一步到第三步去测试下一个被测变量,直到对象中所有变量都完成测试。
- 第五步:将整个对象作为一个变量来测试。参照第一步到第三步的操作,但要将其中读、写服务请求报文中的 SubIndex 都定为 0,并分别判断各变量的数值变化。

6.5 时钟同步测试组

6.5.1 客户端 PTP 报文测试(C410100)

——测试目的

测试设备如果使用 IEEE 1588 精确时间同步协议进行时钟同步，并且时钟同步处于客户端状态，检测设备发送的同步报文格式是不是符合 IEEE 1588 精确时间同步协议所规定的格式。

——测试过程

- 第一步：上位机直接在网络上捕获测试设备的延迟请求报文；
- 第二步：上位机对这些数据包参照 IEEE 1588 精确时间同步协议进行格式分析，主要是检测报文的长度、IP 地址、UDP 端口和 PTP 报文类型值，最终检测设备的同步报文是不是符合协议标准。

数据包检测流程如图 29。

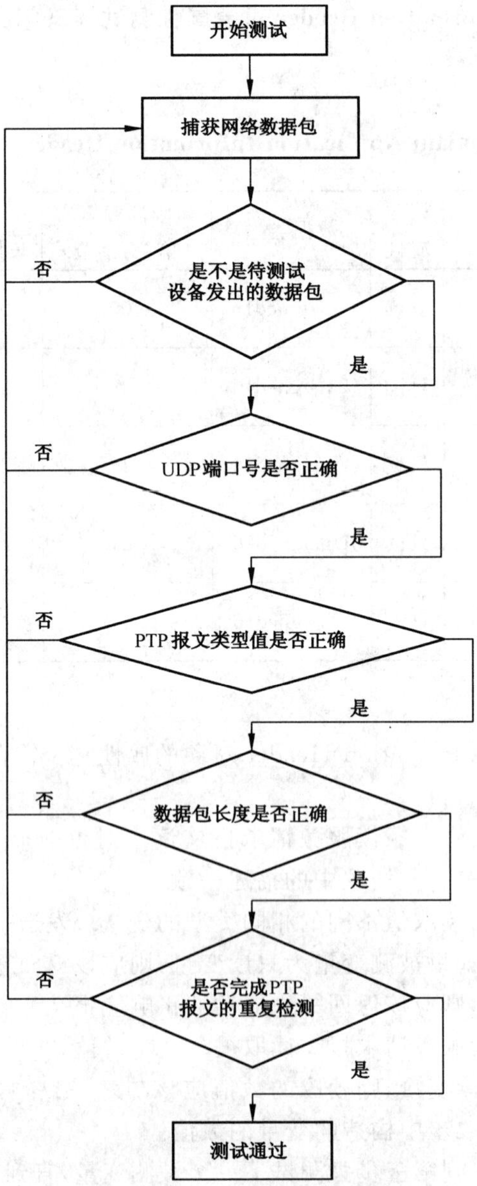

图 29 客户端 PTP 报文测试流程图

6.5.2 服务器端 PTP 报文测试(C410200)

——测试目的

测试设备如果使用 IEEE 1588 精确时间同步协议进行时钟同步,并且时钟同步处于服务器端状态,检测设备发送的同步报文格式是不是符合 IEEE 1588 精确时间同步协议所规定的格式。

——测试过程:

- 第一步:上位机直接在网络上捕获测试设备的同步报文、跟随报文、延迟应答报文;
- 第二步:上位机对这些数据包参照 IEEE 1588 精确时间同步协议进行格式分析,主要是检测报文的长度、IP 地址、UDP 端口和 PTP 报文类型值,最终检测设备的同步报文是不是符合协议标准。

数据包检测流程如图 30。

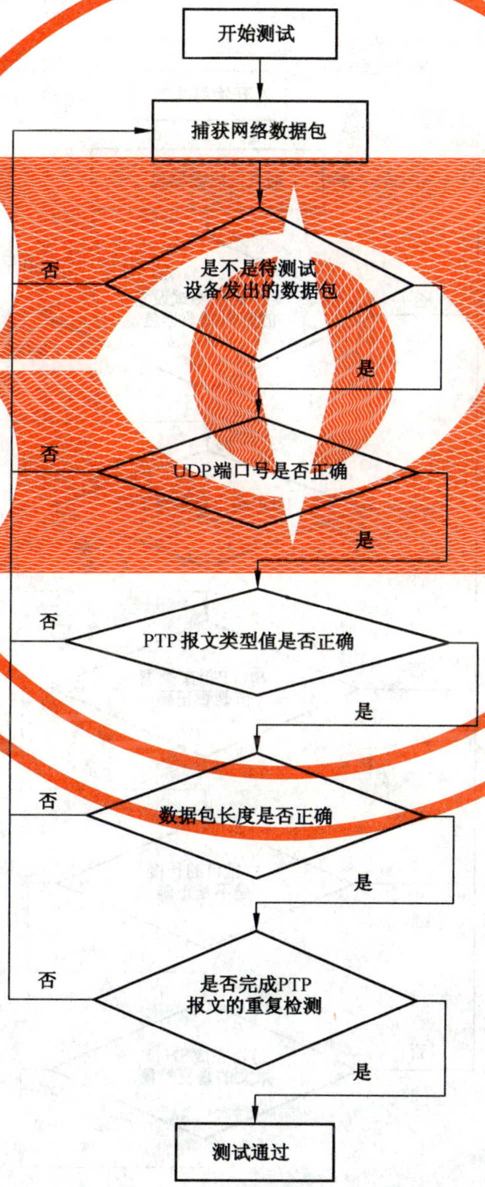

图 30 服务器端 PTP 报文测试流程图

6.5.3 **SNTP 报文测试(C420100)**

——测试目的

测试设备如果使用简单网络时间协议(SNTP)进行时钟同步,设备发送的同步报文格式是不是符合简单网络时间协议(SNTP)所规定的格式。

——测试过程

- 第一步:测试时,上位机对待测试设备进行激励,然后待测试设备会发出简单网络时间协议(SNTP)规定的各种数据包。
- 第二步:上位机直接在网络上捕获这些数据包。
- 第三步:上位机对这些数据包参照 SNTP 简单网络时间协议进行格式分析,主要是检测报文的长度、IP 地址、UDP 端口和 SNTP 报文类型值,最终检测设备的同步报文是不是符合协议标准。

数据包检测流程如图 31。

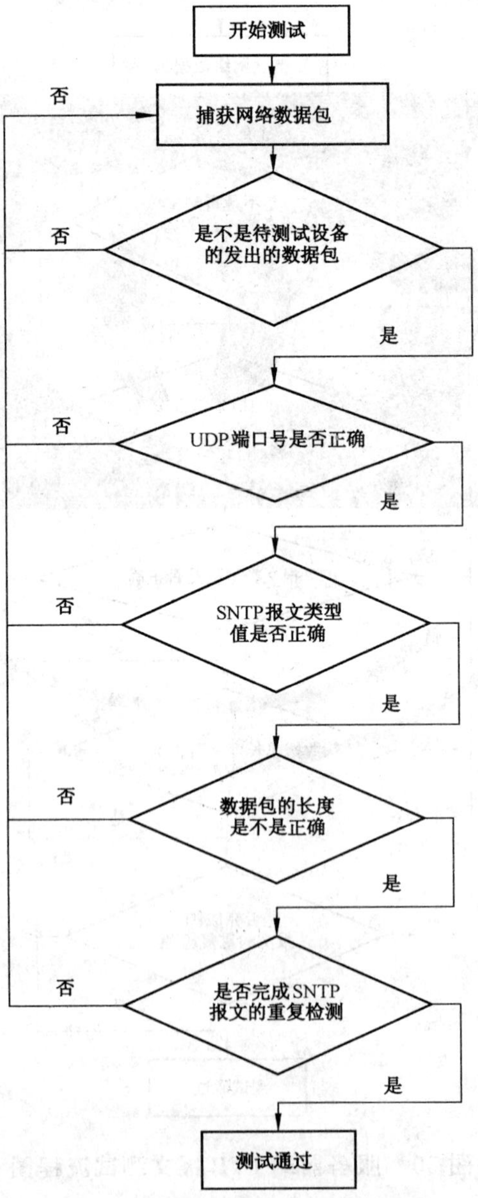

图 31 **SNTP 报文测试流程图**

6.5.4 时钟同步精度测试(C430100)

——测试目的

测试设备的时钟同步精度能否达到设备的标称精度。

——测试方法

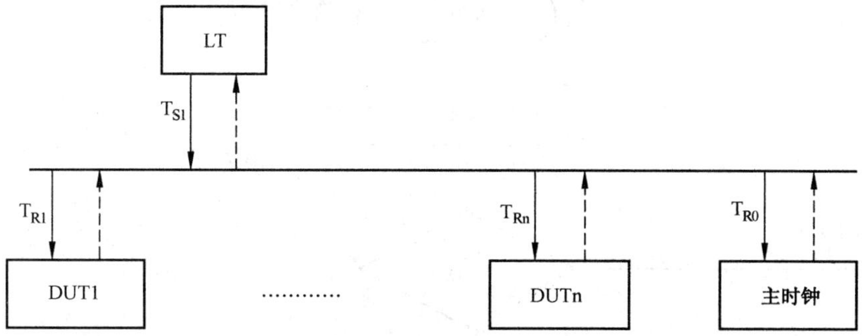

图 32 时钟同步精度测试系统结构

如图 32 所示,下测试器 LT 以广播形式发送测试请求报文,并在数据链路层记录发送报文时刻 T_{S1},同一网段的主时钟和被测设备 DUT1 至 DUTn(被测设备为其中任意一个)接收到测试报文后,分别在数据链路层记录接收到测试请求报文的本地时间 T_{R0} 和 T_{R1} 至 T_{Rn},由于主时钟和被测设备 DUT1 至 DUTn 处于同一网段,因此测试请求报文从 LT 传送到主时钟和被测设备 DUT1 至 DUTn 的网络延时可以被认为相等,将网络传输延时记为 D,而被测设备 DUT1 至 DUTn 与主时钟的时间偏差记为 O_1 至 O_n,LT 与主时钟之间的时间偏差记为 O_0,则:

$$T_{R0}=T_{S1}+O_0+D$$

$$T_{R1}=T_{S1}+O_0+D+O_1$$

$$\cdots$$

$$T_{Rn}=T_{S1}+O_0+D+O_n$$

由此可以得到:

$$O_1=T_{R1}-T_{R0}$$

$$\cdots$$

$$O_n=T_{Rn}-T_{R0}$$

主时钟和被测设备 DUT1 至 DUTn 接收到测试请求报文后,分别将 TR0 和 TR1 至 TRn 加入到测试响应报文中发送回 LT,由 LT 完成时钟同步精度的计算。

测试报文和响应报文的报文格式在附录 E 中给出。

——测试过程

- 第一步:被测设备以主时钟为基准进行时钟同步。
- 第二步:LT 以广播形式向各主时钟和被测设备发送时钟同步精度测试报文。
- 第三步:主时钟和被测设备接收到时钟同步精度测试报文后,分别将数据链路层记录接收到该报文的本地时间封装入时钟同步精度测试响应报文传给 LT。
- 第四步:LT 对收到的时钟同步精度测试响应报文中的信息进行处理并将得到的时钟同步精度值与被测设备的 SMIB 中的标称精度值 Capable Time Sync Class 进行比较。

6.6 确定性调度测试组

6.6.1 概述

确定性调度测试就是检测被测设备是否按照 EPA 的通信调度规程来发送数据。所以只考虑通信调度实体的工作有效性和准确性,即测试它的调度能力,包括调度偏差和调度顺序。LT 监听网络中的报文并收集到缓存中，然后当一个宏周期结束后，分析所记录的报文的接收时间、优先级、IP 地址、报文长度等参数以及报文格式来判断该系统的通信调度管理实体是否按标准进行工作。总体测试流程如图 33 所示。

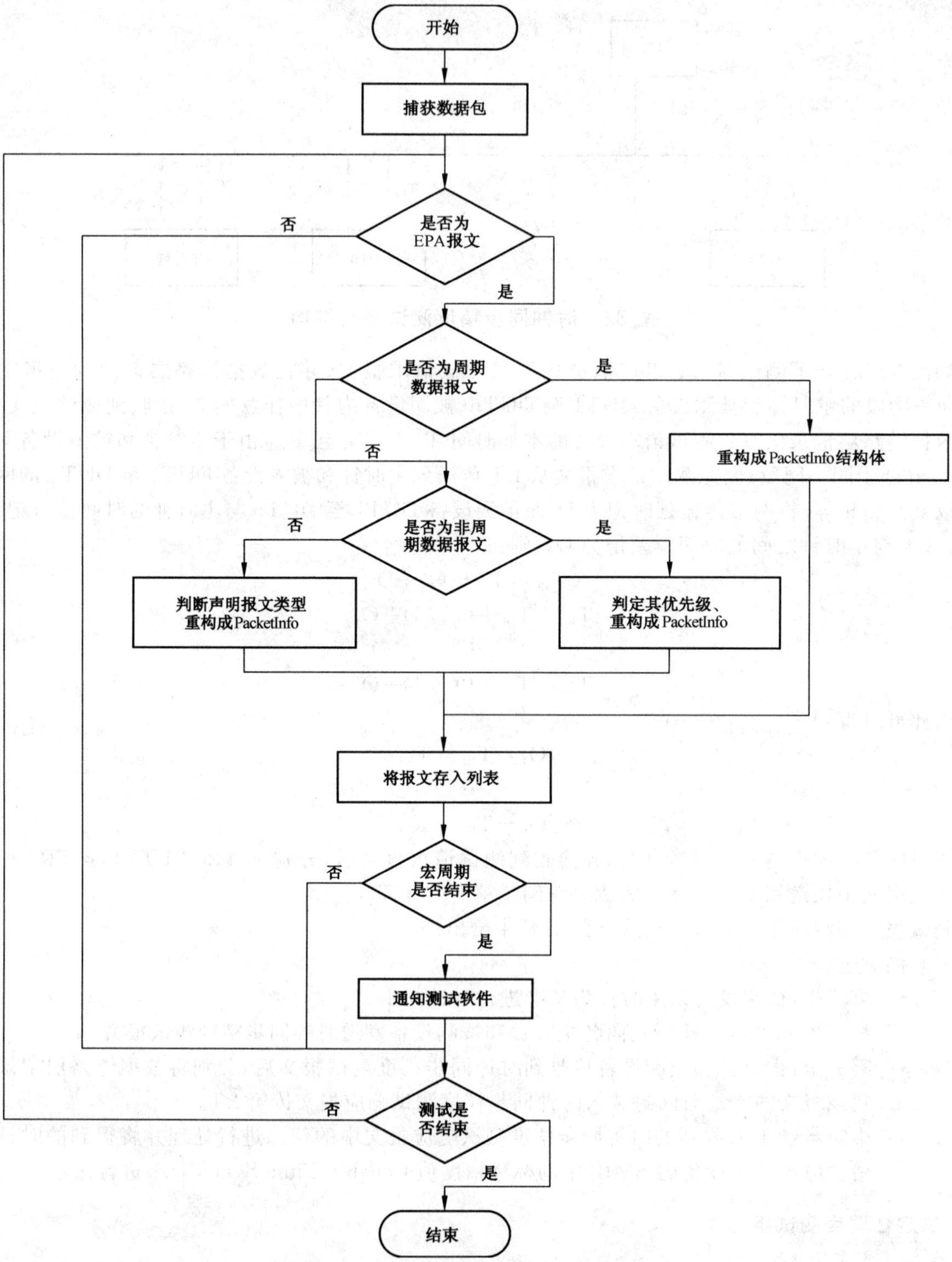

图 33　确定性调度测试总体流程图

6.6.2 通信调度测试(C510100)

——测试目的

检查被测试设备是否按照组态的顺序发送周期报文

——测试过程

- 第一步:对被测设备进行组态。
- 第二步:监听网络上一个宏周期内的周期报文。
- 第三步:检查被测设备发送的周期报文在整个周期报文列表中的顺序是否正确。
- 第四步:检查被测设备周期报文的格式是否正确。

6.6.3 非周期数据声明报文测试(C520100)

——测试目的

测试被测设备在周期报文发送阶段,周期报文发送完后是否发送非周期数据声明报文,并测试其报文格式是否符合 EPA 标准。

——测试过程

- 第一步:通过 UTA 让被测设备发送一个周期报文。
- 第二步:监听是否能收到被测设备该周期报文和一个非周期数据声明报文。
- 第三步:判断被测试设备是否按照正确的顺序发送非周期数据声明报文。
- 第四步:分析被测设备的非周期数据声明报文格式是否正确。

6.6.4 非周期报文不同优先级报文发送测试(C530101)

——测试目的

检验被测设备在非周期报文发送期间不同优先级报文是否按规则工作,检验被测设备对不同优先级的调度能力。

——测试过程

- 第一步:使标准测试设备产生不同优先级的非周期报文。
- 第二步:监听三个宏周期内所有设备的非周期报文和非周期数据结束声明报文。
- 第三步:判断被测设备是否按照优先级大小来发送非周期报文。

6.6.5 非周期报文相同优先级报文发送测试(C530102)

——测试目的

检验被测设备在非周期报文发送期间,相同优先级的报文是否按 IP 地址小的先发送的顺序发送。也就是检测被测设备对相同优先级报文的调度能力。

——测试过程

- 第一步:使标准测试设备产生与被测设备相同优先级的非周期报文。
- 第二步:监听网络上的非周期报文。
- 第三步:判断被测设备是否按照规范来发送非周期报文。

6.6.6 混合报文发送测试(C530103)

——测试目的

检验被测设备在非周期报文发送期间,不同优先级、相同优先级混合报文是否按正确的顺序调度。

——测试过程

- 第一步:使标准测试设备部分产生不同优先级的非周期报文,部分产生与被测设备相同优先级的非周期报文。

- 第二步:监听网络上的非周期报文。判断被测设备是否按照规范来发送非周期报文。

6.6.7 超长报文发送测试(C530104)

——测试目的

检验被测设备在非周期报文发送期间出现超长报文,设备是否按规则工作。

——测试过程

- 第一步:把被测设备组态成最后一个发送报文的设备,且宏周期时间尽可能的小。
- 第二步:通过 UTA 使被测设备发送一个超长报文。
- 第三步:监听这个宏周期内的报文。
- 第四步:检查这个报文是否在本周期内未发送而在下个周期内发送。

6.6.8 非周期数据发送结束声明报文测试(C540100)

——测试目的

检验在非周期报文发送阶段,发送完非周期报文后是否发送非周期数据发送结束声明报文,并测试其报文是否符合 EPA 标准。

——测试过程

- 第一步:通过 UTA 让被测设备发送非周期报文。
- 第二步:检查是否能收到被测设备的非周期数据发送结束声明报文。
- 第三步:判断报文格式和内容是否正确。

6.6.9 非正常通信调度测试(C550100)

——测试目的

被测试设备在周期时间内,收到非周期数据结束声明报文,检查被测试设备是否按照组态的顺序在非周期时间内发送非周期报文。

——测试过程

- 第一步:对被测设备进行组态,对其中一个标准组态(非周期数据优先级在整个测试系统中最高),将非周期时间偏移设置为被测试设备的三分之一或者更小。
- 第二步:监听网络上一个宏周期内的周期报文。
- 第三步:检查被测设备发送的周期报文在整个周期报文列表中的顺序是否正确。
- 第四步:检查被测设备周期报文的格式是否正确。

附　录　A
（资料性附录）
EPA 协议一致性测试环境

表 A.1　测试硬件配置表

序号	测试环境硬件配置
1	已植入 UTA 程序的被测设备 1 台
2	PC 机(安装 EPA 协议一致性测试软件、两个网卡)1 台
3	EPA 总线供电式标准网桥 1 台
4	EPA 总线供电式标准设备 14 台
5	20 口的 24 V 总线供电集线器 1 台
6	24 V 直流电源 1 个
7	网线(平行线)若干

表 A.2　测试环境要求

PC 机配置要求： CPU P4 或以上 内存 256 M 或以上 硬盘 10 G 或以上 操作系统及软件 Windows 2000/XP/2003、InternetExplorer6.0 或以后版本、Winpcap3.1 或以后版本
环境要求： 工作电压 220 V±2 V,50 Hz±1 Hz 工作温度 10 ℃～35 ℃ 工作相对湿度 35%～80% 大气压 86 kPa～106 kPa

按照图 A.1 将所有设备连接起来。

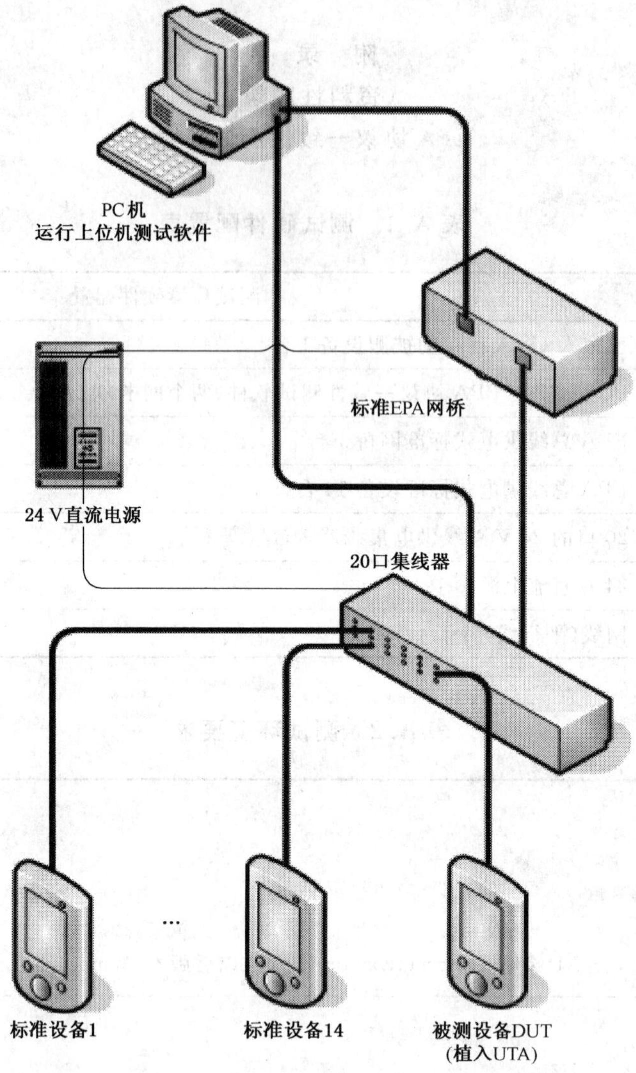

图 A.1　EPA 协议一致性测试系统的搭建

接通电源，观察设备是否正常工作。

设置 PC 中用于连接到 EPA 网桥的网卡的 IP 为 192.168.1.100，连接到集线器的网卡的 IP 为 192.168.2.100。标准设备 1 至标准设备 14 的 IP 为 192.168.2.1 至 192.168.2.14。被测设备的 IP 为 192.168.2.15。网桥的监控端口 IP 为 192.168.1.131、测试端口 IP 为 192.168.2.131。

附　录　B
（规范性附录）
EPA 协议实现一致性声明 PICS

EPA 协议一致性测试中用到的静态文档采用 XML 文件形式。文件以模板的形式提供给被测设备开发商，由开发商根据其设备的具体情况填写模板中的空白字段。然后再交给测试方应用于测试中。

为了简化，静态文档只用 PICS。将 PIXIT 中的内容合并到 PICS 中。PICS 中的内容有：开发商及设备基本信息、设备支持的服务、设备支持的对象、设备属性信息、虚拟对象信息、测试用数据。

PICS 模板文件内容如表 B.1 所示。

表 B.1　PICS 模板文件一览表

表　　项	项值填写规范	填写数据类型	项值示例
<? xml version="1.0"encoding="gb2312"? >			
<EPA_PICS　description="EPA 协议实现一致性声明">			
< ImplementationAndSystem　description="协议栈与系统">			
<VendorName description="厂商名称">			
<value></value>	填写生产厂商的名称	字符串（32 个字节以内）	SUPCON
</VendorName>			
< ImplementationName　　description="协议栈名称">			
<value></value>	填写被测协议栈的名称	字符串（32 个字节以内）	仿真平台
</ImplementationName>			
< ImplementationVersion　description="协议栈版本">			
<value></value>	填写被测协议栈的版本号	字符串（16 个字节以内）	3.0
</ImplementationVersion>			
</ImplementationAndSystem>			
<SupportedServices　description="支持的服务">			
<EM_FindTagQueryReq　description="设备查询请求服务请求">			

表 B.1（续）

表　项	项值填写规范	填写数据类型	项值示例
<value></value>	填写“YES”或者“NO”表示是否支持该项	布尔值	YES
</EM_FindTagQueryReq>			
<EM_FindTagReplyReq description="设备查询请求应答服务请求">			
<value></value>	填写“YES”或者“NO”表示是否支持该项	布尔值	YES
</EM_FindTagReplyReq>			
<EM_GetDeviceAttributeReq description="设备信息读取服务请求">			
<value></value>	填写“YES”或者“NO”表示是否支持该项	布尔值	YES
</EM_GetDeviceAttributeReq>			
<EM_GetDeviceAttributeRes description="设备信息读取服务响应">			
<value></value>	填写“YES”或者“NO”表示是否支持该项	布尔值	YES
</EM_GetDeviceAttributeRes>			
<EM_DeviceAnnunciationReq description="设备声明服务请求">			
<value></value>	填写“YES”或者“NO”表示是否支持该项	布尔值	YES
</EM_DeviceAnnunciationReq>			
<EM_SetDeviceAttributeReq description="设备属性设置服务请求">			
<value></value>	填写“YES”或者“NO”表示是否支持该项	布尔值	YES
</EM_SetDeviceAttributeReq>			
<EM_SetDeviceAttributeRes description="设备属性设置服务响应">			
<value></value>	填写“YES”或者“NO”表示是否支持该项	布尔值	YES
</EM_SetDeviceAttributeRes>			
<EM_ClearDeviceAttributeReq description="清除设备属性服务请求">			
<value></value>	填写“YES”或者“NO”表示是否支持该项	布尔值	YES
</EM_ClearDeviceAttributeReq>			

表 B.1（续）

表　项	项值填写规范	填写数据类型	项值示例
<EM_ClearDeviceAttributeRes description="清除设备属性服务响应">			
<value></value>	填写"YES"或者"NO"表示是否支持该项	布尔值	YES
</EM_ClearDeviceAttributeRes>			
<DomainDownloadReq description="域下载服务请求">			
<value></value>	填写"YES"或者"NO"表示是否支持该项	布尔值	YES
</DomainDownloadReq>			
<DomainDownloadRes description="域下载服务响应">			
<value></value>	填写"YES"或者"NO"表示是否支持该项	布尔值	YES
</DomainDownloadRes>			
<DomainUploadReq description="域上载服务请求">			
<value></value>	填写"YES"或者"NO"表示是否支持该项	布尔值	YES
</DomainUploadReq>			
<DomainUploadRes description="域上载服务响应">			
<value></value>	填写"YES"或者"NO"表示是否支持该项	布尔值	YES
</DomainUploadRes>			
<ReadReq description="读服务请求">			
<value></value>	填写"YES"或者"NO"表示是否支持该项	布尔值	YES
</ReadReq>			
<ReadRes description="读服务响应">			
<value></value>	填写"YES"或者"NO"表示是否支持该项	布尔值	YES
</ReadRes>			
<WriteReq description="写服务请求">			
<value></value>	填写"YES"或者"NO"表示是否支持该项	布尔值	YES

表 B.1（续）

表　项	项值填写规范	填写数据类型	项值示例
</WriteReq>			
<WriteRes description="写服务响应">			
<value></value>	填写"YES"或者"NO"表示是否支持该项	布尔值	YES
</WriteRes>			
<DistributeReq description="信息分发服务请求">			
<value></value>	填写"YES"或者"NO"表示是否支持该项	布尔值	YES
</DistributeReq>			
<EventNotificationReq description="事件通知服务请求">			
<value></value>	填写"YES"或者"NO"表示是否支持该项	布尔值	YES
</EventNotificationReq>			
<AcknowledgeEventNotificationReq description="事件通知确认服务请求">			
<value></value>	填写"YES"或者"NO"表示是否支持该项	布尔值	YES
</AcknowledgeEventNotificationReq>			
<AcknowledgeEventNotificationRes description="事件通知确认服务响应">			
<value></value>	填写"YES"或者"NO"表示是否支持该项	布尔值	YES
</AcknowledgeEventNotificationRes>			
<AlterEventConditionMonitorReq description="改变事件监视条件服务请求">			
<value></value>	填写"YES"或者"NO"表示是否支持该项	布尔值	YES
</AlterEventConditionMonitorReq>			
<AlterEventConditionMonitorRes description="改变事件监视条件服务响应">			
<value></value>	填写"YES"或者"NO"表示是否支持该项	布尔值	YES
</AlterEventConditionMonitorRes>			

表 B.1（续）

表　　项	项值填写规范	填写数据类型	项值示例
</SupportedServices>			
<SupportedObjects description="支持的对象">			
<EPAMIBHeader description="EPA 管理信息库首部">			
<value></value>	填写"YES"或者"NO"表示是否支持该项	布尔值	YES
</EPAMIBHeader>			
<EPADeviceDescriptor description="EPA 设备描述对象">			
<value></value>	填写"YES"或者"NO"表示是否支持该项	布尔值	YES
</EPADeviceDescriptor>			
<SyncAndScheduling description="时间同步对象">			
<value></value>	填写"YES"或者"NO"表示是否支持该项	布尔值	YES
</SyncAndScheduling>			
<MAXResponseTime description="最大响应时间对象">			
<value></value>	填写"YES"或者"NO"表示是否支持该项	布尔值	YES
</MAXResponseTime>			
<CommunicationScheduleManagement description="EPA 通信调度管理对象">			
<value></value>	填写"YES"或者"NO"表示是否支持该项	布尔值	YES
</CommunicationScheduleManagement>			
<DeviceApplicationInformation description="设备应用信息对象">			
<value></value>	填写"YES"或者"NO"表示是否支持该项	布尔值	YES
</DeviceApplicationInformation>			
<FBApplicationInformationHeader description="功能块应用信息对象首部">			

表 B.1（续）

表　项	项值填写规范	填写数据类型	项值示例
<value></value>	填写"YES"或者"NO"表示是否支持该项	布尔值	YES
</FBApplicationInformationHeader>			
< DomainApplicationInformationHeader description="域应用信息对象首部">			
<value></value>	填写"YES"或者"NO"表示是否支持该项	布尔值	YES
</DomainApplicationInformationHeader>			
<LinkObjectHeader description="链接对象首部">			
<value></value>	填写"YES"或者"NO"表示是否支持该项	布尔值	YES
</LinkObjectHeader>			
<FBApplicationInformation description="功能块应用信息对象">			
<value></value>	填写"YES"或者"NO"表示是否支持该项	布尔值	YES
</FBApplicationInformation>			
<LinkObject description="链接对象">			
<value></value>	填写"YES"或者"NO"表示是否支持该项	布尔值	YES
</LinkObject>			
<DomainApplicationInformation description="域应用信息对象">			
<value></value>	填写"YES"或者"NO"表示是否支持该项	布尔值	YES
</DomainApplicationInformation>			
<Domain description="域对象">			
<value></value>	填写"YES"或者"NO"表示是否支持该项	布尔值	YES
</Domain>			
<Variable description="简单变量对象">			
<value></value>	填写"YES"或者"NO"表示是否支持该项	布尔值	YES
</Variable>			

表 B.1（续）

表　　项	项值填写规范	填写数据类型	项值示例
<Event　description="事件对象">			
<value></value>	填写"YES"或者"NO"表示是否支持该项	布尔值	YES
</Event>			
<EPASocketMapping　description="EPA 套接字映射对象">			
<value></value>	填写"YES"或者"NO"表示是否支持该项	布尔值	YES
</EPASocketMapping>			
<EPASocketTimer　description="EPA 套接字映射定时器对象">			
<value></value>	填写"YES"或者"NO"表示是否支持该项	布尔值	YES
</EPASocketTimer>			
<ErrorType　description="差错对象">			
<value></value>	填写"YES"或者"NO"表示是否支持该项	布尔值	YES
</ErrorType>			
</SupportedObjects>			
<SMIBInfo　description="系统管理信息库信息">			
<EPADeviceDescriptor　description="EPA 设备描述对象">			
<DeviceID　description="设备标识">			
<value></value>	填写设备标识	字符串(32 个字节)	0088cb000001010161 14214500000010
</DeviceID>			
<PDTag　description="设备位号">			
<value></value>	填写设备位号	字符串(32 个字节)	192016800020015 0000000000000000
</PDTag>			
<ActiveIPAddress　description="当前可操作 IP 地址">			
<value></value>	填写当前可操作 IP 地址	按 IP 地址格式书写的字符串	192.168.2.15

表 B.1（续）

表　　项	项值填写规范	填写数据类型	项值示例
</ActiveIPAddress>			
<DeviceType description="设备类型">			
<value></value>	填写设备类型值	单字节无符号整型变量	0x01
</DeviceType>			
<Status description="设备所处状态">			
<value></value>	填写设备所处的状态值	单字节无符号整型变量	0x01
</Status>			
<DeviceVersion description="设备版本号">			
<value></value>	填写设备版本号	两字节无符号整型变量	0x0003
</DeviceVersion>			
<AnnunciationInterval description="设备发送声明报文的时间间隔">			
<value></value>	填写设备发送声明报文的时间间隔值	两字节无符号整型变量	0x000E
</AnnunciationInterval>			
<AnnunciationVersionNumber description="所发送声明报文的版本号">			
<value></value>	填写所发送声明报文的版本号	两字节无符号整型变量	0x0001
</AnnunciationVersionNumber>			
<DeviceRedundancyState description="设备冗余状态">			
<value></value>	填写设备的冗余状态值	单字节无符号整型变量	0x00
</DeviceRedundancyState>			
<DeviceRedundancyNumber description="设备冗余号">			
<value></value>	填写设备冗余号	单字节无符号整型变量	0x00
</DeviceRedundancyNumber>			
<LANRedundancyPort description="设备冗余报文处理端口">			

表 B.1（续）

表　　项	项值填写规范	填写数据类型	项值示例
<value></value>	填写设备冗余报文处理端口	两字节无符号整型变量	0x0000
</LANRedundancyPort>			
<MaxRedundancyNumber description="设备最大冗余个数">			
<value></value>	填写设备最大冗余个数	单字节无符号整型变量	0x01
</MaxRedundancyNumber>			
< DuplicateTagDetected description="物理位号冲突标志">			
<value></value>	填写"TRUE"或"FALSE"表示物理位号冲突标志	布尔值	FALSE
</DuplicateTagDetected>			
</EPADeviceDescriptor>			
</SMIBInfo>			
<ExtraInfo description="测试用信息">			
<DeviceIP description="被测设备 IP 地址">			
<value></value>	填写设备 IP 地址	按 IP 地址格式书写的字符串	192.168.2.15
</DeviceIP>			
<LTIP description="上测试器 IP 地址">			
<value></value>	填写上测试器 IP 地址	按 IP 地址格式书写的字符串	192.168.1.10
</LTIP>			
<LTIPtoB description="上测试器连接网桥的 IP 地址">			
<value></value>	填写上测试器连接网桥的 IP 地址	按 IP 地址格式书写的字符串	192.168.1.10
</LTIPtoB>			
<PTPMasterSupport description="支持 PTP 主时钟同步">			
<value></value>	填写"YES"或者"NO"表示是否支持该项	布尔值	YES
</PTPMasterSupport>			

表 B.1（续）

表　项	项值填写规范	填写数据类型	项值示例
<PTPSlaveSupport description＝"支持 PTP 从时钟同步">			
<value></value>	填写“YES”或者“NO”表示是否支持该项	布尔值	YES
</PTPSlaveSupport>			
<SNTPSupport description＝"支持SNTP 同步">			
<value></value>	填写“YES”或者“NO”表示是否支持该项	布尔值	YES
</SNTPSupport>			
</ ExtraInfo >			
<VirtualObject description＝"虚拟对象">			
<UTAAppID description＝"UTA 的应用标识">			
<value></value>	填写 UTA 的应用标识	两字节无符号整型变量	0x00FE
</UTAAppID>			
<LTTestAppID description＝"上测试器的应用标识">			
<value></value>	填写上测试器的应用标识	两字节无符号整型变量	0x0001
</LTTestAppID>			
<LTTestObjectID description＝"上测试器的对象标识">			
<value></value>	填写上测试器的对象标识	两字节无符号整型变量	0x0001
</LTTestObjectID>			
</VirtualObject>			
</EPA_PICS>			

注：“value”节点中间的数值需要填写。另外，测试认证方可提供静态文档生成软件完成信息的录入。

附　录　C
（规范性附录）
UTA 接口定义

UTA 层次结构如图 C.1 所示。

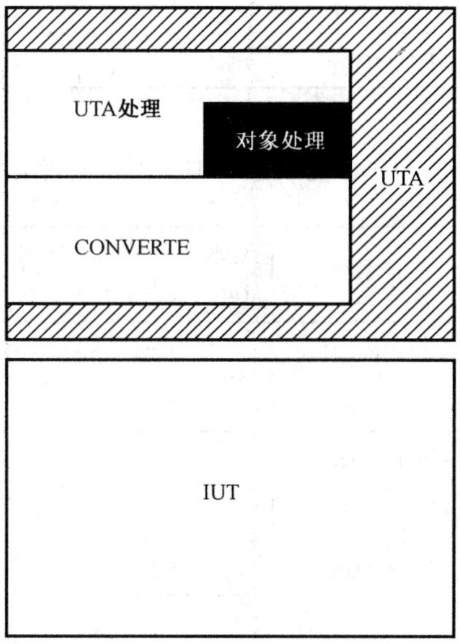

图 C.1　UTA 层次结构

UTA 配合 CTS 完成一致性测试。UTA 通过读写服务来完成应用访问实体类服务测试，并以应用访问实体测试为基础实现确定性调度的部分不同优先级报文的发送。UTA 作为 CTS 的代理点，其作用：控制 IUT 主动发送应用访问实体类服务请求报文，及对用户数据进行处理。CONVERTE 实现连接 UTA 接口和 IUT 上服务接口的功能，再发送给 UTA 进行内部处理。UTA 内建立多种服务类型的对象实体，通过读服务获取对象数据，LT 发送写服务触发相应的 UTA 命令。UTA 建立的对象实体如表 C.1 所示。

表 C.1　UTA 对象一览表

序号	对象名称	Object ID	说明
1	CMD-Distribute	11	写命令触发 IUT 发送信息分发服务，详见表 C.2
2	CMD-EventNofication	12	写命令触发 IUT 发送事件通知服务，详见表 C.3
3	CMD-Domain	13	写命令触发 IUT 域计数 增加/减少，详见表 C.4
4	CMD-Schedule	14	写服务请求调用 UTA 确定性调度测试命令，详见表 C.5
5	DistributeObject	21	接收信息分发服务请求功能块对象，详见表 C.6
6	EventObject	22	接收事件通知确认服务请求功能块对象 事件基本访问对象，详见表 C.7
7	DomainObject	23	域基本访问对象，详见表 C.8

表 C.2　CMD-Distribute 对象编码表

序号	属性名	读写属性	数据类型	编码位置偏离（单位：字节）	字节长度	说明
1	ObjectID	读	Unsigned16	0	2	=11
2	SourceAppID	读/写	Unsigned16	2	2	=UTA AppID
3	SourceObjID	读/写	Unsigned16	4	2	=21
4	Data	读/写	Octetstring	6	N	分发的数据，最大长度 32 个字节

表 C.3　CMD-EventNofication 对象编码表

序号	属性名	读写属性	数据类型	编码位置偏离（单位：字节）	字节长度	说明
1	ObjectID	读	Unsigned16	0	2	=12
2	SourceAppID	读/写	Unsigned16	2	2	=UTA AppID
3	SourceObjID	读/写	Unsigned16	4	2	=22
4	EventNumbrt	读/写	Unsigned16	6	2	事件号
5	EventData	读/写	Octetstring	8	N	事件数据，最大长度 32 个字节

表 C.4　CMD-Domain 对象编码表

序号	属性名	读写属性	数据类型	编码位置偏离（单位：字节）	字节长度	说明
1	ObjectID	读	Unsigned16	0	2	=13
2	IncCounter	读/写	Unsigned16	2	2	Counter+=1
3	DecCounter	读/写	Unsigned16	4	2	Counter−=1 Counter 最小值为 0

表 C.5　CMD-Schedule 对象编码表

序号	属性名	读写属性	数据类型	编码位置偏离（单位：字节）	字节长度	说明
1	ObjectID	读	Unsigned16	0	2	=14
2	Type	读/写	Unsigned16	2	2	Value=00：确定性调度测试关闭 Value=01：确定性调度测试开启，发送信息分发报文 Value=02：确定性调度测试开启，发送事件通知报文 Value=03：确定性调度测试开启，发送信息分发报文和事件通知报文
3	Times	读/写	Unsigned16	42	2	每个宏周期发送次数

表 C.6 DistributeObject 对象编码表

序号	属性名	读写属性	数据类型	编码位置偏离（单位：字节）	字节长度	说明
1	ObjectID	读	Unsigned16	0	2	=21
2	Data	读/写	Octetstring	2	N	分发的数据，最大长度 32 个字节

表 C.7 EventObject 对象编码表

序号	属性名	读写属性	数据类型	编码位置偏离（单位：字节）	字节长度	说明
1	ObjectID	读	Unsigned16	0	2	=22
2	EventNumbrt	读/写	Unsigned16	2	2	事件号
3	EventData	读/写	Octetstring	4	N	事件数据，最大长度 32 个字节

表 C.8 DomainObject 对象编码表

序号	属性名	读写属性	数据类型	编码位置偏离（单位：字节）	字节长度	说明
1	ObjectID	读	Unsigned16	0	2	=23
2	Data	读/写	Octetstring	2	N	域数据，最大长度 1234 个字节

附 录 D
（资料性附录）
一致性测试报告范例

考虑到日志结果文档方便阅读，所以采用文本文件的形式存放。存放占用空间也小，查看也方便。因为 EPA 协议一致性测试系统中有采用多案例调度测试，所以测试结果也采用多个案例存放一次测试的结果。测试结果格式如图 D.1 所示。

```
*** 测试结果 测试开始日期时间 ***
------------------------------------------------------------
--- 测试信息 ---

测试软件的版本号:
被测设备编号:
调度列表:
测试类名1(类编号)
  |----- 子类名1(子类编号)
  |             |------案例编号1
  |             |------案例编号2
  |             |------案例编号3
  |----- 子类名2(子类编号)
  |             |------案例编号1
  |             |------案例编号2
  |             |------案例编号3
测试类名2(类编号)
  |----- 子类名1(子类编号)
  |             |------案例编号1
  |             |------案例编号2
  |             |------案例编号3
  |----- 子类名2(子类编号)
  |             |------案例编号1
  |             |------案例编号2
  |             |------案例编号3

测试开始时间:  月/日/年 - 时:分:秒
测试结束时间:  月/日/年 - 时:分:秒

执行案例数  :  NUM1+NUM2
通过案例数  :  NUM1
失败案例数  :  NUM2

------------------------------------------------------------
--- 测试结果 ---

测试案例 (版本号)                  测试结果      失败原因
-------- ---------                  ------        ------

测试案例编号 (案例版本号)  :        通过          无

测试案例编号 (案例版本号)  :        失败          失败原因
```

图 D.1 测试结果格式

注：将测试结果文件命名为本次测试调度的编号。

附 录 E
（规范性附录）
时钟同步测试报文格式

进行时钟同步测试时，由 LT 发送时钟同步测试请求报文，该请求报文以广播的形式发送，时钟同步服务器和被测设备收到该请求报文时，打上接收到的时间戳，并把该时间戳值添加到时钟同步测试响应报文中。

测试请求报文的格式如下：

```
typedef struct
{
    unsigned char   DsthAdr[6];          //目的 MAC 地址
    unsigned char   ScrhAdr[6];          //源 MAC 地址
    unsigned short  wfProtocol;          //协议号 0x8888
    unsigned short  TestSequenceId;      //测试序号
    unsigned char   Version;             //版本号
} TimeSynTestReq;
```

被测设备和时钟同步服务器返回的响应报文的格式如下：

```
typedef struct
{
    unsigned char   DsthAdr[6];          //目的 MAC 地址
    unsigned char   ScrhAdr[6];          //源 MAC 地址
    unsigned short  wfProtocol;          //协议号 0x8889
    unsigned short  TestSequenceId;      //测试序号
    unsigned long   SrcIP;               //源 IP 信息
    TIMESTAMP       RevTimeStamp;        //设备接收到测试报文的本地时间
    TIMESTAMP       SdTimeStamp;         //设备发送出测试响应报文的本地时间
    unsigned char   DeviceNum;           //设备的主从时钟状态，主时钟为 255
    unsigned char   Version;             //版本号
}TimeSynTestRes;
```

时间戳格式如下：

```
typedef struct
{
    unsigned int TimeStampSeconds;       //秒
    int TimeStampNanosecs;               //纳秒
} TIMESTAMP;
```

ICS 25.040
N 10

中华人民共和国国家标准

GB/T 26796.3—2011

用于工业测量与控制系统的EPA规范 第3部分:互可操作测试规范

EPA Specification for use in industrial measurement and control systems—Part 3:Interoperation test specification

2011-07-29 发布　　2011-12-01 实施

中华人民共和国国家质量监督检验检疫总局
中国国家标准化管理委员会　发布

前　言

本部分按照 GB/T 1.1—2009 给出的规则进行起草。

请注意本文件中的某些内容可能涉及某些专利。本文件的发布机构不承担识别这些专利的责任。

GB/T 26796《用于工业测量与控制系统的 EPA 规范》分为 6 个部分：

——第 1 部分：系统结构与通信规范（GB/T 20171—2006《用于工业测量与控制系统的 EPA 结构与通信规范》）；

——第 2 部分：协议一致性测试规范；

——第 3 部分：互可操作测试规范；

——第 4 部分：功能块的技术规范；

——第 5 部分：网络安全规范；

——第 6 部分：通信实时性测试规范。

本部分为 GB/T 26796 的第 3 部分。

本部分由中国机械工业联合会提出。

本部分由全国工业过程测量和控制标准化技术委员会归口。

本部分起草单位：浙江大学、浙江中控技术股份有限公司、中国科学院沈阳自动化研究所、重庆邮电大学、大连理工大学、机械工业仪器仪表综合技术经济研究所、上海工业自动化仪表研究所、上海自动化仪表股份有限公司、西南大学、天津天仪集团仪表有限公司、中国四联仪器仪表集团有限公司、北京华控技术有限公司。

本部分起草人：褚健、金建祥、冯冬芹、徐皑冬、王平、仲崇权、欧阳劲松、梅恪、缪学勤、包伟华、张庆军、刘枫、杨彬、田英明、周勇。

引　言

声明基于EPA标准的产品在技术上必须符合EPA技术标准，必须能够与第三方厂家产品及系统互连；因此，EPA产品的一致性和互操作性测试非常必需，是检验产品是否符合EPA技术标准，是实现不同厂家产品互连、互操作的技术保证。

EPA互可操作测试以EPA一致性测试为基础，主要测试并检验不同种类、不同功能EPA设备间的协同工作能力，具体表现为协同工作过程中外在的通信行为和内部状态是否正确。为基于功能应用的EPA设备间的互通、互连、互换提供保证。

本部分定义了EPA互可操作测试系统的结构框架和测试内容，用于描述EPA互可操作测试的测试流程。

用于工业测量与控制系统的EPA规范 第3部分:互可操作测试规范

1 范围

本部分规定了EPA互可操作测试系统的结构、测试原理和测试方法。

本部分适用于对声明为基于EPA标准的产品(设备与系统)进行EPA互可操作测试。

2 规范性引用文件

下列文件对于本文件的应用是必不可少的。凡是注日期的引用文件,仅注日期的版本适用于本文件。凡是不注日期的引用文件,其最新版本(包括所有的修改单)适用于本文件。

GB/T 5271(所有部分) 信息技术词汇

GB/T 9387.1 信息技术 开放系统互连 基本参考模型 第1部分:基本模型

GB/T 20171—2006 用于工业测量与控制系统的EPA系统结构与通信规范

3 术语和定义

下列术语和定义适用于本文件。

3.1

通信栈 communication stack

通信栈是在一个设备中协同操作的一系列层协议,它为用户提供通信服务。

[GB/T 9387.1]

3.2

功能块 function block

由功能块类型规定的数据结构的一个独立的、已命名的副本和相关操作所组成的软件功能单元。

[GB/T 9387.1]

3.3

功能块实例 function block instance

见3.2功能块定义。

[GB/T 9387.1]

3.4

互可操作性 interoperability

用户层实体应用FAL服务执行协调性和互连性操作的能力。

[GB/T 9387.1]

3.5

对象标识符 object identifier

标识一个对象的唯一符号。

[ISO/IEC 8824]

3.6

类型　type

软件要素，说明了所有该类型实例所具有的共享的共同特性。

[ISO/IEC 8824]

3.7

标签　tag

与每个 ASN.1 类型关联的类型记号。

[ISO/IEC 8824]

3.8

应用　application

应用于消费或生产数据的功能或数据结构。

[IEC 61158-5]

3.9

应用层互可操作性　application layer interoperability

应用实体使用 FAL 的服务来执行协调和协同操作的能力。

[IEC 61158-5]

3.10

应用对象　application objects

通过网络并在网络设备内，管理和提供运行期报文交换的多种对象类型。

[IEC 61158-5]

3.11

应用进程　application process

网络中一个分布式应用的一部分，它位于一台设和轩中并被人确定为唯一的寻址。

[IEC 61158-5]

3.12

应用进程标识　application process identifier

用来区别在一台设备内使用的多个应用进程。

[IEC 61158-5]

3.13

应用进程对象　application process object

应用进程的组件，通过 FAL 应用关系可识别和可访问该组件。

[IEC 61158-5]

3.14

应用进程对象类　application process object class

依据一组其网络可访问属性和服务来定义的应用进程对象的类。

[IEC 61158-5]

3.15

应用关系　application relationship

两个或多个应用实体调用之间的协同关联，用于交换信息和协调它们的联合操作。这种关系通过应用协议数据单元的交换或者作为预组态活动的结果来激活。

[IEC 61158-5]

3.16

属性 attribute

一个对象的外部可视特点或特性的描述。

[IEC 61158-5]

3.17

行为 behaviour

指示一个对象如何响应特定的事件。

[IEC 61158-5]

3.18

通信对象 communication objects

通过网络管理和提供运行期报文交换的组件。

[IEC 61158-5]

3.19

设备 device

与链路连接的物理硬件。

[IEC 61158-5]

3.20

差错 error

计算、观察或测量的值或条件与所规定或理论上的正确值或条件之间的差异。

[IEC 61158-5]

3.21

差错代码 error code

在一种差错类中某个特定差错代码的通用分组。

[IEC 61158-5]

3.22

索引 index

在一个应用进程内的一个对象的地址。

[IEC 61158-5]

3.23

实例 instance

在一个类中的一个对象的实际物理呈现，它用于标识同一对象类内许多对象中的一个。

[IEC 61158-5]

3.24

网络 network

由某种类型的通信介质连接的一个组节点，包括插入其中的任何中继器、桥、路由器以及低层网关。

[IEC 61158-5]

3.25

对象 object

设备内一个特定组件的抽象表达，通常是有关数据（以变量形式）和方法（规程）的集合，用于对已经明确定义接口和行为的数据进行操作。

[IEC 61158-5]

3.26

物理设备　physical device

自动化设备或其他网络设备。

[IEC 61158-5]

3.27

互可操作测试器　interoperability tester

执行互可操作测试案例。

[IEC 61804-2]

3.28

测试实现　test implementation

协议规范文本的具体实现。

[IEC 61804-2]

3.29

在测设备　tested device

参与测试的被测试设备。

[IEC 61804-2]

3.30

通信宏周期　communication macro cycle

一个链路或网段内，完成一次通信周期所需的时间。

[IEC 61804-2]

3.31

通信调度　communication scheduling

为完成通信过程而选择要执行的算法和操作，并启动和终止其执行的功能。

[IEC 61804-2]

3.32

组态（系统或设备）　configuration (of a system or device)

选择功能单元、指定它们的位置并且定义它们的互连。

[IEC 61804-2]

3.33

目的功能块实例　destination FB Instance

接收指定参数的功能块实例。

[IEC 61804-2]

3.34

现场设备　field device

应用于工业现场环境的设备。

[IEC 61804-2]

3.35

标识符　identifier

用来命名实体或对象的一个或多个字符。

[IEC 61804-2]

3.36

索引　index

应用进程中一个对象的地址。

[IEC 61804-2]

3.37

信息　information

通过施加于数据上的某些约定，在一定的场合内该数据具有的特定含义。

[IEC 61804-2]

3.38

实例　instance

在一个类中，一个对象的实际物理实现。它用于在同一对象类中标识众多对象中的一个。

[IEC 61804-2]

3.39

管理信息　management information

对现场总线系统操作（包括应用层）进行管理的网络可访问信息。

[IEC 61804-2]

3.40

系统管理信息库　management information Base

按一定组合方式对管理信息进行组织的列表。

[IEC 61804-2]

3.41

制造商 ID　manufacturer ID

使用唯一号码对每一产品制造商的标识。

[IEC 61804-2]

3.42

参数　parameter

一种变量，为每一特定应用赋予一个数值，也可用它来标志应用。

[IEC 61804-2]

4　符号和缩略语

DAT	Device Assistant Test	辅助测试设备
DD	Device Description	设备描述
DUT	Device Under Test	被测设备
EITS	EPA Interoperation Test System	EPA 互可操作测试系统
ETS	Executable Test Suite	可执行测试集
HMI	Human Machine Interface	人机接口
ITS	Interoperation Test System	互可操作测试系统
STS	Standard Test Suite	标准测试集
UTS	User-defined Test Suite	自定义测试集
TCL	Tool Command Language	工具命令语言
XDDL	Extensible Device Describe Language	可扩展设备描述语言
XML	Extensible Markup Language	可扩展标记语言

5 EPA 互可操作测试系统(EITS)

5.1 系统概述

EPA 互可操作测试规范提出定义了 EPA 互可操作测试系统的结构框架,用于描述 EPA 互可操作测试的测试流程。

互可操作测试(ITS)是检查基于同种协议的不同版本或不同实体间的互通和互可操作能力。一般将一个或多个待测的网络设备连接起来,在实际的网络环境中对设备进行测试。因为很难保证每个厂家所生产的设备对协议的理解是一致的,所以在将不同厂家的设备引入到同一个网络系统之前,必须对不同的厂家的网络设备进行大量的互可操作测试,以保证整个控制系统内网络设备的应用规范一致性。

在互可操作测试中,测试主机采用协议规范一级的操控手段,进行应用测试来检查各种应用功能与性能,同时测试主机也具备测试项目与测试参数的选择功能,测试数据的显示、存储,测试报告生成功能,测试案例的生成与修改功能。

一致性测试是互可操作测试的基础,两个产品均通过一致性测试,但仍难保证彼此间的互可操作能力。产品必须通过互可操作测试证明,以保证它与来自不同厂家的产品彼此能互可操作。互可操作能力是开放式系统的主要目标。

EPA 是基于工业以太网现场总线标准,众多的厂家主要根据 EPA 系统结构与通信规范及 EPA 功能块规范来开发不同种类、不同功能的现场设备,为保证这些设备间的互可操作能力,开展 EPA 互可操作测试工作也是必需的。

EPA 互可操作测试平台的开发基础及主要依据是 EPA 系统结构与通信规范及 EPA 功能块规范,主要测试并检验不同种类、不同功能 EPA 设备间的协同工作能力,具体表现为协同工作过程中外在的通信行为和内部行为是否正确。

EPA 互可操作测试必须以 EPA 一致性测试为基础。

5.2 EPA 互可操作测试系统结构

EPA 互可操作测试系统由 EPA 互可操作测试器、被测设备(DUT)和辅助测试设备(DAT)三部分组成。其系统结构如图 1 所示,它包括以下几个部分:

——人机接口(HMI);

——标准测试集(STS);

——被测设备描述文件(DUT DD);

——自定义测试集(UTS);

——可执行测试集(ETS);

——测试结果和日志;

——被测设备(DUT);

——辅助测试设备(DAT)。

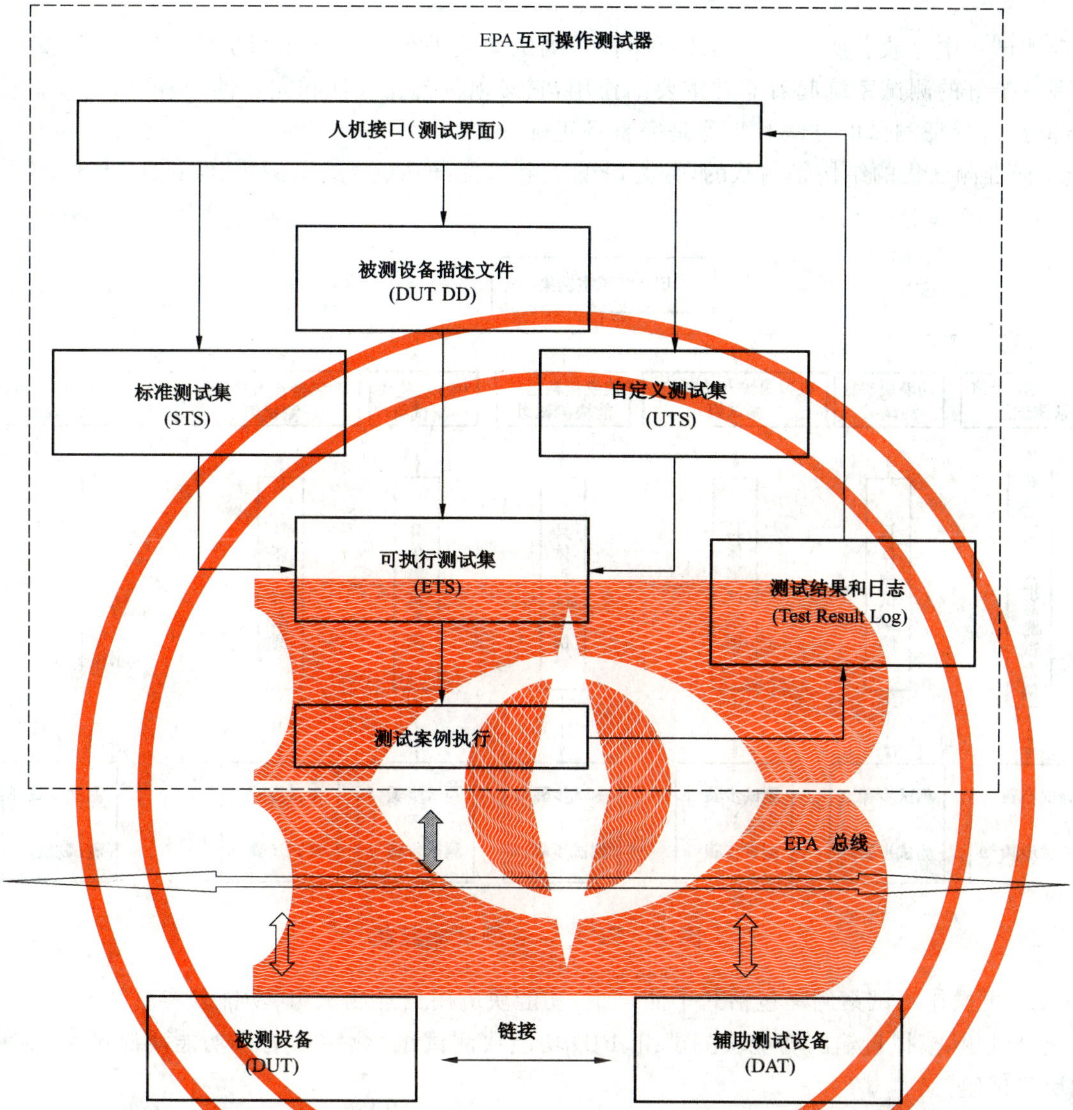

图 1　EPA 互可操作性测试系统结构

5.2.1　人机接口(HMI)

测试人员通过人机接口来控制、监视整个测试过程。人机接口的良好设计可以大大方便测试人员的操作,减少因操作失误而造成的错误,同时给于测试人员较高的灵活和自由度。因此,人机接口必须具备以下几种基本功能:

——对测试过程的控制,包括案例的执行开始和结束。

——对被测试设备的选择,包括被测试设备选择和其对应的设备描述文件的选择导入。

——对测试过程的监视,实时显示测试的过程和进度。

——对测试案例调度列表的显示和修改。

——对测试案例的可配置和可修改,测试人员可以自行选择或修改要执行的案例。

——可自定义新的测试案例,测试人员可根据自己需要加入新的测试案例。

——测试信息和测试结果的清晰显示。

5.2.2 标准测试集(STS)

标准测试集中存放着所有标准的测试案例。测试集是进行互可操作测试的基础,一个好的测试集对于实现一个好的测试系统起着非常重要的作用,它必须具备完整性和完备性的特点,能覆盖所有需要测试的部分,并保证测试的方法和步骤是完整且正确的。

EPA 标准测试集的结构是树状的,分为以下 4 个部分:EPA 测试案例集、测试组、具体测试案例和测试步骤,其结构如图 2 所示。

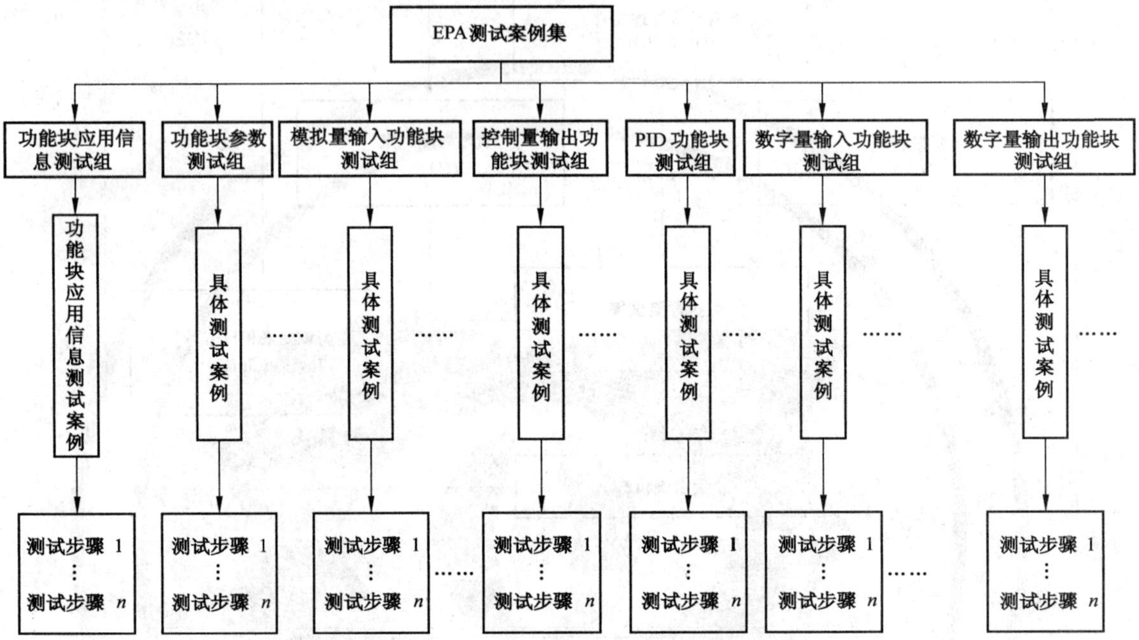

图 2 EPA 标准测试集结构

EPA 互可操作测试案例集包括几个测试组:功能块应用信息测试组、功能块参数测试组、模拟量输入功能块测试组、模拟量输出功能块测试组、PID 功能块测试组、数字量输入功能块测试组和数字量输出功能块测试组。

5.2.3 被测设备描述文件(DUT DD)

基于 XML 的设备描述文件描述了 EPA 现场设备的 EPA 网络可视对象的具体信息,用户可采用浏览器直接访问该文件,或通过基于文档对象模型(DOM)的设备描述解释器对设备描述文件进行解释,以获得设备功能与参数接口信息。

在互可操作测试开始之前,设备厂商必须提供其被测设备的描述文件。测试器根据其提供的描述文件来选择确定要执行的案例。

设备描述文件描述的设备信息包括设备标识、设备功能、设备所包含的块、数据等。文件描述格式描述不属于本部分定义范围。

5.2.4 可执行测试集(ETS)

可执行测试集是根据标准测试集、被测设备描述文件和自定义测试集联合生成。测试时,根据被测设备的描述文件对标准测试集中的案例进行选择抽取,同时导入测试人员自定义的测试集,自动生成或手动选择测试案例生成可执行测试集,最终形成测试案例调度表。测试软件就会根据测试案例调度表按一定的顺序执行测试案例,并将结果写入测试报告。

5.2.5 自定义测试集(UTS)

为了方便对特殊的设备进行互可操作测试,系统提供了自定义测试案例的接口。测试人员可以根据被测设备的特点,自己编写测试案例集对被测设备进行非标准测试,这样可以使互可操作性测试尽可能的完整和准确。

自定义的测试案例可以用脚本语言来编写。脚本语言是一种解释性的语言,它不像C\C++等可以编译成二进制代码,以可执行文件的形式存在。脚本语言不需要编译,可以直接用,由解释器来负责解释,它一般以文本形式存在,类似于一种命令。这些特性极大地方便了测试案例的修改和编写,使得测试人员可方便、快捷地开发出新的测试案例集。

在EPA互可操作性测试中,推荐使用TCL脚本语言来编写测试案例。

5.2.6 辅助测试设备(DAT)

当执行部分测试案例时,被测设备需要与其他功能块进行链接通信。辅助测试设备内含测试功能块,被测设备的输入输出分别与它的输出输入进行链接,以便配合EPA测试器完成对被测设备的部分测试。EPA测试器、被测设备和辅助测试设备之间三者的通信关系如图3。

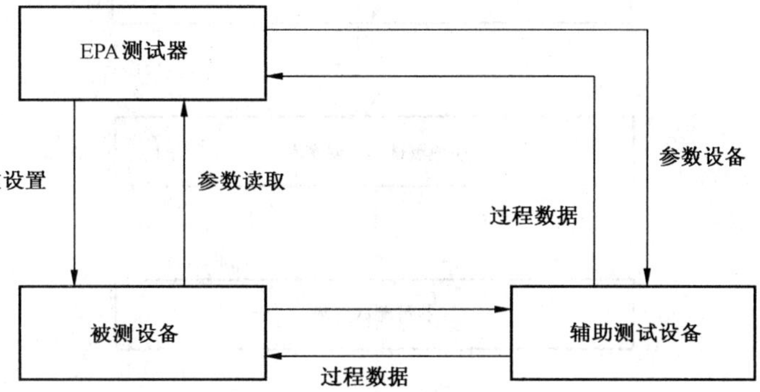

图3 三者间的通信关系

测试时,EPA测试器需要配置被测设备内的部分参数,来设置它的运行状态,同时也要读取其内部参数来得到它相关的状态信息。而被测设备与辅助测试设备之间的通信只是运行过程中数据的传递,这部分数据EPA测试器是不能直接得到的,只有通过辅助测试设备的间接传递才能得到。同时EPA测试器也要对辅助测试设备进行配置,以便通过它能传递有效的过程数据给被测设备。

5.2.7 测试结果和日志

考虑到测试日志结果文档方便阅读,所以采用文本文件的形式存放。存放占用空间也小,查看也方便。其格式见附录A。

6 EPA互可操作性测试的测试流程

EPA互可操作测试按照以下几个步骤顺序进行:

——第一步:导入被测设备的描述文件。该文件用XML语言按照标准编写,由生产厂商提供。测试平台需安装Microsoft XML Core Services (MSXML),以保证设备描述文件能够正常解析。

——第二步:测试人员配置要执行的测试案例集,生成测试案例调度表。根据设备描述文件,系统会自动抽取测试案例，测试人员可以根据需要对测试案例集进行配置或加入自己定义的测试案例。当案例全部配置完成后，会自动生成可执行测试案例集和测试案例调度表。

——第三步：执行测试案例。当测试案例调度表生成后，就可开始进行案例测试，系统会根据调度表按顺序一条条执行测试案例。

——第四部：测试报告和日志的生成。当所有测试案例执行结束后，系统会自动生成测试报告提交给测试人员，同时将测试过程中的信息以测试日志的形式存储在系统中。

其测试流程如图 4 所示。

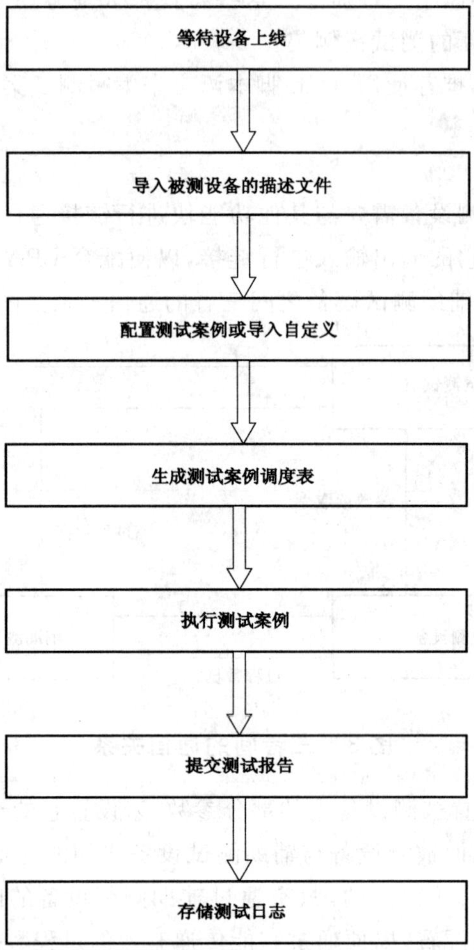

图 4　测试流程

7　EPA 互可操作测试的目的和内容

7.1　简介

EPA 互可操作测试的目的是检查基于 EPA 协议实现的不同版本或不同实体间的互通信和互可操作能力，以保证整个控制系统内网络设备的应用规范一致性。

EPA 互可操作测试的测试内容包括功能块应用信息测试、功能块参数测试、模拟量输入功能块测试、PID 功能块测试、数字量输入功能块测试和数字量输出功能块测试。每个测试组又分为多个子案例，子案例则是系统测试的基本单元。

7.2 功能块应用信息测试组

在 EMIB 中存储了功能块的应用信息，这些信息包括功能块可实例化的个数、功能块的名称、功能块的类型、首个功能块的 ID 等。该测试组测试这些应用信息是否存在且对外可见、是否能正确读取和设置，保证功能块中对外可视化对象的规范一致性。测试组中只有一个测试案例：

——测试目的：测试 EMIB 中的功能块应用信息是否真实、准确

——测试步骤：

- 第一步，在 EMIB 中找到功能块应用信息对象首部。
- 第二步，根据首部信息读取各功能块的应用信息对象。
- 第三步，将读取的功能块信息与设备描述文件中功能块的信息相比较，判断其是否一致。

7.3 功能块参数测试组

这部分测试进行的测试是：功能块头信息参数测试。

——测试目的：测试功能块的实例标识、名字和位号是否存在且能识别。

——测试步骤：

- 第一步，找到该功能块的头信息 BlockInfo。
- 第二步，读取其标识 AppID、功能块实例的名字(FB_Name)和初始位号(FB_Tag)。
- 第三步，判断上述信息与设备描述文件内声明的是否一致。
- 第四步，分别向上述信息参数写入新值，然后再次读取。
- 第五步，判断其新值是否写入，判断其读写属性是否正确。

7.4 模拟量输入功能块测试组

7.4.1 模拟量输入功能块通信测试

——测试目的：测试功能块是否能与其他功能块正常通信。

——测试步骤：

- 第一步，将该功能块与辅助测试设备进行链接。
- 第二步，配置好功能块后，启动运行。
- 第三步，通过辅助测试设备得到测试功能块的输出参数。
- 第四步，测试是正确接收到输出数据，判断输出参数的格式是否符合规范且能正确识别。

7.4.2 模拟量输入功能块量程转换测试

——测试目的：测试模拟量输入功能块是否能进行正确的量程转换。

——测试步骤：

- 第一步，设置功能块的输入值量程和输出值量程。
- 第二步，链接、并启动功能块运行。
- 第三步，判断其输出值的量程转换是否正确。

7.5 多路模拟量输入功能块(MAI)测试组

——测试目的：测试功能块是否能与其他功能块正常通信。

——测试步骤：

- 第一步，将该功能块与辅助测试设备进行链接。
- 第二步，配置好功能块后，启动运行。

• 第三步，通过辅助测试设备得到被测功能块的输出参数。
• 第四步，测试是正确接收到输出数据，判断输出参数的格式是否符合规范定义且能正确识别。

7.6 模拟量输出功能块测试组

7.6.1 模拟量输出功能块通信测试

——测试目的：测试功能块是否能与其他功能块正常通信。
——测试步骤：
• 第一步，将该功能块与辅助测试设备进行链接。
• 第二步，配置好功能块后，启动运行。
• 第三步，通过辅助测试设备给模拟量输出功能块传入输入值。
• 第四步，读取模拟量输出功能块的输入值，检测是否与传入的数值一致。

7.6.2 模拟量输出功能块输出测试

——测试目的：测试模拟量输出功能块是否能将输入值进行处理并正确输出。
——测试步骤：
• 第一步，启动功能块运行。
• 第二步，通过辅助测试设备给功能块传入合适的输入值。
• 第三步，通过辅助测试设备读取功能块输出的电流电压信号，判断是否正确。

7.6.3 模拟量输出功能块量程转换测试

——测试目的：测试模拟量输出功能块是否能进行正确的量程转换。
——测试步骤：
• 第一步，设置功能块的输入值量程和输出值量程。
• 第二步，链接、并启动功能块运行。
• 第三步，判断其输出值的量程转换是否正确。

7.7 多路模拟量输出功能块(MAO)测试组

——测试目的：测试功能块是否能与其他功能块正常通信。
——测试步骤：
• 第一步，将该功能块与辅助测试设备进行链接。
• 第二步，配置好功能块后，启动运行。
• 第三步，通过辅助测试设备给被测功能块的输入数据。
• 第四步，测试是正确接收到输入数据，判断其数据的格式是否符合规范定义且能正确识别。

7.8 PID 功能块测试组

7.8.1 PID 功能块通信测试

——测试目的：测试 PID 功能块是否能与其他功能块正常通信。
——测试步骤：
• 第一步，将该功能块与辅助测试设备进行链接。
• 第二步，配置好功能块后，启动运行。
• 第三步，通过辅助测试设备给 PID 功能块的输入传入数据值。

- 第四步，读取 PID 功能块的输入值，检测是否与传入的数值一致。
- 第五步，通过辅助测试设备读取 PID 功能块的输出值，判断其值是否有效。

7.8.2 PID 功能块的手动模式测试

——测试目的：测试 PID 功能块是否能工作在手动模式下。

——测试步骤：

- 第一步，设置 PID 为手动模式。
- 第二步，向 OP 参数写入一个新的有效数值。
- 第三步，读取 OP 值，判断是否与刚写入的数值一样。
- 第四步，给 PID 的 SP 传入一个新的数值。
- 第五步，读取 OP 值，判断 OP 值是否受 SP 值影响。

7.8.3 PID 功能块的自动模式测试

——测试目的：测试 PID 功能块是否能工作在自动模式下。

——测试步骤：

- 第一步，设置 PID 为自动模式。
- 第二步，连续给 SP 传入不同的数值。
- 第三步，读取 OP 值，判断 OP 值是否随之变化。
- 第四步，向 OP 值写入新数据。
- 第五步，读取 OP 值，判断 OP 能否写入。

7.8.4 PID 功能块的串级模式测试

——测试目的：测试 PID 功能块是否能工作在串级模式下。

——测试步骤：

- 第一步，设置 PID 为串级模式。
- 第二步，向 CasIn 传入一个有效的数据。
- 第三步，读 SP，判断其值是否等于 CasIn。
- 第四步，向 SP 写入一个新的值。
- 第五步，读 SP，判断是否能被写入。

7.9 数字量输入功能块测试组

——测试目的：测试功能块是否能与其他功能块正常通信。

——测试步骤：

- 第一步，将该功能块与辅助测试设备进行链接。
- 第二步，配置好功能块后，启动运行。
- 第三步，通过辅助测试设备得到测试功能块的输出参数。
- 第四步，测试是否能正确接收到输出数据，判断输出参数的格式是否符合规范定义且能正确识别。

7.10 多路数字量输入功能块测试组

——测试目的：测试功能块是否能与其他功能块正常通信。

——测试步骤：

- 第一步，将该功能块与辅助测试设备进行链接。

- 第二步,配置好功能块后,启动运行。
- 第三步,通过辅助测试设备得到测试功能块的输出参数。
- 第四步,测试是否能正确接收到输出数据,判断输出参数的格式是否符合规范定义且能正确识别。

7.11 数字量输出功能块测试组

——测试目的:测试数字量输出功能块是否能将输入值进行处理并正确输出。

——测试步骤:

- 第一步,启动功能块运行。
- 第二步,通过辅助测试设备给功能块传入合适的输入值。
- 第三步,通过辅助测试设备读取功能块输出值,判断是否正确。

7.12 多路数字量输出功能块测试组

——测试目的:测试功能块是否能与其他功能块正常通信。

——测试步骤:

- 第一步,将该功能块与辅助测试设备进行链接。
- 第二步,配置好功能块后,启动运行。
- 第三步,通过辅助测试设备给被测功能块的输入数据。
- 第四步,测试是正确接收到输入数据,判断其数据的格式是否符合规范定义且能正确识别。

附　录　A
（资料性附录）
测试结果和日志

考虑到测试日志结果文档方便阅读，采用文本文件的形式存放。

其测试结果格式如图 A.1 所示。

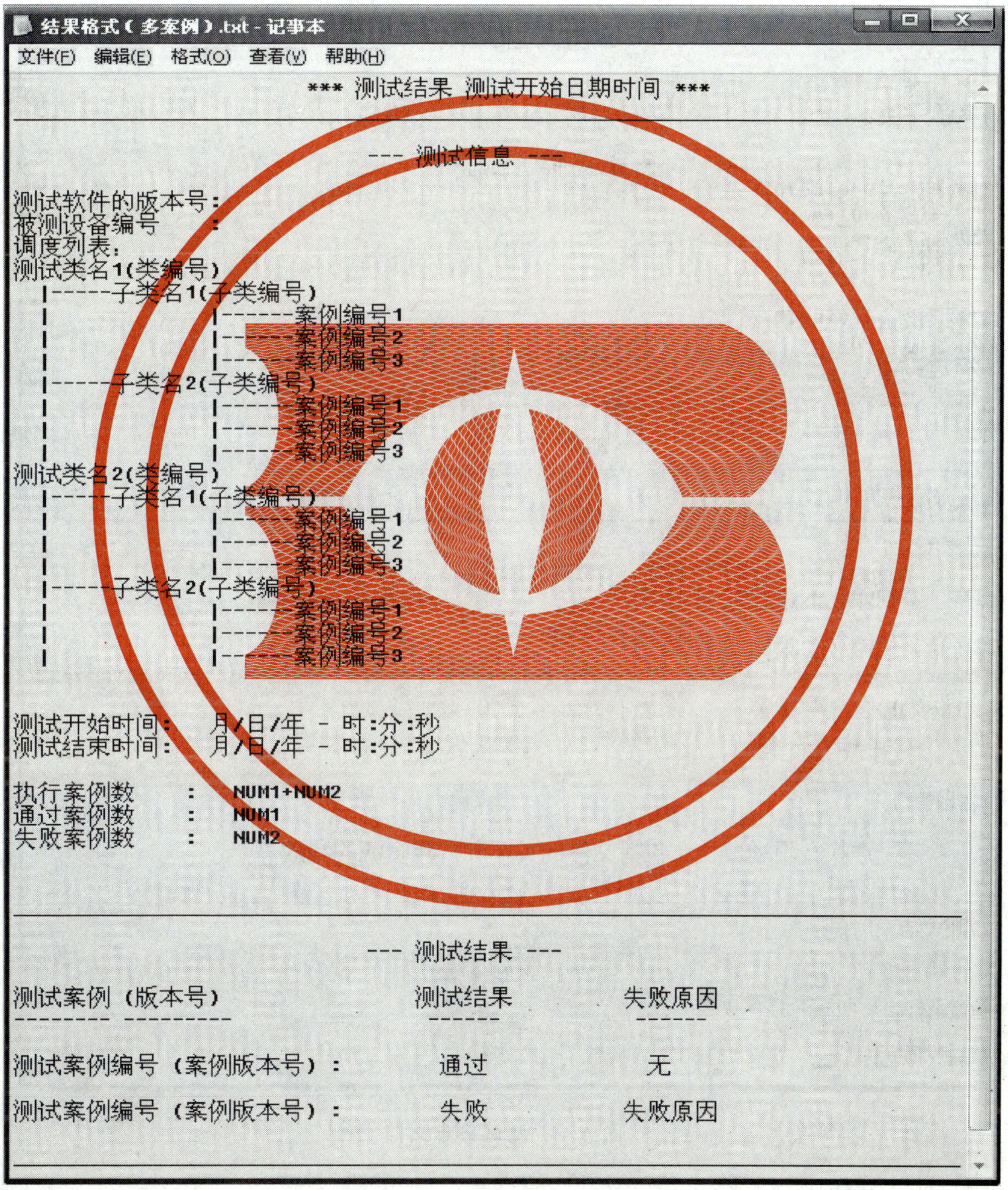

```
结果格式（多案例）.txt - 记事本
文件(F)  编辑(E)  格式(O)  查看(V)  帮助(H)

                 *** 测试结果 测试开始日期时间 ***
-----------------------------------------------------------
                      --- 测试信息 ---
测试软件的版本号：
被测设备编号    ：
调度列表：
测试类名1(类编号)
  |-----子类名1(子类编号)
  |          |-------案例编号1
  |          |-------案例编号2
  |          |-------案例编号3
  |-----子类名2(子类编号)
  |          |-------案例编号1
  |          |-------案例编号2
  |          |-------案例编号3
测试类名2(类编号)
  |-----子类名1(子类编号)
  |          |-------案例编号1
  |          |-------案例编号2
  |          |-------案例编号3
  |-----子类名2(子类编号)
  |          |-------案例编号1
  |          |-------案例编号2
  |          |-------案例编号3

测试开始时间：    月/日/年 - 时:分:秒
测试结束时间：    月/日/年 - 时:分:秒

执行案例数    ：    NUM1+NUM2
通过案例数    ：    NUM1
失败案例数    ：    NUM2

-----------------------------------------------------------
                      --- 测试结果 ---
测试案例 (版本号)                 测试结果      失败原因
-------- ---------                ------        ------

测试案例编号 (案例版本号)：        通过          无

测试案例编号 (案例版本号)：        失败          失败原因
-----------------------------------------------------------
```

图 A.1　测试结果文档

该格式将测试结果文件的名字存放为本次测试调度的编号。然后，分别以案例编号为名来分别存放第几个案例的测试结果。

同样出于节省存储空间和方便查看的考虑，测试日志也采用文件的形式存放。格式如图 A.2 所示。

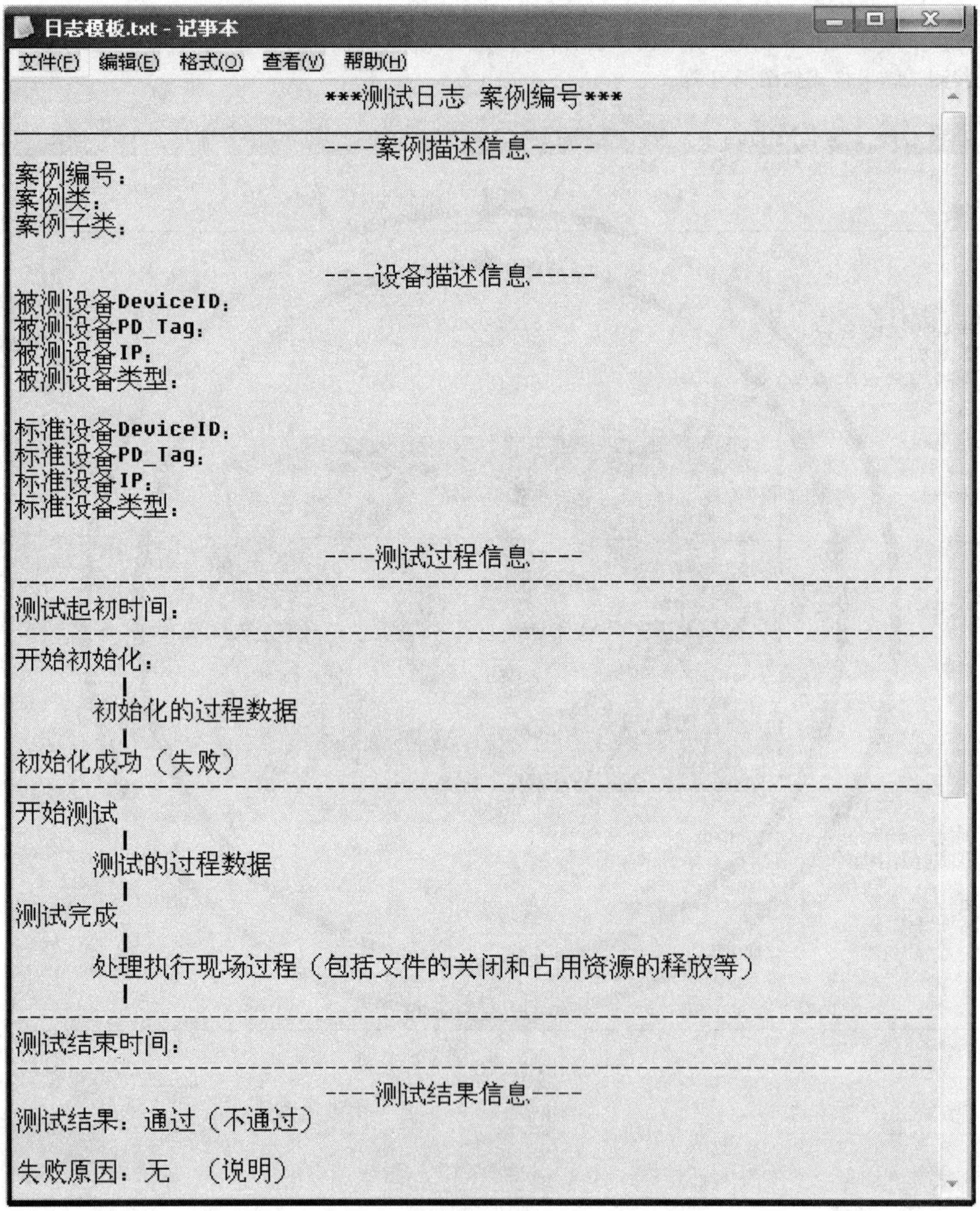
日志模板.txt - 记事本

文件(F) 编辑(E) 格式(O) 查看(V) 帮助(H)

测试日志 案例编号

----案例描述信息-----

案例编号：
案例类：
案例子类：

----设备描述信息-----

被测设备DeviceID：
被测设备PD_Tag：
被测设备IP：
被测设备类型：

标准设备DeviceID：
标准设备PD_Tag：
标准设备IP：
标准设备类型：

----测试过程信息----

测试起初时间：

开始初始化：
|
初始化的过程数据
|
初始化成功（失败）

开始测试
|
测试的过程数据
|
测试完成
|
处理执行现场过程（包括文件的关闭和占用资源的释放等）
|

测试结束时间：

----测试结果信息----
测试结果：通过（不通过）

失败原因：无 （说明）

图 A.2 测试日志文档

测试过程数据的详细定义：

过程数据包括：设备信息数据，功能块数据，请求报文数据，响应报文数据，状态变化，分析结果，异常信息，错误信息。

设备信息数据格式：{[DevcieData]}：[AppID]：[ObjID]：[数据]
功能块信息格式：{[FBData]}：[功能块标识]：[参数名]：[参数值]
请求报文数据：{[Request]}：[ServcieID]：[sIP]：[dIP]：[数据]
响应报文数据：{[Response]}：[ServcieID]：[Positive]
{[Response]}：[ServcieID]：[Positive]：[数据]
{[Response]}：[ServcieID]：[Negative]：[ErrorCode]
状态变化：{[State]}：[状态类型标识]：[前一状态]：[当前状态]
分析结果：{Result}：[分析结果描述]
错误信息：{Error}：[ErrorCode]

附 录 B
（资料性附录）
EPA 互可操作测试系统硬件平台

EPA 互可操作测试系统的硬件平台如图 B.1 所示，它由以下几个部分组成：

EPA 互可操作测试器：它通常是一台普通 PC 机，承载了 EPA 互可操作性测试软件平台的运行，通过运行测试软件进行 EPA 互可操作性的测试，并根据测试结果生成一份详尽的测试报告（Test Report），而这份报告则作为设备是否通过测试的判断依据。

被测设备：根据 EPA 系统结构与通信规范及 EPA 功能块规范而开发的 EPA 现场设备。

EPA 网桥：隔离监控级网段的非 EPA 报文，接收 EPA 测试器报文并按测试网段的调度顺序进行转发。

辅助测试设备：被测设备的输入输出分别与它链接，帮助 EPA 测试器得到过程数据，配合被测设备完成部分测试案例。

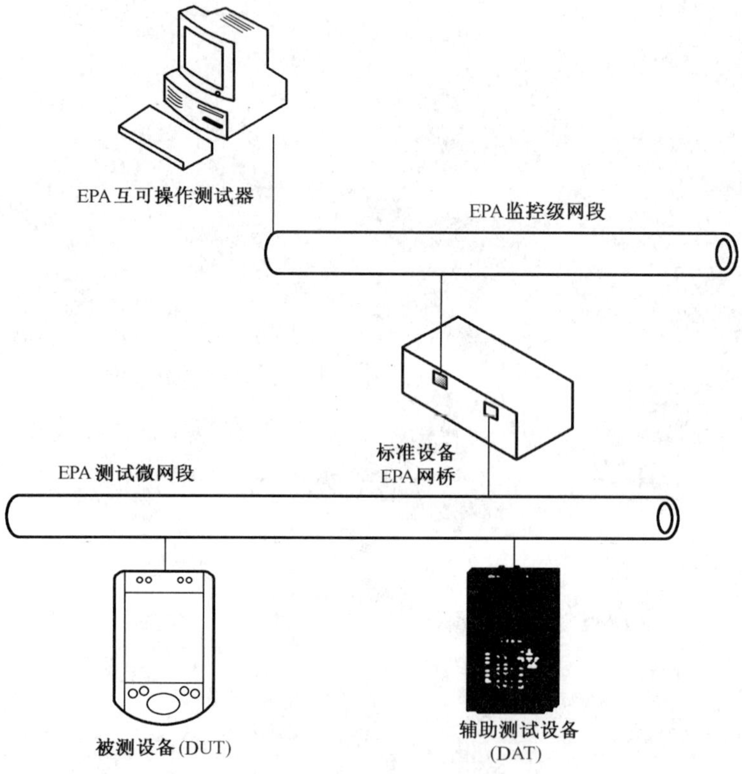

图 B.1　EPA 硬件平台结构

ICS 25.040
N 10

中华人民共和国国家标准

GB/T 26796.4—2011

用于工业测量与控制系统的EPA规范 第4部分:功能块的技术规范

EPS Specification for use in industrial measurement and control system—
Part 4:Function block technical specification

2011-07-29 发布　　2011-12-01 实施

中华人民共和国国家质量监督检验检疫总局
中国国家标准化管理委员会　发布

前　言

本部分按照 GB/T 1.1—2009 给出的规则进行起草。

请注意本文件的某些内容可能涉及专利。本文件的发布机构不承担识别这些专利的责任。

GB/T 26796《用于工业测量与控制系统的 EPA 规范》分为 6 个部分：

——第 1 部分：系统结构与通信规范(GB/T 20171—2006《用于工业测量与控制系统的 EPA 结构与通信规范》)；

——第 2 部分：协议一致性测试规范；

——第 3 部分：互可操作测试规范；

——第 4 部分：功能块的技术规范；

——第 5 部分：网络安全规范；

——第 6 部分：通信实时性测试规范。

本部分为 GB/T 26796 的第 4 部分。

本部分由中国机械工业联合会提出。

本部分由全国工业过程测量和控制标准化技术委员会归口。

本部分起草单位：浙江大学、浙江中控技术股份有限公司、中国科学院沈阳自动化研究所、重庆邮电大学、大连理工大学、机械工业仪器仪表综合技术经济研究所、上海工业自动化仪表研究所、上海自动化仪表股份有限公司、西南大学、天津天仪集团仪表有限公司、中国四联仪器仪表集团有限公司、北京华控技术有限公司。

本部分起草人：褚健、金建祥、冯冬芹、徐皑冬、王平、仲崇权、欧阳劲松、梅恪、缪学勤、包伟华、张庆军、刘枫、杨彬、田英明、周勇。

引　言

EPA 功能块是将 EPA 标准应用于控制系统的用户层功能模块。当前多种工业以太网标准竞相并存，适应于各种现场总线及工业以太网的功能块规范也各从其类。基于现场总线的功能块应用系统给过程控制带来了全新的控制方式。但在获得现场总线带来的一系列优势时，也同时带来了更复杂的系统实现和系统操作。所以，EPA 需要一种既能实现现场总线式控制，又易于操作使用，且易于实现、推广的功能块应用形式。

本部分定义了功能块的实现模式、功能块的应用方式、功能块的参数结构，是基于易用易实现，力求结构简洁而功能齐备的原则，对基于 EPA 标准的功能块做出的规范。

用于工业测量与控制系统的EPA规范
第4部分:功能块的技术规范

1 范围

本部分规定了EPA(Ethernet for Plant Automation)的用户层功能块规范。

制定本部分的目的是为基于功能块应用定义基本的功能块,为功能块的互操作建立一个规范性基础。

本部分定义了基于EPA协议的EPA设备模型、功能块模型、功能块运行组织方式。定义了控制系统中基本的功能块及其设备描述规范。包括模拟量输入型功能块、数字量输入型功能块、模拟量输出型功能块、数字量输出型功能块,及基本运算型功能块。与本部分相关的IEC 61499系列标准的通用功能块模型描述了过程控制用功能块的基本模型,IEC 61804系列标准补充了在设备中实现的功能块的参数和功能的规范。本部分中定义的功能块类型、参数、算法是对IEC 61804系列标准的继承与简化。对于由IEC 61499及IEC 61804系列标准所定义的管理功能块、资源块、视图块、趋势块、报警块,及功能块的模式、事件流等,在EPA用户层并不是必需实现的,本部分不作规定。

本部分适用于基于EPA标准的产品(测量仪表、控制设备等)的功能块实现。

2 规范性引用文件

下列文件对于本文件的应用是必不可少的。凡是注日期的引用文件,仅注日期的版本适用于本文件。凡是不注日期的引用文件,其最新版本(包括所有的修改单)适用于本文件。

GB/T 5271(所有部分) 信息技术 词汇

GB/T 9387.1 信息技术 开放系统互连 基本参考模型 第1部分:基本模型

GB/T 20171—2006 用于工业测量与控制系统的EPA系统结构与通信规范

GB/T 21099.1 过程控制用功能块 第1部分:系统方面概述

HG/T 20505—2000 过程测量与控制仪表的功能标志及图形符号

IEC 61158-5 工业通讯网络现场总线规范 第5部分:应用层服务定义

3 术语和定义

下列术语和定义适用于本文件。

3.1

通信栈 communication stack

通信栈是在一个设备中协同操作的一系列层协议,它为用户提供通信服务。

[GB/T 9387.1]

3.2

功能块 function block

由功能块类型规定的数据结构的一个独立的、已命名的副本和相关操作所组成的软件功能单元。

[GB/T 9387.1]

3.3

功能块实例　function block instance

见 3.2 功能块定义。

[GB/T 9387.1]

3.4

应用　application

用于消费或生产数据的功能或数据结构。

[IEC 61158-5]

3.5

行为　behaviour

指示一个对象如何响应特定的事件。

[IEC 61158-5]

3.6

连接　connection

在相同或不同设备内应用对象之间的逻辑绑定。

[IEC 61158-5]

3.7

设备　device

与链路连接的物理硬件。

[IEC 61158-5]

3.8

索引　index

在一个应用进程内的一个对象的地址。

[IEC 61158-5]

3.9

实例　instance

在一个类中的一个对象的实际物理呈现，它用于标识同一个对象类内许多对象中的一个。

[IEC 61158-5]

3.10

对象　object

设备内一个特定组件的抽象表达，通常是有关数据(以变量形式)和方法(规程)的集合，用于对已经明确定义接口和行为的数据进行操作。

[IEC 61158-5]

3.11

映射　mapping

一种与另一集合中的量或值具有确定对应关系的所有值的集合。

[GB/T 21099.1]

3.12

算法　algorithm

为在有限操作步数内求解问题而明确定义的规则的有限集合。

[GB/T 21099.1]

3.13

变量 variable

在不同时间可具有不同值的软件实体。

注1：变量的值通常限于某种数据类型。

注2：变量可分为输入变量、输出变量和内部变量。

[GB/T 21099.1]

3.14

实现 implementation

使系统的硬件和软件成为可运行的开发阶段。

[GB/T 21099.1]

3.15

数据 data

事实、概念或指令按某一格式化方式的一种表示，适用于人或自动装置进行通信、解释或处理。

[GB/T 21099.1]

3.16

通信宏周期 communication macro cycle

一个链路或网段内，完成一次通信周期所需的时间。

[GB/T 20171]

3.17

组态 configuration

选择功能单元、指定它们的位置并且定义它们的互连。

[GB/T 20171]

3.18

实例化 instantiation

规定类型的实例的创建。

[GB/T 20171]

3.19

系统管理信息库 management information Base

按一定组合方式对管理信息进行组织和列表。

[GB/T 20171]

3.20

参数 parameter

一种变量，为每一特定应用赋予一个数值，也可用它来标志应用。

[GB/T 20171]

3.21

过程接口 process interface

物理过程和应用软件单元之间交换数据和信息的映射。

[GB/T 20171]

3.22

执行 execution

一个算法序列的运行。

3.23

功能块类型 function block type

区分不同行为的功能块的标识符。

3.24

输入参数　input parameter

接收其他功能块所分发的数据的参数对象。

3.25

输出参数　output parameter

向其他功能块分发数据的参数对象。

3.26

内含参数　contained parameter

参与功能块内部运算、不参与功能块间数据传递的参数。

4　符号和缩略语

AI	Analog Input	模拟量输入
AO	Analog Output	模拟量输出
AppID	Application Identifier	应用标识
AVG	Average	平均
DI	Discrete Input	数字量输入
DIV	Division	除法
DO	Discrete Output	数字量输出
FB	Function Block	功能块
HS	High Select	高选
LS	Low Select	低选
MAI	Multiple Analog Input	多路模拟量输入
MAO	Multiple Analog Output	多路模拟量输出
MDI	Multiple Discrete Input	多路数字量输入
MDO	Multiple Discrete Output	多路数字量输出
MUL	Multiplication	乘法
ObjectID	Object Identifier	对象标识
PID	Proportional Integral Differential	比例积分加微分控制算法
SEL	Select	选择
SPL	Split Range	分程
SUB	Subtract	减法

5　设备模型

EPA 仪表设备的软件模块包含 EPA 通信协议实现和功能块。其中 EPA 通信实现为设备提供连接到网络上的通信功能。功能块用于处理控制过程，对被控量进行输入、处理，对控制量进行运算、输出，属用户层实现。设备模型如图 1 所示。

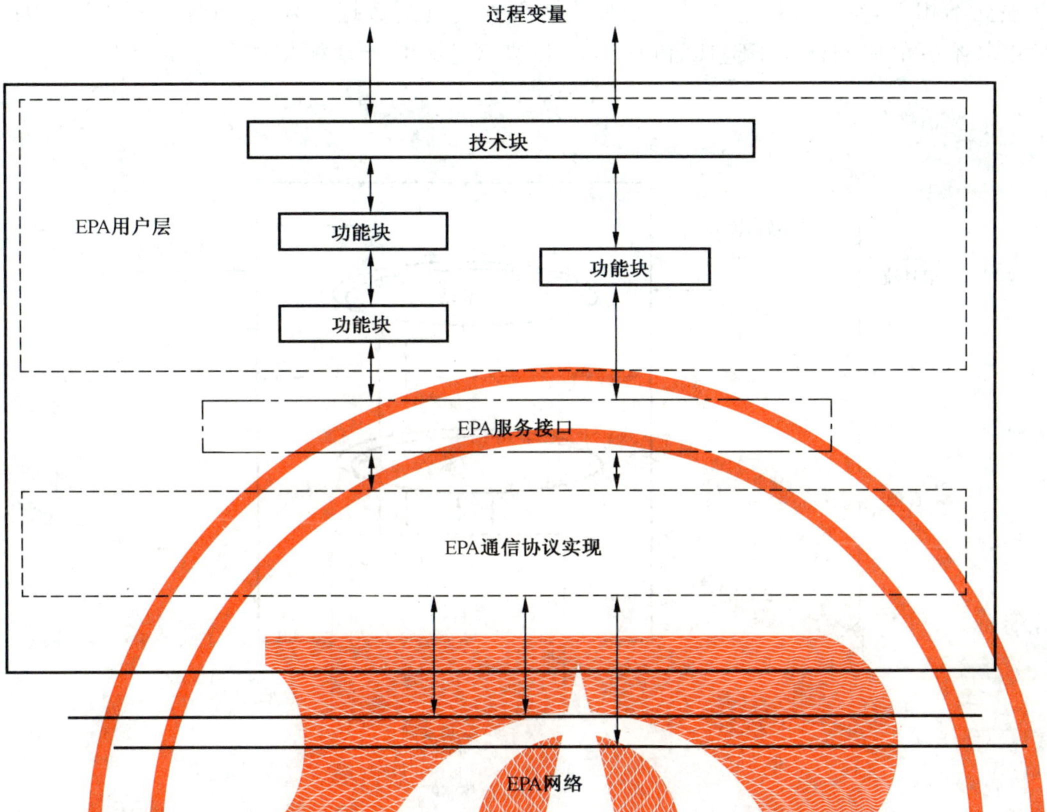

图1 设备模型示意

设备与网络上其他设备的通信过程基于EPA协议。不同设备中的功能块之间的交互，以及功能块与组态端、监控端的交互，均由EPA应用层的相关服务来承载。应用层为用户层功能块提供标准的EPA服务接口。

功能块通过应用层中信息分发服务接口，实现对外数据发布；通过对信息分发服务的响应，实现外部数据的接收。

功能块在应用层接收到读服务时，对读服务进行响应，将读服务参数中指定的对象数据提交给应用层，由应用层发送读服务正响应；若读服务指定的对象在用户层中不存在，则调用应用层的读服务负响应接口，由应用层发送读服务负响应。

功能块在应用层接收到写服务时，对写服务进行响应，将应用层接收的写服务数据传递到目标对象参数中，并调用应用层的写服务正响应接口，由应用层发送写服务正响应。若写服务所指定的目标对象不存在或不可写，则调用应用层的写服务负响应接口，由应用层发送写服务负响应。

6 功能块概要

6.1 功能块的结构

功能块是变量及其处理算法的封装，变量和算法是过程及其控制系统设计所要求的。通过连接这些功能块的数据输入和数据输出，来执行应用（测量、执行、控制和监视）。一个功能块包含了一个或多个算法。一个功能块的描述是算法的列表，它与相关的数据输入、数据输出和参数一起被封装在功能块内。有与过程信号流相关的算法，也有与之不相关的其他的管理算法。参数与过程信号流及管理都有关。所有同类型的功能块在设备中使用同样的算法和相同结构的参数表。但每一个功能块的实例的参数都相互独立不相干，参数表指定了功能块所有需要可访问的数据输入、数据输出和参数。每一个独立的参数都由其唯一的实例标识 FB_ID 和 ObjectID 来区分。功能块模型如图 2 所示。

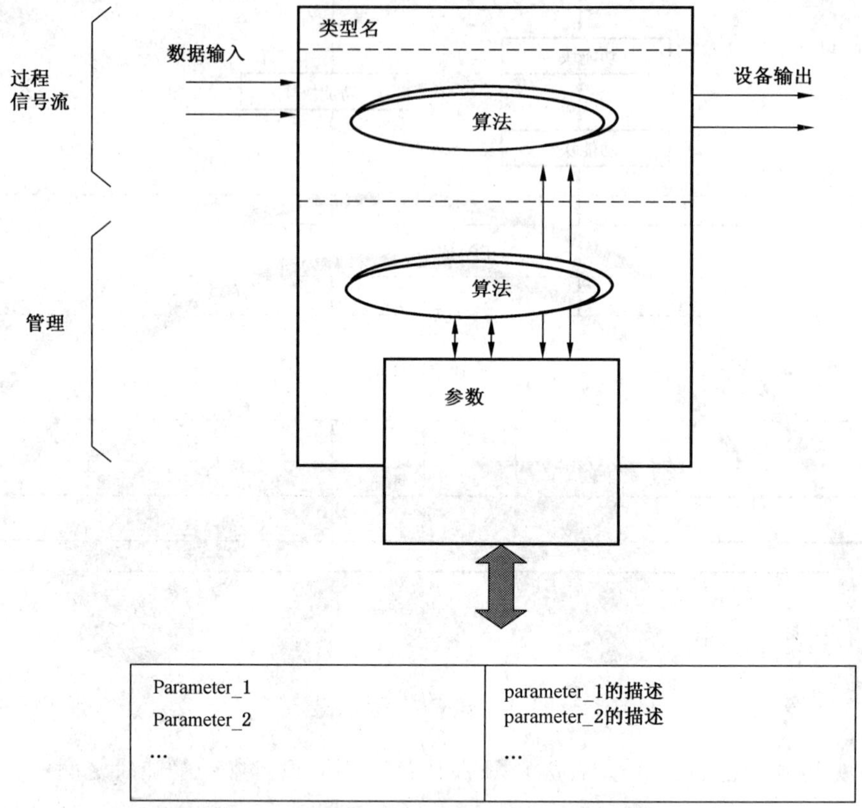

图 2　功能块总貌

根据参数在控制流程中起的作用，将功能块的参数划分为三类：输入参数、输出参数、内含参数。

输入参数用于接收其他设备分发的数据的接口。输出参数是将运算结果分发给其他设备的接口。在一个功能块的输出参数和下游功能块的输入参数之间，通过链接对象来描述其通信关系，一个链接对象描述一对输出和输入参数之间的通信关系。（链接对象由《用于工业测量与控制系统的 EPA 系统结构与通信规范》定义。）一个输出参数可与多个输入参数建立链接关系。但一个输入参数只能与一个输出参数建立链接关系。这些链接关系是根据应用需要，在系统组态时确立。

内含参数不进行数据发布，也不接收其他设备的数据发布，但可接受上位机的读、写操作。内含参数是功能块中参与运算的变量，或是参与控制的变量。在功能块运行过程中，操作人员通过操作内含参数对控制、运算过程进行干预。

6.2　功能块应用模型

功能块应用系统可由一个或多个设备共同组成，也就是说，一个应用实现可以由一个设备内部的功能块来承担，也可以把功能需求分担在多个设备的多个功能块上。这种应用系统结构的示意如图 3 所示。

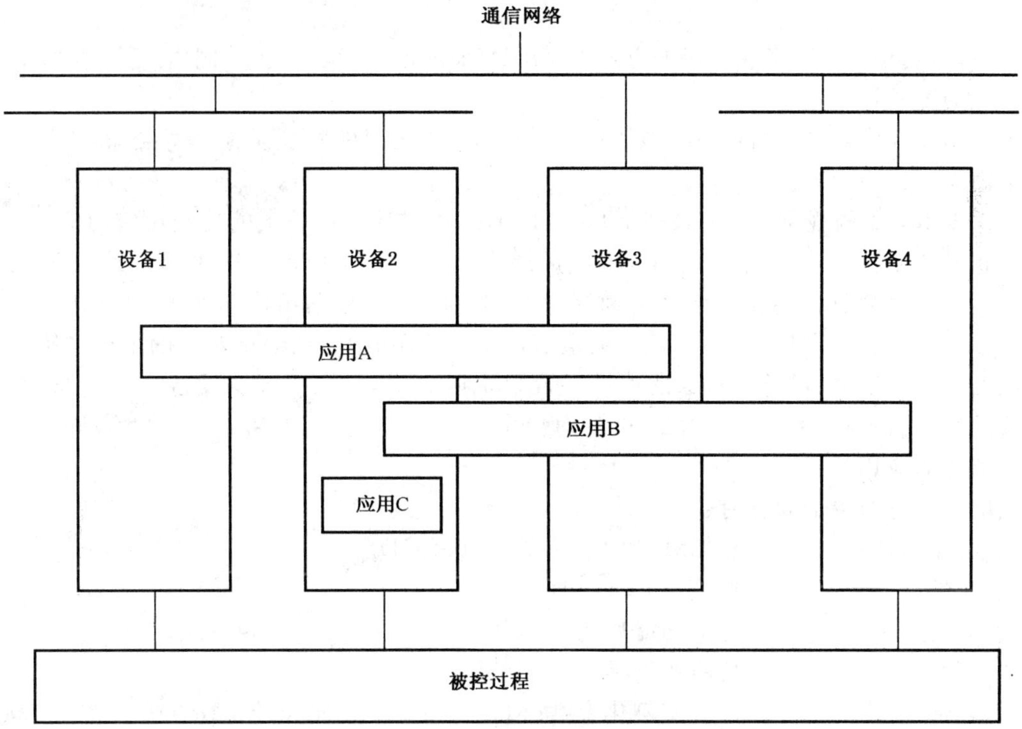

图 3　可分布于设备间的功能块应用

6.3　功能块的类别

根据功能块在控制流程中所起的作用，将功能块分为输入型功能块、输出型功能块、运算型功能块、技术块(或称转换块、工艺块)。其中输入型功能块包含模拟量输入功能块、数字量输入功能块；输出型功能块包含模拟量输出功能块、数字量输出功能块。运算型功能块包含 PID 运算功能块、控制量选择功能块等等。

技术块是用于对过程量进行检测，并对检测信号进行处理转换，最终将过程量以数值形式输入到系统中；或将数值形式的控制量进行转换，以其他形式输出到执行机构。技术块所具备的行为功能是：处理检测信号，将其转化为数值形式表示，计算过程量(如线性化，补偿校正等)，得出最终测量值；或从输出功能块中取得输出值，对其进行转换运算(如 DA 处理等)，将控制信号传递到执行机构。

输入功能块从技术块获得测量值，对其进行量程转换、滤波等运算，把测量值发布到下游功能块。

输出功能块从运算功能块或其他上游功能块获得运算结果，对其进行量程转换、限幅处理等，把控制数据传递到输出型技术块。

运算功能块是进行控制量运算的软件单元。运算型功能块的行为功能是：扫描锁存输入参数；扫描内含参数，根据参数的设定，运行相应的控制算法；由链接关系向下游功能块发布运算结果。

根据设备的功能需求及性能，一个设备内可以仅具备一个类型的功能块，也可以同时具备两个或三个类型的功能块。每类功能块可存在一个或多个功能块实例。

6.4　功能块的组织

在系统内，设备由 DeviceID 标识，每个设备的 DeviceID 在系统范围内应当是唯一的。设备 DeviceID 的设置规则见本部分的附录 D 部分。

在设备内，同一种类型的不同功能块实例使用同一套运算法，具有相同的数据结构。但不同的实例具有不同的参数地址，各实例间参数相互独立。这些独立的实例由 FB_ID 来标识。在设备内，每个功能块实例的 FB_ID 应当是唯一的。一个功能块实例可视为一个应用进程，故 FB_ID 也可称为应用标识

"AppID"。

在功能块内，每个参数对象由对象标识"ObjectID"来确定。在功能块实例内，每个参数的对象标识都应当是唯一的。

在系统应用过程中，功能块的参数和 FB_ID、ObjectID 之间的对应关系是始终固定不变的。对应关系的建立由设备自主实现。

根据 GB/T 20171 的规定，EPA 管理信息库"EMIB"中描述了本设备的功能块应用信息。EMIB 是 AppID 为 0 的特殊功能块实例，存在于 EPA 应用层中。功能块应用信息对象是描述一类功能块的名称、类型、可实例化个数、执行耗时、首个实例标识等内容的一个数据结构。在 EMIB 中 ObjectID 为 7 的对象是"功能块应用信息对象首部"，是一项索引，指向 EMIB 中应用信息对象的个数和第一个应用信息对象存放的位置。示例：设首部对象的值被设置为 3 和 2000，则表明了本设备可运行 3 类功能块，第一类功能块的应用信息在 ObjectID 为 2000 的对象中，依此，ID 为 2001 和 2002 的对象则描述了第 2 类和第 3 类功能块的应用信息。

功能块应用信息对象的属性有：

1	关键属性：	在 EMIB 中的位置（Object ID）
2	属性：	保留（Reserved）
3	属性：	此类功能块的名称（FB Name）
4	属性：	功能块的类型（FB Type）
5	属性：	最大实例化个数（Max Number of Instantiation）
6	属性：	执行耗时（FB Execution Time）
7	属性：	首个实例的 ID（First Number of Instantiation）

设备在被组态和应用前，它所具备的功能块的类型、个数、实例标识 ID 都是已确定的。功能块类型（FB_Type）由 2 字节整型变量表述，其定义见附录 B。以上应用信息对象的内容在设备初始化时已经固定且不可更改。它的内容必须与设备描述文件所描述的内容一致。设备描述文件的格式在本部分的附录 C 中说明。

6.5 功能块的实例化

功能块的实例化是指用户根据应用需要，通过组态软件对现场设备动态的添加或删除功能块。设备所能实例化的功能块类型、数量由设备的软硬资源情况决定。通常，设备所具有的算法决定了它的功能，也决定了它能实例化的功能块类型，设备的内存资源、运算能力共同决定了功能块实例化的最大个数。一个功能块实例在设备中可体现为一块独立的内存区域。功能块的运行主要是指功能块算法使用相应内存区域的参数进行计算。

功能块的实例化过程应包括以下行为：

a) 分配一块内存，用于存放功能块参数变量、内部运算变量；
b) 建立对象标识（即 AppID 及 ObjectID）与参数变量实际地址之间的映射或关联；
c) 建立参数变量的可读写性维护；
d) 为某些参数变量和相应的算法之间建立关联，使用户对这些参数的操作能触发相应的运算或动作；
e) 参数初始化；
f) 更新设备内调度计划。

对于本部分定义的功能块，不强制要求设备实现其实例化过程，设备可不支持实例化。若设备不支持实例化，则变量映射、算法关联、参数初始化等工作须在设备启动后完成。

一个设备内的功能块实例由实例标识符（FB_ID）唯一标识。功能块实例中的参数对象由对象标识符（ObjectID）唯一确定。根据功能块应用信息对象或设备描述文件的内容，可确定出设备中可实例化的功能块类别、个数、FB_ID。在实例化之前，参数的 AppID 和 ObjectID 是可知的，但参数对象是不一定能访问到的。

为接收用户的实例化命令,在功能块实例化之前设备内必须存在固有的、可被读写的参数对象。这里规定:每个功能块实例的第一个参数为功能块头信息参数对象,称为“EPA_Block”。头信息对象必须在设备内固定存在,不受实例化过程的影响,但可选元素除外。也就是无论设备是否支持实例化,上位机必须能使用读服务读取实例的头信息参数,也可以对头信息参数执行写服务。EPA_Block 的数据结构见 7.2。

EPA_Block 参数中的子对象“Status”,被作为接收实例化命令的对象,同时也是作为功能块启用和停用的开关。该子对象的用法是:上位机将功能块实例头信息的 Status 写 0x0001,则功能块启用,若设备支持实例化,此时需完成实例化工作,包括数据区的建立、参数实际地址与对象标识间映射关系的建立、参数初始化等。向 Status 写 0x0000,表示停用此实例。若设备支持实例化,则此时应进行实例化的逆操作,包括释放数据区、取消参数地址与对象标识之间的映射关系等行为。

6.6 功能块的调度

功能块的运行控制由设备内部自主实现。设备内可有不同的执行控制方法。在设备和在分布式系统中可以有不同的执行规则。例如,下述执行控制方法的组合是可行的,其他的方法也可以加入:

a) 设备内部时间调度(独立于其他设备的内部定时触发);
b) 按通信周期时间同步,周期性触发;
c) 系统范围内时间调度(跨越通信周期的时间同步);
d) 通信服务触发;
e) 设备内部事件触发;
f) 系统范围内的事件触发;
g) 被解释为事件的参数数据改变,或数据到达;
h) 分布式执行控制。

7 数据结构

7.1 概述

本部分描述与功能块参数相关的数据结构。一个数据结构描述了一类对象的特征,包括对象的元素、每个元素的读写权限和数据类型。对象的元素又称为对象的属性或子对象,以 SubIndex 为标识,它是可定位的,在设备中,AppID、ObjectID 共同确定了一个对象,SubIndex 确定了它的子对象。

参数可包含可选元素,在“元素名称”中标注。这些标注了“可选”的元素不是必需存在的,其他未标注为“可选”的元素都是必备元素。

7.2 功能块头信息数据结构 EPA_BLOCK

功能块头信息参数的数据结构如表 1 所示。

表 1 功能块头信息数据结构

SubIndex	元素名称	数据类型	读写属性	说明
1	FB_ID	Uint16	只读	本功能块实例的实例标识 AppID
2	Status	Uint16	读/写	功能块投运开关:0x0001=开,0x0000=关。取其他值则无效
3	FB_Tag(可选)	Char[32]	读/写	组态时给功能块配置的位号
4	ExeCycle(可选)	Uint32	读/写	功能块执行周期,单位为毫秒
5	ExeOffset(可选)	Uint32	读/写	功能块执行偏移时间,单位为毫秒

7.3 模拟量数据结构 FB_ANALOG

模拟量输入输出参数的数据结构如表 2 所示。

表 2 模拟量数据结构

SubIndex	元素名称	数据类型	读写属性	说　明
1	Value	Float	读/写	模拟量的值
2	Status	Uint8	读/写	值的状态,0x00 为好值,0x01 为坏值。其他值无效

7.4 数字量数据结构 FB_DISCRETE

数字量输入输出参数的数据结构如表 3 所示。

表 3 数字量数据结构

SubIndex	元素名称	数据类型	读写属性	说　明
1	Value	Uint8	读/写	数字量值,只取 0x00 或 0x01
2	Status	Uint8	读/写	值的状态,0x00 为好值,0x01 为坏值。其他值无效

7.5 量程数据结构 FB_SCALE

量程的数据结构如表 4 所示。

表 4 模拟量上下限数据结构

SubIndex	元素名称	数据类型	读写属性	说　明
1	EUat100	Float	读/写	量程的上限设定
2	EUat0	Float	读/写	量程的下限设定
3	Units	Uint16	读/写	量程值的物理单位,定义见附录 A
4	HI_HI_Limit(可选)	Float	读/写	测量值的上上限
5	LO_LO_Limit(可选)	Float	读/写	测量值的下下限

8 基本功能块定义

8.1 概述

本部分定义各类基本功能块的参数定义和行为要求。参数分为必备、可选、自定义三类。必备参数是每一个功能块实例都必须具备的参数;可选参数是不强制需要,但存在极大共性的参数;自定义参数是与仪表的功能、性能所联系的较为个性的参数。用户可根据功能的需要,在必备和可选参数后添加自定义参数。自定义参数必须在设备描述文件中说明,以便于用户理解和正确使用自定义参数。

在某些特定的应用场合,定义中可能有部分是不须使用到的。对于不必使用的参数,约定它们的初始值全部的位都置 1。例如,Uint16 类型的参数需被初始化为 0xFFFF。不使用到的参数的 ObjectID 不能由其他参数占用。

功能块的行为决定它的功能，为了使功能块能满足基本的控制需求，本部分对几类功能块的行为或运算提出了要求。各类功能块的运行必须满足且不限于这些行为要求。

本部分定义的功能块以及功能块参数，均是基于满足最基本的控制需求、实现最基本的控制功能为目的，对功能块的参数、行为所提出的规范性要求。功能块可在这个基本功能之上，实现更加复杂多样的功能。这一基本的控制功能指的是以下四部分内容：

a） 提供过程数据测量、输入功能；

b） 提供控制数据传递、输出功能；

c） 常规控制运算、常规控制模式实现；

d） 提供可靠性基础，包括数据状态处理、无扰动处理等。

下面给出一种基本的控制实现方式，用以说明功能块的应用系统构建。如图 4 所示。

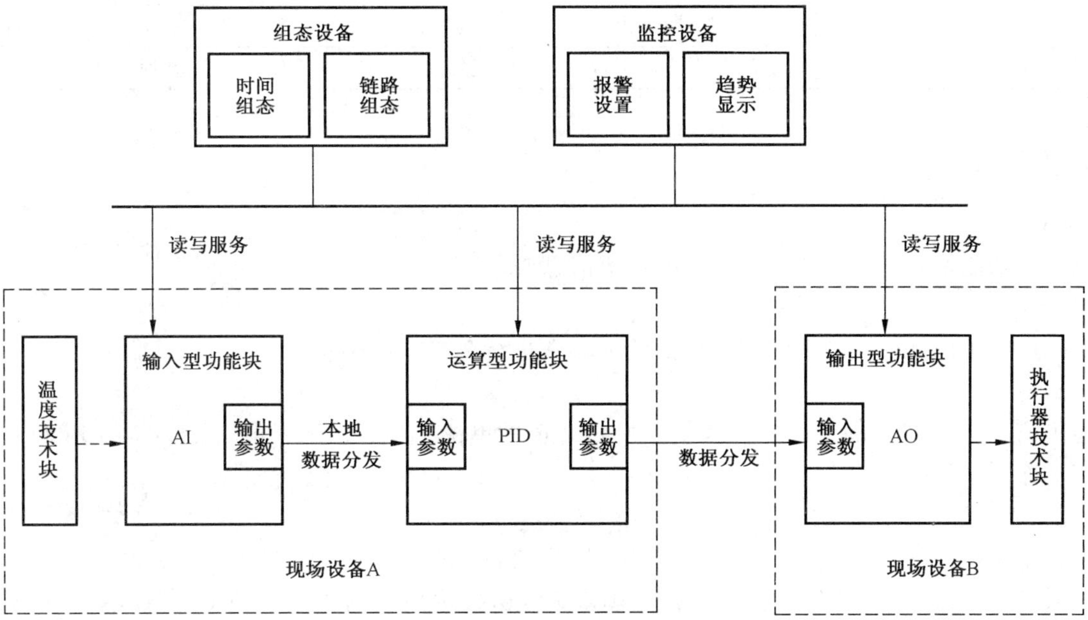

图 4 应用系统构建示例

在这种基本应用中，模拟量输入功能块（AI）通过内部数据传递从技术块得到测量值，经量程转换计算将过程数据发布到下游的控制运算功能块（如 PID 功能块）。PID 功能块的参数通过上位机的写服务进行设置。PID 功能块经过运算，将结果发布到下游的模拟量输出功能块（AO），经 AO 和技术块，将控制信号输出到执行机构。

在组态监控设备上，由监控软件读取或接收重要过程数据，检测过程数据上下限报警、实时显示数据趋势。报警上下限的设定值、报警优先级设定值等数据都保存在监控端，与功能块无关。报警处理及趋势处理都不影响功能块的运行。监控端可对功能块应用写服务，对功能块的参数进行更改，实现对控制过程的干预。

对于更复杂、更多功能的应用，可在本部分基础上对功能块进行拓展，可添加自定义参数、自定义控制或运算功能的实现。

8.2 模拟量输入功能块（AI）

8.2.1 参数定义

AI 功能块的参数定义如表 5 所示。

表 5 AI 功能块参数

ObjectID	参数名称	数据类型	参数类型	读写属性	必备/可选	参数描述
1	EPA_Block	EPA_BLOCK	内含	读/写	必备	功能块头信息
2	Out	FB_ANALOG	输出	只读	必备	AI 的输出值
3	OutScale	FB_SCALE	内含	读/写	必备	输出值量程设定
4	In	FB_ANALOG	内含	读/写	必备	AI 数据传入接口
5	InScale	FB_SCALE	内含	读/写	必备	传入数据量程设定
6	SimulateValue	FB_ANALOG	内含	读/写	可选	手动给定输出值
7	SimulateEnable	Uint8	内含	读/写	可选	仿真使能开关
8	ConvertType	Uint8	内含	读/写	可选	量程转换类型
9	LowCut	Float	内含	读/写	可选	小信号切除阀值
10	Channel	Uint16	内含	读/写	可选	通道选择

8.2.2 参数相关说明

EPA_Block

包含了功能块名称、ID 及停启状态的总揽信息。

Out

AI 功能块的输出值，与下游功能块的输入参数进行链接输出型参数。

OutScale

输出值 Out 所对应的量程配置。包含了 Out 值的单位、上限值、下限值，用于 AI 的 In 和 Out 之间的量程转换。

In

从技术块获得的 AI 的输入值。它不进行链接，值的获得是通过 AI 与技术块之间的约定的接口（如：写服务原语或由 AI 开发者提供的其他接口等），由技术块将测量值写到 In 参数，并按技术块固有的周期更新 In 参数的值；或由 AI 块从技术块读取技术块输出值。

InScale

In 参数的量程配置。由技术块的输出值量程决定。InScale 的配置必须根据 In 参数的数值范围，设定最大值和最小值。

SimulateValue

人为输入的一个特定的值，代替测量值进行输出。用于系统调试和手动输入。

SimulateEnable

SimulateValue 的使能开关。0x01 表示启用，Out 值即为 SimulateValue 值；0x00 表示不使用 SimulateValue 作为输出，Out 使用正常 AI 运算值。SimulateEnable 不允许为其他值。

ConvertType

量程转换类型。0x00 表示线性转换，即 InScale 和 OutScale 之间的线性缩放；0x01 表示不经过转换，Out 值即等于 In 的值；0x02 表示开平方转换；取其他值则视作自定义的其他转换方式。

LowCut

小信号切除阀值。用于对量程转换后的过程量进行低值过滤，把低于 LowCut 的值都作为零值。以 LowCut=0 表示不使用小信号切除功能。

Channel

技术块多路输出时的数据通道选择。用于技术块有多个数据输出时，以 Channel 来确定哪路数据传递给 AI。技术块可读取 Channel 参数,作为一个通道号,把该通道号对应的一路数据写到 AI 的 In 参数中。也可由 AI 根据 Channel 值从相应的技术块读取输出值到 In 参数。Channel 参数初始值默认为 1。

8.2.3 行为要求

一次 AI 功能块的执行,需要至少完成以下功能:

a) 量程转换

若 SimulateEnable 使能开启,则对 SimulateValue 进行量程转换运算。若 SimulateEnable 使能关闭或不存在该可选参数,则对 In 参数值进行量程转换运算。运算结果置于 Out 参数。

量程转换的算法是:

1) 线性转换:Out=(In—InScale. EUat0)/(InScale. EUat100—InScale. EUat0) * (OutScale. EUat100—OutScale. EUat0)+OutScale. EUat0;

2) 直接转换:Out=In;

3) 开方转换:Out=Sqrt((In—InScale. EUat0)/(InScale. EUat100—InScale. EUat0)) * (OutScale. EUat100—OutScale. EUat0)+OutScale. EUat0。

若不存在 ConvertType,则默认为线性转换。

b) 通过与下游功能块的链接关系,对 Out 参数进行数据分发。

8.3 多路模拟量输入功能块(MAI)

8.3.1 参数定义

MAI 功能块的参数定义如表 6 所示。

表 6 MAI 功能块参数

ObjectID	参数名称	数据类型	参数类型	读写属性	必备/可选	参数说明
1	EPA_Block	EPA_ BLOCK	内含	读/写	必备	功能块基本信息
2	ChannelNum	Uint16	内含	只读	必备	通道总数(N>1)
3	Out1	FB_ANALOG	输出	读/写	必备	第一个输出参数
4	Out2	FB_ANALOG	输出	读/写	必备	第二个输出参数
....	....	....	....	....	....	....
N+2	OutN	FB_ANALOG	输出	读/写	必备	第 N 个输出参数

8.3.2 参数相关说明

EPA_Block

包含了功能块名称、ID 及停启状态的总揽信息。

ChannelNum

多通道模拟量输入的通道数,指明后续的输出参数的个数。

Out1～OutN

N 个输出参数。N 为 ChannelNum 参数的值。

8.3.3 行为要求

一次 MAI 功能块的执行,需要至少完成的行为功能是:通过各输出参数的链接关系逐一向下游功能块进行数据分发。

8.4 数字量输入功能块(DI)

8.4.1 参数定义

DI 功能块的参数定义如表 7 所示。

表 7 DI 功能块参数

ObjectID	参数名称	数据类型	参数类型	读写属性	必备/可选	参数描述
1	EPA_Block	EPA_ BLOCK	内含	读/写	必备	功能块头信息
2	Out	FB_DISCRETE	输出	只读	必备	DI 的输出值
3	In	FB_DISCRETE	内含	读/写	必备	数据传入的接口
4	SimulateValue	FB_DISCRETE	内含	读/写	可选	手动给定输出值
5	SimulateEnable	Uint8	内含	读/写	可选	仿真使能开关
6	InvertEnable	Uint8	内含	读/写	可选	取反选择
7	Channel	Uint16	内含	读/写	可选	技术块通道选择

8.4.2 参数相关说明

EPA_Block

包含了功能块名称、ID 及停启状态的总揽信息。

Out

DI 功能块的输出值,与下游功能块的输入参数进行链接输出型参数。

In

从技术块获得的 DI 的输入值。它不进行链接,值的获得是通过 AI 与技术块之间的约定的接口(如:写服务原语或由 AI 开发者提供的其他接口等),由技术块将测量值写到 In 参数,并按技术块固有的周期更新 In 参数的值;或由 DI 功能块从技术块读取技术块输出值。

SimulateValue

人为输入的一个特定的值,代替测量值进行输出。用于系统调试和手动输入。

SimulateEnable

SimulateValue 的使能开关。0x01 表示启用,Out 值即为 SimulateValue 值;0x00 表示不使用 SimulateValue 作为输出,Out 使用正常 AI 运算值。SimulateEnable 不允许为其他值。

InvertEnable

取反开关。0x00 表示不取反,Out 等于 In。0x01 表示输入到输出需要取反。即 In 是 0 则 Out 值为 1;In 是 1 时则 Out 为 0。InvertEnable 不允许取其他值。

Channel

技术块多路输出时的数据通道选择。用于技术块有多个数据输出时,以 Channel 来确定哪路数据传递给 DI。技术块可读取 Channel 参数,作为一个通道号,把该通道号对应的一路数据写到 DI 的 In 参数中。也可由 DI 根据 Channel 值从相应的技术块读取输出值到 In 参数。Channel 参数初始值默认为 1。

8.4.3 行为要求

一次 DI 功能块的执行,需要至少完成的行为功能是:

a） 若存在取反开关参数，则判断是否取反，得到 Out 值；

b） 若存在 SimulateValue 和 SimulateEnable 参数，则判断是否开启仿真，是则以 SimulateValue 代替 In 参数进行运算；

c） 对 Out 参数进行数据分发。

8.5 多路数字量输入功能块（MDI）

8.5.1 参数定义

MDI 功能块的参数定义如表 8 所示。

表 8 MDI 功能块参数

ObjectID	参数名称	数据类型	参数类型	读写属性	必备/可选	参数说明
1	EPA_Block	EPA_ BLOCK	内含	读/写	必备	功能块基本信息
2	ChannelNum	Uint16	内含	只读	必备	通道总数（N>1）
3	Out1	FB_DISCRETE	输出	读/写	必备	第一个输出参数
4	Out2	FB_DISCRETE	输出	读/写	必备	第二个输出参数
....	....	....	....	....	....	....
N+2	OutN	FB_DISCRETE	输出	读/写	必备	第 N 个输出参数

8.5.2 参数相关说明

EPA_Block

包含了功能块名称、ID 及停启状态的总揽信息。

ChannelNum

指定了数字量输入通道的总数，也即 Out 参数的总个数 N。

Out1～OutN

N 个相互独立的数字量输出参数。

8.5.3 行为要求

一次 MDI 功能块的执行，需要至少完成的行为功能是：通过各输出参数的链接关系逐一向下游功能块进行数据分发。

8.6 模拟量输出功能块（AO）

8.6.1 参数定义

AO 功能块的参数定义如表 9 所示。

表 9 AO 功能块参数

ObjectID	参数名称	数据类型	参数类型	读写属性	必备/可选	参数说明
1	EPA_Block	EPA_ BLOCK	内含	读/写	必备	功能块基本信息
2	In	FB_ANALOG	输入	读/写	必备	输入值
3	InScale	FB_SCALE	内含	读/写	必备	输入值的量程设定

表 9(续)

ObjectID	参数名称	数据类型	参数类型	读写属性	必备/可选	参数说明
4	Out	FB_ANALOG	内含	只读	必备	给技术块的输出值
5	OutScale	FB_SCALE	内含	读/写	必备	输出值的量程设定
6	In_HI_Limit	Float	内含	读/写	可选	输入值的上限
7	In_LO_Limit	Float	内含	读/写	可选	输入值的下限
8	FS_Value	FB_ANALOG	内含	读/写	可选	故障时默认输出值
9	FS_Enable	Uint16	内含	读/写	可选	FS_Value 使能开关
10	Channel	Uint16	内含	读/写	可选	通道号选择
11	ReadBack	Float	内含	只读	可选	阀位反馈值

8.6.2 参数相关说明

EPA_Block

包含了功能块名称、ID 及停启状态的总揽信息。

In

AO 功能块的输入值,通过此参数与上游功能块建立链接关系,接收上游功能块的数据分发。

InScale

In 参数的量程配置。由技术块的输出值量程决定。InScale 的配置必须根据 In 参数的数值范围,设定最大值和最小值。

Out

AO 的输出值。它不进行链接,通过 AO 与技术块之间的约定的接口(如:写服务原语或由开发者提供的其他接口等),由技术块读取此参数值,或由 AO 块向技术块写入此输出值。

OutScale

输出值 Out 所对应的量程配置。包含了 Out 值的单位、上限值、下限值,用于 AO 的 In 和 Out 之间的量程转换。

In_HI_Limit、In_LO_Limit

输入值的上下限值。用于将输入值限制在一定范围内,以保持过程的安全与稳定。

FS_Value

故障状态默认输出值 Fail-Safe Value。

FS_Enable

FS_Value 的使能选项。0x0000 表示不使用 FS_Value,通信故障时输出值保持不变;0x0001 表示在故障状态时使用 FS_Value 值,使 Out 值等于 FS_Value。0x0101 表示无论是否故障,都使用 FS_Value 作输出,也即是实现手动输出作用。FS_Enable 不允许取其他值。

Channel

技术块有多路数据通道时的通道号选择。由技术块读取 Channel 值,将此 AO 的输出传递到对应的技术块数据通道上。

ReadBack

实际阀位反馈值。由技术块将测得的阀位值写到这里,或由功能块从技术块读阀位值读到这里。

8.6.3 行为要求

一次AO功能块的执行,需要至少完成以下功能:

a) 若存在限幅、限速等参数,需对输入值进行超限判断,将输入值限制在限幅范围。

b) 量程转换。对输入参数进行从InScale向OutScale的线性转换。

c) 若存在FS_Value和FS_Enable参数,则根据FS_Enable和当前的工作状态,判断是否使用FS_Value代替In参数进行量程转换。(故障状态的判定由制造商自定。)

8.7 多路模拟量输出功能块(MAO)

8.7.1 参数定义

MAO功能块的参数定义如表10所示。

表10 MAO功能块参数

ObjectID	参数名称	数据类型	参数类型	读写属性	必备/可选	参数说明
1	EPA_Block	EPA_BLOCK	内含	读/写	必备	功能块基本信息
2	ChannelNum	Uint16	内含	只读	必备	通道总数(N>1)
3	In1	FB_ANALOG	输入	读/写	必备	第一个输入参数
4	In2	FB_ANALOG	输入	读/写	必备	第二个输入参数
....	....	....	....	....	....	....
N+2	InN	FB_ANALOG	输入	读/写	必备	第N个输入参数

8.7.2 参数相关说明

EPA_Block

包含了功能块名称、ID及停启状态的总揽信息。

ChannelNum

MAO的通道总数,也即是In参数的个数N。

In1~InN

N个输入参数。各输入参数独立接收上游功能块的数据分发,同时作为向下游技术块传递输出数据的接口。

8.7.3 行为要求

MAO功能块没有特定的行为要求,只需要其接收上游功能块的输出,把值正确存放到输入参数里。

8.8 数字量输出功能块(DO)

8.8.1 参数定义

DO功能块的参数定义如表11所示。

表 11 DO 功能块参数

ObjectID	参数名称	数据类型	参数类型	读写属性	必备/可选	参数说明
1	EPA_Block	EPA_ BLOCK	内含	读/写	必备	功能块基本信息
2	In	FB_DISCRETE	输入	读/写	必备	数字量输入值
3	Out	FB_DISCRETE	内含	只读	必备	给技术块的输出值
4	FS_Value	FB_DISCRETE	内含	读/写	可选	故障默认输出值
5	FS_Enable	Uint16	内含	读/写	可选	FS_Value 使能开关
6	InvertEnable	Uint8	内含	读/写	可选	取反选择
7	Channel	Uint16	内含	读/写	可选	通道号选择

8.8.2 参数相关说明

EPA_Block

包含了功能块名称、ID 及停启状态的总揽信息。

In

与上游功能块建立链接关系的参数,接收其他功能块发布的数据。

Out

In 参数值经运算后,存放在 Out 参数中,DO 可将此参数值通过特定接口写入下游技术块,也可将此参数提供给技术块读取输出值。

FS_Value

故障状态默认输出值 Fail-Safe Value。

FS_Enable

FS_Value 的使能选项。0x0000 表示不使用 FS_Value,通信故障时输出值保持不变;0x0001 表示在故障状态时使用 FS_Value 值,使 Out 值等于 FS_Value。0x0101 表示无论是否故障,都使用 FS_Value 作输出,也即是实现手动输出作用。FS_Enable 不允许为其他值。

InvertEnable

取反开关。0x00 表示不取反,Out 等于 In。0x01 表示输入到输出需要取反。即 In 是 0 则 Out 值为 1;In 是 1 时则 Out 为 0。InvertEnable 不允许为其他值。

Channel

技术块有多路数据通道时的通道号选择。由技术块读取 Channel 值,将此 DO 的输出传递到对应的技术块数据通道上。

8.8.3 行为要求

一次 DO 功能块的执行,需要至少完成以下功能:

a) 若存在 FS_Value 和 FS_Enable 参数,则判断 FS_Enable 使能是否打开,是则以 FS_Value 代替 In 进行运算;

b) 若存在 InvertEnable 参数,则判断 InvertEnable 使能是否打开,是则对输入参数进行取反运算,将结果置于 Out 参数,供技术块读取。

8.9 多路数字量输出功能块(MDO)

8.9.1 参数定义

MDO 功能块的参数定义如表 12 所示。

表 12 MDO 功能块参数

ObjectID	参数名称	数据类型	参数类型	读写属性	必备/可选	参数说明
1	EPA_Block	EPA_ BLOCK	内含	读/写	必备	功能块基本信息
2	ChannelNum	Uint16	内含	只读	必备	通道总数(N>1)
3	In1	FB_DISCRETE	输入	读/写	必备	第一个输入参数
4	In2	FB_DISCRETE	输入	读/写	必备	第二个输入参数
....	....	....	....	....	....	....
N+2	InN	FB_DISCRETE	输入	读/写	必备	第 N 个输入参数

8.9.2 参数相关说明

EPA_Block

包含了功能块名称、ID 及停启状态的总揽信息。

ChannelNum

通道总数,也即指定了 MDO 的输入参数的个数 N。

In1～InN

N 个输入参数,用于接收上游功能块的输出。同时也是向技术块传递输出值的接口。

8.9.3 行为要求

MDO 功能块没有特定的行为要求,只需要其接收上游功能块的输出,把值正确存放到输入参数里。

8.10 PID 运算功能块(PID)

8.10.1 参数定义

PID 功能块的参数定义如表 13 所示。

表 13 PID 功能块参数

ObjectID	参数名称	数据类型	参数类型	读写属性	必备/可选	参数说明
1	EPA_Block	EPA_ BLOCK	内含	读/写	必备	功能块的基本信息
2	SP	FB_ANALOG	内含	读/写	必备	设定值
3	PV	FB_ANALOG	输入	读/写	必备	过程量输入值
4	PVScale	FB_SCALE	内含	读/写	必备	被控量的量程设置
5	OP	FB_ANALOG	输出	读/写	必备	控制量输出值

表 13（续）

ObjectID	参数名称	数据类型	参数类型	读写属性	必备/可选	参数说明
6	OPScale	FB_SCALE	内含	读/写	必备	输出值的量程设置
7	CasIn	FB_ANALOG	输入	读/写	必备	串级输入的设定值
8	K	Float	内含	读/写	必备	比例常数
9	Ti	Float	内含	读/写	必备	积分常数
10	Td	Float	内含	读/写	必备	微分常数
11	Mode	Uint8	内含	读/写	必备	操作模式选择
12	SP_HI_Limit	Float	内含	读/写	可选	设定值的上限
13	SP_LO_Limit	Float	内含	读/写	可选	设定值的下限
14	SP_Rate_UP	Float	内含	读/写	可选	设定值上升限速
15	SP_Rate_DN	Float	内含	读/写	可选	设定值下降限速
16	DV_Limit	Float	内含	读/写	可选	SP 和 PV 的偏差限
17	BKCAL_In	FB_ANALOG	输入	读/写	可选	回算输入值
18	BKCAL_Out	FB_ANALOG	输出	只读	可选	回算输出值

8.10.2 参数相关说明

EPA_Block

包含了功能块名称、ID及停启状态的总揽信息。

SP

过程量控制目标的设定值，由操作人员写入。SP 使用与 PV 一致的量程和单位。

PV

被控变量。该变量只读，不可写。

PVScale

被控量的量程信息。同时也是 SP 值的量程。

OP

控制量，是 PID 运算的结果，也是 PID 的输出值。在手动模式时，可人为写入。

OPScale

输出值 OP 的量程信息。PID 内部运算时，将 PV 和 SP 用 PVScale 无因次化，以分数形式进行运算后，将结果用 OPScale 重新赋予量程和单位。

CasIn

串级输入值，与其他运算模块的输出值建立链接关系。在串级控制方式下，设定值不由操作人员设定，而是来自于上一级的 PID 运算结果，或来自其他运算模块，PID 以 CasIn 接收到的数据作为设定值进行运算。在正常串级控制和自动控制时，必须使 CasIn 和 SP 值保持一致，以免在切换控制方式时引起扰动。

K、Ti、Td

PID 整定三参数：比例常数、积分常数、微分常数。调节方向默认为正向调节；K 取负数时，产生反向调节。

Mode

操作模式参数，由操作人员根据控制过程需要进行选择。代码定义如下：

Mode＝0x00： 手动模式

Mode＝0x01： 自动模式

Mode＝0x03： 串级模式

手动模式时，操作人员可向 OP 写值，PID 通过链接关系直接发布 OP 值。自动模式时，操作人员可向 SP 写入设定值，经过 PID 运算，将运算结果置于 OP 值。串级模式时，SP 值将会被 CasIn 参数接收到的数据所改写，是以 CasIn 的值作为设定制进行 PID 运算，将运算结果置于 OP 进行数据发布。

Mode 参数的其他值目前保留，可在后续版本扩展。

SP_HI_Limit、SP_LO_Limit

设定值的限制，由操作人员在控制过程中设置。设定值在写入时必须在这两个上下限值划定的范围内。写入的 SP 超出上限时，功能块将使用它的上限作为 SP，写入的 SP 超出下限，则以下限作 SP。

SP_Rate_UP、SP_Rate_DN

串级模式时，CasIn 值的变化率的限制。为了过程的安全稳定，对连续两个周期的 SP 的变化量作的限制。当前后两个周期 CasIn 值从偏差（CasIn_New－CasIn_Old）超过 SP_Rate_UP，则（SP＝CasIn_Old＋SP_Rate_UP），若（CasIn_Old－CasIn_New）超过 SP_Rate_DN，则（SP＝CasIn_Old－SP_Rate_DN）。

这个 SP 速率限制仅作用于串级模式，在自动模式中，对 SP 值的直接写入不受此速率限制。

DVLimit

是对 PV 和 SP 之间的偏差量的限制，由操作人员设定。因工艺过程的波动，PV 和 SP 之间必然是存在偏差的，PID 控制的目的是尽量减少 PV 和 SP 之间的偏差，以及减少 PV 的波动。但控制效果不一定时刻都比较理想，当 PV 和 SP 之间的偏差过大，可以认为此时 PID 已无法胜任控制要求，或控制目标 SP 设置不当，工艺本身无法使被控量达到目标值。这些情况下都要求放弃 PID 控制，由操作人员直接设定控制量，也即 PID 的输出值 OP。DVLimit 就是 PV 和 SP 之间的偏差量的阀值（差的绝对值）。在偏差超过此限制时，功能块须将控制模式切换为手动。

BKCAL_In

数值上就是下一级 PID 功能块的当前设定值，数据来自下一级功能块的 BKCAL_Out 参数。作用是实现串级控制时的无扰动切换，由上一级 PID 保证其输出和下一级 PID 的设定值之间的差不至于过大而造成扰动。

BKCAL_Out

与 BKCAL_In 联合使用，该参数在数值上就是当前 PID 的设定值。通常该参数被链接到串级回路的上一级 PID 的 BKCAL_In 参数。

8.10.3 行为要求

a) 初始化时操作模式应为手动控制；

b) 运行时，判断操作模式，如果是手动控制，直接将 OP 值分发给下游功能块，把 PV 值赋于 SP（防止切换成自动时产生过大扰动），运行结束；

c) 不在手动模式，则判断 SP 和 PV 的偏差是否超过 DVLimit，超过则置操作模式为手动；

d) 处于串级控制时，对 CasIn 值作变化率判断与处理，再对 SP 值作幅值判断与处理；

e) 处于自动模式时，对 SP 值进行幅值判断处理，把 SP 值赋予 CasIn，SP 和 CasIn 时刻保持一致，以防止切换成串级时产生过大的扰动；

f) 进行 PID 运算；

g) 对计算结果 OP 进行数据分发。

8.11 加法功能块(ADD)

8.11.1 参数定义

ADD 功能块的参数定义如表 14 所示。

表 14 ADD 功能块参数

ObjectID	参数名称	数据类型	参数类型	读写属性	必备/可选	参数描述
1	EPA_Block	EPA_BLOCK	内含	读/写	必备	功能块头信息
2	Out	FB_ANALOG	输出	只读	必备	和的输出
3	In1	FB_ANALOG	输入	读/写	必备	加数 1 输入
4	In2	FB_ANALOG	输入	读/写	必备	加数 2 输入

8.11.2 参数相关说明

EPA_Block

包含了功能块名称、ID 及停启状态的总揽信息。

Out

ADD 功能块的输出值，即两个加数的算术和。

In1

第一个加数的输入参数。

In2

第二个加数的输入参数。

8.11.3 行为要求

一次 ADD 功能块的执行，需要完成的功能是：

a) 求算术和，Out＝In1＋In2。

b) 计算输出值状态，有一个或两个输入的状态为“坏”，则输出状态为“坏”。

c) 通过与下游功能块的链接关系，对 Out 参数进行数据分发。

8.12 减法功能块(SUB)

8.12.1 参数定义

SUB 功能块的参数定义如表 15 所示。

表 15 SUB 功能块参数

ObjectID	参数名称	数据类型	参数类型	读写属性	必备/可选	参数描述
1	EPA_Block	EPA_BLOCK	内含	读/写	必备	功能块头信息
2	Out	FB_ANALOG	输出	只读	必备	差的输出
3	In1	FB_ANALOG	输入	读/写	必备	被减数输入
4	In2	FB_ANALOG	输入	读/写	必备	减数输入

8.12.2 参数相关说明

EPA_Block

包含了功能块名称、ID及停启状态的总揽信息。

Out

SUB功能块的输出值,即两个输入参数的算术差。

In1

被减数的输入参数。

In2

减数的输入参数。

8.12.3 行为要求

一次SUB功能块的执行,需要完成的功能是:

a) 求算术差,Out=In1-In2。

b) 计算输出值状态,有一个或两个输入的状态为“坏”,则输出状态为“坏”。

c) 通过与下游功能块的链接关系,对Out参数进行数据分发。

8.13 乘法功能块(MUL)

8.13.1 参数定义

MUL功能块的参数定义如表16所示。

表16 MUL功能块参数

ObjectID	参数名称	数据类型	参数类型	读写属性	必备/可选	参数描述
1	EPA_Block	EPA_BLOCK	内含	读/写	必备	功能块头信息
2	Out	FB_ANALOG	输出	只读	必备	积的输出
3	In1	FB_ANALOG	输入	读/写	必备	乘数1输入
4	In2	FB_ANALOG	输入	读/写	必备	乘数2输入

8.13.2 参数相关说明

EPA_Block

包含了功能块名称、ID及停启状态的总揽信息。

Out

MUL功能块的输出值,即两个乘数的算术积。

In1

第一个乘数的输入参数。

In2

第二个乘数的输入参数。

8.13.3 行为要求

一次MUL功能块的执行,需要完成的功能是:

a) 求算术积,Out=In1 * In2。

b) 计算输出值状态,有一个或两个输入的状态为“坏”,则输出状态为“坏”。

c) 通过与下游功能块的链接关系，对 Out 参数进行数据分发。

8.14 除法功能块(DIV)

8.14.1 参数定义

DIV 功能块的参数定义如表 17 所示。

表 17 DIV 功能块参数

ObjectID	参数名称	数据类型	参数类型	读写属性	必备/可选	参数描述
1	EPA_Block	EPA_BLOCK	内含	读/写	必备	功能块头信息
2	Out	FB_ANALOG	输出	只读	必备	商的输出
3	In1	FB_ANALOG	输入	读/写	必备	被除数输入
4	In2	FB_ANALOG	输入	读/写	必备	除数输入

8.14.2 参数相关说明

EPA_Block

包含了功能块名称、ID 及停启状态的总揽信息。

Out

DIV 功能块的输出值，即两个输入的算术商。

In1

被除数数的输入参数。

In2

除数的输入参数。

8.14.3 行为要求

一次 DIV 功能块的执行，需要完成的功能是：

a) 求算术商，Out=In1/In2。

b) 计算输出值状态，有一个或两个输入的状态为“坏”，则输出状态为“坏”。

c) 通过与下游功能块的链接关系，对 Out 参数进行数据分发。

8.15 平均值功能块(AVG)

8.15.1 参数定义

AVG 功能块的参数定义如表 18 所示。

表 18 AVG 功能块参数

ObjectID	参数名称	数据类型	参数类型	读写属性	必备/可选	参数描述
1	EPA_Block	EPA_BLOCK	内含	读/写	必备	功能块头信息
2	Out	FB_ANALOG	输出	只读	必备	平均值的输出
3	In1	FB_ANALOG	输入	读/写	必备	输入 1
4	In2	FB_ANALOG	输入	读/写	必备	输入 2
5	In3	FB_ANALOG	输入	读/写	可选	输入 3
6	In4	FB_ANALOG	输入	读/写	可选	输入 4

8.15.2 参数相关说明

EPA_Block

包含了功能块名称、ID及停启状态的总揽信息。

Out

AVG功能块的输出值，即多个输入的算术平均值。

In1

第一个输入参数。

In2

第二个输入参数。

In3

第三个输入参数。

In4

第四个输入参数。

8.15.3 行为要求

一次AVG功能块的执行，需要完成的功能是：

a) 确定各输入的状态，无输入则置状态为“坏”。

b) 对所有状态为“好”的输入值纳入算术平均运算，结果置于Out参数，并把Out的状态置为“好”。

c) 若所有输入状态都为“坏”，则保持Out值不变，置Out的状态为“坏”。

d) 通过与下游功能块的链接关系，对Out参数进行数据分发。

8.16 高选功能块(HS)

8.16.1 参数定义

HS功能块的参数定义如表19所示。

表19 HS功能块参数

ObjectID	参数名称	数据类型	参数类型	读写属性	必备/可选	参数描述
1	EPA_Block	EPA_BLOCK	内含	读/写	必备	功能块头信息
2	Out	FB_ANALOG	输出	只读	必备	最大值的输出
3	In1	FB_ANALOG	输入	读/写	必备	输入1
4	In2	FB_ANALOG	输入	读/写	必备	输入2
5	In3	FB_ANALOG	输入	读/写	可选	输入3
6	In4	FB_ANALOG	输入	读/写	可选	输入4

8.16.2 参数相关说明

EPA_Block

包含了功能块名称、ID及停启状态的总揽信息。

Out

HS 功能块的输出值，即多个输入中的最大值。

In1

第一个输入参数。

In2

第二个输入参数。

In3

第三个输入参数。

In4

第四个输入参数。

8.16.3 行为要求

一次 HS 功能块的执行，需要完成的功能是：

a) 确定各输入的状态，无输入则置状态为“坏”。

b) 对所有状态为“好”的输入值纳入求最大值运算，把最大值置于 Out 参数，并把 Out 的状态置为“好”。

c) 若所有输入状态都为“坏”，则保持 Out 值不变，置 Out 的状态为“坏”。

d) 通过与下游功能块的链接关系，对 Out 参数进行数据分发。

8.17 低选功能块(LS)

8.17.1 参数定义

LS 功能块的参数定义如表 20 所示。

表 20 LS 功能块参数

ObjectID	参数名称	数据类型	参数类型	读写属性	必备/可选	参数描述
1	EPA_Block	EPA_BLOCK	内含	读/写	必备	功能块头信息
2	Out	FB_ANALOG	输出	只读	必备	最小值的输出
3	In1	FB_ANALOG	输入	读/写	必备	输入 1
4	In2	FB_ANALOG	输入	读/写	必备	输入 2
5	In3	FB_ANALOG	输入	读/写	可选	输入 3
6	In4	FB_ANALOG	输入	读/写	可选	输入 4

8.17.2 参数相关说明

EPA_Block

包含了功能块名称、ID 及停启状态的总揽信息。

Out

LS 功能块的输出值，即多个输入中的最小值。

In1

第一个输入参数。

In2

第二个输入参数。

In3

第三个输入参数。

In4

第四个输入参数。

8.17.3 行为要求

一次 LS 功能块的执行，需要完成的功能是：

a) 确定各输入的状态，无输入则置状态为“坏”。

b) 对所有状态为“好”的输入值纳入求最小值运算，把最小值置于 Out 参数，并把 Out 的状态置为“好”。

c) 若所有输入状态都为“坏”，则保持 Out 值不变，置 Out 的状态为“坏”。

d) 通过与下游功能块的链接关系，对 Out 参数进行数据分发。

8.18 多选一功能块(SEL)

8.18.1 参数定义

SEL 功能块的参数定义如表 21 所示。

表 21 SEL 功能块参数

ObjectID	参数名称	数据类型	参数类型	读写属性	必备/可选	参数描述
1	EPA_Block	EPA_BLOCK	内含	读/写	必备	功能块头信息
2	K	Uint8	内含	读/写	必备	输入选择
3	Out	FB_ANALOG	输出	只读	必备	被选的输出值
4	In1	FB_ANALOG	输入	读/写	必备	输入 1
5	In2	FB_ANALOG	输入	读/写	必备	输入 2
6	In3	FB_ANALOG	输入	读/写	可选	输入 3
7	In4	FB_ANALOG	输入	读/写	可选	输入 4

8.18.2 参数相关说明

EPA_Block

包含了功能块名称、ID 及停启状态的总揽信息。

K

输入量选择，为正整数，对 K 写入 N，表示以第 N 路输入作为结果输出。若 N 大于输入个数则无效。

Out

SEL 功能块的输出值，数值上等于被选择的输入值。

In1

第一个输入参数。

In2

第二个输入参数。

In3

第三个输入参数。

In4

第四个输入参数。

8.18.3 行为要求

一次 SEL 功能块的执行，需要完成的功能是：

a) 以第 K 路的输入值赋予 Out 参数，同时把第 K 路的输入值状态作为 Out 的状态，无论是否为"坏"。

b) 通过与下游功能块的链接关系，对 Out 参数进行数据分发。

8.19 分程功能块(SPL)

8.19.1 参数定义

SPL(Split Ranging)功能块的参数定义如表 22 所示。

表 22 SPL 功能块参数

ObjectID	参数名称	数据类型	参数类型	读写属性	必备/可选	参数描述
1	EPA_Block	EPA_BLOCK	内含	读/写	必备	功能块头信息
2	K	Float	内含	读/写	必备	分程点设置
3	In	FB_ANALOG	输入	读/写	必备	输入值
4	InScale	FB_SCALE	内含	读/写	必备	输入值的量程
5	Out1	FB_ANALOG	输出	只读	必备	第一路输出
6	Out1Scale	FB_SCALE	内含	读/写	必备	一路输出量程
7	Out2	FB_ANALOG	输出	只读	必备	第二路输出
8	Out2Scale	FB_SCALE	内含	读/写	必备	二路输出量程
9	LockOut	Uint8	内含	读/写	可选	输出保持开关

8.19.2 参数相关说明

EPA_Block

包含了功能块名称、ID 及停启状态的总揽信息。

K

分程点设置，K 和 In 参数使用相同的量纲，写入的 K 值必须在 InScale 范围内才有效。K 参数把 InScale 指定的一段量程划分为两段，当 In 参数值低于 K 值时，只有 Out1 动作，Out2 全关；In 参数高于 K 值时，Out1 全开，Out2 动作。

In

输入值，一般为待输出到执行机构的控制量。

InScale

输入值的量程设置。

Out1

第一路输出的值。

Out1Scale

第一路输出的量程设置。

Out2

第二路输出的值。

Out2Scale

第二路输出的量程设置。

LockOut

针对 Out1 的输出保持开关。当输入增大到启动第二路输出时，根据 LockOut 参数决定第一路输出是否保持。LockOut=0x00，表示第一路保持在最终值(Out1Scale. EUat100)。LockOut=0x01，表示第一路回到起始点(Out1Scale. EUat0)。

若无此参数，则 Out1 保持在终值。

8.19.3 行为要求

一次 SPL 功能块的执行，需要完成的功能是：

a) 做分程运算，算法是：

当 In<K 时，

Out1=Out1Scale. EUat0+(Out1. Scale. EUat100−Out1Scale. EUat0) * (In−InScale. EUat0)/(K−InScale. EUat0)。

Out2=Out2Scale. EUat0。

当 In>=K 时，

若 LockOut=0x01，则 Out1=Out1Scale. EUat0。

若 LockOut=0x00 或无 LockOut 参数，则 Out1=Out1Scale. EUat100。

Out2= Out2Scale. EUat0 + (Out2Scale. EUat100 − Out2Scale. EUat0) * (In − K)/(InScale. EUat100−K)

b) 以 In 参数的状态作为 Out1 和 Out2 的状态。

c) 通过与下游功能块的链接关系，对 Out1 及 Out2 参数进行数据分发。

8.20 求与功能块(AND)

8.20.1 参数定义

AND 功能块的参数定义如表 23 所示。

表 23 AND 功能块参数

ObjectID	参数名称	数据类型	参数类型	读写属性	必备/可选	参数描述
1	EPA_Block	EPA_BLOCK	内含	读/写	必备	功能块头信息
2	Out	FB_DISCRETE	输出	只读	必备	求与结果输出
3	In1	FB_DISCRETE	输入	读/写	必备	输入 1
4	In2	FB_DISCRETE	输入	读/写	必备	输入 2

8.20.2 参数相关说明

EPA_Block

包含了功能块名称、ID及停启状态的总揽信息。

Out

AND功能块的输出值，即两个开关量输入参数的逻辑求与结果。

In1

第一个开关量输入参数。

In2

第二个开关量输入参数。

8.20.3 行为要求

一次AND功能块的执行，需要完成的功能是：

a) 求逻辑与，Out=In1 AND In2。

b) 计算输出值状态，有一个或二个输入的状态为“坏”，则输出状态为“坏”。

c) 通过与下游功能块的链接关系，对Out参数进行数据分发。

8.21 求或功能块(OR)

8.21.1 参数定义

OR功能块的参数定义如表24所示。

表24 OR功能块参数

ObjectID	参数名称	数据类型	参数类型	读写属性	必备/可选	参数描述
1	EPA_Block	EPA_BLOCK	内含	读/写	必备	功能块头信息
2	Out	FB_DISCRETE	输出	只读	必备	求或结果输出
3	In1	FB_DISCRETE	输入	读/写	必备	输入1
4	In2	FB_DISCRETE	输入	读/写	必备	输入2

8.21.2 参数相关说明

EPA_Block

包含了功能块名称、ID及停启状态的总揽信息。

Out

OR功能块的输出值，即两个开关量输入参数的逻辑求或的结果。

In1

第一个开关量输入参数。

In2

第二个开关量输入参数。

8.21.3 行为要求

一次OR功能块的执行，需要完成的功能是：

a) 求逻辑或，Out=In1 OR In2。

b) 计算输出值状态,有一个或二个输入的状态为“坏”,则输出状态为“坏”。

c) 通过与下游功能块的链接关系,对 Out 参数进行数据分发。

8.22 求反功能块(NOT)

8.22.1 参数定义

NOT 功能块的参数定义如表 25 所示。

表 25 NOT 功能块参数

ObjectID	参数名称	数据类型	参数类型	读写属性	必备/可选	参数描述
1	EPA_Block	EPA_BLOCK	内含	读/写	必备	功能块头信息
2	Out	FB_DISCRETE	输出	只读	必备	求反结果输出
3	In	FB_DISCRETE	输入	读/写	必备	输入

8.22.2 参数相关说明

EPA_Block

包含了功能块名称、ID 及停启状态的总揽信息。

Out

NOT 功能块的输出值,即对开关量输入参数求反的结果。

In

开关量输入参数。

8.22.3 行为要求

一次 NOT 功能块的执行,需要完成的功能是:

a) 求逻辑非,Out=NOT In 。

b) 计算输出值状态,Out 的状态即为 In 参数的状态。

c) 通过与下游功能块的链接关系,对 Out 参数进行数据分发。

8.23 求异或功能块(XOR)

8.23.1 参数定义

XOR 功能块的参数定义如表 26 所示。

表 26 XOR 功能块参数

ObjectID	参数名称	数据类型	参数类型	读写属性	必备/可选	参数描述
1	EPA_Block	EPA_BLOCK	内含	读/写	必备	功能块头信息
2	Out	FB_DISCRETE	输出	只读	必备	异或结果输出
3	In1	FB_DISCRETE	输入	读/写	必备	输入 1
4	In2	FB_DISCRETE	输入	读/写	必备	输入 2

8.23.2 参数相关说明

EPA_Block

包含了功能块名称、ID及停启状态的总揽信息。

Out

XOR功能块的输出值,即两个开关量输入参数的逻辑求异或结果。

In1

第一个开关量输入参数。

In2

第二个开关量输入参数。

8.23.3 行为要求

一次XOR功能块的执行,需要完成的功能是:

a) 求逻辑与,Out=In1 XOR In2。

b) 计算输出值状态,有一个或二个输入的状态为“坏”,则输出状态为“坏”。

c) 通过与下游功能块的链接关系,对Out参数进行数据分发。

9 基本技术块定义

9.1 技术块概述

技术块是与设备的硬件资源密切相关的软件模块。它们的运行调度由设备自主实现,不接受外部设备或人机接口的调度。技术块可以不进行实例化,可以是设备固有的模块。它将硬件通道数据和输入输出功能块相隔离,通常包含了AD转换、传感器信号补偿校准、信号转换等功能。若是执行结构的技术块,还可包含DA转换、实际输出测量反馈等功能。

测量型技术块需要将测量信号输出给AI,才能把过程量引入到系统中,技术块的计算结果通常是仪表的最终测量值,其被测量与传感器有关。输出型技术块的值通常来自AO功能块的输出,从AO得到的输出值即是控制量,技术块把这一控制量经过转换计算,最终驱动执行机构。通常技术块与AI功能块或AO功能块存在于同一设备中。

由于转换块的实现方法根据不同的测量信号和硬件而有所不同,故不对其算法进行规定,只对其中需要与外部交互或与其他功能块交互的接口参数作出定义。

技术块的参数也分为必备、可选、自定义三类。本部分把那些与技术实现密切相关的参数留做自定义参数,制造商可以依据仪表不同的硬件设计、不同的测量方法等,为技术块设置特定的参数。这些自定义的参数必须准确描述在相应的设备描述文件中。

9.2 温度技术块

9.2.1 参数定义

温度技术块的参数定义如表27所示。

表 27　温度技术块参数

ObjectID	参数名称	数据类型	读写属性	必备/可选	参数功能
1	EPA_Block	EPA_ BLOCK	读/写	必备	功能块头信息
2	Value	FB_ANALOG	只读	必备	温度技术块的输出值
3	Scale	FB_SCALE	只读	必备	输出值的量程信息
4	SensorValue	Float	只读	可选	传感器原始测量值
5	SensorType	Uint16	读/写	可选	传感器类型
6	ConnectionType	Uint16	读/写	可选	传感器接线类型
7	Compensation	Float	读/写	可选	补偿量
8～65535	自定义			自定义	

9.2.2　相关参数说明

EPA_Block

包含了技术块的名字和开关信息。Status 属性表示技术块的工作/停用状态，不表示实例化命令。

Value

技术块的最终输出值。此参数不对外建立链接，但可被读操作。

Scale

最终输出值 Value 的量程信息，表示所能测量的最大范围，包含了它的上限值、下限值、数量单位。

SensorValue

未经补偿等处理的传感器值。它的单位在设备描述文件中说明。由于 SensorValue 不对外输出，只用于调校等，故不必为其设置单位参数。若有必要，可在自定义参数中补充。

SensorType

测温传感器的类型索引。索引值和代表的类型对应如表 28 所示。

表 28　温度传感器类型索引

索　引　值	传感器类型
0x2e	B 型热电偶
0x28	E 型热电偶
0x2a	J 型热电偶
0x29	K 型热电偶
0x2b	N 型热电偶
0x2f	R 型热电偶
0x2c	S 型热电偶
0x2d	T 型热电偶
0x38	PT100 热电阻
0x39	TPT100 热电阻
0x3c	CU50 热电阻

ConnectionType

传感器为热电阻时，代表接线类型的选择，索引值和接线类型的对应关系是：0x01 代表 2 线制；0x02 代表 3 线制；0x03 代表 4 线制。

传感器为热电偶时，代表冷端补偿类型，对应关系是：0x01 代表外接了恒定的冷端温度点；0x02 代表仪表内部测温补偿；0x03 代表已有其他手段进行了补偿校正，不需人为提供冷端温度。

Compensation

当传感器为热电偶时，为冷端补偿的温度值。当传感器为热电阻时，为补偿导线电阻值。

自定义参数

根据不同仪表的不同测量实现方式，以及不同校正、补偿方法，有一些特定的参数需要最终用户在组态时输入，以便于技术块完成测量计算。这些与仪表的具体实现密切相关的参数，作为仪表开发者的自定义参数。例如：特定的滤波参数、线性化类型等。

9.3 压力技术块

9.3.1 参数定义

压力技术块的参数定义如表 29 所示。

表 29 压力技术块必备参数

ObjectID	参数名称	数据类型	读写属性	必备/可选	参数功能
1	EPA_Block	EPA_ BLOCK	读/写	必备	功能块头信息
2	Value	FB_ANALOG	只读	必备	技术块的输出值
3	Scale	FB_SCALE	只读	必备	输出值的量程信息
4	SensorValue	Float	只读	可选	传感器原始测量值
5～65535	自定义			自定义	

9.3.2 参数相关说明

EPA_Block

包含了技术块的名字和开关信息。Status 属性表示技术块的工作/停用状态，不表示实例化命令。

Value

技术块的最终输出值。此参数不对外建立链接，但可被读取。

Scale

最终输出值 Value 的量程信息，表示所能测量的最大范围，包含了它的上限值、下限值、数量单位。

SensorValue

没有经过补偿、零点迁移等处理过程的原始测量值。单位在设备描述中说明。

自定义参数

用于分段多点标定、校准、零点迁移等处理过程的参数。由仪表开发者定义。

9.4 物位技术块

9.4.1 参数定义

物位技术块的参数定义如表 30 所示。

表 30　物位技术块必备参数

ObjectID	参数名称	数据类型	读写属性	必备/可选	参数功能
1	EPA_Block	EPA_ BLOCK	读/写	必备	功能块头信息
2	Value	FB_ANALOG	只读	必备	技术块的输出值
3	Scale	FB_SCALE	只读	必备	输出值的量程信息
4	SensorValue	Float	只读	可选	传感器原始测量值
5	Level_HI	Float	读/写	可选	满液位点设定点
6	Level_LO	Float	读/写	可选	空液位点设定点
7～65535	自定义			自定义	

9.4.2　参数相关说明

EPA_Block

包含了技术块的名字和开关信息。Status 属性表示技术块的工作/停用状态，不表示实例化命令。

Value

技术块的最终输出值。此参数不对外建立链接，但可被读取。

Scale

最终输出值 Value 的量程信息，表示所能测量的最大范围，包含了它的上限值、下限值、数量单位。

SensorValue

传感器测量值。可以是长度距离值，也可以是差压值等待。它单位根据测量原理由仪表开发者自定，在设备描述中说明。

Level_HI、Level_LO

液位计在安装后，需要对 0％和 100％的液位作标定。例如某液位仪表测量原理是超声波测距，在液位到达某处时，标定为 100％满罐位，记录此时的 SensorValue 为 Level_HI，在液位到达 0％刻度处，记录此时的 SensorValue 为 Level_LO，将这两个 SensorValue 写入 Level_HI 和 Level_LO 参数，提供给技术块计算模块，使之能把 SensorValue 转换成百分量形式的液位输出值。

9.5　流量技术块

9.5.1　参数定义

流量技术块的参数定义如表 31 所示。

表 31　流量技术块参数

ObjectID	参数名称	数据类型	读写属性	必备/可选	参数功能
1	EPA_Block	EPA_ BLOCK	读/写	必备	功能块头信息
2	Value	FB_ANALOG	只读	必备	技术块的输出值
3	Scale	FB_SCALE	只读	必备	输出值的量程信息
4	SensorValue	Float	只读	可选	传感器原始测量值
5	LowCut	Float	读/写	可选	小流量切除阀值
6	PipeSize	Float	读/写	可选	管道内直径
7	Density	Float	读/写	可选	流体密度
8～65535	自定义			自定义	

9.5.2 参数相关说明

EPA_Block

包含了技术块的名字和开关信息。Status 属性表示技术块的工作/停用状态，不表示实例化命令。

Value

技术块的最终输出值。此参数不对外建立链接，但可被读取。

Scale

最终输出值 Value 的量程信息，表示所能测量的最大范围，包含了它的上限值、下限值、数量单位。

SensorValue

没有经过小信号切除、体积/质量流量换算等处理的测量原始值。

LowCut

小流量切除的阀值，组态时写入。流量仪表在实际无流量时，因为测量误差、噪音、开方运算的放大作用等，可能输出值 Value 并不一定总为 0，此时需设置一个小流量切除值，认为检测值小于该流量时，可认为管道中实际流量为零。

PipeSize

流量计安装管道的内径。流量测量较多采用测流体流速再换算成体积流量的方法，此时需要给运算模块提供管道内径以计算截面积和体积流量。

Density

流量计输出质量流量时，测量体积流量原理的仪表需将被测流体的密度纳入运算，以输出质量流量。

9.6 执行器技术块

9.6.1 参数定义

执行器技术块的参数定义如表 32 所示。

表 32 执行器技术块参数

ObjectID	参数名称	数据类型	读写属性	必备/可选	参数功能
1	EPA_Block	EPA_ BLOCK	读/写	必备	功能块头信息
2	Value	FB_ANALOG	只读	必备	技术块的阀位输入值
3	Scale	FB_SCALE	只读	必备	输出值的量程信息
4	FS_Value	Float	读/写	可选	安全应急阀位
5	ReadBack	Float	只读	可选	实际阀位值
6～65535	自定义			自定义	

9.6.2 参数相关说明

EPA_Block

包含了技术块的名字和开关信息。Status 属性表示技术块的工作/停用状态，不表示实例化命令。

Value

执行机构技术块从 AO 读取的阀位设定值。

Scale

阀位值的最大值和最小值。Value 有效值必须在 Scale 范围内。

FS_Value

安全阀位 Fail-Safe Value,由工艺人员设定。单位与 Value 参数一致。

ReadBack

若设备支持阀位测量回读,此参数用于表示实际阀位值。单位应与 Value 参数一致。

自定义参数

如阀门特性、性能等方面的参数,可作为自定义参数添加。

附 录 A
(规范性附录)
单位代码定义

本附录定义了工业控制领域可能使用到的数量单位的代码,如表 A.1 所示。

表 A.1 中的单位主要遵照 GB 3100、GB 3102.1～GB 3102.13,收录了 GB 3100 补充件中所有的 SI 单位的十进制和分数单位,以及 GB 3102.1～GB 3102.13 系列标准中可与 SI 单位并用的其他单位。

此外,还收录了少量较常用的非国标单位,如毫米汞柱(mmHg)等。

表 A.1 单位代码表

十进制代码	单位符号	单位名称	备 注
0	无	无	(无量纲数,Dimensionless Number)
1	%	百分数	
2	‰	千分数	
3	rad	弧度	
4	mrad	毫弧度	
5	μrad	微弧度	
6	°	度	(平面角)
7	′	分	(平面角)
8	″	秒	(平面角)
9	sr	球面度	
10	m	米	
11	km	千米	
12	cm	厘米	
13	mm	毫米	
14	μm	微米	
15	nm	纳米	
16	pm	皮米	
17	fm	飞米	
18	n mile	海里	
19	m^{-1}	每米	
20	m^2	平方米	
21	km^2	平方千米	
22	dm^2	平方分米	
23	cm^2	平方厘米	
24	mm^2	平方毫米	
25	hm^2	公顷	

表 A.1（续）

十进制代码	单位符号	单位名称	备　注
26	m^3	立方米	
27	L	升	（可替换为 dm^3）
28	cm^3	立方厘米	
29	mm^3	立方毫米	
30	s	秒	
31	ks	千秒	
32	ms	毫秒	
33	μs	微秒	
34	ns	纳秒	
35	d	日，天	
36	h	小时	
37	min	分钟	
38	rad/s	弧度每秒	（角速度或角频率）
39	rad/s^2	弧度每二次方秒	
40	m/s	米每秒	
41	Np	奈培	（1 Np 是当 ln(F1/F2)=1 时的场量级）
42	Np/s	奈培每秒	
43	dB/s	分贝每秒	
44	m/h	米每小时	
45	mm/s	毫米每秒	
46	km/h	千米每小时	
47	kn	节	（1 kn=1 n mile/h）
48	m/s^2	米每二次方秒	（加速度）
49	s^{-1}	每秒	
50	Hz	赫兹	
51	THz	太赫兹	
52	GHz	吉赫兹	
53	MHz	兆赫兹	
54	kHz	千赫兹	
55	r/min	转每分钟	
56	r/s	转每秒	
57	kg	千克	
58	t	吨	
59	g	克	

表 A.1（续）

十进制代码	单位符号	单位名称	备 注
60	mg	毫克	
61	μg	微克	
62	kg/m^3	千克每立方米	
63	t/m^3	吨每立方米	
64	kg/L	千克每升	
65	g/cm^3	可每立方厘米	
66	g/mL	克每毫升	
67	g/L	克每升	
68	kg/m	千克每米	（线质量）
69	mg/m	毫克每米	（线质量）
70	tex	特克斯	（1 tex=1 g/km）
71	kg/m^2	千克每平方米	（面质量）
72	$kg \cdot m^2$	千克平方米	（转动惯量）
73	kg·m/s	千克米每秒	（动量）
74	N	牛顿	
75	MN	兆牛	
76	kN	千牛	
77	mN	毫牛	
78	μN	微牛	
79	$kg \cdot m^2/s$	千克二次方米每秒	（动量矩）
80	N·m	牛米	
81	MN·m	兆牛米	
82	kN·m	千牛米	
83	mN·m	毫牛米	
84	μN·m	微牛米	
85	N·m·s	牛米秒	（角冲量）
86	Pa	帕斯卡	
87	GPa	吉帕	
88	MPa	兆帕	
89	kPa	千帕	
90	hPa	白帕	
91	mPa	毫帕	
92	μPa	微帕	
93	Atm	大气压	

表 A.1（续）

十进制代码	单位符号	单位名称	备　注
94	mmHg	毫米汞柱	
95	Pa^{-1}	每帕	
96	Pa·s	帕秒	（动力粘度）
97	mPa·s	毫帕秒	（动力粘度）
98	m^2/s	二次方米每秒	（运动粘度或扩散系数或热扩散系统）
99	mm^2/s	二次方毫米每秒	（运动粘度）
100	N/m	牛每米	（表面张力）
101	mN/m	毫牛每米	（表面张力）
102	J	焦耳	
103	EJ	艾焦	
104	PJ	拍焦	
105	TJ	太焦	
106	GJ	吉焦	
107	MJ	兆焦	
108	kJ	千焦	
109	mJ	毫焦	
110	fJ	飞焦	（禁带宽度）
111	aJ	阿焦	（禁带宽度）
112	W·h	瓦时	
113	W	瓦特	
114	TW	太瓦	
115	GW	吉瓦	
116	MW	兆瓦	
117	kW	千瓦	
118	mW	毫瓦	
119	μW	微瓦	
120	nW	纳瓦	
121	V·A	伏安	（视在功率）
122	var	乏尔	（无功功率）
123	kg/s	千克每秒	（质量流量）
124	kg/h	千克每小时	
125	t/h	吨每小时	
126	m^3/s	立方米每小时	（体积流量）
127	L/s	升每秒	

表 A.1（续）

十进制代码	单位符号	单位名称	备　注
128	m^3/h	立方米每小时	
129	K	开尔文	
130	℃	摄氏度	
131	K^{-1}	每开尔文	（线膨胀系数）
132	Pa/K	帕每开	（压力系数）
133	K/W	开每瓦	（热阻）
134	W/K	瓦每开	（热导）
135	W/(m·K)	瓦每米开尔文	（热导率）
136	$W/(m^2 \cdot K)$	瓦每平方米开	（传热系数）
137	$m^2 \cdot K/W$	平方米开每瓦	（热绝缘系数）
138	J/K	焦每开	（热容或熵）
139	kJ/K	千焦每开	（热容或熵）
140	J/(kg·K)	焦每千克开	（质量热容）
141	kJ/(kg·K)	千焦每千克开	（质量热容）
142	J/(kg·K)	焦每千克开	（质量熵）
143	kJ/(kg·K)	千焦每千克开	（质量熵）
144	J/kg	焦每千克	（质量热力学能）
145	MJ/kg	兆焦每千克	（质量热力学能）
146	kJ/kg	千焦每千克	（质量热力学能）
147	A	安培	（电流或磁势差）
148	kA	千安	
149	mA	毫安	
150	μA	微安	
151	nA	纳安	
152	pA	皮安	
153	C	库伦	（电量或电通量）
154	kC	千库	
155	μC	微库	
156	nC	纳库	
157	pC	皮库	
158	A·h	安时	
159	C/m^3	库每立方米	（体积电荷）
160	GC/m^3	吉库每立方米	（可替换为 C/mm^3）
161	MC/m^3	兆库每立方米	（可替换为 C/cm^3）

表 A.1(续)

十进制代码	单位符号	单位名称	备　注
162	KC/m^3	千库每立方米	
163	mC/m^3	毫库每立方米	
164	$\mu C/m^3$	微库每立方米	
165	C/m^2	库每平方米	(面积电荷或电通密度或电极化强度)
166	MC/m^2	兆库每平方米	(可替换为 C/mm^2)
167	C/cm^2	库每平方厘米	
168	kC/m^2	千库每平方米	
169	mC/m^2	毫库每平方米	
170	$\mu C/m^2$	微库每平方米	
171	V/m	伏每米	(电场强度)
172	MV/m	兆伏每米	
173	kV/m	千伏每米	(可替换为 V/mm)
174	V/cm	伏每厘米	
175	mV/m	毫伏每米	
176	μV/m	微伏每米	
177	V	伏特	
178	MV	兆伏	
179	kV	千伏	
180	mV	毫伏	
181	μV	微伏	
182	F	法拉	
183	mF	毫法	
184	μF	微法	
185	nF	纳法	
186	pF	皮法	
187	F/m	法每米	(介电常数、电容率)
188	μF/m	微法每米	
189	nF/m	纳法每米	
190	pF/m	皮法每米	
191	C・m	库米	(电偶极矩)
192	A/m^2	安每平方米	(面积电流)
193	MA/m^2	兆安每平方米	(可替换为 A/mm^2)
194	A/cm^2	安每平方厘米	
195	kA/m^2	千安每平方米	

表 A.1（续）

十进制代码	单位符号	单位名称	备　注
196	A/m	安每米	（线电流或磁场强度或磁化强度）
197	kA/m	千安每米	（可替换为 A/mm）
198	A/cm	安每厘米	
199	T	特斯拉	（磁通密度或磁极化强度）
200	mT	毫特	
201	μT	微特	
202	nT	纳特	
203	Wb	韦伯	
204	mWb	毫韦	
205	Wb/m	韦每米	（磁矢势）
206	kWb/m	千韦每米	（可替换为 Wb/mm）
207	H	亨利	（自感或磁导）
208	mH	毫亨	
209	μH	微亨	
210	nH	纳亨	
211	pH	皮亨	
212	H/m	亨每米	（磁导率）
213	μH/m	微亨每米	
214	nH/m	纳亨每米	
215	A·m^2	安平方米	（面磁矩）
216	Wb·m	韦米	（磁偶极矩）
217	J/m^3	焦每立方米	（体积电磁能）
218	W/m^2	瓦每平方米	（坡印廷矢量）
219	Ω	欧姆	
220	GΩ	吉欧	
221	MΩ	兆欧	
222	kΩ	千欧	
223	mΩ	毫欧	
224	μΩ	微欧	
225	S	西门子	（电导或导纳）
226	kS	千西	
227	mS	毫西	
228	μS	微西	
229	Ω·m	欧米	（电阻率）

表 A.1(续)

十进制代码	单位符号	单位名称	备　注
230	GΩ·m	吉欧米	
231	MΩ·m	兆欧米	
232	kΩ·m	千欧米	
233	Ω·cm	欧厘米	
234	mΩ·m	毫欧米	
235	μΩ·m	微欧米	
236	nΩ·m	纳欧米	
237	S/m	西每米	(电导率)
238	MS/m	兆西每米	
239	kS/m	千西每米	
240	H^{-1}	负一次方亨	(磁阻)
241	rad/m	弧度每米	(角波率)
242	J/m^2	焦每平方米	(辐射能流)
243	W/sr	瓦每球面度	(辐射强度)
244	$W/(sr \cdot m^2)$	瓦每球面度平方米	(辐射亮度)
245	W/m^2	瓦每平方米	(辐射出射度或声强或面积热流量)
246	$s^{-1}/(sr \cdot m^2)$	每秒球面度平方	(光子亮度)
247	s^{-1}/m^2	每秒平方米	(光子照度)
248	cd	坎德拉	(发光强度)
249	lm	流明	(光通量)
250	lm·s	流明秒	(光量)
251	cd/m^2	坎每平方米	(光亮度)
252	lm/m^2	流明每平方米	(光出射度)
253	lx	勒克斯	(光照度)
254	lx·s	勒秒	(曝光量)
255	lx·h	勒时	
256	lm/W	流明每瓦	(光视效能)
257	m^3/s	立方米每秒	(声学体积流量)
258	$Pa \cdot s/m^3$	帕秒每立方米	(声阻抗)
259	$Pa \cdot s^2/m^3$	帕二次方秒每立方米	(声质量)
260	Pa/m^3	帕每立方米	(声劲)
261	m^3/Pa	立方米每帕	(声顺)
262	$m^3/Pa \cdot s$	立方米每帕秒	(声导)
263	N·s/m	牛秒每米	(声学力阻抗)

表 A.1（续）

十进制代码	单位符号	单位名称	备　注
264	m/N·s	米每牛秒	（声学力导）
265	Pa·s/m	帕秒每米	（声阻抗率）
266	m/N	米每牛	（声学力顺）
267	B	贝尔	（声压级或声功率级或隔音量）
268	dB	分贝	（声压级或声功率级或隔音量）
269	B/s	贝每秒	（声学衰变率）
270	phon	方	（响度级）
271	sone	宋	（响度）
272	oct	八度	（音程）
273	V/Pa	伏每帕	（自由场灵敏度）
274	noy	呐	（噪度）
275	mol	摩尔	
276	kmol	千摩	
277	mmol	毫摩	
278	μmol	微摩	
279	mol^{-1}	每摩	
280	kg/mol	千克每摩	
281	g/mol	克每摩	
282	m^2/mol	平方米每摩	（摩尔吸收系数）
283	m^3/mol	立方米每摩	
284	L/mol	升每摩	
285	cm^3/mol	立方厘米每摩	
286	J/mol	焦每摩	
287	kJ/mol	千焦每摩	
288	J/(mol·K)	焦每摩开	（摩尔热容或摩尔熵）
289	mol/m^3	摩每立方米	
290	mol/L	摩每升	
291	kmol/m^3	千摩每立方米	
292	mol/kg	摩每千克	（质量摩尔浓度或离子强度）
293	mmol/kg	毫摩每千克	
294	C·m^2/V	库二次方米每伏	（分子电极化率）
295	S·m^2/mol	西二次方米每摩	（摩尔电导率）
296	mol/s	摩每秒	（转换速率）
297	rad·m^2/mol	弧度平方米每摩	（摩尔旋光本领）

表 A.1(续)

十进制代码	单位符号	单位名称	备　　注
298	rad・m^2/kg	弧度平方米每千克	(质量旋光本领)
299	u	原子质量单位	(一个原子质量为单位)
300	A・m^2/(J・s)	安平方米每焦秒	(核物理学旋转系数)
301	Bq	贝可勒尔	(放射性活度)
302	MBq	兆贝可	
303	kBq	千贝可	
304	Ci	居里	(放射性活度)
305	Bq/kg	贝可每千克	(质量活度)
306	MBq/kg	兆贝可每千克	
307	kBq/kg	千贝可每千克	
308	eV	电子伏	
309	Gy	戈瑞	(吸收剂量)
310	mGy	毫戈	
311	Sv	希沃特	(剂量当量)
312	mSv	毫希	
313	C/kg	库每千克	(照射量)
314	R	伦琴	(照射量)
315	J^{-1}/m^3	负一次方焦每立方米	(态密度)
316	eV^{-1}/m^3	负一次方电子伏每立方米	(态密度)
317	m^3/C	立方米每库	(霍尔系数)
318	V/K	伏每开	(汤姆逊系数)
319	mV/K	毫伏每开	

附　录　B
（规范性附录）
功能块类型索引

功能块的类型可随着应用的扩大和需求的增加而不断补充，现对本附录已定义的功能块的类型代码做出规定，如表 B.1 所示。

表 B.1　功能块类型代码

功能块类型	定义（十六进制）
模拟量输入功能块	0x0110
多路模拟量输入功能块	0x0120
数字量输入功能块	0x0130
多路数字量输入功能块	0x0140
模拟量输出功能块	0x0210
多路模拟量输出功能块	0x0220
数字量输出功能块	0x0230
多路数字量输出功能块	0x0240
PID 功能块	0x0310
加法功能块	0x0320
减法功能块	0x0321
乘法功能块	0x0322
除法功能块	0x0323
求平均功能块	0x0324
高选功能块	0x0330
低选功能块	0x0331
多选一功能块	0x0332
分程功能块	0x0340
求与功能块	0x0350
求或功能块	0x0351
求反功能块	0x0352
求异或功能块	0x0353
温度技术块	0x0410
压力技术块	0x0420
液位技术块	0x0430
流量技术块	0x0440
执行机构技术块	0x0510
自定义	0x1000～0xFFFF

附 录 C
（规范性附录）
设备描述文件格式规范

C.1 概述

本附录所定义的设备描述文件是 GB/T 20171 所定义的设备描述文件的子集。本附录所涉及到的字段描述方法与 GB/T 20171 的定义一致。

在编写设备描述文件时，对于“可选”字段可以不填写；对于 GB/T 20171 有定义而本附录未定义的字段，也可不填写。通常，设备描述文件也可被简称为 DD 文件。

C.2 设备描述文件结构定义

设备描述文件用来描述设备所有信息，包括设备标识、设备功能、设备所包含的功能块及其参数等。设备描述的层次结构如下所示：

```
〈XDDLDeviceDesc〉          //设备描述文件根元素起始标识符
  〈XDDLDocumentInfo〉         //设备描述文件相关信息
    〈XDDLDocCreateDate〉       //设备描述文件的创建日期描述起始标识符
        yyyy-mm-dd
    〈/XDDLDocCreateDate〉
    〈XDDLDocRevision〉          //设备描述文件的修改版本号描述起始标识符
        MajorRevision.MinorRevision
    〈/XDDLDocRevision〉
  〈/XDDLDocumentInfo〉
  〈DeviceDescription〉          //设备描述的起始标记
    〈 DeviceIdentify 〉           //设备标识描述结构体起始标记
        〈ManufactureID〉        //设备制造商标识描述起始标识符
          XXXX                   //设备制造商唯一标识符
        〈/ManufactureID〉
        〈DeviceType〉            //设备类型描述起始标识符
          XXXX                   //设备类型标识号
        〈/DeviceType〉
    〈/DeviceIdentify〉
    〈BlockDescription  NumOfBlock = "numofblock"〉   //功能块描述起始标记
      〈BLOCK〉                   //功能块结构描述起始标识符
          〈BLOCK_INFO〉    //功能块基本信息描述起始标识符
          〈/BLOCK_INFO〉
          〈BLOCKPARA 〉          //功能块参数对象描述起始标识符
              功能块参数对象描述结构体 1
          〈/BLOCKPARA 〉
      〈/BLOCK〉
```

```
  〈BLOCK〉          //功能块结构描述起始标识符
    〈BLOCK_INFO〉          //功能块基本信息描述起始标识符
    〈/BLOCK_INFO〉
    〈BLOCKPARA〉    //功能块参数对象描述起始标识符
          功能块参数对象描述结构体 2
    〈/BLOCKPARA〉
  〈/BLOCK〉
……
      〈/BlockDescription〉
  〈/DeviceDescription 〉
〈/XDDLDeviceDesc〉
```

C.3 功能块描述标记〈BLOCK〉结构说明

```
〈BLOCK  TypeID = "numberofBlocktype" BlockType = "BlockTypeDescription"〉
  〈BLOCK_INFO〉 //功能块基本信息描述起始标识符
    〈Name〉        //功能块名称描述起始标识符
        功能块名称     //功能块名称为一字符串
    〈/Name〉
    〈Help〉        //功能块帮助文本描述起始标识符
        功能块帮助说明//可选,功能块帮助说明为一字符串
    〈/Help〉
    〈BlockTag〉        //功能块缺省位号描述起始标识符
        功能块缺省位号 //功能块位号为一字符串
    〈/BlockTag〉
    〈XDDLID〉        //功能块 XDDL 描述起始标识符
        功能块描述标识符 //,可选字段,为一正整数
    〈/XDDLID〉
    〈XDDLRevision〉     //功能块的 XDDL 描述的版本号描述起始标识符
        功能块 XDDL 描述版本号 //可选,为 X.X 形式
    〈/XDDLRevision〉
    〈Profile〉             //功能块所遵循的行规描述起始标识符
        功能块所遵循的行规//可选,为一字符串
    〈/Profile〉
    〈ProfileRevision〉     //功能块所遵循行规的版本号描述起始标识符
        功能块所遵循行规的版本号 //可选,为 X.X 形式
    〈/ProfileRevision〉
    〈ExecutionTime〉    //功能块的执行时间描述起始标识符
        功能块执行时间//为一正整数
    〈/ExecutionTime〉
    〈ExecuteTimeUnit〉     //功能块的执行时间单位描述起始标识符
        时间单位          //取值"s"——表示"秒";"ms"——毫秒;"μs"——微秒。
    〈/ExecuteTimeUnit〉
```

```
        〈NumofParamters〉          //功能块所具有的参数个数描述结束标识符
            功能块的参数个数     //表示设备描述文件中所描述的功能块的参数个数
        〈/NumofParamters〉
        〈 FirstAppID 〉        //功能块实例化时所能分配的第一个 AppID
            功能块实例时可分配的第一个 APPID 号
        〈/FirstAppID 〉
        〈 NumOfFbInstance 〉  //功能块实例化数目描述起始标识符
            功能块可被实例化的数目
        〈/NumOfFbInstance 〉
〈/BLOCK_INFO〉
      〈BLOCKPARA 〉      //功能块参数对象描述起始标识符
        〈VARIABLE  ParaType="ParaElementType"〉
              参数元素描述结构体 1
        〈/VARIABLE〉
〈VARIABLE  ParaType="ParaElementType"〉
            参数元素描述结构体 2
          〈/VARIABLE〉
……
      〈 /BLOCKPARA 〉
〈/BLOCK〉
```

C.4 参数描述标记〈VARIABLE〉结构说明

标记〈VARIABLE〉的属性"ParaElementType"描述了参数元素的类型，其取值为"SIMPLE_VARIABLE"或"ARRAY_VARIABLE"或"STRUCT_VARIABLE"或"DOMAIN_VARIABLE"，分别表示所描述的参数元素为简单变量、数组变量、结构变量、域变量等。根据参数据类型的不同，〈VARIABLE〉标记下的字元素的结构也有各不相同，这里只对在互可操作测试中用到的两种参数元素的类型简单变量和结构变量两种类型〈VARIABLE〉标记结构的进行详细说明。数组变量和域变量类型的〈VARIABLE〉标记结构详见 GB/T 20171—2006 中 10.3.4。

C.4.1 简单变量参数元素描述

```
〈VARIABLE  ParaType="SIMPLE_VARIABLE"〉
      〈Name〉          //变量名称描述起始标识符
          变量名称  //变量名称为一字符串
      〈/Name〉
      〈Label〉        //可显示变量名称描述起始标识符
          提供给用户的可显示的变量名称        //可选元素，为一字符串
      〈/Label〉
      〈Help〉                            //帮助文本描述起始标识符
          显示给用户的帮助文本          //可选元素，为一字符串
      〈/Help〉
      〈Class〉        //变量的输入/输出属性描述起始标识符
          变量的输入/输出属性  //INPUT 表示该参数为输入参数
```

```
                    //OUTPUT 表示该参数为输出参数
                    //CONTAINED 表示该参数为内含参数。
    〈/Class〉
    〈DataType〉    //变量的数据类型描述起始标识符
        变量值的数据类型   //描述方法见 C.4.3 “DataType”字段说明部分
    〈/DataType〉
    〈Length〉          //变量长度描述起始标识符
        变量长度    //为一正整数
    〈/Length〉
    〈Unit〉        //变量单位描述起始标识符
        变量单位    //可选,为一字符或字符串
    〈/Unit〉
    〈DefaultValue〉 //变量初始值描述起始标识符
        变量初始值  //可选
    〈/DefaultValue〉
    〈MinimumValue〉 //变量取值范围最小值描述起始标识符
        变量取值的范围最小值 //可选
    〈/MinimumValue〉
    〈MaximumValue〉 //变量取值范围最大值描述起始标识符
        变量取值的范围最大值 //可选
    〈/MaximumValue〉
    〈OperationMode〉 //变量的读写操作描述起始标识符
        变量的读写操作          //取值:READ——表示该参数为可读
                                //WRITE——表示该参数为可写
                                //READ_WRITE——表示该参数为可读、可写
    〈/OperationMode〉
〈/VARIABLE〉
```

C.4.2 结构变量参数元素描述

```
〈VARIABLE  ParaType = “STRUCT_VARIABLE”〉
    〈Name〉           //结构变量名称描述起始标识符
        变量名称    //结构变量名称为一字符串
    〈/Name〉
    〈Label〉          //可显示结构变量名称描述起始标识符
        提供给用户的可显示变量名称          //可选元素,为一字符串
    〈/Label〉
    〈Help〉              //帮助文本描述起始标识符
        显示给用户的帮助文本      //可选元素,为一字符串
    〈/Help〉
    〈Class〉      //结构变量的输入/输出属性描述起始标识符
        变量的输入/输出属性
    〈/Class〉
    〈NumOfMembers〉    //结构变量成员数目描述起始标识符
```

```
        描述数组中成员个数
    〈/NumOfMembers〉
    〈Member〉      //结构变量成员描述起始标识符
      〈Name〉      //结构变量成员名称描述起始标识符
        结构变量成员名称
      〈/Name〉
      〈Label〉      //可显示结构变量成员名称描述起始标识符
        提供给用户的可显示变量名称      //可选元素,为一字符串
      〈/Label〉
      〈DataType〉 //结构变量成员的数据类型描述起始标识符
        变量值的数据类型   //描述方法见 C.4.3  “DataType”字段说明部分
      〈/DataType〉  //结构变量成员的数据类型描述结束标识符
      〈Length〉          //变量长度描述起始标识符
        变量长度
      〈/Length〉
      〈Unit〉          //结构变量成员单位描述起始标识符
        变量单位
      〈/Unit〉
      〈DefaultValue〉  //结构变量成员初始值描述起始标识符
        变量初始值
      〈/DefaultValue〉
      〈MinimumValue〉  //结构变量成员取值范围最小值描述起始标识符
        变量取值的范围最小值
      〈/MinimumValue〉
      〈MaximumValue〉  //结构变量成员取值范围最大值描述起始标识符
        变量取值的范围最大值
      〈/MaximumValue〉
      〈OperationMode〉   //变量的读写操作描述起始标识符
        变量的读写操作  //READ——表示该参数为可读
                        //WRITE——表示该参数为可写
                        //READ_WRITE——表示该参数为可读、可写
      〈/OperationMode〉
   〈/Member〉
   ……
   〈Member〉                  //结构变量成员描述起始标识符
      结构变量成员描述
      〈/Member〉
〈/VARIABLE〉
```

C.4.3 DataType 字段说明

在上述描述中,〈DataType〉标记用来描述变量的数据类型,定义如下:

BOOLEAN——表示该参数的数据类型为 Boolean;

UNSIGNED8——表示该参数的数据类型为 Unsigned8;

UNSIGNED16——表示该参数的数据类型为 Unsigned16；
UNSIGNED32——表示该参数的数据类型为 Unsigned32；
UNSIGNED64——表示该参数的数据类型为 Unsigned64；
INT8——表示该参数的数据类型为 Int8；
INT16——表示该参数的数据类型为 Int16；
INT32——表示该参数的数据类型为 Int32；
INT64——表示该参数的数据类型为 Int64；
REAL——表示该参数的数据类型为 Real；
VISUALSTRING——表示该参数的数据类型为 VisualString；
OCTETSTRING——表示该参数的数据类型为 OctetString；
BITSTRING——表示该参数的数据类型为 BitString；
TIMEOFDAY——表示该参数的数据类型为 TimeOfDay；
BINARYDATE——表示该参数的数据类型为 BinaryDate；
TIMEDIFFERENCE——表示该参数的数据类型为 TimeDifference。

附　录　D
（规范性附录）
设备 DeviceID 设置规则

D.1　概述

本附录规定了 EPA 设备的 DeviceID 的设置规则。

DeviceID 是唯一标识一个物理设备的设备标识，根据 GB/T 20171 中对 DeviceID 的定义，DeviceID 是长度为 32 字节的可视串，最大可填写 32 个字符，编码符合 ISO/IEC 646 标准。其内容由制造商设定，不足部分用空格(0x20)填充。

D.2　DeviceID 的字段划分

将 32 字节长度的 DeviceID 划分为 5 个字段，对每个字段分别定义其含义。字段的划分如图 D.1 所示，5 个字段分别是：

——制造商名称，占 12 字节。

——功能信息，占 4 字节。

——产品型号，占 8 字节。

——DD 文件版本号，占 2 字节。

——自由填充段，占 6 字节。

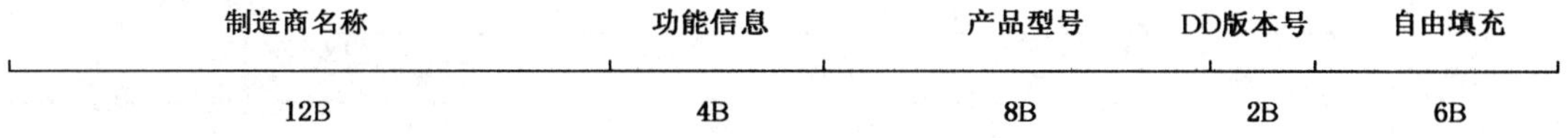

图 D.1　DeviceID 的字段划分

D.3　DeviceID 填写方法

D.3.1　制造商名称的填写

该字段用于唯一标识一个制造商，是一个最大长度为 12 的字符串，可填写制造商的名称、简称或代号等。当名称不足 12 字符，用空格(0x20)填充。该字段的值应当与仪表相应的 DD 文件中“Manufacturer ID”字段相同。组态软件或其他工具软件可以将该字段的值与 DD 文件的“Manufacturer ID”进行比对，以期提高 DD 文件匹配的自动化程度。

D.3.2　功能信息的填写

该字段的 4 个字符用于简要描述仪表的功能，例如，可表明仪表的测量对象、可表明是否具备现场显示的功能，是否具备控制运算功能等。不足 4 个字符则用空格填充。

这里给出一种推荐性的功能描述方法，这种方法并不是强制性的。

参照 HG/T 20505—2000《过程测量与控制仪表的功能标志及图形符号》，使用 2～4 个字母描述设备功能特点。例如：“FIC”，字母“F”代表流量测量仪表，“I”代表具有现场显示功能，“C”代表具有控制运算功能。

各字母代表的含义如表 D.1 所示。

表 D.1 字母在功能描述字段中的意义

字母	字母作为首字符时的含义	字母作为后继字符时代表的含义			
	代表被测变量或引发变量	修饰被测变量	代表读出类功能	代表输出类功能	修饰词
A	分析		报警		
B	烧嘴、火焰				
C	电导率			控制	
D	数字量	差			
E	电压(电动势)		检测元件		
F	流量	比(分数)			
G			视镜、观察		
H	手动				高
I	电流		指示		
J	功率	扫描			
K	时间、时间程序	变化频率		操作器	
L	物位		灯		低
M	水分或湿度	瞬动			中、中间
N					
O			节流孔		
P	压力、真空		连接点、测试点		
Q	数量	积算、累计			
R	核辐射		记录		
S	速度、频率	安全		开关、联锁	
T	温度			传输	
U	多变量		多功能	多功能	多功能
V	执行机构			阀、风门、百叶窗	
W	重量、力		套管		
X	未分类	X 轴	未分类	未分类	未分类
Y	事件、状态	Y 轴		继动器、计算器、转换器	
Z	位置	Z 轴		驱动器、执行机构、未分类的最终执行元件	

特别地,字母"D"和"V"的含义与 HG/T 20505—2000 有所差别。

字母"D"作为第一个字符时,表示数字量,而不是 HG/T 20505—2000 中所指的密度。在这里,密度测量属于成分分析,应当用字母"A"表示。此时,若第二个字符是"I"或"O",则分别表示数字量输入和数字量输出,而不是 HG/T 20505—2000 中所指的"指示"和"节流孔"。

字母“V”作为首字符时，是表示该设备为执行机构，而不是 HG/T 20505—2000 中所指的“振动、机械监视”。

D.3.3 产品型号的填写

产品型号字段是最大 8 个字节的字符串，用于区分同一制造商的不同产品型号，它的内容由制造商自主设定。

一种产品型号应当对应到一个 DD 文件。在同一时期，若两个产品内部功能块不同，由此引起 DD 文件不同，则应给这两个产品赋予不同的产品型号。

该字段的值应当与产品相应的 DD 文件中“Device Type”字段的值相同。组态软件可以将该字段与 DD 文件的“Device Type”字段匹配。结合“Manufacturer ID”字段的匹配，组态软件可以为实际设备查找匹配相应的 DD 文件，提高组态自动化程度。

D.3.4 DD 文件版本号字段填写

该字段指明本设备应匹配哪一版本的 DD 文件。制造商可以为升级的产品提供新版本的 DD 文件，由此产生新的 DD 文件版本号。版本号字段由 2 字节的字符表示，前一字符代表主版本号，后一字符代表次版本号。

该字段的值应当与设备 DD 文件中“XDDLDocRevision”相匹配。在 DD 文件中，DD 文件版本号的描述格式为：MajorRevision. MinorRevision，则 DeviceID 中的 DD 版本号字段第一字符匹配 MajorRevision，第二字符匹配 MinorRevision。

D.3.5 自由填充段的填写

该字段占 6 字节，其值由制造商自主设定。对于同一产品型号下的每一产品个体，该字段的值必须唯一，以保证整个 DeviceID 不与其他产品重复。

附 录 E
（规范性附录）
功能块应用简易数据接口

E.1 概述

本附录给出实时数据、周期数据收发的报文格式，特别是用户数据部分的报文编码格式。

对于 EPA 仪表的数据收发应遵循以下三项原则：

——周期性数据、实时性数据的收发应采用 EPA 信息分发服务。

——信息分发服务报文的用户数据部分应采用大端编码(big-endian)，与其他 EPA 报文一致。

——信息分发服务报文的用户数据应当是功能块的“输出参数”，或根据应用需要用于对外输出的数据。

EPA 信息分发报文如图 E.1 所示。

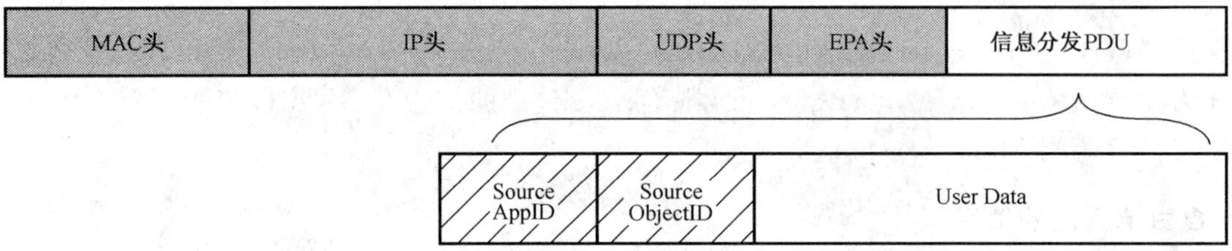

图 E.1 EPA 信息分发报文示意

E.2 报文数据编码格式

以下针对不同的应用场合定义 5 类数据接口，依次对各类数据在信息分发报文中的编码进行说明。

—— 用于现场测量仪表、控制输出仪表的模拟量数据编码

模拟量数据共 5 字节，用 4 字节 Float 数表示数值大小，用 1 字节无符号整数表示数值的状态，可参见 7.3 的定义。在信息分发报文中，模拟量实时数据的编码由图 E.2 给出。

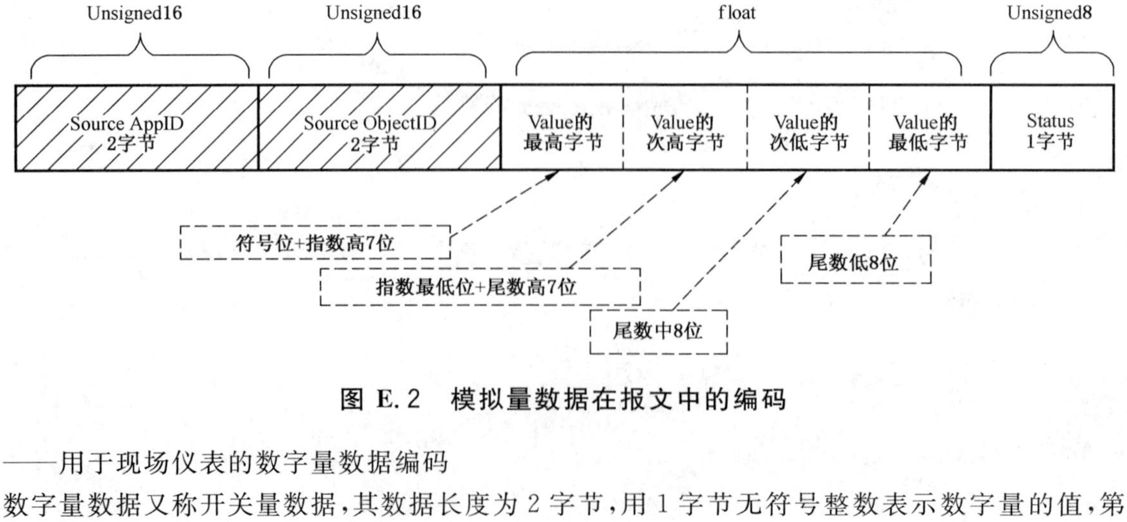

图 E.2 模拟量数据在报文中的编码

——用于现场仪表的数字量数据编码

数字量数据又称开关量数据，其数据长度为 2 字节，用 1 字节无符号整数表示数字量的值，第二字

节无符号整数表示值的状态，可参见 7.4 的定义。在信息分发报文中，数字量实时数据的编码由图 E.3 给出。

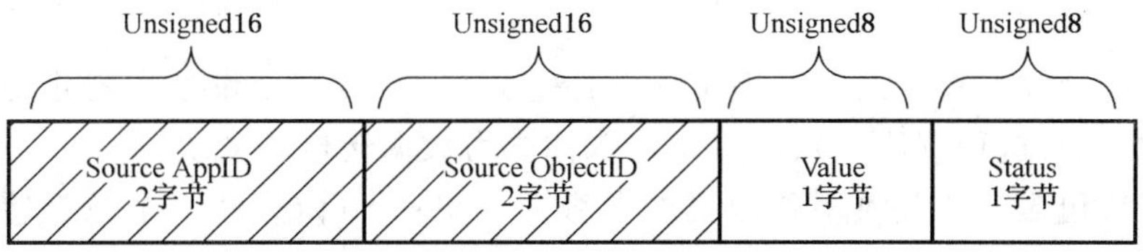

图 E.3 数字量数据在报文中的编码

——用于多路模块的模拟量数据串的编码

对于包含多路数据输入输出的模块，如远程 IO、无纸记录仪、运算控制器等，既可以采用上述第一种编码方法对每一路数据单独发送，也可以采用模拟量数据串的发送方式。模拟量数据串就是对多个模拟量数据的有序拼接。

这种串的接收方需要对多路数据进行分解，提取自身所需的模拟量数据。这个数据提取工作可以由一种数据转接功能块来处理，本附录将给出一种多路数据提取的方法，可作为数据转接功能块的模型。

模拟量数据串在信息分发报文中的编码如图 E.4 所示，报文中单个模拟量数据的编码与本部分的第一类型“模拟量数据”编码相同。

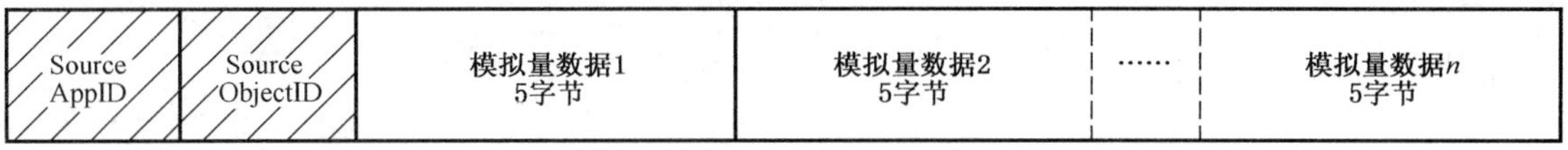

图 E.4 模拟量数据串在报文中的编码

——用于多路模块的数字量数据串的编码

多路数字量数据串的编码与模拟量数据串类似，是多个数字量数据的有序拼接。数字量数据串在信息分发报文中的编码如图 E.5 所示，其单个数字量数据的编码与本附录的第二类型“数字量数据”编码相同。

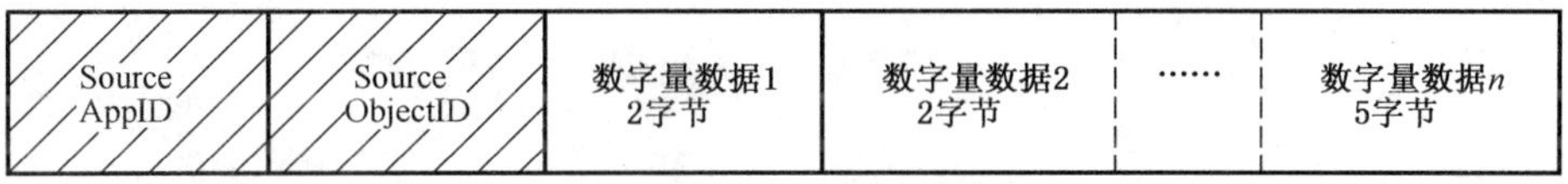

图 E.5 数字量数据串在报文中的编码

——自定义参数串的编码

对于除模拟量、数字量以外的扩展数据类型，包括非实时数据，也可以在信息分发报文中以串的形式发送。但整个数据串必须作为一个对象，在设备描述文件中以结构体的形式准确描述，以便于组态软件和其他设备解析数据串的内容。同样的，数据接收方也需要从数据串中提取自身所需的数据。

自定义参数串的编码如图 E.6 所示。

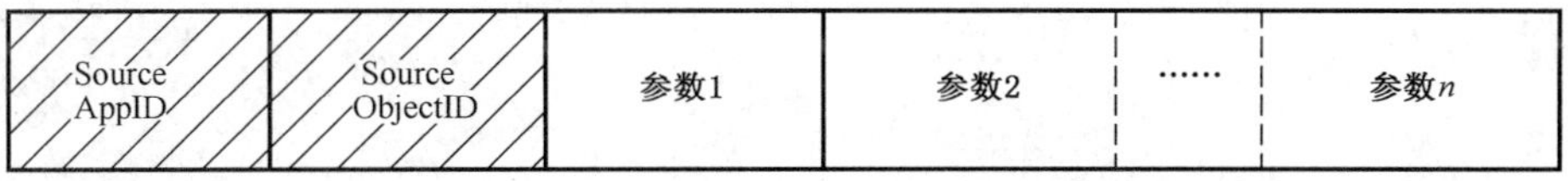

图 E.6 自定义参数串在报文中的编码

E.3 多路数据的提取与转接

本附录给出数据接收方从多路数据串中提取特定数据，并转交给设备内特定对象的方法。这种方法并不是强制性的，执行这种方法的软件单元可以称之为数据转接功能块。

数据转接功能块包含一个接收多路数据的参数对象(DataInput)和一个数据转接口列表。转接口列表如表 E.1 所示。

表 E.1 数据转接口列表

属于本设备的数据	本地对象的 AppID	本地对象的 ObjectID	对应数据在数据串中的偏移位置
第一个数据	Local AppID 1	Local ObjectID 1	offset 1
第二个数据	Local AppID 2	Local ObjectID 2	offset 2
……	……	……	……
第 N 个数据	Local AppID N	Local ObjectID N	offset N

组态时，数据发送方和 DataInput 参数之间建立链接关系，并对接收方下发数据转接口列表的内容。通信过程中，接收方由 DataInput 参数接收多路数据，根据转接口列表中的索引从接收的参数中取出数据，交给 Local AppID 和 Local ObjectID 指定的对象。

附　录　F
（资料性附录）
设备描述文件示例

本附录提供一个实际设备的设备描述文件，它符合附录C中的格式规范，可以作为设备描述文件开发的示例。该文件描述了一个带有AO功能块和执行器技术块的设备。

设备描述文件的全文内容：

```
〈XDDLDeviceDesc〉
    〈XDDLDocumentInfo〉
      〈XDDLDocCreateDate〉2009-02-24〈/XDDLDocCreateDate〉
      〈XDDLDocRevision〉1〈/XDDLDocRevision〉
    〈/XDDLDocumentInfo〉
    〈DeviceDescription〉
      〈DeviceIdentify〉
          〈ManufactureID〉SUPCON〈/ManufactureID〉
          〈DeviceType〉A0211〈/DeviceType〉
      〈/DeviceIdentify〉
      〈BlockDescription〉
          〈BLOCK TypeID = "0510" BlockType = "Transducer"〉
              〈BLOCK_INFO〉
                  〈Name〉DA_Transducer〈/Name〉
                  〈Help〉〈Help/〉
                  〈BlockTag〉DA001〈BlockTag/〉
                  〈XDDLID〉〈XDDLID/〉
                  〈XDDLRevision〉〈XDDLRevision/〉
                  〈Profile〉〈Profile/〉
                  〈ProfileRevision〉〈ProfileRevision/〉
                  〈ExecuteTime〉2〈ExecuteTime/〉
                  〈ExecuteTimeUnit〉ms〈ExecuteTimeUnit/〉
                  〈NumOfParameters〉3〈/NumOfParameters〉
                  〈FirstAppID〉1011〈/FirstAppID〉
                  〈NumOfFbInstance〉1〈/NumOfFbInstance〉
              〈/BLOCK_INFO〉
              〈BLOCKPARA〉
                  〈VARIABLE ParaType = "STRUCT_VARIABLE"〉
                      〈Name〉BlockInfo〈/Name〉
                      〈Label〉〈Label/〉
                      〈Help〉〈Help/〉
                      〈Class〉contained〈/Class〉
                      〈NumOfMembers〉3〈/NumOfMembers〉
                      〈Member ParaType = "SIMPLE_VARIABLE"〉
                      〈Name〉FB_ID〈/Name〉
```

```
        〈Label/〉
        〈Help/〉
        〈DataType〉Unsigned16〈/DataType〉
        〈Length〉2〈/Length〉
        〈Unit/〉
        〈DefaultValue/〉
        〈MinimumValue/〉
        〈MaximumValue/〉
        〈OperationMode〉READ〈/OperationMode〉
    〈/Member〉
    〈Member ParaType = "SIMPLE_VARIABLE"〉
        〈Name〉FB_Status〈/Name〉
        〈Label/〉
        〈Help/〉
        〈DataType〉Unsigned16〈/DataType〉
        〈Length〉2〈/Length〉
        〈Unit/〉
        〈DefaultValue/〉
        〈MinimumValue/〉
        〈MaximumValue/〉
        〈OperationMode〉READ_WRITE〈/OperationMode〉
    〈/Member〉
    〈Member ParaType = "SIMPLE_VARIABLE"〉
        〈Name〉FB_Tag〈/Name〉
        〈Label/〉
        〈Help/〉
        〈DataType〉OctetString〈/DataType〉
        〈Length〉32〈/Length〉
        〈Unit/〉
        〈DefaultValue/〉
        〈MinimumValue/〉
        〈Maximum Value/〉
        〈OperationMode〉READ_WRITE〈/OperationMode〉
    〈/Member〉
〈/VARIABLE〉
〈VARIABLE ParaType = "STRUCT_VARIABLE"〉
    〈Name〉TransducerValue〈/Name〉
    〈Label/〉
    〈Help/〉
    〈Class〉contained〈/Class〉
    〈NumOfMembers〉2〈/NumOfMembers〉
    〈Member ParaType = "SIMPLE_VARIABLE"〉
    〈Name〉value〈/Name〉
```

```
    〈Label/〉
    〈Help/〉
    〈DataType〉float〈/DataType〉
    〈Length〉4〈/Length〉
    〈Unit/〉
    〈DefaultValue/〉
    〈MinimumValue/〉
    〈MaximumValue/〉
    〈OperationMode〉READ〈/OperationMode〉
  〈/Member〉
  〈Member ParaType = "SIMPLE_VARIABLE"〉
    〈Name〉Status〈/Name〉
    〈Label/〉
    〈Help/〉
    〈DataType〉Unsigned8〈/DataType〉
    〈Length〉1〈/Length〉
    〈Unit/〉
    〈DefaultValue/〉
    〈MinimumValue/〉
    〈MaximumValue/〉
    〈OperationMode〉READ〈/OperationMode〉
  〈/Member〉
〈/VARIABLE〉〈VARIABLE ParaType = "STRUCT_VARIABLE"〉
  〈Name〉TransducerScale〈/Name〉
  〈Label/〉
  〈Help/〉
  〈Class〉contained〈/Class〉
  〈NumOfMembers〉3〈/NumOfMembers〉
  〈Member ParaType = "SIMPLE_VARIABLE"〉
    〈Name〉EUat100〈/Name〉
    〈Label/〉
    〈Help/〉
    〈DataType〉float〈/DataType〉
    〈Length〉4〈/Length〉
    〈Unit/〉
    〈DefaultValue/〉
    〈MinimumValue/〉
    〈MaximumValue/〉
    〈OperationMode〉READ 〈/OperationMode〉
  〈/Member〉
  〈Member ParaType = "SIMPLE_VARIABLE"〉
    〈Name〉EUat0〈/Name〉
    〈Label/〉
```

```
          〈Help/〉
          〈DataType〉float〈/DataType〉
          〈Length〉4〈/Length〉
          〈Unit/〉
          〈DefaultValue/〉
          〈MinimumValue/〉〈MaximumValue/〉
          〈OperationMode〉READ 〈/OperationMode〉
        〈/Member〉
        〈Member ParaType = "SIMPLE_VARIABLE"〉
          〈Name〉Unit〈/Name〉
          〈Label/〉
          〈Help/〉
          〈DataType〉Unsigned16〈/DataType〉
          〈Length〉2〈/Length〉
          〈Unit/〉
          〈DefaultValue/〉
          〈MinimumValue/〉
          〈MaximumValue/〉
          〈OperationMode〉READ 〈/OperationMode〉
        〈/Member〉
      〈/VARIABLE〉
    〈/BLOCKPARA〉
  〈/BLOCK〉
  〈BLOCK TypeID = "0210" BlockType = "AO"〉
      〈BLOCK_INFO〉
          〈Name〉AO〈/Name〉
          〈Help/〉
          〈BlockTag/〉
          〈XDDLID/〉
          〈XDDLRevision/〉
          〈Profile/〉
          〈ProfileRevision/〉
          〈ExecuteTime/〉
          〈ExecuteTimeUnit/〉
          〈NumOfParameters〉11〈/NumOfParameters〉
          〈FirstAppID〉141〈/FirstAppID〉
          〈NumOfFbInstance〉1〈/NumOfFbInstance〉
      〈/BLOCK_INFO〉
      〈BLOCKPARA〉
          〈VARIABLE ParaType = "STRUCT_VARIABLE"〉
            〈Name〉BlockInfo〈/Name〉
            〈Label/〉
            〈Help/〉
```

```
    〈Class〉contained〈/Class〉
    〈NumOfMembers〉3〈/NumOfMembers〉
    〈Member ParaType = "SIMPLE_VARIABLE"〉
      〈Name〉FB_ID〈/Name〉
      〈Label/〉
      〈Help/〉
      〈DataType〉Unsigned16〈/DataType〉
      〈Length〉2〈/Length〉
      〈Unit/〉
      〈DefaultValue/〉
      〈MinimumValue/〉
      〈MaximumValue/〉
      〈OperationMode〉READ 〈/OperationMode〉
〈/Member〉
〈Member ParaType = "SIMPLE_VARIABLE"〉
      〈Name〉FB_Status〈/Name〉
      〈Label/〉
      〈Help/〉
      〈DataType〉Unsigned16〈/DataType〉
      〈Length〉2〈/Length〉
      〈Unit/〉
      〈DefaultValue/〉
      〈MinimumValue/〉
      〈MaximumValue/〉
      〈OperationMode〉READ_WRITE〈/OperationMode〉
    〈/Member〉
    〈Member ParaType = "SIMPLE_VARIABLE"〉
      〈Name〉FB_Tag〈/Name〉
      〈Label/〉
      〈Help/〉
      〈DataType〉OctetString〈/DataType〉
      〈Length〉32〈/Length〉
      〈Unit/〉
      〈DefaultValue/〉
      〈MinimumValue/〉
      〈MaximumValue/〉
      〈OperationMode〉READ_WRITE〈/OperationMode〉
    〈/Member〉
〈/VARIABLE〉
〈VARIABLE ParaType = "STRUCT_VARIABLE"〉
  〈Name〉In〈/Name〉
  〈Label/〉
  〈Help/〉
```

```
        〈Class〉input〈/Class〉
        〈NumOfMembers〉2〈/NumOfMembers〉
        〈Member ParaType = "SIMPLE_VARIABLE"〉
            〈Name〉value〈/Name〉
            〈Label/〉
            〈Help/〉
            〈DataType〉Float〈/DataType〉
            〈Length〉4〈/Length〉
            〈Unit/〉
            〈DefaultValue/〉
            〈MinimumValue/〉
            〈MaximumValue/〉
            〈OperationMode〉READ_WRITE〈/OperationMode〉
        〈/Member〉
        〈Member ParaType = "SIMPLE_VARIABLE"〉
            〈Name〉status〈/Name〉
            〈Label/〉
            〈Help/〉
            〈DataType〉Unsigned8〈/DataType〉
            〈Length〉1〈/Length〉
            〈Unit/〉
            〈DefaultValue/〉
            〈MinimumValue/〉
            〈MaximumValue/〉
            〈OperationMode〉READ_WRITE〈/OperationMode〉
        〈/Member〉
    〈/VARIABLE〉
    〈VARIABLE ParaType = "STRUCT_VARIABLE"〉
        〈Name〉In_Scale〈/Name〉
        〈Label/〉
        〈Help/〉
        〈Class〉contained〈/Class〉
        〈NumOfMembers〉3〈/NumOfMembers〉
        〈Member ParaType = "SIMPLE_VARIABLE"〉
            〈Name〉EUat100〈/Name〉
            〈Label/〉
            〈Help/〉
            〈DataType〉Float〈/DataType〉
            〈Length〉4〈/Length〉
            〈Unit/〉
            〈DefaultValue/〉
            〈MinimumValue/〉
            〈MaximumValue/〉
```

```
        〈OperationMode〉READ_WRITE〈/OperationMode〉
    〈/Member〉
    〈Member ParaType = "SIMPLE_VARIABLE"〉
        〈Name〉EUat0〈/Name〉
        〈Label/〉
        〈Help/〉
        〈DataType〉Float〈/DataType〉
        〈Length〉4〈/Length〉
        〈Unit/〉
        〈DefaultValue/〉
        〈MinimumValue/〉
        〈MaximumValue/〉
        〈OperationMode〉READ_WRITE〈/OperationMode〉
    〈/Member〉
    〈Member ParaType = "SIMPLE_VARIABLE"〉
        〈Name〉Unit〈/Name〉
        〈Label/〉
        〈Help/〉
        〈DataType〉Unsigned16〈/DataType〉
        〈Length〉2〈/Length〉
        〈Unit/〉
        〈DefaultValue/〉
        〈MinimumValue/〉
        〈MaximumValue/〉
        〈OperationMode〉READ_WRITE〈/OperationMode〉
    〈/Member〉
〈/VARIABLE〉
〈VARIABLE ParaType = "STRUCT_VARIABLE"〉
    〈Name〉Out〈/Name〉
    〈Label/〉
    〈Help/〉
    〈Class〉contained〈/Class〉
    〈NumOfMembers〉2〈/NumOfMembers〉
    〈Member ParaType = "SIMPLE_VARIABLE"〉
        〈Name〉value〈/Name〉
        〈Label/〉
        〈Help/〉
        〈DataType〉float〈/DataType〉
        〈Length〉4〈/Length〉
        〈Unit/〉
        〈DefaultValue/〉
        〈MinimumValue/〉
        〈MaximumValue/〉
```

```
                <OperationMode>READ </OperationMode>
            </Member>
            <Member ParaType = "SIMPLE_VARIABLE">
                <Name>status</Name>
                <Label/>
                <Help/>
                <DataType>Unsigned8</DataType>
                <Length>1</Length>
                <Unit/>
                <DefaultValue/>
                <MinimumValue/>
                <MaximumValue/>
                <OperationMode>READ</OperationMode>
            </Member>
        </VARIABLE>
        <VARIABLE ParaType = "STRUCT_VARIABLE">
            <Name>Out_Scale</Name>
            <Label/>
            <Help/>
            <Class>contained</Class>
            <NumOfMembers>3</NumOfMembers>
            <Member ParaType = "SIMPLE_VARIABLE">
                <Name>EUat100</Name>
                <Label/>
                <Help/>
                <DataType>float</DataType>
                <Length>4</Length>
                <Unit/>
                <DefaultValue/>
                <MinimumValue/>
                <MaximumValue/>
                <OperationMode>READ_WRITE</OperationMode>
            </Member>
            <Member ParaType = "SIMPLE_VARIABLE">
                <Name>EUat0</Name>
                <Label/>
                <Help/>
                <DataType>float</DataType>
                <Length>4</Length>
                <Unit/>
                <DefaultValue/>
                <MinimumValue/>
                <MaximumValue/>
```

```
        〈OperationMode〉READ_WRITE〈/OperationMode〉
    〈/Member〉
    〈Member ParaType = "SIMPLE_VARIABLE"〉
        〈Name〉unit〈/Name〉
        〈Label/〉
        〈Help/〉
        〈DataType〉unsigned16〈/DataType〉
        〈Length〉1〈/Length〉
        〈Unit/〉
            〈DefaultValue/〉
        〈MinimumValue/〉
        〈MaximumValue/〉
        〈OperationMode〉READ_WRITE〈/OperationMode〉
    〈/Member〉
〈/VARIABLE〉
〈VARIABLE ParaType = "SIMPLE_VARIABLE"〉
  〈Name〉HI_Limit〈/Name〉
  〈Label/〉
  〈Help/〉
  〈Class〉contained〈/Class〉
  〈DataType〉Float〈/DataType〉
  〈Length〉4〈/Length〉
  〈Unit/〉
  〈DefaultValue/〉
  〈MinimumValue/〉
  〈MaximumValue/〉
  〈OperationMode〉READ_WRITE〈/OperationMode〉
〈/VARIABLE〉
〈VARIABLE ParaType = "SIMPLE_VARIABLE"〉
  〈Name〉LO_Limit〈/Name〉
  〈Label/〉
  〈Help/〉
  〈Class〉contained〈/Class〉
  〈DataType〉Float〈/DataType〉
  〈Length〉4〈/Length〉
  〈Unit/〉
  〈DefaultValue/〉
  〈MinimumValue/〉
  〈MaximumValue/〉
  〈OperationMode〉READ_WRITE〈/OperationMode〉
〈/VARIABLE〉
〈VARIABLE ParaType = "STRUCT_VARIABLE"〉
  〈Name〉FS_Value〈/Name〉
```

```
      <Label/>
      <Help/>
      <Class>contained</Class>
      <NumOfMembers>2</NumOfMembers>
      <Member ParaType = "SIMPLE_VARIABLE">
        <Name>value</Name>
        <Label/>
        <Help/>
        <DataType>float</DataType>
        <Length>4</Length>
        <Unit/>
        <DefaultValue/>
        <MinimumValue/>
        <MaximumValue/>
        <OperationMode>READ_WRITE</OperationMode>
      </Member>
    <Member ParaType = "SIMPLE_VARIABLE">
        <Name>status</Name>
        <Label/>
        <Help/>
        <DataType>unsigned8</DataType>
        <Length>1</Length>
        <Unit/>
        <DefaultValue/>
        <MinimumValue/>
        <MaximumValue/>
        <OperationMode>READ_WRITE</OperationMode>
      </Member>
  </VARIABLE>
  <VARIABLE ParaType = "SIMPLE_VARIABLE">
      <Name>FS_Enable</Name>
      <Label/>
      <Help/>
      <Class>contained</Class>
      <DataType>unsigned16</DataType>
      <Length>2</Length>
      <Unit/>
      <DefaultValue/>
      <MinimumValue/>
      <MaximumValue/>
      <OperationMode>READ_WRITE</OperationMode>
  </VARIABLE>
  <VARIABLE ParaType = "SIMPLE_VARIABLE">
```

```
            〈Name〉Channel〈/Name〉
            〈Label/〉
            〈Help/〉
            〈Class〉contained〈/Class〉
            〈DataType〉unsigned16〈/DataType〉
            〈Length〉2〈/Length〉
            〈Unit/〉
            〈DefaultValue/〉
            〈MinimumValue/〉
            〈MaximumValue/〉
            〈OperationMode〉READ_WRITE〈/OperationMode〉
        〈/VARIABLE〉
        〈VARIABLE ParaType = "SIMPLE_VARIABLE"〉
            〈Name〉ReadBack〈/Name〉
            〈Label/〉
            〈Help/〉
            〈Class〉contained〈/Class〉
            〈DataType〉Float〈/DataType〉
            〈Length〉4〈/Length〉
            〈Unit/〉
            〈DefaultValue/〉
            〈MinimumValue/〉
            〈MaximumValue/〉
            〈OperationMode〉READ 〈/OperationMode〉
        〈/VARIABLE〉
      〈/BLOCKPARA〉
    〈/BLOCK〉
  〈/BlockDescription〉
 〈/DeviceDescription〉
〈/XDDLDeviceDesc〉
```

ICS 17.060
N 61

中华人民共和国国家标准

GB/T 26797—2011

E_1、E_2、F_1、F_2、M_1、M_{1-2}、M_2、M_{2-3}、M_3 等级砝码

Weights of classes E_1、E_2、F_1、F_2、M_1、M_{1-2}、M_2、M_{2-3} and M_3

（OIML R111-1:2004,NEQ）

2011-07-29 发布　　2011-12-01 实施

中华人民共和国国家质量监督检验检疫总局
中国国家标准化管理委员会 发布

前言

本标准按照 GB/T 1.1—2009 给出的规则起草。

本标准使用重新起草法参考 OIML R111-1:2004《E_1、E_2、F_1、F_2、M_1、M_{1-2}、M_2、M_{2-3}、M_3 等级砝码》(英文版)编制，与 OIML R111-1:2004 的一致性程度为非等效。

本标准与 OIML R111-1:2004 的主要差别如下：

——删除了 OIML R111-1:2004 的前言；

——改写了第 1 章“范围”；

——改写了第 2 章“术语”；

——删除了 OIML R111-1:2004 的第 3 章“符号表”；

——改写了 OIML R111-1:2004 的第 4 章“砝码的单位和标称值”；

——改写了 OIML R111-1:2004 的第 5 章“折算质量”描述方式，与检定规程 JJG 99—2006 砝码一致；

——改写了 OIML R111-1:2004 的第 13 章“标记”，为 6.9“标记”；

——改写了 OIML R111-1:2004 的第 14 章“存放”；

——删除了 OIML R111-1:2004 的第 15 章和第 16 章“计量控制”；

——将 OIML R111-1:2004 的附录 B“砝码测试步骤”改编成本标准的第 7 章“试验方法”、附录 B“计量性能试验方法”、附录 C“磁性试验方法”和附录 D“密度(体积)试验方法”；

——附录 A 对 F_2 等级及 M 等级圆柱体砝码的调整腔的位置作了补充；

——增加了规范性引用文件一章；

——增加了分类和命名一章；

——增加了 6.10“稳定性”要求；

——增加了 7.4.9“稳定性试验”；

——增加了第 8 章“检验规则”；

——增加了第 9 章“标志、包装、运输和贮存。

本标准在附录 B 中给出了试验结果的计算方法。此附录由 OIML R111-1:2004 的附录 B、附录 C 和附录 D 的内容汇总改编而成。

请注意本标准的某些内容可能涉及专利。本标准的发布机构不承担识别这些专利的责任。

本标准由中国机械工业联合会提出并归口。

本标准主要起草单位：沈阳计量研究所、上海精密科学仪器有限公司、辽宁省计量科学研究院、机械工业仪器仪表综合技术经济研究所、中国仪器仪表行业协会实验室仪器分会、常州市富月砝码有限公司、山东蓬莱市计量仪器元件厂、蓬莱市水玲砝码厂、上海市计量测试技术研究院。

本标准参加起草单位：长沙湘平科技发展有限公司、沈阳龙腾电子有限公司、长沙湘仪天平仪器设备有限公司、湖南省计量检测研究院、上海良平仪器仪表有限公司、上海菁海仪器有限公司、赛多利斯科学仪器(北京)有限公司、上海民桥精密科学仪器有限公司、上海舜宇恒平科学仪器有限公司。

本标准主要起草人：杨秀英、董莉、金丽辉、王家龙、忻秀月、董阳、于水玲、付大民、戴芳、朱俊、熊一凡、张志、周凌嵘、钟小军、冯晓升、梁辉、张柏荣、王兵、归剑刚、吴群、周锦标、邓爱群。

E_1、E_2、F_1、F_2、M_1、M_{1-2}、M_2、M_{2-3}、M_3 等级砝码

1 范围

本标准规定了砝码的分类、要求、试验方法、检验规则、标志、包装、运输和贮存。

本标准适用于质量标称值为 1 mg～5 000 kg，准确度等级为 E_1 等级、E_2 等级、F_1 等级、F_2 等级、M_1 等级、M_{1-2} 等级、M_2 等级、M_{2-3} 等级、M_3 等级的砝码。

2 规范性引用文件

下列文件对于本文件的应用是必不可少的。凡是注日期的引用文件，仅注日期的版本适用于本文件。凡是不注日期的引用文件，其最新版本(包括所有的修改单)适用于本文件。

GB/T 191—2008 包装储运图示标志(ISO 780:1997,MOD)

JJG 99—2006 砝码

3 术语和定义

下列术语和定义适用于本文件。

3.1

砝码 weight

具有形状、尺寸、材料、表面状况、标称值、密度、磁性和最大允许误差等物理特性和计量特性的质量实物量具。

注：对于一个砝码，它可以单独复现某一固定的质量值。对于砝码组，它不仅可以单独单个使用，也可将不同的单个砝码组合在一起使用，用以复现若干个大小不同的一组质量值。

3.2

折算质量 conventional mass

折算质量值 the conventional value of mass

一物体在约定温度和约定密度的空气中，与一约定密度的标准器达到平衡时标准器的质量。

注：约定温度为 20 ℃，约定的空气密度为 1.2 kg/m^3，标准器的约定密度为 8 000 kg/m^3。折算质量值 m_c 与真空中质量值 m 的关系见式(1)。

$$m_c = m + (V_c - V)\rho_0 = \frac{(1 - \frac{\rho_0}{\rho})}{0.999\ 85} m \qquad \cdots\cdots(1)$$

式中：

ρ ——砝码密度；

ρ_0 ——空气密度；

m ——砝码真空中质量值；

m_c ——砝码折算质量值；

V ——砝码真空中体积；

V_c ——砝码的约定体积。

4 分类和命名

4.1 砝码根据准确度等级划分为 E_1 等级、E_2 等级、F_1 等级、F_2 等级、M_1 等级、M_{1-2} 等级、M_2 等级、M_{2-3} 等级、M_3 等级和专用砝码。

4.2 E_1 等级砝码(原工作基准等级砝码):溯源于国家基准、副基准,用于量传 E_2 等级砝码、量传相应的质量计量仪器,和与相应的质量计量仪器配套使用。

4.3 E_2 等级砝码:用于量传 F_1 等级及其以下的砝码,用于量传相应的质量计量仪器,和与相应的质量计量仪器配套使用。

4.4 F_1 等级砝码:用于量传 F_2 等级及其以下的砝码,用于量传相应的质量计量仪器,和与相应的质量计量仪器配套使用。

4.5 F_2 等级砝码:用于量传 M_1 等级及其以下的砝码,用于量传相应的质量计量仪器,和与相应的质量计量仪器配套使用。

4.6 M_1 等级砝码:用于量传 M_2 等级及其以下的砝码,用于量传相应的质量计量仪器,和与相应的质量计量仪器配套使用。

4.7 M_2 等级砝码:用于量传 M_3 等级砝码,用于量传相应的质量计量仪器,和与相应的质量计量仪器配套使用。

4.8 M_3 等级砝码:用于量传相应的质量计量仪器,和与相应的质量计量仪器配套使用。

4.9 M_{1-2} 等级和 M_{2-3} 等级砝码:用于量传相应的质量计量仪器,和与相应的质量计量仪器配套使用。

4.10 专用砝码:与专用仪器设备配套使用的,由质量单位导出的其他量值单位的砝码。

5 计量单位

5.1 使用单位

5.1.1 质量单位:毫克(mg)、克(g)、千克(kg)、吨(t)。

5.1.2 密度单位:千克每立方米(kg/m^3)、克每立方厘米(g/cm^3)、毫克每立方厘米(mg/cm^3)。

5.2 砝码或砝码组的质量标称值

砝码或砝码组的质量标称值应等于 1×10^n kg,或 2×10^n kg,或 5×10^n kg,其中"n"表示一个正的或负的整数或零。

5.3 砝码序列

5.3.1 砝码组的序列应由下列之一构成:

a) $(1;1;1;2;5)\times10^n$ kg;

b) $(1;1;2;2;5)\times10^n$ kg;

c) $(1;1;2;5)\times10^n$ kg;

d) $(1;2;2;5)\times10^n$ kg(优先使用)。

5.3.2 一组砝码可以包括多个标称值相同的砝码。

6 要求

6.1 计量性能

6.1.1 最大允许误差

6.1.1.1 相应准确度等级砝码的最大允许误差(MPE)见表1。

表 1

单位为毫克

标称值	E_1	E_2	F_1	F_2	M_1	M_{1-2}	M_2	M_{2-3}	M_3
5 000 kg			25 000	80 000	250 000	500 000	800 000	1 600 000	2 500 000
2 000 kg			10 000	30 000	100 000	200 000	300 000	600 000	1 000 000
1 000 kg		1 600	5 000	16 000	50 000	100 000	160 000	300 000	500 000
500 kg		800	2 500	8 000	25 000	50 000	80 000	160 000	250 000
200 kg		300	1 000	3 000	10 000	20 000	30 000	60 000	100 000
100 kg		160	500	1 600	5 000	10 000	16 000	30 000	50 000
50 kg	25	80	250	800	2 500	5 000	8 000	16 000	25 000
20 kg	10	30	100	300	1 000		3 000		10 000
10 kg	5.0	16	50	160	500		1 600		5 000
5 kg	2.5	8.0	25	80	250		800		2 500
2 kg	1.0	3.0	10	30	100		300		1 000
1 kg	0.5	1.6	5.0	16	50		160		500
500 g	0.25	0.8	2.5	8.0	25		80		250
200 g	0.10	0.3	1.0	3.0	10		30		100
100 g	0.05	0.16	0.5	1.6	5.0		16		50
50 g	0.03	0.10	0.3	1.0	3.0		10		30
20 g	0.025	0.08	0.25	0.8	2.5		8.0		25
10 g	0.020	0.06	0.20	0.6	2.0		6.0		20
5 g	0.016	0.05	0.16	0.5	1.6		5.0		16
2 g	0.012	0.04	0.12	0.4	1.2		4.0		12
1 g	0.010	0.03	0.10	0.3	1.0		3.0		10
500 mg	0.008	0.025	0.08	0.25	0.8		2.5		
200 mg	0.006	0.020	0.06	0.20	0.6		2.0		
100 mg	0.005	0.016	0.05	0.16	0.5		1.6		
50 mg	0.004	0.012	0.04	0.12	0.4				
20 mg	0.003	0.010	0.03	0.10	0.3				
10 mg	0.003	0.008	0.025	0.08	0.25				
5 mg	0.003	0.006	0.020	0.06	0.20				
2 mg	0.003	0.006	0.020	0.06	0.20				
1 mg	0.003	0.006	0.020	0.06	0.20				

6.1.1.2 对于专用砝码，可根据其技术资料规定的相对误差和绝对误差要求，与表1中相应的准确度等级相对应。若其质量标称值在表1中没有，可用表1中已有的质量标称值累计得到；其质量最大允许误差的绝对值亦为对应的最大允许误差绝对值之和。

6.1.2 折算质量 m_c

6.1.2.1 在规定的准确度等级（E_1 等级砝码除外）内，任何一个质量标称值为 m_0 的单个砝码，出厂检验时折算质量 m_c 与砝码标称值 m_0 之间应符合式(2)。

$$m_0 - \frac{1}{3}|MPE| \leqslant m_c \leqslant m_0 + \frac{2}{3}|MPE| \quad \cdots\cdots\cdots\cdots(2)$$

6.1.2.2 对于新生产增砣（含标准增砣），除符合上述关系外，其折算质量还应符合：$m_c - m_0 \geqslant 0$。

6.1.2.3 对于 E_1 等级砝码，其折算质量值 m_c 与标称值 m_0 的差的绝对值不应超过最大允许误差值的绝对值。

6.2 形状

6.2.1 总则

6.2.1.1 为了方便生产，砝码应具有简单的几何形状。砝码的边和角应修圆，表面不应有锐边、锐角和明显的砂眼，以防磨损和积灰。

6.2.1.2 除了1 g或小于1 g的砝码，砝码组中的砝码应具有相同的形状。

6.2.2 小于或等于1 g的砝码

6.2.2.1 小于或等于1 g的砝码应为有适当形状的多边形片状或丝状砝码，易于夹取。在标称值的一个序列中，不应插入与本序列形状不同的其他形状。

6.2.2.2 小于或等于1 g的砝码应符合表2的规定。

表 2

<table>
<tr><th>标称值
mg</th><th>多边形片状</th><th>线形</th></tr>
<tr><td>5、50、500</td><td>五边形</td><td rowspan="3">五边形 5 段
正方形、长方形 或 2 段
三角形 1 段</td></tr>
<tr><td>2、20、200</td><td>正方形、长方形</td></tr>
<tr><td>1、10、100、1 000</td><td>三角形</td></tr>
</table>

6.2.3 1 g～50 kg的砝码

6.2.3.1 1 g砝码当与其倍量砝码放置，或单独放置时，可以是1 g砝码倍量的形状；当与其分量砝码放置时，可以是1 g砝码分量的形状。

6.2.3.2 1 g～50 kg标称值的砝码的外形尺寸见图A.1和表A.1。

6.2.3.3 砝码可为直圆柱体或圆锥台体，见图A.1。砝码体（不含提钮）的高度应约等于直径的平均值，在平均直径的3/4和5/4之间。

6.2.3.4 砝码如带有提钮，其高度在砝码的平均直径和半径之间。

6.2.3.5 5 kg～50 kg砝码也可以采用适于抓取的不同形状，如：轴、钩、环、或其他形状。

6.2.3.6 5 kg～50 kg的 M_1 等级、M_2 等级、M_3 等级砝码可以是有圆形边角和坚固提钮的倒置正六棱台或平行六面体结构。M_1 等级、M_2 等级、M_3 等级砝码可参照附录A的图A.2、图A.3，尺寸的公差实例见附录 A 的表 A.2、表 A.3。

6.2.3.7 砝码形状也可视需要为扁圆柱体(如增砣砝码)、圆盘,可以沿圆心或半径开上下贯通的孔或槽,以便取放。

6.2.4 大于 50 kg 的砝码

6.2.4.1 大于 50 kg 的砝码可以是圆柱形、矩形或其他合适的形状。

6.2.4.2 大于 50 kg 的砝码可以采用适于抓取的不同形状,如:轴、钩、环或其他形状。

6.2.4.3 如果 M_1 等级、M_2 等级、M_3 等级或 M_{1-2} 等级、M_{2-3} 等级砝码在平坦的地面(或轨道)使用,可以配备限制范围的滑轨或沟槽使用。

6.2.5 其他砝码的形状

专用砝码可做成与仪器结构或使用条件相适应的其他相应的形状。

6.3 结构

6.3.1 E_1 等级、E_2 等级、F_1 等级砝码

6.3.1.1 1 mg～50 kg 的砝码

砝码应为实心整体结构,由整块材料构成,不带调整腔。

6.3.1.2 大于 50 kg 的砝码

大于 50 kg 的砝码应符合下列条件:

a) E_2 等级、F_1 等级砝码可以有一个调整腔。砝码调整腔的体积:E_2 等级不应超过砝码总体积的 1/1 000,F_1 等级不应超过砝码总体积的 1/20。出厂时砝码调整腔总体积至少 1/2 应为空的。

b) 砝码调整腔应密封,防水、防尘。带有螺纹的螺栓、提钮或类似的部件可以封闭调整腔,其材料应与砝码材料相同,其表面状况应符合 E_2 等级、F_1 等级砝码要求。

6.3.2 F_2 等级砝码

6.3.2.1 1 g～50 kg 的砝码

砝码可以有调整腔,调整腔应用提钮或其他的方式密封。砝码调整腔的体积不应超过砝码总体积的 1/4。出厂时砝码调整腔总体积至少 1/2 应为空的。

6.3.2.2 大于 50 kg 的砝码

大于 50 kg 的砝码应符合下列条件:

a) 砝码可用多种材料构成,砝码制造时多块材料之间需防水或防尘焊接封闭。

b) 砝码可以有一个调整腔,调整腔的体积不应超过总体的 1/20。出厂时砝码调整腔总体积至少 1/2 应为空的。

c) 调整腔应密封,防水、防尘。带有螺纹的螺栓、提钮或类似的部件可以封闭调整腔。

6.3.3 M_1 等级、M_{1-2} 等级、M_2 等级、M_{2-3} 等级、M_3 等级砝码

6.3.3.1 1 g～50 kg 的砝码

6.3.3.1.1 1 g～50 g 的砝码可以没有调整腔。

6.3.3.1.2 100 g～50 kg 的砝码应有调整腔。调整腔应有可靠的腔盖,避免外界物质进入。允许将调

整腔打开加入调整物。调整腔的体积不应大于砝码总体积的1/4。出厂时砝码调整腔总体积至少1/3应为空的。

6.3.3.1.3 1 g～50 kg的圆柱形砝码，调整腔与砝码的垂直轴线同轴，并加宽入口直径。调整腔的设计应考虑密封和易于开启，进行调整。

6.3.3.1.4 5 kg～50 kg的平行六面体砝码应符合下列条件：

a) 调整腔可以在管形提钮内，如果提钮是实心的应在砝码正上方，开口在砝码侧面或上表面（见附录A的A.2）。
b) 调整腔在管形提钮内（见附录A的A.2.1）的砝码，调整腔可以用螺纹塞子或带有中央提钮的盘盖封闭。塞子和盘盖可以由铜合金或其他适当的金属材料制成，应由铅塞（或其他材料）塞入内部的螺孔或条形管中封闭。
c) 调整腔是在砝码上方浇铸的，开口在砝码侧面或上表面（见附录A的A.2.3），调整腔应由软钢或其他适当的材料制成的盘关闭，应由铅塞（或其他材料）导入锥形孔中封闭。

6.3.3.2 大于50 kg的砝码

6.3.3.2.1 砝码不应有任何导致积灰的腔体。

6.3.3.2.2 砝码可有一个或多个调整腔，所有调整腔的总体积不应超过砝码总体积1/10。腔体应密封、防水、防尘。调整腔可以用带螺纹的塞子或提钮密封。

6.4 材料

6.4.1 总则

砝码通常应采用单一金属或合金制造，砝码应为耐腐蚀的。材料性能应保证砝码在正常使用条件下或为了某种目的使用砝码时，砝码质量值的改变与该准确度等级的最大允许误差比较应该小到可以忽略不计。

6.4.2 E_1等级、E_2等级砝码

大于或等于1 g的砝码，其材料硬度和表面的抗腐蚀性应优于或类似于奥氏体不锈钢。

6.4.3 F_1等级、F_2等级砝码

6.4.3.1 大于或等于1 g的F_1等级、F_2等级砝码的表面，应选用适当的金属铸造或者具有适当的金属镀层，其硬度和脆度应优于拉制黄铜。

6.4.3.2 对于等于或大于1 g的砝码，用于生产F_1等级、F_2等级砝码材料的硬度和脆度应达到铜合金的要求。

6.4.3.3 大于50 kg的砝码，用于生产F_1等级、F_2等级砝码体或外表面的材料的硬度和脆度应达到不锈钢的要求。

6.4.4 小于或等于50 kg的M_1等级、M_2等级、M_3等级砝码

6.4.4.1 用于生产小于1 g的砝码材料应用抗腐蚀和抗氧化的金属材料制造。

6.4.4.2 1 g～50 kg的圆柱体砝码应用铜合金，或硬度和抗腐蚀性与铜合金相类似的金属制造。灰口铁不应用于制造200 g以下的砝码。

6.4.4.3 500 g～50 kg矩形六面体砝码应用抗腐蚀性至少等于灰口铸铁的材料制造。它的脆度不应超过灰口铸铁。

6.4.4.4 矩形砝码的提钮应用无缝钢管制造或与砝码一体的铸铁铸造。

6.4.4.5 戥秤的秤砣应由铸黄铜制造。

6.4.5 大于 50 kg 的 M_1 等级、M_{1-2} 等级、M_2 等级、M_{2-3} 等级、M_3 等级砝码

6.4.5.1 砝码应由一块或多块材料制造,材料的抗腐蚀性要等于或优于灰口铁。

6.4.5.2 在正常使用的条件下,材料的硬度和强度应能承受加载的冲击。

6.5 磁性

6.5.1 磁化强度的极限

砝码的磁性 M 通过磁化强度 $\mu_0 M$ 表示,不得超过表 3 的规定。

表 3

砝码等级	E_1	E_2	F_1	F_2	M_1	M_{1-2}	M_2	M_{2-3}	M_3
最大磁化强度 $\mu_0 M/\mu T$	2.5	8	25	80	250	500	800	1 600	2 500

6.5.2 磁化率的极限

砝码最大磁化率 χ 不得超过表 4 的规定。

表 4

标称值 g	等级			
	E_1	E_2	F_1	F_2
$m \leqslant 1$	0.25	0.9	10	—
$2 \leqslant m \leqslant 10$	0.06	0.18	0.7	4
$20 \leqslant m$	0.02	0.07	0.2	0.8

注:如果测量砝码磁化强度和磁化率的所有数值小于这些极限值,则可以认为由于砝码磁性所引起的不确定度分量可忽略不计。表 4 和表 5 中给出的磁化强度和磁化率的最大值是这样来的:天平称量盘处所存在的磁场和磁场梯度所引起的被测砝码的折算质量值的改变不应超过其最大允许误差的 1/10。

6.6 密度

6.6.1 总则

砝码的材料密度应满足空气密度(1.2 kg/m³)的变化量在 10% 的情况下所引起的误差不应超过表 1 中给出的最大允许误差的 1/4。密度的最小和最大极限值(ρ_{min},ρ_{max})应符合表 5 的规定。

注 1:这是有关砝码密度的规则。令 $|MPE/m_0|$ 为砝码最大允许相对误差值,砝码密度 ρ 应满足式(3)或式(4)。

如果 $|MPE/m_0| < 6\times10^{-5}$,
$$8\ 000\ \text{kg/m}^3 \times \frac{1}{1+10^5\left(\frac{|MPE/m_0|}{6}\right)} \leqslant \rho \leqslant 8\ 000\ \text{kg/m}^3 \times \frac{1}{1-10^5\left(\frac{|MPE/m_0|}{6}\right)} \quad \cdots\cdots(3)$$

如果 $|MPE/m_0| \geqslant 6\times10^{-5}$,
$$8\ 000\ \text{kg/m}^3 \times \frac{1}{1+10^5\left(\frac{|MPE/m_0|}{6}\right)} \leqslant \rho \quad \cdots\cdots(4)$$

注 2:除表 5 要求外,对于标准砝码或大标称值的砝码,其密度要求相对独立,理想的密度值为 8 000 kg/m³。

表 5

标称值	ρ_{min}，ρ_{max} 10^3 kg/m^3							
	E_1	E_2	F_1	F_2	M_1	M_{1-2}	M_2	M_{2-3}
≥100 g	7.934,8.067	7.81,8.21	7.39,8.73	6.4,10.7	≥4.4	>3.0	≥2.3	≥1.5
50 g	7.92,8.08	7.74,8.28	7.27,8.89	6.0,12.0	≥4.0			
20 g	7.84,8.17	7.50,8.57	6.6,10.1	4.8,24.0	≥2.6			
10 g	7.74,8.28	7.27,8.89	6.0,12.0	≥4.0	≥2.0			
5 g	7.62,8.42	6.9,9.6	5.3,16.0	≥3.0				
2 g	7.27,8.89	6.0,12.0	≥4.0	≥2.0				
1 g	6.9,9.6	5.3,16.0	≥3.0					
500 mg	6.3,10.9	≥4.4	≥2.2					
200 mg	5.3,16.0	≥3.0						
100 mg	≥4.4							
50 mg	≥3.4							
20 mg	≥2.3							
注：对 M_3 等级砝码不要求。								

6.6.2 空气密度偏移量的修正

如果空气密度相对于 $\rho_0=1.2$ kg/m^3 的偏移量超过 10%，砝码密度 t 偏离折算值 8 000 kg/m^3，折算质量可按式(5)、式(6)进行修正，如果 $m_0|C|$ 小于该砝码最大允许误差的九分之一，可不进行空气浮力修正。

$$m_{ct}=m_{cr}+m_{cr}C\pm\Delta I\times\frac{m_{cs}}{\Delta I_s}\pm m_{cw}=m_{cr}+(V_t-V_r)\times(\rho_a-\rho_0)\pm\Delta I\times\frac{m_{cs}}{\Delta I_s}\pm m_{cw}\quad\cdots\cdots(5)$$

$$\text{其中}:C=(\rho_a-\rho_0)\left(\frac{1}{\rho_t}-\frac{1}{\rho_r}\right)\quad\cdots\cdots(6)$$

式中：

m_{ct} ——被测砝码折算质量；

m_{cr} ——标准砝码折算质量；

ΔI ——天平的指示差；

ΔI_s ——由于灵敏度砝码引起的天平示值的改变；

m_{cs} ——灵敏度砝码折算质量；

m_{cw} ——为取得天平平衡位置所添加小砝码的折算质量；

ρ_0 ——约定空气密度；

ρ_a ——实际空气密度；

ρ_t ——被测砝码密度；

ρ_r ——标准砝码密度。

6.7 表面

6.7.1 总则

6.7.1.1 砝码的表面状况应保证在正常使用条件下，砝码质量的变化相对于最大允许误差而言可以忽略不计。

6.7.1.2 砝码的表面(包括底面和边角)应平滑，所有棱边和棱角应修圆。

6.7.1.3 对于有镀层或涂层的砝码，其镀层或涂层应能起到提高砝码表面品质的作用；在通常情况下，应能承受正常的冲击、磨损、污染、腐蚀和大气环境等影响，应有足够的牢固度。

6.7.2 E_1 等级、E_2 等级、F_1 等级和 F_2 等级砝码

6.7.2.1 砝码的表面应有光泽，不应有划痕。

6.7.2.2 大于或等于 1 g 的 F_2 等级砝码，其表面可具有适当的金属镀层或涂层。

6.7.3 M_1 等级、$M_{1\text{-}2}$ 等级、M_2 等级、$M_{2\text{-}3}$ 等级、M_3 等级砝码

6.7.3.1 对于大于或等于 1 g 的砝码表面应有适当的金属镀层或涂层。砝码表面的镀层或涂层应平滑，不应有砂眼。

6.7.3.2 毫克组砝码及中药戥秤的黄铜秤砣不应有镀层。

6.7.4 砝码表面粗糙度

砝码表面粗糙度的最大值应不超过表 6 的规定。

表 6

砝码等级	E_1	E_2	F_1	F_2
$Rz/\mu m$	0.5	1	2	5
$Ra/\mu m$	0.1	0.2	0.4	1
注：对于大于 50 kg 砝码表面粗糙度最大值分别为各等级砝码规定的两倍。				

6.8 调整

6.8.1 给定标称值的砝码

给定标称值的砝码应这样调整：在空气中测量结果的折算质量值应符合 6.1.2。

6.8.2 E_1 等级、E_2 等级砝码

砝码应采用打磨、研磨或适当的方法调整，调整后应符合 6.7 的规定。

6.8.3 F_1 等级、F_2 等级砝码

砝码应采用打磨、研磨或适当的方法调整，不应改变表面状况。带有调整腔的砝码应用生产砝码的同种材料，或锡、钼、钨调整。

6.8.4 1 g 及其以上的 M_1 等级、$M_{1\text{-}2}$ 等级、M_2 等级、$M_{2\text{-}3}$ 等级、M_3 等级砝码

6.8.4.1 100 g 及其以上的砝码应用如铅片等金属材料调整。

6.8.4.2 1 g～50 g 的没有调整腔的圆柱体砝码应用打磨、研磨、切削等方法进行调整。如果这些砝码有调整腔，砝码应用如铅片等金属材料调整。

6.8.4.3 1 mg～1 000 mg 的薄片和丝状砝码应用剪切、打磨或研磨来调整。

6.8.4.4 用于调整的材料应为可以保持其质量和结构的任何固体材料。调整材料在砝码体内不应对其质量和形状有任何改变。

6.9 标记

6.9.1 总则

6.9.1.1 标记的一般规定

6.9.1.1.1 如果砝码的表面状况和稳定性不受标记和标记过程的影响，在可能造成砝码混用或砝码作为贸易结算的计量器具而使用时，砝码体上应清晰的标记其质量标称值。其他情况下按制造单位的规定执行。

6.9.1.1.2 在标记过程中砝码的表面状况和稳定性不受影响的条件下，对于准确度等级在 F_2 等级以上的砝码，如在使用中有可能导致错误使用砝码时，100 mg 及其以上的砝码可采用研磨或雕刻的方式，清晰地标记其砝码器号和该砝码的准确度等级。对于 F_2 等级、M_1 等级、M_{1-2} 等级、M_2 等级、M_{2-3} 等级、M_3 等级砝码按制造单位的规定执行。

6.9.1.1.3 各准确度等级线状毫克组砝码、50 mg 及其以下的各准确度等级片状砝码、链码以及仪器中作为其零部件配套使用的砝码可不标记质量标称值、砝码器号及准确度等级。

6.9.1.2 砝码质量标称值的数字表示

6.9.1.2.1 1 kg～1 000 kg(不含 1 000 kg)的砝码，以千克“kg”为标称值的单位。

6.9.1.2.2 1 000 kg 及其以上的砝码，以吨“t”为标称值的单位。

6.9.1.2.3 克组砝码，以克“g”为标称值的单位。

6.9.1.2.4 毫克组砝码，以毫克“mg”为标称值的单位。

6.9.1.3 砝码准确度等级的表示

砝码体的上表面用“E_1”、“E_2”、“F_1”、“F_2”、“M_1”、“M_{1-2}”、“M_2”、“M_{2-3}”、“M_3”标记其准确度等级。

6.9.1.4 砝码器号的数字表示

6.9.1.4.1 砝码的器号用阿拉伯数字表示，相同准确度等级内的砝码器号唯一。

6.9.1.4.2 E_1 等级砝码的器号为三位阿拉伯数字或英文大写字母。

6.9.1.4.3 E_2 等级砝码的器号为四位阿拉伯数字或英文大写字母。

6.9.1.4.4 F 等级砝码标记器号按制造单位的规定执行，但需标记砝码的标称值。

6.9.1.5 同一标称值的砝码

一组砝码中如果有两个或三个同一标称值的砝码，应用一个或两个星形或点或数字给予区别；如果是线状砝码，应用一个或两个钩给予区别。

6.9.2 M_1 等级、M_{1-2} 等级、M_2 等级、M_{2-3} 等级、M_3 等级砝码

6.9.2.1 50 kg～5 000 kg 的矩形砝码应在砝码体上用凸或凹的字体标记其标称值和“kg”或“t”(见附录 A 的 A.2.1、A.2.3)。

6.9.2.2 1 g～5 000 kg 的圆柱体砝码应在提钮上用凸或凹的字体标记其标称值和“g”或“kg” 或“t”(见附录 A 中 A.2.1、A.2.3)。500 g～5 000 kg 的圆柱体砝码标记可在砝码体的侧表面上。

6.9.2.3 M_1 等级砝码可用凸或凹的字体标记 M_1 或 M 及其标称值(见附录 A 中 A.2.1、A.2.3)。矩形的 M_1 等级砝码可标记生产厂的商标。在这种情况下，生产厂的商标应用凸或凹的字体显示在矩形砝码的中间部分(见附录 A 中 A.2.1、A.2.3)。

6.9.2.4 M_2 等级砝码可用凸或凹的字体标记其标称值和 M_2，或不做等级标记(见附录 A 中 A.2.1、A.2.3)。

6.9.2.5 M_3 等级砝码可用凸或凹的字体标记其标称值和 M_3(见附录 A 中 A.2.1、A.2.3)。

6.9.2.6 M_2 等级和 M_3 等级(除了线状砝码)可标记生产厂的商标。在这种情况下，生产厂商标应用凸或凹的字体显示在矩形砝码的中间部分、矩形砝码提钮的上表面或侧表面、有固定提钮的 M_3 等级圆柱体砝码的上表面或侧表面(见附录 A 中 A.1.1、A.2.1、A.2.3)。

6.9.2.7 等于或大于 50 kg 的 M_3 等级砝码应带有以数字标记的标称值和单位符号。

6.9.2.8 大于 50 kg 的 M_{1-2} 等级、M_{2-3} 等级砝码，可用凸或凹的字体标记其标称值和其相应的准确度等级 M_{1-2} 或 M_{2-3}。

6.10 稳定性

E_1 等级及 E_2 等级砝码在出厂检验前应进行自然时效或人工时效处理。经时效处理后的砝码，其质量变化不得大于该砝码的质量允差。

7 试验方法

7.1 试验条件

7.1.1 砝码出厂试验时应在稳定的状况下，使砝码的温度接近室温，环境条件应符合表 7 的规定。

表 7

砝码等级	环境温度变化(每 4 h) ℃	空气的相对湿度范围 %	空气的相对湿度变化(每 4 h) %
E_1	≤0.5	40～60	≤5
E_2	≤1	30～70	≤10
F_1	≤2	30～70	≤15
F_2	≤3.5		
M_1	≤5	—	—

7.1.2 对于 E_1 等级、E_2 等级砝码，环境温度应在 18 ℃～23 ℃，并满足称量仪器的要求。

7.1.3 环境中不应有容易察觉的振动和气流，应尽量远离振源和磁源。称量仪器和砝码应避免阳光直接照射。

7.1.4 当空气密度相对于 1.2 kg/m³ 变化超过 10%时，被检砝码的计算应采用真空质量值，折算质量值由真空质量值计算得出。

7.1.5 实验室内需配备温度计、湿度计和压力计，其相应准确度应符合表 8 的规定。

表 8

砝码等级	温度计准确度 ℃	湿度计准确度 %	气压计准确度 hPa
E	≤0.1	≤5	≤0.6
F	≤0.1	≤6	≤2
M	较 F 等级砝码稍低的温度计、湿度计		

7.2 称量仪器

7.2.1 称量仪器的计量特性在进行试验之前要已知。如果被测砝码进行空气浮力修正，则称量仪器的合成标准不确定度(即重复性、灵敏度、分辨力、偏载等的合成)不应超过被测砝码质量最大允许误差绝对值的六分之一；如果被测砝码不进行空气浮力修正，则合成标准不确定度不应超过被测砝码质量最大允许误差绝对值的九分之一。

7.2.2 标准砝码至少应比被测砝码高一准确度等级，其质量扩展不确定度应不大于被测砝码质量最大允许误差的九分之一。

7.3 试验前的准备工作

7.3.1 砝码清洁

7.3.1.1 清洁过程不能去除任何一块砝码材料。砝码在抓取和储存时都应保持其清洁，清洁时不应改变砝码的表面特性(如：划伤砝码)。如果砝码上有灰尘，可以用干净的无水乙醇清洁砝码或局部。带有调整腔的砝码不应浸入溶液中，以免液体浸入腔体。

7.3.1.2 清洁砝码的溶液及清洗之后的稳定时间应符合表 9 的规定。

表 9

单位为小时

砝码等级	E_1	E_2	F_1	F_2～M_3
用无水乙醇清洗后	48～72	24～48	12～24	＞1
用蒸馏水清洗后	24～48	12～24	＞12	＞1

7.3.2 温度稳定

7.3.2.1 在进行任何试验之前，砝码都需要恒温以达到试验室的大气状况。特别对于 E_1 等级、E_2 等级、F_1 等级砝码，温度应与试验室内的温度接近。

7.3.2.2 表 10 中给出了强制的温度恒定最短时间(根据砝码尺寸、等级和本身的温度与试验室内温度的差)。一般情况，推荐的稳定时间为 24 h。

表 10

<table>
<tr><th rowspan="2">ΔT
℃</th><th rowspan="2">砝码标称值</th><th colspan="4">温度稳定时间
h</th></tr>
<tr><th>E_1 等级</th><th>E_2 等级</th><th>F_1 等级</th><th>F_2 等级</th></tr>
<tr><td rowspan="7">±20</td><td>1 000 kg,2 000 kg,5 000 kg</td><td>—</td><td>—</td><td>79</td><td>5</td></tr>
<tr><td>100 kg,200 kg,500 kg</td><td>—</td><td>70</td><td>33</td><td>4</td></tr>
<tr><td>10 kg,20 kg,50 kg</td><td>45</td><td>27</td><td>12</td><td>3</td></tr>
<tr><td>1 kg,2 kg,5 kg</td><td>18</td><td>12</td><td>6</td><td>2</td></tr>
<tr><td>100 g,200 g,500 g</td><td>8</td><td>5</td><td>3</td><td>1</td></tr>
<tr><td>10 g,20 g,50 g</td><td>2</td><td>2</td><td>1</td><td>1</td></tr>
<tr><td><10 g</td><td colspan="3">1</td><td>0.5</td></tr>
<tr><td rowspan="7">±5</td><td>1 000 kg,2 000 kg,5 000 kg</td><td>—</td><td>—</td><td>1</td><td>1</td></tr>
<tr><td>100 kg,200 kg,500 kg</td><td>—</td><td>40</td><td>2</td><td>1</td></tr>
<tr><td>10 kg,20 kg,50 kg</td><td>36</td><td>18</td><td>4</td><td>1</td></tr>
<tr><td>1 kg,2 kg,5 kg</td><td>15</td><td>8</td><td>3</td><td>1</td></tr>
<tr><td>100 g,200 g,500 g</td><td>6</td><td>4</td><td>2</td><td>0.5</td></tr>
<tr><td>10 g,20 g,50 g</td><td>2</td><td>1</td><td>1</td><td>0.5</td></tr>
<tr><td><10 g</td><td colspan="4">0.5</td></tr>
<tr><td rowspan="9">±2</td><td>1 000 kg,2 000 kg,5 000 kg</td><td>—</td><td>—</td><td>1</td><td>0.5</td></tr>
<tr><td>100 kg,200 kg,500 kg</td><td>—</td><td>16</td><td>1</td><td>0.5</td></tr>
<tr><td>10 kg,20 kg,50 kg</td><td>27</td><td>10</td><td>1</td><td>0.5</td></tr>
<tr><td>1 kg,2 kg,5 kg</td><td>12</td><td>5</td><td>1</td><td>0.5</td></tr>
<tr><td>100 g,200 g,500 g</td><td>5</td><td>3</td><td>1</td><td>0.5</td></tr>
<tr><td rowspan="4"><100 g</td><td>2</td><td rowspan="4" colspan="3">1</td></tr>
<tr><td>2</td></tr>
<tr><td>2</td></tr>
<tr><td>1</td></tr>
<tr><td rowspan="6">±0.5</td><td>1 000 kg,2 000 kg,5 000 kg</td><td>—</td><td>—</td><td>—</td><td>—</td></tr>
<tr><td>100 kg,200 kg,500 kg</td><td>—</td><td>1</td><td>0.5</td><td>0.5</td></tr>
<tr><td>10 kg,20 kg,50 kg</td><td>11</td><td>1</td><td>0.5</td><td>0.5</td></tr>
<tr><td>1 kg,2 kg,5 kg</td><td>7</td><td>1</td><td>0.5</td><td>0.5</td></tr>
<tr><td>100 g,200 g,500 g</td><td>3</td><td>1</td><td>0.5</td><td>0.5</td></tr>
<tr><td><100 g</td><td>1</td><td colspan="3">0.5</td></tr>
<tr><td colspan="6">注：ΔT 为砝码温度与实验室温度的差。</td></tr>
</table>

7.4 试验方法

7.4.1 计量性能试验

使用相应等级的称量仪器及相应等级的标准砝码,并按照附录 B 的测试方法逐一进行砝码计量性能测试。其结果应符合 6.1 的规定。

7.4.2 形状和结构试验

用目视和手动的方法检查,其结果应符合 6.2、6.3 的规定。

7.4.3 材料试验

以材料生产方的质量合格证作为参考,砝码生产单位需同时出据具有资质的证明文件,其结果应符合 6.4 的规定。

7.4.4 磁性试验

砝码生产方对用于制作砝码的材料应逐个进行磁性试验。使用磁化率计测试每个砝码材料的磁化率及磁化强度。试验方法见附录 C。其结果应符合 6.5 的规定。

7.4.5 密度试验

砝码生产方对用于制作砝码的材料应逐批进行密度(体积)试验。密度的试验方法见附录 D,其结果应符合 6.6 的规定。

7.4.6 表面试验

7.4.6.1 除表面粗糙度外,砝码的表面一般用目视检查,其结果应符合 6.7 的规定。

7.4.6.2 砝码的表面粗糙度,用表面粗糙比较样块测试。如有怀疑和争议,使用粗糙度仪进行测试。表面粗糙度的评估仅适用于大于或等于 1 g 的 E_1 等级、E_2 等级、F_1 等级和 F_2 等级砝码。

7.4.7 调整试验

7.4.7.1 标准砝码调整的参考条件为:

a) 标准参考密度为 8 000 kg/m^3;

b) 大气空气密度为 1.2 kg/m^3;

c) 在 20 ℃的空气中平衡,无需进行空气浮力修正。

7.4.7.2 调整后给定标称值的砝码在空气中测量结果应符合 6.8 的规定。

7.4.8 标记试验

用目测的方法,其结果应符合 6.9 的规定。

7.4.9 稳定性试验

7.4.9.1 E_1 等级砝码应按下列方法试验:

a) 自然时效处理:千克组砝码存放期不少于一年;克组砝码存放期不少于六个月;毫克组砝码存放期不少于四个月。

b) 人工时效处理:砝码分别在温度为+40 ℃±5 ℃和-40 ℃±5 ℃的条件下各放十二小时,然后在常温下放置四十八小时。

7.4.9.2 E_2 等级砝码应按下列方法试验：

a) 自然时效处理：千克组砝码存放期不少于六个月；克组砝码存放期不少于三个月；毫克组砝码存放期不少于二个月；

b) 人工时效处理：砝码分别在温度为+40 ℃±5 ℃和−40 ℃±5 ℃的条件下各放六小时，然后在常温下放置四十八小时。

7.4.9.3 时效处理试验后，其结果应符合6.10的规定。

8 检验规则

8.1 砝码的检验为出厂检验。

8.2 出厂检验由质量检验部门逐个检验，合格后签发产品合格证，方能出厂。

8.3 出厂检验的项目、要求及试验方法的条款号见表11。

表 11

序号	检 验 项 目	要求的条款号	试验方法的条款号
1	计量性能	6.1	7.4.1
2	形状	6.2	7.4.2
3	结构	6.3	7.4.2
4	材料	6.4	7.4.3
5	磁性	6.5	7.4.4
6	密度	6.6	7.4.5
7	表面	6.7	7.4.6
8	调整	6.8	7.4.7
9	标记	6.9	7.4.8
10	稳定性	6.10	7.4.9
注：M等级的砝码，不测磁化率。			

9 标志、包装、运输和贮存

9.1 标志

9.1.1 砝码盒及砝码铭牌标志

除了 M_2 等级、M_3 等级砝码外，砝码盒的上表面应有下列永久性必备铭牌标志：

a) 名称；

b) 准确度等级；

c) 生产单位名称；

d) 砝码器号；

e) 质量范围；

f) 砝码个数；

g) 砝码材料密度范围；

h) 砝码材料；

i) 生产日期；

j) 磁性参数。

9.1.2 包装标志

砝码的包装应具有以下标志：

a) 产品名称及商标；

b) 执行产品标准号；

c) 包装储运图示标志(应符合 GB/T 191—2008 中“易碎物品”、“向上”、“怕雨”、“堆码层数极限”、起吊线、重心位置等的规定)；

d) 生产单位名称、地址及邮政编码；

e) 包装箱外型尺寸及重量。

9.2 包装

9.2.1 E_1 等级、E_2 等级、F_1 等级、F_2 等级砝码

9.2.1.1 单个砝码和砝码组应避免由于冲击或振动引起的磨损或损坏。它们应被装在用木材、塑料，或其他适宜的材料制成的，有单独穴的盒子中。

9.2.1.2 砝码盒应坚固，不易变形。

9.2.1.3 砝码盒内饰不应掉屑。

9.2.2 M_1 等级、M_{1-2} 等级、M_2 等级、M_{2-3} 等级、M_3 等级砝码

是否配备砝码盒，根据制造单位的规定。

9.2.3 砝码的外包装箱

砝码的外包装箱中应有可靠的防尘、防震措施，以保证产品在运输中不致损坏。

9.2.4 随同文件

应随同产品提供下列技术资料：

a) 产品出厂检定证书；

b) 装箱单。

9.3 运输

装卸砝码时应小心轻放，禁止抛、扔。运输中应避免碰撞、雨淋受潮。

9.4 贮存

砝码应贮存在通风良好的室内，常温下保存。周围空气中无腐蚀性气体存在。

附　录　A
（规范性附录）
不同形状和尺寸砝码的图例

A.1　圆柱体砝码

A.1.1　圆柱体砝码的图例见图 A.1。

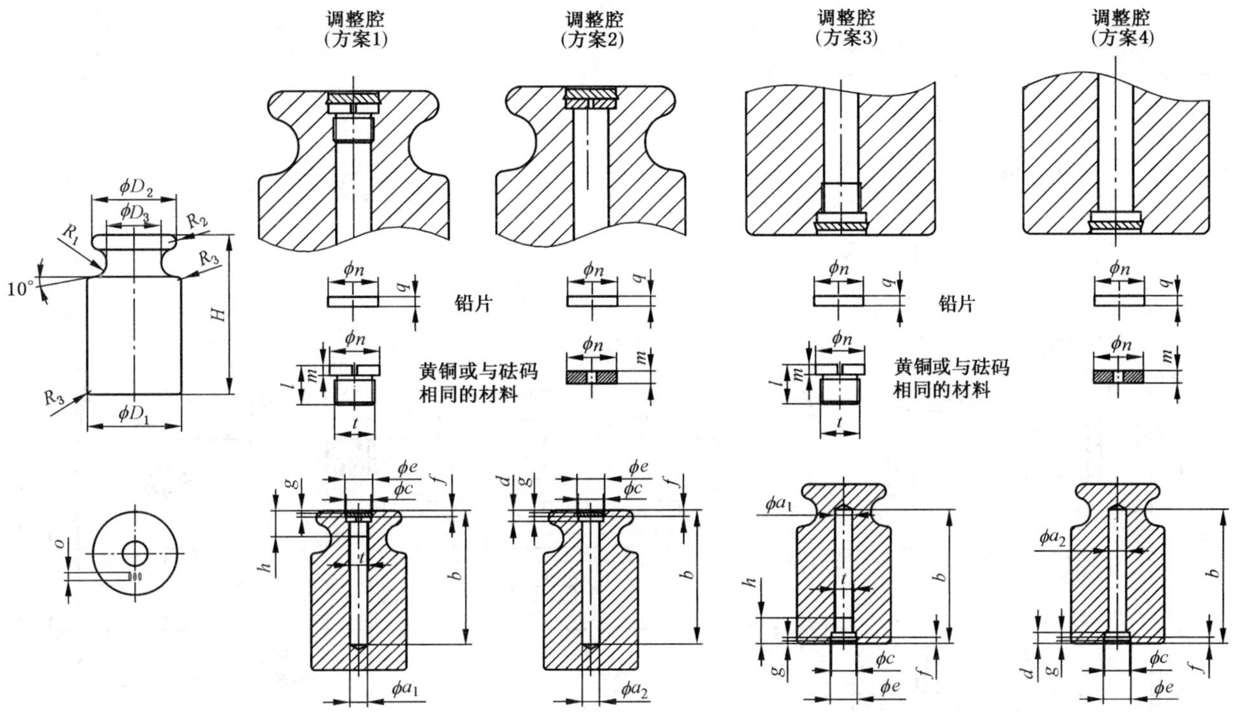

图 A.1　圆柱体砝码的图例

A.1.2　圆柱体砝码的尺寸见表 A.1。

表 A.1　　单位为毫米

标称值	D_1	D_2	D_3	H	R_1	R_2	R_3	o	a_1	a_2	b①	c	d	e	f	g	h	l	m	n	q	t
1 g	6	5.5	3		0.9	0.5	0.5	1														
2 g	6	5.5	3		0.9	0.5	0.5	1														
5 g	8	7	4.5		1.25	0.7	0.5	1														
10 g	10	9	6		1.5	0.8	0.5	1														
20 g	13	11.5	7.5		1.8	1	0.5	1.5	3.5	3	18	5.5	2.5	6.5	1.5	1	9	5	1	5	1	M4×0.5
50 g	18	16	10		2.5	1.5	1	2	5.5	4.5	25	7.5	3.5	9	2	1	10	5	1.5	7	1.5	M6×0.5
100 g	22	20	13		3.5	2	1	2	5.5	4.5	30	7.5	3.5	9	2	1	10	5	1.5	7	1.5	M6×0.5
200 g	28	25	16		4	2.25	1.5	3.2	6.9	7	40	10.5	4.5	12	2.5	1.5	15	8	2	10	2	M8×1

表 A.1（续）

单位为毫米

标称值	D_1	D_2	D_3	H	R_1	R_2	R_3	o	a_1	a_2	b①	c	d	e	f	g	h	l	m	n	q	t
500 g	38	34	22		5.5	3	1.5	3.2	6.9	7	50	10.5	4.5	12	2.5	1.5	15	8	2	10	2	M8×1
1 kg	48	43	27		7	4	2	5	12.4	12	65	18.5	7	20	4	2.5	20	13	3	18	3	M14×1.5
2 kg	60	54	36		9	5	2	5	12.4	12	80	18.5	7	20	4	2.5	20	13	3	18	3	M14×1.5
5 kg	80	72	46		12	6.5	2	10	18.4	18	120	24.5	8	26.5	4	2.5	35	18	4	24	3	M20×1.5
10 kg	100	90	58		15	8.5	3	10	18.4	18	160	24.5	8	26.5	4	2.5	35	18	4	24	3	M20×1.5
20 kg	128	112	74		18	11	3	10	18.4	18	160	24.5	8	26.5	4	2.5	35	18	4	24	3	M20×1.5
注：调整腔的深度和位置仅作为参考。																						

A.2 平行六面体砝码

A.2.1 平行六面体砝码(1型)的图例见图 A.2。

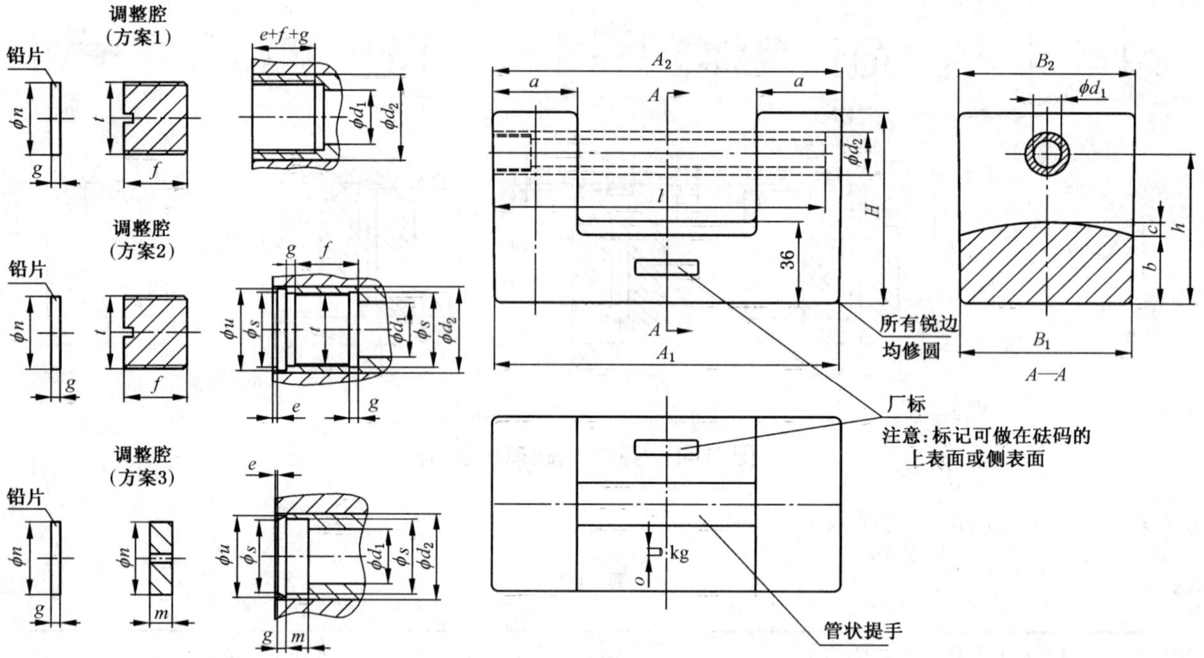

图 A.2 平行六面体砝码(1型)的图例

A.2.2 平行六面体砝码(1型)尺寸见表 A.2。

表 A.2

单位为毫米

标称值	A_1	A_2	B_1	B_2	H	a	b	c	d_1	d_2	e	f	g	h	l	m	n	o	r	s	t	u
5 kg	150	152	75	77	84	36	30	6	12	19	1	14	2	66	145	5	16	12	5	16.5	M16×1.5	18
10 kg	190	193	95	97	109	46	38	8	12	25	1	14	2	84	185	5	16	16	6	16.5	M16×1.5	18
20kg	230	234	115	117	139	61	52	12	24	29	2	21	3	109	220	8	27	20	8	27.5	M27×1.5	30
50kg	310	314	155	157	192	83	74	16	24	40	2	21	3	152	300	8	27	25	10	27.5	M27×1.5	30
注：A_1 和 A_2、B_1 和 B_2 的尺寸可以互换。																						

A.2.3 平行六面体砝码(2 型)的图例见图 A.3。

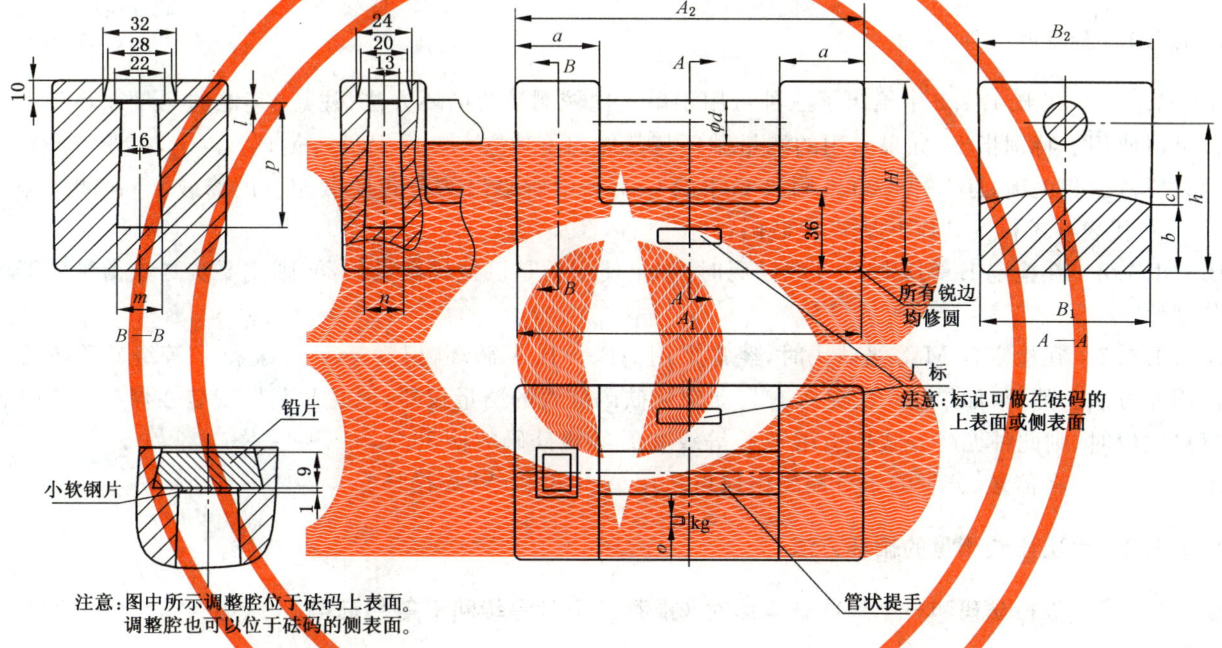

图 A.3 平行六面体砝码(2 型)的图例

A.2.4 平行六面体砝码(2 型)尺寸见表 A.3。

表 A.3

单位为毫米

标称值	A_1	A_2	B_1	B_2	H	a	b	c	d	h	m	n	o	p	r
5 kg	150	152	75	77	84	36	30	6	19	66	16	13	12	55	5
10 kg	190	193	95	97	109	46	38	8	25	84	35	25	16	70	6
20 kg	230	234	115	117	139	61	52	12	29	109	50	30	20	95	8
50 kg	310	314	155	157	192	83	74	16	40	152	70	40	25	148	10
注：A_1 和 A_2、B_1 和 B_2 的尺寸可以互换。表中给出调整腔的内部尺寸 m,n,p 可作为参考使用。															

附　录　B
（规范性附录）
计量性能试验方法

B.1　折算质量

测定砝码组中各砝码折算质量的方法为精密衡量法。如双次替代法、单次替代法、连续替代法等。在确定质量前，应已知砝码的有足够准确度的密度。环境条件和确定质量所用衡量仪器的计量特性。

B.1.1　测量循环

B.1.1.1　测量时条件

B.1.1.1.1　在B.1.1.2中给出了三种可用于单次比较测量的循环方法（注意：其他的测量循环和过程也可以使用。特别指出，如果采用的测量循环与其他的不独立，如：$A_1B_2A_2$，$A_2B_3A_3$，…，在评定不确定度时要考虑相关项，JJG 99—2006附录C中的C.1.2中所给出的公式要做相应的修改）。在测量循环中，“A”代表参考标准，“B”代表被检砝码。

B.1.1.1.2　在检定E等级和F等级砝码时，如果使用的是机械式衡量仪器，则需要实测该衡量仪器的分度值。

B.1.1.1.3　在检定各M等级砝码时，经常采用$AB_1\cdots B_nA$循环，但对于E等级和F等级砝码不推荐使用此方法。然而，如果使用的是带有自动交换砝码装置的衡量仪器，而且此装置安装在保护罩内进行直接比较时，则此种循环方式也适用于E等级和F等级砝码的检定。

B.1.1.1.4　在倍量、分量的组合测量中仅可采用ABBA和ABA循环。

B.1.1.2　单次比较测量的循环方法

B.1.1.2.1　被检砝码和一个标准砝码比对（推荐用于E等级和F等级砝码）

可采用多种测量循环，对于两个砝码可采用式(B.1)、式(B.2)的循环，最常用的是ABBA和ABA。这些循环可降低或消除线性漂移对测量结果的影响。

循环ABBA（$r_1t_1t_2r_2$）：$I_{r11}, I_{t11}, I_{t21}, I_{r21}, \cdots\cdots, I_{r1n}, I_{t1n}, I_{t2n}, I_{r2n}$

$$\Delta I_i=\frac{I_{t1i}-I_{r1i}-I_{r2i}+I_{t2i}}{2} \qquad \cdots\cdots\text{(B.1)}$$

式中：

n　　　　——序列的数目；

i　　　　——为放在衡量盘上的砝码顺序号，$i=1,\cdots,n$；

下角标r和t——分别代表标准砝码和被检砝码；

ΔI_i　　　——测量序列i的差值。

循环ABA（$r_1t_1r_2$）：$I_{r11}, I_{t11}, I_{r21}, \cdots\cdots, I_{r1n}, I_{t1n}, I_{r2n}$

$$\Delta I_i=I_{t1i}-\frac{I_{r1i}+I_{r2i}}{2} \qquad \cdots\cdots\text{(B.2)}$$

式中：

n　　　　——序列的数目；

i　　　　——为放在衡量盘上的砝码顺序号，$i=1,\cdots,n$；

下角标 r 和 t——分别代表标准砝码和被检砝码；

ΔI_i ——测量序列 i 的差值。

注 1：测量过程中的时间间隔应保持恒定。

注 2：在测量过程中如果需要确定衡量仪器的分辨力，则序列 ABBA 可修改成为 $I_r, I_t, I_{t+ms}, I_{r+ms}$，即 $\Delta I_s = \frac{|I_{t+ms} - I_t + I_{r+ms} - I_r|}{2}$。序列 ABA 可修改成 I_r, I_t, I_{r+ms}，既 $\Delta I_s = |I_{r+ms} - I_r|$。其中 m_s 为灵敏度砝码。

B.1.1.2.2 多个同一标称值的被检砝码与一个标准砝码进行比对(推荐用于 M 等级砝码)

如果多个同一标称值的被检砝码 t(k) ($k=1,\cdots,K$)要同时进行检定，则可将 ABA 的测量循环修改为式(B.3)的 $AB_1\cdots B_nA$ 循环。

$$AB_1\cdots B_nA\text{ 循环}: I_{r1}, I_{t(1)1}, I_{t(2)1}, \cdots, I_{t(K)1}, I_{r2}, I_{t(K)2}, I_{t(K-1)2}, \cdots, I_{t(1)2}, I_{r3}, \cdots$$

$$\{I_{ri-1}, I_{t(1)i-1}, I_{t(2)i-1}, \cdots, I_{t(K)i-1}, I_{ri}, I_{t(K)i}, I_{t(K-1)i}, \cdots, I_{t(1)i}, I_{r(i+1)}\}$$

$$\Delta I_{i(k)} = I_{t(k)i} - \frac{I_{ri} + I_{r(i+1)}}{2} \qquad \cdots\cdots(B.3)$$

注：通常，砝码的个数不能超过 5 个($K\leqslant 5$)。

B.1.1.2.3 测量循环次数

测量循环次数应基于期望的不确定度和测量的重复性和复现性。表 B.1 中分别给出了从 E_1 等级到 M_3 等级的最少测量循环次数。并且循环次数为 1 的只需一名检定员检定，超过 1 的应由两名以上的检定员检定。两个检定员的检定结果之差不得超过该砝码最大允许误差的的四分之一，否则需要复检。

表 B.1

砝码等级	E_1	E_2	F_1	F_2	M_1, M_2, M_3
ABBA 最少次数	3	2	1	1	1
ABA 最少次数	5	3	2	1	1
$AB_1\cdots B_iA$ 最少次数	—	—	—	—	1

B.1.1.2.4 折算质量差值的计算

无论是在一对一的砝码比较、还是组合式的砝码比较中，被检砝码与标准砝码之间的质量差值和折算质量差值分别按式(B.4)、(B.5) 计算。

$$\Delta m = (V_t - V_r) \times \rho_a \pm \Delta I \times \frac{m_{cs}}{\Delta I_s} \pm m_w \qquad \cdots\cdots(B.4)$$

式中：

m_w——添加配衡用标准小砝码的质量值。

$$\Delta m_c = (V_t - V_r) \times (\rho_a - \rho_0) \pm \Delta I \times \frac{m_{cs}}{\Delta I_s} \pm m_{cw} \qquad \cdots\cdots(B.5)$$

式中：

m_{cw}——添加配衡用标准小砝码的折算质量值。

注 1：平衡位置项前“±”的确定：若在放置被检砝码的一侧天平盘上添加小砝码后，如能使天平的平衡位置读数相对于添加前的读数代数值增大时，则平衡位置项前取“+”，否则取“−”。

注 2：标准小砝码项前“±”的确定：当标准小砝码加在被检砝码的同一天平盘里，或者为使标准砝码与配衡物相平衡,在放配衡物的天平盘里临时添加小砝码时,则标准小砝码项前取“－”,否则,当标准小砝码加在标准砝码的同一天平盘里,或者为使被检砝码与配衡物相平衡,而在放配衡物的天平盘临时添加小砝码时,则标准小砝码项前取“＋”。

B.1.2 测量模式

B.1.2.1 直接比较

通常被检砝码与一个或多个标准砝码比较进行检定。在每次比对中,被检砝码的标称值和标准砝码的标称值应相等。被检砝码的质量值为:$m_t = \sum m_r + \Delta m$。

注:对于E等级毫克组砝码的检定,由于在量程范围内标准砝码的相对不确定度较大,并且衡量仪器的不稳定性和被检砝码表面积较大等因素影响了测量过程中的不确定度分量,故推荐此类砝码的检定采用分量组合比较的方法。

B.1.2.2 分、倍量组合比较

B.1.2.2.1 一整套的砝码与一个或多个标准砝码比较进行检定。这种方法要求对每一个砝码进行多次的测量。这些测量过程中,砝码的组合不同,而其标称值相同的情况下进行比较。这种方法主要适用于需要高准确度等级的E_1等级、E_2等级砝码的检定中。采用这种方法,只需要一个标准砝码,测量公式的数目要多于未知砝码的个数,还要选择适当的调整计算公式以避免传递误差。

注:在检定小于1 g的E_1等级、E_2等级砝码时,会产生特殊的问题。这主要由于在这个范围内,标准砝码的相对不确定度较大。然而,另一方面,衡量仪器的不稳定性和砝码比较大的表面积都是影响测量不确定度的因素。因而,对于这样的砝码,强力推荐用分量比对的方法。

B.1.2.2.2 表B.2给出了5、2、2·、1分量砝码组合的典型测量模式。

表 B.2

[1000] ＋Δm_1	＝	[500＋200＋200·＋100]
[500] ＋Δm_2	＝	[200＋200·＋100]
[200] ＋Δm_3	＝	[100＋50＋20＋20·＋10]
[200·]＋Δm_4	＝	[100＋50＋20＋20·＋10]
[100] ＋Δm_5	＝	[50＋20＋20·＋10]
[50] ＋Δm_6	＝	[20＋20·＋10]
[20] ＋Δm_7	＝	[10＋5＋2＋2·＋1]
[20·] ＋Δm_8	＝	[10＋5＋2＋2·＋1]
[10] ＋Δm_9	＝	[5＋2＋2·＋1]
[5] ＋Δm_{10}	＝	[2＋2·＋1]
[2] ＋Δm_{11}	＝	[1＋1－]
[2·] ＋Δm_{12}	＝	[1＋1－]
[1] ＋Δm_{13}	＝	[1－]
注:[1000]为上级的标准砝码;[1－]为检定时借用的砝码。		

B.1.2.2.3 表B.3给出了5、2、2·、1倍量砝码组合的典型测量模式。

表 B.3

[1#] $+\Delta m_1$	=	[1]
[1#]+[1] $+\Delta m_2$	=	[2]
[1#]+[1] $+\Delta m_3$	=	[2·]
[1]+[2]+[2·] $+\Delta m_4$	=	[5]
[1]+[2]+[2·]+[5] $+\Delta m_5$	=	[10]
[1]+[2]+[2·]+[5]+[10] $+\Delta m_6$	=	[20]
[1]+[2]+[2·]+[5]+[10] $+\Delta m_7$	=	[20·]
[10]+[20]+[20·] $+\Delta m_8$	=	[50]
注：[1#]为上级的标准砝码。		

B.2 砝码进行组合比较时的修正值计算公式

B.2.1 克组、毫克组 5、2、2·、1 组合砝码的修正值分别按式(B.6)～式(B.18)计算，其中，下标“1 000”为质量标称值应为 1 kg 或 1 g 的标准砝码；“2·”为任何标称值为 2 的组合；“1-”为砝码检定时的替代砝码，或者它可以是作证标准。

$$m_{c_{500}}=\frac{m_{c_{1000}}+\Delta m_1-\Delta m_2}{2} \qquad \text{(B.6)}$$

$$m_{c_{200}}=\frac{2m_{c_{500}}+2\Delta m_2-3\Delta m_3+2\Delta m_4+\Delta m_5}{5} \qquad \text{(B.7)}$$

$$m_{c_{200\cdot}}=\frac{2m_{c_{500}}+2\Delta m_2+2\Delta m_3-3\Delta m_4+\Delta m_5}{5} \qquad \text{(B.8)}$$

$$m_{c_{100}}=\frac{m_{c_{200}}+\Delta m_3-\Delta m_5}{2} \qquad \text{(B.9)}$$

$$m_{c_{50}}=\frac{m_{c_{100}}+\Delta m_5-\Delta m_6}{2} \qquad \text{(B.10)}$$

$$m_{c_{20}}=\frac{2m_{c_{50}}+2\Delta m_6-3\Delta m_7+2\Delta m_8+\Delta m_9}{5} \qquad \text{(B.11)}$$

$$m_{c_{20\cdot}}=\frac{2m_{c_{50}}+2\Delta m_6+2\Delta m_7-3\Delta m_8+\Delta m_9}{5} \qquad \text{(B.12)}$$

$$m_{c_{10}}=\frac{m_{c_{20}}+\Delta m_7-\Delta m_9}{2} \qquad \text{(B.13)}$$

$$m_{c_5}=\frac{m_{c_{10}}+\Delta m_9-\Delta m_{10}}{2} \qquad \text{(B.14)}$$

$$m_{c_2}=\frac{2m_{c_5}+2\Delta m_{10}-3\Delta m_{11}+2\Delta m_{12}+\Delta m_{13}}{5} \qquad \text{(B.15)}$$

$$m_{c_{2\cdot}}=\frac{2m_{c_5}+2\Delta m_{10}+2\Delta m_{11}-3\Delta m_{12}+\Delta m_{13}}{5} \qquad \text{(B.16)}$$

$$m_{c_1}=\frac{m_{c_2}+\Delta m_{11}-\Delta m_{13}}{2} \qquad \text{(B.17)}$$

$$m_{c_{1-}}=\frac{mc_2+\Delta m_{11}+\Delta m_{13}}{2} \qquad \text{(B.18)}$$

B.2.2 公斤组 5、2、2·、1 组合砝码的修正值分别按式(B.19)～式(B.26)计算，其中，下标"1#"为质量标称值应为 1 kg 的标准砝码；"2·"为任何标称值为 2 的组合。

$$m_{c_1} = m_{c_{1\#}} + \Delta m_1 \tag{B.19}$$

$$m_{c_2} = m_{c_{1\#}} + m_{c_1} + \Delta m_2 \tag{B.20}$$

$$m_{c_{2\cdot}} = m_{c_{1\#}} + m_{c_1} + \Delta m_3 \tag{B.21}$$

$$m_{c_5} = m_{c_2} + m_{c_{2\cdot}} + m_{c_1} + \Delta m_4 \tag{B.22}$$

$$m_{c_{10}} = m_{c_5} + m_{c_2} + m_{c_{2\cdot}} + m_{c_1} + \Delta m_5 \tag{B.23}$$

$$m_{c_{20}} = m_{c_{10}} + m_{c_5} + m_{c_2} + m_{c_{2\cdot}} + m_{c_1} + \Delta m_6 \tag{B.24}$$

$$m_{c_{20\cdot}} = m_{c_{10}} + m_{c_5} + m_{c_2} + m_{c_{2\cdot}} + m_{c_1} + \Delta m_7 \tag{B.25}$$

$$m_{c_{50}} = m_{c_{20}} + m_{c_{20\cdot}} + m_{c_{10}} + \Delta m_8 \tag{B.26}$$

附　录　C
（规范性附录）
磁性试验方法

C.1　磁化强度和磁化率——磁化率计法

此方法可以通过测量弱磁砝码在由永久强磁铁产生的磁场梯度中所受的力，来确定砝码的磁化率（$\chi<1$）和磁化强度（见图 C.1）。采用这种方法，磁化率计的测量体积限制在磁铁附近垂直上方工作面的一定范围内，约 10 cm^3。对于大一些的砝码（>2 kg），有必要在砝码底面多个位置上测量。在测量过程中，砝码一般是直立的。

注：如果砝码放置于高强磁场（对于生产 E_1 等级砝码的典型合金钢，磁场强度>2 kA/m）中，测量过程可能导致被测砝码被永久磁化。因此推荐在测量过程中，砝码（E_1 等级）底面高度和磁铁中心高度之间的距离 Z_0 最初约为 20 mm。若样品磁化率太小，对于磁化率计不能产生合理的信号，才减小 Z_0。

C.2　设备

C.2.1　标尺分度值不大于 10 μg 的衡器；放置砝码的无磁工作台；放置磁铁的圆柱体。

C.2.2　磁矩 m_d，在 0.1 Am^2 数量级的圆柱体磁铁（此磁距为钐-钴或钕-铁-硼磁铁在体积为 100 mm^3 的典型值）。

C.2.3　磁性测量示意图见图 C.1。磁铁的高度最好为直径的 0.87 倍，也可采用直径和高相等的磁铁。Z_0 为磁铁中心高度到砝码底面的距离。

C.3　试验程序

C.3.1　测量不同的参数（Z_0，R_W，h），见示意图 C.1。

C.3.2　应知道准确度为 1%的当地重力加速度 g 值。

C.3.3　将磁铁的北极向下，测量磁矩 m_d；磁铁在工作台上表面产生的最大磁场为 $H=\frac{m_d}{2\pi\times Z_0^3}$。其中，$H$ 的单位为 Am^{-1}，m_d为 Am^2，Z_0 为 m。

注：在测量 E_1 等级砝码时 H 不得超过 2 000 Am^{-1}；测量 E_2 等级砝码时，H 不得超过 800 Am^{-1}；测量其他等级砝码不得超过 200 Am^{-1}。如果磁化率计的信号太弱，可减少 Z_0 的高度来增强磁场强度 H。

C.3.4　仪器回零。

C.3.5　将砝码放在工作台上，且在磁铁的正上方，通常测量三次，确保砝码放在中心处。操作如下：

a)　记录加载时间、读数时间和卸载时间；

b)　根据重复测量的读数，计算衡器显示的质量变化的平均值，Δm_1；

c)　确定力 $F_1=-\Delta m_1\times g$。

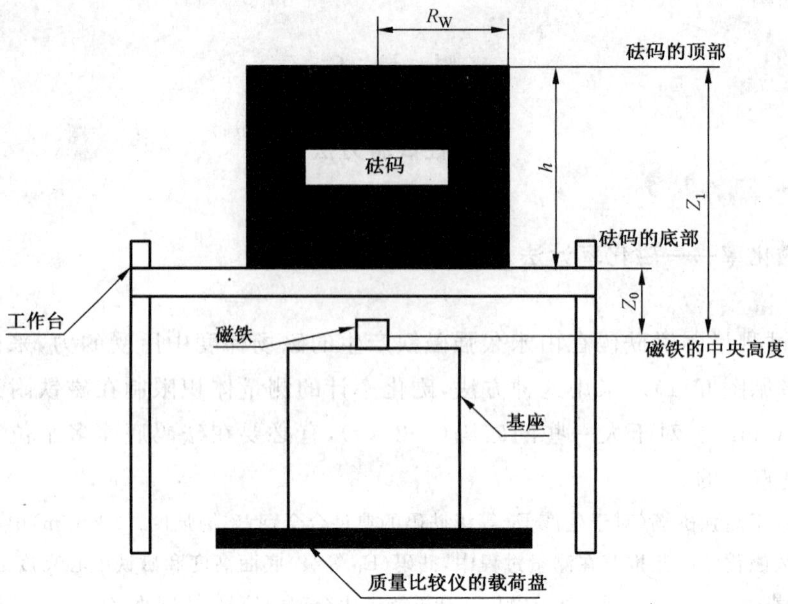

说明：

h ——砝码的高度；

Z_1——砝码顶部到磁铁中心的距离；

Z_0——砝码底部到磁铁中心的距离；

R_W——砝码的半径。

图 C.1 磁性测量示意图

C.3.6 翻转磁铁重复测量，操作如下：

a) 距离 Z_0 保持恒定；

b) 再一次将砝码放置在工作台上，且在磁铁的正上方，通常三次，确保砝码放在中心处；

c) 记录加载时间、读数时间和卸载时间；

d) 根据重复测量的读数，计算衡器显示的质量变化的平均值，Δm_2；

e) 确定力 $F_2=-\Delta m_2\times g$。

C.3.7 重复 C.3.4～C.3.6。

C.4 计算

C.4.1 把各参数代入式(C.1)、式(C.2)，计算砝码磁化率 χ 和磁化强度 M_Z。此时假设空气的磁化率可忽略不计。

C.4.2 当测量了 F_1 等级和 F_2 等级时，则磁化率公式为：

$$\chi=\frac{F_a}{I_a\times F_{max}-0.4\times F_a} \qquad \text{(C.1)}$$

其中：$F_{max}=\frac{3\mu_0}{64\pi}\times\frac{m_d^2}{Z_0^4}$，$F_a=\frac{F_1+F_2}{2}$

式中：

F_a ——磁化率的平均力值；

F_{max}——磁化率的最大力值；

μ_0 ——真空中磁导率。

磁化强度公式为：

$$\mu_0 M_Z = \frac{F_b}{\frac{m_d}{Z_0} \times \frac{1}{4\pi} \times I_b} - \frac{\chi}{1+0.23\chi} B_{EZ} \quad \cdots\cdots (\text{C.2})$$

其中：$F_b = \frac{F_1 - F_2}{2}$。

B_{EZ}是实验室内大气中磁场强度的垂直分量。通常，B_{EZ}可视为实验室当地的地球磁场强度的垂直分量，依据海拔的不同，其范围为：$-48\ \mu T < B_{EZ} < 60\ \mu T$。$B_{EZ}$的梯度为地球的赤道上为零，极点处最大。$B_{EZ}$的符号是：北半球为正号，南半球为负号。

C.4.3 在上面的公式中，给出的几何修正因子 I_a 和 I_b 分别见式(C.3)、式(C.4)。空气磁化率对于所有的实际情况都可以忽略不计。

$$I_a = 1 - \left[\frac{Z_0}{Z_1}\right]^4 - \frac{1 + \frac{(R_W/Z_0)^2}{3}}{[1 + (R_W/Z_0)^2]^3} + \left[\frac{Z_0}{Z_1}\right]^4 \times \frac{1 + \frac{(R_W/Z_1)^2}{3}}{[1 + (R_W/Z_1)^2]^3} \quad \cdots\cdots (\text{C.3})$$

$$I_b = 2\pi \left\{ \frac{(R_W/Z_0)^2}{[1 + (R_W/Z_0)^2]^{3/2}} - \frac{(R_W/Z_0)^2/(Z_1/Z_0)^3}{\left[1 + (\frac{R_W/Z_0}{Z_1/Z_0})^2\right]^{3/2}} \right\} \quad \cdots\cdots (\text{C.4})$$

注：上述的公式用于正圆柱体砝码。如果被测砝码不是理想的正圆柱体砝码，则需要做进一步的修正，否则将产生较大的不确定度。

附　录　D
(规范性附录)
密度(体积)试验方法

D.1　适用范围

本附录中将介绍两种方法用于确定砝码的密度(体积)。方法一是将所使用的水或其他适宜的液体作为密度标准,该方法适用于准确度等级较高的砝码。方法二,提供常用合金列表,在列表中给出了各种材料的密度值,用户可根据需要使用。此方法适用于准确度等级较低的砝码。

D.2　密度(体积)测量注意事项

D.2.1　参考温度

密度的参考温度为20 ℃。当测量温度不在此温度条件(有些实验室恒温是18 ℃或23 ℃)时,则应采用材料的体膨胀系数 γ,将其修正到20 ℃下的体积。如果 γ 的值不确切知道,则采用不锈钢的砝码,$\gamma=50\times10^{-6}$/℃;JF1不锈钢的砝码,$\gamma=35\times10^{-6}$/℃。

$$\rho(t_{\text{ref}})=\rho(t_{\text{meas}})\times[1+(t_{\text{meas}}-t_{\text{ref}})] \text{ 或 } V(t_{\text{ref}})=V(t_{\text{meas}})\times[1+\gamma(t_{\text{meas}}-t_{\text{ref}})] \quad \cdots(\text{D.1})$$

$$u^2[\rho(t_{\text{ref}})]=u^2[\rho(t_{\text{meas}})]\left[\frac{\rho(t_{\text{ref}})}{\rho(t_{\text{meas}})}\right]^2+u^2(\gamma)\rho^2(t_{\text{meas}})(t_{\text{meas}}-t_{\text{ref}})^2+ u^2(t_{\text{meas}})\rho^2(t_{\text{meas}})\gamma^2 \quad \cdots\cdots(\text{D.2})$$

D.2.2　小砝码的测试要求

对于小于1 g的砝码,在表5中没有限定值,可参考生产厂给出的砝码材料密度。

D.2.3　浸没砝码所用的液体

该液体应对砝码没有影响。优先选用一级水,因为其密度与温度是已知的函数关系并且它的纯度也容易控制。本节的公式中假设了液体密度是常数。表D.1列出了水的密度值。

表 D.1

t_1 ℃	ρ kg/m³	$\Delta\rho_1/\Delta t$ kg/(m³ · ℃)
18.0	998.593	
18.5	998.499	−0.190
19.0	998.402	
19.5	998.303	−0.201
20.0	998.201	
20.5	998.096	−0.212

表 D.1（续）

t_1 ℃	ρ kg/m³	$\Delta\rho_1/\Delta t$ kg/(m³·℃)
21.0	997.989	
21.5	997.879	−0.222
22.0	997.767	
22.5	997.652	−0.232
23.0	997.535	
23.5	997.415	−0.242
24.0	997.293	

D.2.4　水浸没调整腔

具有调整腔的砝码不应浸没在水中，因为水可能在测量中渗入腔体。这可能会影响砝码的密度、质量和稳定性。对于带有调整腔的砝码，推荐采用几何体积测量法，或合金成分计算法。

D.2.5　清除气泡

对于在水中的精密测量，砝码和砝码支架上的空气泡，将造成密度测量的准确度降低，应清除。

D.2.6　砝码支架和悬挂线

在水中，将砝码放置到砝码支架上时，可能造成砝码和容器（玻璃）的损坏。选用把砝码和砝码支架一起浸没在水中的方法，砝码支架能防止砝码的掉落。要求吊挂线细直、清洁，而且在经过空气和水的结合面时，要垂直。

D.2.7　真空质量和折算质量

在测量砝码密度（体积）时，应采用该砝码的真空质量。

D.2.8　砝码的烘干

从水中取出砝码后，应用精细布料去除残留的水珠。为确保砝码的稳定性，砝码应放置在适当的盖子下面（如倒置的烧杯，并留有缝隙以便通风）。

D.3　试验方法一（液体静力比较法）

D.3.1　测量方法示意图

两个不同的标准砝码均在空气中测量：在空气中比较被测砝码和标准砝码，并且对液体中的砝码和在空气中的第二个标准砝码进行比较；密度（体积）测量方法示意图见图 D.1。

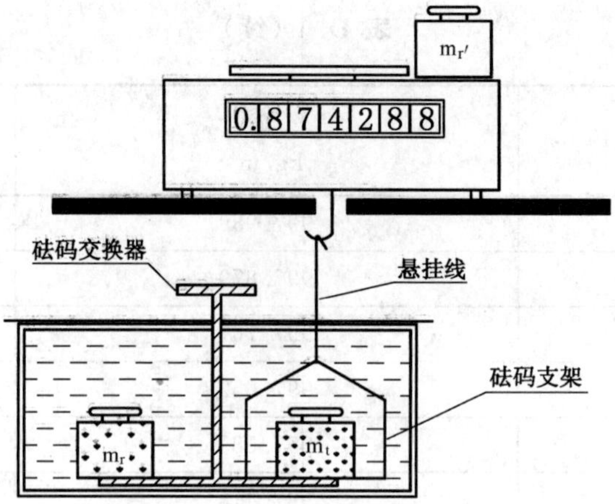

图 D.1 密度(体积)测量方法示意图

D.3.2 设备

D.3.2.1 足够大的测量能力和高分辨力(典型的相对分辨率为 2×10^{-6})的实验室天平,天平应备有悬挂或承载测量载荷的装置。

D.3.2.2 控温能力在 20 ℃±0.2 ℃的水容器。

D.3.2.3 适用于不同尺寸砝码的悬挂线和支架。

D.3.2.4 在水中砝码的机械加载和卸载机构。

D.3.2.5 已知密度的质量标准、细纱手套、无棉绒布、实验室用镊子及照明良好的房间。

D.3.3 测量程序

D.3.3.1 确定测量时的空气密度 ρ_a 和液体密度 ρ_l。

D.3.3.2 第一次测量(被测砝码在空气中):在空气中测量被测砝码(m_{ta})。

D.3.3.3 第二次测量(标准砝码在空气中,被测砝码在液体中):标准砝码在空气中,被测砝码在液体中测量(m_{ra},m_{tl})。

D.3.3.4 第三次测量(必要时测量天平的分度值):标准砝码在空气中,被测砝码在液体中测量天平的分度值[(m_{ra},m_{tl})+m_s]。

D.3.3.5 第二次放的标准砝码(m_{rl})通常为一群砝码,目的是使天平的显示值接近于浸没被测砝码之前,在空气中衡量的天平显示值。

D.4 试验方法二

大多数砝码是由有限的几种合金制造的,密度的精确值依赖于合金中各成分的相对比例。表 D.2 中给出了砝码最通常使用的材料密度范围。

表 D.2

合金/材料	标称密度 kg/m^3
铂	21 400
镍黄铜	8 600

表 D.2（续）

合金/材料	标称密度 kg/m³
黄铜	8 400
不锈钢	7 950
JF1 不锈钢	8 000
1Cr18Ni 9Ti 不锈钢	7 850
碳钢	7 700
铁	7 800
铸铁(白)	7 700
铸铁(灰)	7 100
铝	2 700

ICS 71.040.01
N 53

中华人民共和国国家标准

GB/T 26798—2011

单光束紫外可见分光光度计

Single beam UV/VIS spectrophotometer

2011-07-29 发布　　2011-12-01 实施

中华人民共和国国家质量监督检验检疫总局
中国国家标准化管理委员会　发布

前言

本标准按照 GB/T 1.1—2009 给出的规则起草。

本标准由中国机械工业联合会提出。

本标准由全国工业过程测量和控制标准化技术委员会(SAC/TC 124)归口。

本标准起草单位:北京瑞利分析仪器有限公司、上海精密科学仪器有限公司、上海天美科学仪器有限公司、北京普析通用仪器有限责任公司、上海光谱仪器有限公司、上海棱光技术有限公司、中国科学院上海生物工程研究中心、北京市计量检测科学研究院、中国人民解放军总后勤部卫生部药品仪器检验所、中国人民解放军军事医学科学院实验仪器厂。

本标准主要起草人:武进田、李源、李征、俞霆、刘景会、陈建钢、钱光蓓、李昌厚、臧甲鹏、姜雄平、梁晓会。

单光束紫外可见分光光度计

1 范围

本标准规定了单光束紫外可见分光光度计的分级、要求、试验方法、检验规则和标志、包装、运输及贮存等。

本标准适用于主要光谱区为200 nm～900 nm，波长连续可调的单光束紫外可见分光光度计(以下简称“仪器”)，波长范围与此相近的专用分光光度计也可参考使用。

2 规范性引用文件

下列文件对于本文件的应用是必不可少的。凡是注日期的引用文件，仅注日期的版本适用于本文件。凡是不注日期的引用文件，其最新版本(包括所有的修改单)适用于本文件。

GB/T 191—2008　包装储运图示标志

GB/T 2829—2002　周期检验计数抽样程序及表(适用于对过程稳定性的检验)

GB 4793.1—2007　测量、控制和实验室用电气设备的安全要求　第1部分：通用要求

GB/T 11606—2007　分析仪器环境试验方法

GB/T 13384—2008　机电产品包装通用技术条件

3 分级

仪器按指标从高到低分为Ⅰ、Ⅱ、Ⅲ、Ⅳ共四级。每级仪器的各项指标均应达到或优于相应的等级要求。

4 要求

4.1 正常工作条件

仪器在下列条件下应能正常工作：

a) 环境温度：5 ℃～35 ℃；

b) 环境相对湿度不大于85%；

c) 仪器应放置于平稳的工作台上，不应有强光、强气流、强烈的振动和电磁干扰；

d) 环境无腐蚀性气体、烟尘干扰；

e) 供电电源电压220 V±22 V，频率50 Hz±1 Hz。

4.2 波长准确度及波长重复性

仪器波长准确度及波长重复性不应超过表1的要求。

表 1

单位为纳米

仪器分级	波长准确度	波长重复性
Ⅰ	±0.3	0.2
Ⅱ	±0.5	0.3
Ⅲ	±1.0	0.5
Ⅳ	±2.0	1.0

4.3 光谱带宽

仪器的光谱带宽应在光谱带宽标称值的(0.8～1.2)倍范围。

4.4 透射比准确度及透射比重复性

仪器的透射比准确度及透射比重复性不应超过表 2 的要求。

表 2

%

仪器分级	透射比准确度	透射比重复性
Ⅰ	±0.3	0.1
Ⅱ	±0.5	0.2
Ⅲ	±0.8	0.3
Ⅳ	±1.0	0.5

4.5 杂散光

仪器杂散光不应超过表 3 的要求。

表 3

%

仪器分级	测试用物质	杂散光
Ⅰ	10 g/L 的碘化钠溶液或 220 nm 截止滤光片	0.1
Ⅱ		0.3
Ⅲ		0.5
Ⅳ		0.7
Ⅰ	50 g/L 的亚硝酸钠溶液或 360 nm 截止滤光片	0.1
Ⅱ		0.3
Ⅲ		0.5
Ⅳ		0.7

4.6 波长边缘噪声

波长边缘噪声不应超过表 4 的要求。

表 4

%

仪器分级	0%线	100%线
Ⅰ	0.1	0.3
Ⅱ	0.2	0.5
Ⅲ	0.2	0.5
Ⅳ	0.2	1.0

4.7 电源电压变化时引起的透射比变化

电源电压 220 V 变化±22 V 时所引起透射比示值变化不应超过表 5 的要求。

表 5

%

仪器分级	透射比示值变化
Ⅰ	±0.2
Ⅱ	±0.3
Ⅲ	±0.5
Ⅳ	±0.5

4.8 基线平直度

仪器的基线平直度不应超过表 6 的要求。

表 6

仪器分级	基线平直度 Abs
Ⅰ	±0.002
Ⅱ	±0.003
Ⅲ	±0.005
Ⅳ	±0.005

注：无波长自动扫描功能的仪器无此要求。

4.9 基线暗噪声

仪器的基线暗噪声不应超过表 7 的要求。

表 7

%

仪器分级	0%线暗噪声
Ⅰ	±0.1
Ⅱ	±0.2
Ⅲ	±0.3
Ⅳ	±0.5

注：无波长自动扫描功能的仪器无此要求。

4.10 漂移

仪器的漂移不应超过表8的要求。

表8

仪器分级	漂移 Abs/30 min
Ⅰ	0.002
Ⅱ	0.003
Ⅲ	0.005
Ⅳ	0.005

注：无时间自动扫描功能的仪器无此要求。

4.11 安全要求

4.11.1 接触电流

由交流电网供电的仪器，其接触电流应符合GB 4793.1—2007中6.3的有关规定。

4.11.2 保护接地

由交流电网供电的仪器，其保护接地应符合GB 4793.1—2007中6.5.1的有关规定。

4.11.3 介电强度

由交流电网供电的仪器，在正常工作条件下，应能承受1 500 V交流有效值连续1 min的电压试验，不应出现飞弧或击穿现象。

4.11.4 安全警示

4.11.4.1 警告标志

警告标志应符合GB 4793.1—2007中5.2、5.3的相关规定。

4.11.4.2 防电击警示

仪器高电压部分应有必要的防电击警示标志，必要时应使用绝缘材料予以防护。

4.11.4.3 防紫外辐射及警示

仪器紫外光源应有相应的防紫外辐射警示标志，仪器工作时紫外光源的辐射不应从仪器直接射出，必要时应使用不透紫外光的材料予以防护。

4.11.4.4 防光源烫伤警示

光源高温部分应有防止烫伤警示标志。

4.12 外观

a) 仪器所有喷塑喷漆电镀表面应色泽均匀，不应有脱皮、明显的擦伤、露底、裂纹、起泡现象；

b) 刚性连接部位不应松动；可动件的运动应平稳灵活并能正确定位，不应有卡死空跳及空回现象；

c) 外露零部件接合处应平整，无毛刺锐棱和粗糙不良现象；

d) 文字、符号、标志应保持清晰可辨，牢固可靠。

4.13 仪器成套性

应符合仪器装箱清单的规定。

4.14 运输、运输贮存

仪器在运输包装状态下，应按 GB/T 11606—2007 的 2.4 试验项目中的交变湿热试验、低温贮存试验、高温贮存试验、跌落试验和碰撞试验进行试验，其中高温 55 ℃、低温 −20 ℃，交变湿热：相对湿度 95%、温度 40 ℃，跌落高度 250 mm，试验后，包装箱不应有较大的变形和损伤，受试仪器不应有变形松脱涂覆层剥落等机械损伤。全部试验完成后，将仪器置于正常工作条件下进行检验。应符合 4.2～4.13 要求。

5 试验方法

5.1 试验条件

a) 在 4.1 所规定的工作条件下进行；

b) 除另有规定外，仪器在试验前应先开机预热 30 min。

5.2 波长准确度及波长重复性

5.2.1 试验工具

a) 低压石英汞灯；

b) 氧化钬溶液（标准溶液配制见 B.4）；

c) 氧化钬玻璃，镨钕玻璃。

上述试验工具的参考波长数据，应采用与被测仪器光谱带宽相同（或相近）的仪器带宽标定的数据，用作标定的仪器波长准确度应比被测仪器波长准确度提高一倍以上，波长采样间隔不应大于波长准确度数值的三分之一。参考波长数据应具有可溯源性，并应定期进行检定。所有试验工具通光（发光）面应均匀清洁干燥。当一种波长测试工具波长范围不能满足需要时可选上述波长标准工具分段使用。对自动扫描型仪器，如果波长扫描范围较宽，允许分段扫描。

5.2.2 试验程序

在整个波长范围内按每大约 100 nm 左右选择一个波长点，参考波长见附录 A。用低压石英汞灯作光源，使低压石英汞灯的光照在仪器入射狭缝上，选能量测量方式，调整汞灯位置使仪器能量达到最大值，测其发射谱线的峰值；也可选用透射比（或吸光度）方式，以空气作参比测量氧化钬溶液（或氧化钬玻璃和镨钕玻璃）的吸收峰波长。单方向对每一组谱线（或吸收峰）按波长顺序依次测量，测量三次，每个波长三次测量值的平均值与参考波长标称值之差为单波长误差，单波长误差中的最大值为波长准确度；每个波长三次测量值的最大值与最小值之差为单波长重复性，所有单波长重复性之中的最大值为仪器的波长重复性。

上述不同工具测试结果采纳的优先顺序是：低压石英汞灯、氧化钬溶液、氧化钬玻璃及镨钕玻璃。

5.3 光谱带宽

5.3.1 试验工具

低压石英汞灯或氘灯。

5.3.2 试验程序

用低压石英汞灯546.07 nm谱线(如波长范围不能覆盖546.07 nm,则应根据波长覆盖范围依次选用435.83 nm或253.65 nm谱线)或仪器自有的氘灯656.1 nm特征谱线,能量测量方式,最小波长采样间隔,测量谱线轮廓,先找出峰高(峰最大能量值与峰两侧背景能量值之差),然后单向移动波长,记下峰高50%时的波长读数 λ_1,λ_2。

5.3.3 计算

按式(1)计算光谱带宽。

$$\Delta\lambda = |\lambda_1 - \lambda_2| \qquad (1)$$

式中:

$\Delta\lambda$ ——光谱带宽;

λ_1,λ_2——峰高能量值50%时的波长示值。

5.4 透射比准确度及透射比重复性

5.4.1 试验工具

a) 重铬酸钾标准溶液(标准溶液配制见B.3);
b) 可见中性滤光片,透射比约为10%,20%,30%(其透射比不确定度不大于0.2%,其透射比值应具有可溯源性,并应定期进行检定);
c) 石英比色皿一对,光程为10 nm,在测试波长处透射比配套误差不大于0.1%;
d) 高氯酸溶液:0.001 mol/L;
e) 试验工具通光面应均匀清洁干燥。

5.4.2 试验程序

5.4.2.1 紫外光谱区透射比的测定

光谱带宽2 nm。用装有高氯酸溶液的石英比色皿作参比,按仪器说明要求校准仪器的100%及0%,然后测量重铬酸钾溶液在波长235 nm,257 nm,313 nm,350 nm处的透射比,按附录A中的表A.5提供的数据,每个波长测量三次,三次测量的平均值与标称值之差为单波长透射比误差,单波长透射比误差中的最大值为紫外光谱区透射比准确度;每个波长三次测量值的最大值与最小值之差为单波长透射比重复性,单波长透射比重复性中的最大值为紫外光谱透射比重复性。

注1:只有单一光谱带宽的仪器不做光谱带宽选择。本注适用于以下所有选择光谱带宽2 nm的条款。

注2:仪器完成调整100%或0%的响应时间不应大于8 s。本注适用于本标准中仪器调整100%和0%的所有条款。

注3:对无光谱带宽调整档的非2 nm光谱带宽的仪器,透射比值应采用与之相同或相近的光谱带宽的标定值,透射比值见附录A中的表A.6。

5.4.2.2 可见光谱区透射比的测定

光谱带宽选为2 nm。以空气作参比,按仪器说明要求校准仪器100%及0%,然后测量可见中性滤光片在波长440 nm,546 nm,635 nm处的透射比。每个波长每种滤光片测量三次,三次测量的平均值与标称值之差为单波长透射比误差,单波长透射比误差中的最大值为可见光谱区透射比准确度;每个波长每种滤光片三次测量的最大值与最小值之差为单波长透射比重复性,单波长透射比重复性中的最大值为可见光谱区透射比重复性。

5.5 杂散光

5.5.1 试验工具

a) 碘化钠溶液:10 g/L(标准溶液配制见 B.1);
b) 亚硝酸钠溶液:50 g/L(标准溶液配制见 B.2);
c) 220 nm 截止滤光片,截止波长不小于 225 nm,截止区吸光度不小于 4,透光区平均透射比不低于 80%,最大透射比半高波长在 280 nm 附近,其 220 nm 透射比应具有可溯源性,并应定期进行检定;
d) 360 nm 截止滤光片,截止波长不小于 365 nm,截止区吸光度不小于 4,透光区平均透射比不低于 80%,最大透射比半高波长在 420 nm 附近,其 360 nm 透射比应具有可溯源性,并应定期进行检定;
e) 石英比色皿一对,光程 10 nm,在测试波长处透射比配套误差不大于 0.1%;
f) 蒸馏水。

5.5.2 试验程序

5.5.2.1 220 nm 杂散光的测定

光谱带宽 2 nm,波长 220.0 nm,以蒸馏水作参比,校准透射比 100.0%和 0%,然后测量碘化钠溶液的透射比,读取此时的透射比示值为仪器在 220 nm 处的杂散光测定值;也可以空气作参比在 220.0 nm,用测 220 nm 截止滤光片的透射比的方法测定。

5.5.2.2 360 nm 杂散光的测定

光谱带宽 2 nm,波长 360.0 nm,以蒸馏水作参比,测亚硝酸钠溶液的透射比或以空气作参比测定 360 nm 截止滤光片的透射比,方法同 5.5.2.1,测得 360 nm 处的杂散光值。

对于需要测量仪器的极低杂散光数值时,使用适当透射比的衰减片(如 1%透射比),校准透射比 100%和 0%后,先测得参比液加衰减片的透射比值 T_1,再以参比液加衰减片为参比(当原参比是空气时即以衰减片为参比),重新校准透射比 100%和 0%后,移走参比液和衰减片(当原参比是空气时即移走衰减片)代之以上述标准物质,测得其透射比值 T_2,两者透射比值的乘积 $T=T_1\times T_2$ 即为杂散光值。

上述不同工具测试结果采纳的优先顺序是:标准溶液、截止滤光片。

5.6 波长边缘噪声

5.6.1 试验工具

秒表。

5.6.2 试验程序

光谱带宽 2 nm(对最小光谱带宽大于 2 nm 的仪器用其最小光谱带宽测),采样间隔或积分时间不大于 1 s,调整波长后允许稳定 5 min。

量程显示范围为 99%~101%,样品和参比皆为空气,分别在仪器波长两端点内缩 10 nm(光电(倍增)管型接收器的长波端内缩 50 nm)处测量。对仪器进行 100%及 0%校准操作,定波长扫描 100.0%线 3 min。分别计算图谱上最大值与最小值之差,此即为 100%线的波长边缘噪声。

量程显示范围为 −1%~1%,参比为空气,分别在仪器波长两端点内缩 10 nm 处测量。对仪器进行 100%及 0%校准操作,将样品路挡光,定波长扫描 0%线 3 min。分别计算图谱上最大值与最小值之差,此即为0%线仪器波长边缘噪声。

对透射比范围只有0%~100%的仪器,对仪器进行100%及0%校准操作后可用挡光的办法,分别在95%附近和1%附近进行测试;测3 min,测量图谱上最大值与最小值之差,即为波长边缘能量噪声;对无时间扫描功能的仪器,人工观察记录3 min,完成测试。

5.7 电源电压变化时引起的透射比变化

5.7.1 试验工具

a) 功率不小于0.5 kVA调压变压器;

b) 电压表(在检定有效期内)。

5.7.2 试验程序

用调压变压器给仪器供电,用电压表读取电压值。仪器工作波长置于500.0 nm处,采样间隔或积分时间不大于1 s,电压为220 V时,校准仪器透射比100.0%及0%,用调压变压器改变仪器输入电压,观察仪器在198 V,242 V时的透射比示值变化的最大值,此变化值即为该仪器在电压变化时所引起的透射比示值变化。

5.8 基线平直度

光谱带宽2 nm,样品和参比皆为空气,量程为±0.01 Abs,扫描步距1 nm,进行全波段扫描,波长两端内缩10 nm(光电(倍增)管接收器的仪器长波端内缩50 nm)范围内,测量谱图中谱线相对于0 Abs(吸收比坐标零点)线的最大偏移量,此偏移量即为基线平直度。

5.9 基线暗噪声

光谱带宽2 nm,扫描步距1 nm,透射比测量方式,量程±1%,以空气为参比,扫完参比后将样品路完全挡光,进行全波段扫描,波长两端内缩10 nm范围内,测量谱图中谱线相对于0%(透射比坐标零点)线的最大偏移量,此偏移量即为基线暗噪声。

5.10 漂移

仪器开机预热2 h,光谱带宽2 nm,样品和参比皆为空气,采样间隔或积分时间不大于1 s,量程为±0.01 Abs,分别在波长250 nm和500 nm处校零后定波长扫描30 min,读出图谱包络线中心线的最大值和最小值之差即为仪器的漂移。

5.11 安全要求

5.11.1 接触电流

5.11.1.1 豁免条件

在正常工作条件下,交流电压有效值不超过30 V,或直流电压不超过60 V可以不进行该项试验。

5.11.1.2 试验方法

应按GB 4793.1—2007中6.3的有关规定进行试验。

5.11.2 保护接地

应按GB 4793.1—2007中6.5.1的有关规定进行试验。

5.11.3 介电强度

5.11.3.1 试验工具

耐电压测试仪。耐电压测试仪产生的试验电压应为正弦波形，其失真系数不大于5%，频率为50 Hz±2.5 Hz。

5.11.3.2 试验程序

仪器在非工作状态，电源插头不接入电网，电源开关置于接通位置，耐电压测试仪的高压输出一端连接在一起的电源插头的相线和中线，另一端为连接在一起的所有可触及导电零部件之间，在2 s内试验电压从0 V开始逐渐上升到1 500 V，并保持1 min，然后平稳下降到0 V。

5.11.4 安全警示

5.11.4.1 警告标志

应按GB 4793.1—2007中5.2、5.3的有关规定进行试验。

5.11.4.2 防电击警示

目视检查。

5.11.4.3 防紫外辐射及警示

目视检查。

5.11.4.4 防光源烫伤警示

目视检查。

5.12 外观

目视和手感检查。

5.13 仪器成套性

目视检查。

5.14 运输、运输贮存

应按GB/T 11606—2007第8章、第15章、第16章、第17章和第18章的方法进行试验。

6 检验规则

6.1 检验分类

产品的检验分为出厂检验和型式检验。

6.2 出厂检验

a) 每台仪器须经检验合格，并附有产品合格证方能出厂。
b) 出厂检验按4.2～4.10、4.11.2、4.11.3、4.11.4.2～4.11.4.4、4.12、4.13要求进行。
c) 若入库超过12个月再出厂，则应重新进行出厂检验。

6.3 型式检验

6.3.1 仪器在下列情况之一时，应按4.2～4.14要求进行型式检验。

a) 老仪器转厂生产和新仪器试制定型鉴定；

b) 正式生产后，如结构、材料、工艺有较大改变，可能影响仪器性能时；

c) 正常生产时，定期或积累一定产量后，应周期不超过3年进行一次检验；

d) 仪器长期停产，恢复生产时；

e) 出厂检验结果与上次型式检验有较大差异时。

6.3.2 型式检验的样品应在出厂检验合格的批中随机抽取。

6.3.3 型式检验应按GB/T 2829—2002的规定进行，采取一次抽样方案。仪器的检验项目、不合格分类、不合格质量水平(RQL)、判别水平(DL)按表9规定进行。批质量以每百单位仪器不合格数表示。

表9

序号	不合格分类	检验项目及章条			不合格质量水平 RQL	判别水平 DL	抽样方案	
		项目	要求章条	试验方法章条			样品量 n	判定数组 Ac,Re
1	A	波长准确度及波长重复性	4.2	5.2	30	I	3	(0,1)
2		透射比准确度及透射比重复性	4.4	5.4				
3		接触电流	4.11.1	5.11.1				
4		保护接地	4.11.2	5.11.2				
5		介电强度	4.11.3	5.11.3				
6		安全警示	4.11.4	5.11.4				
7	B	光谱带宽	4.3	5.3	65			(1,2)
8		杂散光	4.5	5.5				
9		波长边缘噪声	4.6	5.6				
10		电源电压变化时引起的透射比变化	4.7	5.7				
11		基线平直度	4.8	5.8				
12		基线暗噪声	4.9	5.9				
13		漂移	4.10	5.10				
14		运输、运输贮存	4.14	5.14				
15	C	外观	4.12	5.12	100			(2,3)
16		仪器成套性	4.13	5.13				

6.3.4 若型式检验不合格，应分析原因找出问题并落实措施，重新进行型式检验。若再次型式检验不合格，则应停产整顿，仪器停止出厂，待问题解决、型式检验合格后方可恢复出厂检验。

6.3.5 若型式检验合格，经出厂检验合格方可作为合格品出厂或入库。

7 标志、包装、运输及贮存

7.1 标志

7.1.1 仪器标志

仪器标志包括：

a） 制造厂名称、地址；
b） 仪器型号规格；
c） 仪器名称；
d） 商标；
e） 制造日期或出厂编号；
f） 电源性质、额定电源电压或额定电源电压范围、接上所有附件或模块时的最大额定电流；
g） 制造计量器具许可证标志和编号。

7.1.2 包装标志

包装标志包括：

a） 制造厂名称及地址；
b） 仪器型号规格；
c） 仪器名称；
d） 商标；
e） 制造计量器具许可证标志和编号；
f） 仪器净重和毛重，单位为 kg；外形尺寸：长×宽×高，单位为 mm；
g） 包装储运图示标志："易碎物品"、"向上"、"怕雨"等应符合 GB/T 191—2008 的规定；
h） 发货、收货名称及地址。

7.2 包装

7.2.1 仪器包装应符合 GB/T 13384—2008 中 5.6 的防潮、防震包装规定。

7.2.2 仪器装箱应有下列文件：

a） 装箱单；
b） 使用说明书；
c） 合格证等。

7.3 运输

仪器在包装完整的情况下，可用一般交通工具运输。运输过程中应按印刷的运输标志要求进行运输作业，防止雨淋、翻倒、曝晒及剧烈冲击。

7.4 贮存

仪器在包装状态下，应贮存在环境温度 0 ℃～40 ℃，相对湿度不应大于 85%，无酸、碱及腐蚀性气体的室内。

附 录 A
（规范性附录）
波长参考表及重铬酸钾标准溶液透射比

A.1 汞灯发射光谱参考波长见表 A.1。

表 A.1 单位为纳米

编号	波长	编号	波长	编号	波长	编号	波长
1	205.29	6	296.73	11	404.66	16	579.00
2	230.21	7	313.16	12	435.83	17	607.26
3	245.20	8	365.02	13	491.60	18	690.72
4	253.65	9	365.48	14	546.07	19	1 014.0
5	275.28	10	366.33	15	576.96		

A.2 氧化钬玻璃吸收峰参考波长(光谱带宽 2 nm)见表 A.2。

表 A.2 单位为纳米

编号	波长	编号	波长	编号	波长	编号	波长
1	241.5	4	333.7	7	418.7	10	484.5
2	279.4	5	360.9	8	453.2	11	536.2
3	287.5	6	385.9	9	460.0	12	637.5

A.3 氧化钬溶液吸收峰参考波长(光谱带宽 2 nm)见表 A.3。

表 A.3 单位为纳米

编号	波长	编号	波长	编号	波长	编号	波长
1	241.13	4	333.44	7	416.28	10	485.29
2	278.10	5	361.31	8	451.30	11	536.64
3	287.18	6	385.66	9	467.83	12	640.52

A.4 镨钕玻璃滤光片吸收峰参考波长值(光谱带宽 2 nm)见表 A.4。

表 A.4 单位为纳米

编号	波长	编号	波长	编号	波长
1	431.3	4	572.9	7	739.3
2	513.7	5	585.8	8	807.7
3	529.8	6	684.5	9	878.9

A.5 重铬酸钾标准溶液在光谱带宽 2 nm 时相应波长下不同温度的透射比见表 A.5。

表 A.5 %

温度 ℃	235 nm	257 nm	313 nm	350 nm
10	18.0	13.5	51.2	22.6
15	18.0	13.6	51.3	22.7
20	18.1	13.7	51.3	22.8
25	18.2	13.7	51.3	22.9
30	18.3	13.8	51.4	22.9

A.6 重铬酸钾标准溶液在 20 ℃时相应波长下不同光谱带宽的透射比见表 A.6。

表 A.6 %

光谱带宽 nm	235 nm	257 nm	313 nm	350 nm
1	18.1	13.6	51.3	22.8
2	18.1	13.7	51.3	22.8
3	18.1	13.7	51.2	22.8
4	18.1	13.7	51.1	22.9
5	18.0	13.8	51.0	22.9
6	18.0	13.8	50.9	22.9

附 录 B
(规范性附录)
标准溶液的制备

B.1 碘化钠溶液(10 g/L)

在天平上称取干燥过的分析纯碘化钠(NaI)10.0 g置于100 mL烧杯中,用去离子水溶解,移入1 000 mL容量瓶中,以去离子水稀释至刻度,摇匀并避光保存。

B.2 亚硝酸钠溶液(50 g/L)

在天平上称取干燥过的分析纯亚硝酸钠($NaNO_2$)50.0 g置于250 mL烧杯中,用去离子水溶解,移入1 000 mL容量瓶中,以去离子水稀释至刻度,摇匀并避光保存。

B.3 重铬酸钾溶液(60 mg/L)

在分析天平上称取干燥过的重铬酸钾(基准试剂)($K_2Cr_2O_7$)0.060 0 g置于50 mL烧杯中,用适量二次蒸馏水溶解,加入1 mL的1 mol/L的高氯酸,移入1 000 mL容量瓶中,以二次蒸馏水稀释至刻度,摇匀并避光保存。

B.4 氧化钬溶液(40 g/L)

在天平上称取干燥过的氧化钬(基准试剂)(Ho_2O_3)4.0 g,置于50 mL烧杯中,加入体积分数10%的高氯酸溶液溶解,移入100 mL容量瓶中,以体积分数10%高氯酸溶液稀释至刻度,摇匀并避光保存。

注:以上标准溶液应由具有相应资质的人员或机构配制。

ICS 25.040.30
J 28

中华人民共和国国家标准

GB/T 26799—2011

点胶机　通用技术条件

General specifications of dispenser

2011-07-29 发布　　2011-12-01 实施

中华人民共和国国家质量监督检验检疫总局
中国国家标准化管理委员会　发布

前　言

本标准由中国机械工业联合会提出。

本标准由全国自动化系统与集成标准化技术委员会(SAC/TC 159)归口。

本标准起草单位:特盈自动化科技(厦门)有限公司、厦门理工学院、北京机械工业自动化研究所。

本标准主要起草人:韩旻、黄清文、林建燕、杨大鹏、杨书评、王思斯。

点胶机　通用技术条件

1　范围

本标准规定了直角三坐标点胶机的技术要求、试验方法和检验规则等。

本标准适用于对电子元器件或相关产品进行点胶或封胶的直角三坐标点胶机。

2　规范性引用文件

下列文件中的条款通过本标准的引用而成为本标准的条款。凡是注明日期的引用文件，其后所有的修改单(不包括勘误的内容)或修订版均不适用于本标准，然而，鼓励根据本部分达成协议的各方研究是否可使用这些文件的最新版本。凡是不注日期的引用文件，其最新版本适用于本标准。

GB/T 191—2008　包装储运图示标志(ISO 780:1997,MOD)

GB/T 3768—1996　声学　声压法测定噪声源声功率级　反射面上方采用包络测量表面的简易法(eqv,ISO 3746:1995)

GB/T 3785.1—2010　电声学　声级计　第1部分:规范(IEC 61672-1:2002)

GB/T 3785.2—2010　电声学　声级计　第2部分:型式评价试验(IEC 61672-2:2002,IDT)

GB/T 4768—2008　防霉包装

GB/T 4879—1999　防锈包装

GB/T 5048—1999　防潮包装

GB 5226.1—2008　机械电气安全　机械电气设备　第1部分:通用技术条件(IEC 60204-1:2005,IDT)

GB/T 6107—2000　使用串行二进制数据交换的数据终端设备和数据电路终接设备之间的接口

GB/T 9813—2000　微型计算机通用规范

GB 11291.1—2011　工业机器人　安全要求　第1部分:机器人(ISO 10218:2006,IDT)

GB/T 12642—2001　工业机器人　性能规范及其试验方法(ISO 9283:1998,EQV)

GB/T 14394—2008　计算机软件可靠性和可维护性管理

GB 50169—2006　电气装置安装工程　接地装置施工及验收规范

JB/T 8896—1999　工业机器人　验收规则

3　术语和定义

下列术语和定义适用于本标准。

3.1

点胶机　dispenser

按照预定程序实现三坐标连续移动，完成对工件进行点胶的机械设备。

4　点胶机分类

4.1　按结构分：

a)　台式点胶机；

b)　立式点胶机；

c)　其他点胶机。

4.2　按应用领域分：

a） 电子设备点胶机；

b） 信息设备点胶机；

c） 汽车配件点胶机；

d） 仪器仪表点胶机；

e） 半导体点胶机；

f） 医疗器件点胶机；

g） 其他点胶机。

5 性能

5.1 点胶机的性能指标，应在产品标准中加以规定，包括下列各项：

a） 点胶头数；

b） 额定负载；

c） 有效行程；

d） 最高速度；

e） 运动精度；

f） 驱动方式；

g） 控制方式；

h） 编程方式；

i） 存储容量；

j） 外接方式；

k） 耗电功率；

l） 外形尺寸和重量。

6 技术要求

6.1 一般要求

点胶机由机座、工作台、横梁、点胶系统（含点胶头）、电气控制系统和控制软件组成。

6.1.1 点胶机应按照规定程序批准的图样及技术文件制造。

6.1.2 点胶机配置的计算机应符合 GB/T 9813—2000 的规定。

6.1.3 点胶机的使用软件应符合 GB/T 14394—2008 的规定。

6.1.4 制造点胶机所用材料及外购元器件、部件，入厂时需经检验部门复检，并符合有关标准规定。

6.2 工作环境要求

见 JB/T 8896—1999 中的第 5.1。

6.3 外观和结构要求

6.3.1 点胶机结构应布局合理，操作方便，造型美观，便于维修。

6.3.2 点胶机表面不得有裂缝、明显的凹痕、划伤、变形和污染；表面覆盖层（漆膜或镀层）应均匀，无起泡、划伤、脱落和磨损等缺陷；金属零件不应有锈蚀及其他机械损伤。

6.3.3 成套点胶设备中，所有紧固部分应无松动；活动部分润滑和冷却状况良好。

6.3.4 说明功能的文字、符号、标志应清晰、端正。

6.3.5 具有的串行接口应符合 GB/T 6107—2000 的规定。

6.3.6 外露的电气线路和气管应排列整齐、美观，不应与其他相对运动的零部件发生摩擦。

6.4 功能

6.4.1 开关、按钮、显示、出胶装置及联锁装置，功能应正常。

6.4.2 各轴运动平稳、正常。

6.4.3 在操作中，指令与动作协调一致。

6.4.4 电气设备如遇突然停电，在恢复供电时，不得自行接通。

6.5 安全

6.5.1 点胶机的安全性应符合 GB 11291.1—2011(ISO 10208:2006)的规定。

6.5.2 接地

a) 点胶机上应设主接地端子，且接地端子附近应有明显牢固的接地符号“⏚”；

b) 接地电阻测量见 GB 5226.1—2008 中的 18.2；

c) 接地装置应符合 GB 50169—2006 的规定。

6.5.3 绝缘电阻

点胶机电源带电部件与可触及部件之间的绝缘电阻不小于 10 MΩ。

6.5.4 耐电试验

点胶机动力交流电源电路与邻近的非带电导体间，应能承受交流(50 Hz)，电压有效值 1 500 V，持续 1 min 的耐电试验，无击穿、闪络或飞弧现象。

6.5.5 持续运行

点胶机在额定负载和工作速度下连续工作 72 h，工作应正常。

6.6 噪声

点胶机在空载运行时所产生的噪声，应不大于 70 dB(A)。

6.7 电源适应能力

当供电网电压波动，在额定电压的－15％～＋10％，频率为 50 Hz 时，点胶机工作应正常。

6.8 成套性

6.8.1 点胶机应包括操作机、控制装置、示教装置、连线电缆等成套设备。

6.8.2 点胶机出厂时，应备有供正常生产使用的附件、维修用的备件及专用工具。

6.8.3 点胶机出厂时，应提供点胶机特性数据表、技术说明书或操作、安装、维修说明书等技术文件及合格证。

7 试验方法

7.1 试验条件

见 JB/T 8896—1999 的 5.1。

7.2 外观和结构检查

按 JB/T 8896—1999 的 5.2 进行检查，应符合条件。

7.3 功能检查

见 JB/T 8896—1999 的 5.3。

7.4 安全检查

7.4.1 接地电阻检测

见 GB 5226.1—2008 的 18.2。

7.4.2 绝缘电阻测量

见 GB 5226.1—2008 的 18.3。

7.4.3 耐电强度实验

见 GB 5226.1—2008 的 18.4。

7.4.4 连续运行试验

见 JB/T 8896—1999 的 5.6。

7.5 噪声

7.5.1 测试条件

点胶机在额定负载、额定速度条件下运行。测试时室内其他设备不运行。

7.5.2 测试仪器

应使用 GB/T 3785.1—2010、GB/T 3785.2—2010 中规定的 2 型或 2 型以上的声级计，以及准确度相当的其他测试仪器。

7.5.3 A 声及测量

按 GB/T 3768—1996 的规定进行。

7.6 性能测验

7.6.1 实验条件

7.6.1.1 选用点胶机推荐使用的针筒，胶量分别为 100% 容量、50% 容量和 10% 容量。

7.6.1.2 胶水采用中等粘度环氧树脂。

7.6.1.3 注胶元件采用 PVC 透明板，厚度为 0.1 mm～1 mm。

7.6.1.4 试验时采用两种典型点(注)胶程序：

a) 典型的点胶点为 10 点×10 点的矩阵，点间距 3 mm；

b) 典型的注胶轨迹按图 1 规定。

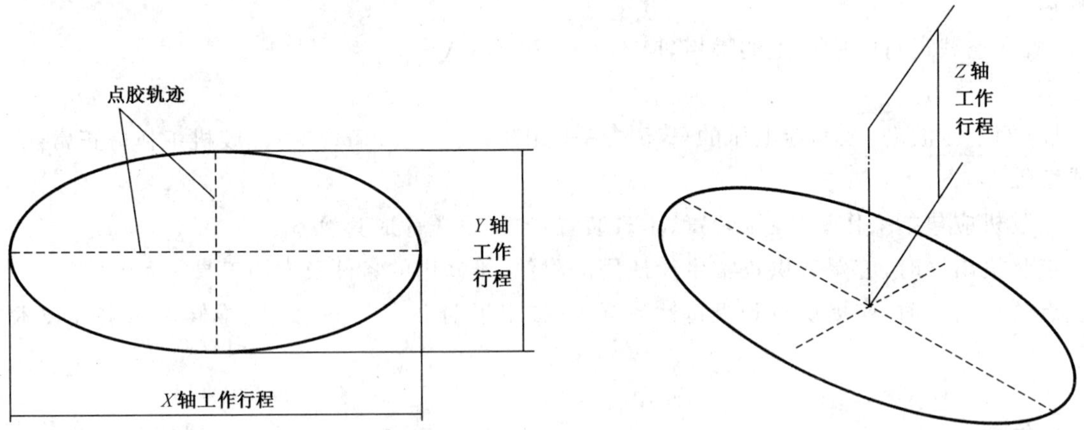

图 1 注胶轨迹

7.6.1.5 采用分析天平称重

7.6.2 编程功能试验

分别设定不同的注胶压力、移动速度、注胶时间等功能，通过实际点、注胶进行验证。

7.6.3 有效行程

设定最大 X、Y、Z 轴的有效行程，按本标准的 7.6.1.3 规定在 PVC 板上进行注胶，用游标卡尺测量 PVC 板上 X、Y 轴工作行程和点胶头的上下运动工作行程，测出的数值应不小于型号规格中 X、Y、Z 轴的有效行程。

7.6.4 重复性试验

见 GB/T 12642—2001 中的 7.3.3。

点胶机主要测量 X、Y 和 Z 轴运动始、终点位置的重复精度。

7.6.5 注胶重复性试验

设定典型的注胶轨迹，针筒内胶容量分别为 100%、50% 和 10% 三种工况进行试验，每种胶容量下取 5 片样，用分析天平进行称量，重量偏差的百分比，即为注胶重复性。

7.6.6 移动速度试验

见 GB /T 12642—2001 的 8.6。在空载的条件下，分别测量 X、Y、Z 轴单轴的最大轨迹速度准确度(AV)。

7.6.7 点胶速度试验

定最大点胶速度，采用本标准 7.6.1.4a)的点胶方法，用秒表测量典型点胶时间，计算出每分钟的点胶数量。

7.6.8 点胶系统密封性

在点胶头上将出胶口封闭，压力调整至 1.25 倍的工作压力，保持 1 min，检查工作压力系统漏气情况。

7.6.9 超载试验

在点胶机台面上均布 1.25 倍最大载重的载荷，并在点胶头上(不装针筒)挂上 1.25 倍最大载重的载荷，保持 1 min，点胶机应无损坏。

8 检验项目

检验项目如表 1 所示。

表 1

序号	检验项目		检验方法	出厂检验	型式检验
1	外观和结构		7.2	○	○
2	功能		7.3	○	○
3	性能	编程功能	7.6.2	○	○
4	性能	有效行程	7.6.3	○	○
5	性能	重复性试验	7.6.4	○	○
6	性能	注胶重复性	7.6.5	○	○
7	性能	移动速度	7.6.6	○	○
8	性能	点胶速度	7.6.7	○	○
9	性能	点胶系统密封性	7.6.8	○	○
10	性能	超载试验	7.6.9	○	○
11	安全性	接地电阻检测	7.4.1	○	○
12	安全性	绝缘电阻测量	7.4.2	○	○
13	安全性	耐电强度	7.4.3	○	○
14	安全性	连续运行	7.4.4	○	○
15	噪声		7.5	○	○

注：“○”为检查项目。

9 检验规则

见 JB/T 8896—1999 第 3 章。

10 标志、包装、运输、贮存

10.1 标志

10.1.1 点胶机产品应装有标牌，标牌上应包括下述内容：

a) 产品名称、型号和规格；

b) 外形尺寸和重量；

c) 工作台面最大载重量和点胶头最大载重量；

d) 最大移动速度或最大点胶速度；

e) 动力源参数及耗电功率；

f) 产品编号；

g) 制造单位名称；

h) 出厂年、月。

10.1.2 包装标志

包装箱外表面上，应按 GB/T 191—2008 规定做图示标志。

10.2 包装

10.2.1 备件及工具应采用包装箱包装，随机文件应采用防潮材料密封。

10.2.2 包装材料符合 GB/T 4768—2008、GB/T 4879—1999、GB/T 5048—1999 的规定。

10.2.3 若有其他特殊包装要求，应在产品标准中规定。

10.3 运输

10.3.1 运输、装卸时，应按 10.2 包装标志的规定方向放置，以保持包装箱的竖立位置，并不得堆放。

10.3.2 在运输过程中，不应有剧烈振动、撞击和倒放；应注意防水、防尘埃和防止机械损伤。

10.4 贮存

长期存放点胶机的仓库，其环境温度为 0 ℃～40 ℃，相对湿度不大于 80%。其周围环境应无腐蚀、易燃气体，无强烈机械振动、冲击及强磁场作用。贮存期限及其维护要求由产品标准规定。

ICS 71.040.01
N 53

中华人民共和国国家标准

GB/T 26800—2011

电 导 电 极

Conduction electrodes

2011-07-29 发布 2011-12-01 实施

中华人民共和国国家质量监督检验检疫总局
中 国 国 家 标 准 化 管 理 委 员 会 发 布

前　言

本标准按照GB/T 1.1—2009 给出的规则起草。

请注意本文件的某些内容可能涉及专利。本文件的发布机构不承担识别这些专利的责任。

本标准由全国工业过程测量和控制标准化技术委员会(SAC/TC 124)归口。

本标准起草单位:上海精密科学仪器有限公司、上海市计量测试技术研究院、华东师范大学、上海雷磁仪器厂浦东联营厂。

本标准主要起草人:王巧梅、吴建忠、金春法、王震涛、何品刚、何海东。

电 导 电 极

1 范围

本标准规定了电导电极的分类、要求、试验方法、检验规则、标志、包装、运输、贮存等。

本标准适用于测定电解质溶液电导率(电阻率)的电导电极(以下简称电极)。

2 规范性引用文件

下列文件对于本文件的应用是必不可少的。凡是注日期的引用文件,仅注日期的版本适用于本文件。凡是不注日期的引用文件,其最新版本(包括所有的修改单)适用于本文件。

GB/T 191—2008 包装储运图示标志(ISO 780:1997,MOD)

GB/T 2829—2002 周期检验计数抽样程序及表(适用于对过程稳定性的检验)

GB/T 6682—2008 分析实验室用水规格和试验方法

GB/T 11606—2007 分析仪器环境试验方法

GB/T 27502—2011 电导率测量用校准溶液制备方法

GB/T 27503—2011 电导率试验溶液 氯化钠溶液的制备方法

3 分类

按使用场所分为:实验室型和在线型。

4 要求

4.1 电极正常工作条件

电极在下列条件下应能正常工作:

a) 环境温度:(0～40)℃;

b) 相对湿度:≤90%。

4.2 电导池常数

电导池常数值范围应符合表1。

表1 电导池常数值范围

单位为厘米

电导池常数	常数值范围
0.01	0.01±0.002
0.1	0.1±0.02
1	1±0.2
10	10±2
50	50±10
其他规格	(1±20%)标称值

4.3 电导池常数的示值误差

电导池常数的示值误差分为：±0.5%、±1.0%、±1.5%、±2.0%。

4.4 实验室型电极的重复性

应不大于电导池常数示值误差的二分之一。

4.5 在线型电极的稳定性

在线型电极的稳定性应不超过±2%/24 h。

4.6 电极输出端的绝缘电阻

应不小于 1×10^{9} Ω。

4.7 电极的外观

电极的外观应符合下列要求：

a） 外形应完整光洁、粘接牢固；

b） 电导池常数的标志应清晰、牢固；

c） 镀铂黑电极的铂黑色泽应呈均匀、致密的灰黑色，不得有疏松脱落现象；

d） 电极的标志应符合7.1的要求。

4.8 电极的运输、运输贮存基本环境适应性

电极经包装后，应符合GB/T 11606—2007中的相关要求，其中：

a） 低温：（－40±2）℃；

b） 高温：（55±2）℃；

c） 交变湿热：温度55 ℃，相对湿度为95%；

d） 碰撞：加速度100 m/s^2，脉冲持续时间16 ms，频率（60～100）次/min，次数（1 000±10）次；

e） 跌落：自由跌落高度为250 mm。

电极经以上试验后应满足4.2～4.7的要求。

5 试验方法

5.1 试验条件

电极的试验条件、设备与溶液：

a） 在GB/T 11606—2007规定的参比条件下进行试验；

b） 试验时的溶液温度为（25±0.2）℃；

c） 比对电极：标准电导电极；

d） 恒温水槽：温度波动度为±0.2 ℃；

e） 高阻计：量程 1×10^{14} Ω以上，其示值误差不大于20%；

f） 试验用的电导率仪的固有误差应优于被测电极配套的电导率仪的固有误差；

g） 校准溶液氯化钾、试验溶液氯化钠分别按GB/T 27502—2011、GB/T 27503—2011制备；

h） 水：按GB/T 6682—2008规定的方法制备。

5.2 电导池常数

电导池常数与校准溶液对应关系见表2。

表2 电导池常数与校准溶液的对应关系

电导池常数 cm^{-1}	校准溶液近似浓度 mol/L	校准溶液电导率(25 ℃) μS/cm
0.01	—	一级水 二级水
0.1	—	一级水 二级水
1	0.01 0.1	1 408.3 12 852
10	0.1 1	12 852 111 310
50	0.1 1	12 852 111 310

电导池常数按下列方法标定：

a) 将被测电极和比对电极分别与电导率仪连接，调节电导率仪的电导池常数(通常置于 1.00 cm^{-1})，温度系数设定为0.00%或“不补偿”；

b) 按表2规定选取相应档的校准溶液，分别标为校准溶液1和校准溶液2，置于恒温水槽中(通常为25.0 ℃)；

c) 将被测电极和比对电极充分清洗后置于校准溶液1中，达到平衡后，分别读取电导率 κ_{M1} 和 κ_{S1}，按式(1)计算被测电极在校准溶液1中的电导池常数 K_{cell1}；

$$K_{cell1}=K_{cellS}\frac{\kappa_{S1}}{\kappa_{M1}} \qquad \cdots\cdots(1)$$

式中：

K_{cellS}——比对电极的电导池常数，单位为每厘米(cm^{-1})；

κ_{S1}——比对电极在校准溶液1中测得的电导率值，单位为微西门子每厘米(μS/cm)；

κ_{M1}——被测电极在校准溶液1中测得的电导率值，单位为微西门子每厘米(μS/cm)。

d) 将被测电极和比对电极充分清洗后置于校准溶液2中，达到平衡后，分别读取电导率 κ_{M2} 和 κ_{S2}，按式(2)计算被测电极在校准溶液2中的电导池常数 K_{cell2}；

$$K_{cell2}=K_{cellS}\frac{\kappa_{S2}}{\kappa_{M2}} \qquad \cdots\cdots(2)$$

式中：

κ_{S2}——比对电极在校准溶液2中测得的电导率值，单位为微西门子每厘米(μS/cm)；

κ_{M2}——被测电极在校准溶液2中测得的电导率值，单位为微西门子每厘米(μS/cm)。

e) 重复c)和d)，测量三次，分别计算三次测量得到的电导池常数的算术平均值 $\overline{K_{cell1}}$ 和 $\overline{K_{cell2}}$；

f) 按式(3)计算 $\overline{K_{cell1}}$ 和 $\overline{K_{cell2}}$ 的平均值即为被测电极的电导池常数。

$$\overline{K_{cell}}=\frac{\overline{K_{cell1}}+\overline{K_{cell2}}}{2} \qquad \cdots\cdots(3)$$

注：对于电导池常数为0.01 cm^{-1} 和0.1 cm^{-1} 的电极，必须在密封且溶液流动的状态下测量。

5.3 电导池常数的示值误差

按5.2的方法进行操作，按式(4)计算电导池常数的示值误差 δ。

$$\delta=\frac{\overline{K_{\mathrm{cell2}}}-\overline{K_{\mathrm{cell1}}}}{\overline{K_{\mathrm{cell1}}}}\times 100\% \quad \cdots\cdots (4)$$

5.4 实验室型电极的重复性

实验室型电极的重复性按下列方法进行试验：

a) 按表3规定制备A、B、C三种NaCl试验溶液；

表3 电导池常数对应的NaCl试验溶液浓度

电导池常数 cm^{-1}	试验溶液 %		
	A	B	C
0.01	0.001 00	0.007 00	0.013 0
0.1	0.001 00	0.007 00	0.013 0
1	0.006 00	0.080 0	0.140
10	0.060 0	0.800	1.70
50	0.700	12.0	26.0

b) 将电导率仪"常数"设置为电极上标注的电导池常数值，然后将电极依次浸入A、B、C三种试验溶液，在每种试验溶液中重复测试六次，每次测量时间间隔为2 min，电极浸入试验溶液中3 min后读数，更换试验溶液时应清洗电极；

c) 按式(5)计算每种试验溶液的标准偏差，然后按式(6)计算A、B、C三种试验溶液的标准偏差与该组读数平均值的百分比，即为重复性 N。

$$S_j=\sqrt{\frac{\sum_{i=1}^{6}(\kappa_{ji}-\overline{\kappa_{ji}})^2}{5}} \quad \cdots\cdots (5)$$

式中：

S_j——第 j 组的试验标准偏差，单位为微西门子每厘米($\mu S/cm$)；

κ_{ji}——第 j 组 i 次的记录值，单位为微西门子每厘米($\mu S/cm$)；

$\overline{\kappa_{ji}}$——第 j 组 i 次记录值的平均值，单位为微西门子每厘米($\mu S/cm$)。

$$N=\frac{\sum_{j=1}^{3}(S_j/\overline{\kappa_{ji}})}{3}\times 100\% \quad \cdots\cdots (6)$$

5.5 在线型电极的稳定性

将被测电极按表3的规定浸入相应的试验溶液B(其电导率标称值为 κ_0)中，以15 min时的电导率仪读数为基准值 κ_{01}，以后每隔1 h记录一次，连续运行24 h，计算每次读数与 κ_{01} 的偏差值，按公式(7)计算漂移量。

$$M = \frac{\Delta\kappa_{max}}{\kappa_0} \times 100\% \qquad \cdots\cdots(7)$$

式中：

M——最大漂移量，%；

$\Delta\kappa_{max}$——与第一次读数的最大偏差，单位为微西门子每厘米（μS/cm）；

κ_0——试验档的电导率标称值，单位为微西门子每厘米（μS/cm）。

5.6 电极输出端绝缘电阻

先将电极进行清洁干燥处理，用高阻计对电极插头的两端进行测量，其测量值即为电极的绝缘电阻。

5.7 电极的外观

用目视和手感进行检验。

5.8 电极的运输、运输贮存基本环境适应性

按7.2的要求包装后，进行运输、运输贮存的基本环境适应性试验。

a) 低温试验按GB/T 11606—2007中第15章规定的方法进行；

b) 高温试验按GB/T 11606—2007中第16章规定的方法进行；

c) 交变湿热试验按GB/T 11606—2007中第8章规定的方法进行；

d) 碰撞试验按GB/T 11606—2007中第18章规定的方法进行；

e) 自由跌落试验按GB/T 11606—2007中第17章规定的方法进行。

6 检验规则

6.1 检验分类

检验分出厂检验和型式检验。

6.2 出厂检验

6.2.1 每支电极须经检验部门检验合格后，并附有产品合格证方能出厂。

6.2.2 电极的出厂检验项目：4.2、4.3、4.7，不允许有不合格项出现。

6.2.3 若入库超过六个月再出厂，则必须重新进行出厂检验。

6.3 型式检验

6.3.1 在下列情况之一时，应进行型式检验：

a) 当电极生产中断一年以上又恢复生产时；

b) 当电极的设计、工艺和材料有较大改变时；

c) 出厂检验结果与上次型式检验有较大差异时；

d) 正常生产，每年进行一次的周期性检验。

6.3.2 型式检验的电极样本必须从出厂检验合格的批中随机抽取。

6.3.3 型式检验方法采用GB/T 2829—2002的一次抽样方案，其检验分类、检验项目、不合格质量水平（RQL）、判别水平（DL）及抽样方案（n/Ac，Re）应符合表4的规定。批质量以不合格品百分数表示。

表 4 型式检验

序号	检验分类	检验项目	要求章条	试验方法章条	不合格质量水平(RQL)	判别水平(DL)	抽样方案(*n*/Ac,Re)
1	A	电导池常数	4.2	5.2	25	Ⅱ	6/(0 1)
2		电导池常数极限误差	4.3	5.3			
3		电极外观	4.7	5.7			
4	B	实验室型电极的重复性	4.4	5.4	50	Ⅱ	6/(1 2)
5		在线型电极的稳定性	4.5	5.5			
6		电极输出端的绝缘电阻	4.6	5.6			
7		电极运输、运输贮存基本环境适应性	4.8	5.8			

6.3.4 型式检验不合格，应分析原因，找出问题并落实措施，重新进行型式检验。若型式检验再次不合格，则应停产整顿，产品停止出厂检验，待解决问题，经型式检验合格后，方可恢复出厂检验。

6.3.5 若型式检验合格，经出厂检验合格的批，可以出厂或入库。

7 标志、包装、运输、贮存

7.1 标志

7.1.1 产品标志

a) 电极的型号及名称。

b) 制造厂或供应商的名称、商标。

c) 生产日期和出厂编号。

d) 生产地址：如果标有相同识别标志(型号)的电极是在一个以上的生产地制造的，则对每一个生产地制造的电极，其标志应能识别出其生产地址。

注：生产地址的标志可以采用代码，而且不必标在电极的外部。

e) 法律法规和相关标准涉及的与安全有关的标志。

7.1.2 包装标志

包装标志应包括以下内容：

a) 电极型号及名称、制造标准编号、商标；

b) 制造厂或供应商的名称及详细地址；

c) 易碎物品、怕雨、温度极限、堆码质量极限、堆码层数极限等包装、储运图示标志的尺寸和颜色应符合 GB/T 191—2008；

d) 收、发货方名称及详细地址。

7.2 包装

产品应包装在具有防震措施的包装盒内，盒内附有使用说明书、产品合格证，然后再装入具有防震、防潮的外包装箱内。

7.3 运输

产品在运输时，应防止雨、雪淋袭，暴晒，腐蚀性物质侵袭和强烈的冲击震动。

7.4 贮存

产品应贮存在环境温度(0～45)℃，相对湿度不大于85%的库房中，库房中不得有腐蚀性气体。

ICS 17.120.10
N 12

中华人民共和国国家标准

GB/T 26801—2011/ISO 2186:2007

封闭管道中流体流量的测量 一次装置和二次装置之间压力信号传送的连接法

Fluid flow in closed conduits—Connections for pressure signal transmissions between primary and secondary elements

(ISO 2186:2007,IDT)

2011-07-29 发布 2011-12-01 实施

中华人民共和国国家质量监督检验检疫总局
中国国家标准化管理委员会 发布

前　言

本标准按照 GB/T 1.1—2009 给出的规则起草。

本标准使用翻译法等同采用 ISO 2186:2007《封闭管道中流体流量的测量　一次装置和二次装置之间压力信号传送的连接法》。

本标准做了下列编辑性修改：

a) 原引用标准 5.1 和 5.2 中的斜率“8%”统一成原引用标准图 D.3 的表示方式，即“1∶12.5”；

b) 删去原引用标准表 A.1 标题中的括号，括号内容置于表格右上方表示所取单位，并删去了表 A.1 中“压力信号传送距离”下方“mm”的错误表示方法；

c) 原引用标准表 C.1 中，按表中比容所列数值得不到表中所示的密度值，这是由于给出的比容值有效位数不足导致。本标准中对比容值做了更正：以 0.001 001 969 m^3/kg 代替 0.001 002 m^3/kg；以 0.001 004 466 m^3/kg 代替 0.001 004 m^3/kg。

本标准由中国机械工业联合会提出。

本标准由全国工业过程测量和控制标准化技术委员会(SAC/TC 124)归口。

本标准起草单位：上海工业自动化仪表研究院、上海仪器仪表自控系统检验测试所、余姚市银环流量仪表有限公司、海军航空仪器计量站。

本标准主要起草人：郭爱华、朱家顺、赵一倩、顾顺凤。

封闭管道中流体流量的测量 一次装置和二次装置之间 压力信号传送的连接法

1 范围

本标准规定了一次装置和二次装置之间压力信号传送系统的设计、布局和安装。通过压力信号传送系统，可采用已知技术将来自流体流量测量一次装置的压力信号安全地传送至二次装置，且信号值不失真或改变。

2 规范性引用文件

下列文件对于本文件的应用是必不可少的。凡是注日期的引用文件，仅注日期的版本适用于本文件。凡是不注日期的引用文件，其最新版本(包括所有的修改单)适用于本文件。

GB/T 2624.1—2006 用安装在圆形截面管道中的差压装置测量满管流体流量 第1部分：一般原理和要求(ISO 5167-1:2003,IDT)

GB/T 2624.2—2006 用安装在圆形截面管道中的差压装置测量满管流体流量 第2部分：孔板(ISO 5167-2:2003,IDT)

GB/T 2624.3—2006 用安装在圆形截面管道中的差压装置测量满管流体流量 第3部分：喷嘴和文丘里喷嘴(ISO 5167-3:2003,IDT)

GB/T 2624.4—2006 用安装在圆形截面管道中的差压装置测量满管流体流量 第4部分：文丘里管(ISO 5167-4:2003,IDT)

GB/T 17611 封闭管道中流体流量的测量 术语和符号(GB/T 17611—1998,ISO 4006:1991,IDT)

3 术语和定义

GB/T 17611 和 GB/T 2624.1 界定的以及下列术语和定义适用于本文件。

3.1

二次装置 secondary device

接收来自一次装置的差压信号，可显示差压值并将其转换成不同形式的信号，如模拟信号或数字信号，然后将差压值传送至另一场所的装置。

4 总则

4.1 安全密封

差压信号应通过管子或软管安全地传送至二次装置。这要求安全地密封一次装置和二次装置之间的流体。流体的安全密封需要符合适用的标准和规程，需要选用合适的结构材料、制作方法、垫圈和密封材料。对于在线维修或检定，设计应考虑隔离、减压、冲洗和拆卸/更换二次装置的安全防护措施。

4.2 管道规格

安装在一次装置和二次装置之间的管子或软管应符合相关的国家标准和行业规范。

注 1：也包括国家法规。

一次装置管道的规格宜包括紧邻一次装置的隔离阀（或截止阀）的规格。隔离阀与二次装置之间的管子或软管，包括此管道中任何附加的阀，其规格可不同于隔离阀的管道规格。这是由于较小的尺寸以及二次装置管道的温度限制导致了这些差异。

一次装置和二次装置之间管道规格的突变（改变）一般在一次装置隔离阀的二次装置连接端处（见图 1）。如果一次装置管道规格要求采用法兰连接，则隔离阀的一次装置端采用法兰连接，二次装置侧的对接法兰是一个仪表连接件，也可使用其他合适的管件。

注 2：可要求进行管道系统的静压试验，以验证管道系统承压部件的完整性。

注 3：某些安装要求对过程连接件进行“疏通”。就是用一根杆或其他器械去除导压管内阻碍流体自由流动的物体。这需要采取安全保护措施。

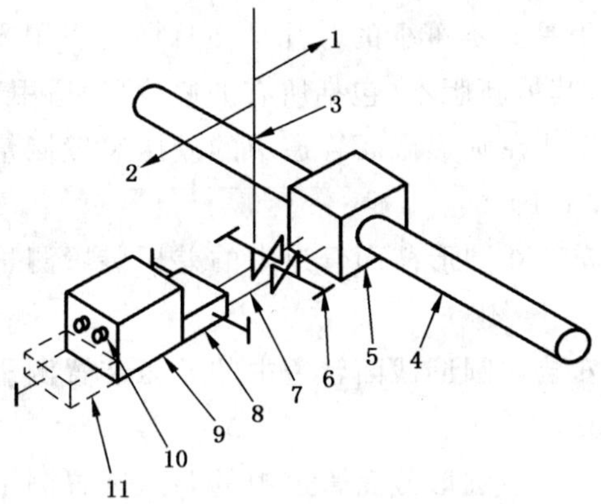

说明：

1——一次装置侧；

2——二次装置侧；

3——规格突变点，即二次装置和一次装置之间管道规格发生改变处；

4——充满流体的管道；

5——一次装置压头发生装置；

6——隔离阀；

7——导压管的连接管；

8——阀组；

9——二次装置；

10——典型的放泄阀；

11——平衡阀的可选位置。

图 1　一次装置和二次装置处于同一高度时的首选安装方式

4.3 隔离阀（截止阀）

隔离阀（截止阀）在必要时将整个测量系统与主管道隔断，但不得影响压力信号。

建议隔离阀紧随一次装置取压口安装。若装有冷凝室,隔离阀也可紧随冷凝室安装。然而若使用冷凝室,则有必要定期检查冷凝室是否清空,是否因腐蚀而成为泄漏源。

选定隔离阀时,应考虑以下要求:

a) 应根据管道的设计压力和温度确定阀的等级;

b) 应谨慎地选择阀和密封填料,尤其是在危险或腐蚀性流体以及在如氧气之类气体的情况下;

c) 选择的阀应不影响压力信号的传送,尤其是在信号有波动的情况下。

应尽可能使用球阀或闸阀,因为球形截止阀安装后,如果阀杆处于垂直面,会产生气泡或液泡。

注:此气泡或液泡能导致差压失真,从而造成测量误差。安装时使阀杆与垂直面成 90°可解决此问题。

4.4 阀组

安装阀门通常是为了能在不拆卸二次装置的情况下对其进行操作、校准和检修。一些典型的阀组的配置如图 2 所示。

这些阀用于:

a) 隔离二次装置与导压管;

b) 在二次装置的高、低压侧之间打开一个通道。通过关闭一个截止阀并开启旁通阀,就可以在工作压力下调整二次装置的零点(无流量信号);

c) 将二次装置和(或)导压管内的液体或气体排入排液口或大气。

成套阀组可以降低成本,节约空间。阀组是将所需的阀和连接件组合成一个组件。阀组应按制造厂规定的方位安装,以避免阀体内残留的气泡或液泡造成误差。

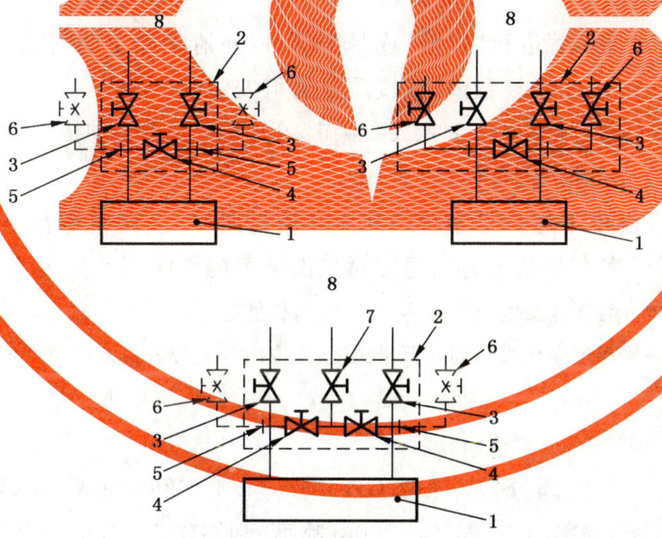

图中:

1——二次装置;

2——阀组;

3——截止阀;

4——平衡阀;

5——排气口、排液口和校准塞;

6——排气阀、排液阀和校准阀(虚线为可选);

7——排气阀、排液阀和校准阀;

8——一次装置侧。

图 2 典型的阀组配置

4.5 安装

安装设计宜尽可能减小一次装置与二次装置的间距。连接管道也称为“导压管”、“计量(管)线”、“仪表软管”或“仪表管道”等。

流量计二次装置的安装细节设计应考虑仪表检修和校准。为了准确地传送压差,导压管应尽可能短直,且两根管子的长度应相等。

注 1:需要较长导压管的场合,管径选取指南见附录 A。另外,可参见 4.7.1,4.7.2 和 4.7.3。

导压管、阀、阀组及二次装置需要维护和校准。但为维修和校准提供方便的安装不能因管道过长、管件过多而增加仪表的测量不确定度。

一次装置各取压口和二次装置间的高度差将在两根导压管的端部之间产生一个压差,它是导压管内流体的静压造成的。

注 2:该影响通常是液体比气体大。

安装导压管时,应保证两根导压管内的流体静压相等。若两根导压管内流体的密度不同,会产生压差。若两根导压管内的流体存在温差,会产生密度差。当要求避免两根导压管间出现显著温差时,如有可能,建议将两根导压管固定在一起隔热。

注 3:两根导压管内流体不同也会引起密度差。

安装导压管只能向一个方向倾斜(向上或向下取决于流体),见第 5 章和第 6 章。如果倾斜方向的改变不可避免,则只能改变一次。这种情况下,用于气体时应在最低点安装集液器,用于液体时应在最高点安装气体收集器。

如有可能,安装后应对导压管进行“排液”或“排气”,以便清除施工期间或静压试验或清洗后的残留物。排液阀可以包含在阀组或二次装置内,或按需要另行安装。

注 4:若导压管内流体的特性因流体老化、扩散或渗漏而发生改变,则需要定期排放。

最好设计成能自排液或自排气。

当系统在工作压力及温度下运行且系统中无流体流过时,如能调整零流量示值和二次装置输出信号传送,就可减小因取压口高度差及压力和温度对二次装置的影响所引起的误差。

注 5:管道内的静止流体可与环境发生充分的热交换,管道长度超过数百毫米时环境温度变化可达到几十摄氏度,长度超过 1 m 时环境温度变化可达到几百摄氏度,这取决于安装方式及所使用的材料。

4.6 取压口

取压口是一次装置的组成部分,应符合 GB/T 2624.1—2006 的 5.4.3 及该标准交叉引用的 GB/T 2624.2—2006 (孔板)、GB/T 2624.3—2006(喷嘴)和 GB/T 2624.4—2006(文丘里管)中有关取压口的要求(孔径、方位等)。

注:在流体杂质较多的应用场合,有时使用隔膜密封,安装时与管道内表面齐平。为了保证测量灵敏度,隔膜的公称直径通常为 80 mm 或 100 mm。这些隔膜密封不包含在 GB/T 2624(所有部分)的范围内。

4.7 导压管的尺寸

4.7.1 总则

导压管的所需直径取决于使用条件。导压管内径小于 6 mm 时,气泡难以上浮释出液体系统,而冷凝液滴难以滴落。小尺寸液体导压管内,毛细管作用显著。如果可能发生冷凝,或流体中可能有气泡释出,则内径不应小于 6 mm,最好至少 10 mm,但不宜超过 25 mm。

4.7.2 过程工业

在多数过程控制应用中，首要关心的问题是可靠性。如果取压口或导压管堵塞，流量信息将会丢失，自动控制系统操纵控制器控制流量，就可能导致偏离预期的工作状态，造成危险或损失。用于过程安全管理的流量信号需要高可靠性。工业应用中推荐最小内径为 10 mm。对于一些特定流体和要求，有些用户规定最小内径为 18 mm。用于高温冷凝蒸气时，规定内径为 25 mm，以利于冷凝液流出。为了准确测量清洁流体，不推荐使用大内径的导压管。在小尺寸管道和清洁流体场合，只要适当考虑排液和排气，可酌情采用小内径导压管。

4.7.3 研究和特殊应用

导压管动态特性的研究见附录 B。在必需具备快速动态特性而流体可保持清洁的特殊应用场合，可使用内部容积非常小的特殊传感器。这时，安装必需经过工程化设计使之适合应用，并需经过测试，以保证采集的数据准确并适用。

注 1：使用 4 mm 的细导压管。

该导压管应较短并经精心布排。宜进行特定安装的测试和验证。

注 2：一次和二次装置之间的高度差所产生的压头差的计算实例见附录 C。

4.8 隔热

为了保护人身安全，一些高温或低温管线需要热隔离。为了避免意外的结冰或冷凝，也有必要对导压管进行隔热和“伴热”。所加热量不应导致充液导压管内液体意外蒸发或可凝结蒸气冷凝。建议将导压管包扎在一起，使它们保持几乎相同的温度。

5 水平管道安装

5.1 气体

除非被测流体是会在二次装置中凝结的蒸气(见 5.3)，一次装置的管壁取压口应位于水平中心线上或接近管道顶部。然而，如果流体是“湿气”，即含有少量液体的气体，从一次装置的接出点到二次装置的接入点之间的连接管线应向上倾斜。建议自排液的最小斜率为 1∶12.5。特例见第 8 章。

5.2 液体

管壁取压口应位于水平中心线上。取压口低于中心线会积淀固体，而取压口高于中心线会积存空气或非凝结性气体。无论在何种情况下，取压口与水平面之间的夹角都不应大于 45°。用于液体时，连接管线应从一次装置向下倾斜地连接到二次装置，且没有上倾段或凹陷处。建议自排气的最小斜率为 1∶12.5。特例见第 8 章。

5.3 冷凝蒸汽，例如水蒸气

管壁取压口应位于一次装置水平中心线上。用于冷凝热蒸气(例如，水蒸气)时，导压管内的流体是蒸汽冷凝而成的液体。这时，管壁取压口宜处于水平位置，导压管向下倾斜地连接到二次装置上；见图 3。

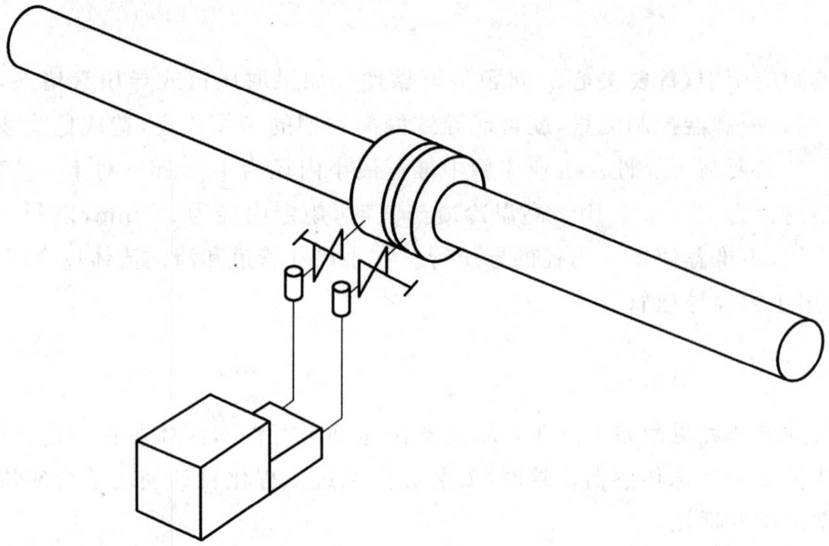

图 3　用于水蒸气场合，二次装置低于一次装置(图中示出了可能安装的冷凝罐)

注：启动时，在导压管充满冷凝液体并冷却之前，二次装置有可能处于蒸汽温度中。在这种情况下，谨慎地在导压管中插入一个 T 型管件，以便在启动前用液体(用于水蒸气场合时为水)充满导压管和二次装置。如有可能，可用一个谨慎的启动程序来缓解此问题，让系统缓慢地充满水蒸气，留出充分的时间让水蒸气在导压管中冷凝。特例见第 8 章。

平衡阀组运行时，同时打开的阀不宜超过 2 个，否则由此造成的流体循环可能使阀和二次装置的温度超过额定值。

6　垂直管道安装

6.1　总则

对于垂直管道，有关取压口的径向位置一般没有问题，两个取压口应面对相同的径向。

6.2　气体

对于干燥的非冷凝气体，连接管线应如 5.1 所述，从一次装置向上倾斜连接到二次装置。

6.3　液体

用于液体时，在垂直管线上，连接管线应如 5.2 所述。

6.4　冷凝蒸汽，例如水蒸气

6.4.1　总则

用于冷凝蒸汽的场合，垂直管道的导压管设计方法有两种，详见 6.4.2 和 6.4.3。

6.4.2　导压管等高安装

较低的导压管在转为水平方向之前应先往上升，直到它与较高的导压管处于同一高度，然后向下连接到二次装置。这就使两根垂直导压管的液体压头相等，不需要专门校正。

6.4.3　校准补偿安装

两根导压管从管道上水平引出，然后向下连接到二次装置。鉴于两根导压管的高度和内部液体不同,应调整二次装置的零点。宜只进行电气调零,既简单又安全。

7 均压环

第 5 章和第 6 章提出的要求和建议适用于均压环的安装。

均压环可用于一次装置平面上多个取压口压力的物理平均。应定期对均压环进行排气或排液。

8 特例

上述要求和建议不适用的系统需要认真设计,注意细节,以避免出错。

注:特例的列举见附录 D。

例如,导压管内积存的气体过多可将导压管内的液位压低,如能在此之前将气体排除,就可以将一次装置安装在地下液体管道上,将二次装置安装在其上方(见图 D.7)。用于可冷凝气体,如蒸汽时,宜避免位于管道的顶部,以减少导压管中不可冷凝气体的存积。用于气体时,在二次装置位于一次装置下方的场合,需采取措施在液位高于二次装置之前积存并排除液体(见图 D.8)。同样的安装方式可能用于两相流体,但优先选用图 1 所示的紧凑耦合的安装方式。该方式适用于单相流,但对于气体中可能出现液体(或液体中可能出现气体)的风险场合,可采用图 D.3 和 D.4 的安装方式。用于可冷凝蒸汽、并且二次装置位于一次装置之上的安装方式,见图 D.9。可用清洁的流体来清洗系统,排除污物(见图 D.10)。

某些应用场合采用预充液物理隔膜密封(也称远传密封)或化学密封。微小的力就可使膜片变形,在校准过程中必须注意。膜片越大,设计越好,误差就越小。建议使连接远传膜片密封系统的导压管或毛细管的长度相等,通过合理安排,避免其处于不同的温度下。

低温系统需要特殊设计,本标准不予考虑。导压管中的液体将二次装置与一次装置中流体的温度隔离。短距离(例如,100 mm~200 mm)内的温差会很大。

特殊系统的维护很费劳力且需要特别维护和专门知识。推荐的安装方式仅需少量维护即可保证准确测量。

附　录　A
（资料性附录）
长导压管管径选取指南

建议导压管尽可能短。如果无法缩短导压管的长度，可从表 A.1 中查找首选的导压管内径。

表 A.1　导压管内径

单位为毫米

被测流体的种类	压力信号传送距离	
	0 m～<16 m	16 m～45 m
水/蒸汽 干空气/气体	7～9	10
湿空气/湿气[a]	13	13
低黏度至中等黏度的油类	13	19
杂质较多的流体	25	25

[a] 管道中存在冷凝的风险。

附 录 B
（资料性附录）
导压管动态特性

一次装置和二次装置之间的管线是一个复杂的非理想的动态压力传送系统。

在恒压或压力缓慢变化时，一次装置和二次装置之间只存在高度效应引起的压力差。

导压管内可压缩流体存在声谐振频率与驻波，并且压力在 1/4 波长的奇倍数处最大。

由于流体的特性、取压口的几何形状和压力变送器的连接管道等因素，某些频率会在导压管中被放大。放大的压力脉冲会影响二次装置。影响的大小随二次装置的型式、流量计的几何尺寸、流动条件、压力变送器的频率响应等因素而变化。据有关报告称，当压力波动超过静压的 10%时，往复式气体压缩机上使用的流量计出现显著误差。

使用内径恒定的短而直的导压管，并尽可能减少管件可以最大限度地减少上述因素的影响。

ISO/TR 3313[1]详细介绍了压力波动的影响。

附 录 C
（资料性附录）
高度压头计算实例

C.1 总则

如C.2所述，一次装置取压口和二次装置间的高度差为2.54 m，两根注水导压管的温差为10 ℃，由此产生的压差为0.619 mbar。该误差与二次装置的标定量程或实际流量无关。在量程相对较小，流速较低时，导压管温差所引起的误差可能是显著的。

气体测量中导压管内残留液体或液体测量中导压管内残留空气所导致的误差可能更大。

C.2 计算实例

本例基于以下条件：

a） 高度差：2.54 m；

b） 使用场合：水；

c） 环境温度：20 ℃。

表 C.1 两个示例的计算实例

条件	管道温度 ℃	比容 m^3/kg	密度 kg/m^3	密度比	压差 Pa(mbar)
参比	20	0.001 001 969	998.035	1.000 00	—
例1	30	0.001 004 466	995.554	0.997 514	61.9(0.619)
注：比容值摘自ASME蒸汽表，第五版[2]。					

附　录　D
（资料性附录）
补 充 图 例

本附录所示的图 D.1～图 D.10 描述了一次装置和二次装置之间传送压力信号所用的专用阀和配置。

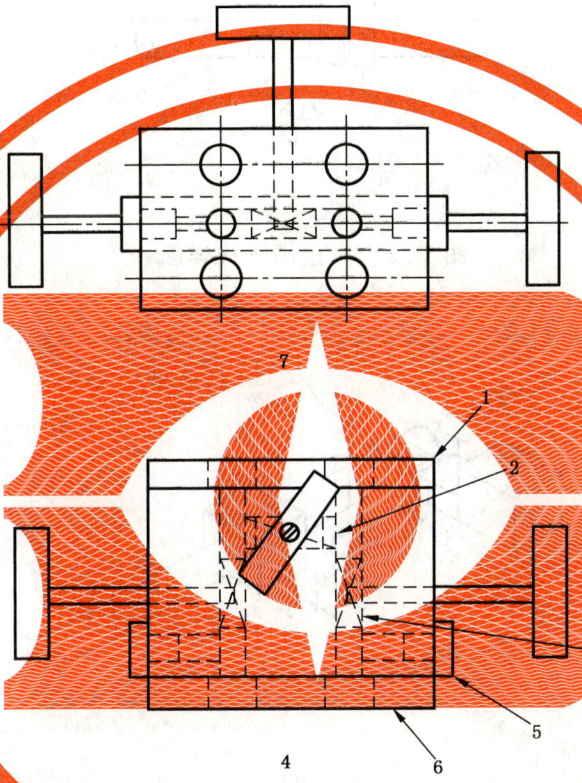

图中：

1——与仪表接头匹配的二次装置连接法兰；

2——平衡阀；

3——截止阀；

4——俯视图；

5——旋塞式排液或清洗接头；

6——过程连接法兰；

7——正视图。

图 D.1　三阀组示意图

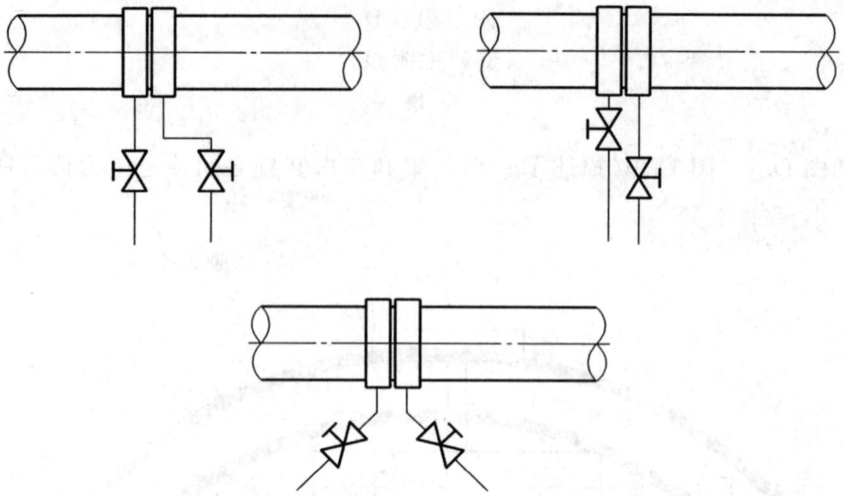

图 D.2 截止阀干扰详图

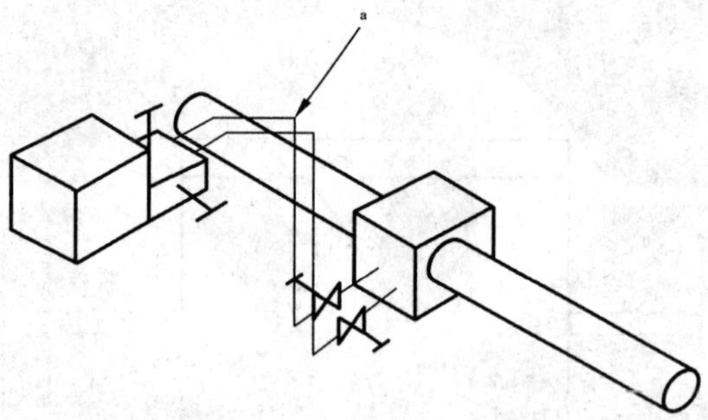

[a] 斜率为 1∶12.5。

图 D.3 气体应用场合，二次装置高于一次装置

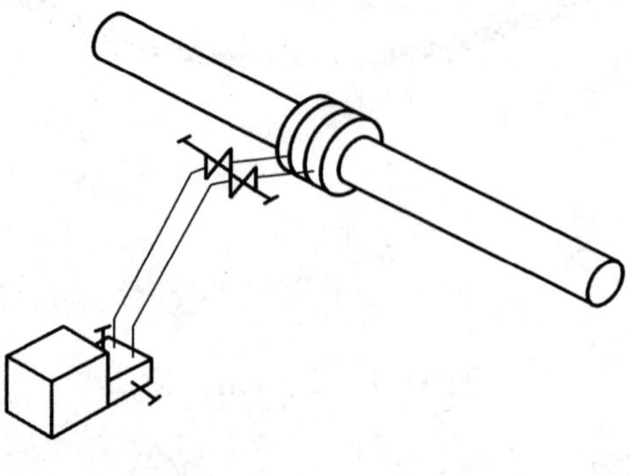

图 D.4 液体应用场合，二次装置低于一次装置

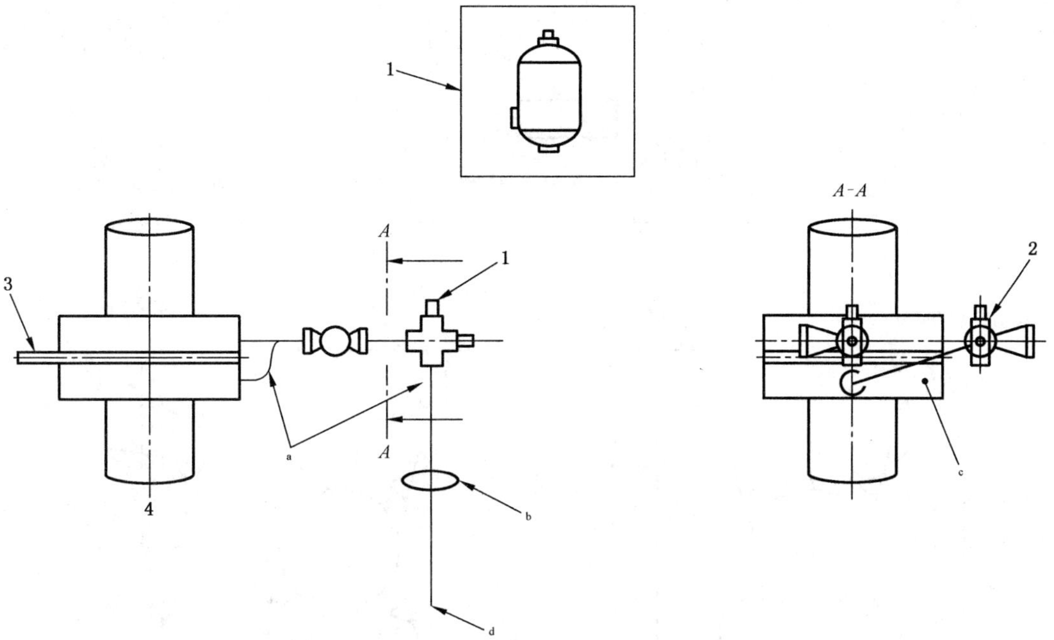

图中：

1——可选细节：需要时用冷凝罐取代十字接头；

2——球形阀的阀杆处于水平位置，以消除气泡或液泡，球阀无此要求；

3——一次装置；

4——正视图；

[a] 取压口和T形接头之间的管道充满蒸气，T形接头下方的流体为液体；

[b] 若有人身安全和防冻保护要求，导压管一起隔离；

[c] 升高较低导压管，使之与较高取压口的高度保持一致；

[d] 接二次装置。

图 D.5　垂直流动冷凝气体应用场合，等压头安装详图

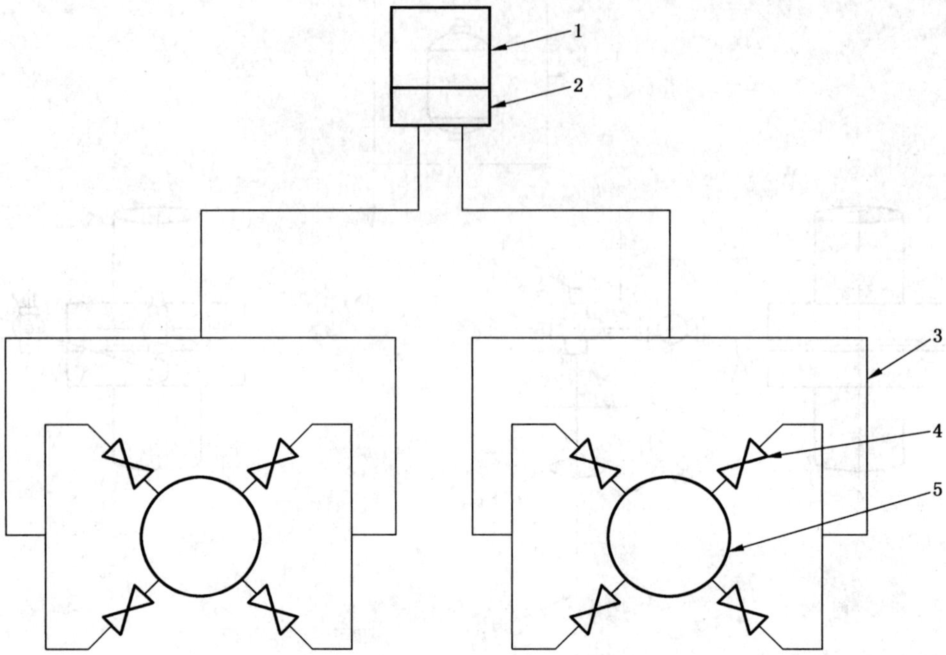

图中：
1——二次装置；
2——阀组；
3——导压管；
4——隔离阀；
5——管道。

图 D.6 对称的均压环

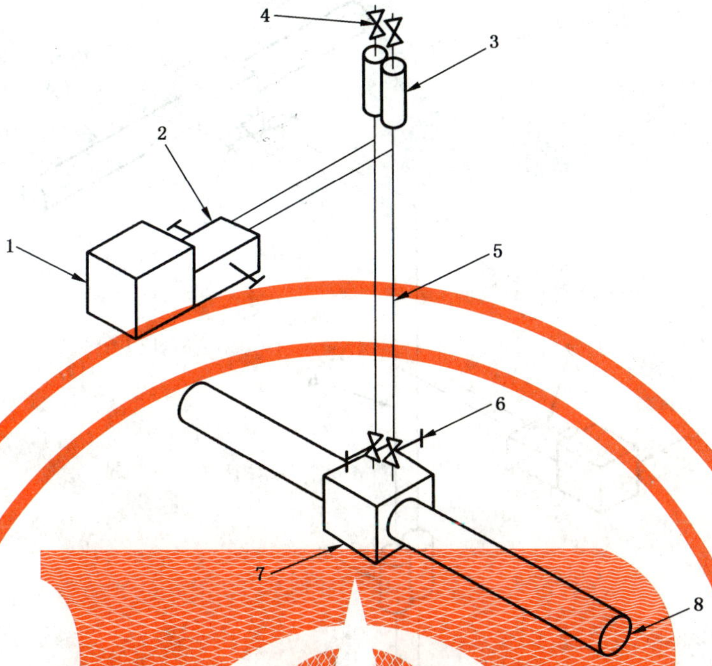

图中：

1——二次装置；

2——阀组；

3——带排气阀的空气或气体分离器；

4——积存气体排气口；

5——导压管；

6——隔离阀；

7——一次装置；

8——充满流体的管道。

图 D.7　液体应用场合，二次装置高于一次装置

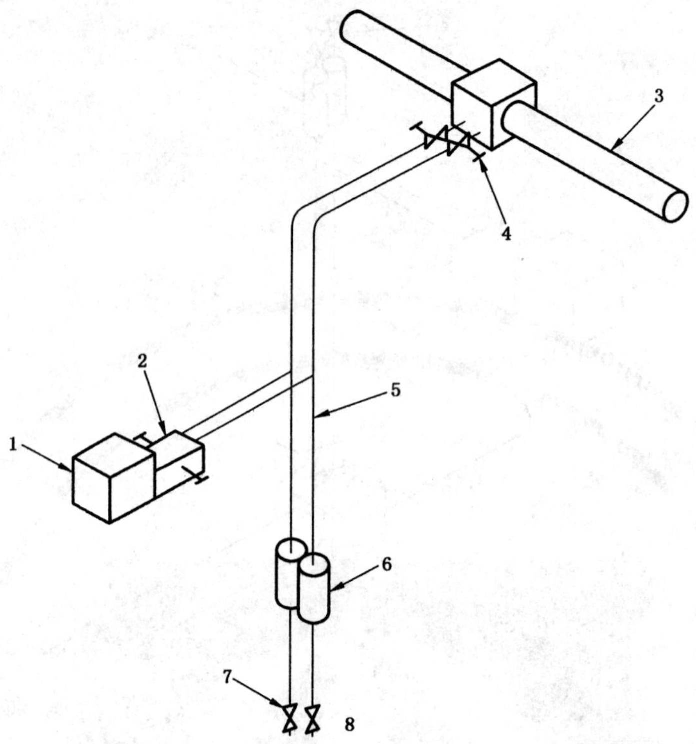

图中：

1——二次装置；

2——阀组；

3——充满流体的管道；

4——隔离阀；

5——导压管；

6——排液罐；

7——排液阀；

8——积存液体排液口。

图 D.8 气体或可冷凝蒸气应用场合，二次装置低于一次装置

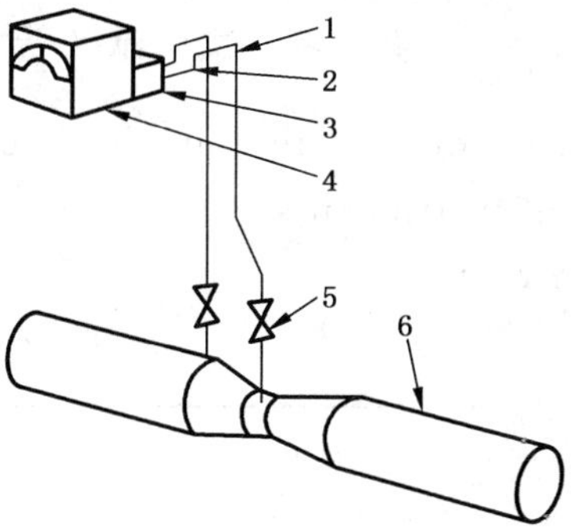

图中：
1——充满蒸汽；
2——充满冷凝气体；
3——阀组；
4——二次装置；
5——截止阀；
6——一次装置，图中为文丘里管。

图 D.9 水平管道，冷凝气体应用场合，二次装置高于一次装置

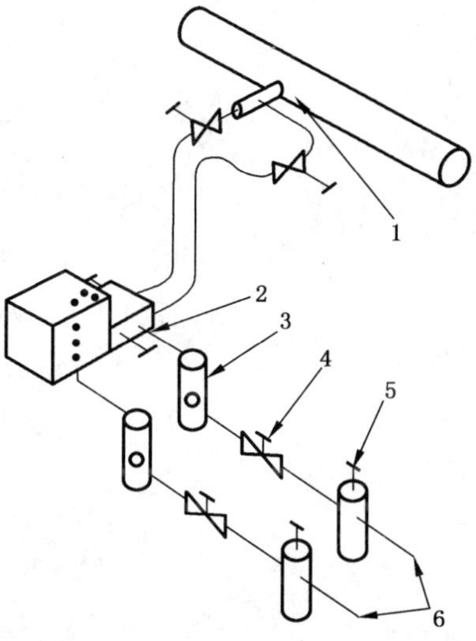

图中：
1——一次装置，图中为皮托管；
2——阀组上的清洗口；
3——流量指示器；
4——针阀；
5——调压器；
6——提供洁净的清洗流体。

图 D.10 二次装置带清洗，水平管道，液体应用场合

参 考 文 献

［1］ ISO/TR 3313, Measurement of fluid flow in closed conduits—Guidelines on the effects of flow pulsations on flow-measurement instruments

［2］ ASME Steam Tables, 5th Edition

ICS 25.040.40
N 18

中华人民共和国国家标准

GB/T 26802.1—2011

工业控制计算机系统　通用规范
第1部分：通用要求

Industrial control computer system—General specification—Part 1: General requirements

2011-07-29 发布　　2011-12-01 实施

中华人民共和国国家质量监督检验检疫总局
中国国家标准化管理委员会　发布

前　言

GB/T 26802《工业控制计算机系统　通用规范》分为以下几部分：

——第1部分：通用要求；

——第2部分：工业控制计算机安全要求；

——第3部分：设备用图形符号；

——第4部分：文字符号；

——第5部分：场地安全要求；

——第6部分：验收大纲。

本部分是GB/T 26802的第1部分。

本部分的附录A是规范性附录。

本部分由中国机械工业联合会提出。

本部分由全国工业过程测量和控制标准化技术委员会(SAC/TC 124)归口。

本部分负责起草单位：重庆工业自动化仪表研究所。

本部分参加起草单位：研祥智能科技股份有限公司、施耐德电气(中国)投资有限公司、北京研华兴业电子科技有限公司、西门子(中国)有限公司、菲尼克斯电气有限公司、北京康拓科技开发总公司、罗克韦尔自动化研究(上海)有限公司、西南大学、中国计算机学会工业控制计算机专业委员会。

本部分主要起草人：孙兰岚、唐怀斌、孙怀义。

本部分参加起草人：陈志列、朱军、杜佳琳、韩加圣、刘学东、刘永池、顾京明、窦连旺、刘朝晖、杜品圣、刘鑫、张伟艳、陈开泰、黄巧莉、刘枫、黄伟、李涛、吕静、杨孟飞。

引　言

工业控制计算机系统广泛应用于工业生产过程测量、监视和控制，现已扩展应用于各个领域。

工业控制计算机系统的主要特点在《计算机科学技术百科全书》(第二版)中将其概括为以下几点：

——高可靠性：要求在工业现场的恶劣环境条件(如高温、低温、高湿度、多粉尘、含腐蚀性气体、强电磁场干扰等)下，仍能可靠地连续运行。具有足够长的平均无故障时间。

——易维护性：系统结构上便于故障诊断和维修。新一代工业控制计算机系统具有在线维护功能，能按自诊断结果自动切断故障部分，可将故障模板或模块在线带电插拔更换。

——强实时性：有良好的实时性的检测输入、数据处理、通信、操作和控制。

——易扩展性：应用中容易变更控制方案、扩充控制回路数和功能。

GB/T 26802 的本部分是工业控制计算机系统的通用要求，是从系统整体出发，对工业控制计算机系统及各个组成部分提出规范性要求。在应用 GB/T 26802 的本部分时，工业控制计算机系统的要求和规定，可直接采用本部分。工业控制计算机系统各组成部分如功能模板模块、工业控制计算机基本平台、总线接口等，还应同时采用工业控制计算机系统系列标准中相关标准的相关部分。

工业控制计算机系统　通用规范
第1部分：通用要求

1　范围

GB/T 26802的本部分规定了工业控制计算机系统的功能、设计要求、技术要求、性能检验与系统评估方法，以及检验规则、标志、包装、贮存和验收等。

本部分适用于工业控制计算机系统。

2　规范性引用文件

下列文件中的条款通过GB/T 26802的本部分的引用而成为本部分的条款。凡是注日期的引用文件，其随后所有的修改单(不包括勘误的内容)或修订版均不适用于本部分，然而，鼓励根据本部分达成协议的各方研究是否可使用这些文件的最新版本。凡是不注日期的引用文件，其最新版本适用于本部分。

GB/T 2423.4　电工电子产品环境试验　第2部分：试验方法　试验Db　交变湿热(12 h+12 h循环)(GB/T 2423.4—2008,IEC 60068-2-30:2005,IDT)

GB/T 2423.6　电工电子产品环境试验　第二部分：试验方法　试验Eb和导则：碰撞(GB/T 2423.6—1995,idt IEC 68-2-29:1987)

GB 3836.1　爆炸性环境　第1部分：设备　通用要求(GB 3836.1—2010,IEC 60079-0:2007,MOD)

GB 3836.2　爆炸性环境　第2部分：由隔爆外壳"d"保护的设备(GB 3836.2—2010,IEC 60079-1:2007,MOD)

GB 3836.4　爆炸性环境　第4部分：由本质安全型"i"保护的设备(GB 3836.4—2010,IEC 60079-11:2006,MOD)

GB 4208　外壳防护等级(IP代码)(GB 4208—2008,IEC 60529:2001,IDT)

GB 4793.1　测量、控制和实验室用电气设备的安全要求　第1部分：通用要求(GB 4793.1—2007,IEC 61010-1:2001,IDT)

GB/T 4798.2—2008　电工电子产品应用环境条件　第2部分：运输(IEC 60721-3-2:1997,MOD)

GB/T 7353—1999　工业自动化仪表盘、柜、台、箱

GB/T 9969　工业产品使用说明书　总则

GB/T 13384　机电产品包装通用技术条件

GB/T 15479—1995　工业自动化仪表绝缘电阻、绝缘强度技术要求和试验方法

GB/T 17212—1998　工业过程测量和控制　术语和定义(GB/T 17212—1998,idt IEC 60902:1987)

GB/T 17214.1　工业过程测量和控制装置　工作条件　第1部分：气候条件(GB/T 17214.1—1998,idt IEC 60654-1:1993)

GB/T 17214.3—2000　工业过程测量和控制装置的工作条件　第3部分：机械影响(idt IEC 60654-3:1983)

GB/T 17626.2—2006　电磁兼容　试验和测量技术　静电放电抗扰度试验(IEC 61000-4-2:2001,IDT)

GB/T 17626.3—2006 电磁兼容 试验和测量技术 射频电磁场辐射抗扰度试验(IEC 61000-4-3:2002,IDT)

GB/T 17626.4—2008 电磁兼容 试验和测量技术 电快速瞬变脉冲群抗扰度试验(IEC 61000-4-4:2004,IDT)

GB/T 17626.5—2008 电磁兼容 试验和测量技术 浪涌(冲击)抗扰度试验(IEC 61000-4-5:2005,IDT)

GB/T 17626.6—2008 电磁兼容 试验和测量技术 射频场感应的传导骚扰抗扰度试验(IEC 61000-4-6:2006,IDT)

GB/T 17626.8—2006 电磁兼容 试验和测量技术 工频磁场抗扰度试验(IEC 61000-4-8:2001,IDT)

GB/T 17626.11—2008 电磁兼容 试验和测量技术 电压暂降、短时中断和电压变化的抗扰度试验(IEC 61000-4-11:2004,IDT)

GB/T 17799.2 电磁兼容 通用标准 工业环境中的抗扰度试验(GB/T 17799.2—2003,IEC 61000-6-2:1999,IDT)

GB 17799.3 电磁兼容 通用标准 居住、商业和轻工业环境中的发射标准(GB 17799.3—2001,idt IEC 61000-6-3:1996)

GB 17799.4 电磁兼容 通用标准 工业环境中的发射标准(GB 17799.4—2001,idt IEC 61000-6-4:1997)

GB/T 18271.1—2000 过程测量和控制装置 通用性能评定方法和程序 第1部分:总则(idt IEC 61298-1:1995)

GB/T 18271.2—2000 过程测量和控制装置 通用性能评定方法和程序 第2部分:参比条件下的试验(idt IEC 61298-2:1995)

GB/T 18271.3—2000 过程测量和控制装置 通用性能评定方法和程序 第3部分:影响量影响的试验(idt IEC 61298-3:1998)

GB/T 18272.1—2000 工业过程测量和控制 系统评估中系统特性的评定 第1部分:总则和方法学(idt IEC 61069-1:1991)

GB/T 18272.2—2000 工业过程测量和控制 系统评估中系统特性的评定 第2部分:评估方法学(idt IEC 61069-2:1993)

GB/T 18272.3—2000 工业过程测量和控制 系统评估中系统特性的评定 第3部分:系统功能性评估(idt IEC 61069-3:1996)

GB/T 18272.4—2006 工业过程测量和控制 系统评估中系统特性的评定 第4部分:系统性能评估(IEC 61069-4:1997,IDT)

GB/T 18272.5—2000 工业过程测量和控制 系统评估中系统特性的评定 第5部分:系统可信性评估(idt IEC 61069-5:1994)

GB/T 18272.6—2006 工业过程测量和控制 系统评估中系统特性的评定 第6部分:系统可操作性评估(IEC 61069-6:1998,IDT)

GB/T 18272.7—2006 工业过程测量和控制 系统评估中系统特性的评定 第7部分:系统安全性评估(IEC 61069-7:1999,IDT)

GB/T 18272.8—2006 工业过程测量和控制 系统评估中系统特性的评定 第8部分:与任务无关的系统特性评估(IEC 61069-8:1999,IDT)

GB/T 18313—2001 声学 信息技术设备和通信设备空气噪声的测量(idt ISO 7779:1999)

GB/T 21099.1—2007 过程控制用功能块 第1部分:系统方面的总论(IEC/CDV 61804-1:2003,IDT)

GB/T 26804.1—2011 工业控制计算机系统 功能模块模板 第1部分:处理器模板通用技术条件

3 术语和定义

GB/T 17212确立的以及下列术语和定义适用于GB/T 26802的本部分。

3.1

工业控制计算机 industrial control computer

按常见工业现场条件设计,适用于工业实时检测、监视和控制应用的计算机。

3.2

工业计算机 industrial computer

见"工业控制计算机"(见3.1)。

3.3

工业控制计算机基本平台 industrial control computer basic platform

由机箱、电源、处理器模板和显示器、键盘/鼠标、通信接口、存储器等组成的集成环境。

3.4

过程输入/输出通道 process I/O channel

直接与过程相连的输入和输出功能部件的总称。这些功能部件将被测参数(例如温度、压力、流量、液位、物位、成分、阀位、触点等)相对应的模拟量信号、数字量信号、开关量信号、脉冲量信号和频率量信号等,转换为工业控制计算机所能接受的数字量信号输入,或把工业控制计算机输出的数字量信号转换成实现过程控制所需的相应信号。

3.5

工业控制计算机系统 industrial control computer system

由工业控制计算机和过程I/O通道、人机接口设备等组成,可对被控对象进行实时检测、监视、控制的计算机系统。

3.6

功能单元 functional unit

能够完成特定任务的硬件实体、软件实体或软硬件实体。

[GB/T 20171]

3.7

设备 device

独立的物理实体。具有在特定环境中执行一个或多个规定动作的能力,并由其接口分隔开。

[GB/T 20171]

3.8

开放性 open ability

具备开放系统功能的能力和实现系统开放的程度。

3.9

系统评估 assessment of a system

根据各种数据,判断系统是否适用于某一种或某一类特定使命。

[GB/T 18272]

3.10

系统特性评定 evaluation of a system property

赋予系统特性定性的说明和(或)定量的值。

[GB/T 18272]

3.11

系统使命　mission of a system

指定系统在规定的条件和时间内实现规定目标的活动总和。

[GB/T 18272]

3.12

功能性　functionality

系统为执行测量和控制任务,所提供的各种功能及其方便组合的程度。

[GB/T 18272]

3.13

功能安全　functional safety

与受控设备和受控设备控制系统有关的整体安全的组成部分,它取决于电气/电子/可编程电子安全相关系统,其他技术安全相关系统和外部风险降低设施功能的正确行使。

[GB/T 20438]

3.14

正常工作　normal operating

测试产品性能时,在影响量的作用下(或作用后),产品运行正常,符合要求。

3.15

平均可用度　average availability

系统能实现其功能的时间与预期的总工作时间之比。

3.16

(电磁)发射　(electromagnetic) emission

从源向外发出电磁能的现象。

[GB/T 4365]

4　工作环境条件

4.1　工作气候条件

工业控制计算机系统的工作气候条件根据现场环境条件,在 GB/T 17214.1 标准中选择工作场所等级和气候参数。

4.2　场地安全条件

工业控制计算机系统安装场地必须具备安全条件。按照安装现场的安装类别应具备的安全要求由工业控制计算机系统系列标准“场地安全要求”规定。

5　设计要求

5.1　系统设计要求

系统设计要求如下:

a) 同一系列的工业控制计算机系统应满足标准化、系列化、模块化、组合化的要求,并考虑兼容性。

b) 工业控制计算机系统采用开放性系统结构,应充分考虑功能单元,如功能模板模块通过总线连接并配置相应的软件组成基本平台和设备,基本平台和设备通过通信系统连接并配置相应的软件构成系统的灵活性和集成性。

c) 工业控制计算机系统设计应考虑系统的保密性、安全性、可靠性、可维护性及噪声的产生,根据系统需求采取必要的措施。

d) 工业控制计算机系统应保证相关应用功能所要求的实时性,如实时输入、实时处理、实时传输、实时输出和实时操作等。

e) 工业控制计算机系统设计应考虑在产品的整个生命周期内的节能和环保要求。采用的材料、元器件、配套件和配套设备不论在正常工作条件,还是可能的故障条件下不会产生或导致产生污染。应合理控制系统运行中热量的产生和正确排放。

f) 工业控制计算机系统设计应考虑电磁兼容,满足对电磁发射限值的要求并具有要求的抗扰度能力。

g) 工业控制计算机系统设计应充分考虑系统具有良好的性能价格比。

h) 工业控制计算机系统采用的总线应从国际标准、国家标准和成为国际事实标准的测量与控制总线中选择,并应满足所选择总线的标准规范。

5.2 硬件设计要求

硬件设计要求如下:

a) 选用的元器件、结构材料、印刷电路板材料、互连材料、工艺材料(如焊接材料等)等应符合国家有关标准,并在生命周期内是环保的。

b) 应进行可靠性、可维护性、安全性设计。对于高可靠性要求的系统,应采用冗余设计或/和容错设计。

c) 对各种信号传输应有抑制干扰的措施。例如:输入/输出通道模板模块的设计应充分考虑抗共模和串模干扰的影响。

d) 进行逻辑设计时,对各种时序关系应留有适当的时间余量。

e) 应考虑自检功能和保护功能。

f) 插入总线插座的电路板接口外型尺寸应符合有关总线标准规定。所有接口要符合相应的国家标准、行业标准或国际标准。

g) 应满足不同应用级别环境的要求,采取必要的设计手段,如热设计、振动与冲击隔离设计、电磁兼容性设计、腐蚀与防护设计等。

5.3 软件设计要求

软件设计要求如下:

a) 对同一系列产品的软件应遵循系列化、标准化、模块化和向下兼容的原则;

b) 配置的软件应与硬件系统的资源相适应;

c) 软件应安全可靠,满足实时性要求;

d) 便于掌握和操作;

e) 对专用程序宜进行固化,并可升级。

5.4 结构设计要求

结构设计要求如下:

a) 应满足不同应用级别环境的要求,采取必要的设计手段,如热设计、振动与冲击隔离设计、电磁兼容性设计、腐蚀与防护设计等;

b) 应尽量采用标准化、系列化、组合化设计,便于使用、维护、制造和系统扩充;

c) 机箱、机柜及控制台的尺寸应符合 GB/T 7353—1999 的有关规定。特殊应用要求不能采用该标准规定的尺寸时应在产品标准中注明;

d) 产品应具有良好的接地系统,满足供电系统和直流地、保护地的接地系统要求;

e) 产品表面说明功能的文字、符号和标志均应清晰、端正、牢固并符合相应的规范。

5.5 安全设计要求

5.5.1 一般要求

工业控制计算机产品和系统设计应满足 GB 4793.1 的相关要求,当应用行业有强制性安全标准要求时,工业控制计算机产品和系统应用于该行业还应执行其标准。一般要求包括:

a) 工业控制计算机系统设计不仅要考虑设备的正常工作条件,还要考虑可能的故障条件以及随之引起的故障、可预见的误用以及如温度、海拔、污染、湿度、电网电源的过电压和通信线路的过电压等外界影响。应采用能消除、减小危险或对危险进行防护的设计原则,能适应附录A中"污染等级3"的环境条件,过电压应达到附录A中的"过电压类别3"的等级。

b) 产品采用的材料和元器件应符合有关元器件的国家、行业标准中或IEC标准中与安全有关的要求。元器件应按额定值正确使用。

c) 产品的设计应使其在预定要连接的电源电压下工作时都是安全的。对作为产品部件提供的互连电缆,不论其是可拆卸的还是不可拆卸的,均应符合相关安全标准的要求。

d) 产品应当采取防电击措施,可触及零部件不得出现危险带电。

e) 与外部电路的连接应当不会:

  1) 在正常条件和单一故障条件下,使外部电路可触及零部件变成为危险带电;

  2) 或者在正常条件和单一故障条件下,使产品本身的可触及零部件变成为危险带电。

f) 电气间隙和爬电距离要符合相关安全标准规定。电气间隙的尺寸应使得进入产品的瞬态过电压和产品内部产生的峰值电压不能使其击穿。爬电距离的尺寸应使得绝缘在给定的工作电压和污染等级下不会产生飞弧或击穿(起痕)。

g) 产品外壳设计应符合安全要求。外壳的防护性能根据应用要求由GB 4208中选择防护等级,并按其规定进行设计。

h) 在正常条件下或单一故障条件下,能防止火焰蔓延,必要时采用阻燃材料消除或减少产品内部的引燃源。产品采用的元器件、部件如果在正常条件下因为过热和过载易引起爆炸,应选用自身具有对内爆影响防护能力的产品。

i) 产品上的标志应符合相关的安全标准的规定。

j) 用户提出的其他安全要求由制造商和用户商定。

5.5.2 特殊要求

5.5.2.1 防爆要求

安装运行于爆炸性环境的相关工业控制计算机系统的相关产品应满足国家标准GB 3836.1、GB 3836.2、GB 3836.4的相关规定。

5.5.2.2 功能安全

应用于安全目的的工业控制计算机产品必须满足功能安全要求,并按功能安全标准要求设计、检验、安装、运行和维护。

5.6 文档要求

文档要求如下:

a) 文档完整,并符合相关标准规范;

b) 应随产品提供产品说明书等文件。产品说明书应符合GB/T 9969的要求;

c) 软件文档和硬件设备文档应符合工业控制计算机系统系列标准中相关标准的规定。

6 技术要求

6.1 主要功能

6.1.1 系统功能模型

工业控制计算机系统功能模型可以用图1表示。通过系统功能模型便于明确描述系统的界面,确定系统的范围和功能。

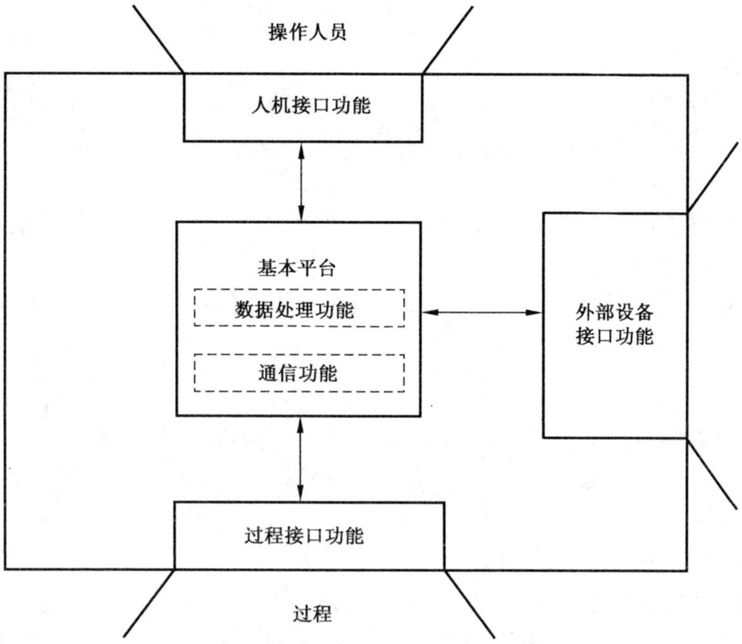

图1 工业控制计算机系统功能模型

在系统功能模型中，可确定下列功能：

a) 过程接口功能；

b) 数据处理功能；

c) 通信功能；

d) 人机接口功能；

e) 与外部设备的接口功能。

注1：过程接口功能：接收过程检测数据和/或传送控制数据给执行装置。该功能可以存在于若干个不同的系统功能单元中。

注2：数据处理功能：可以专门执行各个独立的任务，也可以支持为完成系统使命而需要执行的综合任务。这类功能可以是运算、连续控制（例如比例控制、积分控制、多变量控制等）、顺序控制或批量控制算法、报告、实时趋势等。这些功能可以存在于各个独立的系统功能单元中，也可以与其他功能结合在一个多功能单元（例如过程接口模块）中。

注3：通信功能：通信功能提供系统各组成部分间的通信。

注4：人机接口功能：可以使过程操作人员、工程技术人员、维修人员和管理人员得以访问系统，进而通过系统去访问过程。该功能可以存在于特定的功能单元中，也可以分配在若干功能单元中。

注5：与外部设备的接口功能：用于存取外部设备中的数据，将外部设备中的数据按系统的特定协议和格式进行转换，反之亦然。一个系统中可以存在若干个不同功能的外部设备接口模块，用于与不同的外部设备和系统联接。

6.1.2 功能要求

工业控制计算机系统的功能，根据应用要求由制造商和用户共同商定，并制定功能需求书。

6.2 基本性能

6.2.1 功能模板模块

6.2.1.1 概述

功能模板模块是工业控制计算机系统的基础功能单元，包括：

a) 处理器模板模块（主板）；

b) 模拟量输入输出通道模板模块；

c) 数字量输入输出通道模板模块；

d) 通信模板模块；

e) 其他功能模板模块。

注：功能模块是功能模板的另一种结构型式的功能单元，功能模块的技术要求及试验检查方法可选用同类型的功能模板的相关标准。

6.2.1.2 处理器模板

处理器模板的技术要求由工业控制计算机系统系列标准中“处理器模板通用技术条件”规定。

6.2.1.3 模拟量输入输出通道模板

模拟量输入输出通道模板的技术要求由工业控制计算机系统系列标准中“模拟量输入输出通道模板通用技术条件”规定。

6.2.1.4 数字量输入输出通道模板

数字量输入输出通道模板的技术要求由工业控制计算机系统系列标准中“数字量输入输出通道模板通用技术条件”规定。

6.2.1.5 通讯模板

通信模板的技术要求由产品标准规定。

6.2.2 工业控制计算机基本平台

工业控制计算机基本平台的技术要求由工业控制计算机系统系列标准中“工业控制计算机基本平台通用技术条件”规定。

6.2.3 输入/输出性能

6.2.3.1 输入/输出信号

工业控制计算机系统的输入/输出信号，根据系统需求在以下信息中选择：

a) 模拟量信号

输入：电流(mA)、电压(mV、V)、热电阻；

输出：电流(mA)、电压(mV、V)。

b) 数字量信号

输入：开关量(触点、电平)、脉冲量(脉冲累计、频率测量、脉冲宽度测量)；

输出：开关量(触点、电平)、脉冲量。

c) 其他输入/输出信号

特定领域规定的输入/输出信号或制造商确定的其他输入/输出信号。

6.2.3.2 与准确度有关的技术要求

不精确度与不重复性是与准确度有关的主要技术指标，其值根据系统准确度等级，不得超过表1的规定。应该在系统的说明书里标明。

表1 准确度等级

误差类别	指标/%					
	准确度等级					
	A	B	C	D	E	F
不精确度	±0.1	±0.2	±0.5	±1	±1.5	±2
不重复性	≤0.05	≤0.1	≤0.25	≤0.5	≤0.75	≤1
注：必要时也可选用其他准确度指标，由制造商和用户协商确定。						

6.2.4 外观

工业控制计算机系统外观应满足：

a) 面板和表面喷漆涂层光洁、完好、无剥落、无划痕、无断裂、无机械损伤；

b) 铭牌、文字数字和标志应清晰、不应残缺和污损；

c) 紧固件不得有松动、脱落和损伤等现象；

d) 可动部件应灵活可靠。

6.2.5 安全性能

6.2.5.1 绝缘电阻

具有保护接地端子或保护接地点的工业控制计算机系统、依靠安全特低电压供电的工业控制计算机系统，在不同的试验条件下(一般大气试验条件或湿热条件)，在其与地绝缘的端子同外壳(或与地)之间，相互隔离的端子之间，施加直流电压进行绝缘电阻试验。其施加的直流试验电压值和应达到的绝缘电阻值由 GB/T 15479—1995 中表 1 规定。

6.2.5.2 绝缘强度

具有保护接地端子或保护接地点的工业控制计算机系统、依靠安全特低电压供电的工业控制计算机系统，在不同的试验条件下(一般大气试验条件或湿热条件)，在其与地绝缘的端子同外壳(或与地)之间，相互隔离的端子之间，应能承受 GB/T 15479—1995 中表 3 规定的、与主电源频率相同的正弦交流试验电压。

6.2.5.3 外壳防护

外壳的防护性能应满足 GB 4208 的有关规定。

外壳防护等级和防护方式由产品标准确定。

6.2.6 电源适应能力

6.2.6.1 电源电压暂降影响

电源电压降至额定工作电压的 70%，连续低降三次，三次低降的持续时间可分别为 5、25、50 个周期，两次低降的间隔不小于 10 s，电源恢复后，工业控制计算机系统应正常工作。

6.2.6.2 电源电压短时中断影响

电源电压降至额定工作电压的 0%，连续中断三次，三次中断的持续时间可分别为 1、10、40 个周期，两次中断的间隔不小于 10 s，电源恢复后，工业控制计算机系统应正常工作。

6.2.6.3 电源电压变化影响

电源电压短期变化(交流电压 ±10%，频率 ±1 Hz；直流电压 ±5%)，其变化的时间定为：电压降低需时间 2 s±0.4 s，降低后电压维持时间 1 s±0.4 s，电压增加所需时间 2 s±0.4 s。连续以 10 s 的间隔变化三次，工业控制计算机系统应正常工作。

6.2.7 共模与串模抗扰度

6.2.7.1 共模抗扰度

共模抗扰度试验的目的是确定在工业控制计算机系统的输入和输出端子依次与地之间施加外来电压对输出的影响。

对于输入和输出端子与地隔离的工业控制计算机系统，在输入和输出端子与地之间依次施加与主电源频率相同的、有效值为 250 V 正弦波交流骚扰电压(如果制造商因特殊要求规定的值小于 250 V，应使用此较低的值)，同时在 0°～360°调节骚扰电压的相位，以显现影响量的最大影响，工业控制计算机系统应正常工作。

然后用一个直流电压重复这项试验。试验以幅值为 50 V 的直流骚扰电压(如果制造商因特殊要求规定的值小于 50 V，应使用此较低的值)或输入量程的 1 000 倍(取其数值低的一种)，分别以正电势和负电势施加于工业控制计算机系统输入和输出端子与地之间，工业控制计算机系统应正常工作。

6.2.7.2 串模抗扰度

串模抗扰度试验的目的是确定一个干扰电压串联叠加在输入信号上对工业控制计算机系统输出的影响。

交流串模抗扰度试验是将串模骚扰电压设定在 1 V 峰值(特殊要求由产品标准规定)，同时在 0°～360°调节骚扰电压的相位，在输出量程的 10%和 90%进行测量，工业控制计算机系统应正常工作。

直流串模干扰影响试验方法与交流串模干扰影响试验方法相同。直流串模骚扰电压设定在 1 V 峰值(特殊要求由产品标准规定),并分别以正反两个方向变化,工业控制计算机系统应正常工作。

6.2.8 电磁兼容抗扰度

6.2.8.1 电磁兼容抗扰度项目选择

电磁兼容抗扰度试验包括下列条款所列项目,工业控制计算机系统不同部位试验项目的选择见GB/T 17799.2。

6.2.8.2 射频电磁场辐射抗扰度

在80 MHz～1 000 MHz射频范围内,根据系统使用的电磁场环境,从GB/T 17626.3—2006的表1中选择等级进行试验,根据系统和应用要求,应达到以下要求之一:

a) 正常工作;

b) 功能或性能暂时降低或丧失,但能自行恢复。

保护(设备)抵抗数字无线电话射频辐射干扰的试验等级,从GB/T 17626.3—2006的表2中选择。

电磁场辐射环境分为:

a) 1级:低电平电磁辐射环境;

b) 2级:中等的电磁辐射环境;

c) 3级:严重电磁辐射环境;

d) X级:是一个开放的等级,可在产品规范中规定。

6.2.8.3 工频磁场抗扰度

工频磁场是由导体中的工频电流产生的,或极少量的由附近的其他装置(如变压器的漏磁通)所产生。

根据系统应用环境在GB/T 17626.8—2006中选择试验等级,确定磁场强度进行试验,根据系统和应用要求,应达到以下要求之一:

a) 正常工作;

b) 功能或性能暂时降低或丧失,但能自行恢复。

应用环境分为:

a) 1级:有电子束的敏感装置能使用的环境;

b) 2级:保护良好的环境;

c) 3级:保护的环境;

d) 4级:典型的工业环境;

e) 5级:严酷的工业环境;

f) X级:是一个开放的等级,可在产品规范中规定。

6.2.8.4 静电放电抗扰度

根据系统安装环境条件(如相对湿度等)和产品材料,在GB/T 17626.2—2006的表1(并参照GB/T 17626.2—2006表A.1)中选择试验等级进行接触放电或空气放电(不能使用接触放电场合时选用空气放电试验方式)试验,根据系统和应用要求,应达到以下要求之一:

a) 正常工作;

b) 功能或性能暂时降低或丧失,但能自行恢复。

6.2.8.5 电快速瞬变脉冲群抗扰度

电快速瞬变脉冲群抗扰度是工业控制计算机系统对诸如来自切换瞬态过程(切换感性负载、继电器触点弹跳等)的各种类型瞬变骚扰的抗扰度。

根据系统应用场所环境,在GB/T 17626.4—2008的表1中选择试验等级,确定开路试验电压和脉冲重复频率进行试验,根据系统和应用要求,应达到以下要求之一:

a) 正常工作;

b) 功能或性能暂时降低或丧失,但能自行恢复。

应用场所环境分为:

a) 1级:具有保护良好的环境;

b) 2级:受保护的环境;

c) 3级:典型的工业环境;

d) 4级:严酷的工业环境;

e) X级:是一个开放的等级,可在产品规范中规定。

6.2.8.6 浪涌(冲击)抗扰度

浪涌(冲击)抗扰度是工业控制计算机系统对由开关和雷电瞬变过程电压引起的单极性浪涌(冲击)的抗扰度。

根据系统安装类别,在GB/T 17626.5—2008的表1(并参照GB/T 17626.5—2008表A.1)中选择试验等级,确定开路试验电压进行试验,根据系统和应用要求,应达到以下要求之一:

a) 正常工作;

b) 功能或性能暂时降低或丧失,但能自行恢复。

安装类别分为:

a) 0类:保护良好的电气环境,常常在一间专用房间内;

b) 1类:有部分保护的电气环境;

c) 2类:电缆隔离良好,甚至短走线也隔离良好的电气环境;

d) 3类:电源电缆和信号电缆平行敷设的电气环境;

e) 4类:互连线按户外电缆沿电源电缆敷设并且这些电缆被作为电子和电气线路的电气环境;

f) 5类:在非人口稠密区电子设备与通信电缆和架空电力线路连接的电气环境;

g) X类:在产品技术要求中规定的特殊环境。

6.2.8.7 射频感应的传导骚扰抗扰度

射频感应的传导骚扰抗扰度是工业控制计算机系统对来自9 kHz~80 MHz频率范围内射频发射机电磁场骚扰的传导抗扰度。射频感应是通过电缆(如电源线、信号线、地连接线等)与射频场相耦合而引起的。

根据系统应用场所环境,在GB/T 17626.6—2008表1中选择试验等级,进行试验,根据系统和应用要求,应达到以下要求之一:

a) 正常工作;

b) 功能或性能暂时降低或丧失,但能自行恢复。

应用场所环境分为:

a) 1级:低电平电磁辐射环境;

b) 2级:中等的电磁辐射环境;

c) 3级:严重电磁辐射环境;

d) X级:是一个开放的等级,可在产品规范中规定。

6.2.9 环境影响

6.2.9.1 环境温度影响

根据工业控制计算机系统安装环境,在GB/T 17214.1中选择温度,当温度在其范围变化时,工业控制计算机系统应正常工作。

6.2.9.2 相对湿度影响

在试验温度为40 ℃±2 ℃,相对湿度在93%±3%之间,保持48 h后进行测试,工业控制计算机系统应正常工作。

6.2.9.3 振动影响

根据应用场所,按照GB/T 17214.3—2000的第4章选择振动频率、振动严酷度和振动时间等级,经过三个互相垂直的方向(其中一个为铅垂方向)进行振动试验,工业控制计算机系统应正常工作。

6.2.10 倾跌影响

工业控制计算机设备应能承受距台面25 mm、50 mm或100 mm,或使受试设备底面与台面成30°夹角的倾跌试验,试验后工业控制计算机系统应正常工作。

6.2.11 抗运输环境影响

6.2.11.1 抗运输高温影响

产品在运输包装条件下，按照 GB/T 4798.2—2008 的附录 A 的 A.3.1 的说明，在该标准的表 1 中选择(运输)气候环境条件等级和高温参数进行试验，试验后工业控制计算机系统应正常工作。

6.2.11.2 抗运输低温影响

产品在运输包装条件下，按照 GB/T 4798.2—2008 的附录 A 的 A.3.1 的说明，在该标准的表 1 中选择(运输)气候环境条件等级和低温参数进行试验，试验后工业控制计算机系统应正常工作。

6.2.11.3 抗运输湿热影响

产品在运输包装条件下，按照 GB/T 4798.2—2008 的附录 A 的 A.3.1 的说明，在该标准的表 1 中选择(运输)气候环境条件等级，并根据是否伴有温度急剧变化等因素，选择相对湿度和温度参数进行试验，试验后工业控制计算机系统应正常工作。

6.2.11.4 抗运输碰撞影响

产品在运输包装条件下，选择加速度：$100\ m/s^2 \pm 10\ m/s^2$；相应脉冲持续时间：16 ms±2 ms；脉冲重复频率：每秒 1～3 次；采用近似半正弦波的脉冲波形，进行 1 000 次±10 次的试验。试验后，工业控制计算机系统性能仍应符合产品标准要求。

6.2.12 抗腐蚀性气体性能

应用于具有腐蚀性气体环境的工业控制计算机系统应具有在腐蚀性气体环境条件下工作、贮存、运输的能力。其硬件应具有防腐蚀性能，应根据防腐蚀要求进行处理。

6.2.13 长时间运行考核

在正常工作大气条件下进行考核，连续运行不少于 72 h，工业控制计算机系统应正常工作。

6.2.14 噪声

工业控制计算机系统的噪声值，根据应用场所在表 2 中选择。系统中配置的工业控制计算机设备的噪声值应最少低于同级系统噪声值 5 dB。特殊应用场所由制造商和用户协商确定。

表 2 工业控制计算机系统噪声值

等级	1	2	3
噪声值/dB	≤50	51～55	56～60

6.2.15 电磁发射

工业控制计算机系统和产品正常工作所产生的电磁发射骚扰根据应用场所应满足：

a) 工业场所的室内和室外环境(有工业、科学和医疗设备存在；大的电感和电容负载频繁接通或断开；大电流并伴有强磁场)应用应满足 GB 17799.4 规定的发射限值。

b) 居住、商业和轻工业场所的室内和室外环境(通过公用电网直接获得低压供电的场所)应用应满足 GB 17799.3 规定的发射限值。

6.2.16 可靠性

6.2.16.1 可靠性特征量

工业控制计算机系统可靠性特征量采用：

a) 平均故障间隔时间 MTBF(即平均无故障工作时间)，作为工业控制计算机系统的主要可靠性特征量；

b) 平均修复时间 MTTR；

c) 平均可用度。

6.2.16.2 可靠性 MTBF 指标体系

a) 工业控制计算机功能模板模块

工业控制计算机功能模板模块的 MTBF 指标体系见表 3。

表3 工业控制计算机功能模板模块的MTBF指标体系

可靠性特征量	指标			
	可靠性等级			
	A1	B1	C1	D1
MTBF/h	2×10^4	6×10^4	1×10^5	$>1\times10^5$

b) 工业控制计算机基本平台和设备

工业控制计算机基本平台和设备的MTBF指标体系见表4。

表4 工业控制计算机基本平台和设备的MTBF指标体系

可靠性特征量	指标			
	可靠性等级			
	A2	B2	C2	D2
MTBF/h	1.5×10^4	4.5×10^4	7.5×10^4	$>7.5\times10^4$

c) 工业控制计算机系统

工业控制计算机系统的MTBF指标体系见表5。

表5 工业控制计算机系统的MTBF指标体系

可靠性特征量	指标			
	可靠性等级			
	A3	B3	C3	D3
MTBF/h	1×10^4	3×10^4	5×10^4	$>5\times10^4$

6.2.16.3 可靠性要求

a) 工业控制计算机系统应进行可靠性设计、评审。

b) 工业控制计算机系统可靠性MTBF的选择要求：

——工业控制计算机功能模板模块的MTBF从表3中选择，不应低于A1级；

——工业控制计算机基本平台和设备的MTBF从表4中选择，不应低于A2级；

——工业控制计算机系统的MTBF从表5中选择，不应低于A3级。

c) 根据产品和系统特点可选择其他可靠性特征量(如MTTR、平均可用度)作为主要可靠性特征量的补充，其指标由制造商和用户共同确定。

6.3 系统综合性能

6.3.1 系统特性

工业控制计算机系统综合性能在系统各组成部分相互作用中形成，是完成系统使命的性能和能力。工业控制计算机系统通过系统特性表征评价综合性能。

系统特性可分成下列几类：

a) 功能性；

b) 性能；

c) 可信性；

d) 可操作性；

e) 安全性；

f) 与任务无关的系统特性。

系统特性列于图2。

图 2　系统特性

a)　功能性：提供监测和数据处理功能的程度。如控制，包括先进控制、优化功能、管理信息功能等。功能性取决于提供功能的范围、实时完成功能的能力，必要时选择和完成所需功能的灵活性。

b)　性能：在规定的工作条件和环境条件下能够执行所提供功能的程度。对每一种功能有必要规定对其性能进行物理测量，其中可包括精确度、重复性、响应速度、分辨率等。

c)　可信性：能依靠系统在规定的工作条件和环境条件下执行其预定功能的程度。可信性包括可用性（可靠性、维修性）和信任性（忠实性、防护性）。

d)　可操作性：信息能够借助于人（操作员）机接口、信息透明度和信息表示法及接口本身的人体工程学质量，进行传输的程度。

e)　安全性：系统本身不会对所处环境造成潜在危险的程度，以及系统本身所采取的安全与防护措施。功能安全系统要连续维持各项功能以及具有支持安全的能力。

f)　与任务无关的系统特性：这类所涉及的是与任务或功能无直接关系，然而对于有效使用系统完成其使命有重要意义的特性。

6.3.2　系统功能性

6.3.2.1　概述

只要系统所提供的功能能够覆盖要求执行的测量和控制任务，它就能够执行这些任务。其程度可以用覆盖范围来表示。

对于一个专门执行固定任务的系统，覆盖范围可以充分描述系统的功能性。

在不同的应用场合，要求系统执行的任务会有所不同，为适应这些变化，系统必须提供选择和组合模块的配置手段，系统的结构应能够适应扩容和改造的需要。

系统功能性包含下列子特性：

a)　覆盖范围；

b)　配置性；

c)　适应性。

注 1：覆盖范围：指系统执行测量和控制任务提供功能的范围，取决于下列因素：

——系统提供各种功能的范围，每一种功能的类型、执行频率、数据容量等都是各不相同的；

——由系统的结构所决定的各种功能合作完成规定任务的方式；

——每一种功能的可复现次数，这是由系统模块提供这些功能的方式以及这些功能在模块中的分配状态所决定的。

注2：配置性：取决于系统的结构以及选择、确定、安排和组合各种模块，集成各种功能完成测量和控制任务的方便程度。系统的任何一个层次都可以采用硬件和/或软件支持的配置工具。某些配置操作能否被允许，取决于系统的工作状态（“在线”、“离线”等）。有些操作可能需要在系统不工作时进行。

注3：适应性：指系统的适应程度。取决于扩展、延伸和增强系统的方式，包括：

——可调节性：系统设计得能够通过诸如增、减系统模块的方式调节其规模；

——可变性：系统可以设计得能够改变可执行任务的范围；

——可增强性：系统可以设计得能够使某些系统性能得到增强。例如：

- 具有较大主存储器的模块，由于减少了数据传输，因而能缩短响应时间；
- 为提高计算值的精确度而允许增加数学运算过程重复次数的模块；
- 采用抗干扰能力强的模块，以提高系统的安全性；
- 增强系统在爆炸性环境的适应性等。

6.3.2.2 系统功能性要求

根据系统使命，由制造商和用户共同确定系统的具体功能性要求，并应写入系统需求文件。

6.3.3 系统性能

6.3.3.1 概述

工业控制计算机系统应在规定的时间（响应时间）内以一定的精确度执行测量和控制任务。若有多项任务需要执行，则系统在处理这些任务时应不妨碍其他任务的执行。因此，在一个时间帧内所能处理的任务（吞吐量）是一个重要指标，它取决于系统的处理能力。

系统性能包含下列子特性：

a） 准确度；

b） 响应时间；

c） 处理能力；

d） 系统实时性。

注1：准确度：信息转换的精确度由下列要素组成：

——不精确度；

——不重复性；

——其他。

注2：响应时间：指在规定条件下，从信息转换开始至发生相关响应那一瞬间的时间间隔。信息转换的响应时间包含下列要素：

——信息收集，取决于输入滤波器（硬件和/或软件）的时间常数和输入周期数；

——信息处理，取决于处理周期时间；

——输出动作，取决于输出滤波器（硬件和/或软件）的时间常数和输出周期数。

上述每一项信息转换要素在执行时可以同步也可以不同步。

由于相依性的缘故，信息转换的总响应时间并非是各种构成要素的简单总和。

注3：处理能力：系统的处理能力取决于系统元件的数量、信息转换中这些系统元件的功能共享方式以及元件的周期时间。系统的处理能力无法直接测量，但可通过测量每一种信息转换时系统所具有的剩余处理能力来评价。

注4：系统实时性：工业控制计算机系统主要承担测量控制任务，实时性是系统的基本要求和特征。实时性以完成规定任务和作出响应时间的长短来衡量。通过与应用要求的实时性指标相适应的系统相关环节的合理设计来保障。不同的应用对实时性要求是有差异的，从而给系统设计和设备选择留下空间，可从性能价格比考虑，合理确定方案。

6.3.3.2 系统性能要求

系统性能要求如下：

a） 系统应满足6.2基本性能的要求；

b） 系统的准确度应满足6.2.3.2的要求；

c） 系统的响应时间、处理能力、实时性应满足特定系统要求，由产品标准确定；

d) 系统性能要求应明确写入系统需求文件。

6.3.4 系统可信性

6.3.4.1 概述

可信性是指假定具备必要的外部资源，系统能在规定的条件下，在规定的一瞬间或一段时间内正确地专门完成一项任务的可信程度。

作为一个可信赖的系统，它必须随时可以执行其功能。这属于可用性方面的问题，它取决于系统的故障发生频率(可靠性)和系统恢复正常所需的时间(维修性)。

但事实上，当系统准备执行其功能时，并不表示系统功能一定会被正确执行。而涉及到信任性方面的问题，它取决于在系统处于不能正确执行某些或全部功能的状态下，系统发出警告的能力(忠实性)和系统拒绝任何不正确输入或未经许可进入系统的能力(防护性)。

系统可信性包含下列子特性：

a) 可用性

  1) 可靠性；

  2) 维修性。

b) 信任性

  1) 忠实性；

  2) 防护性。

注1：可用性：指在要求的外部资源得到保证的前提下，系统在规定的条件下，在给定的瞬时或在给定的时间间隔内，处于执行所需功能状态的能力。系统的可用性取决于系统各组成部件的可用性以及这些部件在执行系统任务时的协作方式。部件的协作方式可包括功能冗余，功能退化和功能下降。包括：

——可靠性：指在给定条件下和规定的时间间隔内，系统执行所需功能的能力。系统的可靠性取决于系统各组成部件的可靠性以及这些部件在执行系统任务时的协作方式。部件的协作方式可包括功能冗余，功能退化和功能下降。

——维修性：指一个实体在规定的条件下采用规定的程序和资源进行维修以后，可在规定的使用条件下保持或恢复到能完成规定的功能的状态的能力。系统的维修性取决于系统各组成部件的维修性以及系统的物理结构和功能结构。在定量表示一个系统的维修性时，应把使系统恢复到完全能执行其任务的状态所采取的各种措施计算在内，包括检测故障、通知维修、诊断和排除故障、调整和检验等所需的时间。

注2：信任性：指系统能够识别系统状态并发出相应信号，抵制错误的输入或者未经许可的存取的程度。系统的信任性取决于由系统元件作为功能实现的忠实性机理(通过一个元件检查其他元件的输出来实现)和防护性机理(通过一个元件检查其他元件的输入来实现)。包括：

——忠实性：忠实性是指系统对可能导致不能正确完成任务的系统状态做出提示的保证。系统的忠实性取决于在系统的输出元件上实现的检验输出是否正确的机理，同时也取决于系统内部实现的检测和防止系统部件之间错误地传输信号和数据的机理。对于每一个其本身就可被看作是一个系统的相关部件而言，这两种内部机理就是忠实性机理或防护性机理。

——防护性：指系统对于拒绝接受任何错误的输入或者未经许可的存取的保证。系统的防护性取决于系统边界上实现的检测和防止不正确的输入或未经许可存取的机理。

6.3.4.2 系统可信性要求

系统可信性要求如下：

a) 工业控制计算机系统应进行可信性设计和系统可信性评估。评估项目由产品标准确定。

b) 工业控制计算机系统应达到6.2.14规定的可靠性要求。

6.3.5 系统可操作性

6.3.5.1 概述

可操作性是系统提供的操作工具能高效、直观、透明、稳健地完成操作人员任务的程度。

对于一个可操作的系统，它必须通过人机接口向操作人员提供一个透明的、连贯的窗口来观察将要执行的任务。

可操作性要求受到系统操作人员的技术、技能和人员组成的影响。

在系统的生命周期内，要求系统根据系统使命的各个不同阶段(设计、工程实施、安装和调试、生产控制、维护、处置)提供不同程度的可操作性。各个阶段对可操作性的要求取决于某一阶段所要执行的任务及该阶段的持续时间。

系统需求文件中应指明每一项任务对于使命的相对重要性以及执行这些任务的那些阶段的持续时间。

系统生命周期各个阶段、各个阶段使用系统的操作人员,他们的典型任务以及所用接口的类型见GB/T 18272.4—2006 的附录 A。

可操作性有四种子特性:

a) 效率;

b) 直观性;

c) 透明度;

d) 稳健性。

注 1: 效率:指系统提供的操作工具可使操作人员在规定条件下利用系统完成任务所需的时间和精力减至最少的程度。如果一个系统能使操作人员在可接受的时限内以最低的出错风险用最少的脑力和体力完成他的任务,这个系统就具有可操作性效率。

注 2: 直观性:指系统提供的操作工具可直接被操作人员理解的程度。系统提供的操作工具能使操作人员发送指令并向操作人员显示信息,这些操作工具不宜与利用系统提供的功能执行任务的操作人员的技能、受教育程度和一般文化相冲突。系统可操作性的直观性的衡量标准是操作工具符合一般工作实践需要的程度。与其他特性不同,直观性并非是系统的固有特性。它只能依据特定的用户领域来表示。

注 3: 透明度:指系统提供的操作工具显而易见地使操作人员与其任务建立直接联系的程度。系统提供的操作工具能提供操作帮助使操作人员能发送指令,同时可向操作人员显示信息,并能记录信息,以便于事故追忆和查询。这些操作工具宜将完成所执行任务需要采取的动作(及这动作的顺序)的仿真图像提供给操作人员。衡量系统可操作性的透明度的标准是系统提供的工具的范围。系统显示的信息应清楚、简洁、明确、不矛盾。如果信息本身缺乏描述,应在便于访问的文件中或帮助功能中用更为详细的描述加以说明。

注 4: 稳健性:指系统采用明确的方法和程序正确判断操作人员执行的动作并做出响应,并通过提供适当的反馈消除歧异的程度。系统提供操作人员发送指令的操作工具宜能正确理解和响应操作人员任何明确无误的操作,如果这些操作不明确,系统宜进一步请求提供补充信息以消除疑问;当操作不正确时能恢复到原来正常状态,达到的程度是衡量系统稳健性的标准。

6.3.5.2 系统可操作性要求

工业控制计算机系统应满足系统生命周期各个不同阶段提出的可操作性要求。可操作性要求应写入系统需求文件。

6.3.6 系统安全性

6.3.6.1 概述

系统安全性是指系统作为一个物理实体,其本身不会造成危险源的程度。系统没有危险的程度用系统安全特性来表示。系统的安全特性在(机械、电等)各个方面都取决于其设计及其可信性的固有安全性等多种因素。

6.3.6.2 系统安全性要求

工业控制计算机系统设计要考虑本身出现的危险源及外部的危险环境,其系统应满足 5.5 的要求。

6.3.7 与任务无关的系统特性

6.3.7.1 概述

与任务无关的特性是指与任务或功能无直接关系,但在系统生命周期的安装、运行、停运和处置各个阶段,对于有效利用系统完成其使命有重要影响的一类特性,如质量保证、系统支持、兼容性和物理特性等。

a) 质量保证:工业控制计算机系统是采用系统模块和元件进行设计、开发、制造和配置的,这些模块和元件可以是一个制造商提供的,也可能部分由其他制造商提供。为使系统在整个生命周期内能够完成规定的任务,使各方面的特性达到适宜的水平,应严格按照质量保证体系的要求和程序,完成硬件和软件的开发、制造、集成、支持和维护等必要工作。各制造商的质量保证手册应对这些程序加以说明。要特别注意变更控制体系的运行,以便保证各种版本的软件、硬件和支持文件集的一致性。系统总的集成商的质量保证体系应包含特别措施，在整个生命周期内对负责系统正确工作的不同制造商的变更控制体系加以集成。

b) 系统支持：工业控制计算机系统生命周期的各个阶段都需要系统支持，以提高使用者对系统的信心，确保系统得到维护，确保系统能够达到规定的工作质量。下列系统支持对于系统生命周期的每一个阶段都有重要意义，且在各阶段其重要性会有所不同，如何和由谁提供系统支持由系统集成商确定。

   1) 技术服务：包括：
      ——信息服务，例如规范，更新，新产品或新概念，应用指南；
      ——设计和工程服务；
      ——试运行服务，例如安装、检查、启动等。
   2) 维护服务，包括：
      ——现场维护；
      ——远程维护，例如诊断、软件修复；
      ——备件等。
   3) 文件集，系统需求文件应对以下几个方面做出规定：
      ——需要怎样的系统支持；
      ——什么时候需要(例如在哪个阶段)；
      ——什么地方需要(例如在制造厂和/或用户处)；
      ——反馈报告的详细程度和频度。

      文件集可包括：
      ——规范：例如功能规范、接口规范、性能规范、可靠性规范；
      ——说明：例如安装说明、使用说明、维护说明；
      ——指南：例如应用指南；
      ——描述：例如详细解释整个系统是如何执行任务的等。
   4) 培训：培训的目的是确保操作人员具备必要的知识和技能来完成作为整个系统使命组成部分的各项任务。培训计划应涉及完成生命周期每一阶段的任务所需的知识和技能。知识和技能要求至少包括：
      ——安装；
      ——配置；
      ——正确性验证；
      ——操作；
      ——系统的维护；
      ——安全知识。

c) 兼容性：是一种系统特性，支持系统内部的相互作用(内部兼容性)和系统与外部的作用(外部兼容性)。兼容性通过采用严格按照规程和协议设计的接口而取得，这些规程和协议通过国际标准、国家标准、工业事实标准、专业标准进行规定。兼容性提供了不同厂商的元件和模块的互换、不同系统之间的互操作性。在系统的不同层面上都可能存在兼容性，例如：通信链路；软件模块之间；硬件模块模板之间；人机接口处。这能涵盖从简单的硬件插件到全系统的兼容性。工业控制计算机系统的兼容性用兼容性等级(共存性、可互连性、可协作性、可互操作性和可互换性)表示。GB/T 21099.1—2007 在第 5 章中对兼容性等级进行了定义。

d) 物理特性：系统的物理特性应结合应用环境造成的制约条件一同考虑。所要考虑的物理特性包括：质量、体积(和维护所需的空间)、振动、动力消耗(例如气源、液力和/或电力供应)、散热、发射(例如光、噪声、紫外线、红外线或其他电磁辐射)。

6.3.7.2 与任务无关的特性要求

与任务无关的特性要求如下：

a) 质量保证、系统支持,由制造商与用户共同确定。

b) 兼容性要求,包括:

1) 工业控制计算机的微处理器应与同类通用计算机技术上兼容,包括局部总线兼容、操作系统兼容;

2) 工业控制计算机功能模板模块的结构尺寸和电气连接应符合 GB/T 26804.1—2011 确定的内部总线的规范要求;

3) 系列化工业控制计算机产品应贯彻兼容的原则。

c) 物理特性要求,应明确写入系统需求文件,并应满足第 5 章中相关条款要求。

7 性能检验与系统评估

7.1 性能检验

7.1.1 检验分类

检验分为两类:

全性能检验:包括性能评定、型式检验或必要时的随机抽样检验,确定在任何可能的工作条件下的性能,并与产品标准要求的性能规范相比较。

简化检验:包括从全性能检验项目中选择一部分项目来检验产品的规定特性(例如交货前对所有产品进行的出厂检验或必要时的随机抽样检验)。

7.1.2 检验的一般准则

检验应遵循 GB/T 18271.1—2000 中第 5 章给出的一般准则。

7.1.3 检验条件

满足 GB/T 18271.1—2000 规定的要求。

7.1.4 检验方法

7.1.4.1 功能检查

功能检查应按具体系统功能设计要求,按产品标准规定的方法逐项进行检查。

7.1.4.2 功能模板模块检验

7.1.4.2.1 处理器模板

处理器模板按产品标准规定的方法进行检验。

7.1.4.2.2 模拟量输入输出通道模板

模拟量输入输出通道模板按工业控制计算机系统系列标准中“模拟量输入输出通道模板性能评定方法”进行检验。

7.1.4.2.3 数字量输入输出通道模板

数字量输入输出通道模板按工业控制计算机系统系列标准中“数字量输入输出通道模板性能评定方法”进行检验。

7.1.4.3 工业控制计算机基本平台

工业控制计算机基本平台按工业控制计算机系统系列标准中“工业控制计算机基本平台性能评定方法”进行检验。

7.1.4.4 输入/输出性能检验

按 6.2.3.2 的要求和 GB/T 18271.2—2000 第 4 章规定的方法进行检验。

7.1.4.5 外观检查

按 6.2.4 的要求,用目测法进行检查。

7.1.4.6 安全性能检验

7.1.4.6.1 绝缘电阻

按 6.2.5.1 的要求和 GB/T 15479—1995 规定的方法进行检验。

7.1.4.6.2 绝缘强度

按 6.2.5.2 的要求和 GB/T 15479—1995 规定的方法进行检验。

7.1.4.6.3 外壳防护

按 GB/T 4208 的要求进行检验。

7.1.4.7 电源适应能力试验

7.1.4.7.1 电源电压暂降影响

按 6.2.6.1 的要求和 GB/T 17626.11—2008 规定的方法进行试验。

7.1.4.7.2 电源电压短时中断影响

按 6.2.6.2 的要求和 GB/T 17626.11—2008 规定的方法进行试验。

7.1.4.7.3 电源电压变化影响

按 6.2.6.3 的要求和 GB/T 17626.11—2008 规定的方法进行试验。

7.1.4.8 共模与串模抗扰度试验

7.1.4.8.1 共模抗扰度试验

按 6.2.7.1 的要求和 GB/T 18271.3—2000 规定的方法进行试验。

7.1.4.8.2 串模抗扰度试验

按 6.2.7.2 的要求和 GB/T 18271.3—2000 规定的方法进行试验。

7.1.4.9 电磁抗扰度试验

7.1.4.9.1 射频电磁场辐射抗扰度试验

按 6.2.8.2 的要求和 GB/T 17626.3—2006 规定的方法进行试验。

7.1.4.9.2 工频磁场抗扰度试验

按 6.2.8.3 的要求和 GB/T 17626.8—2006 规定的方法进行试验。

7.1.4.9.3 静电放电抗扰度试验

按 6.2.8.4 的要求和 GB/T 17626.2—2006 规定的方法进行试验。

7.1.4.9.4 电快速瞬变脉冲群抗扰度试验

按 6.2.8.5 的要求和 GB/T 17626.4—2008 规定的方法进行试验。

7.1.4.9.5 浪涌(冲击)抗扰度试验

按 6.2.8.6 的要求和 GB/T 17626.5—2008 规定的方法进行试验。

7.1.4.9.6 射频场感应的传导骚扰抗扰度试验

按 6.2.8.7 的要求和 GB/T 17626.6—2008 规定的方法进行试验。

7.1.4.10 环境影响试验

7.1.4.10.1 环境温度影响

按 6.2.9.1 的要求和 GB/T 18271.3—2000 规定的方法进行试验。

7.1.4.10.2 相对湿度影响

按 6.2.9.2 的要求和 GB/T 18271.3—2000 规定的方法进行试验。

7.1.4.10.3 振动影响

按 6.2.9.3 的要求和 GB/T 18271.3—2000 规定的方法进行试验。

7.1.4.11 倾跌影响试验

按 6.2.10 的要求和 GB/T 18271.3—2000 规定的方法进行试验。

7.1.4.12 抗运输环境影响试验

7.1.4.12.1 抗运输高温性能

按 6.2.11.1 的要求和 GB/T 18271.3—2000 规定的方法进行试验。

7.1.4.12.2 抗运输低温性能

按 6.2.11.2 的要求和 GB/T 18271.3—2000 规定的方法进行试验。

7.1.4.12.3 抗运输湿热性能

按 6.2.11.3 的要求和 GB/T 2423.4 规定的方法进行试验。

7.1.4.12.4 抗运输碰撞性能

按 6.2.11.4 的要求和 GB/T 2423.6 规定的方法进行试验。

7.1.4.13 抗腐蚀性气体影响检验

当需要进行抗腐蚀和侵蚀性能试验时，选择在具备试验条件的检测机构进行试验。

7.1.4.14 长时间运行考核

按6.2.13的要求，运行考核程序，检验长期漂移和长期运行性能。

7.1.4.15 噪声检查

按6.2.14的要求采用GB/T 18313—2001中规定的方法进行检查。

7.1.4.16 电磁发射试验

7.1.4.16.1 系统电磁发射试验

当工业控制计算机系统正常工作时所产生的电磁发射能量会干扰其他设备时，应进行电磁发射试验。工业环境应用按6.2.15a)的要求和GB 17799.4有关测量、测量方法和测量布置方面的规定进行试验。居住、商业和轻工业环境应用按6.2.15b)的要求和GB 17799.3有关测量、测量方法和测量布置方面的规定进行试验。

7.1.4.16.2 产品电磁发射试验

工业控制计算机功能单元、基本平台和设备的电磁发射试验由制造商确定。

7.1.4.17 可靠性认证

按6.2.16的要求，由国家或行业授权的可靠性认证机构进行认证和评定。

7.1.4.18 防爆性能试验

根据防爆要求，按5.5.2.1的要求由国家授权的防爆检测机构进行检验并颁发防爆合格证。

7.1.4.19 功能安全认证

根据功能安全要求，按5.5.2.2的要求由安全检测机构进行检验认证。

7.1.5 检验规则

7.1.5.1 型式检验

7.1.5.1.1 总则

有下列情况之一的应进行型式检验：

a) 新试制的产品定型时或老产品转产时；

b) 正常生产的产品，当结构、材料、工艺有较大改变，可能影响产品性能时；

c) 连续生产的产品，定期型式检验。

7.1.5.1.2 检验样品数

功能模板模块：根据样品数量，同一型号同一批次最少任意抽取3台；

基本平台和设备：根据样品数量，同一型号同一批次任意抽取2台～3台。

7.1.5.1.3 型式检验项目

除非另有规定，产品的型式检验应按本标准规定中除特殊要求情况下进行检验的项目以外的项目进行检验。

产品型式检验项目见表6中的“型式检验”。

可靠性认证，在批量生产阶段另行单独进行。

7.1.5.2 出厂检验

每台工业控制计算机产品和系统须经过制造商质量检验部门检验合格后附产品合格证方能出厂。出厂检验项目见表6中的“出厂检验”。

7.1.5.3 随机抽样检验

根据需要可对生产的产品进行随机抽样检验(例如国家有关部门提出型式检验要求时)，除非另有规定，随机抽样检验按“型式检验”项目进行。抽样台数由制造商与提出抽样检验方协商确定，但不应少于型式检验台数。

表 6 试验项目

检验项目	出厂检验	型式检验	技术要求条文号	检验方法条文号
功能	○	○	6.1	7.1.4.1
输入/输出性能	○	○	6.2.3	7.1.4.4
外观	○	○	6.2.4	7.1.4.5
绝缘电阻	○	○	6.2.5.1	7.1.4.6.1
绝缘强度	○	○	6.2.5.2	7.1.4.6.2
外壳防护	△	○	6.2.5.3	7.1.4.6.3
电源电压暂降影响		○	6.2.6.1	7.1.4.7.1
电源短时中断影响		○	6.2.6.2	7.1.4.7.2
电源电压变化影响	○	○	6.2.6.3	7.1.4.7.3
共模、串模抗扰度		○	6.2.7	7.1.4.8
射频电磁场辐射抗扰度		○	6.2.8.2	7.1.4.9.1
工频磁场抗扰度		○	6.2.8.3	7.1.4.9.2
静电放电抗扰度		○	6.2.8.4	7.1.4.9.3
电快速瞬变脉冲群抗扰度		○	6.2.8.5	7.1.4.9.4
浪涌(冲击)抗扰度		○	6.2.8.6	7.1.4.9.5
射频场感应的传导骚扰抗扰度		○	6.2.8.7	7.1.4.9.6
环境温度影响		○	6.2.9.1	7.1.4.10.1
相对湿度影响		○	6.2.9.2	7.1.4.10.2
振动影响		○	6.2.9.3	7.1.4.10.3
倾跌影响		○	6.2.10	7.1.4.11
抗运输环境性能		○	6.2.11	7.1.4.12
抗腐蚀性气体影响		△	6.2.12	7.1.4.13
长时间运行考核		○	6.2.13	7.1.4.14
噪声检查		○	6.2.14	7.1.4.15
电磁发射		△	6.2.15	7.1.4.16
可靠性		△	6.2.16	7.1.4.17
防爆性能		△	5.5.2.1	7.1.4.18
功能安全		△	5.5.2.2	7.1.4.19
注：表中“○”为需要检验的项目；“△”为特殊要求情况下进行检验的项目。				

7.1.5.4 缺陷及其处理

7.1.5.4.1 缺陷

当 6.1.2、6.2.1、6.2.2、6.2.3、6.2.5、6.2.6.3 有不合格时为重缺陷，其他项目不合格为轻缺陷，在检验中出现 2 个重缺陷或 1 个重缺陷和 2 个轻缺陷为严重缺陷。

7.1.5.4.2 缺陷处理

在检验中出现缺陷时，按下述方法处理：

a) 检验中出现轻缺陷时应停止检验，经制造商修复后，重新进行该项目检验；

b) 检验中出现重缺陷时应停止检验，经制造商查明原因，提出分析报告，并修复后重新进行该项目检验；

c) 在检验中出现严重缺陷时应停止检验，经制造商查明原因，提出分析报告后重新进行全项目检验。

7.1.5.5 判定准则

按照表 6 规定的检验项目采用“检验方法条文号”规定的方法对“技术要求条文号”的要求进行的各项检验全部符合要求后，判定产品为合格。

7.2 系统评估

7.2.1 概述

7.2.1.1 系统评估的目的

工业控制计算机系统评估的目的是定性和/或定量地确定系统完成某一特定使命的能力。

评估一个系统，就是根据各种数据判断系统是否适用于某一特定的使命或者某一类使命。

7.2.1.2 系统评估与产品检验的关系

7.2.1.2.1 工业控制计算机系统的评估

工业控制计算机系统是通过其各具特性的各组成部分（设备和/或模块）的相互作用来完成其使命的。

系统的许多特性是从各组成部分相互作用中形成的，在独立的各部分中是不存在这些特性的。因此，要将系统作为一个整体进行全面评估。

7.2.1.2.2 系统组成产品的检验

对工业控制计算机系统各个组成部分的设备和/或模块进行检验是必须的，它可以为系统评估提供有用的甚至是必须的数据。设备和/或模块评定是系统评估必不可少的条件。

7.2.1.2.3 评估项目的选择

通过仔细考虑评估目的、系统结构以及影响条件，可将评估项目减少到只包括那些对系统应用最敏感的项目。但无论以何种评估为目的，特定的系统配置或结构和一组系统特性及影响条件都需要加以评定。

7.2.1.3 影响条件

在评估系统前，应确定系统在执行使命期间所处的条件，及其可能有的干扰影响。

系统外部条件可以划分成下列几种：

a） 系统承担的任务；

b） 与系统接口的操作人员；

c） 系统所连接的工业过程；

d） 系统连接的外部系统；

e） 为系统服务的公用设施（供电等）；

f） 系统所处的环境；

g） 系统可得到的服务等。

评估时应考虑系统对各种影响条件的预定敏感性、系统应用的临界状态以及评估所能采取的手段，选择影响条件评估的范围。

影响条件的详细说明见 GB/T 18272.1—2000 中的 4.4。

7.2.1.4 系统评估程序

系统评估过程分为以下几个阶段：

a） 确定评估目的；

b） 评估的设计和规划；

c） 制定评估计划；

d） 评估的实施；

e） 编写评估结果报告。

系统评估程序的详细说明见 GB/T 18272.1—2000 中的第 5 章。

7.2.1.5 系统评估方法

系统评估方法见 GB/T 18272.2—2000。

7.2.2 系统功能性评估

7.2.2.1 总则

应明确规定评估的目的。系统功能性不能直接评估，必须分别评估每一种子特性。

功能性的某些子特性可以量化，以绝对值或相对值表示。其他一些子特性只能利用一些量化参数以定性的方式加以描述。

根据系统使命要求完成任务的总量，系统的覆盖范围可以量化为覆盖系数。如有可能，应分别表示出每一项任务的覆盖系数。

配置性通过详细描述配置操作和配置工具，说明其诀窍和技能及所需的时间，从性质上加以描述。

系统的适应性可以用可调节性、可变性、可增强性来表示。

可调节性和可增强性可以用包含部分量化参数的定性描述来表示。

7.2.2.2 功能性评估方法及程序

功能性评估根据 6.3.2 的要求和 GB/T 18272.2—2000 的方法，按 GB/T 18272.3—2000 中第 7 章规定的程序进行。

7.2.2.3 功能性评定技术

功能性评定选择可以将评定结果与系统要求文件的要求作定性和/或定量比较的评定技术。可采用 GB/T 18272.3—2000 中第 8 章提出的评定技术。

7.2.2.4 评估的实施与评估报告的编写

功能性评估的实施与评估报告的编写应符合 GB/T 18272.3—2000 第 9 章和 GB/T 18272.1—2000 的 5.5 和 5.6 的规定。

7.2.3 系统性能评估

7.2.3.1 总则

应明确规定评估的目的。系统性能不能直接评估，通过分析和测试其子特性加以确定。

为了能确定各种子特性，必须利用信息转换对系统进行分析，针对系统的每一条信息流检查子特性。

精确度以绝对值或相对值量化表示。

响应时间可以量化，其数值可包含概率因素。概率因素取决于评定条件和/或实验条件的控制精确度以及所采用的共享资源等条件。

处理能力通过测量每一种信息转换时系统所具有的剩余处理能力来评价。

实时性在响应时间评定的基础上综合考虑其他因素来评价。

7.2.3.2 性能评估方法及程序

系统性能评估根据 6.3.3 的要求和 GB/T 18272.2—2000 的方法，按 GB/T 18272.4—2006 中第 7 章规定的程序进行。

实时性反映过程信息流(被测量值到输出)的实时处理能力和过程输入/输出的确定性。按照系统相关应用功能的要求在响应时间评定的基础上，再考虑其他因素作出综合判断。

7.2.3.3 性能评定技术

性能评定选择可以将评定结果与系统要求文件的要求作定性和/或定量比较的评定技术。

所选用的技术可以是只需根据系统文件进行分析，也可以是需接触实际系统以实验为依据的技术。通常采用分析与实际实验相结合的技术。

可采用 GB/T 18272.4—2006 中的第 8 章提出的技术。

7.2.3.4 评估的实施与评估报告的编写

系统性能评估的实施与评估报告的编写应符合 GB/T 18272.4—2006 中第 9 章和 GB/T 18272.1—2000 中 5.5 和 5.6 的规定。

7.2.4 系统可信性评估

7.2.4.1 总则

应明确规定评估的目的。系统可信性无法直接评估，必须分别对其每一种子特性进行评估。

每一种子特性都取决于系统模块的结构配置以及这些模块的可信性特性，这些模块的子可信性特性与系统的可信性之间的关系可能是相当复杂的。

系统级的每一种子特性可以取决于模块级的若干种子特性。

可信性的某些特性可以用概率表示，其余特性是确定的。有些方面可以量化，而另一些方面只能以定性的方式加以描述。

当一个系统执行若干个系统任务时，其可信性可能会因系统任务的不同而发生变化，这就需要分别对每一项任务进行分析。

7.2.4.2 可信性评估方法及程序

可信性评估根据 6.3.4 的要求，对于可靠性还必须根据 6.2.14 的要求和 GB/T 18272.2—2000 的方法，按 GB/T 18272.5—2000 中第 7 章规定的程序进行。

7.2.4.3 可信性评定技术

可信性评定选择可以将评定结果与系统需求文件的要求做定性和/或定量比较的评定技术。可采用 GB/T 18272.5—2000 中第 8 章提出的评定技术。

7.2.4.4 评估的实施与评估报告的编写

可信性评估的实施与评估报告的编写应符合 GB/T 18272.5—2000 中第 9 章和 GB/T 18272.1—2000 中 5.5 和 5.6 的规定。

7.2.5 系统可操作性评估

7.2.5.1 总则

应明确规定评估的目的。系统可操作性评估可在现有系统或运行中的类似系统上进行，这取决于系统生命周期的阶段。这些评估应包括对系统设计者、工厂轮班管理人员和系统维护人员等所具备的知识、技能和经验的评估。

可操作性评估及其评判标准在很大程度上取决于被评定系统的预定使命，并涉及功能性和性能特性，因此，可操作性评估应以功能性和性能评估为基础。

7.2.5.2 可操作性评估方法和程序

可操作性评估根据 6.3.5 的要求和 GB/T 18272.2—2000 的方法，按 GB/T 18272.6—2006 中第 7 章规定的程序进行。

7.2.5.3 可操作性评定技术

可操作性评定选择可以将评定结果与系统需求文件的要求做定性和/或定量比较的评定技术。

所选用的技术可以是只需根据系统文件进行分析，也可以是需接触实际系统以实验为依据的技术。通常采用分析与实际实验相结合的技术。

GB/T 18272.6—2006 的表 1 概述了各种评定方法。可采用 GB/T 18272.6—2006 中第 8 章提出的技术。

7.2.5.4 评估的实施与评估报告的编写

系统可操作性评估的实施与评估报告的编写应符合 GB/T 18272.6—2006 中第 9 章和 GB/T 18272.1—2000 的 5.5 和 5.6 的规定。

7.2.6 系统安全性评估

7.2.6.1 总则

应明确规定评估的目的。工业控制计算机系统的安全性特性评估限于系统本身出现的危险源，不考虑由被评估的系统所控制的过程或装置可能引入的危险源。如果系统的使命包含有可能影响被控过程或装置安全性的活动，则有关这些活动的要求应符合 GB/T 20438 的规定。系统安全性的评估应包括在系统生命周期内的安装、运行、退出使用和处置阶段与系统相关的所有活动。还应包括环境方面的所有情况。

评估系统安全性时，应考虑以下各方面：

a) 危险源的种类；

b) 危险源后果的承受者；

c) 传播途径；

d) 降低风险的措施。

7.2.6.2 安全性评估方法及程序

安全性评估根据6.3.6的要求和GB/T 18272.2—2000的方法，按GB/T 18272.7—2006中第7章规定的程序进行。

7.2.6.3 安全性评定技术

安全性评定选择可以将评定结果与系统需求文件的要求做定性和/或定量比较的评定技术。

采用GB/T 18272.7—2006中第8章提出的分析法评定和试验法评定相结合的评定方法。

7.2.6.4 评估的实施与评估报告的编写

安全性评估的实施与评估报告的编写应符合GB/T 18272.7—2006中第9章和GB/T 18272.1—2000中5.5和5.6的规定。

7.2.7 与任务无关的系统特性评估

7.2.7.1 评估程序

与任务无关的系统特性评估根据6.3.7的要求和GB/T 18272.2—2000的方法，按照GB/T 18272.8—2006中第7章规定的程序进行。

7.2.7.2 评定技术

与任务无关的系统特性不能作为一个整体进行评定，应根据每一个特性分别处理。所选用的评定技术可以是利用系统文件集和先前的经验或数据进行分析的方法，或选用分析与实验相结合的评定方法。

质量保证按GB/T 18272.8—2006中8.2的方法评定。

系统支持按GB/T 18272.8—2006中8.3的方法评定。

兼容性按GB/T 18272.8—2006中8.4的方法或其他方法评定。

物理特性通过本标准中相关部分的检验来评定。

7.2.7.3 评估的实施与评估报告的编写

与任务无关的系统特性评估的实施与评估报告的编写应符合GB/T 18272.8—2006第9章和GB/T 18272.1—2000的5.5和5.6的规定。

8 标志、包装、贮存

8.1 标志

产品的适当位置上应固定有铭牌，铭牌上应标明：

a) 标记、产品型号、名称；

b) 制造商名称、商标；

c) 制造编号；

d) 制造年月；

e) 由产品标准确定的其他项目。

8.2 包装

产品包装应符合GB/T 13384的规定。

8.3 贮存

产品应贮存在环境温度 5 ℃～40 ℃，相对湿度为 30％～85％的通风室内，室内不允许有各种有害气体、易燃、易爆的产品及有腐蚀性的化学物品，并且应无强烈的机械振动、冲击和磁场作用。若无其他规定时，贮存期一般不应超过六个月。若在生产厂存放超过六个月时，则应重新进行交收检验。

9 验收

工业控制计算机系统按由工业控制计算机系统系列标准中“验收大纲”进行验收。

附 录 A
（规范性附录）
污染等级和过电压类别

A.1 污染等级

A.1.1 污染等级1

无污垢或仅出现干燥的不导电污垢。污垢没有任何影响。如空调房间、测量装置房。

A.1.2 污染等级2

仅出现不导电污垢。但是必须考虑到偶尔吸湿水汽后的暂时导电性。如住宅、商厦、精密机械车间、实验室等。

A.1.3 污染等级3

出现导电污垢或干燥的不导电的，但预计吸湿水汽后会变成导电的污垢。如调温的仓库、车间、机组的电气设备或机床等。

A.1.4 污染等级4

污垢通过导电性的灰尘、雨水或雪水导致持久地导电性。如露天或户外空间，例如火车或有轨电车的车外设备。

A.2 过电压类别

A.2.1 过电压类别1

与建筑物内固定电气装置连接的设备，在室外时，应处于在固定装置内或在固定装置和设备之间，并具有过压保护措施。

A.2.2 过电压类别2

与建筑物内固定电气装置连接的设备。例如家用电器，便携式工具等。

A.2.3 过电压类别3

固定装置的组成部件，以及具有较高耐用性的设备。如配电板、断路器、分配装置和工业用设备等。

A.2.4 过电压类别4

用在建筑物电气装置供电侧上或其附近(即从主分配装置出发朝电网方向)的设备。如电度表、过电流保护开关。

参 考 文 献

［1］ GB/T 4365　电工术语　电磁兼容(GB/T 4365—2003,IEC 60050(161):1990,IDT)

［2］ GB/T 20171　用于工业测量与控制系统的EPA系统结构与通信规范

［3］ GB/T 20438　电气/电子/可编程电子安全相关系统的功能安全(IEC 61508,IDT)

ICS 25.040.40
N 18

中华人民共和国国家标准

GB/T 26802.3—2011

工业控制计算机系统 通用规范 第3部分:设备用图形符号

Industrial control computer system—General specification—Part 3:Graphical symbols for use on equipment

2011-07-29 发布 2011-12-01 实施

中华人民共和国国家质量监督检验检疫总局
中国国家标准化管理委员会 发布

前 言

GB/T 26802《工业控制计算机系统　通用规范》分为以下几部分：

——第 1 部分:通用要求;

——第 2 部分:工业控制计算机安全要求;

——第 3 部分:设备用图形符号;

——第 4 部分:文字符号;

——第 5 部分:场地安全要求;

——第 6 部分:验收大纲。

本部分是 GB/T 26802 的第 3 部分。

本部分由中国机械工业联合会提出。

本部分由全国工业过程测量和控制标准化技术委员会(SAC/TC 124)归口。

本部分负责起草单位:西南大学。

本部分参加起草单位:研祥智能科技股份有限公司、北京研华兴业电子科技有限公司、中国计算机学会工业控制计算机专业委员会。

本部分主要起草人:何强、李涛、吕静、钟秀蓉、黄巧莉、张建成。

本部分参加起草人:陈志列、孙伟、刘永池、林清波、杨孟飞。

工业控制计算机系统　通用规范
第3部分：设备用图形符号

1　范围

GB/T 26802的本部分规定了工业控制计算机系统设备使用的图形符号。本部分规定的图形符号包括表示工业控制计算机系统设备的特征、操作标志、面板显示、功能状况、指示器、连接插口以及某些其他部件的图形符号。这些图形符号有助于用户操作和维护工业控制计算机系统。

本部分适用于工业控制计算机系统设备的各种操作件、指示器、连接件、连接插口的图形符号。

2　规范性引用文件

下列文件中的条款通过GB/T 26802的本部分的引用而成为本部分的条款。凡是注日期的引用文件，其随后所有的修改单(不包括勘误的内容)或修订版均不适用于本部分，然而，鼓励根据本部分达成协议的各方研究是否可使用这些文件的最新版本。凡是不注日期的引用文件，其最新版本适用于本部分。

GB 2894—2008　安全标志及其使用导则

GB/T 4457.4　机械制图　图样画法　图线(GB/T 4457.4—2002,eqv ISO 128-24:1999)

GB/T 4458.4　机械制图　尺寸注法

GB/T 5465.2—2008　电气设备用图形符号　第2部分:图形符号(IEC 60417 DB:2007,IDT)

GB/T 5465.11—2007　电气设备用图形符号基本规则　第1部分:原形符号的生成(IEC 80416-1:2001,IDT)

GB/T 14085—1993　信息处理系统　计算机系统配置图符号及约定(idt ISO 8790:1987)

GB/T 14691—1993　技术制图　字体(eqv ISO 3098-1:1974)

GB/T 15565.1—2008　图形符号　术语　第1部分:通用

GB/T 16273.1—2008　设备用图形符号　第1部分:通用符号(ISO 7000:2004,NEQ)

GB/T 16902.1—2004　图形符号表示规则　设备用图形符号　第1部分:原形符号

GB/T 17349.2—1998　道路车辆　汽车诊断系统　图形符号(idt ISO 7639:1985)

GB/T 23371.3　电气设备用图形符号基本规则　第3部分:应用导则

GB/T 26802.4—2011　工业控制计算机系统　通用规范　第4部分:文字符号

JB/T 5539—1991　分散型控制系统硬件设备的图形符号

YD/T 5015—2007　电信工程制图与图形符号规定

ISO 7000:2004　设备用图形符号　索引和一览表

3　术语和定义

GB/T 15565.1—2008和GB/T 5465.11—2007中确立的以及下列术语和定义适用于GB/T 26802的本部分，为了方便使用，下面重复列出了GB/T 15565.1—2008和GB/T 5465.11—2007中的术语。

3.1

符号　symbol

表达一定事物或概念，具有简化特征的视觉形象。

[GB/T 15565.1—2008,定义2.3]

3.2

图形符号 graphical symbol

具有特殊含义、与语言无关、用来表达信息的视觉感知图形。

[GB/T 5465.11—2007,定义 3.1]

3.3

图形符号要素 graphical symbol element

具有特殊含义的原形符号的组成部分。

[GB/T 5465.11—2007,定义 3.2]

3.4

设备用图形符号 graphical symbols for use on equipment

用于各种设备,作为操作指示或显示其功能、工作状态的图形符号。

[GB/T 15565.1—2008,定义 2.5.13]

4 图形符号的位置

图形符号应当放置在:

a) 控制器上或附近,以指示控制功能;

b) 操作面板或显示面板上,以说明机器的操作或状态;

c) 设备某些有要求的部件上。

5 设备用图形符号

工业控制计算机系统中常见设备用图形符号如表 1 所示,涉及到电气设备的图形符号应与 GB/T 5465.2—2008 配合使用,涉及到电信设备的图形符号应与 YD/T 5015—2007 配合使用。

表 1 只是给出了部分工业控制计算机系统设备用图形符号,如果有些工业控制计算机系统设备的图形符号在表 1 中未列出,允许根据图形符号或图形符号要素组合成一个新的图形符号,图形符号的组合见 GB/T 5465.11—2007 的第 5 章。

对于个别设备的图形符号(组合困难或相应国家标准未规定这些设备的图形符号等原因),可用方框(长宽比宜为 2∶1)加注文字符号的方式来表示图形符号,文字符号必须符合 GB/T 26802.4 的规定。若 GB/T 26802.4 未规定文字符号,则宜用英文缩写或汉字代替文字符号。汉字应采用国家正式颁布的汉字,字体宜采用宋体,字母字体应符合 GB/T 14691—1993 中的 A 型字体或 B 型字体,文字方向应符合 GB/T 4458.4 中的有关规定,按水平或垂直方向标注。文字与方框的最小距离应不小于边框线宽度的 2 倍,边框线宽度应符合 GB/T 4457.4 中的有关规定。

6 应用说明

工业控制计算机系统设备用图形符号的应用说明如下:

a) 图形符号的应用应遵循 GB/T 23371.3 的有关规定;

b) 本部分中的图形符号可根据需要缩小或放大,但图形符号本身的比例应保持不变;

c) 本部分给出的图形符号方位不是强制的,在不改变符号含义的前提下,符号可根据图面布置的需要旋转或成镜像倒置,但文字和指示方向不得倒置;

d) 在同一设备上,图形符号的大小和线的粗细也应基本一致。

表 1 工业控制计算机系统设备用图形符号

编号	图形符号	名称	说明
01		帮助;询问 Assistance;query	GB/T 16273.1—2008(122)
02		保护接地 Protective earth; protective ground	GB/T 5465.2—2008(5019)
03	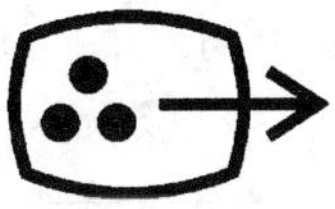	彩色视频输出 Colour video output	GB/T 5465.2—2008(5530)
04	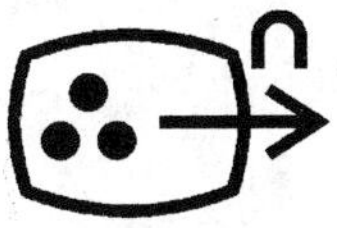	彩色视频输出,模拟式 Colour video output,analogue	GB/T 5465.2—2008(5530-1)
05	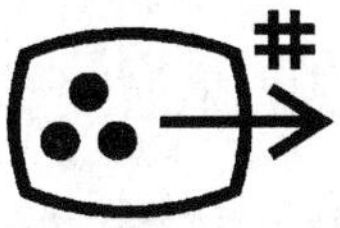	彩色视频输出,数字式 Colour video output,digital	GB/T 5465.2—2008(5530-2)
06	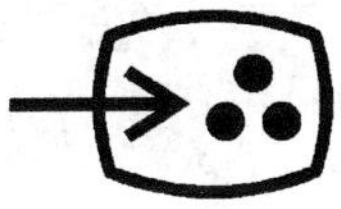	彩色视频输入 Colour video input	GB/T 5465.2—2008(5526)
07		彩色视频输入,模拟式 Colour video input,analogue	GB/T 5465.2—2008(5526-1)
08	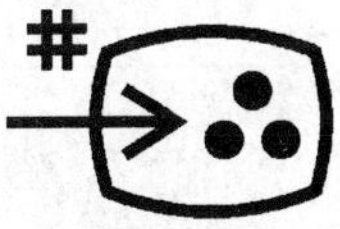	彩色视频输入,数字式 Colour video input,digital	GB/T 5465.2—2008(5526-2)
09		彩色视频输入/输出 Colour video input/output	GB/T 5465.2—2008(5522)
10		彩色视频输入/输出,模拟式 Colour video input/output, analogue	GB/T 5465.2—2008(5522-1)
11		彩色视频输入/输出,数字式 Colour video input/output,digital	GB/T 5465.2—2008(5522-2)

表 1(续)

编号	图形符号	名　称	说　明
12	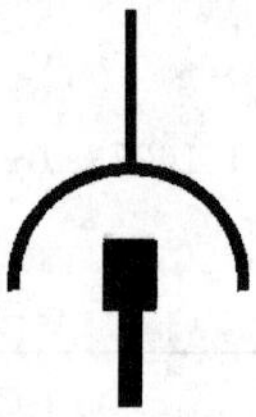	插头和插座;插塞连接件 Plug and socket; plug connection,general	GB/T 16273.1—2008(088)
13		串行接口 Serial interface	GB/T 5465.2—2008(5850) 标识串行数据连接的连接器
14	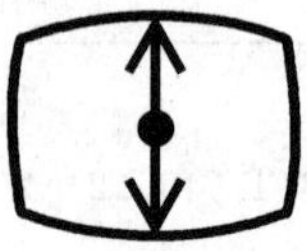	垂直同步 Vertical synchronization	GB/T 5465.2—2008(5062)
15	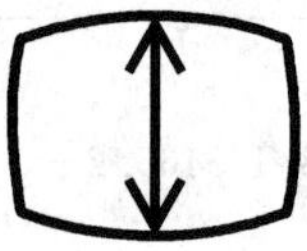	垂直图像幅度 Vertical picture amplitude	GB/T 5465.2—2008(5066)
16		垂直图像位移 Vertical picture shift	GB/T 5465.2—2008(5064)
17		磁带机 Tape drive	GB/T 14085—1993(3.1.2.2.1)
18		磁盘媒体 Disc media	GB/T 5465.2—2008(5986) 标识磁盘驱动器的控制,或指示磁盘媒体已经被插入或访问
19	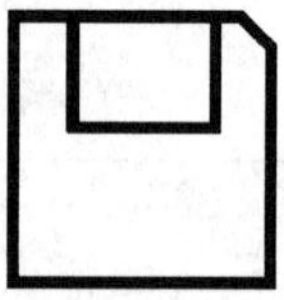	存储盘 Memory disk	GB/T 5465.2—2008(5884) 用于标识盒式磁盘的控制,例如软盘或光盘,或指示插入该盘的状态
20		打印机 Printer	GB/T 5465.2—2008(5193)
21	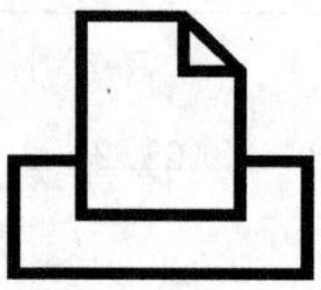	打印机连接;并行接口 Printer connection;Parallel interface	GB/T 5465.2—2008(5851) 用于标识并行数据连接的接头,或者用于指出打印功能

表 1（续）

编号	图形符号	名　　称	说　　明
22	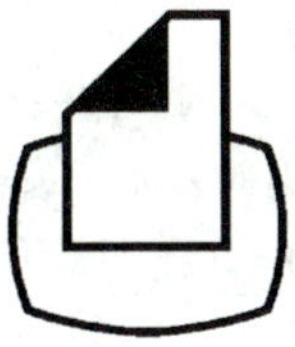	打印屏幕；硬拷贝 Print screen；hard copy	ISO 7000：2004(2027)
23		待机 Stand-by	GB/T 5465.2—2008(5009) 标识开关或开关位置，表示设备部分已接通处于待机状态
24		当心触电 Danger! electric shock	GB 2894—2008(2-7)
25		电池校验 Battery check	GB/T 5465.2—2008(5546) 标识对一次电池或二次电池状况检验的控制或电池状况指示器
26		电话；电话适配器 Telephone；telephone adapter	GB/T 5465.2—2008(5090) 标识连接电话适配器的端子，也可表示电话间
27		电话线 Telephone line	GB/T 5465.2—2008(5989) 标识 RJ11 接口或任何连接到电话线上的通信设备终端
28		电源插头 Power plug	GB/T 5465.2—2008(5534)
29		调制解调器 Modem	GB/T 5465.2—2008(5262)
30	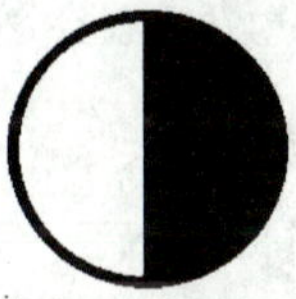	对比度 Contrast	GB/T 5465.2—2008(5057)
31		防火墙 Firewall	YD/T 5015—2007(4-10)

表 1 (续)

编号	图形符号	名　称	说　明
32		放大器 Amplifier	GB/T 5465.2—2008(5084) 标识放大器的接线端和控制
33		负号、负极 Minus;negative polarity	GB/T 5465.2—2008(5006)
34		功能性接地 Functional earthing; functional grounding	GB/T 5465.2—2008(5018) 表式功能性接地端子,例如为避免设备发生故障而专门设计的一种接地系统
35	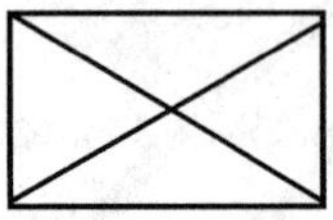	光纤交换机 Optical switch	YD/T 5015—2007(5-3)
36		盒式磁带驱动器 Cassette tape drive	JB/T 5539—1991(4)
37	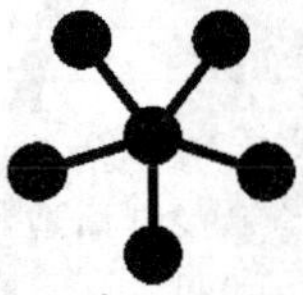	会议电话 Conference	GB/T 5465.2—2008(5250) 应用范围:用于电话设备,标识选通所选用户发言的控制
38	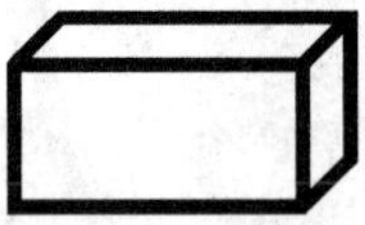	集线器、交换机 Hub;switch	YD/T 5015—2007(4-9)
39	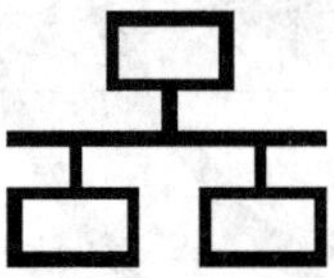	计算机网络 Computer network	GB/T 5465.2—2008(5988) 标识计算机网络本身或指示计算机网络的连接终端
40		键盘 Keyboard	GB/T 5465.2—2008(5991)
41		交流/直流变换器;整流器;电源转接器 A.C./D.C. converter; rectifier; substitute power supply	GB/T 5465.2—2008(5003)
42		交流电 Alternating current	GB/T 5465.2—2008(5032)
43		交直流两用 Both direct and alternating current	GB/T 5465.2—2008(5033)

表 1（续）

编号	图形符号	名　　称	说　　明
44	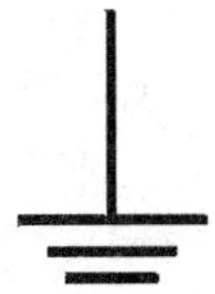	接地 Earth;ground	GB/T 5465.2—2008(5017)
45	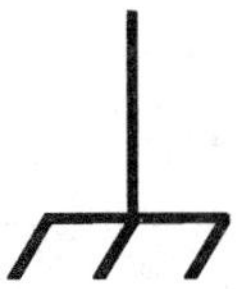	接地壳;接机架 Frame or chassis	GB/T 5465.2—2008(5020) 标识连接机壳、机架的端子
46		仅在运行期间才能操作 Actuate only during operation	GB/T 16273.1—2008(119)
47		紧急停止 Emergency stop	GB/T 5465.2—2008(5638)
48		警告 Caution	GB/T 16273.1—2008(123)
49	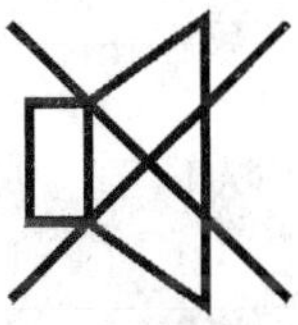	静音 Sound muting	GB/T 5465.2—2008(5436)
50		可充电电池 Rechargeable battery	GB/T 5465.2—2008(5639)
51		亮度 Brightness	GB/T 5465.2—2008(5056)
52	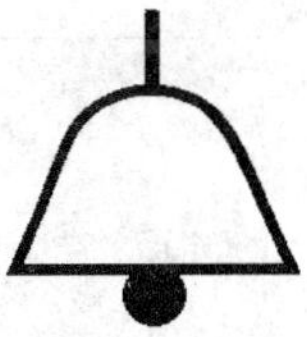	铃 Bell	GB/T 5465.2—2008(5013)

表 1（续）

编号	图形符号	名　　称	说　　明
53	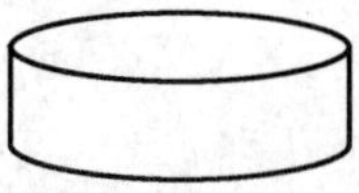	路由器 Router	YD/T 5015—2007(4-11)
54	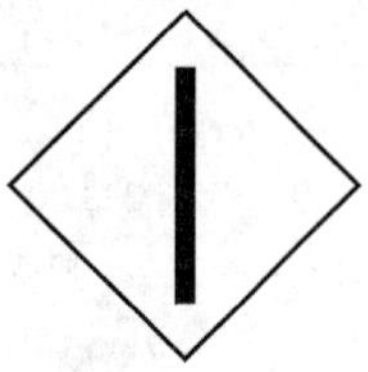	起动；动作的开始 Start；start of action	GB/T 5465.2—2008(5104)
55	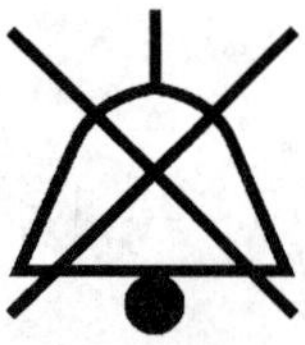	取消铃 Bell cancel	GB/T 5465.2—2008(5576)
56	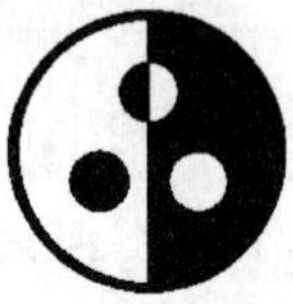	色饱和度 Colour saturation	GB/T 5465.2—2008(5058)
57		色调 Hue	GB/T 5465.2—2008(5060)
58	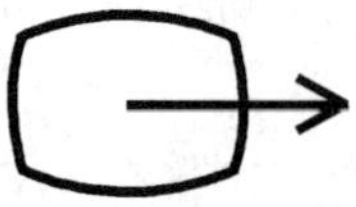	视频输出 Video output	GB/T 5465.2—2008(5529)
59	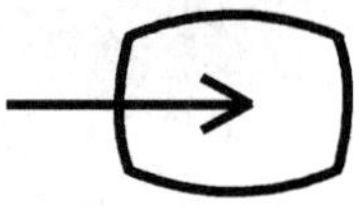	视频输入 Video input	GB/T 5465.2—2008(5525)
60		手持话筒 Handheld microphone	GB/T 5465.2—2008(5913)
61		手动控制 Manual control	GB/T 16273.1—2008(103)
62	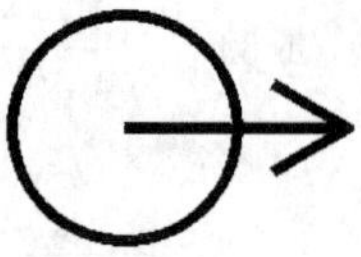	输出 Output	GB/T 5465.2—2008(5035)

表 1（续）

编号	图形符号	名　　称	说　　明
63	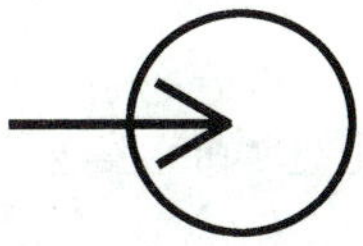	输入 Input	GB/T 5465.2—2008(5034)
64	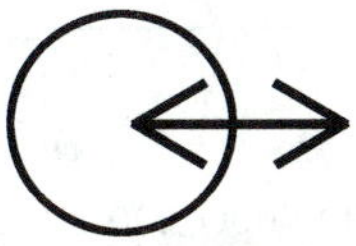	输入/输出 Input/output	GB/T 5465.2—2008(5448)
65		鼠标 Mouse	GB/T 5465.2—2008(5990)
66		水平同步 Horizontal synchronization	GB/T 5465.2—2008(5061)
67		水平图像幅度 Horizontal picture amplitude	GB/T 5465.2—2008(5065)
68		水平图像位移 Horizontal picture shift	GB/T 5465.2—2008(5063)
69		锁定，大写字母 Locking，capitals；caps-lock	GB/T 5465.2—2008(5993)
70		锁定，滚动；滚动锁定 Locking，scroll；scroll lock	GB/T 5465.2—2008(5994)
71		锁定，数字 Locking，numerals；num-lock	GB/T 5465.2—2008(5992)

表 1（续）

编号	图形符号	名称	说明
72		天线 Aerial(Antenna)	GB/T 5465.2—2008(5039)
73	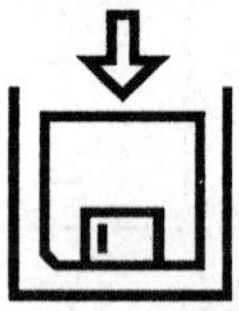	添加/装入磁盘 Add/load diskette	ISO 7000:2004(1947)
74	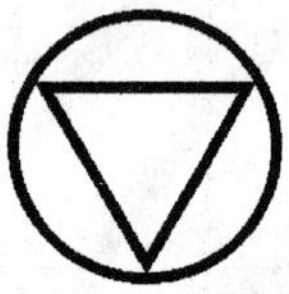	停机(动作的停止) Stop	GB/T 5465.2—2008(5110)
75		通风机(鼓风机;风扇等) Air impeller;blower;fan	GB/T 5465.2—2008(5015) 标识操纵通风机的开关或控制装置。如电影机或幻灯机上的风扇、室内风扇
76		头戴耳机 Headphones	GB/T 5465.2—2008(5077) 标识头戴耳机插座、接线端或开关
77		头戴送、受话器 Headset	GB/T 5465.2—2008(5079) 标识头戴送、受话器插座、接线端或开关
78	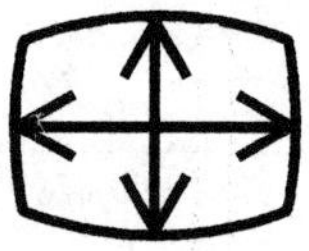	图像尺寸调整 Picture size adjustment	GB/T 5465.2—2008(5067)
79		图形记录器 Graphical recorder	GB/T 5465.2—2008(5192)
80	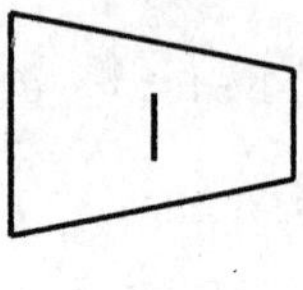	网关 Gateway	YD/T 5015—2007(4-7)

表 1（续）

编号	图形符号	名 称	说 明
81		危险电压 Dangerous voltage	GB/T 5465.2—2008(5036)
82	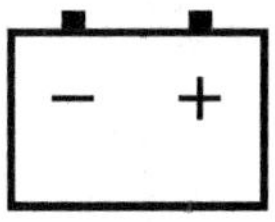	蓄电池 Battery	GB/T 17349.2—1998(3.3.41)
83	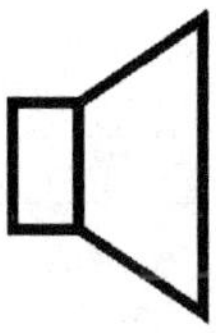	扬声器 Loudspeaker	GB/T 5465.2—2008(5080)
84		遥控 Remote control	GB/T 16273.1—2008(083)
85		遥控关闭 Remote control switch off	GB/T 16273.1—2008(085)
86		遥控开启 Remote control switch on	GB/T 16273.1—2008(084)
87		一般故障；失效；一般符号 Malfunction；general；failure	GB/T 16273.1—2008(164)
88	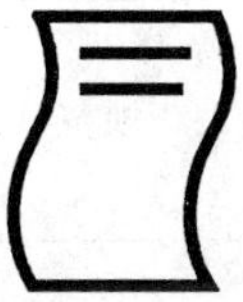	印出；打印出 Print out	GB/T 16273.1—2008(109)
89	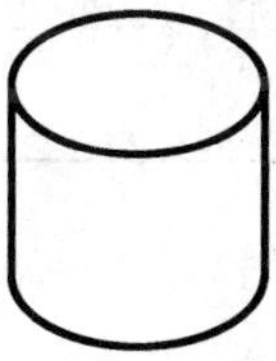	硬盘 Hard disk	GB/T 5465.2—2008(5987)

表 1（续）

编号	图形符号	名　　称	说　　明
90		钥匙开关 Key switch	GB/T 16273.1—2008(108)
91		运行期间不允许操作 Do not actuate during operation	GB/T 16273.1—2008(118)
92	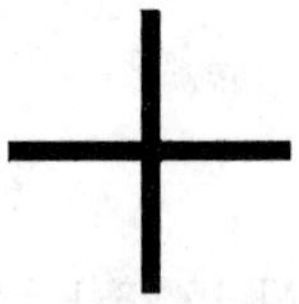	正号、正极 Plus;positive polarity	GB/T 5465.2—2008(5005)
93		直流电 Direct current	GB/T 5465.2—2008(5031)
94	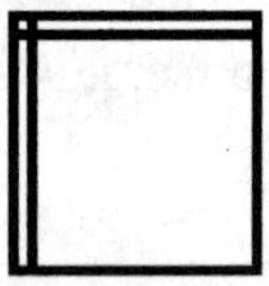	主存储器 Main memory	GB/T 14085—1993(3.1.1)
95		自动控制(闭环) Automatic control(closed loop)	GB/T 16273.1—2008(102)
96	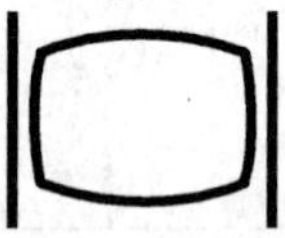	DVI(数字视频接口) Digital video interface	GB/T 5465.2—2008(5051)
97		USB 接口 Universal serial bus interface	USB 2.0 规范(6.5)
98		VGA(CRT)	GB/T 5465.2—2008(5053)

参 考 文 献

[1] Universal Serial Bus Revision 2.0 specification[EB/OL]. 2000[2008-06-04]. http://www.usb.org/developers/docs

索　引

汉语拼音索引

英文对应词索引

ICS 25.040.40
N 18

中华人民共和国国家标准

GB/T 26802.4—2011

工业控制计算机系统 通用规范
第4部分:文字符号

**Industrial control computer system—General specification—
Part 4:Letter symbol**

2011-07-29 发布 2011-12-01 实施

中华人民共和国国家质量监督检验检疫总局
中国国家标准化管理委员会 发布

前言

GB/T 26802《工业控制计算机系统　通用规范》分为以下几部分：

——第1部分：通用要求；

——第2部分：工业控制计算机安全要求；

——第3部分：设备用图形符号；

——第4部分：文字符号；

——第5部分：场地安全要求；

——第6部分：验收大纲。

本部分是GB/T 26802的第4部分。

本部分由中国机械工业联合会提出。

本部分由全国工业过程测量和控制标准化技术委员会(SAC/TC 124)归口。

本部分负责起草单位：西南大学、深圳市研祥通讯终端技术有限公司。

本部分参加起草单位：北京研华兴业电子科技有限公司、中国计算机学会工业控制计算机专业委员会。

本部分主要起草人：祁虔、李涛、黄巧莉、杨颂华、何强、陈志列、耿稳强。

本部分参加起草人：刘永池、林清波、杨孟飞。

工业控制计算机系统　通用规范
第4部分：文字符号

1　范围

GB/T 26802的本部分规定了工业控制计算机系统用的主要文字符号。

本部分适用于工业控制计算机系统的各类技术文件。

2　规范性引用文件

下列文件中的条款通过GB/T 26802的本部分的引用而成为本部分的条款。凡是注日期的引用文件，其随后所有的修改单(不包括勘误的内容)或修订版均不适用于本部分，然而，鼓励根据本部分达成协议的各方研究是否可使用这些文件的最新版本。凡是不注日期的引用文件，其最新版本适用于本部分。

GB/T 4365—2003　电工术语　电磁兼容(IEC 60050(161):1990,IDT)

GB/T 17212—1998　工业过程测量和控制　术语和定义(idt IEC 60902:1987)

GB/T 20001.2—2001　标准编写规则　第2部分：符号

GB/T 26802.1—2011　工业控制计算机系统　通用规范　第1部分：通用要求

3　术语和定义

下列术语和定义适用于GB/T 26802的本部分。

3.1

文字符号　letter symbol

用字母、数字、汉字等或它们的组合来表达一定事务或概念的符号。

[GB/T 20001.2—2001，定义3.3]

4　工业控制计算机系统文字符号

工业控制计算机系统文字符号见表1。

表1　工业控制计算机系统文字符号

编号	名　称	符号	说　明
001	报警 Alarm	AL	
002	报警控制台 Alarm Console	ALC	
003	报警指示器 Alarm Indicator	ALI	
004	被控系统 Controlled System	COS	
005	比特误码率 Bit Error Rate	BER	

表 1（续）

编号	名　　称	符号	说　　明
006	不间断电源 Uninterrupted Power Supply	UPS	
007	打印机接口 Line Print Terminal	LPT	
008	操作系统 Operational System	OS	
009	采样开关 Sampling Switch	SAS	
010	采样周期 Sampling Period	SAP	
011	操作变量 Manipulated Variable	MV	
012	操作员站 Operator's Station	OPS	
013	插箱 Card Case	CCA	
014	差分曼彻斯特码 Differential Manchester Encoding	DME	
015	传输线 Transmission Line	TL	
016	磁带机 Magnetic Tape Drive	MTD	
017	串模抑制 Serial Mode Rejection	SMR	系统或装置抑制串模输入信号对其输出影响的能力。见 GB/T 17212—1998 的 P2.1.1.11
018	串模抑制比 Serial Mode Rejection Ratio	SMRR	引起输出信息给定变化的串模信号值对产生输出信息相同变化所需的预期信号增量之比。见 GB/T 17212—1998 的 P2.1.1.12
019	打印机 Printer	PRT	
020	低电平过程接口单元 Low Lever Process Interface Unit	LLPIU	
021	低电平信号 Low Level Signal	LLS	
022	低速通信网络 Low Speed Communication Network	LSCN	

表 1（续）

编号	名　称	符号	说　明
023	地 Ground	GND	
024	点插板箱 Point Card File Assembly	PCFA	
025	电擦除可编程只读存储器 Electrical Erasable Programmable ROM	EEPROM	
026	电源 Power Supply	PWR	
027	电源插箱 Power Supply Case	PSC	
028	电磁干扰 Electro Magnetic Interference	EMI	电磁骚扰引起的设备、传输通道或系统性能的下降。见 GB/T 4365—2003 的 2.1
029	电磁兼容性 Electro Magnetic Compatibility	EMC	设备或系统在其电磁环境中能正常工作且不对该环境中任何事务构成不能承受的电磁骚扰的能力。见 GB/T 4365—2003 的 2.1
030	多路转换器 Multiplexer	MUX	
031	发光二极管 Light Emitting Diode	LED	
032	阀门 Valve	V	
033	阀门定位器 Valve Positioner	VPR	
034	阀位 Valve Position	VP	
035	分布式处理单元 Distributed Processing Unit	DPU	
036	分布式数据库 Distributed Data Base	DDB	
037	蜂鸣器 Buzzer	BUZ	
038	高电平过程接口单元 High Level Process Interface Unit	HLPIU	

表 1（续）

编号	名　称	符号	说　明
039	高电平信号 High Level Signal	HLS	
040	高速通信网络 High Speed Communication Network	HSCN	
041	干线电缆 Trunk Cable	TRC	
042	共模抑制 Common Mode Rejection	CMR	系统或装置抑制共模输入信号对其输出影响的能力。见 GB/T 17212—1998 的 P2.1.1.08
043	共模抑制比 Common Mode Rejection Ratio	CMRR	系统或装置输入端上的规定共模电压信号与产生相同输出信号所需的具有相同特性型式差动输入信号之比。见 GB/T 17212—1998 的 P2.1.1.09
044	共享存储器 Shared Memory	SHM	
045	工程师操作站 Engineer's Operating Station	ENOS	
046	工业控制计算机 Industrial Control Computer	ICC	
047	工业控制计算机系统 Industrial Control Computer System	ICCS	
048	光笔显示器 Light Pen Display	LPD	
049	光端机 Optical Electrical Terminal	OET	
050	光缆 Fiber Optic Cable	FOCA	
051	光纤 Fiber Optic	FO	
052	光纤通信 Fiber Optic Communication	FOC	
053	过程变量 Process Variable	PV	
054	后备手操作器 Backup Manual Operation Device	BMOD	

表 1（续）

编号	名　　称	符号	说　　明
055	绘图仪 Plotter	PLOT	
056	火线 Live Line	L	
057	火线接口 1394 Interface	1394	
058	基本控制器 Basic Controller	BC	
059	机箱 Chassis	CHASSIS	
060	计算机辅助测试 Computer Aided Test	CAT	
061	计算机辅助设计 Computer Aided Design	CAD	
062	计算机辅助制造 Computer Aided Manufacturing	CAM	
063	计算机辅助装备 Computer Aided Equipment	CAE	
064	计算机控制方式 Computer Control Mode	CCM	
065	计算机手动后备 Computer Manual Backup	CMB	
066	计算机网关 Computer Gateway	CGW	
067	计算机自动-手动后备 Computer Automatic-Manual Backup	CAMB	
068	监控级 Supervision Level	SL	
069	监控计算机 Supervision Computer	SC	
070	监控站 Supervision Station	SS	
071	看门狗定时器 Watchdog Timer	WDT	
072	监视器 Monitor	MON	

表 1（续）

编号	名　　称	符号	说　　明
073	节点 Node	ND	
074	接口 Interface	IF	
075	局部操作站 Local Operator's Station	LOS	
076	局部控制网络 Local Control Network	LCN	
077	局部批量操作站 Local Batch Operator Station	LBOS	
078	局部通信接口 Local Communication Interface	LCI	
079	局域网 Local Area Network	LAN	
080	开放系统互连 Open System Interface	OSI	
081	可编程逻辑控制器 Programmable Logic Controller	PLC	
082	控制台 Console	CON	
083	控制网络模件 Control Network Module	CNM	
084	控制系统 Control System	CS	
085	宽带局域网 Broad Band LAN	BRLAN	
086	宽带同轴电缆 Broad Band Coaxial Cable	BBC	
087	扩充网关 Extension Gateway	XG	
088	浪涌保护器 Surge Protection	SPR	
089	历史数据趋势画面 Historical Trend Panel	HTP	

表 1（续）

编号	名　　称	符号	说　　明
090	零线 Neutral Line	N	
091	智能变送器接口 Smart Transmitter Interface	STI	
092	令牌 Token	TO	
093	令牌环 Token Ring	TOR	
094	令牌总线 Token Bus	TOB	
095	路由器 Router	RO	
096	曼彻斯特编码 Manchester Encoding	ME	
097	模板 Module	MO	
098	模拟量输出 Analog Output	AO	
099	模拟量输出模板 Analog Output Module	AOM	
100	模拟量输入 Analog Input	AI	
101	模拟量输入模板 Analog Input Module	AIM	
102	模数转换器 Analog/Digital Converter	A/D	
103	满量程范围 Full Scale Range	FSR	
104	内存插槽 Dual Inline Memory Module	DIMM	
105	批量处理单元 Batch Processing Unit	BPU	
106	批量控制 Batch Control	BAC	

表 1（续）

编号	名 称	符号	说 明
107	批量控制站 Batch Control Station	BCS	
108	PC 机串行接口 Personal Computer Serial Interface	PCSI	
109	PLC 网关 PLC Gateway	PLCG	
110	频分多路转换器 Frequency Division Multiplexer	FDM	
111	平均无故障工作时间 Mean Time Between Failures	MTBF	
112	平均修复时间 Mean Time To Repair	MTTR	
113	热电偶 Thermocouple	TC	
114	热电阻 Resistance Temperature Detector	RTD	
115	冗余计算机系统 Redundancy Computer System	RCS	
116	冗余控制模件 Redundancy Control Module	RCM	
117	软盘驱动器 Floppy Disk Drive	FDD	
118	软手操 Soft Manual	SM	
119	设定值 Set Point	SP	
120	设定值控制 Set Point Control	SPC	
121	实时控制系统 Real Time Control System	RTCS	
122	实时趋势画面 Real Time Trend Panel	RTTP	
123	时分多路转换器 Time Division Multiplexer	TDM	

表1（续）

编号	名　称	符号	说　明
124	顺控串级 Sequence Cascade	SCA	
125	顺控手动 Sequence Manual	SMA	
126	顺控自动 Sequence Automatic	SAU	
127	顺序控制系统 Sequence Control System	SCS	
128	手动/自动 Manual/Automatic	M/A	
129	输入/输出模板 I/O Module	IOM	
130	输入/输出通道 I/O Channel	IOC	
131	数模转换器 Digital/Analog Converter	D/A	
132	数据采集站 Data Acquisition Station	DAS	
133	数据集中分配器 Data Concentrator	DCO	
134	数据链路 Data Link	DL	
135	数据终端设备 Data Terminal Equipment	DTE	
136	数字化输入板 Digitizer Tablet	DT	
137	数字量输出 Digital Output	DO	
138	数字量输出设备 Digital Output Device	DOD	
139	数字量输入 Digital Input	DI	
140	数字量输入输出 Digital I/O	DIO	

表 1（续）

编号	名　　称	符号	说　　明
141	数字量输入输出系统 Digital I/O System	DIOS	
142	数字量输入设备 Digital Input Device	DID	
143	数字锁相环 Digital Phase Lock Loop	DPLL	
144	数字显示器 Digital Display	DD	
145	数据通信设备 Data Communication Equipment	DCE	
146	数据库 Database	DB	
147	设备集成插座 Integrated Device Electronics	IDE	
148	双口存储器 Dual Port Memory	DPM	
149	调节阀 Control Valve	CV	
150	通信接口 Communication Interface	CI	
151	通信信道 Communication Channel	CCH	
152	通用工作站 Universal Work Station	UWS	
153	通用计算机接口 General Purpose Computer Interface	GPCI	
154	通用控制网络 Universal Control Network	UCN	
155	图形打印机 Graphic Printer	GRP	
156	图形显示 Graphic Display	GRD	
157	通用串行总线 Universal Serial Bus	USB	

表 1（续）

编号	名　　称	符号	说　　明
158	外部接口适配器 Peripheral Interface Adapter	PIA	
159	稳压电源 Voltage Regulator	VR	
160	网关 Gateway	GW	
161	网络接口模件 Network Interface Module	NIM	
162	网桥 Bridge	BR	
163	网络控制系统 Network Control System	NCS	
164	外围部件互连总线 Peripheral Component Interconnect	PCI	
165	现场总线 Field Bus	FBUS	
166	现场总线控制系统 Field Bus Control System	FCS	
167	现场端子组件 Field Termination Assemblies	FTA	
168	现场总线本质安全概念 Fieldbus Intrinsically Safe Concept	FISCO	
169	现场总线不点燃概念 Fieldbus Non-Incendive Concept	FNICO	
170	信号公共端 Signal Common	SGC	
171	循环冗余校验 Cyclic Redundancy Check	CRC	
172	液晶显示器 Liquid Crystal Display	LCD	
173	移频键控 Frequency Shift Keying	FSK	
174	硬手操 Hard Manual	HM	

表 1（续）

编号	名　称	符号	说　明
175	音频 Audio	AUDIO	
176	诊断测试设备 Diagnostic Test Set	DTS	
177	增强型操作站 Enhanced Operator Station	EOS	
178	支线电缆 Branch Cable	BRC	
179	执行器 Actuator	ACT	
180	直接数字控制 Direct Digital Control	DDC	
181	直接数字控制站 Direct Digital Control Station	DDCS	
182	直接数值控制 Direct Numerical Control	DNC	
183	主机 Host	HOST	
184	主站 Master Station	MS	
185	专用键盘 Dedicated Function Keyboard	DFK	
186	自动 Automatic	AUTO	
187	自动控制系统 Automatic Control System	ACS	
188	中央处理器 Central Processing Unit	CPU	
189	总线 Bus	BUS	
190	组态 Configuration	CONF	
191	SATA 接口 Serial Advanced Technology Attachment	SATA	

英文索引

G

H

I

L

S

T

U

V

W

ICS 25.040.40
N 18

中华人民共和国国家标准

GB/T 26802.5—2011

工业控制计算机系统 通用规范 第5部分:场地安全要求

Industrial control computer system—General specification—Part 5: Safety requirements for field

2011-07-29 发布 2011-12-01 实施

中华人民共和国国家质量监督检验检疫总局
中国国家标准化管理委员会 发布

前　言

GB/T 26802《工业控制计算机系统　通用规范》分为以下几部分：

——第1部分：通用要求；

——第2部分：工业控制计算机安全要求；

——第3部分：设备用图形符号；

——第4部分：文字符号；

——第5部分：场地安全要求；

——第6部分：验收大纲。

本部分是 GB/T 26802 的第5部分。

本部分由中国机械工业联合会提出。

本部分由全国工业过程测量和控制标准化技术委员会(SAC/TC 124)归口。

本部分负责起草单位：深圳市研祥通讯终端技术有限公司、西南大学。

本部分参加起草单位：北京研华兴业电子科技有限公司、中国计算机学会工业控制计算机专业委员会。

本部分主要起草人：陈志列、陈锋、钟秀蓉、李涛、潘东波、吕静、黄巧莉。

本部分参加起草人：刘学东、刘永池、杨孟飞。

工业控制计算机系统　通用规范
第5部分：场地安全要求

1　范围

GB/T 26802的本部分规定了工业控制计算机系统安装场地的安全要求。

本部分适用于工业控制计算机系统各种安装要求。

2　规范性引用文件

下列文件中的条款通过GB/T 26802的本部分的引用而成为本部分的条款。凡是注日期的引用文件，其随后所有的修改单(不包括勘误的内容)或修订版均不适用于本部分，然而鼓励根据本部分达成协议的各方研究是否可使用这些文件的最新版本。凡是不注日期的引用文件，其最新版本适用于本部分。

GB/T 156—2007　标准电压(IEC 60038:2002,MOD)

GB/T 2887—2000　电子计算机场地通用规范

GB 4717　火灾报警控制器

GB 8702　电磁辐射防护规定

GB 12348　工业企业厂界环境噪声标准

GB/T 17214.2—2005　工业过程测量和控制装置的工作条件　第2部分:动力(IEC 60654-2:1979,IDT)

GB/T 17214.3—2000　工业过程测量和控制装置的工作条件　第3部分:机械影响(IEC 60654-3:1983,IDT)

GB/T 17214.4—2005　工业过程测量和控制装置　第4部分:腐蚀和侵蚀影响(IEC 60654-4:1987,IDT)

GB 22337　社会生活环境噪声排放标准

GB 50016　建筑设计防火规范

GB 50057　建筑物防雷设计规范

3　术语和定义

下列术语和定义适用于本部分。

3.1

工业控制计算机系统场地　field of industrial control computer system

安放工业控制计算机系统物理设备的场所，包括工业控制计算机系统生产现场、供电等配套设施以及系统维修和工作人员的工作场所。

3.2

抗震设防标准　anti-seismic level

衡量抗震设防要求的尺度，由抗震设防烈度和建筑使用功能的重要性确定。

4　安全级别

4.1　安全级别分类

安全级别要求见表1。

A 级：有严格的要求或性能指标，有相应完善的安全措施。

B 级：有较严格的要求或性能指标，有相应较完善的安全措施。

C 级：有基本的要求或性能指标，有相应基本的安全措施。

4.2 安全级别的执行

根据工业控制计算机系统的场地气候条件和性能要求，场地安全可按某一级执行，也可按某些级综合执行。

注：综合执行是指工业控制计算机系统的某一气候条件下其场地安全可按某些级执行，如某气候条件按照要求可选：电磁干扰 A 级，火灾自动报警系统 B 级。

表 1 安全级别要求

项　目	级　别		
	A 级	B 级	C 级
场地	★	□	—
结构防火	★	□	—
火灾自动报警系统	★	□	—
人工报警系统	□	□	□
自动灭火系统	★	—	—
灭火器	★	□	□
供配电系统	★	□	□
通风	★	□	□
防水	★	□	—
防静电	★	□	—
防电磁干扰	★	□	—
抗腐蚀	★	□	□
防噪声	★	□	—
防鼠害	□	□	□
视频监控系统	★	□	—
集中监控系统	□	—	—
防雷击	★	□	—
注：表中"★"为要求并可有附加要求；"□"为要求；"—"为无需要求。			

5 场地

5.1 场地选择

5.1.1 工业控制计算机系统场地位置

工业控制计算机系统安装场地的位置要求：

a） 应远离可能产生强大电磁场干扰的设备（如电力变压器，大电流断路器，电动机，发电机，卷扬机等）以及可能产生强烈电磁辐射的设备；

b） 应远离高温设备和火源；

c） 应远离噪声源以及可能产生强烈振动和冲击的设备；

d） 应远离有害气体源，易于产生尘埃及存放腐蚀、易燃、易爆物品的区域；

e） 应远离鼠害频繁的场所；

f) 应避开重盐害地区；

g) 应避开低洼、潮湿、落雷区域和地震频繁的地方。

5.1.2 **A级场地选址**

场地选址为A级必须按5.1.1的要求执行并可有附加要求。

5.1.3 **B级场地选址**

场地选址为B级应按5.1.1的要求执行。

5.1.4 **C级场地选址**

场地选址为C级宜参照5.1.1的要求执行。

注：上述各条如无法避免，应采取相应的安全措施。

5.2 场地抗震设防标准

A级工业控制计算机系统场地抗震设防标准应符合或高于当地抗震设防标准；B级或C级工业控制计算机系统场地抗震设防标准应符合当地抗震设防标准。

5.3 场地振动

5.3.1 **低频振动**

A级工业控制计算机系统场地低频振动范围应符合GB/T 17214.3—2000中表1的V.L.1级，B级工业控制计算机系统场地至少达到V.L.2级，C级工业控制计算机系统场地应达到V.L.4级以上。

5.3.2 **高频振动**

A级工业控制计算机系统场地高频振动范围应符合GB/T 17214.3—2000中表2的V.H.1级，B级工业控制计算机系统场地至少达到V.H.2级，C级工业控制计算机系统场地应达到V.H.4级以上。

5.3.3 **振动的严酷性**

A级工业控制计算机系统场地振动的严酷性应符合GB/T 17214.3—2000中表3的V.C.1级，B级工业控制计算机系统场地应符合V.C.1或V.C.2级规定，C级工业控制计算机系统场地应达到V.C.3级以上。

5.3.4 **振动时间**

振动时间应符合GB/T 17214.3—2000中表4的V.T.1的规定。

5.4 场地楼板负荷

场地楼板负荷要求如下

a) A级工业控制计算机系统场地楼板负荷应不低于500 kg/m^2，符合GB/T 2887—2000的规定；

b) B级和C级工业控制计算机系统场地楼板负荷应不低于300 kg/m^2，符合GB/T 2887—2000的规定；

c) A级、B级、C级工业控制计算机系统场地的空调设备、供电设备用房的楼板负荷应依设备重量而定，一般应大于或等于1 000 kg/m^2 或采取加固措施，符合GB/T 2887—2000的规定。

6 防火

6.1 结构防火

6.1.1 **结构防火要求**

结构防火的室内工业控制计算机系统场地，其建筑物的耐火等级应不低于该建筑物所对应的设计防火规范中规定的二级耐火等级，具体要求应符合GB 50016的有关规定。

6.1.2 **A级结构防火**

A级结构防火必须按6.1.1的要求执行并可有附加要求。

6.1.3 **B级结构防火**

B级结构防火应按6.1.1的要求执行。

6.1.4 **C级结构防火**

C级结构防火宜参照6.1.1的要求执行。

6.2 火灾报警及消防措施

火灾报警及消防措施如下：

a) A级应设立自动火灾报警装置和自动灭火系统；B级应设立自动火灾报警装置或人工报警系统；A级、B级、C级安全级别应设立人工报警系统。火险报警的其余事项应符合GB 4717的规定。

b) A级、B级、C级安全级别应配备卤代烷灭火器。除纸介质等易燃物质外，禁止使用水、干粉或泡沫等易产生二次破坏的灭火剂。

7 供配电系统

A级、B级、C级供配电系统要求如下：

a) 电源标准电压应符合GB/T 156—2007的规定，电源性能参数应符合GB/T 17214.2—2005的规定，电源性能参数等级可根据制造厂家的要求进行选择；

b) 电源开关应能控制物理设备的所有电源，主控制电源开关要放在安装场地的主要出口处，并设有应急装置；

c) 根据实际可能，可按GB/T 2887—2000中4.6的规定选择其中一种供电方式，但都需要选用合适的稳压器为物理设备供电；

d) 为保证可靠供电，应配置不间断电源；

e) 对大电流电源，应隔离或屏蔽；

f) 供电系统应有良好的接地，且系统直流地，交流工作地，安全保护地，防雷保护地必须遵照产品安装手册的具体要求连接。其接地电阻应符合GB/T 2887—2000的规定，也可根据制造厂家的要求协商解决。

8 通风

对通风条件不好的场地应安置通风设施。

9 防水

防水注意事项如下

a) 各种水汽管线不应敷设于物理设备的上方。当安装场地位于用水设备下层时应有防水的天花板，并设有漏水检测装置。

b) 物理设备的放置要远离潮湿的柱子和铝制管线结构柱，不允许在物理设备附近设置水龙头。

10 防静电

防静电要求如下

a) A级安全要求的应安装抗静电地板或铺设抗静电地面；设备安装场地应置备静电消除器和静电消除剂。

b) 按本部分的第7章中f)的规定定期检查接地情况。

c) 工业控制计算机系统的维修人员，在工作时应戴接地手环。

11 防电磁干扰

防电磁干扰环境场强应满足GB 8702的有关要求。当场地的电磁场干扰强度超过要求时，应采取屏蔽措施，具体要求应符合GB 8702的规定。

12 抗腐蚀

A级抗腐蚀应符合GB/T 17214.4—2005表1的1级要求，B级抗腐蚀达到GB/T 17214.4—2005表1的2级以上要求，C级达到GB/T 17214.4—2005表1的3级以上要求。特殊情况可与制造商自行协商解决。

13 防噪声

安全噪声应满足 GB 22337 或 GB 12348 的规定。当场地的噪声强度超过要求时，应采取降噪措施。

14 防鼠害

在易受鼠害的场所，安装场地内的电缆和电线上应涂敷驱鼠药剂；安装场地设置捕鼠器具或驱鼠装置。

15 安全管理

制定相应的安全管理措施(如设立视频监控系统或集中监控系统)和制度以防止意外事故的发生；定期组织人员培训安全管理知识，提高安全意识。

16 防雷击

在雷电频繁区域应装设浪涌电压吸收装置，具备 GB 50057 中规定的防雷措施。

17 传输线路的安全措施

工业控制计算机系统数据传输电缆的铺设，一般信号电缆上方走向时设电缆槽，下方走向时设电缆沟。将信号线与电力线隔离，并应远离电磁辐射源，以避免由于干扰引起数据传输错误。

ICS 25.040.40
N 18

中华人民共和国国家标准

GB/T 26802.6—2011

工业控制计算机系统 通用规范 第6部分：验收大纲

Industrial control computer system—General specification—Part 6: Regulation of acceptance

2011-07-29 发布

2011-12-01 实施

中华人民共和国国家质量监督检验检疫总局
中国国家标准化管理委员会 发布

前　言

GB/T 26802《工业控制计算机系统　通用规范》分为以下几部分：

——第1部分：通用要求；

——第2部分：工业控制计算机安全要求；

——第3部分：设备用图形符号；

——第4部分：文字符号；

——第5部分：场地安全要求；

——第6部分：验收大纲。

本部分是GB/T 26802的第6部分。

本部分由中国机械工业联合会提出。

本部分由全国工业过程测量和控制标准化技术委员会(SAC/TC 124)归口。

本部分负责起草单位：西南大学。

本部分参加起草单位：研祥智能科技股份有限公司、北京研华兴业电子科技有限公司、中国计算机学会工业控制计算机专业委员会。

本部分主要起草人：李涛、黄伟、吕静、张建成、黄仁杰。

本部分参加起草人：陈志列、廖宇晖、刘学东、刘永池、杨孟飞。

工业控制计算机系统　通用规范
第6部分:验收大纲

1　范围

GB/T 26802的本部分规定了对工业控制计算机系统进行鉴定验收和考核验收的内容及方法。

本部分适用于一般工作条件下使用的工业控制计算机系统的鉴定验收及考核验收。

本部分不适用于工业控制计算机系统中的功能模板、外围设备、配套仪表及装置的单板或单机的验收。

2　规范性引用文件

下列文件中的条款通过GB/T 26802的本部分的引用而成为本部分的条款。凡是注日期的引用文件,其随后所有的修改单(不包括勘误的内容)或修订版均不适用于本部分,然而,鼓励根据本部分达成协议的各方研究是否可使用这些文件的最新版本。凡是不注日期的引用文件,其最新版本适用于本部分。

GB/T 15532　计算机软件测试规范

GB/T 17212　工业过程测量和控制　术语和定义(GB/T 17212—1998,idt IEC 60902:1987)

GB/T 18271.1—2000　过程测量和控制装置　通用性能评定方法和程序　第1部分:总则(idt IEC 61298-1:1995)

GB/T 26802.1—2011　工业控制计算机系统　通用规范　第1部分:通用要求

3　术语和定义

GB/T 17212和GB/T 26802.1—2011确立的以及下列术语和定义适用于GB/T 26802的本部分。

3.1

鉴定验收　acceptance for qualification

新研制、开发的工业控制计算机系统试制完成后,由鉴定委员会或上级主管部门在全面评审相关技术文档的基础上,对系统功能和性能进行测试和评估,从而作出鉴定结论的过程。

3.2

考核验收　acceptance for examination

已经通过鉴定验收的工业控制计算机系统,用户在审查随机文件完整性的基础上,对系统功能按出厂检验规定的检验测试项目,进行试验室或现场运行考核,确认是否予以接收的过程。

3.3

检测程序　program of testing

由研制单位提供的检测工业控制计算机系统功能和性能指标的检测程序。检测程序应具备调用和启动方便、使用灵活、能给出运行正常的标志信息,对故障状态能提供明确的显示和打印结果等特点。

4　鉴定验收

4.1　总则

鉴定验收在工业控制计算机系统试制完成后进行。

4.2 鉴定验收的申报与组织

4.2.1 申报条件与程序

鉴定验收的申报条件与程序为：

a) 生产厂商根据上级部门下达的技术任务书研制完成的工业控制计算机系统；

b) 生产厂商自主研制的工业控制计算机系统或符合 GB/T 26802.1—2011 中 7.1.5.1.1 规定的型式检验所列情形；

c) 通过了半年以上试运行；

d) 在上述前提下，研制单位或部门方可向上级部门提出鉴定验收申请，同时呈报表 1 所列资料；

e) 经上级部门审批后，方可组织鉴定验收。

4.2.2 鉴定委员会的组织

鉴定委员会的组成为：

a) 鉴定验收组织单位应当聘请同行和相关专业的专家 5 人～15 人(含专业科技管理干部)组成鉴定委员会；

b) 鉴定委员会受鉴定组织单位的委托主持鉴定验收工作，并作出鉴定结论；

c) 对于第三方的鉴定验收，研制单位可向鉴定验收组织单位提出鉴定委员会的建议人选，但研制单位参加鉴定委员会的人员不得超过鉴定委员会成员总数的五分之一；

d) 负责或参与本项目的研究人员不得进入鉴定委员会。

4.3 文件评审

4.3.1 文件完整性

研制单位应向鉴定验收组织提交表 1 规定的各种技术文件。

表 1 研制单位应向鉴定验收组织提交的文件

序号	文件名称	文件类别
01	项目合同或技术任务书	△
02	需求分析报告	△
03	技术设计说明书	△
04	基本性能检测报告	△
05	系统综合性能评估报告	△
06	型式检验报告	△
07	鉴定验收大纲	△
08	试运行报告	△
09	软件	△
10	用户手册	△
11	标准化审查报告	△
12	项目效益分析报告	+
13	电路图、逻辑图、系统配置图	+

注：表中“△”表示必备文件，“+”表示可选文件。

4.3.2 文件的基本要求

文件集应符合 GB/T 26802.1—2011 中 5.6 和 6.3.7.1 的有关规定。

文件资料除纸质文本外，还应有电子文档，而且是与提交验收的工业控制计算机系统完全一致的发布版。

4.3.3 文件评审范围及要点

4.3.3.1 项目合同或技术任务书

上级下达的研制、开发新型工业控制计算机系统的项目合同或技术任务书包含对系统的功能和性能指标要求，及任务来源和项目编号等。

4.3.3.2 需求分析报告

根据项目合同或技术任务书要求和工业控制现场工艺等，进行功能和性能的详细需求分析。

4.3.3.3 技术设计说明书

按照项目合同或技术任务书和需求分析报告制定的技术设计说明书应体现和包含：

a) 系统总体设计方案符合 GB/T 26802.1—2011 中 5.1 的规定；

b) 硬件设计方案符合 GB/T 26802.1—2011 中 5.2 的规定；

c) 软件设计方案符合 GB/T 26802.1—2011 中 5.3 的规定；

d) 结构设计符合 GB/T 26802.1—2011 中 5.4 的规定；

e) 安全设计符合 GB/T 26802.1—2011 中 5.5 的规定；

f) 文档符合 GB/T 26802.1—2011 中 5.6 的规定；

g) 功能和技术指标符合 4.3.3.1。

4.3.3.4 基本性能检测报告

基本性能检测报告应体现和包含：

a) 输入/输出性能符合 GB/T 26802.1—2011 中 6.2.3 的规定；

b) 外观符合 GB/T 26802.1—2011 中 6.2.4 的规定；

c) 安全性能符合 GB/T 26802.1—2011 中 6.2.5 的规定；

d) 电源适应能力符合 GB/T 26802.1—2011 中 6.2.6 的规定；

e) 共模与串模抗扰度符合 GB/T 26802.1—2011 中 6.2.7 的规定；

f) 电磁兼容抗扰度符合 GB/T 26802.1—2011 中 6.2.8 的规定；

g) 环境影响符合 GB/T 26802.1—2011 中 6.2.9 的规定；

h) 倾跌影响符合 GB/T 26802.1—2011 中 6.2.10 的规定；

i) 抗运输环境影响符合 GB/T 26802.1—2011 中 6.2.11 的规定；

j) 抗腐蚀性气体性能符合 GB/T 26802.1—2011 中 6.2.12 的规定；

k) 长时间运行符合 GB/T 26802.1—2011 中 6.2.13 的规定；

l) 噪声符合 GB/T 26802.1—2011 中 6.2.14 的规定；

m) 电磁发射符合 GB/T 26802.1—2011 中 6.2.15 的规定；

n) 可靠性符合 GB/T 26802.1—2011 中 6.2.16 的规定。

4.3.3.5 系统综合性能评估报告

系统综合性能评估报告应体现和包含：

a) 系统特性符合 GB/T 26802.1—2011 中 6.3.1 的规定；

b) 系统功能性符合 GB/T 26802.1—2011 中 6.3.2 的规定；

c) 系统性能符合 GB/T 26802.1—2011 中 6.3.3 的规定；

d) 系统可信性符合 GB/T 26802.1—2011 中 6.3.4 的规定；

e) 系统可操作性符合 GB/T 26802.1—2011 中 6.3.5 的规定；

f) 系统安全性符合 GB/T 26802.1—2011 中 6.3.6 的规定；

g) 与任务无关的系统特性符合 GB/T 26802.1—2011 中 6.3.7 的规定。

4.3.3.6 型式检验报告

型式检验报告应具备法定检测部门提供的检测证明。

型式检验报告应体现和包含：

a) 检验依据及检验方法符合产品企业标准的有关规定；

b) 检验项目及检验记录齐全；

c) 测试设备具有足够精度并具备计量检验合格证；

d) 研制单位对工业控制计算机系统产品进行的质量分析。

4.3.3.7 鉴定验收大纲

鉴定验收大纲应体现和包含：

a) 提出的检测项目：

   1) 符合 4.3.3.1、4.3.3.2、4.3.3.3；

   2) 符合 GB/T 26802.1—2011 中表 6 的规定；

   3) 符合 GB/T 15532。

b) 有与检测项目对应的检测记录表。

c) 对在鉴定验收前已检测过并具有相应检测报告(如：试运行报告等)而又不宜在鉴定时再进行检测的项目，应列出检测报告文件的名称及编号。

d) 应提出鉴定验收过程中需要使用的测试设备的详细清单。清单中包括测试设备的名称、型号、规格及数量等。而且拟使用的测试设备应具有计量合格证。

4.3.3.8 试运行报告

工业控制计算机系统产品鉴定验收前，应经过试运行阶段，并有相应的试运行报告，其中包括：

a) 试运行产品的型号名称；

b) 试运行环境及试运行情况；

c) 用户对产品技术性能、功能的评价；

d) 用户对产品改进提出的合理化建议及其他要求。

4.3.3.9 软件

软件及其文档应符合 GB/T 26802.1—2011 的 5.6 中有关要求，并且：

a) 完整具备以下文档：

   1) 软件项目开发计划书；

   2) 软件需求说明书(包括：功能需求、性能指标需求、数据需求)；

   3) 软件设计说明书(包括：概要设计、详细设计、数据库设计)；

   4) 软件模块规格说明书；

   5) 软件质量保证计划；

   6) 软件配置管理计划；

   7) 模块开发宗卷；

   8) 用户手册；

   9) 操作手册；

   10) 程序维护手册；

   11) 测试计划；

   12) 测试结果分析报告；

   13) 安装实施过程。

b) 软件文档应具备可读性。

c) 软件测试计划和测试结果分析报告应符合 GB/T 15532 规定。

d) 软件应注明名称、版本、类别、用途、数量及载体型号等。

e) 软件应当是与提交验收的工业控制计算机系统完全一致的发布版。

4.3.3.10 用户手册

用户手册应：

a) 内容完整，包括安装说明、使用说明、维护说明等内容；

b) 应提供用户安装、试用、维护所需的图纸、图号明细表；

c) 应提供包括以下内容的系统配置明细表：

1) 所用功能模板的名称、型号、规格及数量；

2) 所用外围设备的名称、型号、规格及数量；

3) 所用配套仪表或装置的名称、型号、规格及数量；

4) 各类备品、备件的名称、型号、规格和数量；

5) 软件清单。包括软件的名称、版本、类别、用途、数量及载体型号等。

4.3.3.11 标准化审查报告

标准化审查报告应包括：

a) 应具有相应的企业产品标准；

b) 企业产品标准应符合且高于相关国家标准或国际标准要求；

c) 提交鉴定的产品符合标准化要求；

d) 对企业标准的正确性、合理性、完整性的评价。

4.3.3.12 项目效益分析报告

若研发项目合同或技术任务书有要求，则应提供相应的项目效益分析报告，其中应包含：

a) 项目的直接经济效益；

b) 项目的间接经济效益；

c) 项目的社会效益。

4.3.3.13 电路图、逻辑图、系统配置图

提交项目合同或技术任务书要求提供的电路图、逻辑图和系统配置图等图纸。

4.4 验收测试

4.4.1 硬件测试

4.4.1.1 总则

若研制单位提交的型式检验报告中不具备法定检测部门提供的检测证明，则应对提交鉴定的工业控制计算机系统硬件进行 GB/T 26802.1—2011 中表 6 规定的型式检验，以重新认定型式检验报告。

检验应遵循 GB/T 18271.1—2000 中第 5 章给出的一般准则。

4.4.1.2 检测条件

检测条件应符合 GB/T 26802.1—2011 中 7.1.3 的规定。

4.4.1.3 检测项目及方法

在鉴定委员会主持下，按 GB/T 26802.1—2011 中 7.1.5.1 规定的型式检验和 GB/T 26802.1—2011 中表 6 规定的检验项目、技术要求和检验方法进行检测，并按 4.3.3.7 规定作好检测记录。

4.4.1.4 检测结果分析与评定

研制单位应在 4.4.1.3 完成后，在预定时间之内，对检测记录作出分析评定，并重新形成符合 4.3.3.6 要求的型式检验报告。

4.4.2 软件测试

4.4.2.1 总则

软件功能的测试验收分以下几种情况：

a) 如果软件已通过了国家认定的软件测试机构的测评，并具有合格证书，一般不再进行软件功能测试；

b) 在系统试运行报告及软件文档通过评审合格后，一般不再单独进行软件的验收测试。如果鉴

定委员会认为有必要进行软件测试，则：

1） 研制单位应负责提出测试计划并协助鉴定委员会完成软件测试；

2） 在进行软件的验收测试前，鉴定委员会应和研制单位商定对测试予以验收的准则。

4.4.2.2 测试条件

测试条件应符合 GB/T 26802.1—2011 中 7.1.3 的规定。

4.4.2.3 测试项目及方法

4.4.2.3.1 总则

软件设计应符合 4.3.3.1 和 4.3.3.9 中有关文件的要求以及 GB/T 26802.1—2011 中 5.3 的规定。

软件的功能性应符合 GB/T 26802.1—2011 的 6.3.1 中 a）和 GB/T 26802.1—2011 中 6.3.2 规定的原则。

软件的性能应符合 GB/T 26802.1—2011 的 6.3.1 中 b）和 GB/T 26802.1—2011 中 6.3.3 规定的原则。

软件的验收测试在鉴定委员会主持下，按照软件测试计划进行，并作好测试记录。

4.4.2.3.2 软件功能测试项目和测试方法

4.4.2.3.2.1 软件功能测试

按照 GB/T 15532，软件功能测试主要包括：

a） 功能性：

1） 适应性。检测软件功能是否符合设计要求。

2） 准确性。检测软件数据处理的速度、精度是否符合设计要求。

3） 互操作性。检测软件的人机界面、通信接口、I/O 接口功能及数据格式是否符合设计要求。

4） 安全保密性。检测软件对于系统及其数据访问的可控制性是否符合设计要求。

b） 可靠性：

1） 容错性。检测软件的自诊断、容错纠错、紧急事件中断响应和处理功能是否符合设计要求。

2） 易恢复性。检测软件的运行状态、参数、数据的存储、备份、恢复能力是否符合设计要求。

c） 易用性。检测软件的各项功能菜单、人机界面、数据格式是否准确无误并便于理解，是否提供在线帮助和操作提示便于学习和操作。

d） 可维护性。软件安装、备份是否方便可行。

4.4.2.3.2.2 数据处理实时性的测试

数据处理实时性测试主要包括：

a） 信号采样周期及系统响应和数据处理时间是否符合设计要求；

b） 紧急事件的中断响应及处理时间是否符合设计要求。

4.4.2.3.2.3 I/O 通道接口程序功能检查

I/O 通道接口程序功能检查：

a） 输入通道接口程序功能是否符合设计要求；

b） 输出通道接口程序功能是否符合设计要求。

4.4.2.3.2.4 人机界面功能检查

人机界面功能检查包括：

a） 操作员权限及操作功能检查；

b） 系统维护人员权限及操作功能检查。

4.4.2.3.2.5 显示功能检查

显示功能检查包括：

a) 检查显示画面的种类及数量，是否符合设计要求；

b) 检查显示画面的更新频率和画面更新数据量，是否符合设计要求；

c) 检查显示分区（窗口）的划分、使用方法及其功能，是否符合设计要求。

4.4.2.3.2.6 打印和制表功能检查

打印和制表功能检查包括：

a) 检查定时制表的类型、数量、数据内容和格式，是否符合设计要求；

b) 检查随机制表的内容和格式是否符合设计要求。

4.4.2.3.2.7 系统通讯功能检查

检查系统与现场设备，系统与上位机、系统中不同工作站之间的数据通讯功能是否设计要求。

4.4.2.3.2.8 事件顺序记录和事故追忆功能的检查

检查打印的系统运行日志、操作员工作日志、系统维护日志的内容、时间和时间分辨率是否符合设计要求。

4.4.2.3.2.9 历史数据存储及检索功能检查

检查数据区存储内容、存储容量、时间分辨率和数据检索功能是否符合设计要求。

4.4.2.3.2.10 容错能力的测试

人为设置运行或操作错误事件，检查容错能力是否符合设计要求。

4.4.2.4 软件测试结果分析报告

研制单位应在 4.4.2.3.2.1～4.4.2.3.2.10 完成后，在预定时间之内，对测试记录作出分析评定，并重新形成测试结果分析报告。

4.4.3 质询与解答

在文件评审和鉴定验收测试过程中，鉴定委员会有权提出质询，研制单位应进行相应解答。

4.4.4 缺陷及其处理

缺陷的认定及其处理按 GB/T 26802.1—2011 中 7.1.5.4 规定执行。

4.4.5 判定准则

判定准则遵照 GB/T 26802.1—2011 中 7.1.5.5 规定。

4.4.6 验收测试的评定

只要重新进行了硬件或软件测试，都必须按 GB/T 26802.1—2011 中 7.2 规定的原则重新进行系统综合性能评估，并重新形成符合 4.3.3.5 要求的系统综合性能评估报告。

4.5 鉴定结论

在完成 4.3 和 4.4 后，鉴定委员会应组织全体成员进行讨论并提出鉴定结论。

鉴定结论应包含以下内容：

a) 对 4.3 所规定的文件进行评审后的评价。

b) 对 4.4 所规定的硬件和软件功能和性能进行测试后的评价。

c) 对产品在实现标准化综合要求方面（包括产品继承性、标准化、系列化、通用化程度分析及预期效果等）的评价。

d) 对产品质量和技术水平的评价。

e) 对产品的改进意见和建议。

f) 对验收通过与否提出明确意见。对不予验收的产品，应详细写明不予验收的理由。

g) 鉴定委员会的鉴定结论必须以记名投票方式进行表决，当三分之二以上成员投票赞同合格时，鉴定结论才是合格。

h) 鉴定委员会成员，都必须在鉴定书中签字。

i） 已经通过鉴定验收合格的产品，由鉴定验收组织单位颁发鉴定证书。

5 考核验收

5.1 总则

需方向供方购买已经通过鉴定验收的工业控制计算机系统产品时，需方有权提出进行考核验收。考核验收按 GB/T 26802.1—2011 中的 7.1.5.2 规定的出厂检验进行。

5.2 考核验收组织

考核验收小组由供、需双方组成。

5.3 随机文件检查

供方向需方提交的工业控制计算机系统应具备以下随机文件：

a） 用户手册，且用户手册应符合 4.3.3.10 要求；

b） 鉴定合格证书，且鉴定合格证书应有鉴定检验部门签章；

c） 装箱单。

5.4 装箱清点

按照装箱单进行清点。软件、硬件等应与装箱单相符。

5.5 外观检查

用目测法进行外观检查，检查结果应符合 GB/T 26802.1—2011 的 6.2.4。

5.6 运行检测

5.6.1 硬件检测

在 GB/T 26802.1—2011 的 6.2.13 规定的工作条件下，按 GB/T 26802.1—2011 中表 6 规定的出厂检验项目、技术要求和检验方法进行检测，并按 4.3.3.7 规定作好检测记录。

实验室或生产现场运行检测时工业控制计算机系统的 MTBF 指标体系见 GB/T 26802.1—2011 的表 5。

判定准则遵照 GB/T 26802.1—2011 中 7.1.5.5 的规定。

5.6.2 软件检测

在实验室运行检测程序或生产现场运行控制系统程序，系统工作正常。

5.7 验收

运行检查合格后，由供、需双方在验收合格单上签字确认。